中国地质调查成果 CGS 2023-015
海南省海洋地质资源与环境重点实验室成果
海南省地质调查院成果
海南省重要矿产资源潜力评价成果系列丛书

海南省重要矿产预测研究

陈晓清　周迎春　李艳杰　高芳蕾　李志强　官　军
蔡水库　陈育文　何玉生　张固成　何国伟　著

地质出版社
·北　京·

内 容 简 介

本书以Ⅳ级成矿区带为单元，对海南省重要矿产预测成果进行分析研究，以省内Ⅳ级成矿区带地质背景、矿产、物探、化探以及自然重砂等综合信息为基础，建立了重要矿产预测评价模型；将同一空间、同一时间内，成矿作用相同或相近的矿种最小预测区归并划分为综合预测区，并提出了勘查部署建议。

本书适合地质勘查、科研以及管理部门相关人员使用，对于矿产勘查具有重要的参考价值。

图书在版编目（CIP）数据

海南省重要矿产预测研究 / 陈晓清等著. — 北京 ：地质出版社，2023. 10

ISBN 978-7-116-13837-7

Ⅰ. ①海⋯ Ⅱ. ①陈⋯ Ⅲ. ①矿产资源-成矿预测-资源评价-海南 Ⅳ. ①P617. 266

中国国家版本馆 CIP 数据核字（2023）第 189698 号

HAINAN SHENG ZHONGYAO KUANGCHAN YUCE YANJIU

责任编辑：吴金键
责任校对：陈 曦
出版发行：地质出版社
社址邮编：北京市海淀区学院路 31 号，100083
电 话：（010）66554528（邮购部）；（010）66554611（编辑室）
网 址：https://www.gph.clmpg.com
传 真：（010）66554661
印 刷：海南博威印刷有限公司
开 本：889mm×1194mm 1/16
印 张：21.5
字 数：620 千字
版 次：2023 年 10 月北京第 1 版
印 次：2023 年 10 月海口第 1 次印刷
审 图 号：琼 S（2023）281 号
定 价：168.00 元
书 号：ISBN 978-7-116-13837-7

海南省重要矿产资源潜力评价

充分利用截止到2006年的

海南省地质、矿产、物探、化探、遥感、自然重砂等成果资料

相关专业技术人员前后历时8年

完成重要矿产单矿种、相关专业和总体评价系列成果

值此成果系列丛书公开出版之际，

谨向为海南省地质勘查、地学研究等竭诚奉献的广大地质工作者

致以崇高的敬意！

《海南省重要矿产资源潜力评价成果系列丛书》

编委会

序

海南省位于中国最南端，行政区域包括海南岛、西沙群岛、中沙群岛、南沙群岛的岛礁及其海域，全省陆地（主要包括海南岛和西沙、中沙、南沙群岛）总面积 $3.54\times10^4km^2$，海域面积约 $200\times10^4km^2$。

1949 年后，尤其是 1988 年海南建省办经济特区以来，海南经济社会发展取得重大成就，从一个边陲海岛发展成为我国改革开放的重要窗口，实现了翻天覆地的变化。随着海南自由贸易港“三区一中心”战略全面推进，海南将成为引领我国新时代对外开放的鲜明旗帜和重要门户。

在古代，海南省就有矿业活动。据史料记载，唐朝时曾有砂金开采，清朝乾隆年间曾对石碌铜矿进行过开采，清末民初对那大锡矿断续开采多年。地质调查工作始于 20 世纪初叶，1949 年后才开始大规模地开展地质勘探工作。经过几代地质工作者的努力，先后发现了一批具工业价值的矿产，为工业发展提供了矿产资源和能源保障。

改革开放后，我国经济高速发展对矿产资源的需求迅猛增长，资源供需矛盾日显突出。为了贯彻落实《国务院关于加强地质工作的决定》（国发〔2006〕4 号），2006 年国土资源部部署了全国重要矿产资源潜力评价工作，旨在通过系统总结以往地质调查和矿产勘查工作成果，评价未查明矿产资源潜力，为资源勘查，摸清资源家底提供依据。

海南省矿产资源潜力评价是全国矿产资源潜力评价计划项目中的工作项目之一，是全国矿产资源潜力评价工作的组成部分，其总体目标是：根据全国重要矿产资源潜力预测评价技术要求，结合海南省实际，选择铁、锰、铜、铅、锌、铝、钨、钼、金、银、磷、萤石、重晶石、硫、稀土、煤、油页岩、锆英石砂、钛铁矿砂、石英砂、独居石砂共 21 个矿种开展资源潜力评价工作。在 21 个矿种中，油页岩、锆英石砂、钛铁矿砂、石英砂和独居石砂为海南省增选矿种，其他为全国要求评价的矿种。

海南省矿产资源潜力评价工作于 2007 年 6 月正式启动，2013 年 11 月结束，累计完成各类图件编制 1800 多张、图件数据库建设 1600 多个，编写图件说明书 1600 多份，编制各类报告 30 多份，全面完成了预期的目标任务，取得了丰硕成果。基本摸清了海南省重要矿产资源“家底”，为矿产资源保障能力和勘查部署决策提供了依据。

一是收集了海南省历年来地质、矿产、物探、化探、遥感、自然重砂工作资料。截至 2006 年底，编制了工作程度图，补充完善了基础数据库，总结了各专业课题组的预测评价技术方法。

二是首次以板块构造理论为基础，编制了海南省大地构造图，为区域成矿地质作用研究和矿产预测奠定了坚实的地质基础和依据，进一步提高了海南省区域地质研究程度。

三是首次系统地利用地质、矿产、物探、化探、遥感、自然重砂等多学科资料，针对铁、铝、铜、铅、锌、金、银、钼、钨、锰、稀土、磷、硫、萤石、重晶石、煤、锆英石砂、钛铁矿砂、石英砂、独居石砂、油页岩共21个矿种及不同矿床类型，系统地建立了全省41个典型矿床的成矿模式、找矿模型和39处预测工作区成矿模式及预测模型，丰富和发展了省内区域成矿理论，提升了综合信息矿产预测技术水平。

四是系统地利用地质、物探、化探、遥感、自然重砂等综合信息，全程应用GIS技术进行了全省重要矿产资源潜力评价与预测研究，圈定了评价矿种综合预测区。

五是首次系统建立了海南省完整的地学数据库，实现了矿产资源潜力预测研究全程信息化，为海南省矿产资源总体规划和专项规划及国土资源“一张图”工程打下了坚实的基础。

海南省矿产资源潜力评价在基础地质、矿床地质、典型矿床与成矿规律研究、多学科成果集成利用、预测方法、数据库建设中取得了一系列创新性成果，这些成果是制订海南省国民经济中长期发展规划、研究制订矿产资源战略、加强宏观调控的重要依据；是发展和推广利用成矿新理论、勘查新技术新方法，促进科研与调查密切结合的重要举措。

为了实现评价成果的广泛应用，为海南省经济社会发展、地学研究和提高自然资源调查研究程度发挥重要作用，海南省地质局部署安排海南省海洋地质资源与环境重点实验室联合海南省地质调查院共同编辑出版本丛书，以专题按分册（共计8册）出版，分别是地质背景研究、成矿规律研究、磁测资料应用研究、化探资料应用研究、遥感资料应用研究、自然重砂资料应用研究、综合信息集成研究和总体评价成果集成。

在海南自由贸易港建设如火如荼之际，冀以此套丛书的出版，更好地为海南资源保障、环境保护和国土空间规划提供基础地学支撑，为建功自贸港增砖添瓦。

向为本套丛书出版作出贡献的地质科技工作者和各方朋友致敬、致谢！

海南省地质局党组书记、局长：

2021年4月13日

前　　言

《海南省重要矿产预测研究》是“海南省矿产资源潜力评价”项目专题成果之一，此次出版主要依托海南省海洋地质资源与环境重点实验室。

本次预测研究始于2007年，至2013年完成全部工作，以2006年以来的矿产数据为基础，完成了本省单矿种矿产预测和省级汇总研究分析两个阶段。预测矿种包括铁、铝、铜、铅、锌、金、银、钼、钨、锰、稀土、磷、硫、萤石、重晶石、煤等16个国家重点矿种以及本省具有资源优势的锆英石、钛铁矿、石英砂、独居石、油页岩等5个重要矿种。

单矿种预测评价：以矿产预测类型为矿产预测评价的基本单元，通过典型矿床及预测工作区成矿地质背景和成矿规律研究，提取成矿要素，结合物探、化探、遥感和自然重砂等综合信息分析，确定典型矿床和区域预测要素，建立预测模型；使用MRAS软件，采用矿床模型综合预测方法和地质体积法实现矿床定位预测和定量预测。编制了预测单元图、最小预测区分布图、典型矿床及预测工作区预测要素图、预测成果图，省级预测类型分布图、单矿种预测成果图等。

省级汇总研究分析：以Ⅳ级成矿区带为单元，对省内单矿种预测成果汇总分析。对5个Ⅳ级成矿区带地质背景、矿产特征以及物探、化探、遥感和自然重砂综合信息进行分析，建立了重要矿种预测评价模型。在全省单矿种潜力评价成果的基础上，以Ⅳ级成矿区带为单元，将同一空间、同一时间内，成矿作用相同或相近的矿种最小预测区归并划分为48个综合预测区。根据各综合预测区特征及重要矿产预测成果，提出了各综合预测区的勘查部署建议，编制了省级综合预测成果图和重要矿产勘查部署建议图。

《海南省重要矿产预测研究》是各项目专题组集体智慧的结晶，项目实施过程及本书编写得到了全国潜力评价项目办公室、中南地区潜力评价项目办公室、海南省国土资源厅、海南省地质局以及省内专家的多次指导，在此一并表示感谢。

著　者

2023年9月

目　　录

第一章　概论 …………………………………………………………………………… (1)
　第一节　海南省各矿种工作情况 …………………………………………………… (1)
　第二节　预测成果汇总及综合研究的工作思路和步骤 ………………………… (3)
第二章　海南省各矿种矿产预测成果 ……………………………………………… (5)
　第一节　海南省重要矿种矿产预测类型统计分析 ………………………………… (5)
　第二节　预测区成果统计分析 ……………………………………………………… (8)
　第三节　资源量成果统计分析 ……………………………………………………… (11)
　第四节　综合预测区汇总成果 ……………………………………………………… (18)
第三章　雷琼裂谷石油、天然气、褐煤、油页岩、高岭土Ⅳ级成矿区带预测成果 ……… (22)
　第一节　区域地质背景 ……………………………………………………………… (22)
　第二节　区域矿产特征 ……………………………………………………………… (24)
　第三节　地球物理、地球化学、遥感、自然重砂特征及推断成果 ……………… (24)
　第四节　重要矿种预测评价模型 …………………………………………………… (28)
　第五节　多矿种综合预测区特征 …………………………………………………… (28)
　第六节　多矿种综合靶区部署建议 ………………………………………………… (29)
第四章　琼西结合带铁、钴（铜）、金、轻稀土、石墨、白云母、水晶、多金属
　　　　Ⅳ级成矿区带预测成果 …………………………………………………… (30)
　第一节　区域地质背景 ……………………………………………………………… (30)
　第二节　区域矿产特征 ……………………………………………………………… (39)
　第三节　地球物理、地球化学、遥感、自然重砂特征及推断成果 ……………… (41)
　第四节　重要矿种预测评价模型 …………………………………………………… (64)
　第五节　多矿种综合预测区特征 …………………………………………………… (132)
　第六节　多矿种综合靶区部署建议 ………………………………………………… (137)
第五章　白沙陆内盆地萤石、金、铅Ⅳ级成矿区带预测成果 ……………………… (138)
　第一节　区域地质背景 ……………………………………………………………… (138)
　第二节　区域矿产特征 ……………………………………………………………… (142)
　第三节　地球物理、地球化学、遥感、自然重砂特征及推断成果 ……………… (143)
　第四节　重要矿种预测评价模型 …………………………………………………… (152)
　第五节　多矿种综合预测区特征 …………………………………………………… (160)
　第六节　多矿种综合靶区部署建议 ………………………………………………… (160)
第六章　五指山岩浆弧铁、铝（钴）、铀、水晶、宝石、褐煤、石墨、多金属
　　　　Ⅳ级成矿区带预测成果 …………………………………………………… (161)
　第一节　区域地质背景 ……………………………………………………………… (161)
　第二节　区域矿产特征 ……………………………………………………………… (172)
　第三节　地球物理、地球化学、遥感、自然重砂特征及推断成果 ……………… (175)
　第四节　重要矿种预测评价模型 …………………………………………………… (199)
　第五节　多矿种综合预测区特征 …………………………………………………… (264)

第六节　多矿种综合靶区部署建议 …………………………………………………………（269）
第七章　海南省各矿种Ⅲ-90-Ⅳ-55 三亚被动陆缘铁、磷、锰多金属
Ⅳ级成矿区带预测成果 ……………………………………………………………………（270）
第一节　区域地质背景 …………………………………………………………………………（270）
第二节　区域矿产特征 …………………………………………………………………………（275）
第三节　地球物理、地球化学、遥感、自然重砂特征及推断成果 ……………………（276）
第四节　重要矿种预测评价模型 ……………………………………………………………（279）
第五节　多矿种综合预测区特征 ……………………………………………………………（299）
第六节　多矿种综合靶区部署建议 …………………………………………………………（301）
第八章　海南省Ⅲ级区带锆英石、钛铁矿、石英砂、独居石预测成果 ……………（302）
第一节　区域地质背景 …………………………………………………………………………（302）
第二节　区域矿产特征 …………………………………………………………………………（303）
第三节　地球化学、遥感、自然重砂特征及推断成果 …………………………………（304）
第四节　重要矿种预测评价模型 ……………………………………………………………（313）
第五节　多矿种综合预测区特征 ……………………………………………………………（327）
第六节　多矿种综合靶区部署建议 …………………………………………………………（329）
第九章　结论 …………………………………………………………………………………………（330）
主要参考文献 …………………………………………………………………………………………（332）

第一章 概论

第一节 海南省各矿种工作情况

一、全省矿产预测工作的技术路线

海南省矿产预测评价工作基本思路为：在GIS环境下，根据地质构造研究、成矿规律研究、物探、化探、遥感、自然重砂综合信息处理和应用等提供的资料，以“矿产预测类型为纲、以二级预测要素为目”，针对各矿种矿产预测类型，选择相应的预测方法，开展最小预测区圈定、优选和资源量估算，科学合理地部署矿产勘查工作。

矿产预测工作的主要技术路线为：依据国家、地勘行业有关规范和技术标准及相关计算机技术要求，采用知识驱动与数据驱动相结合的途径，以成矿理论为指导，加强与成矿有关的基础地质研究工作，最大限度地深入分析地质构造的成矿信息，以海南省Ⅳ级成矿亚带、Ⅴ级矿田为单位，深入全面总结各主要矿种的成矿类型和成矿特征，研究以成矿系列为核心内容的区域成矿规律；全面利用物探、化探、自然重砂、遥感所显示的地质找矿综合信息；全面运用基于GIS的矿产资源预测与评价软件系统，开展多尺度、多方案的矿产资源潜力评价。

二、矿产预测所涉及的矿种及预测工作区范围

本次海南省矿产预测工作所涉及的国家规定矿种有金、银、铜、铅、锌、钼、钨、铁、铝、锰、硫、磷、萤石、重晶石、稀土、煤炭等16个矿种，涉及的省级规定的矿种有锆英石、钛铁矿、独居石、石英砂、油页岩。本次预测工作所涉及的国家规定矿种的预测工作区31个，省级矿种的预测工作区8个。预测工作区范围详见表1-1-1。

表1-1-1 海南省各矿种预测工作区范围一览表

矿种	预测工作区范围			
金	琼西戈枕预测区：东经108°41′00″—109°02′45″；北纬18°48′30″—19°16′50″	琼西红岭-尖峰预测工作区：东经108°41′05″—109°12′37″；北纬18°33′00″—19°28′25″	雷鸣盆地预测工作区：东经110°05′30″—110°27′20″；北纬19°24′45″—19°46′50″	
银	昌江石碌预测工作区：东经109°00′00″—109°14′28″；北纬19°09′35″—19°17′20″	雷鸣盆地预测工作区：东经110°05′30″—110°27′20″；北纬19°24′45″—19°46′50″	海南岛预测工作区：东经108°37′13″—110°02′49″；北纬18°08′54″—20°10′05″	
铜	昌江石碌预测工作区：东经108°50′0″—109°14′13″，北纬19°09′40—19°30′55″	同安岭-牛腊岭火山岩盆地预测工作区：东经108°56′25″—109°40′00″；北纬18°20′00″—18°36′40″		

续表

矿种	预测工作区范围			
铅	海南岛预测工作区：东经 108°37′13″—111°02′49″，北纬 18°08′54″—20°10′05″			
锌	海南岛预测工作区：东经 108°37′13″—111°02′49″，北纬 18°08′54″—20°10′05″			
钼	尖峰-千家预测工作区：东经 108°42′46″—109°21′40″；北纬 18°22′45″—18°55′35″	同安岭-牛腊岭预测工作区：东经 108°56′30″—109°40′30″；北纬 18°19′20″—18°36′40″	烟塘-塔洋预测工作区：东经 110°29′00″—110°40′46″；北纬 19°06′32″—19°28′20″	海南岛预测工作区：东经 108°37′14″—111°02′40″；北纬 18°08′58″—20°10′26″
钨	尖峰预测工作区：东经 108°42′20″—109°8′30″，北纬 18°32′35″—18°56′5″	兰洋预测工作区：东经 109°9′35″—110°11′30″，北纬 19°6′10″—19°43′50″		
铁	昌江石碌预测工作区：东经 108°50′0″—109°14′13″，北纬 19°09′40—19°30′55″	振海山-红石预测工作区：东经 109°17′0″—109°32′15″，北纬 18°27′00″—18°42′00″	三亚田独预测工作区：东经 109°28′08″—109°51′45″；北纬 18°08′45″—18°31′25″	
铝	蓬莱预测工作区：东经 110°19′30″—110°46′00″，北纬 19°22′—19°48′			
锰	大茅预测工作区：东经 109°28′08″—109°51′45″；北纬 18°08′45″—18°29′30″			
硫	石碌预测工作区：东经 109°00′00″—109°14′28″；北纬 19°09′35″—19°17′20″	振海山-红石预测工作区：东经 109°17′05″—109°32′12″；北纬 18°26′57″—18°42′05″		
磷	大茅预测工作区：东经 109°28′08″—109°51′45″；北纬 18°08′45″—18°29′30″			
萤石	琼中什统式热液充填型萤石矿预测工作区：东经 108°49′57″—109°39′55″；北纬 18°29′50″—19°15′22″			
重晶石	昌江保由预测工作区：东经 108°52′28″—109°12′42″；北纬 18°51′48″—19°12′55″	昌江石碌预测工作区：东经 109°00′00″—109°14′28″；北纬 19°09′35″—19°17′20″	儋州冰岭预测工作区：东经 109°17′49″—110°10′53″；北纬 19°10′17″—19°43′47″	
稀土	海南岛预测工作区：东经 108°37′13″—111°02′49″，北纬 18°08′54″—20°10′05″			

续表

矿种	预测工作区范围			
煤炭	长昌煤田：东经 110° 24′—110°27′，北纬 19°36′—19°41′	长坡煤田：东经 109° 16′57″—109°49′55″，北纬 19° 39′46″—19°46′57″		
油页岩	长昌油页岩盆地：东经 110° 24′—110° 27′，北纬 19° 36′—19°41′	长坡油页岩盆地：东经 109° 16′57″—109° 49′55″，北纬 19° 39′46″—19°46′57″		
锆英石钛铁矿				海南岛预测工作区：东经 108°37′14″—111° 02′ 40″；北纬 18° 08′ 58″—20°10′26″
独居石				海南岛预测工作区：东经 108°37′14″—111° 02′ 40″；北纬 18° 08′ 58″—20°10′26″
石英砂				海南岛预测工作区：东经 108°37′14″—111° 02′ 40″；北纬 18° 08′ 58″—20°10′26″

三、数据来源和数据质量评述

本次潜力评价汇总工作是在全面收集和整理各矿种已通过评审复核的成果报告的基础上进行的，所收集的成果报告、数据库严格按照“全国矿产资源潜力评价”项目的各项技术要求、数据模型及流程完成，符合“全国矿产资源潜力评价”项目的技术和质量要求，经评审、验收均达到良好以上级别，数据质量优良。

本次汇总工作还系统收集、整理了各矿种以往的地质、科研、物探、化探、遥感及矿产等成果资料，资料均已通过评审和验收，准确可靠。

第二节　预测成果汇总及综合研究的工作思路和步骤

海南省各矿种预测成果汇总的工作思路：以海南省Ⅲ级、Ⅳ级成矿区带为纲，汇总海南省各区带内矿种的预测成果，编制预测成果汇总报告、相应的图件及数据库。矿产预测编图除编制全省综合预测图、工作部署图外，还按照成矿作用及共伴生关系等分 5 类进行编图，具体分类情况如下：

1）与沉积（变质）作用有关的铁、磷、锰、煤炭；

2）与岩浆热液作用有关的金、银、铅、锌、铜；

3）与岩浆热液作用有关的钼、钨、铁；

4）与岩浆热液作用有关的硫、萤石、重晶石；

5）与风化作用有关的铝土矿、稀土。

海南省矿产预测汇总工作步骤：总体分两个阶段进行，先开展资料整理型汇总，对前期开展预测工作各矿种的矿产预测类型、预测工作区分布情况、预测资源量情况等进行统计汇总，然后开展研究型汇总，分成矿区带对成矿地质背景、成矿特征、预测要素、预测评价模型等进行研究和汇总，圈定综合预测区，提出勘查、开发部署建议。具体步骤见图1-1-1。

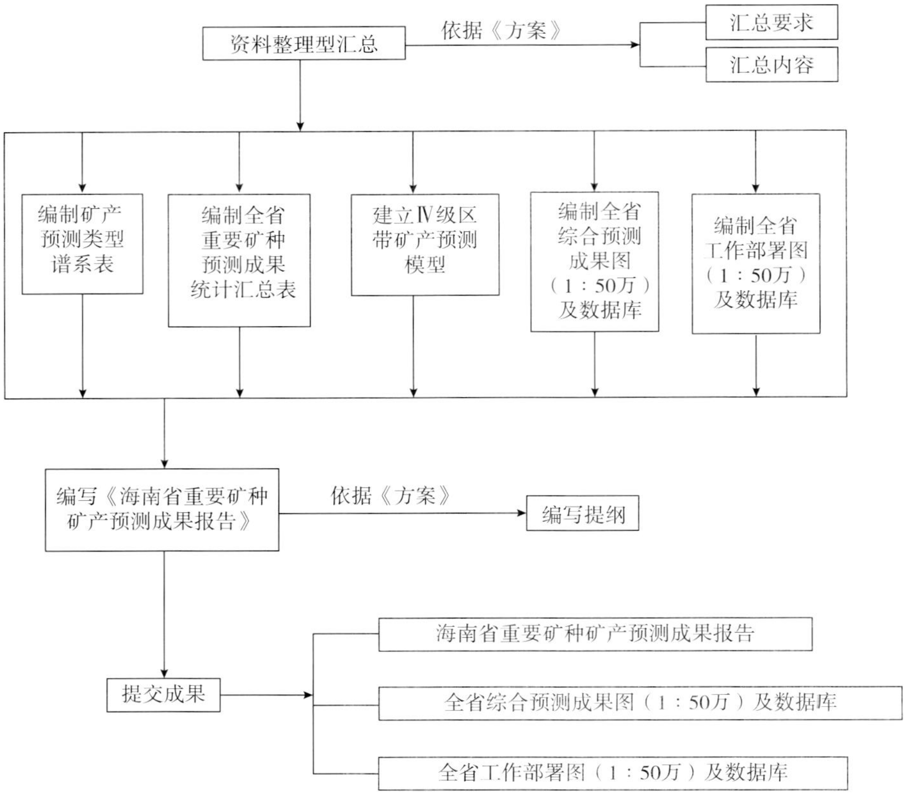

图1-1-1　海南省矿产预测成果汇总流程图

第二章　海南省各矿种矿产预测成果

第一节　海南省重要矿种矿产预测类型统计分析

海南省矿产资源潜力评价工作共划分单矿种矿产预测类型34个，其中涉及国家规定矿种的矿产预测类型27个、省级矿种矿产预测类型7个，选择典型矿床40个，其中涉及国家规定矿种的31个，省级矿种9个，见表2-1-1，见图2-1-1、图2-1-2。可以看出，岩浆热液脉型、斑岩型及沉积变质型矿产预测类型是海南省最为重要的矿产预测类型。

表2-1-1　海南省矿产预测类型一览表

矿产预测类型	成矿时代	矿种	典型矿床	预测方法类型
石碌式沉积变质型铁矿	青白口纪—震旦纪（840Ma）	铁、铜、钴、镍、硫铁矿（共生）、银矿	石碌铁矿	变质型
大冶式矽卡岩型铁矿	白垩纪	铁、铜	红石铁矿	复合“内生”型
	燕山期	铁	田独铁矿	侵入岩体型
岭壳式陆相火山岩型铜矿	白垩纪	铜	岭壳铜矿	火山岩型
石碌式沉积变质型铜矿	青白口纪—震旦纪（840Ma）	铁、铜、钴、镍、硫铁矿（共生）、银矿	石碌铜矿	变质型
海南式红土型铝土矿	新近纪	铝土矿、钴土矿、镍矿	文昌蓬莱铝土矿、钴土矿	沉积型
后万岭式脉状铅锌矿	白垩纪	铅、锌、铜、银	后万岭铅锌矿	复合“内生”型
戈枕式破碎-蚀变岩型金矿	长城纪—三叠纪（1637±31Ma~260Ma）	金	东方二甲金矿	复合“内生”型
抱伦式脉型金矿	志留纪—三叠纪（236~205Ma）	金	乐东抱伦金矿	复合“内生”型
富文式脉型金矿	白垩纪	金、银	定安富文金矿	复合“内生”型
南报式脉型银矿	二叠纪—白垩纪	银	南报	复合“内生”型
石碌式沉积变质型银矿	青白口纪—震旦纪（840Ma）	铁、铜、钴、镍、硫铁矿（共生）、银矿	石碌铁矿	变质型
富文式脉型银矿	白垩纪	金、银	定安富文金矿	复合“内生”型
莲花山式斑岩钨矿	侏罗纪	钨钼	乐东尖峰红门钨钼矿	侵入岩体型
新田岭式矽卡岩-云英岩型钨矿	石炭纪	白钨矿	儋州兰洋钨矿	侵入岩体型
白石嶂式脉型钼矿	白垩纪	钼	高通岭钼矿	侵入岩体型
	白垩纪	钼	龙门岭钼矿	侵入岩体型

矿产预测类型	成矿时代	矿种	典型矿床	预测方法类型
园珠顶式斑岩型钼矿	白垩纪	钼	红门岭钼矿	侵入岩体型
	白垩纪	钼	报告村钼矿	侵入岩体型
	白垩纪	钼、铅、锌	石门山钼铅锌矿	侵入岩体型
	白垩纪	钼、铜	梅岭铜钼矿	侵入岩体型
罗葵洞式火山岩型钼矿	白垩纪	钼	罗葵洞钼矿	火山岩型
大茅式沉积变质型磷锰矿床	中寒武世	锰、磷矿（共生）	大茅锰矿	沉积型
来石式风化壳离子吸附型稀土矿	第四纪	轻稀土	坝王岭离子吸附型稀土矿	沉积型
什统式热液充填型萤石矿	白垩纪	萤石	什统萤石矿	侵入岩体型
石碌式沉积变质型硫铁矿	青白口纪—震旦纪（840Ma）	铁、铜、钴、镍、硫铁矿（共生）、银矿	石碌硫铁矿	变质型
巷子口式矽卡岩型硫铁矿	白垩纪	硫、铁、铜	保亭情安岭硫铁矿	侵入岩体型
石碌式沉积变质型重晶石	青白口纪—震旦纪（840Ma）	铁、铜、钴、镍、硫铁矿（共生）、银矿	石碌重晶石矿	变质型
谭子山式热液脉型重晶石矿	二叠纪	重晶石	昌江保由重晶石矿	复合“内生”型
冰岭风化壳型重晶石矿	第四纪	重晶石	儋洲冰岭重晶石矿	沉积型
长坡式沉积型褐煤	新近纪	褐煤、油页岩	儋州长坡褐煤油页岩	沉积型
长昌式沉积型褐煤	古近纪	褐煤、油页岩	琼山长昌煤矿	沉积型
长坡式沉积型油页岩	新近纪	褐煤、油页岩	儋州长坡褐煤油页岩	沉积型
长昌式沉积型油页岩	古近纪	褐煤、油页岩	琼山长昌煤矿	沉积型
滨海沉积型锆英石钛铁矿砂矿	第四纪	锆英石、钛铁矿	铺前、保定	沉积型
洪冲积型锆英石钛铁矿砂矿	第四纪	锆英石、钛铁矿	佛罗、万州技	沉积型
残坡积型锆英石钛铁矿砂矿	第四纪	锆英石、钛铁矿	南桥、万州技	沉积型
滨海沉积型独居石砂矿	第四纪	独居石	保定	沉积型
滨海沉积型石英砂砂矿	第四纪	石英砂	龙马	沉积型

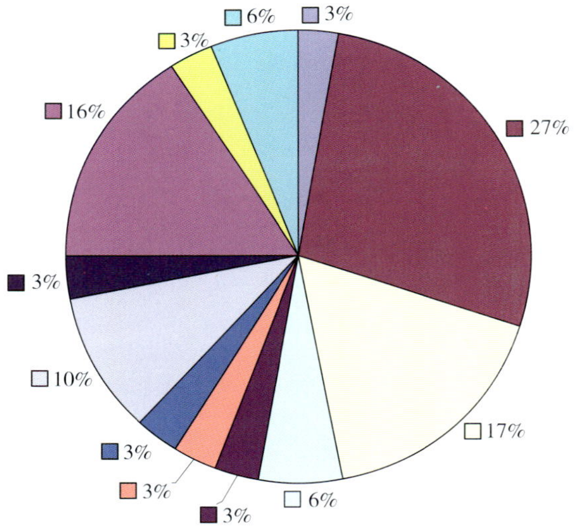

图 2-1-1　海南省重要矿种矿产预测类型统计图

在矿产预测类型划分的基础上划分了矿产预测类型预测工作区37个，其中涉及国家规定矿种的预测工作区30个，省级矿种的预测工作区7个，见表2-1-2。

表2-1-2 海南省各矿种矿产预测类型预测工作区汇总表

矿产预测类型编号	矿产预测类型名称	预测工作区/个	备注
1	石英脉型金矿	2	国家规定矿种
2	破碎-蚀变岩型金矿	1	
3	脉型银矿	1	
4	与酸性岩浆有关的热液型银矿	1	
5	沉积变质型银矿	1	
6	沉积变质型铜矿	1	
7	陆相火山岩型铜矿	1	
8	脉状铅锌矿	1	
9	与岩浆热液作用有关脉型钼矿	1	
10	斑岩型钼矿	2	
11	陆相火山岩型钼矿	1	
12	矽卡岩-云英岩型钨矿	1	
13	斑岩型钨矿	1	
14	沉积变质型铁矿	1	
15	矽卡岩型铁矿	2	
16	海相沉积型锰矿	1	
17	沉积型磷矿	1	
18	红土型铝土矿	1	
19	热液充填型萤石矿	1	
20	风化壳型重晶石矿	1	
21	沉积变质型重晶石矿	1	
22	热液脉型重晶石矿	1	
23	沉积变质型硫铁矿	1	
24	矽卡岩型硫铁矿	1	
25	离子吸附型稀土矿	1	
26	沉积型褐煤	2	
27	沉积型油页岩	2	省级规定矿种
28	滨海沉积型锆英石钛铁矿砂矿	1	
29	残坡积型锆英石钛铁矿砂矿	1	
30	冲洪积型锆英石钛铁矿砂矿	1	
31	滨海沉积型独居石砂矿	1	
32	滨海沉积型石英砂砂矿	1	

第二节　预测区成果统计分析

一、全省预测区成果

海南省矿产资源潜力评价工作对国家规定的金、银、铜、铅、锌、钼、钨、锰、磷、铁、铝、重晶石、萤石、硫、稀土、煤炭等16个矿种及省内规定的油页岩、锆英石、钛铁矿、石英砂、独居石等5个矿种进行了最小预测区划分和分类，国家规定矿种共划分最小预测区403个，其中A类最小预测区109个，B类最小预测区132个，C类最小预测区162个，省内矿种共划分最小预测区115个，其中A类最小预测区64个，B类最小预测区33个，C类最小预测区18个，见图2-2-1，见表2-2-1。对国家规定的矿种的最小预测区进行分类统计分析，其中A类最小预测区占35%、B类最小预测区占37%、C类最小预测区占28%，见图2-2-2。

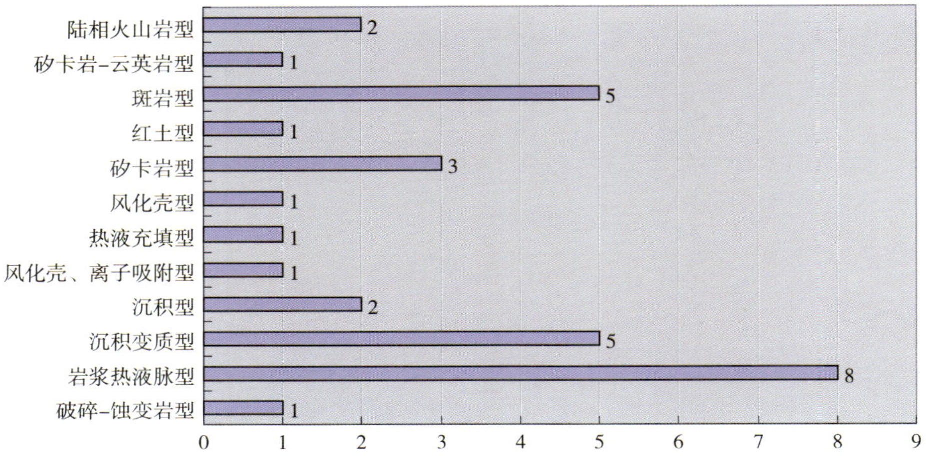

图2-1-2　海南省重要矿种矿产预测类型典型矿床统计图

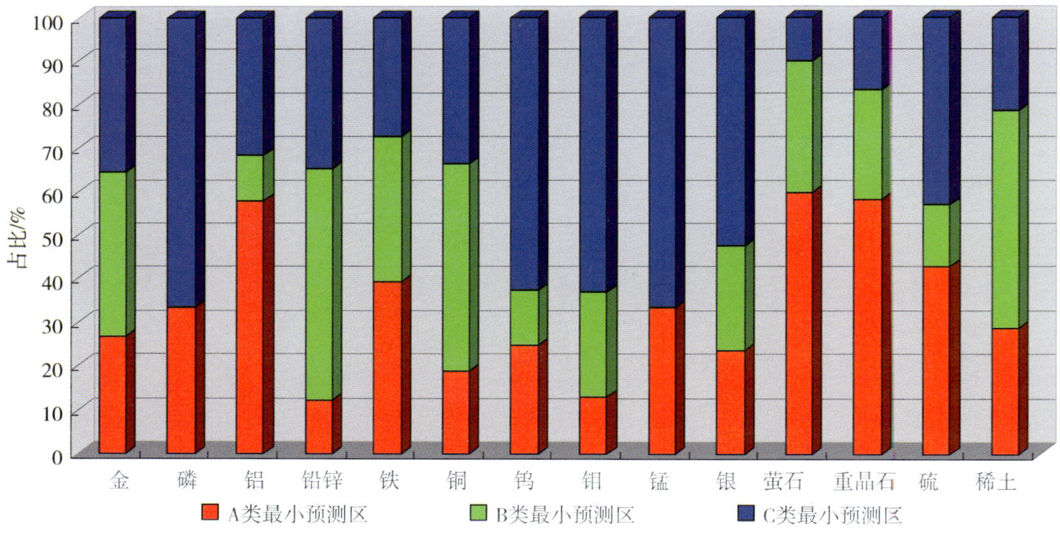

图2-2-1　海南省重要矿种最小预测区级别统计图

表 2-2-1　海南省各矿种矿产预测类型最小预测区（1 级）汇总表

矿产预测类型编号	矿产预测类型名称	A 类最小预测区/个	B 类最小预测区/个	C 类最小预测区/个	备注
1	破碎-蚀变岩型金矿	24	25	19	国家规定矿种
2	石英脉型金矿	4	14	18	
3	沉积变质型银矿	3	1	2	
4	与酸性岩浆有关的热液型银矿	6	6	14	
5	脉型银矿	1	3	6	
6	沉积变质型铜矿	3	1	2	
7	陆相火山岩型铜矿	1	9	5	
8	脉型铅锌矿	6	26	17	
9	与岩浆热液作用有关脉型钼矿	2	5	11	
10	斑岩型钼矿	4	7	16	
11	陆相火山岩型钼矿	2	3	12	
12	矽卡岩-云英岩型钨矿	1	1	2	
13	斑岩型钨矿	1		3	
14	沉积变质型铁矿	6	1	2	
15	矽卡岩型铁矿	7	10	7	
16	海相沉积型锰矿	2		4	
17	海相沉积型磷矿	2		4	
18	红土型铝土矿	11	2	6	
19	层控或热液脉状层控型重晶石	2	2		
20	沉积变质型重晶石	4		2	
21	风化残积型重晶石	1	1		
22	岩浆热液充填型萤石矿	6	3	1	
23	沉积变质型硫铁矿	3	1	2	
24	矽卡岩型硫铁矿	3	1	4	
25	离子吸附型稀土矿	4	7	3	
26	沉积型褐煤		3		
27	沉积型油页岩		3		省内规定矿种
28	滨海沉积型锆英石钛铁矿砂矿	27	19		
29	残坡积型锆英石钛铁矿砂矿	5		7	
30	冲洪积型锆英石钛铁矿砂矿	12	3	11	
31	滨海沉积型独居石砂矿	5	8		
32	滨海沉积型石英砂砂矿	12	3		

二、各成矿区带预测区成果

（一）成矿区带划分情况

根据全国潜力评价项目成矿区带划分方案，海南省共划分为 1 个Ⅲ级成矿带、5 个Ⅳ级成矿亚带，具体如下：

Ⅲ-90 海南 Fe-Cu-Co-Mo-Au-Pb-Zn-水晶成矿带

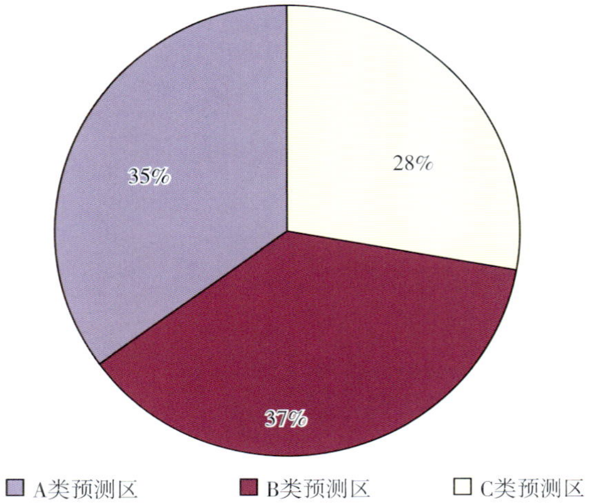

图 2-2-2　海南省重要矿种最小预测区级别分类统计图

Ⅲ-90-Ⅳ-51 雷琼裂谷石油、天然气、褐煤（油页岩）、高岭土成矿亚带
Ⅲ-90-Ⅳ-52 琼西结合带铁、钴（铜）、金、轻稀土、石墨、白云母、水晶、多金属成矿亚带
Ⅲ-90-Ⅳ-53 白沙陆内盆地萤石、金、铅成矿亚带
Ⅲ-90-Ⅳ-54 五指山岩浆弧铁、铝（钴）、铀、水晶、宝石、褐煤、石墨、多金属成矿亚带
Ⅲ-90-Ⅳ-55 三亚被动陆缘铁、磷、锰多金属成矿亚带

（二）各成矿区带预测区汇总情况

对Ⅳ级成矿亚带内全省重要矿种的最小预测及 2 级预测区进行统计汇总，结果见表 2-2-2、表 2-2-3。

表 2-2-2　海南省重要矿种Ⅳ级成矿区带最小预测区（1 级）汇总表

Ⅳ级成矿区带编号	Ⅳ级成矿区带名称	A 类最小预测区数量/个	B 类最小预测区数量/个	C 类最小预测区数量/个
Ⅲ-90-Ⅳ-51	雷琼裂谷石油、天然气、褐煤（油页岩）、高岭土成矿亚带		煤炭：3	
Ⅲ-90-Ⅳ-52	琼西结合带铁、钴（铜）、金、轻稀土、石墨、白云母、水晶、多金属成矿亚带	金：27；铅锌：2；铁：6；铜：3；钨：2；钼：2；银：8；萤石：2；重晶石：7；硫：3；稀土：4	金：36；铅锌：13；铁：1；铜：1；钨：1；钼：3；银：2；萤石：3；重晶石：3；硫：1；稀土：4	金：31；铅锌：4；铁：2；铜：2；钨：4；钼：3；银：10；重晶石：2；硫：2
Ⅲ-90-Ⅳ-53	白沙陆内盆地萤石、多金属矿田	萤石：4	铅锌：3	钨：1 萤石：1
Ⅲ-90-Ⅳ-54	五指山岩浆弧铁、铝（钴）、铀、水晶、宝石、褐煤、石墨、多金属矿田	金：1；铝：11；铅锌：4；铁：6；铜：1；钼：5；银：2；硫：3	金：3；铝：2；铅锌：9；铁：9；铜：9；钼：12；银：8；硫：1；稀土：3	金：6；铝：6；铅锌：13；铁：1；铜：5；钼：36；银：9；硫：4；稀土：3
Ⅲ-90-Ⅳ-55	三亚被动陆缘铁、磷、锰多金属矿田	磷：2；铁：1；钼：1；锰：2	铅锌：1；铁：1	磷：4；铁：6；锰：4；银：3

表 2-2-3　海南省重要矿种Ⅳ级成矿区带2级预测区汇总表

Ⅳ级成矿区带编号	Ⅳ级成矿区带名称	A类最小预测区数量/个	B类最小预测区数量/个	C类最小预测区数量/个
Ⅲ-90-Ⅳ-51	雷琼裂谷石油、天然气、褐煤（油页岩）、高岭土成矿亚带		煤炭：3	
Ⅲ-90-Ⅳ-52	琼西结合带铁、钴（铜）、金、轻稀土、石墨、白云母、水晶、多金属成矿亚带	金：3；铅锌：1；铁：1；铜：1；钨：1；银：3；萤石：1；重晶石：3；稀土：1	金：3；铅锌：5；钨：1；钼：1；银：1；萤石：2；重晶石：2；稀土：1	金：2；铅锌：1；钨：2；钼：2；银：5；硫：1
Ⅲ-90-Ⅳ-53	白沙陆内盆地萤石、多金属矿田	萤石：2	铅锌：2	钨：1；萤石：1
Ⅲ-90-Ⅳ-54	五指山岩浆弧铁、铝（钴）、铀、水晶、宝石、褐煤、石墨、多金属矿田	铝：11；铅锌：3；钼：2；银：1；硫：1	铝：2；铅锌：3；铁：1；铜：2；钼：7；银：5；稀土：1	金：1；铝：6；铅锌：6；铜：1；钼：12；银：3；硫：1；稀土：1
Ⅲ-90-Ⅳ-55	三亚被动陆缘铁、磷、锰多金属矿田	磷：1；钼：1；锰：1	铅锌：1	磷：1；铁：1；锰：1；银：3

从表2-2-2、表2-2-3可以看出，Ⅲ-90-Ⅳ-52琼西结合带铁、钴（铜）、金、轻稀土、石墨、白云母、水晶、多金属成矿亚带和Ⅲ-90-Ⅳ-54五指山岩浆弧铁、铝（钴）、铀、水晶、宝石、褐煤、石墨、多金属成矿亚带内多个矿种的预测区集中分布，矿产种类多，是海南省最重要的成矿区带，已探明的大部分贵金属、黑色金属和有色金属的预测区产于其中。

对Ⅲ级成矿带内重要矿种的预测工作区进行统计汇总，见表2-2-4。

表 2-2-4　海南省各矿种Ⅲ级成矿区带预测工作区汇总表

成矿区带编号	成矿区带名称	预测工作区数量/个
Ⅲ-90	海南Fe-Cu-Co-Mo-Au-Pb-Zn-水晶成矿带	金：3；磷：1；铝：1；铅锌：1；铁：3；铜：2；钨：2；钼：4；锰：1；银：3；萤石：1；重晶石：3；硫：2；稀土：1；煤炭：2；油页岩：2；石英砂：1；独居石：1；锆英石、钛铁矿：3

第三节　资源量成果统计分析

对海南省重要矿种的查明资源储量按Ⅳ级成矿区带进行统计汇总，汇总结果见表2-3-1。对海南省重要矿种预测资源量按深度及可利用性进行统计汇总，汇总结果见表2-3-2、图2-3-1、图2-3-2，按成矿区带及深度进行统计汇总，汇总结果见表2-3-3，按成矿区带及精度进行统计汇总，汇总结果见表2-3-4、图2-3-3。

表 2-3-1　海南省重要矿种Ⅳ级成矿区带查明资源储量汇总表

Ⅳ级成矿区带编号	Ⅳ级成矿区带名称	查明资源储量
Ⅲ-90-Ⅳ-51	雷琼裂谷石油、天然气、褐煤（油页岩）、高岭土成矿亚带	煤炭：16741.07×10^4t

续表

Ⅳ级成矿区带编号	Ⅳ级成矿区带名称	查明资源储量
Ⅲ-90-Ⅳ-52	琼西结合带铁、钴（铜）、金、轻稀土、石墨、白云母、水晶、多金属成矿带	金：139425kg；铅锌：63232t；铁：46330.8×10^4t；铜：111125t；钨：2465.9t；钼：3893.2t；银：79.789t；重晶石：64.266×10^4t；硫：514 3×10^4t；稀土：100097t
Ⅲ-90-Ⅳ-53	白沙陆内盆地萤石、多金属矿田	萤石：84.68×10^4t
Ⅲ-90-Ⅳ-54	五指山岩浆弧铁、铝（钴）、铀、水晶、宝石、褐煤、石墨、多金属矿田	金：4595 kg；铝：2438.9×10^4t；铅锌：355545t；铁：149×10^4t；铜：12457t；钼：273835.3601t；银：15.016t；硫：51.672×10^4t
Ⅲ-90-Ⅳ-55	三亚被动陆缘铁、磷、锰多金属矿田	磷：1382.1296×10^4t；铅锌：1211t；铁：205.5×10^4t；钼：13617.25t；锰：109.8×10^4t

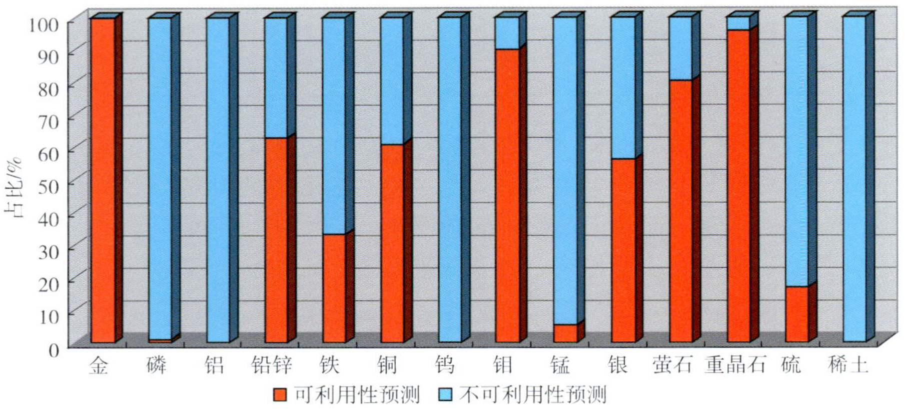

图 2-3-1　海南省重要矿种预测资源量可利用性统计分析图

可以看出，海南省金、重晶石预测资源量基本是可利用的，磷、铝、稀土、钨、锰等矿种预测资源量为暂不可利用，其余矿种为部分可利用。

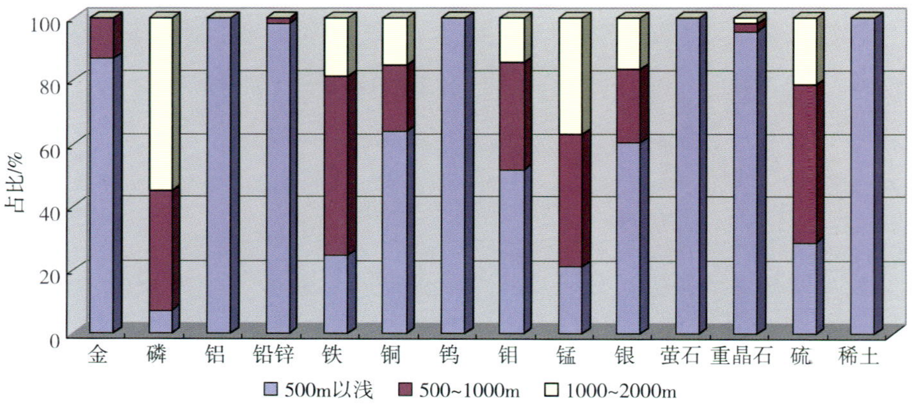

图 2-3-2　海南省重要矿种预测资源量按深度统计分析图

可以看出，海南省重要矿种预测资源量主要分布在500m以浅，铁、金、磷、锰、钼、银等矿种有部分预测资源量分布在大于500m的深度。

表 2-3-2 海南省重要矿种预测资源量按深度汇总表

矿种	500m 以浅	1000m 以浅	2000m 以浅	可利用性预测资源量
金	610970kg	702535kg	702535kg	702535kg
磷	294×10^4t	1797×10^4t	3977×10^4t	429×10^4t
铝	782×10^4t	782×10^4t	782×10^4t	
铅锌	3595311t	3667288t	3667288t	2305163t
铁	4905×10^4t	16039×10^4t	19720×10^4t	6565×10^4t
铜	197571t	261661t	308405t	188251t
钨	32033. 7t	3203t	3203t	
钼	1344727t	2220545t	2585469t	2329605t
锰	143×10^4t	421×10^4t	665×10^4t	37×10^4t
银	281. 425t	386. 482t	463. 105t	260. 83t
萤石	634×10^4t	634×10^4t	634×10^4t	510×10^4t
重晶石	268×10^4t	275×10^4t	280×10^4t	268×10^4t
硫	271×10^4t	734×10^4t	734×10^4t	161×10^4t
稀土	227640t	227640t	227640t	
煤炭		10607×10^4t		10607×10^4t

表 2-3-3 海南省重要矿种预测资源量按Ⅳ级成矿区带及深度汇总表

成矿区带编号	成矿区带名称	500m 以浅	1000m 以浅	2000m 以浅
Ⅲ-90-Ⅳ-51	雷琼裂谷石油、天然气、褐煤（油页岩）、高岭土成矿亚带		煤炭：10670×10^4t	煤炭：10670×10^4t
Ⅲ-90-Ⅳ-52	琼西结合带铁、钴（铜）、金、轻稀土、石墨、白云母、水晶、多金属成矿亚带	金：574881kg；铅锌：1002914t；铁：4457.5×10^4t；铜：50912t；钨：31833. 5t；钼：31294t；银：167. 430t；萤石：344×10^4t；重晶石：268×10^4t；硫：62×10^4t；稀土：201231t	金：666446kg；铅锌：1002914t；铁：11580×10^4t；铜：115002t；钼：56944t；银：272. 487t；萤石：344×10^4t；重晶石：275×10^4t；硫：444×10^4t；稀土：201231t	金：666446kg；铅锌：1002914t；铁：15261×10^4t；铜：161746t；钼：56944t；银：349. 110t；萤石：344×10^4t；重晶石：280×10^4t；硫：724×10^4t；稀土：201231t
Ⅲ-90-Ⅳ-53	白沙陆内盆地萤石、多金属矿田	铅锌：27506t；钨：200. 2t；萤石：289×10^4t	铅锌：27506t；钨：200. 2t；萤石：289×10^4t	铅锌：27506t；钨：200. 2t；萤石：289×10^4t
Ⅲ-90-Ⅳ-54	五指山岩浆弧铁、铝（钴）、铀、水晶、宝石、褐煤、石墨、多金属矿田	金：36089kg；铝：782×10^4t；铅锌：2557127t；铁：1381×10^4t；铜：146659t；钼：1267650t；银：110. 843t；硫：209×10^4t；稀土：26409t	金：36089kg；铝：782×10^4t；铅锌：2629104t；铁：1381×10^4t；铜：146659t；钼：2096790t；银：110. 843t；硫：210×10^4t；稀土：26409t	金：36089kg；铝：782×10^4t；铅锌：2629104t；铁：1381×10^4t；铜：146659t；钼：2461714t；银：110. 843t；硫：209×10^4t；稀土：26409t
Ⅲ-90-Ⅳ-55	三亚被动陆缘铁、磷、锰多金属矿田	磷：294×10^4t；铅锌：7764t；铁：3080×10^4t；钼：45783t；锰：143×10^4t；银：3. 152t	磷：1797×10^4t；铅锌：7764t；铁：3078×10^4t；钼：66811t；锰：421×10^4t；银：3. 152t	磷：3977×10^4t；铅锌：7764t；铁：3078×10^4t；钼：66811t；锰：665×10^4t；银：3. 152t

表 2-3-4　海南省重要矿种预测资源量按Ⅳ级成矿区带及精度汇总表

成矿区带编号	成矿区带名称	334-1 预测资源量	334-2 预测资源量	334-3 预测资源量	可利用性预测资源量
Ⅲ-90-Ⅳ-51	雷琼裂谷石油、天然气、褐煤（油页岩）、高岭土成矿亚带		煤炭：10670×10^4t		煤炭：10670×10^4t
Ⅲ-90-Ⅳ-52	琼西结合带铁、钴（铜）、金、轻稀土、石墨、白云母、水晶、多金属成矿亚带	金：175198kg；铅锌：52261t；铁：6532×10^4t；铜：50912t；钨：10578t；钼：39283t；银：85.751t；重晶石：98×10^4t；硫：62×10^4t；稀土：101044t	金：488492kg；铅锌：542707t；钨：1839.3t；钼：12229t；银：51.528t；萤石：287×10^4t；重晶石：169×10^4t；稀土：81491t	金：2756kg；铅锌：407946t；铁：8728×10^4t；铜：110834t；钨：19416.2t；钼：5432t；银：211.831t；萤石：57×10^4t；重晶石：12×10^4t；硫：662×10^4t；稀土：18696t	金：666446kg；铅锌：324236t；铁：6532×10^4t；铜：50912t；钼：54883t；银：162.817t；萤石：256×10^4t；重晶石：268×10^4t；硫：62×10^4t
Ⅲ-90-Ⅳ-53	白沙陆内盆地萤石、多金属矿田	萤石：102×10^4t	铅锌：27506t；萤石：168×10^4t	钨：2002.2t；萤石：19×10^4t	铅锌：27506t；萤石：254×10^4t
Ⅲ-90-Ⅳ-54	五指山岩浆弧铁、铝（钴）、铀、水晶、宝石、褐煤、石墨、多金属矿田	金：8415kg；铝：4.5×10^4t；铅锌：758126t；铁：994×10^4t；铜：31332t；钼：582486t；银：19.389t；硫：84×10^4t	金：26299kg；铝：777×10^4t；铅锌：386021t；铁：387×10^4t；钼：567335t；银：64.060t；硫：64×10^4t；稀土：8159t	金：1375kg；铅锌：1484957t；铁：0.5×10^4t；铜：115327t；钼：1311893t；银：27.394t；硫：62×10^4t；稀土：18350t	金：36089kg；铅锌：1945657t；铁：32×10^4t；铜：137339t；钼：2207911t；银：94.861t；硫：100×10^4t
Ⅲ-90-Ⅳ-55	三亚被动陆缘铁、磷、锰多金属矿田	磷：2874×10^4t；钼：66811t；锰：407×10^4t	磷：1084×10^4t；铅锌：7764t；铁：317×10^4t；锰：255×10^4t；	磷：19×10^4t；铁：2760×10^4t；锰：3.5×10^4t；银：3.152t	磷：43×10^4t；铅锌：7764t；钼：66811t；锰：37×10^4t；银：3.152t

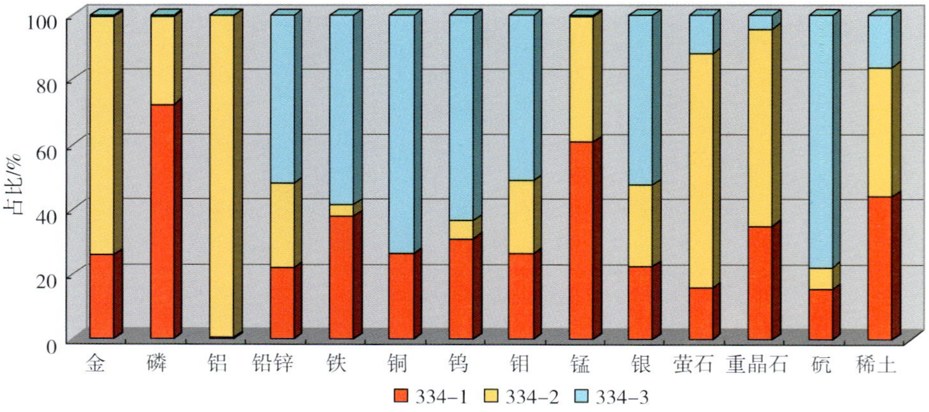

图 2-3-3　海南省重要矿种预测资源量按精度统计分析图

可以看出，海南省重要矿种中磷、锰矿种 334-1 预测资源量级别占比较大，铜、钨、硫矿种 334-3 预测资源量占比较大，铝矿种都为 334-2 级别预测资源量，金、磷、锰矿种无 334-3 级别预测资源量，其余矿种预测资源量精度分布比较均衡。

对海南省重要矿种的矿产预测类型进行预测资源量汇总，汇总结果见表 2-3-5、图 2-3-4 至图 2-3-12。

表 2-3-5　海南省重要矿种预测资源量按矿产预测类型汇总表

矿产预测类型编号	矿产预测类型名称	预测资源量
1	破碎-蚀变岩型金矿	273981kg
2	石英脉型金矿	428554kg
3	沉积变质型银矿	214.747t
4	与酸性岩浆有关的热液型银矿	168.909t
5	脉型银矿	79.449t
6	沉积变质型铜矿	161746t
7	陆相火山岩型铜矿	146659t
8	脉型铅锌矿	3667288t
9	与岩浆热液作用有关脉型钼矿	1004956t
10	斑岩型钼矿	449564t
11	陆相火山岩型钼矿	1130949t
12	矽卡岩-云英岩型钨矿	4238t
13	斑岩型钨矿	27795.7t
14	沉积变质型铁矿	15261×10^4t
15	矽卡岩型铁矿	4459×10^4t
16	海相沉积型锰矿	665×10^4t
17	海相沉积型磷矿	3977×10^4t
18	红土型铝土矿	782×10^4t
19	层控或热液脉状层控型重晶石	145×10^4t
20	沉积变质型重晶石	16×10^4t
21	风化残积型重晶石	120×10^4t
22	岩浆热液充填型萤石矿	634×10^4t
23	沉积变质型硫铁矿	724×10^4t
24	矽卡岩型硫铁矿	210×10^4t
25	离子吸附型稀土矿	227640t
26	沉积型褐煤油页岩	10607×10^4t

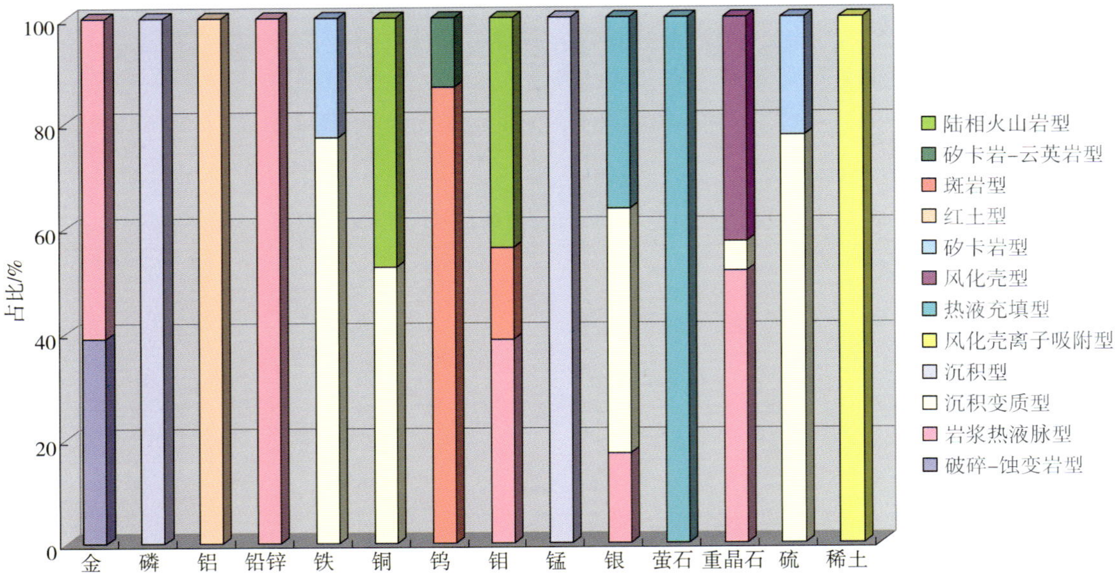

图 2-3-4　海南省重要矿种预测资源量按预测类型统计分析图

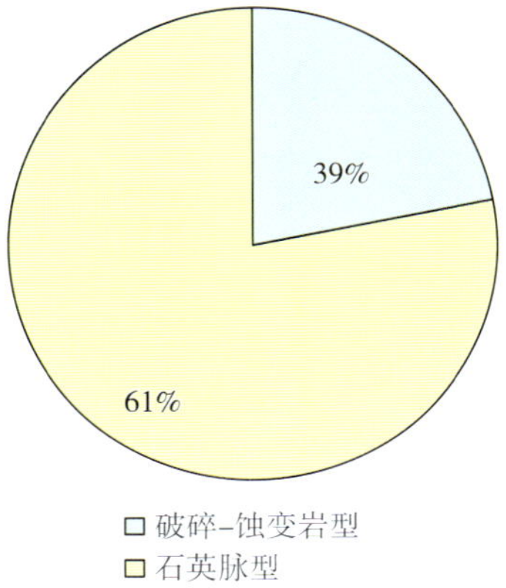

图 2-3-5　海南省金矿种预测资源量按预测类型统计分析图

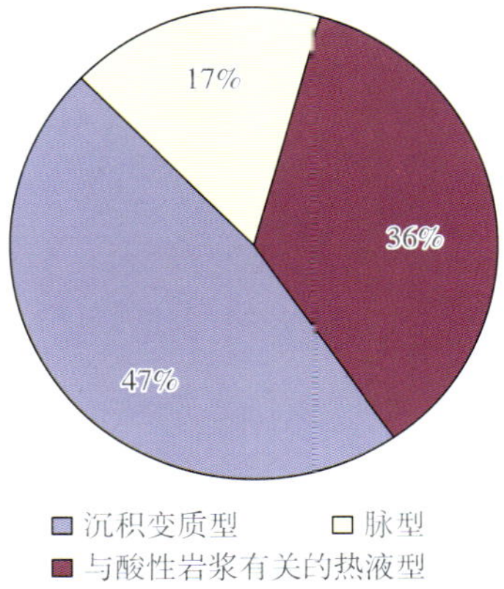

图 2-3-6　海南省银矿种预测资源量按预测类型统计分析图

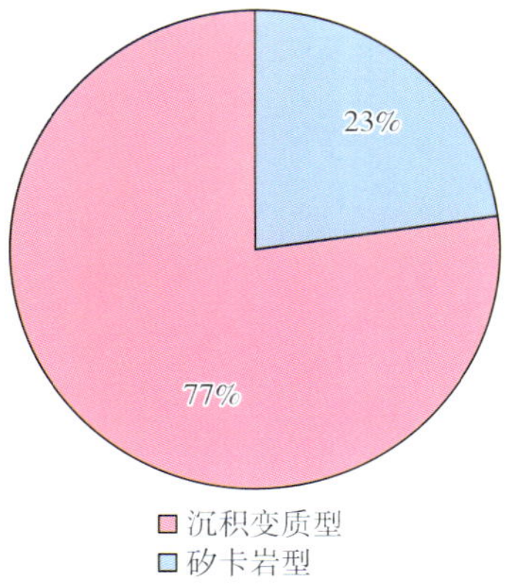

图 2-3-7　海南省铁矿种预测资源量按预测类型统计分析图

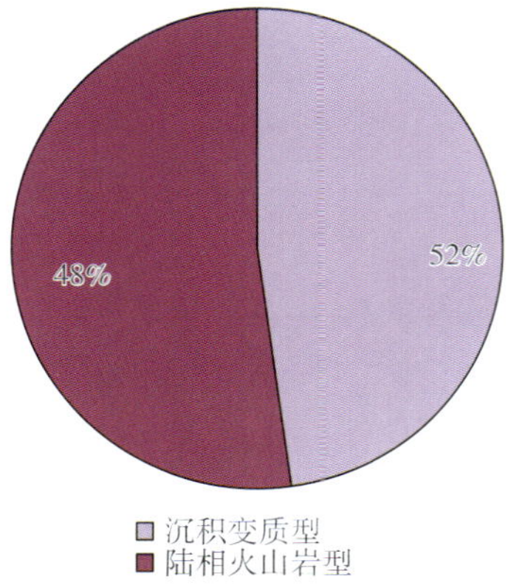

图 2-3-8　海南省铜矿种预测资源量按预测类型统计分析图

可以看出，金矿种两种预测类型均很重要，预测资源量以石英脉型为主，银矿种预测资源量以沉积变质型为主，与岩浆作用有关的热液型次之，铁矿种预测资源量以沉积变质型为主，铜矿预测资源量沉积变质型与陆相火山岩型所占比例相差不大，钼矿预测资源量以岩浆热液型及陆相火山岩型为主，钨矿预测资源量以斑岩型为主，重晶石预测资源量以风化残积型及热液型为主，硫铁矿预测资源量以沉积变质型为主。

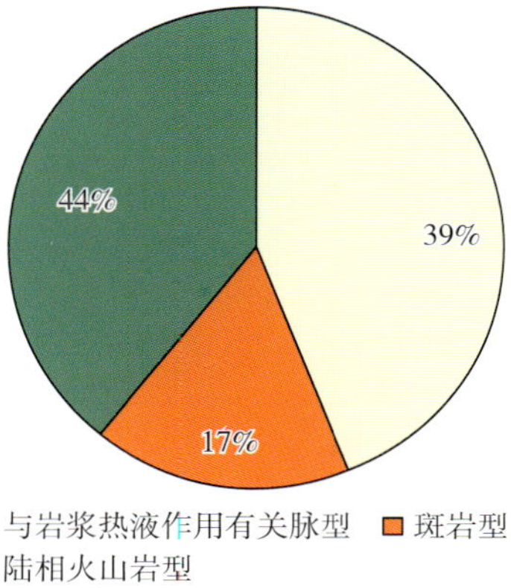

图 2-3-9 海南省钼矿种预测资源量按预测类型统计分析图

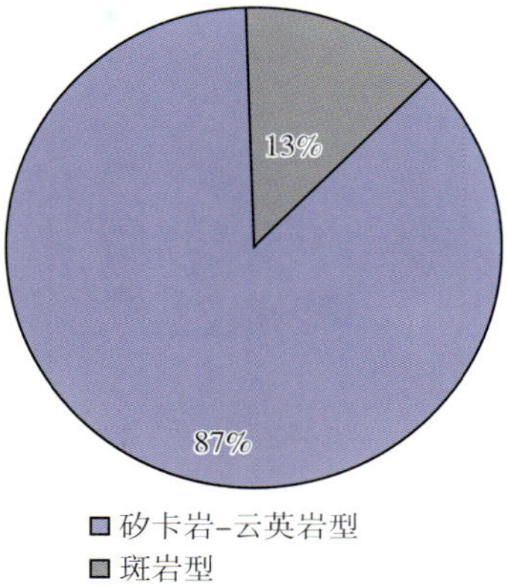

图 2-3-10 海南省钨矿种预测资源量按预测类型统计分析图

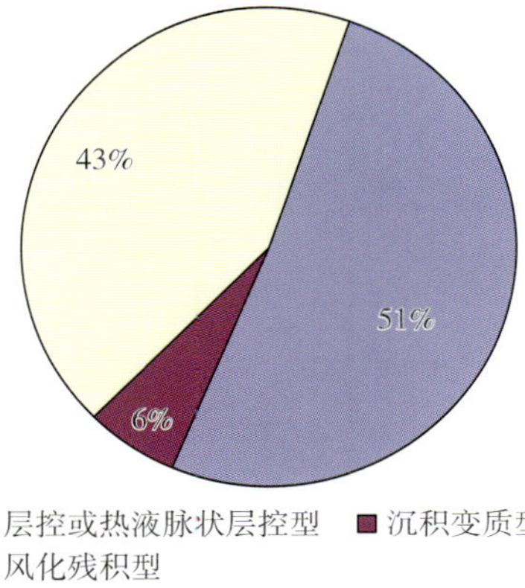

图 2-3-11 海南省重晶石矿种预测资源量按预测类型统计分析图

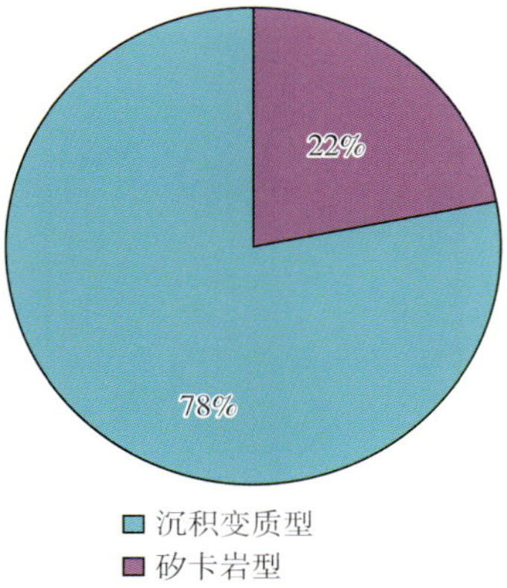

图 2-3-12 海南省硫矿种预测资源量按预测类型统计分析图

对海南省国家规定矿种及省内规定矿种的预测资源量进行了综合汇总，见表 2-3-6。

表 2-3-6 海南省重要矿种预测资源量按矿产预测类型汇总表

矿种	单位	334-1 预测资源量	334-2 预测资源量	334-3 预测资源量	500m 以浅预测资源量	1000m 以浅预测资源量	2000m 以浅预测资源量	可利用性预测资源量	备注
金	kg	183613.00	514791.00	4131.00	610970.00	702535.00	702535.00	702535.00	国家规定矿种
磷	10^4t	2874	1084	19	294	1797	3977	43	
铝	10^4t	4.5	777		782	782	782		
铅锌	t	810387.00	963998.00	1892903.00	3595311.00	3667288.00	3667288.00	2305163.00	
铁	10^4t	7526	705	11489	4905	16039	19720	6565	
铜	t	82244.00		226161.00	197571.00	261661.00	308405.00	188251.00	
钨	t	10578.00	1839.30	21418.40	32033.70	32033.70	32033.70		

续表

矿种	单位	334-1 预测资源量	334-2 预测资源量	334-3 预测资源量	500m 以浅预测资源量	1000m 以浅预测资源量	2000m 以浅预测资源量	可利用性预测资源量	备注
钼	t	688580.00	579564.00	1317325.00	1344727.00	2220545.00	2585469.00	2329605.00	国家规定矿种
锰	10^4t	407	255	3.5	143	421	665	37	
银	t	105.14	115.59	242.38	281.43	386.48	463.11	260.83	
萤石	10^4t	102	455	76	634	634	634	510	
重晶石	10^4t	98	169	12	268	275	280	268	
硫	10^4t	145	64	724	271	734	933	161	
稀土	t	101044.00	89650.00	37046.00	227640.00	227640.00	227640.00		
煤炭	10^4t		10670.00						
锆英石	t	7944267.99	789622.10	243928.45	2781667.25			4983742.22	省内规定矿种
钛铁矿	t	38634172.94	4238921.99	1368347.98	14083046.43			24305516.15	
独居石	t	46078.30	32465.73		39357.30			25368.73	
石英砂	10^4t		12375		12375				
油页岩	10^4t		3065976.58						

第四节　综合预测区汇总成果

对海南省重要矿种最后圈定的综合预测区级别按Ⅲ级成矿区带及Ⅳ级及成矿区带进行汇总，汇总结果见表 2-4-1 及表 2-4-2。对开展的省级规定的锆英石、钛铁矿、石英砂、独居石砂矿和油页岩的综合预测区级别按Ⅲ级成矿区带进行汇总，汇总结果见表 2-4-3。

表 2-4-1　海南省重要矿种Ⅲ级成矿区带综合预测区汇总表

成矿区带编号	成矿区带名称	A 类最小预测区数量/个	B 类最小预测区数量/个	C 类最小预测区数量/个
Ⅲ-90	海南 Fe-Cu-Co-Mo-Au-Pb-Zn-水晶成矿带	13	13	16

表 2-4-2　海南省重要矿种Ⅳ级成矿区带综合预测区汇总表

成矿区带编号	成矿区带名称	A 类最小预测区数量/个	B 类最小预测区数量/个	C 类最小预测区数量/个
Ⅲ-90-Ⅳ-52	琼西结合带铁、钴（铜）、金、轻稀土、石墨、白云母、水晶、多金属成矿亚带	5	6	3
Ⅲ-90-Ⅳ-53	白沙陆内盆地萤石、金、铅成矿亚带	1		1
Ⅲ-90-Ⅳ-54	五指山岩浆弧铁、铝（钴）、铀、水晶、宝石、褐煤、石墨、多金属成矿亚带	6	6	11
Ⅲ-90-Ⅳ-55	三亚被动陆缘铁、磷、锰多金属成矿亚带	1	1	1

表 2-4-3　海南省省级矿种Ⅲ级成矿区带综合预测区汇总表

成矿区带编号	成矿区带名称	A 类最小预测区数量/个	B 类最小预测区数量/个	C 类最小预测区数量/个
Ⅲ-90	海南 Fe-Cu-Co-Mo-Au-Pb-Zn-水晶成矿带	5	3	

对海南省重要矿种最后圈定的综合预测区的预测资源量进行汇总，汇总结果见表 2-4-4。

表 2-4-4　重要矿种综合预测区预测资源量汇总表

综合预测区编号	综合预测区名称	重要矿种 500m 以浅	重要矿种 1000m 以浅	重要矿种 2000m 以浅
1	文昌铝土矿综合预测区	铝土矿：782×10^4t	铝土矿：782×10^4t	铝土矿：782×10^4t
2	富文综合预测区	金：36089kg；银：79. 449t	金：36089kg；银：79. 449t	金：36089kg；银：79. 449t；
3	银瓶岭-安墩综合预测区	铅锌：186298t；钼：5119t	铅锌：186298t；钼：6184t	铅锌：186298t；钼：6184t；
4	仁村综合预测区	重晶石：94×10^4t	重晶石：94×10^4t	重晶石：94×10^4t
5	南坤园综合预测区	银：5. 432t	银：5. 432t	银：5. 432t
6	兰洋综合预测区	钨：11914. 7t；银：60. 186t	钨：11914. 7t；银：60. 186t	钨：11914. 7t；银：60. 186t
7	黎母岭-高通岭综合预测区	铅锌：20578t；钼：76704t	铅锌：20578t；钼：102942t	铅锌：20578t；钼：102942t
8	加参综合预测区	铅锌：19114t；钼：587t	铅锌：19114t；钼：709t	铅锌：19114t；钼：709t
9	梅岭综合预测区	钼：25712t	钼：40759t	钼：40759t
10	上昌村-福田镇综合预测区	钼：15943t	钼：24553t	钼：24553t
11	邦溪综合预测区	金：31194kg；银：1. 764t	金：31194kg；银：1. 764t	金：32262kg；银：1. 764t；
12	先西-道隆综合预测区	银：9. 901t	银：9. 901t	银：9. 901t
13	叉河-石碌综合预测区	铅锌：18291t；钼：2013t	铅锌：18291t；钼：2432t	铅锌：18291t；钼：2432t
14	石碌综合预测区	铁：5848×10^4t；铜：50912t；硫：62×10^4t；银：67. 768t；重晶石：3.8×10^4t	铁：26165×10^4t；铜：115002t；硫：444×10^4t；银：67. 768t；重晶石：11×10^4t	铁：29846×10^4t；铜：161746t；硫：724×10^4t；银：67. 768t；重晶石：16×10^4t；
15	坝王岭综合预测区	稀土：27498t	稀土：27498t	稀土：27498t
16	二甲综合预测区	金：322101kg；银：28. 084t；萤石：57×10^4t	金：352482kg；银：28. 084t；萤石：57×10^4t	金：352482kg；银：28. 084t；萤石：57×10^4t
17	尖雅-王下综合预测区	金：19512kg；银：26. 882t；铅锌：825305t；萤石：287×10^4t	金：24245kg；银：26. 882t；铅锌：825305t；萤石：287×10^4t	金：24245kg；银：26. 882t；铅锌：825305t；萤石：2873.053×10^4t
18	黑眉综合预测区	铅锌：68230t；钨：4038. 7t；钼：14304t	铅锌：68230t；钨：4038. 7t；钼：23329t	铅锌：68230t；钨：4038. 7t；钼：23329t
19	尖峰岭综合预测区	稀土：173733t	稀土：173733t	稀土：173733t

综合预测区编号	综合预测区名称	重要矿种 500m 以浅	重要矿种 1000m 以浅	重要矿种 2000m 以浅
20	抱界综合预测区	铅锌：14934t；钨：16081.2t；银：2.111t；钼：14977t；萤石：$5.5×10^4$t	铅锌：14934t；钨：16081.2t；银：2.111t；钼：31183t；萤石：$5.5×10^4$t	铅锌：14934t；钨：16081.2t；银：2.111t；钼：31183t；萤石：$5.5×10^4$t
21	德霞村－牙寨综合预测区	萤石：$284×10^4$t	萤石：$284×10^4$t	萤石：$284×10^4$t
22	番阳综合预测区	稀土：18350t	稀土：18350t	稀土：18350t
23	初保－牙好综合预测区	铅锌：407137t	铅锌：407137t	铅锌：407137t
24	军民村－牙代综合预测区	钼：34267t	钼：45978t	钼：45978t
25	毛辉综合预测区	铅锌：248414t；银：2.574t	铅锌：248414t；银：2.574t	铅锌：248414t；银：2.574t
26	乘坡综合预测区	铅锌：130428t	铅锌：151973t	铅锌：151973t
27	王道综合预测区	银：2.158t	银：2.158t	银：2.158t
28	牛上岭综合预测区	钼：235633t	钼：319047t	钼：319047t
29	三合水－杨梅综合预测区	稀土：8059t	稀土：8059t	稀土：8059t
30	岭门－长丰综合预测区	钼：100892t；铅锌：123453t	钼：136022t；铅锌：123453t	钼：136022t；铅锌：123453t
31	看树岭－后万岭综合预测区	铅锌：1044499t；银：8.568t；钼：81752t	铅锌：1044499t；银：8.568t；钼：122325t	铅锌：1044499t；银：8.568t；钼：122325t
32	大母岭综合预测区	银：1.683t；钼：105287t	银：1.683t；钼：207415t	银：1.683t；钼：207415t
33	毛胆综合预测区	铁：$1381×10^4$t；银：13.783t；钼：9415t；铅锌：9088t；铜：77610t；硫：$53×10^4$t	铁：$1381×10^4$t；银：13.783t；钼：16928t；铅锌：9088t；铜：77610t；硫：$53×10^4$t	铁：$1381×10^4$t；银：13.783t；钼：19102t；铅锌：9088t；铜：77610t；硫：$53×10^4$t
34	加茂综合预测区	铅锌：343382t；钼：137600t	铅锌：343382t；钼：186310t	铅锌：343382t；钼：186310t
35	雅亮综合预测区	铅锌：44507t；铜：26617t	铅锌：44507t；铜：26617t	铅锌：44507t；铜：26617t
36	新村－六罗综合预测区	银：0.442t；钼：298897t；铜：42432t	银：0.442t；钼：674024t；铜：42432t	银：0.442t；钼：1009071t；铜：42432t
37	陵城－南田综合预测区	银：1.669t；钼：148088t；铅锌：7764t	银：1.669t；钼：205332t；铅锌：7764t	银：1.669t；钼：205332t；铅锌：7764t
38	南顶岭综合预测区	钼：37537t	钼：75073t	钼：102776t
39	南山综合预测区	银：2.01t	银：2.01t	银：2.01t
40	大茅－田独综合预测区	铁：$3078×10^4$t；磷：$294×10^4$t；锰：$143×10^4$t	铁：$3078×10^4$t；磷：$1797×10^4$t；锰：$421×10^4$t	铁：$3078×10^4$t；磷：$3978×10^4$；锰：$665×10^4$t
41	文昌东北部综合预测区	锆英石：278338.75t；钛铁矿：1531585.80t；石英砂：$283828×10^4$t		

续表

综合预测区编号	综合预测区名称	重要矿种 500m 以浅	重要矿种 1000m 以浅	重要矿种 2000m 以浅
42	文昌－琼海综合预测区	锆英石：612951.34t；钛铁矿：2864307.81t；独居石：9553.47t		
43	万宁－陵水综合预测区	锆英石：1222644.41t；钛铁矿：5619152.12t；独居石：23253.09t		
44	琼西南综合预测区	锆英石：457898.54t；钛铁矿：2746397.73t；独居石：6550.74t		
45	东方－儋州综合预测区	锆英石：150719.59t；钛铁矿：988971.34t；石英砂：31008×10^4t		
46	临高综合预测区	锆英石：59114.61t；钛铁矿：332631.63t		
47	长坡综合预测区	油页岩：306372.23×10^4t；煤炭：10237.2×10^4t		
48	长昌综合预测区	油页岩：2253.35×10^4t；煤炭：432.8×10^4t		

第三章　雷琼裂谷石油、天然气、褐煤、油页岩、高岭土Ⅳ级成矿区带预测成果

第一节　区域地质背景

雷琼陆内裂谷分布于王五-文教断裂与琼州海峡断裂之间，接受了一套厚达数千米的古近系—第四系沉积，后期火山喷发活动强烈，玄武岩大面积覆盖。沉积厚度东薄西厚，东部海域1000~2000m，西部海域2000~3000m，局部区域有4000~6000m的局部圈闭（即沉积中心），沉积中心分布于福山-北部湾一带，古近系陆相沉积厚度最大达4000余米，新近系滨浅海相沉积厚度最大达2000余米。见图3-1-1。

区带内流沙港组、涠洲组及下洋组是石油、天然气的生油和储油层位；长坡组是褐煤、油页岩、黏土矿的主要含矿、赋矿层位；秀英组是黏土矿床（建筑砖瓦原料）的含矿层位；烟墩组是锆英石、钛铁矿的主要含矿层位；八所组是石英砂、锆英石、钛铁矿的主要含矿赋矿层位；北海组及全新统冲洪积层是锆英石、钛铁矿、石英砂的重要含矿、赋矿层之一。

流沙港组（E_2l）：为一套灰色碎屑岩，由深灰、灰黑、灰绿色泥岩与灰白色中、细砂岩、含砾砂岩、砂砾岩不等厚互层组成，中部夹薄层玄武岩，含砾砂岩微含油或具油斑。厚度576~1209m。顶部与上覆涠洲组整合接触。流沙港组对金凤小型石油天然气矿床有成矿控制作用。

涠洲组（E_3w）：岩性为棕红、灰绿、棕黄、浅灰色泥岩与浅灰色含砾砂岩、砂砾岩不等厚互层，局部夹数层玄武岩。厚度482~1677m。顶部以棕色泥岩与上覆下洋组不整合接触。涠洲组是储油层位。

下洋组（N_1x）：为一套粗碎屑岩，以灰白、浅灰色砂砾岩、砂岩、粉砂岩为主，夹灰绿色粉砂质泥岩及泥岩，局部互层。厚度121.4~236m。顶部以中砂岩与上覆角尾组整合接触。下洋组为储油层位。也是琼北地下水水源地的含水层位之一。

长坡组（N_1c）：为陆相含煤沉积。以灰、蓝灰色黏土岩、粉砂质黏土岩、泥质粉砂岩为主，夹灰色钙质含油页岩和褐煤层，底部见杂色砾岩、砂砾岩、泥质中粗砂岩。厚度294~331m。与上覆灯楼角组呈平行不整合接触，与下伏鹿母湾组呈不整合接触。

秀英组（Qp^1x）：平行不整合于海口组（或望楼港组）之上，被北海组平行不整合覆盖的一套以灰色黏土或亚黏土为主，次为浅灰白色砂层、砂砾层组成的地层，局部夹一层基性火山岩。厚度5~50.38m。秀英组是黏土矿床（建筑砖瓦原料）的含矿层位。

北海组（Qp^2b）：平行不整合于秀英组之上，被道堂组喷发不整合覆盖。岩性为桔黄、棕红、褐红色亚砂土、砂、砂砾、砂质砾石层组成。底部砂砾层往往含玻璃陨石成含铁质结核。厚度5~19m。

八所组（Qp^3bs）：平行不整合于秀英组之上，未见顶。在地貌上表现为海成Ⅱ级或Ⅲ级阶地。岩性为棕黄、黄及白色粉细砂、中砂及含细砾中粗砂层。厚度3.4~519m，是玻璃砂矿的主要控矿层位。

烟墩组（Qh^3y）：为滨海、潟湖系列沉积。岩性为砂砾、砂、有机质黏土、粉砂质黏土及海滩岩，厚度1.8~24.3m，是滨海钛铁矿、锆英石、独居石砂矿的主要含矿层位。

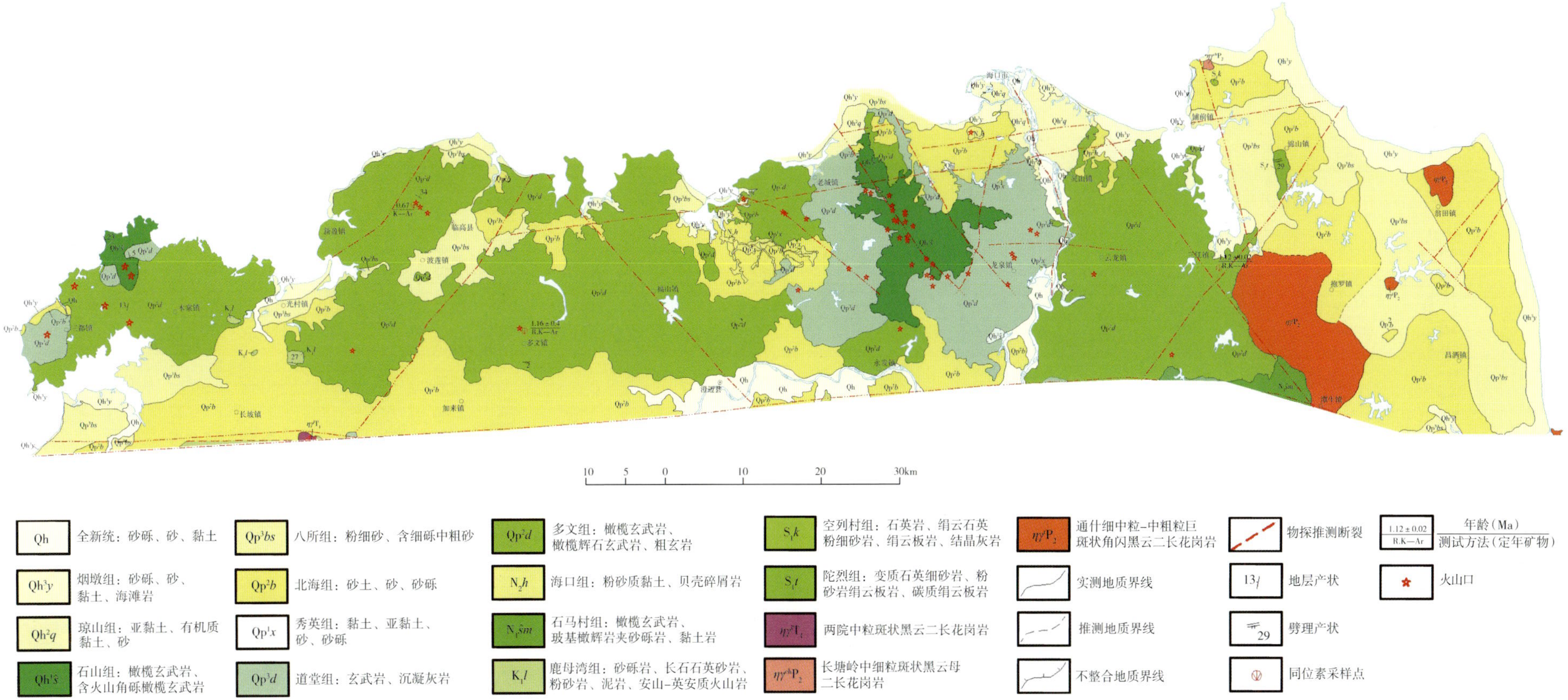

图3-1-1 雷琼裂谷石油、天然气、褐煤、油页岩、高岭土Ⅳ级成矿区带地质图

第二节　区域矿产特征

区带内已知矿产有石油、天然气、褐煤、油页岩、沸石、澎润土、钛铁矿、锆英石、石英砂等矿产，形成时间为古近纪—第四纪（图 3-2-1）。

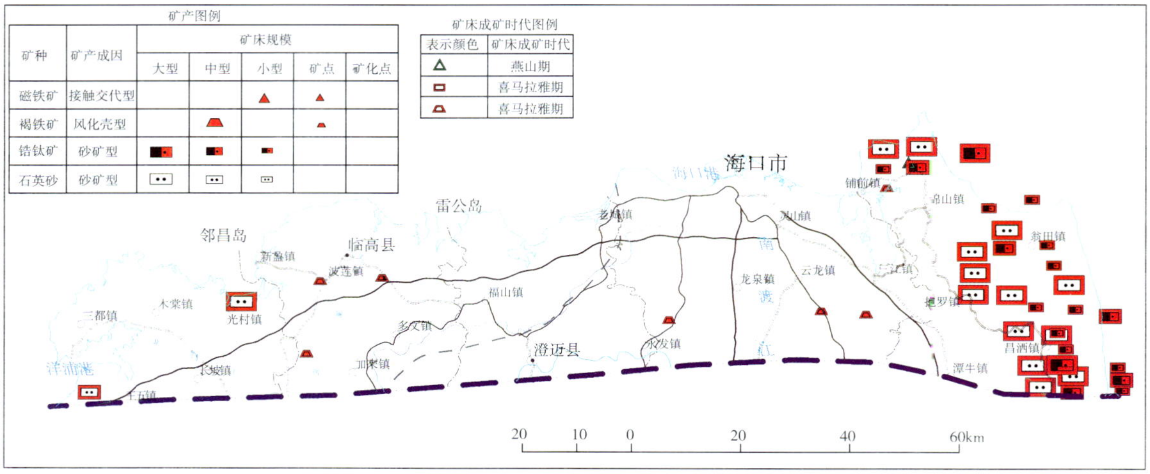

图 3-2-1　雷琼裂谷Ⅳ级成矿区带矿产分布图

石油、天然气主要分布于福山地区，矿产地有海口金凤、福山的花场及美盈等小型油气田。

长坡大型褐煤、油页岩矿床主要分布在区带西段的长坡新近纪盆地中，主要受盆地及长坡组第四段控制。

沸石、膨润土矿床主要分布在区带北部海口市的金牛岭一带，主要受火山岩层位、性质及风化程度控制。

钛铁矿、锆英石、石英砂砂矿主要分布在区带的东、西两端，零星分布在北部海岸带，主要受含矿层位烟敦组、八所组等控制。

第三节　地球物理、地球化学、遥感、自然重砂特征及推断成果

一、地球物理特征及推断成果

（一）航磁特征

在区内铺前—文昌一线以西为负磁场背景上出现剧烈跳动的强度变化特别大（图 3-3-1）、梯度变化特别陡的磁场，以东却出现一片全岛极小值最大的负磁场，其中有轻微的起伏，并有一些局部异常显示。区内为新生代断陷，以发育断陷作用和巨厚的新生代碎屑岩沉积和玄武岩类为特征。古近-新近系发育河湖相和滨海相碎屑岩、可燃性有机岩、火山岩等沉积建造，第四系发育滨海-潟湖相和河流-三角洲相碎屑岩、火山岩等建造。古近-新近纪和第四纪火山喷发活动频繁，广泛发育琼北火山岩。

根据物性资料表明，区内呈岩被状分布的古近-新近纪、第四纪火山喷岩具有较强磁性，但分布不均匀，区中分布不规则异常与其相对应。古近-新近纪、第四纪沉积均为无磁性或弱磁性，多对应平静磁场区。另外，在琼东北地区出现的一些局部磁异常为后期侵入的基性岩体的反映。因而根据异常可推断含矿盆地。

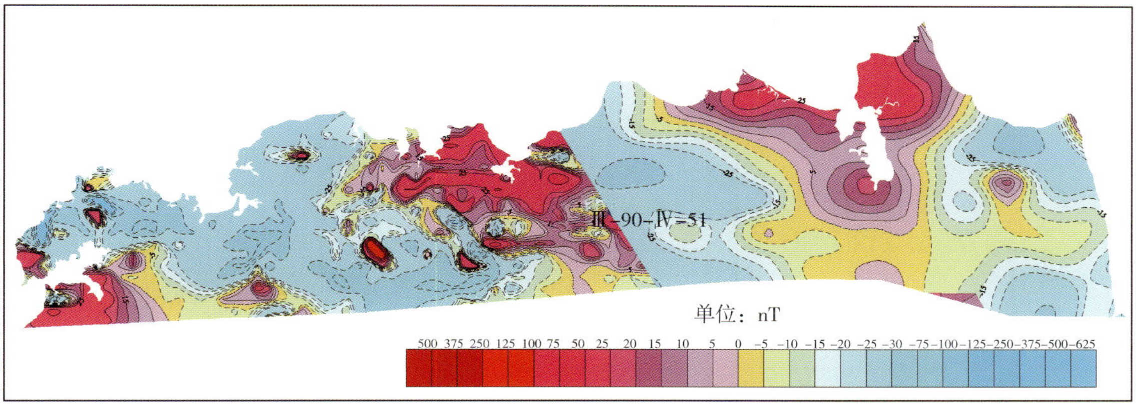

图 3-3-1　海南岛雷琼裂谷Ⅳ级成矿带及（ΔT）等值线平面图

（二）重力特征

区内主要以幅度相对变化较大的重力高与重力低相间分布，其间多具明显梯级带为特征。等值线多呈东西向、北西向，其重力高与结晶基底隆起有关，重力低与新生代凹陷相对应，重力梯级带为断裂的反映，而且这些断裂控制着上述凹陷发生与发展。剩余重力异常主要有：邻昌剩余重力负异常、临高剩余重力正异常、福山剩余重力负异常、海口剩余重力负异常、东寨港剩余重力负异常、文教剩余重力负异常、云龙剩余重力正异常。以上剩余重力负异常为新生代凹陷的反映，如福山新生代凹陷，为北深南浅的箕状；据收集的资料，美台附近深 938m 处见白垩系，而马袅附近深 3536m 处仍为古近系。对重力异常正演拟合计算结果，凹陷最大深度 5900m 左右。而且这些新生代凹陷多与石油、天然气、褐煤、油页岩等矿产有着密切的关系，是海南省寻找石油、天然气、褐煤、油页岩等矿产的理想区域。如褐煤、油页岩主要分布长坡凹陷中，石油、天然气主要分布于福山凹陷中。剩余重力正异常与结晶基底隆起有关。另外，区内推断具有一定规模的断裂 20 条（图 3-3-2），其中北西向断裂 10 条，北东向断裂 8 条，南北向和东西向各 1 条，其中规模最大的断裂为东西向的王五-文教深大断裂带，该断裂为雷琼大裂谷和五指山岩浆弧的分界线，而且控制着众

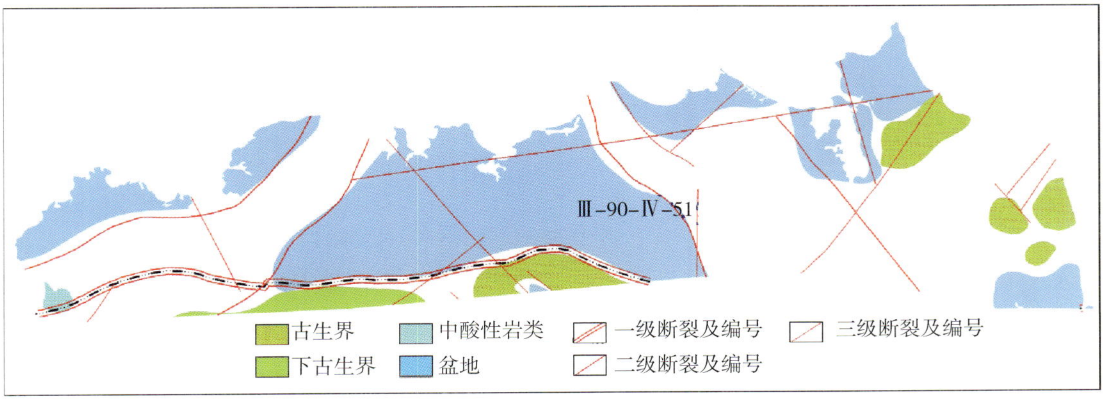

图 3-3-2　海南岛雷琼裂谷Ⅳ级成矿区带物探推断解译图

多新生代沉积凹陷（如长坡、福山、文岭、文教）的发生和发展。其次为博厚-铺前断裂，该断裂是引起琼山 1605 年大地震的主断裂。

通过以上对异常的分析可以看出，在该区带内重力异常可以用于圈定含石油、天然气、褐煤、油页岩等盆地。

二、地球化学特征及推断成果

（一）地球化学异常特征

区带内地球化学场特征表现为 Ti、Ni、Cr、Co、Nb、Fe_2O_3、Ca、V、P、Mo、Mn、Sn、Zr 等呈高背景场，As、K_2O、Sb、Bi、Cd、Li、F、Ba、U、Pb、Na_2O、MgO、Ag、Th、Be、W、Y、Hg、CaO、Au、B、Sr、La、SiO_2 等呈低背景场。主要金属成矿元素 Au、Ag、Cu、Pb、Zn、Sb 等表现为中低背景，很少出现高背景或异常。地球化学异常对区内主要的石油、天然气、褐煤、油页岩矿产等基本没有指示意义。

（二）地球化学推断地质构造

基于 Co、Cr、Mn、Ni、Ti、V、Fe_2O_3 等铁族元素组合相关指标推断基性火山岩（玄武岩）范围。高值区分布于琼北一带，与实际地质体吻合程度良好。

基于 SiO_2 高值区推断为陆源碎屑岩类分布范围。高值区位于环岛周边和王五至文教一线，为实际情况的第四系（主要为海相沉积）分布范围，两者吻合良好，依图层属性库中下属词命名为“陆源碎屑岩”。

三、遥感特征及推断成果

（一）区域地质构造遥感特征

该矿带地表切割较弱，起伏和缓，地质构造遥感特征表现比较隐晦。矿带内共解译出线要素 97 条，环形构造 51 个。带要素为第四纪琼北基性火山岩，其遥感特征为较深的色调和连续的细斑纹，组戍一长约 60km 的影纹带，与上、下区别明显。矿带中遥感色、块要素特征不显（图 3-3-3）。

矿带内解译出大型构造王五-文教断裂带，该断裂带贯穿于矿带南部，曰一系列走向东西向断裂带组成，东段和中段在遥感影像上形迹较清晰，多呈连续的带状沟谷，西段遥感特征不明显。

矿带内共解译出中小型构造 90 余条，主要分布于矿带中部和东部，中部地区的中小型构造走向以东西向和北东为主；东部地区的中小型构造基本都有分布，构造走向以北东向为主。

矿带中遥感环形要素比较发育，共解译出环形构造 50 余处，其成因为：构造穹隆或构造盆地，火山口，火山机构或通道等。环形构造在空间分布上有明显的规律：西部与东部分布较少，大部分环形构造集中在中东部地区，该区火山口发育较为密集，主要发育于第四系道堂组和石山组等地层中。根据遥感解译所反映的环形影像，结合地质资料，对这些环形影像构造进行分类、解释：

1）构造穹隆或构造盆地：这类环形影像共解译出 3 个，位于文昌市东部地区，如铺前、昌洒、抱罗等环形影像。这些环形影像都呈圆环状或椭圆状，边界清楚，环内细脉状影纹，色调较明显，分布中生代岩体。

2）火山口环：这类环形影像较发育，为火山构造所反映的环形影像，色调一般较暗，个体均为小圆环，共解译出 51 个环，在澄迈县老城区到海口市龙泉镇一带分布尤为集中。

3）火山机构或通道：该成矿带内仅解译出两处，分布在临高县博厚和海口市新坡地区。

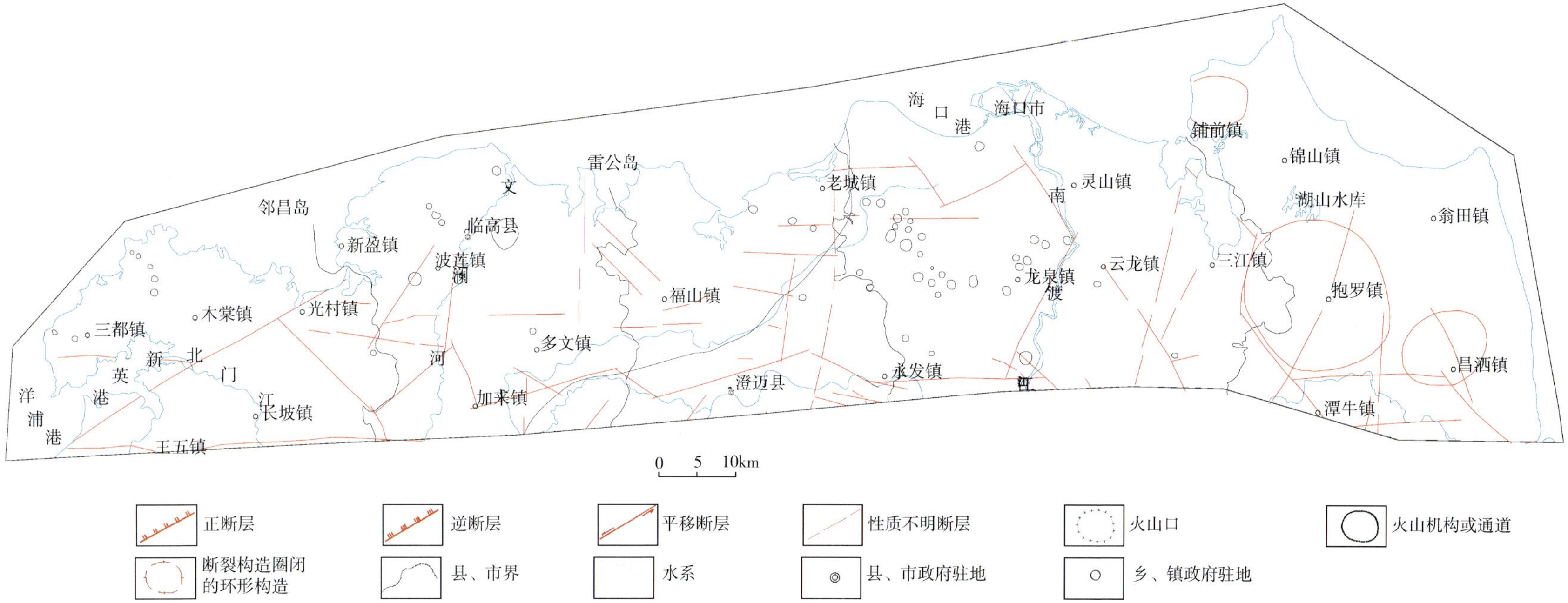

图 3-3-3　海南岛雷琼裂谷Ⅳ级成矿带遥感构造解译图

主要的环构造遥感特征见表3-3-1。

表3-3-1 海南岛Ⅳ-51成矿带主要环形影像解译简表

编号	名称	面积/km^2	影像特征	地质特征	成因推测
1	铺前环形影像	44	影像模糊，单环，环内树枝状水系稀疏	环内主要分布第四系，北部有印支期花岗岩分布，中部、南部有古生代地层零星出露	隐伏岩体
2	抱罗环形影像	283	影像清晰，呈圆形单环状，环内水系呈树枝状	西南部为印支期二长花岗岩出露，东北部为第四系分布	岩浆岩岩体
3	昌洒环形影像	79	影像模糊，呈单环等圆形，环内色调为绿色，水系呈线状，蛇曲状	地貌平坦，为第四系分布	隐伏岩体

（二）遥感异常特征

遥感异常分为3级，分别为一级异常、二级异常、三级异常。一级最强，二级次之，三级最弱。该矿带内共提取出遥感羟基异常图斑4054个，其中一级异常449个，二级异常1114个，三级异常2491个。遥感铁染异常图斑共有6951个，其中一级异常669个，二级异常2341个，三级异常3941个。根据异常集中分布程度、所处的地质构造环境等，共圈定出6处羟基异常带、10处铁染异常带、4处羟基铁染异常组合带。

该区带遥感异常反映明显，呈带状分布，主要分布于第四系道堂组、八所组、北海组等地层中。矿带受地表植被、水系等因素的干扰，遥感异常大多为无指示意义的异常，与已知矿点套合度不高，矿带中矿产资源分布与异常无明显的相关性。

四、自然重砂特征及推断成果

区带内自然重砂矿物由砷矿物、辰砂、铬和铁矿物异常组成，除铁、铬矿物异常外，砷矿物、辰砂均为三级异常，空间上位于琼北基性火山岩区，特别是新近纪玄武岩类分布区，与区内已知的矿床点基本没有对应关系，没有找矿指示意义。

第四节 重要矿种预测评价模型

该区带内本次开展预测工作的重要矿种只有煤炭，已交全国煤炭组，在这里不再进行详细总结。区带内开展预测工作的省级矿种有油页岩、石英砂、独居石、锆英石、钛铁矿，由于这几个矿种主要沿海南岛海岸带及滨浅海分布，不单独在一个Ⅳ级成矿区带中，故单独作为一章以Ⅲ级成矿区带进行总结，在这里也不进行详细叙述。

第五节 多矿种综合预测区特征

该区带内本次开展预测工作的重要矿种只有煤炭，已交全国煤炭组，在这里不再进行详细总结。区带内开展预测工作的省级矿种有油页岩、石英砂、独居石、锆英石、钛铁矿，由于这几个矿种主要沿海南岛海岸带及滨浅海分布，不单独在一个Ⅳ级成矿区带中，故单独作为一章以Ⅲ级成矿区带进行总结，在这里也不进行详细叙述。

第六节　多矿种综合靶区部署建议

该区带内本次开展预测工作的重要矿种只有煤炭，已交全国煤炭组，在这里不再进行详细总结。区带内开展预测工作的省级矿种有油页岩、石英砂、独居石、锆英石、钛铁矿，由于这几个矿种主要沿海南岛海岸带及滨浅海分布，不单独在一个Ⅳ级成矿区带中，故单独作为一章以Ⅲ级成矿区带进行总结，在这里也不进行详细叙述。

第四章　琼西结合带铁、钴（铜）、金、轻稀土、石墨、白云母、水晶、多金属Ⅳ级成矿区带预测成果

第一节　区域地质背景

区带内以广泛分布岩浆岩为特征，时代涵盖中元古代—中生代，并以二叠纪、三叠纪花岗岩为主体。经历了晋宁期以来多期构造运动的改造，前古生界都发生区域变质和变形，形成了不同的变质相和变形相（中元古界为角闪岩相变质和深层次变形，新元古界为高绿片岩相变质和深层次变形，下古生界为低绿片岩相变质和中深层次变形，上古生界为低绿片岩相变质和中浅层次变形）。古生界中，多见变质基性火山岩呈夹层状产出。二叠纪花岗岩岩石普遍发育线理和叶理，从西往东，走向呈近东西向—北西西向往北东向偏转，与区域构造线方向基本呈“整合状”，属于同造山期岩浆侵位的产物。区带前寒武纪构造遭受后期海西期构造的强烈改造，广泛发育北东向、近南北向、北西向、近东西向断裂。见图4-1-1。

一、地层

区带内抱板群、石碌群、南碧沟组、志留系、石炭系、二叠系的Au含量相对较高，并与区带内已知金矿的分布关系密切。其中抱板群是金矿的主要矿源层，而且还是石墨矿的赋存层位，石碌群第六层是富铁矿的赋存层位。古生界中多金属元素含量也较高，与已知多金属矿床点的分布关系密切；下二叠统鹅顶组控制着水泥灰岩的分布；第四系控制着与风化作用形成的砂钛矿、锆英石矿的分布。

（一）元古宇

元古宇仅发育中—新元古界，以中深及浅变质的砂泥质岩石为主，次为火山岩及碳酸盐岩。自下而上为中元古界长城系抱板群、新元古界青白口系石碌群、震旦系石灰顶组，缺失南华系、蓟县系。

1. 中元古界长城系抱板群（Ch*B*）

抱板群是省内出露最老的地层，由一套中深变质的变质片麻岩类、片岩类及石英岩类组成，厚度大于3562m。自下而上分为戈枕村组和峨文岭组。主要分布在东方市抱板、大蟹岭、乐东县冲卒岭一带。

戈枕村组（Ch*g*）：以黑云斜长片麻岩或混合质黑云斜长片麻岩为主，下部为混合花岗闪长岩及黑云斜长混合片麻岩，厚度大于2381m，未见底，与上覆峨文岭组整合接触。

峨文岭组（Ch*e*）：以云母石英片岩、石英云母片岩为主，夹数层长石石英岩及石墨矿层，厚度大于1181m，与上覆青白口系石碌群或奥陶系南碧沟组呈断层接触。抱板群是金矿的重要矿源层，抱板群上部的峨文岭组则是省内唯一的石墨矿含矿层位。

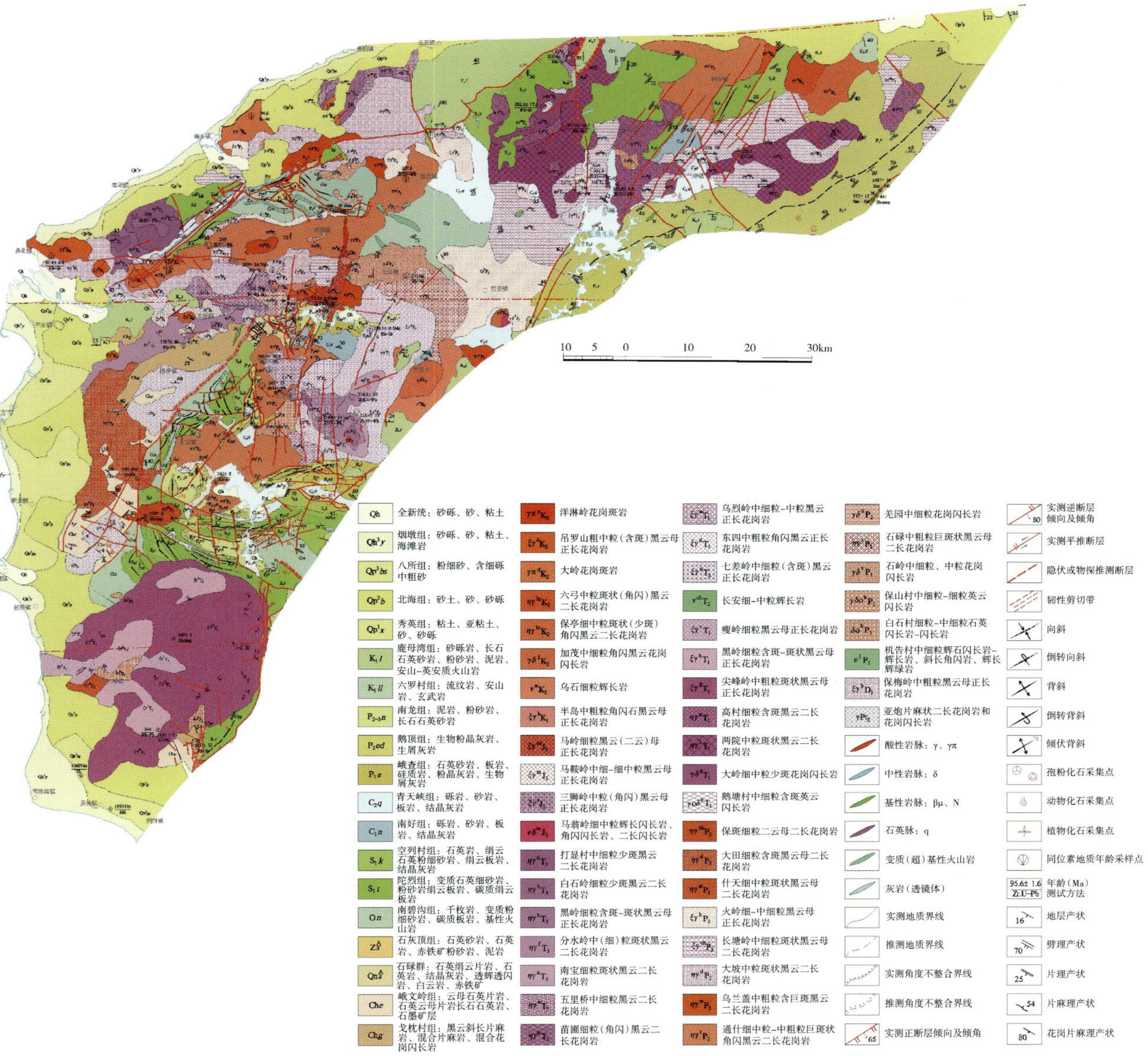

图 4-1-1 琼西结合带Ⅳ级成矿区带地质图

2. 新元古界青白口系石碌群（Q*ns*）

石碌群分布于昌江县的石碌矿区。由一套浅变质的细粒碎屑岩、碳酸盐岩夹铁矿层组成，分 6 层：第一至五层为绢云母石英片岩、石英绢云母片岩夹白云质结晶灰岩、石英岩，第六层为白云岩、碳质板岩、透辉透闪岩夹富赤铁矿层，厚度大于 1215.3m。未见底，顶部以白云岩或透辉透闪岩与上覆石灰顶组呈不整合接触。石碌群是石碌大型富铁矿床、中型钴矿床、小型铜镍矿床的含矿层位。

3. 震旦系石灰顶组（Z*s*）

石灰顶组仅出露于昌江县石碌矿区。由一套浅变质的砂泥质岩石组成。以变质石英砂岩、石英岩为主，夹泥岩、硅质岩、赤铁矿变质粉砂岩；变质石英砂岩中常含赤铁矿。与上覆下石炭统南好组及下伏石碌群呈不整合接触。石灰顶组局部含 1~2 层含锰赤铁矿层，是石碌大型富铁矿床的次要含矿层位。

（二）下古生界

1. 奥陶系南碧沟组（On）

岩性以云母石英片岩、千枚岩、绢云母板岩为主，夹变质粉细砂岩、碳质板岩；中上部夹基性火山熔岩及基性火山碎屑岩。与下伏寒武系美子林组接触关系不清，与抱板群普遍呈断层接触，与上覆下志留统陀烈组呈整合接触。

2. 志留系

志留系有下志留统陀烈组、空列村组。

陀烈组（S_1t）：整合于南碧沟组之上、空列村组之下。下段为变质石英细砂岩、绢云母板岩夹灰岩透镜体、绢云母千枚岩；中段以碳质绢云母板岩为主夹变质粉砂岩及碳质千板岩；上段为千枚岩、绢云母板岩夹变质粉砂岩条带。

空列村组（S_1k）：整合于陀烈组之上、大干村组之下。底部石英岩，往上为绢云母板岩与变质绢云母石英粉细砂岩互层，夹结晶灰岩。

（三）上古生界

1. 石炭系

主要分布在东方、昌江、儋州等市县。有下石炭统南好组及上石炭统青天峡组。

南好组（C_1n）：为石英砂岩、砂岩与板岩、粉砂质板岩不等厚互层，底部为砾岩或含砾不等粒石英砂岩。

青天峡组（C_2q）：为板岩、砂质板岩与石英砂岩不等厚互层，底部为细砂岩夹板岩、条带状结晶灰岩。

2. 二叠系

主要分布于东方市、昌江县、白沙县、儋州市。有下二叠统峨查组、鹅顶组和下—中二叠统南龙组。

峨查组（P_1e）：为石英砂岩与板岩、砂质板岩不等厚互层，底部生物屑微晶灰岩夹硅质岩。与下伏青天峡组板岩整合接触，顶部为细砂质板岩与上覆鹅顶组灰岩整合接触。

鹅顶组（P_1ed）：为生物粉晶灰岩、生物屑灰岩夹含燧石纹层灰岩。顶部纹层状灰岩，顶界与南龙组千枚岩整合接触。鹅顶组是省内大中型水泥灰岩的主要含矿层位，现已探明 5 个大中型水泥灰岩矿床。

南龙组（$P_{1-2}n$）：上部为泥质岩与中粒长石石英砂岩互层夹少量杂砂岩，下部为细砂岩、粉砂岩与泥岩互层，夹较厚的杂砂岩。

（四）中生界

中生界仅出露白垩系，为陆相碎屑岩、泥质岩及火山岩沉积。

白垩系有下白垩统六罗村组和鹿母湾组。下白垩统鹿母湾组主要分布在白沙-乐东、王五等盆地，由陆相沉积的红色碎屑岩夹安山岩、英安质火山岩组成。

六罗村组（K_1ll）：岩性主要为流纹质火山岩，下部夹少量玄武岩和安山岩，底部局部为含火山角砾的紫红色砾岩。

鹿母湾组（K_1l）：下部以紫、紫红、紫灰色砂砾岩、含砾长石石英砂岩为主，夹泥质、铁质粉砂岩和泥岩；上部紫色间灰绿色长石石英细、粉砂岩夹钙泥质粉砂岩、粉砂质泥岩。常夹安山-英安质火山岩。与上覆报万组整合接触，底界以砂砾岩与下伏花岗岩呈不整合接触。

（五）新生界

秀英组（Qp^1x）：为平行不整合于海口组（或望楼港组）之上，被北海组平行不整合覆盖的一套以灰色黏土或亚黏土为主，次为浅灰白色砂层、砂砾层组成的地层，局部夹一层基性火山岩。秀英组是砖瓦用页岩类原料的含矿层位。

早更新世玄武岩：喷发不整合于海口组之上。下部为玄武质凝灰岩；上部为粗玄岩。厚度23～29m。与上覆道堂组呈喷发不整合接触。

北海组（Qp^2b）：平行不整合于秀英组之上，被道堂组喷发不整合覆盖。地貌上叠覆于海成阶地之上。岩性为橘黄、棕红、褐红色亚砂土、砂、砂砾、砂质砾石层组成。底部砂砾层往往含玻璃陨石或铁质结核。

八所组（Qp^3bs）：平行不整合于秀英组之上，未见顶。在地貌上表现为海成Ⅱ级或Ⅲ级阶地。岩性为棕黄、黄及白色粉细砂、中砂及含细砾中粗砂层。厚度3.4～519m。八所组是玻璃砂矿的主要控矿层位。

烟墩组（Qh^3y）：为滨海、潟湖系列沉积。岩性为砂砾、砂、有机质黏土、粉砂质黏土及海滩岩。该组是滨海钛铁矿、锆英石、独居石砂矿的主要含矿层位。

二、构造

区带内褶皱、断裂发育，并对区内成矿具有控制作用。

1. 主要构造特征

（1）东西向构造形迹

东西向构造形迹，从北往南有王五–文教构造带、昌江–琼海构造带、尖峰–吊罗构造带、九所–陵水构造带。

Ⅰ. 王五–文教构造带（F_1）

为区带的北部边界，大致展布在北纬19°45′左右，横跨儋州、澄迈、定安、文昌等地区。西端潜入北部湾，东端没于南海，岛上延伸达210km。该构造带属于雷琼裂谷与五指山断褶带的分界性构造带，其构造形迹除了在铜鼓岭北面宝陵港见及外，其余地区地表未见出露，呈隐伏状产出，为物探推测构造带。卫片中表现为一清晰的东西向亮带，为南北两种不同影像的分界线。在重力图中，构造带以北重力场与北部湾一致，其重力高低反映了基底起伏和新近系沉积，构造带以南是重力低异常区，负异常反映的是莫霍面的起伏，地壳增厚，达34～35km。在航磁ΔT平面图中，反映为一个剧烈变化的正异常交接带。

构造带由一系列呈东西向分布的断裂组成，重力异常显示其断面倾向北，倾角大于60°，呈阶梯状下降，具有正断层特征。沿构造带发育多个东西向的新生代凹陷盆地，反映了盆地的形成受其制约，自西往东、自南往北，盆地的下拗幅度逐渐增大，长坡盆地、福山–多文盆地和海口盆地下拗幅度分别为300～400m、2000m、3000m。盆地内接受了新生代以来的沉积。同时，并控制了琼北新生代多期次的火山喷发或喷溢作用，形成大面积东西向展布的玄武岩被。沿构造带，地震活动比较强烈，据1463—1834年间的不完全统计，琼山、定安、澄迈、文昌等地发生过37次地震，其中破坏性地震5次。1970年，临高县附近海域发生过1.8级弱震，也与该构造带有关。

文昌市铜鼓岭北面宝陵港花岗岩中，构造破碎带倾向南，倾角达70°，宽约10m，由浑圆状构造角砾岩、糜棱岩、糜棱岩化岩石组成。根据南侧围岩中发育一组次级劈理与主断面分析，断裂具有左旋压扭性活动特征。此外，沿构造带见有海西期闪长岩脉侵入，反映了构造带至少形成于海西期。

由此表明，构造带多期活动特征明显。海西期表现为左旋压扭性；燕山期控制了同期里万岩体的侵位，导致岩体呈东西向展布，根据岩体未发育定向组构，可能显示该期活动具有张性或张扭性；新生代以来，构造带活动非常强烈，多次活动特征明显，控制了新生代盆地的形成和火山喷发、喷溢作用以及地震活动。

Ⅱ. 昌江-琼海构造带（F_2）

位于北纬19°05′—19°25′左右，横贯东方、昌江、白沙、琼中、屯昌和琼海等县市。它是一条规模巨大以断裂带为主夹有近东西向褶皱带的断褶构造带，其延伸方向上，时隐时显，断续延长达200km以上。在该构造带上分布有一系列东西向断裂带；分布有中生代昌化江盆地、白沙陆内盆地和阳江盆地；分布有海西期、印支期、燕山期的花岗岩体组成一条近东西向展布的花岗岩穹隆构造带；卷入该构造带中的长城系抱板群形成的抱板褶皱带、青白口系石碌群和震旦系石灰顶组形成的石碌褶皱带、古生界志留系和石炭系及二叠系形成的褶皱构造，是该构造带分别在晋宁、广西和海西等不同时期遭受挤压活动的产物。

该构造带可能在中元古代初期以断陷带形式出现，曾导致幔源基性岩浆侵入，还沉积了巨厚的抱板群和石碌群，晋宁运动使它们形成褶皱带，构成了海南岛的基底构造。加里东期明显的石碌褶皱带与上覆的石炭系和二叠系不整合接触，该构造带继续遭受挤压，形成东西向褶皱带和断裂带。海西期该构造带仍发生挤压活动，形成一些褶皱带和断裂带，断裂带有的深达30余千米，引起幔源岩浆沿断裂侵入分异形成闪长岩体。印支期和燕山期，该构造带仍有强烈活动，导致岩浆侵入体充满断裂带构成一条巨大的东西向花岗岩穹隆构造带。喜马拉雅期至近期该构造带仍有活动，白沙县光雅和琼海市官塘等温泉沿构造带分布。

Ⅲ. 尖峰-吊罗构造带（F_3）

位于北纬18°40′—18°52′左右，横贯乐东、通什、保亭、陵水和万宁等县市，东西长约190km，主要由感城-万宁断裂带和尖峰-吊罗断裂带等一系列东西向断裂带组成。该构造带分布有海西期二长花岗岩和花岗闪长岩、闪长岩，印支期钾长花岗岩和二长花岗岩，燕山期辉长岩、钾长花岗岩、二长花岗岩和花岗闪长岩，组成一条巨大的东西向花岗岩穹隆构造带。沿该构造带展布范围内的花岗岩体中都见到有东西向破裂面构成的挤压破碎带。这些现象说明该构造带中海西期、印支期和燕山期有强烈活动，并表现为压性或扭压性特征。

构造带可能早在加里东期就已形成，并控制了该构造带北侧古生界的沉积。海西期继续活动，形成东西向断裂带。印支期和燕山期，该构造带强烈活动，导致印支期和燕山期岩体的多次侵入，并且使岩体发生强烈的挤压破碎，形成了东西向褶皱带和断裂带。新生代以来的活动主要表现对山川地势的控制作用，使沿该断裂带分布的尖峰岭、七指岭和吊罗山等山脉呈东西向分布，该构造带有多处温泉，保亭新村和万宁县兴隆地热田的分布。

（2）北东向构造形迹

区带内北东向褶皱和断裂构造十分发育。主要分布在儋州市、澄迈、昌江军营、东方戈枕一带，由古生代地层组成的褶皱带和其中发育的断裂带构成。

Ⅰ. 红岭-军营断褶带（F_5）

南西起自昌江县乌烈，往北东延伸经白沙县大岭农场至儋州市红岭农场一带，主要由红岭-军营褶皱带和军营-乌烈断裂带组成。红岭-军营褶皱带，由军营背斜、波兰沟向斜等组成。军营背斜轴向北东，核部地层为下志留统陀烈组，两翼地层为上石炭统青天峡组。坡兰沟向斜轴向北东，核部和两翼地层均为上石炭统青天峡组。军营-乌烈断裂带，由多条平行分布的硅化碎裂带和角砾岩带组成。

Ⅱ. 戈枕断裂韧性剪切带（F_6）

北东起于土外山，往西南经戈枕岭、二甲红甫门岭、观音崩岭至尧文一带，长约50km，总体走向45°~55°。它发育于抱板群与南碧沟组和陀烈组的接触带上，断裂带倾向北西为主，抱板群逆冲于南碧沟组和陀烈组之上，显示压性逆断层特征。但在断裂带的中段红甫门岭至西南段尧文一带断裂面倾向南东，断裂带倾向较陡，一般为65°~85°。

沿该断裂带发育了数条几十米到1000多米宽的糜棱岩带和碎裂岩带，并有长英岩脉和石英脉充填。从断裂带中心至边部，其构造岩有由超糜棱岩—千糜岩—糜棱岩—碎裂岩分带性的变化，反映断裂带形成过程中，从中心往边缘所受的应力强度由强变弱的变化，中心部位应力作用强，往往形成超糜棱岩、千糜岩、糜棱岩，向断裂带边部应力作用变弱，形成碎裂岩的演化过程。

在戈枕断裂韧性剪切带上，已发现的金矿床从北东至南西分布有土外山、抱板、二甲北牛、风水山、二甲红甫门岭、那都、不磨等金矿床，这些金矿床在空间分布上，沿戈枕韧性剪切带呈等距性分布。金矿类型则沿戈枕韧性剪切带具侧向变化，在韧性剪切带的中心部位构造应力强烈，处在韧性的构造环境，形成与韧性变形有关的二甲红甫门岭蚀变糜棱岩型金矿；在韧性剪切带的边缘部位，由于构造应力变弱，从韧性向脆性发展，主要处在脆性的构造环境，形成以脆性变形为主的二甲北牛、抱板、土外山等蚀变碎裂岩型金矿；在剪切带的旁侧呈脆性变形充填石英脉，形成那都、不磨等含金石英脉型金矿。这3种金矿床成因类型是与韧性剪切带应变演化阶段有关，饶家光等（1993）称为“二甲式”成矿模式。

Ⅲ. 潭爷断陷构造带（F_7）

北起澄迈，往西南经儋州、琼中、白沙、乐东一带，总体方向呈北东25°~30°延伸，长约180km以上，宽20~30km。由白沙断陷带的东、西两侧的断裂带及夹于其中的白垩纪白沙陆内盆地、南门营盆地组成。西侧的断裂带有新开田-抱界断裂带（北段为新开田-大炎新村断裂，南段为抱界断裂和坝毫山-铁弯岭断裂），是白沙断陷带与抱板逆冲带的分界；东侧断裂带有乐东-黎母山-文儒断裂带（北段为黎母山-文儒断裂、中段为黎母山-什运断裂、南段为连环岭-马形岭断裂），是白沙断陷带与五指山岩浆带的分界。沿这些断裂带断续可见几十米宽的挤压破碎带，形成硅化角砾岩、糜棱岩，并有燕山晚期岩脉或石英脉和萤石石英脉充填，是控制萤石矿床的主要断裂带。这些断裂带还控制了白垩系沉积，形成白垩纪断陷盆地，沉积了厚达2500多米的红色粗碎屑岩建造。

Ⅳ. 南坤园褶皱带

南坤园褶皱带分布在屯昌、澄迈、儋州、白沙等市县内，总体方向北东，是主要由古生代地层组成的复式褶皱带，由南坤园复式向斜及两翼次级褶皱组成。复向斜轴部为石炭系南好组和青天峡组，两翼由志留系组成。该褶皱构造带卷入了石炭系并被下白垩统鹿母湾组不整合覆盖，可见其形成时期为海西期。

（3）北西向构造形迹

这组北西向构造主要见于西南部地区，主要有尖峰岭-石门山断裂带、白沙-陵水断裂带西段、儋州-万宁断裂带等。

Ⅰ. 儋州-万宁断裂带（F_{11}）

北西起自儋州市以西，往南东经蓝洋、黎母山、乌石，一直延伸到万宁兴隆一带，断裂带总体走向呈北西320°~340°。该断裂带北西段，在蓝洋一带称为冰岭断裂带，表现为破碎角砾岩带、石英脉带和花岗斑岩脉带及温泉发育为特征。在蓝洋附近，沿北西向断裂带出露有水温高达90℃的温泉，断续出露延伸长度大于3km。

Ⅱ. 白沙-陵水断裂带（F_{12}）

该断裂带北西起儋州富洋，向南东经白沙、什运，一直延伸到陵水一带，总体走向北西315°~325°。断裂带的北西段，在八一农场推顶岭一带以破碎带和角砾岩带出现，宽达数百米，在断层角砾岩带上，还叠加发育硅化脉和石英脉。

Ⅲ. 尖峰岭-石门山断裂带（F_{13}）

分布于尖峰岭岩体到乐东县石门山一带，断裂总体走向北西330°~350°。沿断裂带脉岩和破碎带广泛发育，构成脉岩-破碎带。在乐东县石门山地段，破碎带中的花岗斑岩脉、中性岩脉、石英脉和硅化脉成群成带出现，大致平行延伸，在查明的脉带（破碎带）中，分布有辉钼矿、铅锌和铅银矿床，还有金和稀土矿，显然是一条控制该区钼-多金属矿床的主要断裂带；该断裂带往北西延伸到冲卒岭地段，在断裂带中性岩脉密集成群成带发育于抱板群混合岩中，无岩脉地段则表现为破碎带，是控制该区伟晶岩脉云母矿床的主要断裂带。

Ⅳ. 乐东-田独断裂带

断裂带北西起东方江边马眉，往南东经乐东、志仲，一直延伸到三亚市的田独，总体走向北西320°~330°，由一系列北西向断裂带组成。

（4）南北向构造形迹

区带内南北向构造形迹主要为琼西南北向构造带和琼中南北向构造带。

Ⅰ. 琼西南北向断裂带（F_{14}）

位于东经108°55′—109°10′左右，北起儋州市红岭，经白沙、昌江、东方、乐东等县市，向南到三亚市梅山一带。主要由金波断裂带、燕窝岭断裂带、抱伦断裂带组成。金波断裂带，北起红岭农场，经芙蓉田、金波农场，向南延伸到坝王岭林业局一带，全长50多千米，宽1km以上。沿断裂带岩石破碎，芙蓉田-金波一带充填有燕山期花岗斑岩脉和石英脉带，坝王岭一带充填的巨大石英脉见有铅锌等多金属矿化；燕窝岭断裂带，北起芸红岭，经燕窝岭到江边一带，全长40余千米。沿断裂带岩石破碎，在芸红岭和燕窝岭一带充填有铜铅锌等多金属矿化石英脉，并见有几千米长的强烈硅化蚀变断层角砾岩带。江边一带见一系列南北向断层破碎带，并切过晚古生代地层；抱伦断裂带，北起乐东县抱界，经抱伦豪岗岭、石门山、看树岭，向南直到三亚市长山一带，沿断裂带岩石破碎并充填石英脉。在抱伦豪岗岭一带，分布有数条断裂破碎蚀变带，有多条含金石英脉，形成抱伦石英脉金矿床。在石门山和看树岭一带，分布的断层破碎蚀变硅化带中，含银和铅锌矿化，断层破碎带在石门山切过千家岩体处具有强烈的云英岩化，分布有石门山钼矿床。

琼西南北向构造带，是一条十分明显的蚀变矿化强烈的断裂构造带，它切过古生代地层、海西期—印支早期花岗岩，充填印支晚期和燕山期花岗斑岩和石英脉，形成和活动于印支中晚期和燕山期，在该构造带上，已发现金波钨矿点和绿柱石矿化点，坝王岭铅锌矿点、芸红岭铜铅锌矿点、抱伦大型金矿床、石门山中型钼矿床和看树岭银矿点，是一条规模巨大、具有找矿远景的南北向成矿带。

Ⅱ. 琼中南北向构造带（F_{15}）

位于东经109°25′—109°42′左右，纵贯儋州、临高、白沙、琼中、通什、保亭、三亚等市县。区带内主要为该断裂带北段，由走向南北的褶皱带、断裂带和岩浆岩带（岩体、岩脉群）等组成。该构造带由北往南，在北段发育有南北向洛基-南丰断裂带，沿断裂带有石英脉群充填，还有洛基火山岩喷发，在南丰一带分布有含金石英脉金矿；在中段分布有元门-鹦歌岭断裂带、细水-什运断裂带，在什运一带的断裂破碎带，广东区测队称为风模断层。沿断裂带在元门一带充填有南北向钠长斑岩脉及充填有元门岩体。

2. 构造控矿作用

北东向断裂构造。戈枕断裂韧性剪切带控制着与海西期韧性剪切变形变质和印支期岩浆热液活动作用有关的糜棱岩型金矿、破碎-蚀变岩型金矿和石英脉型金矿床的分布；乐东-黎母山断裂带控制着燕山期花岗岩脉和石英脉矿化有关的钨、锡、铅、锌、萤石矿床的分布。

南北向断裂构造。琼西南北向断裂带南段抱伦断裂带及其北北西断裂构造组合控制着印支期岩浆热液作用石英脉矿化有关的金矿床的分布，中段燕窝岭断裂带控制着印支期岩浆热液作用石英脉矿化有关铅、锌矿点的分布，北段金波-坝王岭断裂带控制着燕山晚期岩浆热液作用石英脉矿化有关的钨、铍、铅、锌矿的分布；琼中南北向断裂带北段洛基-南丰断裂带控制着印支期破碎带蚀变岩型和石英脉型金矿的分布，海西期—印支期岩浆热液作用有关的锡、铌钽矿床的分布。

北西向断裂构造。冰岭断裂带控制着印支期岩浆热液作用有关的重晶石矿床和金银矿床的分布。

东西向断裂构造。王下断裂带的牙劳断裂发育在二叠系层间滑动破碎带控制着金、多金属矿床的分布。

昌江石碌地区、军营-红岭地区的向斜构造控制了该地区的铁、铜多金属矿床的产出等；南坤园褶皱带控制了南丰—仁兴一带一套与重晶石、铅、锌、金等矿化有关的硅质建造。

三、岩浆岩

1. 火山岩

（1）超基性岩

目前仅发现于海相喷出岩中，规模小。

橄榄质科马提岩：黑色，斑状结构。斑晶由橄榄石组成，橄榄石板状晶体构成比较典型鬣刺结构。橄榄石常被斜绿泥石交代，有时仍保留了橄榄石假象。基质由细鳞片状斜绿泥石组成，系基质脱玻化产物，局部尚保留少量火山玻璃。后期发生透闪石化、透闪石交代橄榄石和斜绿泥石。产于白沙县邦溪奥陶系南碧沟组中。

（2）基性岩

阳起石化辉石岩：黑色，斑状结构或全晶质粒状结构。斑晶主要由板状或长柱状普通辉石组成（多已阳起石化），常见普通辉石残留体。普通辉石随机分布，组成较典型的鬣刺结构。基质由细粒阳起石和少量斜长石（钠长石—奥长石）组成。分布于邦溪奥陶系南碧沟组中。

2. 侵入岩

区带岩浆岩多期次侵入，尤以二叠纪、三叠纪侵入岩出露最为广泛，岩性以二长花岗岩、正长花岗岩为主。

（1）中元古代长城纪花岗岩

是岛内迄今知道的最古老的花岗岩，主要分布在岛西部二甲村、抱板一带及西南部大村一带（图 4-1-1），形态上呈不规则状沿北东向展布，总面积约 153km^2。岩石类型主要有片麻状花岗闪长岩和片麻状二长花岗岩。

（2）新元古代青白口纪斜长角闪岩

主要分布在东方二甲、抱板、乐东峨文岭一带。岩石呈深绿色，粒状、柱状变晶结构，以块状构造为主，局部见片麻状构造或不明显的定向构造。矿物组成为角闪石 40%～63%，斜长石 25%～45%，石英 3%～7%，钾长石 2%～6%，黑云母<12%。马大铨等（1998）在峨文岭组中采取斜长角闪岩进行 Sm-Nd 法测年，获得全岩等时线年龄 955±54Ma。

（3）泥盆纪中粗粒黑云母正长花岗岩

仅在琼西石碌镇保梅岭北坡、西线公路以南一带，由于被后期花岗岩体的侵入、蚕蚀而使岩体呈不规则状、港湾状外形。岩性为中粗粒黑云母正长花岗岩，岩石手标本为浅肉红色，风化面为浅黄褐色，中粗粒他形粒状结构，块状构造，可见微弱的片麻理。结合地质侵入接触关系，单颗粒锆石逐层熔融蒸发法测定^{207}Pb-^{206}Pb 同位素平均年龄 369±2.9Ma（宜昌地矿所，1995），形成时代厘定为晚泥盆世。

（4）二叠纪侵入岩

岩浆侵入活动强烈而持久，侵入岩广泛发育，主要分布于昌江县石碌-邦溪、乐东志仲一带。岩石类型以正长花岗岩和二长花岗岩为主，含少量花岗闪长岩、闪长岩和辉长岩，以岩体内部普遍发育强弱不等的定向构造为主要特征。

（5）三叠纪侵入岩

三叠纪侵入岩分布较广。主要分布于儋州、石碌镇-乌烈镇、尖峰岭一带。岩石类型以正长花岗岩和二长花岗岩为主，含少量花岗闪长岩、二长闪长岩和辉长岩。

(6) 侏罗纪侵入岩

中生代侏罗纪，岩浆侵入作用进入一个新的演化发展阶段构造-岩浆平静期：构造活动、岩浆作用微弱，沉积作用也缺失。主要分布于昌江县石碌镇、白沙县青松乡一带。岩石类型以正长花岗岩和石英二长岩为主，含少量二长花岗岩、二长闪长岩和辉长岩。

(7) 白垩纪侵入岩

白垩纪，受太平洋板块俯冲引起的弧后扩张带控制，海南省断块活动强烈，岩浆混合作用进入高峰，具有多期次性，岩石缺乏定向组构。主要分布于海头—昌化大岭、白沙县青松乡一带。岩石类型以二长花岗岩和正长花岗岩为主，少量花岗闪长岩、花岗斑岩和辉长岩。

3. 岩浆岩的控矿作用

1) 根据海南岛岩浆岩地球化学参数特征，海南岛长城纪片麻状花岗岩中 Au、Pb、Mo、Rb、Hf、Nb、Sn、As、Ag 含量比较高，其中 Au 含量为 2.3×10^{-9}。海西期花岗岩中 Pb、Sn、Bi、Be、Sr、U、Th，印支期花岗岩中 Pb、Sn、Mo、Bi、U、Th，燕山期花岗岩中 U、Th、Pb、Sn、W、Mo、La、Y，燕山晚期中-酸性火山岩中 W、Mo、U、Th、La 等元素的平均含量均高于全岛相同元素的平均值。其中海西期、印支期花岗岩 Au 的平均含量等于全岛 Au 的平均值，与已知分布的金矿床的成矿作用有密切的关系。喜马拉雅期玄武岩中 Ni、Cr、Co、Ti、Cu、Zr、P、Sr、Nb、Mn、Zn、Cd、V、Mo、Ba、Hg、La、MgO、CaO、Na_2O、Fe_2O_3、Al_2O_3 等高于全岛平均值。

2) 已知矿产在时空和成因上与岩浆岩成矿作用的密切关系。

与 I 型花岗岩的海西期、印支期、燕山期侵入体的中心和边缘部接触地带及其旁侧基底隆起区边缘的构造岩浆岩带控制着铁、铜、钼、铅、锌、金、银、硫铁、水晶、萤石、稀土等矿产的分布。

3) 与 S 型花岗岩有关的中岳期二甲岩体，海西期石碌岩体、保梅岩岩体，海西期—印支期儋县岩体，印支期尖峰岭岩体、大田岩体、大王岭岩体，燕山期侵入体等的中心和边缘部接触带及其旁侧基底隆起区边缘的构造岩浆带控制着钨、锡、金、银、铌、钽、稀土、铅、锌、水晶、萤石等矿产的分布。

四、变质岩

区带内出露的变质岩有区域变质岩、动力变质岩、接触变质岩及气-液蚀变岩。其中区域变质岩分布较广。

1. 区域变质岩

中—新元古界和古生界遭受不同期次、不同程度的区域变质作用，而中生界和新生界未发生区域变质。根据地层时代、变质强度及构造事件，将区域变质地质体划分为 4 个构造层次。

第一层次为中元古界抱板群戈枕村组，原岩为钙碱性中酸性火山岩，局部夹杂砂岩。受早晋宁运动影响，该组岩石遭受区域动力热流变质作用，形成以高角闪岩相为主、局部低角闪岩相的岩石组合，伴有以固态流变为主的深构造相塑性变形。岩石类型有片麻岩、变粒岩、混合质片麻岩、混合岩等。该组岩石普遍遭受混合岩化作用，在空间上呈一定程度的分带，可分为弱混合岩化带和中等强烈混合岩化带。

第二层次为中元古界抱板群峨文岭组，原岩为泥质岩、砂岩、泥炭，局部夹有钙碱性中酸性火山岩。受区域动力热流变质作用，发生低角闪岩相区域变质，伴有以固态流变为主的深构造相塑性变形。具体岩性为二云母石英片岩、石英二云母片、长石石英片岩、石英岩、浅粒岩、变粒岩等。

第三层次为新元古界石碌群及下古生界，原岩为泥质岩、砂岩、灰岩、凝灰岩、中基性火山岩、泥炭等。发生低绿片岩相（黑云母带）区域变质，伴有以固态流变和褶皱构造为主的中深构造相塑性变形。岩石类型有变质粉砂岩、变质砂岩、板岩、千枚岩、大理岩、石英岩、片岩、变质沉凝灰岩、变质凝灰质碎屑岩、变质基性火山熔岩等。变质矿物有石英、绢云母、白云母、黑云母

（雏晶）、绿泥石、阳起石、绿帘石、方解石、透闪石等。变质作用类型为区域低温动力变质作用。

第四层次为上古生界，原岩为泥质岩、砂岩、砾岩、灰岩。受海西运动影响，遭受低温动力变质作用，发生低绿片岩相（绢云母带）区域变质，伴有以褶皱构造为主的中浅构造相变形。岩石类型有变质粉砂岩、变质砂岩、变质砂砾岩、变质砾岩、板岩、绢云千枚岩、大理岩、透辉透闪石岩等，变质矿物主要为石英、绢云母、绿泥石、白云母、方解石、透闪石，未见黑云母。

2. 动力变质岩

动力变质岩主要出现在各种韧脆性断裂中，严格受断裂带控制。可分为碎裂岩和糜棱岩-构造片岩两个系列。

（1）碎裂岩系列

以脆性变形为特征，可分为压碎角砾岩类和碎裂岩类。前者为原岩发生破碎形成，岩石类型有构造角砾岩及构造圆化角砾岩；后者以压碎变形为主，岩石未具定向组构，岩石类型有碎裂岩化岩石、碎裂岩、碎斑岩、碎粒岩。

（2）糜棱岩-构造片岩系列

以中—深构造层次韧性变形为特征，具特征的流动构造。可分为糜棱岩类和构造片岩类。岩石类型有糜棱岩化岩、初糜棱岩、云英质糜棱岩、花岗质糜棱岩、超糜棱岩、千糜岩、糜棱片岩、糜棱片麻岩、变晶糜棱岩及构造片岩等。

3. 接触变质岩

主要分布在侵入岩与地层的接触带中，按成因分为热液接触变质岩和接触交代变质岩。

（1）热液接触变质岩

该类岩石分布较广，岩石类型有角岩化碎屑岩、斑点板岩、透辉石角岩、黑云母角岩、石英角岩、透辉石石榴子石角岩、黑云母矽线石石英（片岩）、红柱石角岩、黑云母角闪角岩、透辉石斜长石角岩、透辉石石英角岩、大理岩等。

（2）接触交代变质岩

接触交代变质岩出露较少，多呈残留体、脉状或团块状产出。岩性有绿帘石榴矽卡岩、石榴透辉矽卡岩、石榴阳起矽卡岩、石榴矽卡岩、石榴绿帘矽卡岩等。

4. 气-液蚀变岩

主要沿断裂带与动力变质岩相伴出现，部分岩体和火山岩中见有少量出露。根据岩石受蚀变作用的强弱程度分为强蚀变岩和弱蚀变岩。前者受蚀变作用较强，岩石类型有绢英岩、硅化岩、绢云绿帘石岩、云英岩等。后者受蚀变作用较弱，原岩的结构、构造基本保留，只是主要造岩矿物发生不同程度的重结晶及蚀变，主要有硅化、绿泥石化、绢云母化、黄铁矿化、云英岩化、碳酸盐化、绿帘石化、阳起石化、蛇纹石化、钠黝帘石化、钠长石化等。

第二节　区域矿产特征

区带内矿产资源丰富，有铁、钴（铜）、金、轻稀土、石墨、白云母、水晶等矿产，成矿主要受赋矿地层、褶皱构造、断裂构造及岩浆岩控制，成矿时代有元古宙、志留纪、燕山期等。见图 4-2-1。

在区带北东部那大地区发育有锡（钨）、铌钽、铅、锌、金矿等，形成了那大锡（钨）、铌钽、铅、锌、金矿田，主要与燕山期岩浆岩及北东向红岭-军营断裂带、南北向洛基-南丰断裂控矿构造有关。成矿时代主要为燕山期。

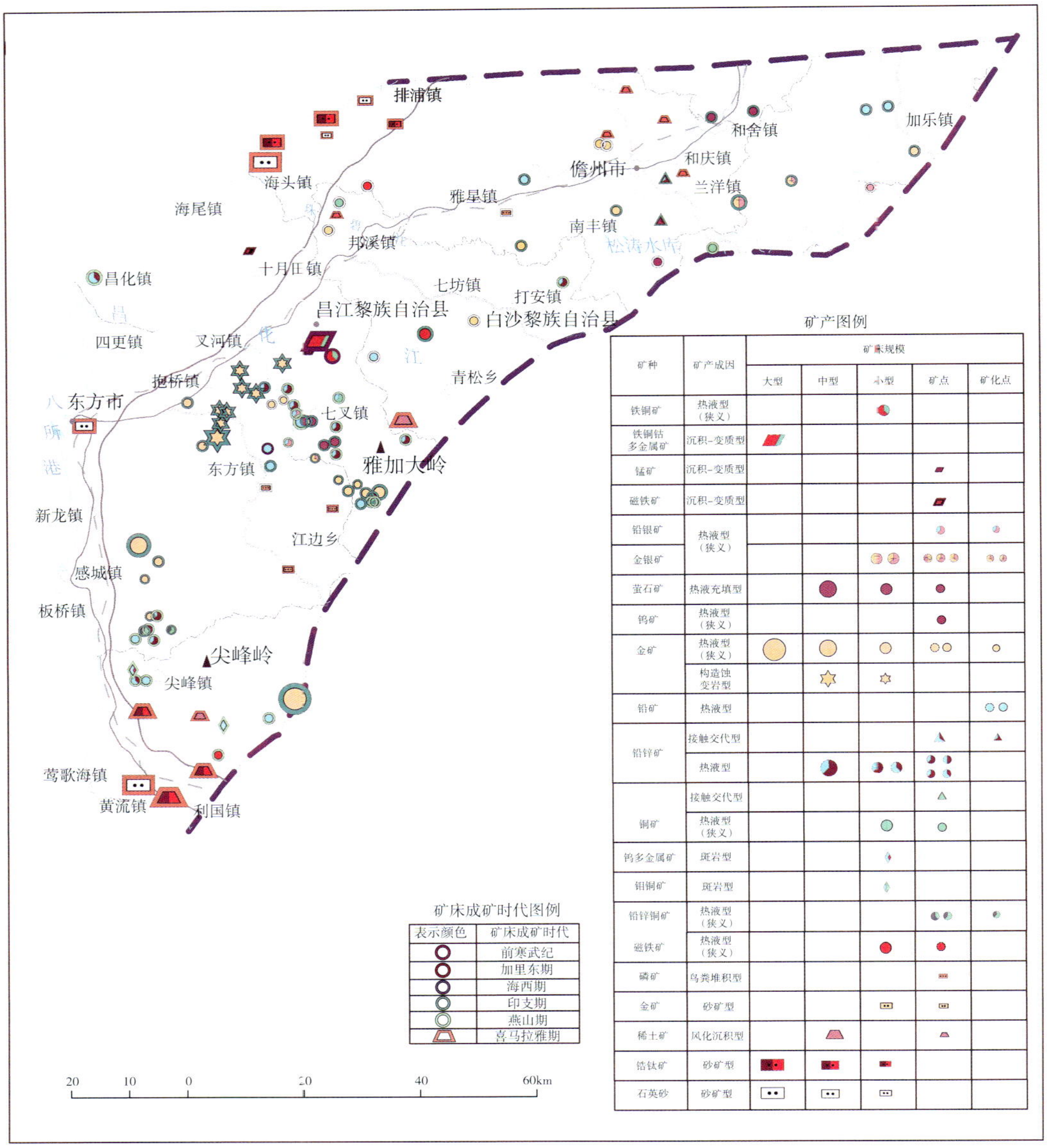

图 4-2-1　琼西结合带Ⅳ级成矿区带矿产地分布图

在区带北西部的红岭-昌化地区发育有铁、铜、钴、铅、锌等矿产，已发现有昌江县昌化大岭铅锌矿、昌江县军营铁钴矿、白沙县黑岭褐铁矿、白沙县荣邦信宜铜矿、儋县红岭铁矿及白沙县河叉岭金矿等。矿床主要受赋矿地层志留系及向斜构造控制，成矿时代为志留纪。

在区带内石碌地区已发现有石碌大型铁矿床，且共伴生有铜、钴、银、重晶石等矿产，矿床成因为火山-沉积变质型铁钴铜矿床，主要受赋矿地层石碌群第六层的分布、向斜构造等控制，成矿时代为青白口纪。

在区带西部的戈枕地区已发现土外山、抱板、北牛、风水山、戈枕、二甲、那都、公爱、不磨等 15 个金矿床，矿床主要沿北东向戈枕韧性剪切带分布，受戈枕剪切带、矿源层抱板群及后期的岩浆岩（大田岩体）控制，矿石类型主要有糜棱岩型、破碎-蚀变岩型及石英脉型。成矿时代为印支期。

在区带西部的坝王岭-王下地区发育有金、铅、锌、轻稀土、萤石等矿产，已探明中型矿床 1 处（坝王岭轻稀土）、金矿床 2 处，铅、锌、钼矿点 5 处、矿化点 5 处。矿床类型有产于印支期花岗岩裂隙中、二叠系峨查组粉砂质泥岩、鹅顶组灰岩内断裂破碎带中的中低温热液石英脉型或硅化破碎带型金、铅、锌、钼矿床及产于印支期花岗岩风化壳中离子吸附型轻稀矿床。金、铅、锌、钼矿围岩蚀变主要有硅化、绢云母化、绿泥石化、黄铁矿化等，成因与岩浆热液有关，受赋矿地层、构造破碎带及岩浆岩控制，成矿时代为燕山期。稀土矿产主要受岩浆岩种类（以二长花岗岩、正长花岗岩为优）及风化程度控制，成矿时代为第四纪。

在区带西部尖峰岭岩体分布区及附近发育有钨、钼、金、轻稀土、石墨、白云母、水晶矿产。已知矿产地有超大型金矿床1处（抱伦金矿）、中型石墨矿床1处（峨文岭石墨矿）、小型白云母矿床1处（红五白云母矿），矿点5处，其中钨矿点2处，铅锌矿点3处，锡矿化点1处。

矿床类型主要有3类：

1）产于下志留统陀烈组千枚岩断裂带中热液石英脉金矿床：矿床主要受赋矿地层陀烈组、背斜构造（豪岗岭背斜）、北西向构造破碎带、岩浆岩等控制，成矿与岩浆热液有关，成矿时代为印支期、燕山期。

2）产于抱板群混合岩和片岩中变质伟晶型白云母矿床和变质型石墨矿床：矿床主要受赋矿层位峨文岭组控制，为变质矿床，成矿时代为元古宙。

3）产于印支期钾长花岗岩裂隙中的热液石英脉型钨、铅、锌、锡矿床：矿床主要受岩体、构造裂隙控制，为岩浆热液矿床，成矿时代为燕山期。

在区带西部沿海地带，锆英石、钛铁矿、石英砂砂矿资源丰富，主要受赋矿层位烟敦组、八所组、北海组等及地形地貌控制，成矿与第四纪的风化作用、沉积作用有关，成矿时代为第四纪。

第三节　地球物理、地球化学、遥感、自然重砂特征及推断成果

一、地球物理特征及推断成果

1. 航磁特征

纵观航磁ΔT等值线平面图（图4-3-1），该成矿带的中部跨越昌江-琼海东西向航磁异常正负交接线（西段）之南北两侧。南部处于尖峰-万宁航磁异常带（西段）的南北两侧，区内磁场变化趋势总体上从北至南为三高两低，即高-低-高-低-高之特征，异常幅值为-800~600nT，高值异常位于海头镇—西培农场—中兴镇、乌烈—金波农场、叉河—乌烈山、海尾东侧—南罗，戈枕—公爱，不磨—江边一带，其最大值为600nT，航磁负异常处于邦溪镇—打金村—七坊西侧、白石岭—三架岭、中沙—尖峰、抱峒—文且一带，其最小值为-800nT。区内分布有红岭-军营村异常带、叉河-昌江-金波农场异常带、戈枕岭-东方农场异常带、公爱-后壁异常带、中沙-感城异常带、尖峰-佛罗异常带、抱峒-抱尾西侧异常带、洛南（西联农场）异常带。

（1）红岭-军营村异常带

位于成矿区的西北部，红岭经马岭至军营村一带，在长约30km，宽不到10km的范围内，航磁异常密集，组成比较明显的东西向异常带，已编号的异常有11处。这些异常共同特点是曲线规则，强度不大，比较平缓，规模较小，走向近北东—东西向延伸。局部异常处于大片平稳升高磁场上，区域场的走向近东西，这一特点在平面图上更为明显。根据地质资料表明，这些异常大多数处于奥陶系、志系留、石炭系等老地层中。而且从收集到的物性资料研究分析，该异常带中除基性岩、闪长玢岩、长英角岩具磁性外，其余岩石属弱磁性或无磁性，所以这一带区域磁场显示较平稳。但是古生代地层中如有磁黄铁矿化时具有磁性，成为本区主要磁性干扰体。红岭、军营两个铁矿点分布其中，因此，该异常带地质成矿条件较好，是寻找铁等多金属

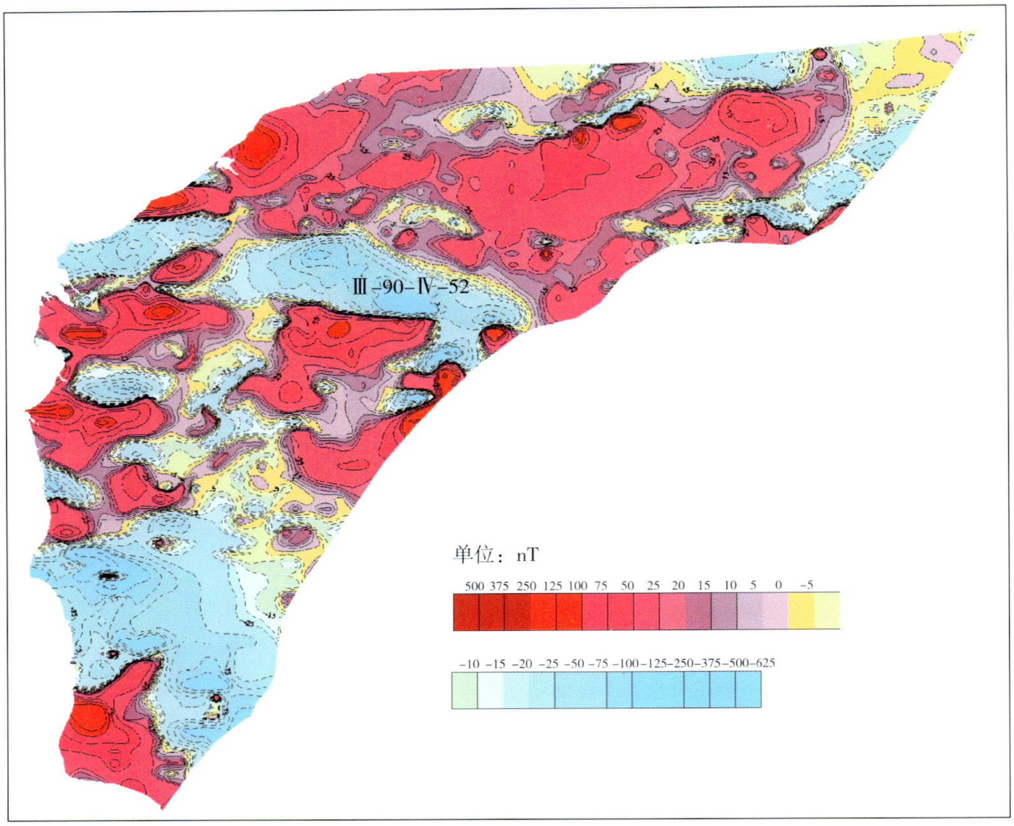

图 4-3-1　琼西结合带Ⅳ级成矿区带航磁 ΔT 等值线平面图

矿的有利区段。

(2) 叉河-昌江-金波农场异常带

位于石碌铁矿及外围，从保平西南侧经叉河、石碌至金波农场，航磁显示出一条东西向线性异常带，长约43km，宽仅5~10km，由一系列呈东西向延伸的区域升高正磁场和局部异常组成，从磁场来看，这条磁异常带显示断裂反映的特征，推测此带为昌江-琼海断裂带在该预测工作区的反映。从整个区域磁场分析，此带局部异常主要分布于昌江-琼海东西向断裂带与北东向断裂的交接部位，此异常带中航磁异常由6个局部异常组成，在构造上它们处于昌江-琼海东西向断裂带与北东向戈枕岭断裂的交接部位。石碌铁矿反映航磁异常明显，该航磁异常呈北东东向延伸，长达6km，宽达3.8km，以强度高、梯度陡、异常明显为特征，其正值最大强度达600nT，北侧所伴生负异常更为明显，达-900nT。根据地质资料，石碌矿区为一近东西走向，向南东倾伏的向斜构造，区内岩层由页岩、石英砂岩、二透岩化白云岩等组成，其中二透岩化白云岩为石碌铁矿的含矿层，为石碌群第六层。

(3) 戈枕岭-东方农场异常带

处于石碌铁矿区的南西部，从戈枕岭至东方农场一带，航磁异常密集，在长约15km，宽不到10km的150km^{2}范围内，分布有10处航磁异常。从该航磁异常带所处之地质环境以及岩矿石的磁性分析，这条航磁密集异常带与陀烈组关系密切（陀烈组中含有磁黄铁矿）。而且，以戈枕岭-乐梅一线为界，其东侧航磁异常密集，强度高，主要与其东侧分布变质程度较浅的陀烈群变质岩有关。西侧航磁异常以其幅值小而平稳为特征，这主要是与西边分布弱磁性的抱板混合岩有关。根据其该航磁异常带的磁场特征，推断该磁异常带为戈枕断裂带的反映。而这条裂断带是戈枕-二甲破碎岩型金矿的控矿和容矿构造，沿着这条航磁异常带分布有土外山、抱板、北牛、红甫门岭等金矿。

(4) 公爱-后壁异常带

从公爱下村经陀类至陀头，在南北长约12km，东西宽约7km的范围内，分布有8个航磁异常。根据地质资料表明，这些异常大多数处于奥陶系、志留系、石炭系、二叠系等老地层中，航磁异常带的西面、北东面、南面均有花岗岩体分布。而且从已收集的物性资料研究分析，该异常带中各种岩石属弱磁性或无磁性，经地面检查及钻探验证，认为该航磁异常带中航磁局部异常是磁黄铁矿化碳质硅质岩引起。但是，该区地质成矿条件较好，是寻找与磁黄铁矿伴生或共生多金属矿的有利区段。

(5) 中沙-感城异常带

处于中沙、感城至尖峰黑眉岭一带，航磁异常以负值为主，在中沙的南北两侧出现正负相伴，规模稍大的航磁异常。这条航磁异常负异常带分布在尖峰岩体上，航磁负异常与尖峰花岗岩体的退磁有关。

(6) 尖峰-佛罗异常带

位于成矿区西南部，尖峰岭西边，大台村至佛罗一线，走向北东-南西向，全长约19km。主要为在大片负磁场背景上显示出一条宽度不大，具明显带状升高正磁场，为断裂所反映的磁场特征。并且这条航磁异常带其各处强度不等，局部地段强度达100nT，为后期沿断裂侵入的中酸性小岩体的反映。

(7) 抱峒-抱尾西侧异常带

位于成矿区南部的抱峒、高岗、白面公、抱尾西侧一带，航磁异常带以负值为主，该航磁异常带呈近东西走向，规模较大，形态规整，为变化较大的夹长条状负异常带，负异常带强度中心最大幅值小于-400nT，该负异常带有规律的沿着千家花岗岩体与下志留统陀烈组、长城系峨文岭组、长城系戈枕村组的接触带分布，这个负异常带与千家花岗岩体、下志留统陀烈组、长城系峨岭组、长城系戈枕村组的接触带相吻合，推测为磁性蚀变带的反映，沿着该磁性蚀变带有多处金、银、铁、钼、铅锌等矿点分布，是该区金、银、铁、钼、铅锌等多金属成矿的有利部位。

(8) 洛南（西联农场）异常带

位于成矿带的北部，西华农场经儋州北侧至西联农场一带，局部异常大多位于区域平缓正磁场与负磁场的过渡带上，已编号的异常有6处。这些航磁异常多呈北东走向，曲线规则平缓，强度不大，规模较小—中等。地质资料表明，这一带分布大片的花岗岩、花岗闪长岩和志留纪陀烈组，据物性资料了解此花岗岩大多为无磁性，仅个别具弱磁性，而花岗闪长岩磁性稍大，所以此带所显示的60~80nT平缓正磁场与花岗岩体有关。在洛南分布的M-Ⅱ-2航磁异常，处于志留纪陀烈组地层中，该地层的主要岩性为变质石英细砂岩、粉砂岩绢云板岩、碳质绢云板岩、含磁黄铁矿碳质片状黑云母石英片岩，含磁黄铁矿碳质片状黑云母石英片岩具有较强磁性，是洛南M-Ⅱ-2航磁异常的反映。

2. 重力特征

该成矿区带处于王五-文教东西向重力梯级带西段之南侧，中部跨越昌江-琼海东西向重力异常异常（西段）之南北两侧，南部处于尖峰-万宁重力异常带（西段）的南北两侧，区内重力变化趋势总体上为北高南低，西高东低之特征。区内分布有尖峰岭和雅加大岭两个全岛比较明显重力低，重力梯级带与断裂相对应，重力低与花岗岩体有关。区内剩余重力异常分布主要有：尖峰剩余重力负异常、兰洋剩余重力负异常、丰猛剩余重力负异常、海尾剩余重力负异常、雅加大岭剩余重力负异常、南棍园剩余重力正异常、石碌剩余重力正异常、抱板剩余重力正异常、江边剩余重力正异常、军营-大岭-红岭剩余重力正异常等。以上剩余重力负异常为花岗岩体的反映（图4-3-2），而且这些花岗岩体多与铅锌、钨钼、稀土等矿产有着密切的关系，是寻找铅锌、钨、钼、稀土等多金属矿产的理想区域。如红门岭钼钨多金属矿分布于尖峰花岗岩体中，昌化铅锌矿处于海尾花岗岩体中，兰洋钨矿处于兰洋花岗岩体中等。剩余重力正异常与古生代或元古宙地层有关，古生代或元古亩地层多与铁、钴（铜）、金、石墨、白云母等矿产关系密切。如昌江石碌沉积变质型铁、钴（铜）矿与青白口系石碌群第六层关系密切，为其含矿层。又如长城系抱板群为二甲糜棱岩型、蚀变岩型金矿、石墨矿、白云母矿等的含矿层。再如抱伦石英脉型金矿处于古生界陀烈组中，与古生界陀烈组关系密切等。

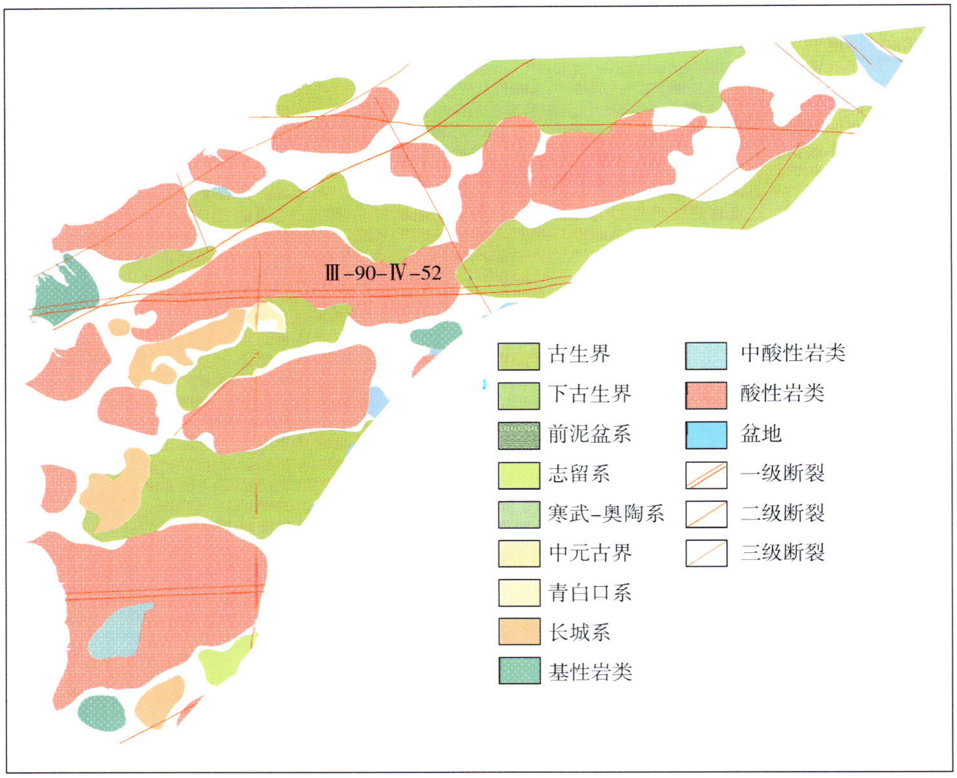

图 4-3-2　琼西结合带Ⅳ级成矿区带物探推断解译图

二、地球化学特征及推断成果

区内广泛分布中元古代二甲片麻状花岗岩体，海西期的保梅岭钾长花岗岩、邦溪二长花岗岩、石岭花岗闪长岩，以及一些闪长岩和石英闪长岩，印支期的尖峰岭和黑岭钾长花岗岩、大田二长花岗岩、广坝花岗闪长岩、雅加和大王岭二长花岗岩，海西期—印支期儋县花岗岩，燕山早期的马鞍岭、大岭、丰猛岭及晚期的三狮岭等二长花岗岩以及一些钾长花岗岩。还出露长城系抱板群、青白口系石碌群、震旦系石灰顶组、奥陶系、志留系、石炭系、二叠系、白垩系等。

区内地球化学特征表现为 Na_2O、Sr、K_2O、Zr、U、Sn、Ba、Th、SiO_2、Au、Ag、Cu 等呈高背景，La、Pb、Ti、Nb、Al_2O_3 等呈正常背景，Sb、Hg、As、Ni、Ca、Cr、V、Zn、Mn、Mo、Fe_2O_3、Co、MgO、P、Li、B、F、Bi、Be、W、CaO、Y 等呈低背景。同时，可看出大部分元素的高背景场往往是某些地质体的表现，例如，雅加二长花岗岩体以 Zr、U、Th、Nb、Sr、Ba 以及 Be、W、Y 等高背景为特征，尖峰岭钾长花岗岩以 K_2O、La、Pb、W、Be、Sn、Th、U、Y、Nb、Mo、Bi、Au、Ag、Zn 呈高背景特征，大岭二长花岗岩以 K_2O、Th、La、Nb、Ag 高背景，丰猛二长花岗岩以 K_2O、U 为高背景，大王岭二长花岗岩以高 Nb 背景，儋县花岗岩体以 Sr、Ba 高背景。白垩系中 Zr、K_2O、U、Th、Sn、Bi 均呈低背景，奥陶系和志留系以 B 为高背景特征。

区内主要金属成矿元素呈中、低背景，但分布不均匀，往往在局部地区形成异常，其大小与分布也不均匀。岛内较大的综合异常，如二甲、石碌、王下、南报等异常，均分布在本地球化学分区内。与区内异常分布对应的矿产有二甲金矿床、抱板金矿床、不磨金矿床、石碌铁铜钴矿床、王下金矿、抱伦金矿床、南报银金矿、那大锡矿、昌化铅锌矿。异常对成矿具有较好的指示意义。

1. 单元素区域地球化学异常

(1) Au 区域地球化学异常特征

区带内 Au 异常主要分布于东方戈枕、昌江王下、儋州兰洋、白沙邦溪等处，见图 4-3-3，地质背景分别为长城系抱板群变质岩、二叠系沉积变质岩、志留系沉积变质岩、白垩系沉积岩、二叠纪二长花岗岩、志留系沉积变质岩和白垩纪二长花岗岩，对应的矿产地分别有东方戈枕金矿、昌江王下金矿、儋州南报金银矿、白沙河叉岭金矿和琼中牙代金矿等。可见，主要 Au 异常与金矿矿产地对应较好，有较好的指示作用。

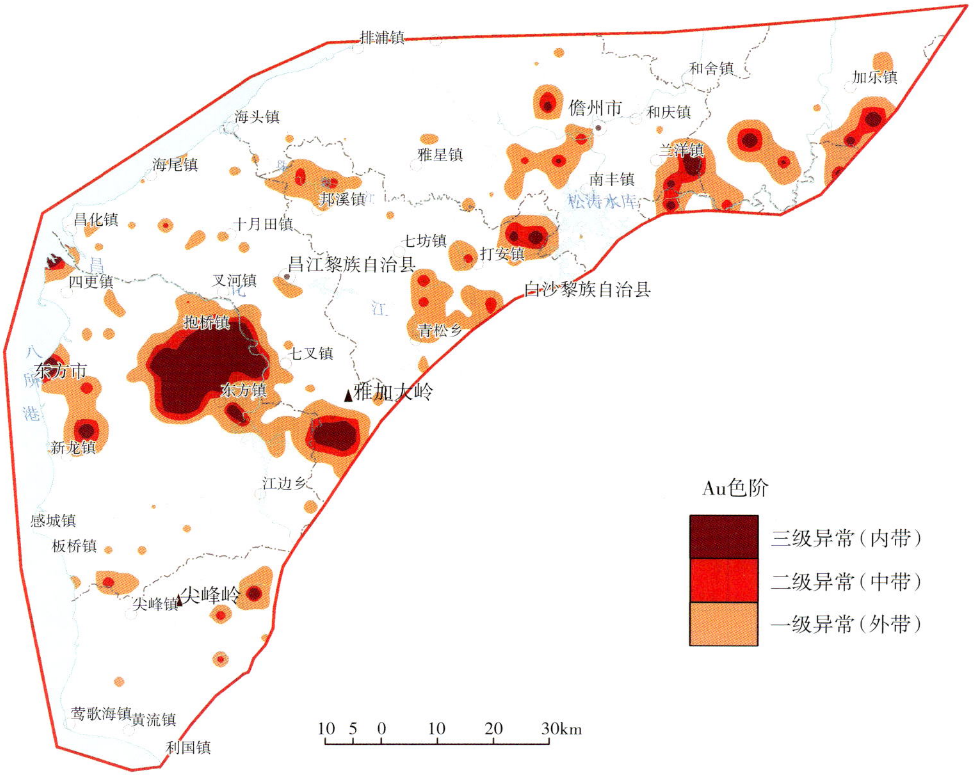

图 4-3-3 琼西结合带Ⅳ级成矿区带 Au 地球化学异常图

本次金矿种预测的典型矿床为东方二甲金矿有极显著的 Au 三级异常。

(2) Cu 区域地球化学异常特征

区带内 Cu 异常主要分布于昌江石碌、昌江王下、白沙邦溪等处，见图 4-3-4，地质背景分别为青白口系石碌群变质岩、二叠系沉积变质岩和中生代的酸性火山岩等，对应的矿产地分别有昌江三阶沟铜矿、石碌铁铜钴银矿、朝阳铁铜矿、乌烈铜矿和三亚岭曲铜矿，昌江孔汉岭、俄贤岭金矿、明旺铜矿、牙老铅锌矿、白沙河叉岭金矿、荣邦铜矿化点等。主要 Cu 异常与已知贵金属及有色金属矿产对应较好，具有指示意义。

本次铜矿种预测的典型矿床石碌铁铜钴银矿有显著的 Cu 三级异常。

(3) W 区域地球化学异常特征

区带内 W 异常主要分布于乐东尖峰、白沙金波、昌江雅加大岭、儋州兰洋等处，见图 4-3-5，

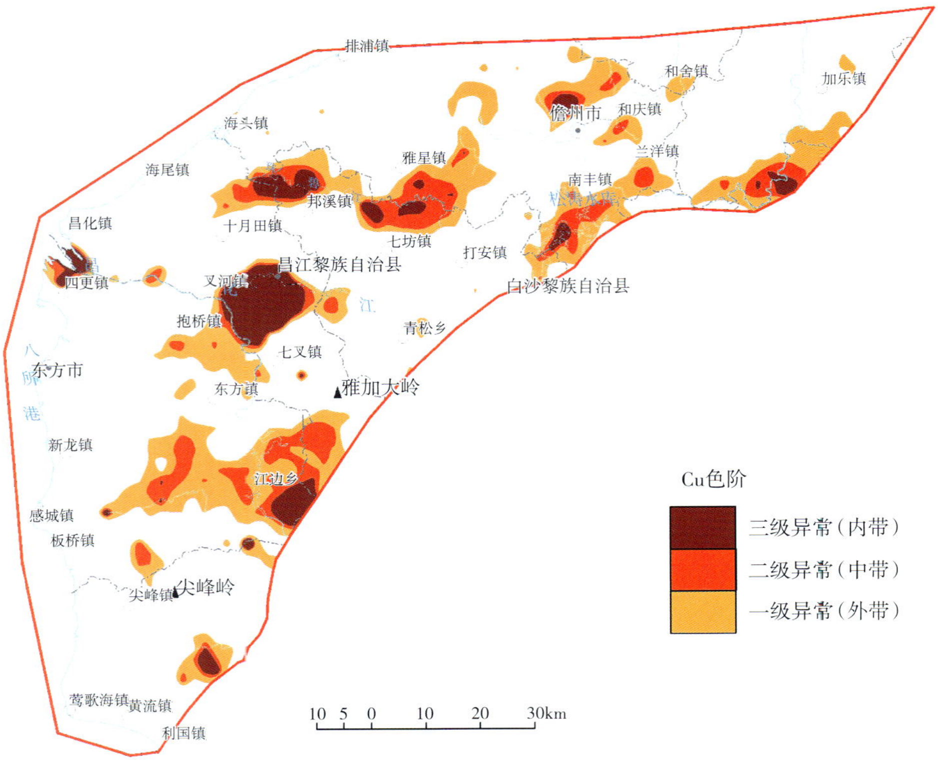

图 4-3-4　琼西结合带Ⅳ级成矿区带 Cu 地球化学异常图

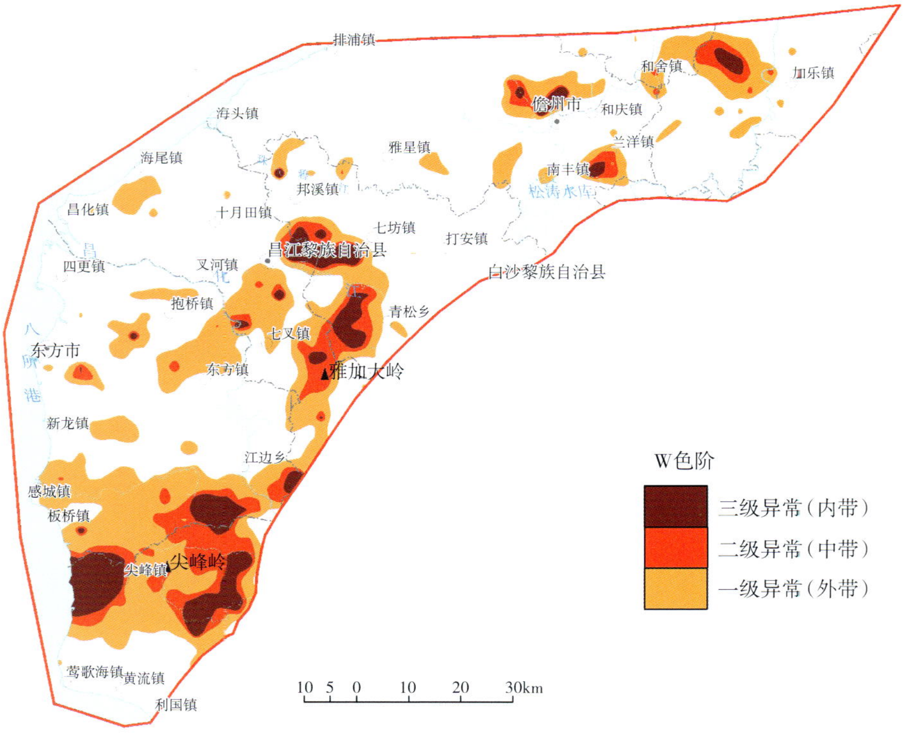

图 4-3-5　琼西结合带Ⅳ级成矿区带 W 地球化学异常图

地质背景分别为三叠纪钾长花岗岩、侏罗纪钾长花岗岩、白垩纪二长花岗岩和二叠纪—三叠纪二长花岗岩，对应的矿产地分别有东方老毛、毛阿沟、243高地铅锌矿、乐东丁司山钨矿、红门岭钨钼矿，金波钨矿点，昌江金炳、大章、东四铅锌矿，三亚雅亮金银矿、铅矿、洋淋岭铁矿和儋州兰洋钨锡矿等。主要W异常与有色金属矿产地具有较好对应关系，一般为中高温矿床，W多为共伴生元素存在。

本次钨矿种预测的典型矿床为儋州兰洋钨矿和乐东红门岭钨矿，均有显著的W元素三级异常。

(4) Mo区域地球化学异常特征

区带内Mo异常主要分布于乐东尖峰、白沙金波、昌江雅加大岭等处，见图4-3-6，地质背景分别为三叠纪钾长花岗岩、侏罗纪钾长花岗岩、三叠纪钾长花岗岩，对应的矿产地分别有东方老毛、毛阿沟、243高地铅锌矿、乐东丁司山钨矿、红门岭钨矿，金波钨矿点，昌江金炳、大章、东四铅锌矿等。主要Mo异常与贵金属和有色金属矿产地具有一定对应关系。

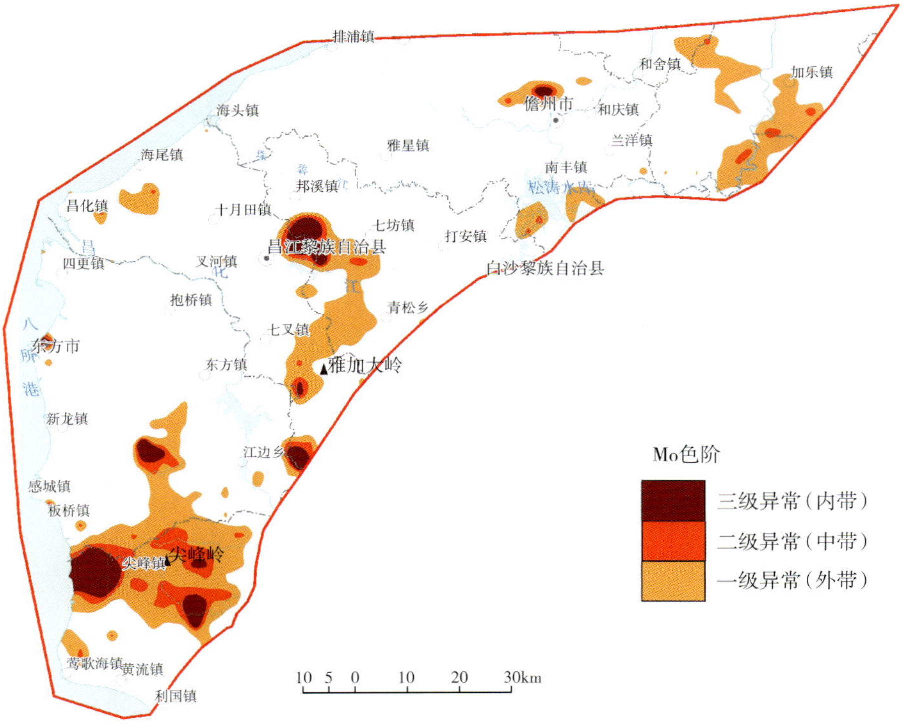

图4-3-6　琼西结合带Ⅳ级成矿区带Mo地球化学异常图

(5) La区域地球化学异常特征

区带内La异常主要分布于乐东尖峰、昌江雅加大岭、昌江昌化等处，见图4-3-7，地质背景分别为三叠纪钾长花岗岩（乐东尖峰、昌江雅加大岭、五指山毛道）、二叠纪（二长）花岗岩和白垩纪花岗岩等，目前只在乐东尖峰、昌江雅加大岭和定安翰林等地发现有5处风化壳成因的离子吸附型稀土矿，均不同程度地有La元素异常。

本次稀土矿种预测的典型矿床为昌江坝王岭离子吸附型稀土矿，有显著的La元素一级异常。

(6) Ag元素区域地球化学异常特征

区带内Ag元素异常主要分布于昌江昌化、东方戈枕、乐东尖峰、昌江王下、儋州兰洋等处，地质背景分别为白垩纪花岗岩、长城系抱板群变质岩、三叠纪钾长花岗岩、二叠系沉积变质岩二叠系沉积变质岩，对应的矿产地分别有昌江昌化大岭铅锌矿、东方戈枕金矿、乐东红门岭钨矿、昌江王下金矿、儋州南报金银矿等。主要Ag异常有金矿等矿产地产出，与金矿成矿关系密切，具有较好指示作用。见图4-3-8。

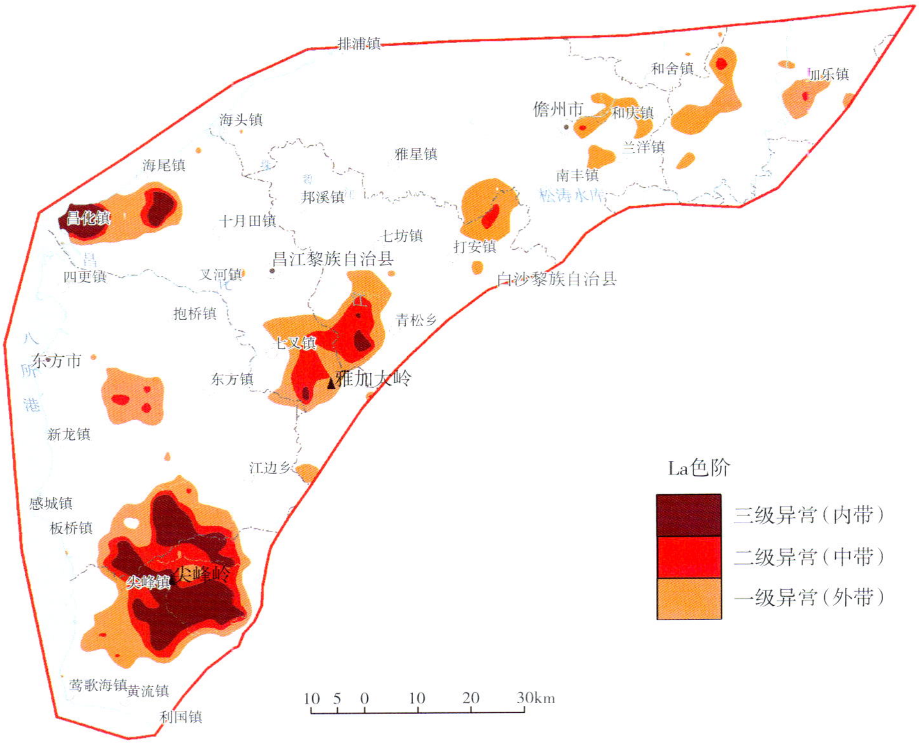

图 4-3-7　琼西结合带Ⅳ级成矿区带 La 地球化学异常图

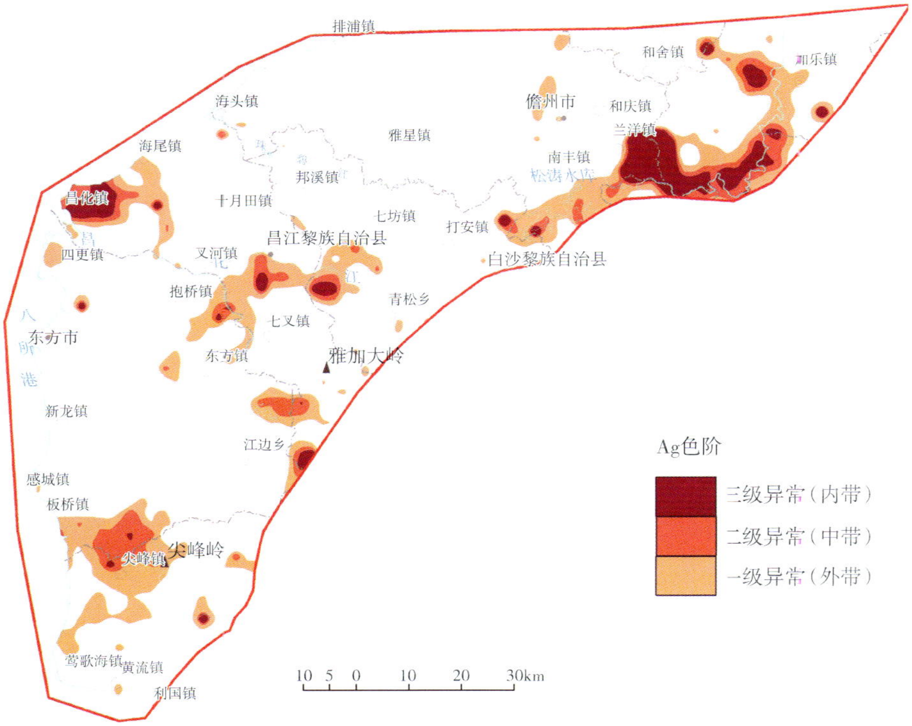

图 4-3-8　琼西结合带Ⅳ级成矿区带 Ag 地球化学异常图

本次预测的银矿种典型矿床为儋州南报银矿、昌江石碌铁铜钴银矿均有显著的 Ag 元素异常。

2. 地球化学组合与综合异常特征

以海南省重要矿产资源潜力评价预测矿种典型矿床的组合异常和综合异常地球化学特征为基础，分析并圈定省级综合异常图。

（1）铜矿种综合异常

区带内共圈定综合异常 20 处，其中基于昌江石碌铁铜钴银矿典型矿床 As、Ag、Cu、Bi、Co、Ni 元素组合特征圈出 10 处，根据三亚岭曲铜矿典型矿床 As、Ag、Cu、Bi、Mo 元素组合特征圈出了 10 处。区带内 Z-7 号综合异常组合了 As、Ag、Cu、Bi、Co、Ni，与石碌典型矿床相对应，并有其他金、铅、锌矿等产出。其他综合异常基本特征见表 4-3-1，大多数综合异常组合有中低温的 As、Ag 等元素，地质背景多为沉积-变质岩，常有已知贵金属和有色金属矿床（点）产出。见图 4-3-9。

表 4-3-1　琼西结合带Ⅳ级成矿区带铜矿种地球化学综合异常基本特征

编号	元素组合	地质背景（岩类）	已知矿产	典型矿床
Z-1	Cu、Bi、Co、Ni	沉积-变质岩、侵入岩	有已知金、硫矿	石碌铁铜钴银矿
Z-2	As、Cu、Bi、Co、Ni	沉积-变质岩	有已知金、铜矿	
Z-3	As、Ag、Cu、Bi、Ni	沉积-变质岩、侵入岩	有已知金银矿	
Z-4	Ag、Cu、Ni	沉积-变质岩	未发现	
Z-5	Ag、Cu、Ni	沉积-变质岩	未发现	
Z-6	Ag、Cu、Ni	沉积-变质岩	未发现	
Z-8	As、Ag、Cu、Bi、Co、Ni	沉积-变质岩	有已知金、铜、铅锌矿	
Z-10	Ag、Cu、Bi、Co、Ni	侵入岩	有已知铅锌多金属矿	石碌铁铜钴银矿
Z-11	Cu、Bi、Co	沉积-变质岩、侵入岩	有已知钼矿	
Z-13	As、Ag、Cu、Bi	沉积-变质岩、侵入岩	有已知金、硫矿	岭曲铜矿
Z-14	As、Cu	沉积-变质岩	有已知金、铜矿	
Z-15	As、Ag、Cu、Bi	沉积-变质岩、侵入岩	有已知金银矿	
Z-16	As、Ag、Cu	沉积-变质岩	未发现	
Z-17	As、Ag、Cu	沉积-变质岩	未发现	
Z-18	As、Ag、Cu、Bi	沉积-变质岩	有已知金、铜、铅锌矿	
Z-19	As、Cu、Mo	沉积-变质岩	未发现	
Z-20	As、Ag、Cu、Bi、Mo	沉积-变质岩	有已知金、铜、铅锌矿	
Z-22	As、Ag、Cu	侵入岩	有已知铅锌多金属矿	
Z-23	As、Ag、Cu、Bi、Mo	沉积-变质岩、侵入岩	有已知钼矿	
Z-24	As、Ag、Cu、Bi、Mo	沉积-变质岩、侵入岩	有已知银、铅矿	
Z-26	Cu、Mo	中酸性火山岩	有已知钼矿	

（2）铅矿种综合异常

区带内基于乐东后万岭铅锌矿典型矿床 Pb、Zn、Cd、Bi、Mo 元素组合圈出 12 处综合异常，其中 Z-28 号综合异常组合了 Pb、Zn、Cd、Bi、Mo 元素，与典型矿床相对应，并有其他金银、铅、锌、钼矿等多金属产出。其他综合异常基本特征见表 4-3-2。所有综合异常组合有 Pb、Zn、Cd 元素之一，而且一般都有高温的 Bi 或 Mo 元素，地质背景多与中酸性侵入岩类和钾长花岗岩有关，综合异常多有已知贵金属和有色金属矿床（点）产出。见图 4-3-10。

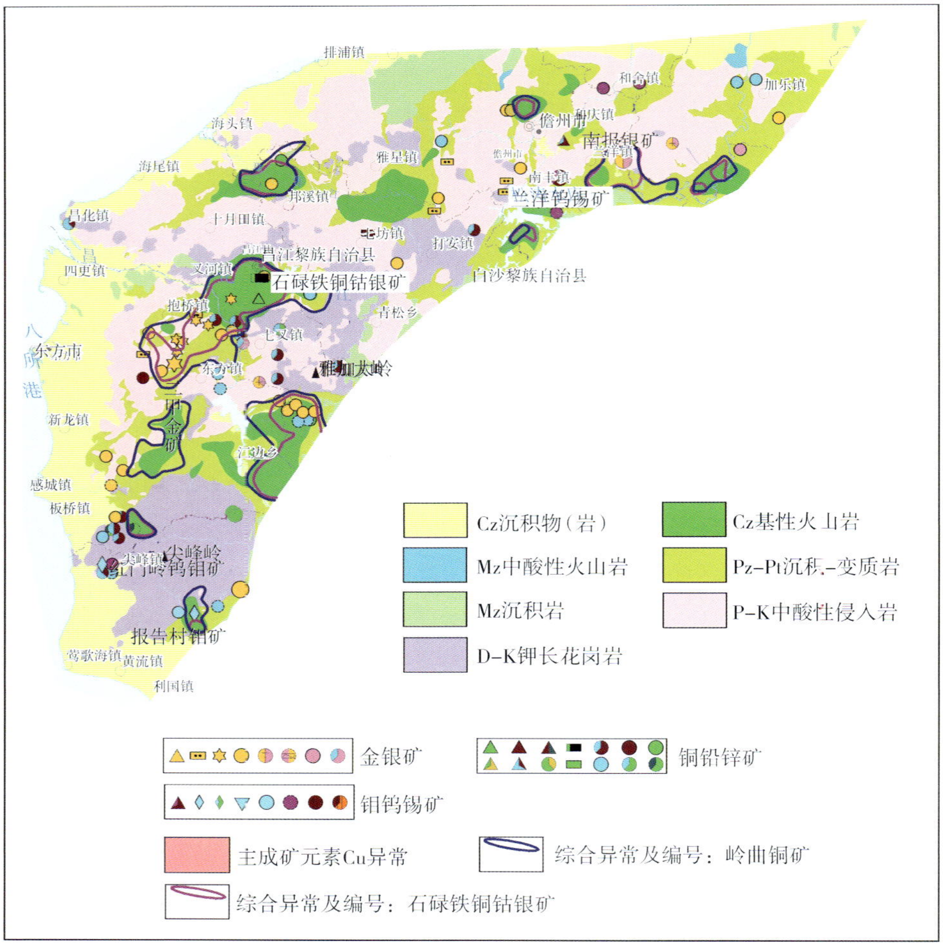

图 4-3-9　琼西结合带Ⅳ级成矿区带铜矿种地球化学综合异常图

表 4-3-2　琼西结合带Ⅳ级成矿区带矿种地球化学综合异常基本特征

编号	元素组合	地质背景（岩类）	已知矿产	典型矿床
Z-1	Pb、Bi、Mo	沉积-变质岩、侵入岩	有已知铅矿	后万岭铅锌矿
Z-2	Pb、Zn、Cd、Bi、Mo	沉积-变质岩、侵入岩	有已知金、锌矿	
Z-4	Pb、Zn、Cd、Bi、Mo	沉积-变质岩、侵入岩	有已知金银、钨锡矿	
Z-7	Pb、Cd	侵入岩	未发现	
Z-8	Pb、Zn、Cd、Bi、Mo	沉积-变质岩	有已知金银、铅锌矿	
Z-9	Pb、Zn、Cd、Bi、Mo	沉积-变质岩	有已知铜、铅、硫矿	
Z-13	Pb、Zn、Cd、Bi、Mo	侵入岩	未发现	
Z-15	Pb、Zn、Cd、Bi、Mo	沉积-变质岩	未发现	
Z-16	Pb、Bi	侵入岩	未发现	
Z-20	Pb、Zn、Cd、Bi、Mo	侵入岩	有已知金、铅锌、钼矿	
Z-21	Pb、Cd、Bi、Mo	侵入岩	未发现	
Z-22	Pb、Cd、Bi、Mo	沉积-变质岩、侵入岩	有已知铅、钼矿	
Z-32	Pb、Zn、Cd	侵入岩	有已知铅锌矿	

（3）锌矿种综合异常

区带内基于乐东后万岭铅锌矿典型矿床 Pb、Zn、Cd、Bi、Mo 元素组合共圈出 10 处综合异常，

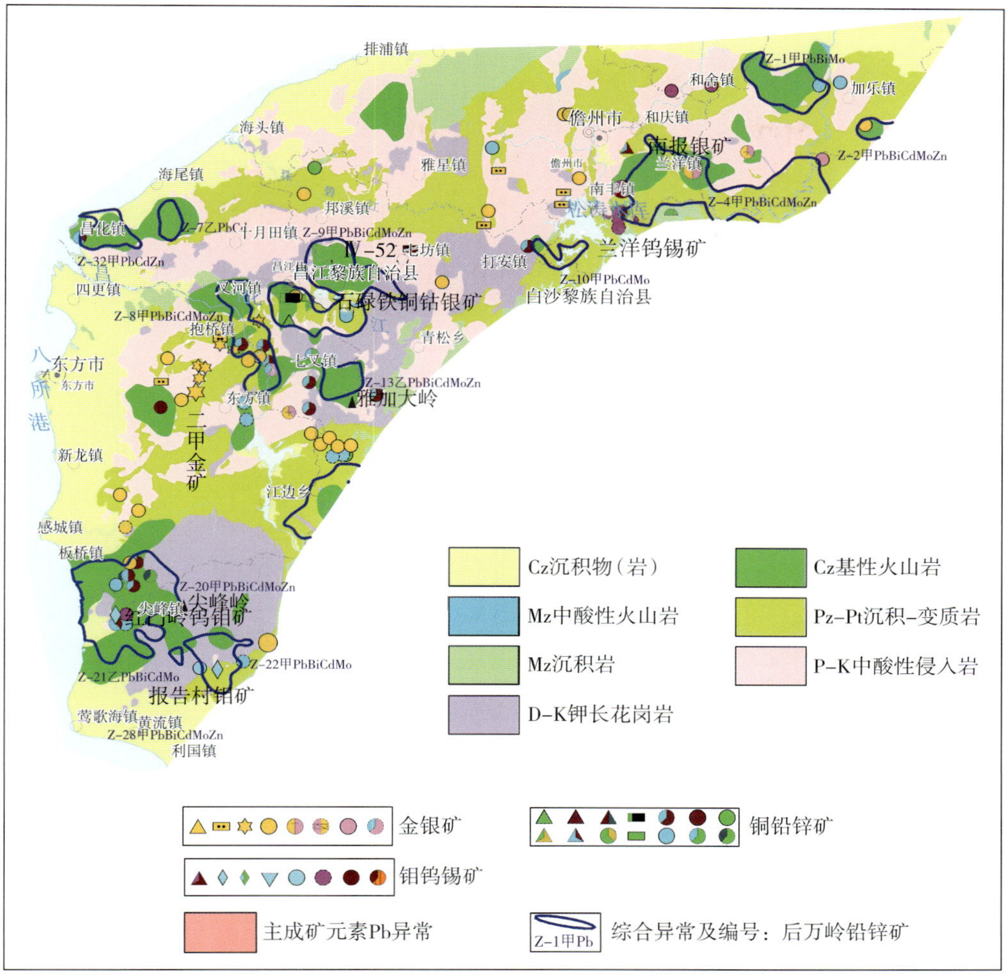

图 4-3-10　琼西结合带Ⅳ级成矿区带铅矿种地球化学综合异常图

其中Z-24号综合异常组合了Pb、Zn、Cd、Bi、Mo元素，与典型矿床相对应，并有其他金银、铅、锌、钼矿等多金属产出。其他综合异常基本特征见表4-3-3。所有综合异常组合有Pb、Zn、Cd元素之一，而且一般都有高温的Bi或Mo元素，地质背景多属侵入岩类，多有已知贵金属和有色金属矿产出。见图4-3-11。

表 4-3-3　琼西结合带Ⅳ级成矿区带锌矿种地球化学综合异常基本特征

编号	元素组合	地质背景（岩类）	已知矿产	典型矿床
Z-1	Zn、Cd、Bi、Mo	沉积-变质岩、侵入岩	有已知金、硫矿	后万岭铅锌矿
Z-2	Pb、Zn、Cd、Bi、Mo	沉积-变质岩、侵入岩	有已知金、锌矿	
Z-3	Pb、Zn、Cd、Bi、Mo	沉积-变质岩、侵入岩	有已知金银、钨锡矿	
Z-4	Pb、Zn、Cd	侵入岩	有已知铅锌矿	
Z-5	Pb、Zn、Cd、Bi、Mo	沉积-变质岩	有已知金银、铅锌矿	
Z-6	Pb、Zn、Cd、Bi、Mo	沉积-变质岩	有已知铜、铅、硫矿	
Z-7	Pb、Zn、Cd、Bi、Mo	侵入岩	未发现	
Z-12	Zn、Cd、Mo	沉积-变质岩	有已知金、铜、铅矿	
Z-13	Pb、Zn、Cd、Bi、Mo	沉积-变质岩	未发现	
Z-18	Pb、Zn、Cd、Bi、Mo	侵入岩	有已知金、铅锌、钼矿	

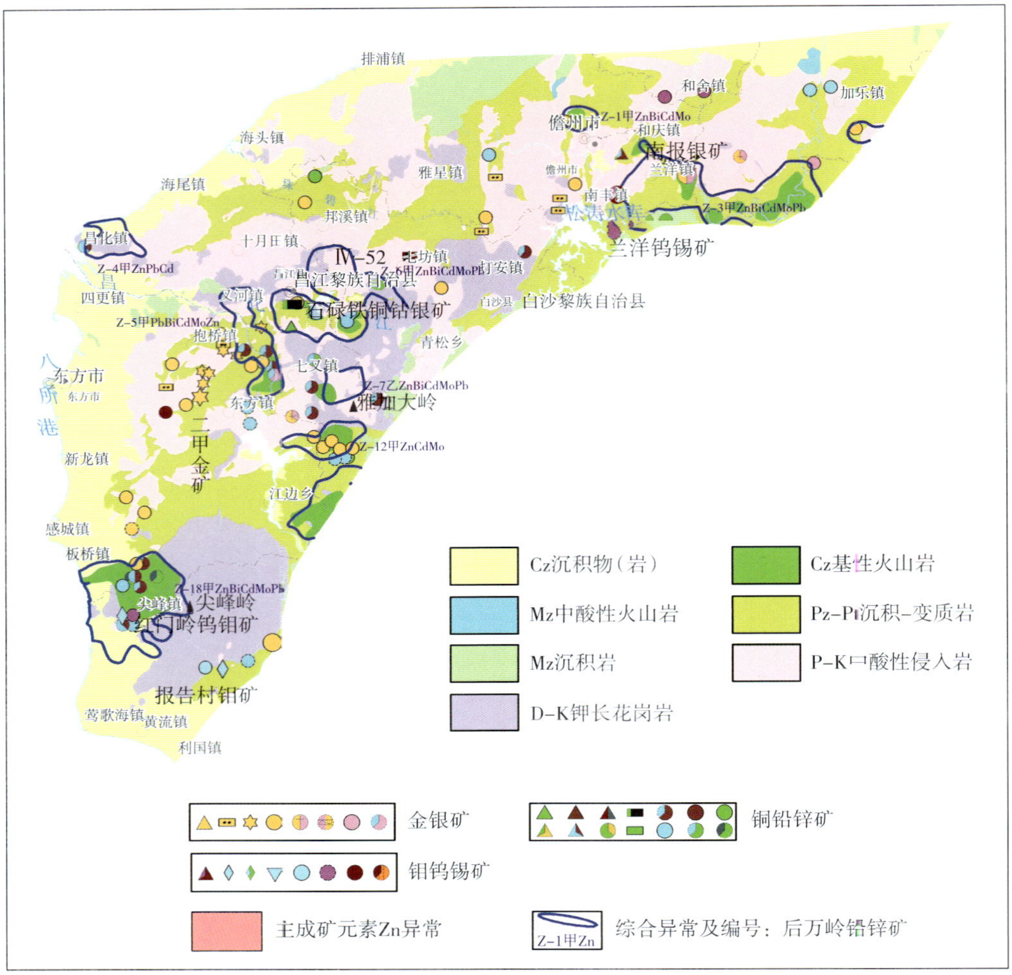

图 4-3-11　琼西结合带Ⅳ级成矿区带锌矿种地球化学综合异常图

（4）金矿种综合异常

区带内共圈定综合异常 25 处，基于定安富文金银矿典型矿床 As、Sb、Au、Pb、Zn、Bi 元素组合圈出 8 处综合异常，Z-4 号综合异常组合了 As、Sb、Au、Pb、Zn、Bi 元素，与典型矿床相对应，基于东方二甲金矿典型矿床 As、Ag、Au、Pb、W 元素组合圈出 4 处综合异常，Z-27 号综合异常组合了 As、Ag、Au、Pb、W 元素，与典型矿床相对应，并有其他铅、锌、银矿等产出，基于乐东抱伦金矿典型矿床 As、Au、Bi、Mo 元素组合圈出 13 处综合异常，典型矿床无综合异常对应。其他综合异常基本特征见表 4-3-4。综合异常一般组合有中低温的 As、Ag 等元素，地质背景为沉积-变质岩和（或）侵入岩，部分综合异常有已知贵金属和有色金属矿床（点）产出，找矿前景较好。见图 4-3-12。

表 4-3-4　琼西结合带Ⅳ级成矿区带金矿种地球化学综合异常基本特征

编号	元素组合	地质背景（岩类）	已知矿产	典型矿床
Z-1	Sb、Au、Pb、Zn、Bi	沉积-变质岩、侵入岩	有已知金银矿	富文银矿
Z-2	Au、Pb、Bi	侵入岩	有已知金银矿	
Z-3	As、Sb、Au、Pb、Zn、Bi	沉积-变质岩、侵入岩	有已知金矿	
Z-6	As、Au、Pb	侵入岩	有已知铅锌矿	
Z-7	As、Sb、Au、Pb、Zn、Bi	沉积-变质岩	有已知金银、铅锌矿	
Z-8	Au、Pb	侵入岩	有已知铅矿	

续表

编号	元素组合	地质背景（岩类）	已知矿产	典型矿床
Z-9	As、Sb、Au、Zn	沉积-变质岩	有已知金、铜、铅锌矿	富文银矿
Z-16	Au、Bi	侵入岩	未发现	
Z-24	As、Ag、Au、Pb	沉积-变质岩、侵入岩	有已知金矿	
Z-26	Ag、Au、Pb	沉积-变质岩、侵入岩	有已知金银矿	
Z-28	As、Ag、Au、W	沉积-变质岩	有已知金、铜、铅锌矿	
Z-38	Au、Mo	侵入岩	有已知金、硫矿	抱伦金矿
Z-39	As、Au、Bi	沉积-变质岩	有已知金矿	
Z-40	Au、Bi	沉积-变质岩、侵入岩	未发现	
Z-41	As、Au、Bi	沉积-变质岩、侵入岩	有已知金银、铜矿	
Z-42	Au、Bi	侵入岩	有已知金银矿	
Z-43	As、Au、Bi、Mo	沉积-变质岩、侵入岩	有已知金矿	抱伦金矿
Z-44	Au、Mo	沉积-变质岩、侵入岩	未发现	
Z-50	Au、Bi	侵入岩	未发现	
Z-54	As、Au、Bi	沉积-变质岩	有已知金银、铅锌矿	
Z-55	Au	侵入岩	有已知铅矿	
Z-56	Au	沉积岩	未发现	
Z-57	As、Au、Bi、Mo	沉积-变质岩	有已知金、铜、铅锌矿	

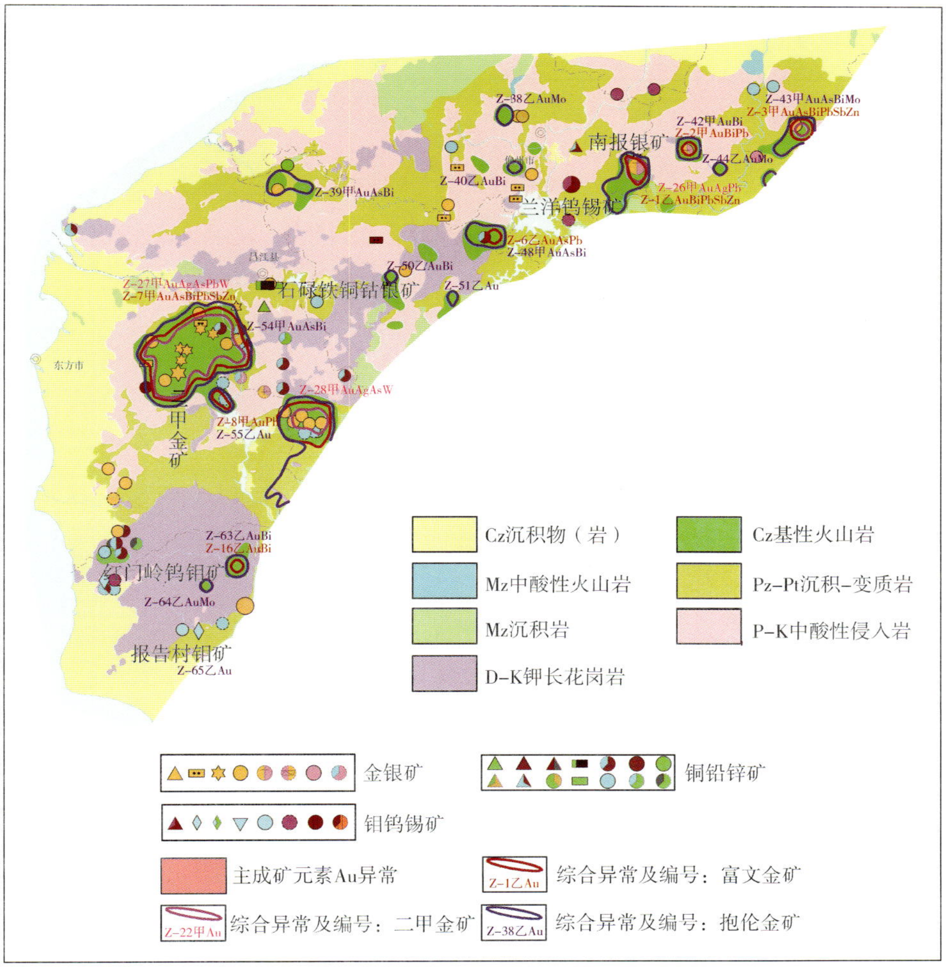

图 4-3-12　琼西结合带Ⅳ级成矿区带金矿种地球化学综合异常图

（5）银矿种综合异常

区带内共圈定综合预测区 12 处，其中基于儋州南报银矿典型矿床 As、Ag、Au、Pb、Bi 元素组合圈出 9 处综合异常，其中 Z-4 号综合异常组合了 As、Ag、Au、Pb、Bi 元素，与典型矿床相对应，并有其他金、银矿等产出，基于昌江石碌铁铜钴银矿典型矿床 As、Ag、Cu、Co、Bi 元素组合圈出 1 处综合异常 Z-12，组合了 As、Ag、Cu、Co、Bi 元素，并与典型矿床对应，其他类综合异常 2 处。其他综合异常（包括与已知典型矿床不匹配的 2 处综合异常）基本特征见表 4-3-5。综合异常一般组合有中低温的 As、Ag 等元素，地质背景多与侵入岩有关，近五成综合异常有已知贵金属和有色金属矿产出。见图 4-3-13。

表 4-3-5　琼西结合带Ⅳ级成矿区带银矿种地球化学综合异常基本特征

编号	元素组合	地质背景（岩类）	已知矿产	典型矿床
Z-1	As、Ag、Pb、Bi	沉积-变质岩、侵入岩	有已知铅矿	南报银矿
Z-2	As、Ag、Au、Bi	沉积-变质岩、侵入岩	有已知金、硫矿	
Z-3	Ag、Au、Bi	沉积-变质岩、侵入岩	有已知金矿	
Z-6	Ag、Au、Pb	沉积-变质岩、侵入岩	未发现	南报银矿
Z-7	As、Ag、Au、Pb	沉积-变质岩、侵入岩	有已知铅锌矿	
Z-13	As、Ag、Au、Pb、Bi	沉积-变质岩	有已知金、铜、铅锌矿	
Z-23	As、Ag、Au、Pb、Bi	侵入岩	有已知钨、钼、铅锌矿	
Z-25	As、Ag、Au、Pb、Bi	沉积-变质岩、侵入岩	有已知钼矿	
Z-30	As、Ag、Cu	沉积-变质岩	未发现	未知
Z-32	Ag、Cu	侵入岩	有已知铅锌矿	

图 4-3-13　琼西结合带Ⅳ级成矿区带银矿种地球化学综合异常图

(6) 钨矿种综合异常

区带内共圈定综合异常 28 处，其中基于儋州兰洋钨锡矿典型矿床 Cu、Pb、Bi、W、Sn 元素组合圈出 16 处综合异常，其中 Z-6 号综合异常组合了 Cu、Pb、Bi、W、Sn 元素，与典型矿床相对应，基于东红门岭钨钼矿典型矿床 Ag、Pb、Zn、Bi、Mo、W 元素组合圈出 31 处综合异常，其中 Z-58 号综合异常组合了 Ag、Pb、Zn、Bi、Mo、W 元素，与典型矿床相对应，并有其他铅、锌多金属矿等产出。其他综合异常基本特征见表 4-3-6。综合异常一般组合有中低温的 As、Ag 等元素，地质背景基本上都离不开侵入岩，近六成综合异常有已知贵金属和有色金属矿产出。见图 4-3-14。

表 4-3-6 琼西结合带Ⅳ级成矿区带钨矿种地球化学综合异常基本特征

编号	元素组合	地质背景（岩类）	已知矿产	典型矿床
Z-1	Cu、Bi、W、Sn	沉积-变质岩、侵入岩	有已知金、硫矿	兰洋钨锡矿
Z-2	Bi、W、Sn	沉积-变质岩、侵入岩	有已知钨矿	
Z-3	Pb、Bi、W、Sn	沉积-变质岩、侵入岩	有已知铅矿	
Z-4	Cu、Bi、W	沉积-变质岩、沉积岩	有已知铜、硫矿	
Z-5	Pb、Bi、W、Sn	沉积-变质岩、侵入岩	未发现	
Z-11	Pb、W、Sn	沉积-变质岩	有已知金矿	
Z-12	Pb、W、Sn	沉积-变质岩	有已知金矿	
Z-13	Cu、Pb、Bi、W、Sn	沉积-变质岩、侵入岩	有已知金、铜、铅锌矿	
Z-14	Pb、Bi、W、Sn	侵入岩	有已知金、铅矿	
Z-15	W、Sn	侵入岩	未发现	
Z-16	W、Sn	侵入岩	未发现	
Z-20	W、Sn	沉积-变质岩、侵入岩	未发现	
Z-21	W、Sn	侵入岩	未发现	
Z-22	Cu、Pb、Bi、W、Sn	沉积-变质岩	未发现	
Z-29	Pb、Bi、W	侵入岩	有已知金、铅、钼矿	
Z-37	Ag、Pb、Bi、Mo、W	沉积-变质岩、侵入岩	有已知铅矿	红门岭钨钼矿
Z-38	Ag、Zn、Bi、Mo、W	沉积-变质岩、侵入岩	有已知金、硫矿	
Z-40	Ag、Pb、Zn、Bi、Mo、W	沉积-变质岩、侵入岩	有已知金银、钨锡矿	
Z-45	Ag、Pb、Zn、Bi、Mo、W	侵入岩	未发现	
Z-46	Ag、Pb、Zn、Bi、W	沉积-变质岩	有已知金、铜、铅锌矿	
Z-47	Ag、W	沉积-变质岩	有已知金矿	
Z-48	Pb、Zn、Bi、Mo、W	侵入岩	未发现	
Z-49	Ag、Zn、Mo、W	沉积-变质岩	有已知金、铅矿	
Z-50	Ag、Pb、Zn、Bi、Mo、W	沉积-变质岩	未发现	
Z-59	Ag、Pb、Bi、Mo、W	沉积-变质岩、侵入岩	有已知金、铅、钼矿	

(7) 钼矿种综合异常

区带内共圈定综合异常 19 处，其中基于屯昌高通岭钼矿典型矿床 Ag、Cu、Pb、Mo、W 元素组合圈出 9 处综合异常，典型矿床无综合异常对应，基于红门岭钨钼矿典型矿床 Cu、Pb、Zn、Mo、W 元素组合圈出 4 处综合异常，其中 Z-19 组合了 Cu、Pb、Zn、Mo、W 元素，并与典型矿床对应，圈出无典型矿床对应类型异常 6 处。其他综合异常（包括与已知典型矿床不匹配的 6 处综合异常）基本特征见表 4-3-7。综合异常一般组合有中高温的 Pb、Mo 等元素，地质背景绝大多数与侵入岩类有关，近三成综合异常有贵金属或有色金属矿产出，找矿前景较好。见图 4-3-15。

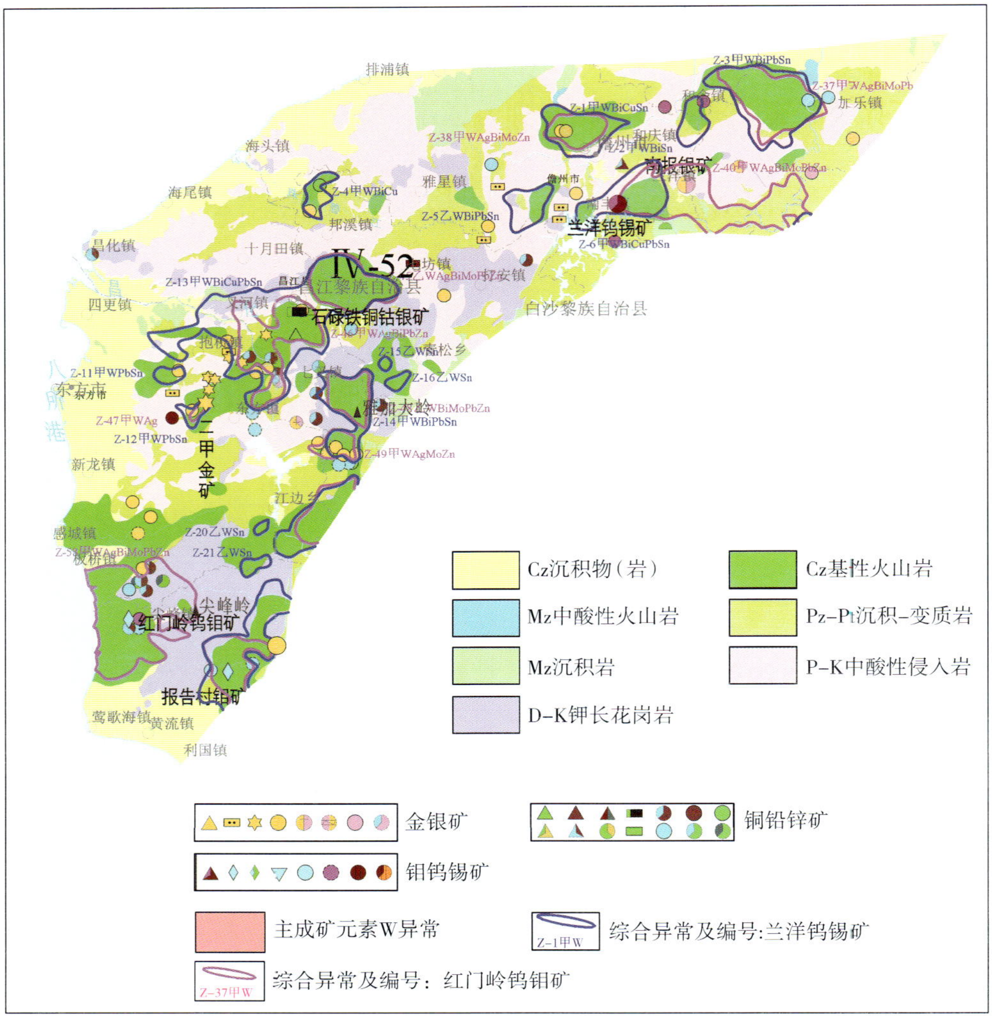

图 4-3-14　琼西结合带Ⅳ级成矿区带钨矿种地球化学综合异常图

表 4-3-7　琼西结合带Ⅳ级成矿区带钼矿种地球化学综合异常基本特征

编号	元素组合	地质背景（岩类）	已知矿产	典型矿床
Z-1	Pb、Mo、W	沉积-变质岩、侵入岩	未发现	红门岭钨钼矿等
Z-2	Cu、Pb、Mo、W	沉积-变质岩、侵入岩	有已知铅矿	
Z-3	Ag、Cu、Mo、W	沉积-变质岩、侵入岩	有已知金、硫矿	高通岭钼矿等
Z-4	Ag、Cu、Pb、Mo	沉积-变质岩、侵入岩	有已知金矿	
Z-6	Ag、Cu、Mo	沉积-变质岩	未发现	
Z-8	Ag、Cu、Mo	沉积-变质岩	未发现	
Z-12	Ag、Cu、Mo	沉积-变质岩、侵入岩	有已知铅矿	
Z-13	Pb、Mo、W	侵入岩	未发现	
Z-14	Ag、Cu、Mo、W	沉积-变质岩	有已知金、铜、铅矿	
Z-15	Cu、Mo	沉积-变质岩	未发现	
Z-16	Ag、Cu、Pb、Mo、W	沉积-变质岩、侵入岩	未发现	

续表

编号	元素组合	地质背景（岩类）	已知矿产	典型矿床
Z-31	Ag、Mo	侵入岩	未发现	未知
Z-36	Ag、Mo	侵入岩	未发现	
Z-37	Ag、Mo	侵入岩	未发现	
Z-38	Ag、Cu、Mo、Co	沉积-变质岩	有已知钨矿	
Z-44	Mo	侵入岩	未发现	
Z-45	Ag、Mo	侵入岩	未发现	未知

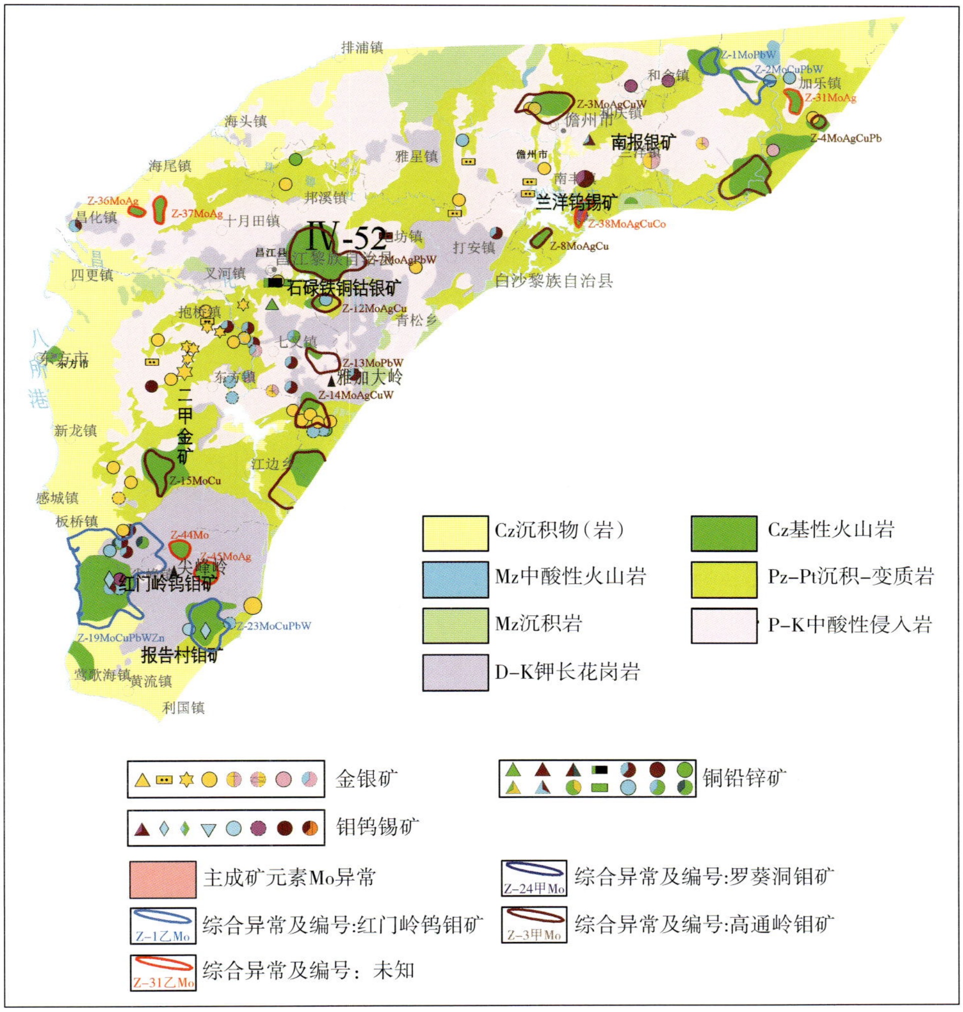

图 4-3-15　琼西结合带Ⅳ级成矿区带钼矿种地球化学综合异常图

（8）硫矿种综合异常

海南省硫矿种有 2 个典型矿床，利用 1∶20 万区域水系沉积物地球化学资料，基于昌江石碌铁铜钴银矿典型矿床编制综合异常线，基于保亭情安岭硫铁矿 Ag、Au、Cu、Bi、Mo、Fe_2O_3 元素组合编制综合异常线。

区带内共圈定硫矿种相关综合异常 13 处，其中基于昌江石碌铁铜钴银矿典型矿床 As、Ag、Cu、Bi、Mo 元素组合圈出 1 处综合异常 Z-1，组合了 As、Ag、Cu、Bi、Co 元素，与典型矿床相对应其余五典型矿床对应类型异常 12 处。其他综合异常（包括与已知典型矿床不匹配的 12 处综合异常）基本特征见表 4-3-8。综合异常一般组合有中低温的 As、Ag 等元素，地质背景包括沉积-变质岩和侵入岩，近六成综合异常有已知贵金属有色金属矿产出。见图 4-3-16。

表 4-3-8　琼西结合带Ⅳ级成矿区带硫矿种地球化学综合异常基本特征

编号	元素组合	地质背景（岩类）	已知矿产	典型矿床
Z-6	As、Cu	沉积-变质岩	未发现	
Z-7	As、Ag、Cu、Bi、Co	沉积-变质岩、侵入岩	有已知金、硫矿	
Z-8	As、Cu、Bi	沉积-变质岩、侵入岩	有已知钨矿	
Z-10	As、Cu、Bi、Co	沉积-变质岩、侵入岩	有已知铜、金矿	
Z-11	As、Cu、Co	沉积-变质岩、侵入岩	有已知金、铅矿	
Z-12	As、Cu	沉积-变质岩、侵入岩	有已知铅锌矿	
Z-15	As、Ag、Cu、Bi、Co	沉积-变质岩	有已知钨矿	未知
Z-16	As、Ag、Cu、Co	沉积-变质岩	未发现	
Z-17	As、Ag、Cu、Co	沉积-变质岩、侵入岩	有已知金银矿	
Z-24	As、Ag、Cu、Bi、Co	沉积-变质岩	有已知金、铜、铅矿	
Z-27	As、Ag、Cu、Co	侵入岩	有已知多金属矿	
Z-28	As、Ag、Cu、Bi、Co	沉积-变质岩、侵入岩	有已知钼矿	

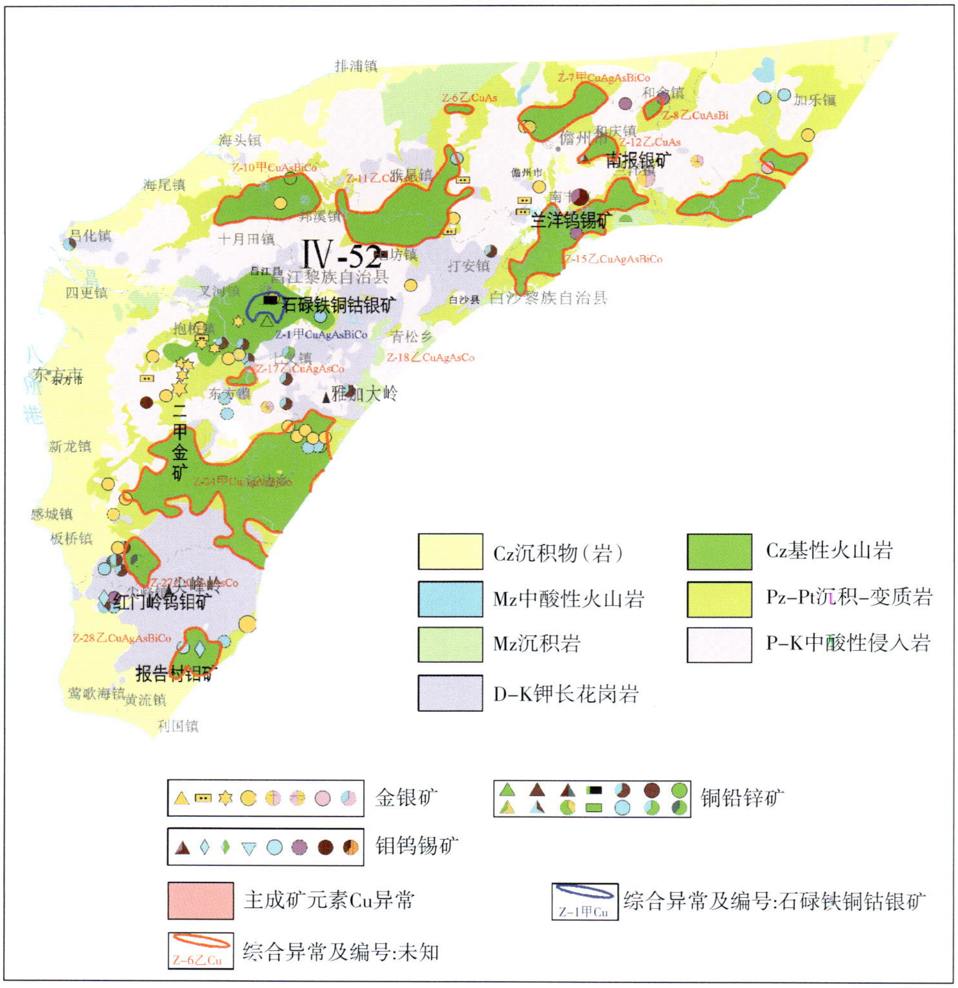

图 4-3-16　琼西结合带Ⅳ级成矿区带硫矿种地球化学综合异常图

(9) 稀土矿种综合异常

区带内基于昌江坝王岭稀土矿典型矿床 La、Y、Ce 元素组合圈出 5 处综合异常，典型矿床与 Z-3 号综合异常基本对应，3 种元素组合齐全。其他综合异常基本特征见表 4-3-9。已知稀土矿基本上都有综合异常响应。见图 4-3-17。

表 4-3-9　琼西结合带Ⅳ级成矿区带稀土矿种地球化学综合异常基本特征

编号	元素组合	地质背景（岩类）	已知矿产	典型矿床
Z-1	La	钾长花岗岩	未发现	坝王岭稀土矿
Z-2	La、Y	钾长花岗岩	未发现	
Z-4	La、Ce	钾长花岗岩	未发现	
Z-5	La、Y、Ce	钾长花岗岩	有已知稀土矿	

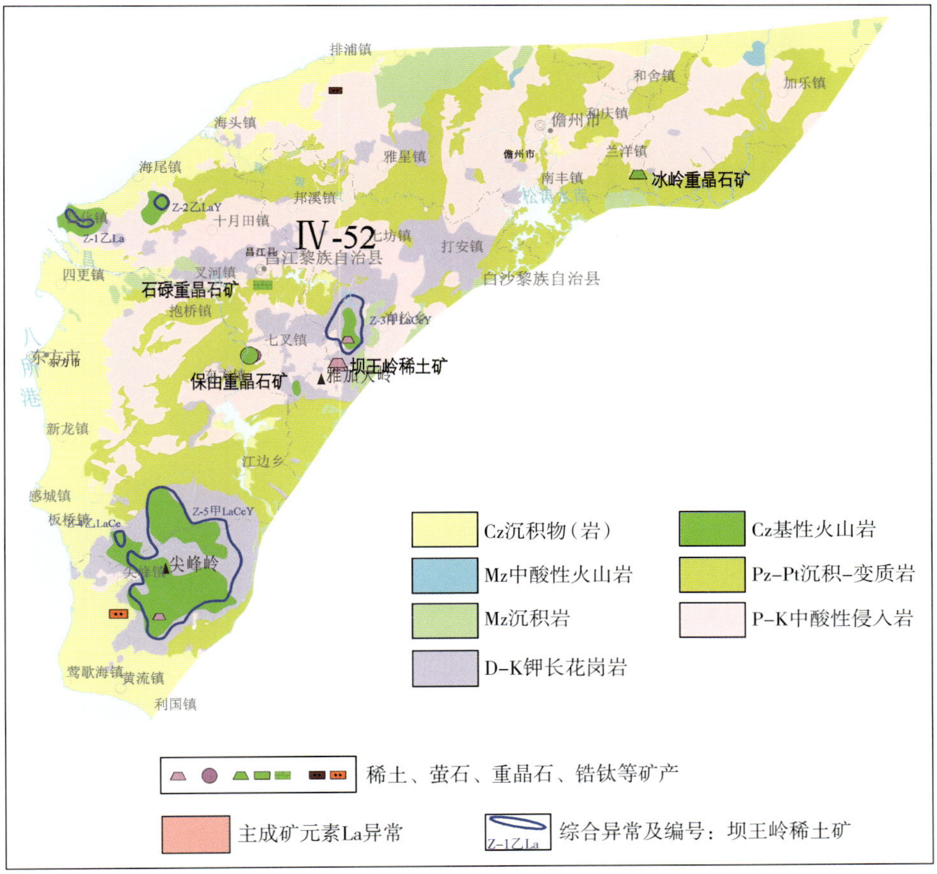

图 4-3-17　琼西结合带Ⅳ级成矿区带稀土矿种地球化学综合异常图

(10) 萤石矿种综合异常

区带内基于琼中什统萤石矿典型矿床经 As、Sb、Hg、Cu、F 元素组合圈出 5 处综合异常，综合异常基本特征见表 4-3-10。综合异常与已知萤石矿吻合程度一般。见图 4-3-18。

表 4-3-10　琼西结合带Ⅳ级成矿区带萤石矿种地球化学综合异常基本特征

编号	元素组合	地质背景（岩类）	已知矿产	典型矿床
Z-1	Sb、Cu、F	沉积-变质岩、侵入岩	未发现	什统萤石矿
Z-3	As、Sb、Cu、F	沉积-变质岩、侵入岩	有已知萤石矿	

续表

编号	元素组合	地质背景（岩类）	已知矿产	典型矿床
Z-4	As、Sb、Cu、F	沉积-变质岩、侵入岩	未发现	什统萤石矿
Z-5	As、Sb、Cu、F	沉积-变质岩、侵入岩	未发现	
Z-6	As、Sb、Cu、F	沉积-变质岩、侵入岩	未发现	

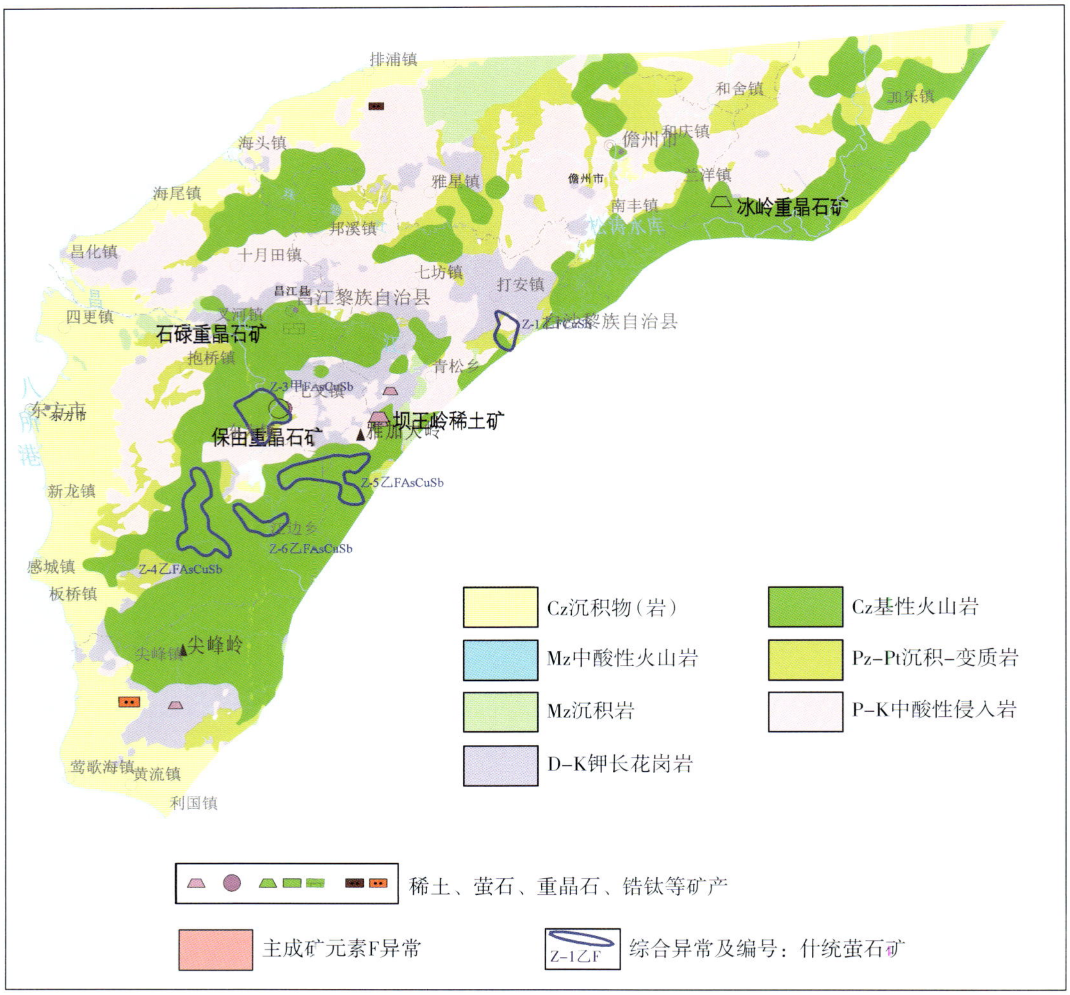

图 4-3-18　琼西结合带Ⅳ级成矿区带萤石矿种地球化学综合异常图

(11) 重晶石矿种综合异常

区带内共圈定综合异常 15 处，其中基于儋州冰岭重晶石矿典型矿床 As、Sb、Hg、Zn、Ba 元素组合圈出 2 处综合异常，其中 Z-2 综合异常组合了 Sb、Hg、Ba 元素，与典型矿床相对应，基于昌江石碌重晶石矿典型矿床 Ag、Cu、Bi、Ba、Co 元素组合圈出 1 处综合异常 Z-8，组合了 Ag、Cu、Bi、Ba、Co 元素，与典型矿床相对应，基于昌江保由重晶石矿典型矿床 Cu、Pb、Zn、Ba 元素组合圈出 4 处综合异常，其中 Z-11 综合异常组合了 Cu、Pb、Zn、Ba 元素，与典型矿床相对应，无典型矿床对应类型圈出 9 处综合异常。综合异常（包括与已知典型矿床不匹配的 9 处综合异常）基本特征见表 4-3-11。综合异常一般组合元素简单，地质背景包括主要为侵入岩，没有已知重晶石矿与之对应。见图 4-3-19。

表 4-3-11　琼西结合带Ⅳ级成矿区带重晶石矿种地球化学综合异常基本特征

编号	元素组合	地质背景（岩类）	已知矿产	典型矿床
Z-1	As、Hg、Ba	沉积-变质岩、侵入岩	未发现	冰岭重晶石矿
Z-3	Pb、Ba	侵入岩	未发现	保由重晶石矿
Z-9	Pb、Ba	沉积-变质岩、侵入岩	未发现	
Z-10	Pb、Ba	侵入岩	未发现	
Z-25	Ba	侵入岩	未发现	
Z-26	Hg、Ba	侵入岩	未发现	
Z-27	Hg、Ba	侵入岩	未发现	
Z-28	As、Sb、Ba	侵入岩	未发现	
Z-29	Ba	侵入岩	未发现	
Z-31	Ba	侵入岩	未发现	
Z-32	As、Ba	沉积-变质岩	未发现	
Z-34	Ba	侵入岩	未发现	
Z-35	Ba	侵入岩	未发现	

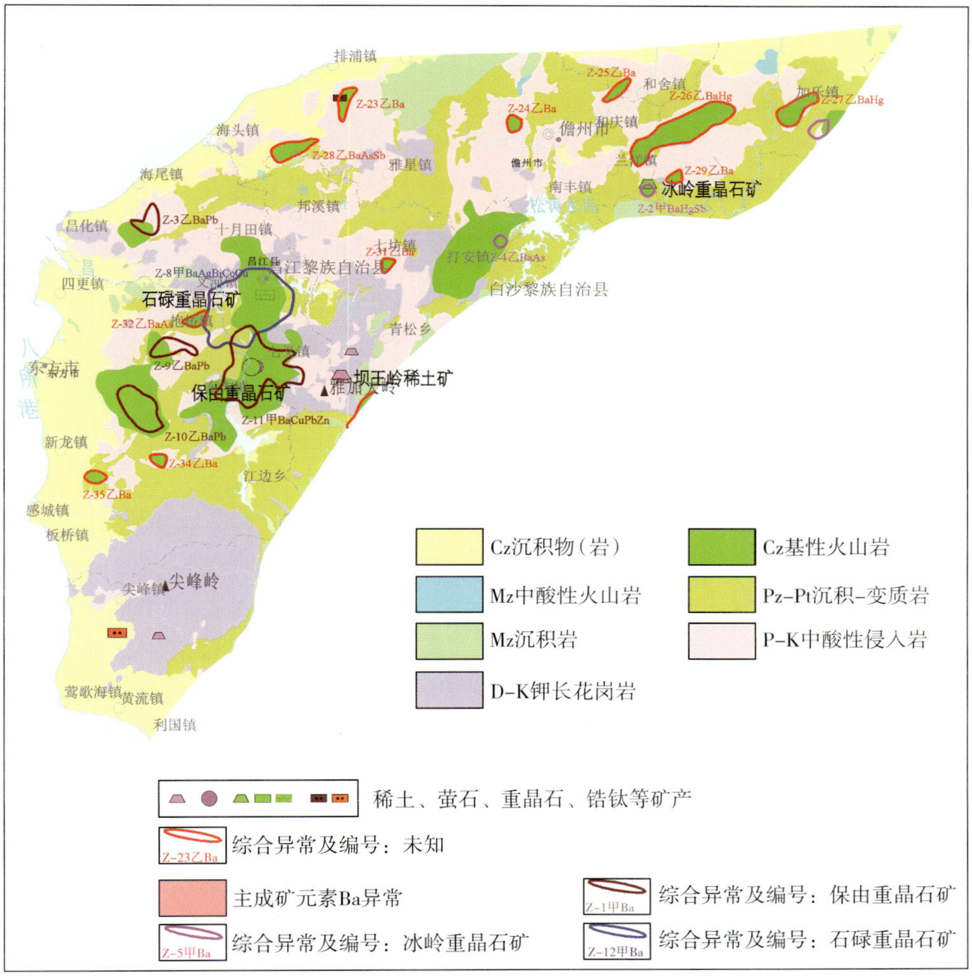

图 4-3-19　琼西结合带Ⅳ级成矿区带重晶石矿种地球化学综合异常图

3. 地球化学推断地质构造

基于 La、Th、U、Y、Zr、K_2O 等组合推断钾长花岗岩类（正长岩、钾长花岗岩）分布范围。高值区主要位于琼西地区，共推断出 9 处钾长花岗岩体，均有实际地质体与之吻合，但个别的面积和形态有出入。昌江县以北和琼中县以东、北的钾长花岗岩体没有推断出来。研究认为，鉴于地球化学元素指标对钾长花岗岩的显著指示作用，应充分考虑地球化学的推断结果。

基于 SiO_2 高值区推断为陆源碎屑岩类分布范围。高值区位于西部海岸带，为实际情况的第四系（主要为海相沉积）分布范围，两者吻合良好，依图层属性库中下属词命名为“陆源碎屑岩”。

据 Ag、As、Au、Hg、Sb 等成矿及伴生元素分布特点，在琼西南地区自乐东千家向北至乐东山荣，再向东至五指山番阳和红毛一线，以上元素在西北侧较富集，而在东南侧明显贫化，沿西北侧以上元素的显著变化边界推断为一区域性断裂构造，视为二级构造。该推断构造与实际情况吻合良好。

三、遥感特征及推断成果

位于海南岛西部，属五指山褶冲带西部的儋州市至抱板一带琼西结合带（抱板隆起带），呈北东向带状，长约 190km，宽 15~89km，面积 8450km^2。成矿区内海西期—印支期儋县花岗岩体和印支期邦溪二长花岗岩体大面积分布，奥陶系南碧沟组和下志留统陀烈组呈孤岛状分布于花岗岩中，西北部有白垩系鹿母湾组。石碌—抱板—二甲一带，以中元古界抱板群为主，分布有印支期大田二长花岗岩体，奥陶系南碧沟组和志留系陀烈组呈断层接触。局部还见有少量的燕山早期花岗岩。断裂构造发育，北东向戈枕韧性剪切带，是金矿的主要导矿和容矿构造，二甲-不磨金矿田受戈枕韧性剪切带控制。石碌地区以新元古界青白口系石碌群为主，次为震旦系石灰顶组，东部有少量石炭纪和二叠纪地层，周边为海西期二长花岗岩，局部为印支期二长花岗岩及燕山晚期钾长花岗岩。区内还分布有雅加、尖峰岭两个钾长花岗岩体，以及广坝花岗闪长岩体，其次有海西期二长花岗岩、石英闪长岩、花岗闪长岩、辉长岩以及燕山早期钾长花岗岩。

1. 区域地质构造遥感特征

从影像特征上看，该矿带线性、环形构造较为发育，共解译出线要素 298 条，环形构造 18 个。矿带中遥感色、块、带要素特征不显（图 4-3-20）。

该矿带内共解译出大型构造 3 条：王五-文教断裂带贯穿于矿带北侧，遥感影像上为一系列东西向断裂构成的带状低洼地貌，第四纪沉积物呈带状分布，形成东西向带状平原，特别是王五—定安一段尤为明显；昌江-琼海构造带横穿矿带中部，沿断裂带展布着一系列东西向山脉和河流，在遥感影像上反映出东西向线性构造断续出现，尤以中段的儋州兰洋等段线性影像比较清晰。沿断裂分布着中生代东西向的昌化江盆地、白沙陆内盆地、石壁盆地等；尖峰-吊罗断裂横贯矿带南部，遥感线性要素非常发育，特别是西段的尖峰岩体中，影像构成等轴形组合构造。

中小型构造主要分布于矿带的中部和南部，其中中型构造 8 条，小型构造 270 多条，断层主要发育于二叠纪、三叠纪和奥陶纪等地层中。中型构造主要为北东走向，断层线清晰；小型构造主要为北东和北西西走向，尤其在南部的尖峰地区发育比较密集，影像中有较明显直线状纹理。

环形构造主要发育于矿带中部和南部的二叠纪、三叠纪和奥陶纪等地层中。根据遥感解译所反映的环形影像，结合地质资料，对这些环形影像构造进行分类、解释：

1）构造穹隆或构造盆地：这类环形构造共解译出 3 个。这些环形构造都呈圆环状或椭圆状，边界清楚，环内细脉状影纹，色调较明显，如南班环形构造等。

2）中生代花岗岩类引起的环形构造：这类环形影像色调一般较暗，个体均为小圆环，共解译出 7 个，主要有猴弥岭、王下、不磨等环形构造。

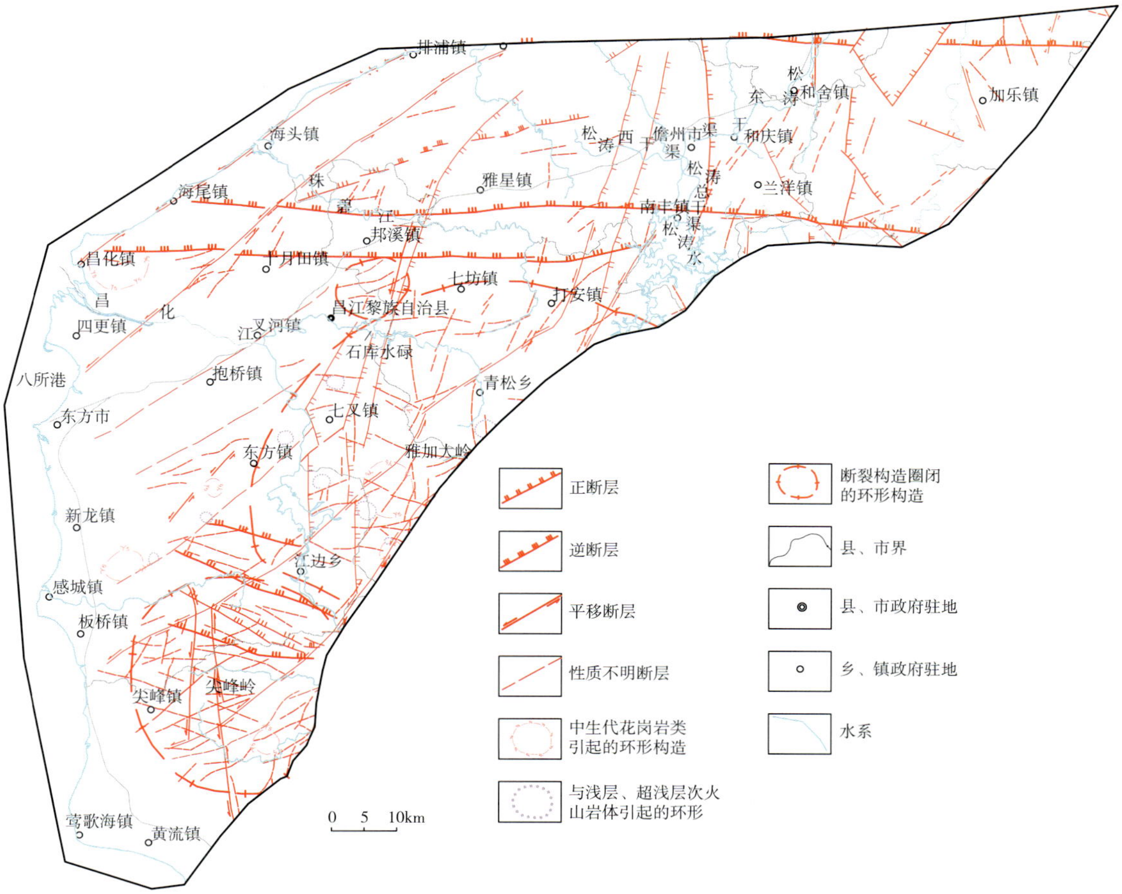

图 4-3-20 琼西结合带Ⅳ级成矿区带遥感构造解译图

3）与浅层、超浅层次火山岩体引起的环形构造：共解译出 8 个，这类环形影像色调一般较暗，个体均为小圆环。

主要的环构造遥感特征见表 4-3-12。

表 4-3-12 琼西结合带Ⅳ级成矿区带主要环形影像解译简表

编号	名称	面积/km^2	影像特征	地质特征	成因推测
4	南班环形影像	87	影像清晰，呈单环等圆形，环内色调为深绿色，中心为突起的正地形，放射状水系	处于东西向昌江-琼海深大断裂带西端，南北向断裂于环中穿过。海西期岩体与燕山晚期岩体接触部位。白沙县金波钨矿点所在地	岩体接触界线
10	王下环形影像	41	影像清晰，为长轴呈南北向展布的椭圆形，西南角与一小环相接，环中影纹呈条带状，水系细而长，呈树枝状	环的北部出露印支期钾长花岗岩，中部出露下二叠统峨查组、鹅顶组板岩、灰岩，南部出露上石炭统青天峡组砂岩、板岩。南北向断裂与东西向断裂汇合处。王下金矿点、明旺铜矿点及牙劳铅锌矿点所在地	断裂构造
11	不磨环形影像	24	影像清晰，圆形状单环，半弧状山体明显，水系不发育，多呈线状	环内出露长城系抱板群黑云斜长片麻岩，二云母片岩及中元古代花岗岩。发育有北东向及东西向断裂。不磨金矿床及公爱金矿点所在地	长城系抱板群、断裂构造

续表

编号	名称	面积/km^2	影像特征	地质特征	成因推测
12	猴弥岭环形影像	16	影像清晰，圆形状环，有一小环叠加，中心为山脊，具放射性水系，条带状影纹	西北部出露下志留统陀烈组千枚岩、板岩、东南部出露下白垩统鹿母湾组砂岩、砂砾岩	断裂构造
16	元门环形影像	13	影像清晰，圆形状环，边界清楚，环内细脉状影纹	环带内分布下白垩统鹿母湾组砂岩、砂砾岩	陨石造成的坳陷

2. 遥感异常特征

该矿带内提取出遥感羟基异常共有图斑20061个，其中一级异常2620个，二级异常6486个，三级异常10955个。遥感铁染异常共有图斑14477个，其中一级异常1675个，二级异常4596个，三级异常8206个。根据异常集中分布程度、所处的地质构造环境等，共圈定出25处羟基异常带，4处铁染异常带，8处羟基铁染异常组合带。

该矿带遥感异常主要分布于第四系更新统北海组、二叠纪—三叠纪花岗岩和奥陶系南碧沟组等地层中。该矿带受地表植被、水系等因素的干扰，空间分布无明显规律性，与已知矿点套合程度不高，大多为无指示意义的异常。矿带矿产资源分布与异常无明显的相关性。

四、自然重砂特征及推断成果

空间上分布于沉积-变质岩区。以自然金和金属硫化物矿物异常为特征，也有少数钨矿物、锡石等矿物异常。多为一级或二级异常，矿床指示意义突出。

空间上分布于琼中部花岗岩类范围内。除铬矿物外其他矿物均有异常出现，铁矿物和辰砂异常较少，金属硫化物矿物和钨矿物、锡石、稀土、重晶石、萤石、磷灰石、锰矿物异常众多。多为一级或二级异常，矿床指示意义突出。

第四节　重要矿种预测评价模型

区带内的重要矿种主要有金、铁、铜、钴、银、重晶石、硫、萤石、稀土、钨、钼等，形成了与中、新元古代基底出露区与变质作用有关的铁、钴、铜、石墨、白云母矿床成矿系列，与海西期—印支期壳源重熔型花岗岩浆热液作用有关的钨、锡、铌、钽矿床成矿系列，与印支期壳源重熔型花岗岩浆热液作用和动力变质作用有关的金、铅、锌矿床成矿系列，与燕山期黑云母钾长花岗岩有关的钨、锡、铅、锌（铍、铌）、水晶矿床成矿系列，分布于西部海岸及内陆部分地区的第四纪与风化-沉积作用有关的钛铁矿、锆英石、独居石、金、锡、钨、水晶、石英砂矿床成矿系列及第四纪与风化壳有关的铌、钽、稀土、高岭土矿床成矿系列。

预测评价模型主要有：蚀变破碎岩型金银、与侵入岩有关热液型金矿、与中酸性岩浆热液有关的脉状银金铜矿床、海相火山喷发沉积型铁铜硫矿银重晶石、离子吸附型稀土矿、层状或热液脉状层控型重晶石、残坡积型重晶石矿、斑岩型钨矿、矽卡岩-云英岩型钨锡萤石（银钼）矿和斑岩型钼矿（表4-4-1）。各预测评价模型的特征如下。

表 4-4-1　琼西结合带Ⅳ级成矿区带预测评价模型表

省级矿产预测类型	成矿时代	主要预测要素	全国评价模型	矿种	典型矿床
戈枕式破碎-蚀变岩型金矿	三叠纪	戈枕韧性剪切带，断裂破碎带，长城系抱板群，印支期岩浆热液，Au 区域化探异常	蚀变破碎岩型金银	金	二甲金矿
抱伦式脉型金矿	三叠纪	豪岗岭背斜轴部，下志留统陀烈组，尖峰复式岩体，构造破碎带，Au、As、Sb 等异常，重力、航磁和自然 α 卡法异常	与侵入岩有关热液型金矿	金	抱伦金矿
南报式脉型银矿	白垩纪	北西向及北北东向断裂破碎带，石英脉、石英煌斑岩复合脉，燕山晚期花岗岩岩浆，黑云母二长花岗岩，Ag、Au 土壤异常	与中酸性岩浆热液有关的脉状银金铜矿床	银、金	南报银金矿
石碌式沉积变质型银矿	青白口纪	青白口系石碌群第六层，琼西结合带，北一复式向斜构造，透辉石透闪石岩及透辉石-透闪石化白云岩	海相火山喷发沉积型铁铜硫矿	赤铁矿、铜、钴、银、重晶石	石碌铁铜钴（银）多金属矿
风化壳离子吸附型稀土矿	第四纪	印支期黑云母正长花岗岩，风化壳，离子型吸附相氧化稀土（TR_2O_3），重力负异常	离子吸附型稀土矿	稀土矿	坝王岭稀土矿
谭子山式热液脉型重晶石矿	印支期—燕山期	下二叠统峨查组碎屑岩与鹅顶组灰岩，北西向的断裂破碎带，Ba 区域化探异常	层状或热液脉状层控型重晶石	重晶石	保由重晶石矿
石碌式沉积变质型重晶石矿	青白口纪	青白口系石碌群第六层，北一复式向斜构造，透辉石透闪石岩及透辉石-透闪石化白云岩，Ba、Cu、Co、Ag、Bi 异常	海相火山喷发沉积型铁铜硫矿	赤铁矿、铜、钴、银、重晶石	石碌重晶石矿
冰岭式风化壳型重晶石矿	第四纪	下二叠统峨查组含重晶石硅质岩，坡积矿、残积块状矿，褶皱构造和风化剥蚀，区域 Ba 化探异常	残坡积型重晶石矿	重晶石	冰岭重晶石矿
石碌式沉积-变质岩型硫铁矿	青白口纪	青白口系石碌群第六层，北一复式向斜构造，透辉石透闪石岩及透辉石-透闪石化白云岩，Ba、Cu、Co、Ag、Bi 异常	海相火山喷发沉积型铁铜硫矿	赤铁矿、铜、钴、银、重晶石	昌江石碌硫铁矿床
莲花山式斑岩型钨矿	白垩纪	尖峰岩体中海西期二长花岗岩和印支期正长正长花岗岩、印支期花岗斑岩，低序次、低级别断裂构造，燕山期斑状花岗岩小岩株，Ag、Au、Pb、Zn、Bi、Mo 等元素三级异常	斑岩型钨矿	钨、钼	尖峰红门岭钨（钼）矿床
新田岭式矽卡岩-云英岩型钨矿	三叠纪	矽卡岩、角岩捕虏体及（矽卡岩化）角岩，接触带，接触线外带矽卡岩化，内带绢云母化、绿泥石化、云英岩化等，剩余重力负异常、重力垂向二阶导数负异常	矽卡岩-云英岩型钨锡萤石（银钼）矿	钨、铜矿、锡矿、铅矿	兰洋钨锡矿点
石碌式沉积变质型铜矿	青白口纪	青白口系石碌群第六层，北一复式向斜构造，透辉石透闪石岩及透辉石-透闪石化白云岩，Ba、Cu、Co、Ag、Bi 异常	海相火山喷发沉积型铁铜硫矿	赤铁矿、铜、钴、银、重晶石	石碌铁铜钴多金属矿
石碌式沉积变质型铁矿	青白口纪	青白口系石碌群第六层，琼西结合带，北一复式向斜构造，透辉石透闪石岩及透辉石-透闪石化白云岩	海相火山喷发沉积型铁铜硫矿	赤铁矿、铜、钴、银、重晶石	石碌铁矿

续表

省级矿产预测类型	成矿时代	主要预测要素	全国评价模型	矿种	典型矿床
园珠顶式斑岩型钼矿	晚白垩世	印支期花岗斑岩和早三叠世正长花岗岩，低序次、低级别的北北西向断裂带，Mo、Ag、Zn、Bi区域化探异常	斑岩型钼矿	钼、钨、铅锌	红门岭钼钨矿
园珠顶式斑岩型钼矿	晚白垩世	晚白垩世斜长花岗斑岩，近南北向冲卒岭断裂，Mo、Pb、Cu区域化探异常	斑岩型钼矿	钼	报告村钼矿床

一、海相火山喷发沉积型铁铜硫银重晶石矿

（一）典型矿床预测模型

1. 成矿地质特征

石碌铁矿矿体主要赋存于青白口系石碌群第六层中，部分呈条带状薄层铁锰质岩产于震旦系石灰顶组中。矿体受向斜构造控制明显，在向斜核部加厚部位矿体较厚大。

（1）含矿层位

青白口系石碌群（QnS）：为一套浅海相、浅海-潟湖相的含铁火山-碎屑沉积岩和碳酸盐岩建造，经后期变质为低绿片岩相，局部达到角闪岩相，其按岩性自下而上又可分为六层，其中与成矿关系密切的为第六层，层中含钾长石眼球的条带状二透岩和含石榴子石的条带状二透岩、条带状二透岩化白云岩及铁质千枚岩或铁质砂岩等是铁矿体的主要围岩。第六层主要特征见本章第二节。

震旦系石灰顶组（Zs）：地层假整合覆盖于石碌群地层之上，主要分布在石灰岭、红房山及石灰顶、枫树顶、正美山等处，含赤铁矿石英砂岩、石英岩、赤铁矿粉砂岩等是铁矿体的主要围岩，主要特征见本章第二节。

（2）成矿构造

矿区内褶皱构造发育，复式向斜构造是区内的主要控矿构造，矿体多分布与向斜构造的轴部。复式向斜轴向近北西-南东向，向西扬起、收敛，向东南倾伏开阔，自北而南，由北一向斜、红房山背斜和石灰顶向斜等次级褶皱组成。

此外，矿区内的断裂构造发育，有北西—北北西向、北东东—东西向及北北东—近南北向三组，都形成于成矿之后，三组断裂反映了本区先后遭受过两次不同方向的应力作用，不同程度地破坏了褶皱构造、含矿岩系以及矿体的连续完整。尤其以南北组断裂为甚，造成复向斜往东呈阶梯状下陷。

（3）矿体地质特征

石碌矿区共圈定铁矿体38个，矿体主要产于石碌群第六层中，少部分呈薄层状产于石灰顶组中，矿体多分布于向斜构造的轴部，背斜轴部及附近的矿体规模相对小。主矿体均成层状、似层状。

金属矿石矿物主要为赤铁矿和磁铁矿，非金属矿物主要有石英和重晶石等脉石矿物。

矿石结构有细鳞片-微鳞片状变晶结构、致密状结构、变余砂状-粉砂状结构、鲕状结构、斑点变晶结构以及硅质岩结构、角砾结构、压碎砂状胶结结构。

矿石构造有层带状构造、致密块状构造、片状构造、千枚状构造、条带状构造、鲕状构造、次生错脉-网脉构造等。以致密块状构造、片状构造、条带状构造为主。

（4）地球物理特征

1）矿区布格重力异常由东往西逐渐增大，布格重力最高值位于北一矿体一带。除此之外，布格重力异常等值线存在着几个局部扭曲或拐弯，甚至出现呈单独封闭的局部重力异常。上述重力场特征基本反映了本矿区的构造形迹。

矿区剩余重力异常也呈两个异常带分布，与北缘磁异常带分布基本一致。

2）区内磁异常主要为叠加在区域正磁场背景上的局部异常，呈二个磁异常带分布：北缘异常带由 CZ12、CZ7、CZ6、CZ1 等 4 个异常组成，即由北一矿体经保秀至大英山，磁场强度由西往东逐渐增强，反映了本区北缘矿带分布的磁场特征。中部异常带由 CZ12、CZ8 等两个异常组成，磁场强度 500~1000nT，反映了北一矿体及其东延部位。在矿区内铁矿体的异常特征表现为：正异常的北侧伴随负磁异常，正负异常的强度和规模相当，异常强度大于 500nT，当矿体出露地表时，强度可达 10000nT 以上。由于受低纬度倾斜磁化的影响，矿体赋存于正负异常之间，但经低纬度化极后，矿体中心处于正异常部位。

（5）地球化学特征

矿区范围内的 1：20 万水系沉积物 Fe_2O_3、Cu、Co、Mn 异常套合较好，具有三级浓集中心，且与已知的含铁、铜矿体的石碌群分布范围吻合较好。

（6）蚀变特征

矿区内主要的围岩蚀变有：硅化、绿帘石化、透辉石-透闪石化、矽卡岩化、绿泥石化等，矿体主要赋存在透辉石-透闪石岩及透辉石-透闪石化白云岩中。

2. 成矿作用

晋宁期火山活动强烈，含铁物质经搬运沉积成矿；加里东期及海西期—印支期构造运动使石碌群发生变形变质作用，伴随着变形变质作用，已形成的层状、似层状矿体或含铁建造进一步发生构造动力分异作用，使矿质分异并在应力梯度支配下向低应力带运移、富集。对铁矿来说，分异出来的铁质在应力驱动下向向斜核部聚集加厚或在湾流作用下机械加厚处富集。

3. 预测要素

通过对昌江县石碌铁矿典型矿床成矿地质背景、成矿地质特征和成矿作用进行分析，综合各类找矿指示因素，提取了典型矿床的预测要素（表 4-4-2）。主要预测要素如下：

1）赋矿层位：石碌群第六层；

2）控矿构造：向斜构造；

3）成矿时代：晋宁期；

4）岩性特征：透辉石-透闪石岩及透辉石-透闪石化白云岩；

5）原岩建构及成矿环境：凝灰岩-白云岩-铁质岩建造、石英砂岩-铁质岩建造，沉积环境为弧后盆地；

6）大地构造单元：琼西结合带；

7）地球物理特征：重力与磁法；

8）地球化学特征：Fe_2O_3、Cu、Co、Mn 异常。

4. 预测要素图编制

1）在成矿要素图的基础上叠加物探及化探信息；

2）编制预测要素表；

3）进行图件整饰，修改图名、图例、图签等；

4）计算机组合形成该区完整的预测要素图；

5）根据全国潜力评价项目办要求，应用 GEOMAG 软件对预测要素图各图层赋属性，建立空间数据库图层。

5. 矿床预测模型

在综述预测要素基础上，采用 GIS 技术从各课题组底图中获取要素信息，并以点、线、面形式进行表达。据此，共提取了石碌群第六层或地质、物探推断的石碌群第六层、矿体、物探推断磁性体、航磁正负异常对、低纬度化极航磁异常、化探的 Fe_2O_3、Cu、Co、Mn 综合异常等信息。建立了石碌矿床典型矿床预测模型（表 4-4-3；图 4-4-1）。

表 4-4-2 海南省石碌沉积变质型铁铜硫银重晶石矿典型矿床预测要素一览表

预测要素		描述内容			预测要素分类
储量		3.95×10^8t	平均品位	TFe 51.15%	
特征描述		沉积变质型铁矿			
地质环境	含铁变质建造	石碌群第六层：凝灰岩-二透岩化白云岩-铁质岩建造；石灰顶组：变质石英砂岩-铁质岩建造			必要
	岩石组合	石碌群第六层：结晶灰岩、透辉透闪岩、赤铁矿层、白云岩，夹少量碳质板岩；石灰顶组石英砂岩、石英岩为主，夹泥岩、硅质岩、赤铁矿粉砂岩			必要
	岩石结构	变晶结构、变余结构、细鳞片状结构、变余粉砂结构			次要
	成矿时代	晋宁期			必要
	原岩建构及成矿环境	凝灰岩-白云岩-铁质岩建造、石英砂岩-铁质岩建造。沉积环境为弧后盆地			必要
	大地构造单元	琼西结合带			重要
矿床特征	矿体特征	形态：平面上呈长条状、条带状、似椭圆状，走向与向斜轴线方向基本一致，剖面上呈层状、似层状			重要
		产状：受向斜构造控制，倾向不一，倾角总体较缓，一般为 30°~40°，个别矿体倾角较陡，如枫树顶矿体，倾角达 85°			
		规模：最长达 2.6km，最宽 0.32km，最小长 40m，宽 5m			
	矿石矿物组合	铁矿石主要矿石矿物为赤铁矿，少量磁铁矿、黄铁矿、磁黄铁矿、镜铁矿，其中黄铁矿和磁黄铁矿中钴含量甚低，它们呈细脉充填于矿石中。脉石矿物主要为石英和绢云母，少量透闪石、阳起石、钙铁榴石、绿泥石、碧玉、硬石膏、方解石、白云石、重晶石等，上部的贫铁矿石主要脉石矿物为石英			重要
	结构构造	铁矿石构造以片状为主，次为块状及条带状，见浸染状、角砾状。矿石结构以细鳞片状结构为主，变余粉砂结构为次。钴、铜矿石主要为不规则网脉状、条带状、致密块状、小团块状以及浸染状构造，局部见角砾状构造			次要
	蚀变	绿帘石、透辉石、石榴子石矽卡岩、透闪石-阳起石化、绿泥石化等			重要
	控矿条件	地层控制：矿床赋存于石碌群第六层，富铁矿体和钴铜矿体围岩皆为含透辉石透闪石白云岩，铁矿体和铜钴矿体具一定上、下关系；构造控制：矿体多位于向斜的谷（槽）部或向斜轴部附近的层间剥离带或褶曲发育、形变强烈地段			重要
后期改造	褶皱构造	矿区构造基本格架是残破的复式向斜，矿体集中分布在向斜的谷（槽）部及其轴部附近，或湾流机械加厚部位			重要
	岩浆岩	矿床外围海西期—印支期、燕山期岩体、岩脉发育，对铁矿后期的改造作用明显			重要
地球物理特征	磁法	低纬度化极航磁异常之正异常部位			重要
	重力	异常由东往西逐渐增大，重力最高值位于北一矿体一带			重要

表 4-4-3　海南省石碌铁铜硫银重晶石矿典型矿床模型表

名称	海南省石碌铁矿典型矿床					
概况	东经	109°02′12″	北纬	19°14′11″	地理位置	昌江县
	主矿种	铁	储量	资源储量 3.96×10^8t	品位	最高 TFe 68%，平均 TFe 51.15%
成矿的地质构造环境	矿区位于五指山褶冲带（Ⅲ）西侧的琼西结合带（Ⅳ）					
主要控矿因素	1. 构造控矿因素：石碌复式向斜的某些褶皱紧密、流动构造发育、形变强烈的地段为赋矿部位；2. 地层控矿因素：矿床赋存于石碌群第六层，富铁矿体和钴铜矿体围岩皆为含透辉石透闪石白云岩，铜钴矿体位于铁矿体的底部					
矿床的三度空间分布特征	产状	走向一般为 325~355°，倾向南西西，局部北东东，倾角一般为 65°~85°				
	形态	矿体形态随向斜褶皱形态的变化而变化。在矿床西段，褶皱紧密，箱状构造明显，铁和钴铜矿体呈弧形展布。以铁为核心，钴铜矿体沿向斜呈环形分布其外。向东，矿体随褶皱的开阔而变平坦。特别是钴铜矿体，常随构造之局部隆起而变小变薄乃至尖灭，在构造局部凹陷部位，矿体常增厚变富				
	分带	铁矿床在上，钴铜矿床在下，二者间距一般在 10m 以上。铁矿体中铜钴矿化弱，而铜钴矿体中仅见少量磁铁矿化。整个矿区空间上从下而上呈现 Cu、Co→Fe→Fe 、Mn 组合				
	埋深	0~-800m				
矿床的物质组成	矿石类型	赤铁矿				
	矿物组合	铁矿石主要矿石矿物为赤铁矿，少量磁铁矿、黄铁矿、磁黄铁矿、镜铁矿，其中黄铁矿和磁黄铁矿中钴含量甚低，它们呈细脉充填于矿石中。脉石矿物主要为石英和绢云母，少量透闪石、阳起石、钙铁榴石、绿泥石、碧玉、硬石膏、方解石、白云石、重晶石等，上部的贫铁矿石主要脉石矿物为石英				
	结构构造	铁矿石构造以片状为主，次为块状及条带状，见浸染状、角砾状。矿石结构以细鳞片状结构为主，变余粉砂结构为次。钴、铜矿石主要为不规则网脉状、条带状、致密块状、小团块状以及浸染状构造，局部见角砾状构造				
	主元素含量	矿石品位最高 TFe 68%，平均 TFe 51.15%				
	伴生元素含量	Cu 0.05×10^{-6}~0.27×10^{-6}（平均 0.11×10^{-6}），Co 2.28×10^{-6}~118×10^{-6}（平均 42.5×10^{-6}）				
成矿期次	成矿期可划分为沉积期与变质期。青白口纪—震旦纪，沉积期矿质在远海火山岛与生物礁台围成具较高盐度的封闭和半封闭的海盆中以热卤水形式进行搬运、沉积。晋宁运动使石碌群发生变质变形作用，矿体或含矿建造进一步发生构造动力分异作用，使矿质分异并在应力梯度支配下向低应力带运移富集					
地球物理特征及标志	低纬度化极航磁异常之正异常部位					
成矿物理化学条件	铁矿体则接近于在卤水-海水混合带的沉积，成矿温度为 150~350℃					
成矿时代	青白口纪					
矿床成因	成矿作用归属于：成因类型为沉积变质型； 成矿物质来源分析：海底火山喷发活动不仅提供了大部分矿质，亦为热卤水提供大量的热能； 成矿过程与演化：铁（钴铜）矿原始富集于与海底火山作用有关的热卤水环境，矿质在远海火山岛与生物礁台围成具较高盐度的封闭和半封闭的海盆中以热卤水形式进行搬运、沉积。晋宁运动使石碌群发生变质变形作用，已形成的矿体或含矿建造进一步发生分异作用，使矿质分异并在应力梯度支配下向低应力带运移富集。对铁矿来说，在应力驱动下向向斜槽部聚集加厚或在弯流作用下机械加厚，钴铜矿体则在层间破碎带聚集或在产状由徒变缓处、向斜褶曲的谷部加厚					

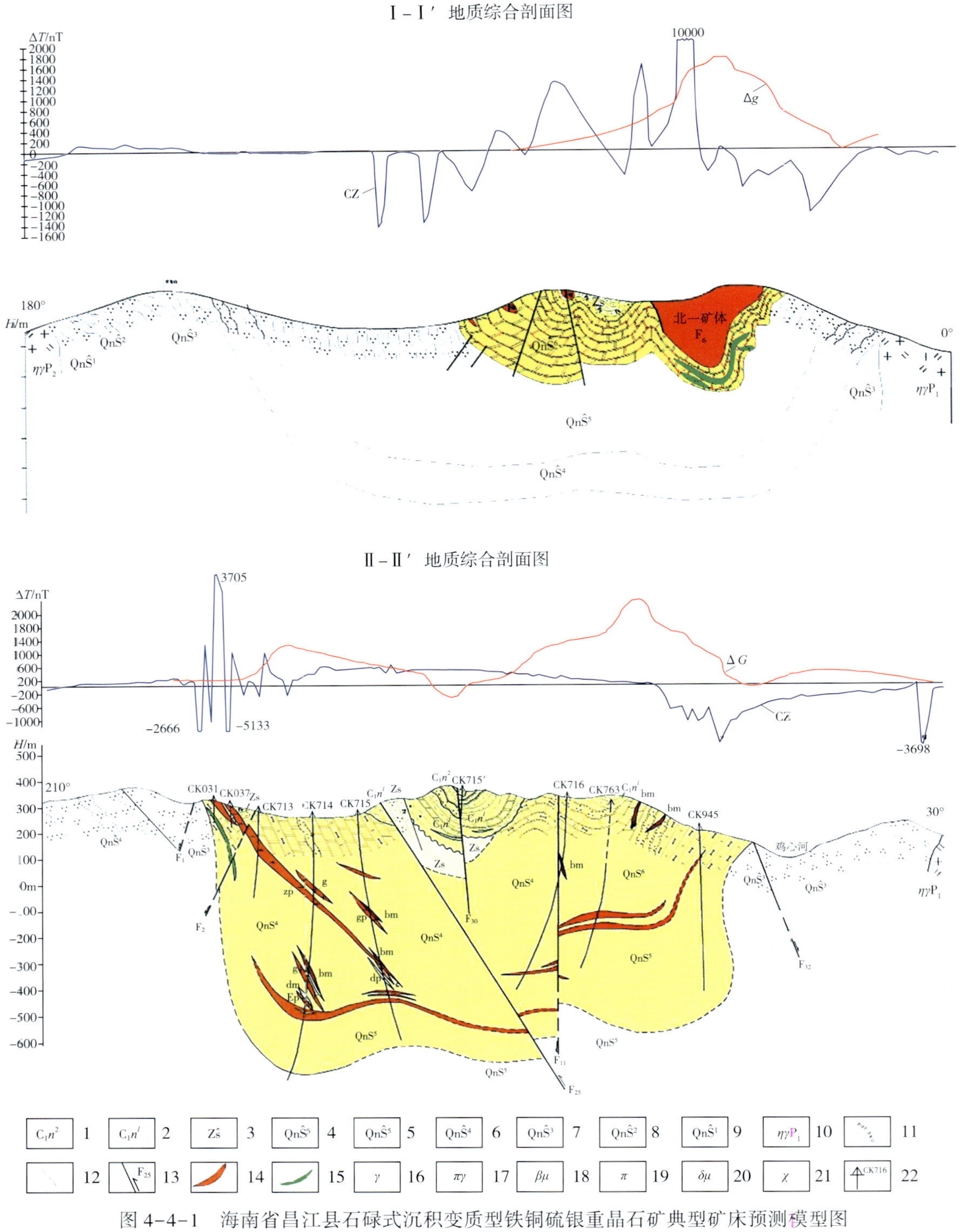

图 4-4-1　海南省昌江县石碌式沉积变质型铁铜硫银重晶石矿典型矿床预测模型图

1—下石炭统南好组二段，千枚岩、含炭千枚岩、白云岩、底为砂砾岩；2—下石炭统南好组一段，千枚岩、斑点千枚岩、砂岩夹铁矿透阳化硅质板岩、白云岩薄层、底为砾岩；3—震旦系石灰顶组，砂岩、千枚岩夹薄层含锰铁矿底有不稳定的泥砾岩；4—石碌群第六段，透闪石透辉石岩，白云岩夹矽卡岩，石膏岩，石英岩，片岩透镜体，含铁铜钴矿；5—石碌群第五段，石英绢云母片岩或绢云母石英片岩；6—石碌群第四段，石英岩、石英片岩、绢云母石英片岩；7—石英绢云母片岩或绢云母石英片岩、绢云母片岩；8—石碌群第二段，白云岩，镁橄白云岩、透辉石透闪石岩；9—石碌群第一段，绢云母石英片岩或石英绢云母片岩、绢云母片岩；10—早二叠世二长花岗岩；11—角度不整合界线；12—地层界线；13—断层及其编号；14—铁矿体；15—铜矿体；16—花岗岩；17—二长花岗岩；18—辉绿玢岩；19—斑岩；20—闪长玢岩；21—煌斑岩；22—钻孔及其编号

（二）预测工作区预测模型

通过对海南省昌江县石碌预测工作区沉积变质型铁矿床时空分布规律、成矿地质背景和成矿规律的分析研究，总结各类找矿标志，提取了预测工作区预测要素（表 4-4-4），并对工作区铁矿床的成矿过程进行了分析，总结了成矿模式。

表 4-4-4 海南省石碌沉积变质型铁铜硫银重晶石矿预测工作区预测要素一览表

<table>
<tr><td colspan="2">预测要素</td><td colspan="2">描述内容</td><td rowspan="2">预测要素分类</td></tr>
<tr><td colspan="2">特征描述</td><td colspan="2">沉积变质型铁矿</td></tr>
<tr><td rowspan="8">地质环境</td><td rowspan="2">含铁变质建造</td><td>石碌群第六层</td><td>凝灰岩-二透岩化白云岩-铁质岩建造</td><td>必要</td></tr>
<tr><td>石灰顶组</td><td>变质石英砂岩-铁质岩建造</td><td>重要</td></tr>
<tr><td rowspan="2">岩石组合</td><td>石碌群第六层</td><td>结晶灰岩、透辉透闪岩、赤铁矿层、白云岩，夹少量碳质板岩</td><td>必要</td></tr>
<tr><td>石灰顶组</td><td>石英砂岩、石英岩为主，夹泥岩、硅质岩、赤铁矿粉砂岩</td><td>重要</td></tr>
<tr><td>岩石结构</td><td colspan="2">变晶结构、变余结构、细鳞片状结构、变余粉砂结构</td><td>次要</td></tr>
<tr><td>成矿时代</td><td colspan="2">晋宁期</td><td>必要</td></tr>
<tr><td>原岩建构及成矿环境</td><td colspan="2">凝灰岩-白云岩-铁质岩建造、石英砂岩-铁质岩建造。沉积环境为弧后盆地</td><td>必要</td></tr>
<tr><td>大地构造单元</td><td colspan="2">琼西结合带</td><td>重要</td></tr>
<tr><td rowspan="5">矿床特征</td><td>矿体特征</td><td colspan="2">矿体在平面上呈长条状、条带状、似椭圆状，走向与向斜轴线方向基本一致，剖面上呈层状、似层状，倾向不一，倾角总体较缓，一般为 30°～40°，个别矿体倾角较陡，如枫树顶矿体，倾角达 85°。矿体规模一般较大，延伸最长达 2.6km</td><td>重要</td></tr>
<tr><td>矿石矿物组合</td><td colspan="2">铁矿石主要矿石矿物为赤铁矿，少量磁铁矿、黄铁矿、磁黄铁矿、镜铁矿，其中黄铁矿和磁黄铁矿中钴含量甚低，它们呈细脉充填于矿石中。脉石矿物主要为石英和绢云母，少量透闪石、阳起石、钙铁榴石、绿泥石、碧玉、硬石膏、方解石、白云石、重晶石等，上部的贫铁矿石主要脉石矿物为石英</td><td>重要</td></tr>
<tr><td>结构构造</td><td colspan="2">铁矿石构造以片状为主，次为块状及条带状，见浸染状、角砾状。矿石结构以细鳞片状结构为主，变余粉砂结构为次。钴、铜矿石主要为不规则网脉状、条带状、致密块状、小团块状以及浸染状构造，局部见角砾状构造</td><td>次要</td></tr>
<tr><td>蚀变</td><td colspan="2">绿帘石、透辉石、石榴子石矽卡岩、透闪石-阳起石化、绿泥石化等</td><td>重要</td></tr>
<tr><td>控矿条件</td><td colspan="2">地层控制：矿床赋存于石碌群第六层，富铁矿体和钴铜矿体围岩皆为含透辉石透闪石白云岩，铁矿体和铜钴矿体具一定上、下关系；构造控制：矿体多位于向斜的谷（槽）部或向斜轴部附近的层间剥离带或褶曲发育、形变强烈地段</td><td>必要</td></tr>
<tr><td rowspan="2">后期改造</td><td>褶皱构造</td><td colspan="2">矿区构造基本格架是残破的复式向斜，矿体集中分布在向斜的谷（槽）部及其轴部附近，或湾流机械加厚部位</td><td>必要</td></tr>
<tr><td>岩浆岩</td><td colspan="2">矿床外围海西期—印支期、燕山期岩体、岩脉发育，对铁矿后期的改造作用明显</td><td>重要</td></tr>
<tr><td rowspan="2">地球物理特征</td><td>磁法</td><td colspan="2">1∶5 万低纬度化极航磁异常，石碌铁矿处于航磁异常正磁异常部位</td><td>重要</td></tr>
<tr><td>重力</td><td colspan="2">1∶25 万布格重力异常之重力低向东扭曲的边缘</td><td>重要</td></tr>
<tr><td>地球化学特征</td><td>化探综合异常</td><td colspan="2">Fe_2O_3、Cu、Co、Mn 化探综合异常发育部位</td><td>重要</td></tr>
</table>

1. 预测要素

海南省昌江县石碌预测工作区沉积变质型铁矿床主要预测要素如下：

1）赋矿层位：石碌群第六层（厚度最大处大于800m）；

2）控矿构造：向斜构造；

3）成矿时代：晋宁期；

4）岩性特征：透辉石-透闪石岩及透辉石-透闪石化白云岩；

5）原岩建构及成矿环境：凝灰岩-白云岩-铁质岩建造、石英砂岩-铁质岩建造。沉积环境为弧后盆地；

6）大地构造单元：琼西结合带；

7）矿化特征：已知矿体或矿化；

8）矿石矿物组合：铁矿石主要矿石矿物为赤铁矿，少量磁铁矿、黄铁矿、磁黄铁矿、镜铁矿。

2. 预测要素图编制

1）在成矿要素图的基础上叠加物探及化探信息；

2）编制并添加预测要素表、预测模型图；

3）进行图件整饰，修改图名、图例、图签等；

4）计算机组合形成该区完整的预测要素图；

5）根据全国矿产潜力评价项目办要求，应用GEOMAG软件对预测要素图各图层赋属性，建立空间数据库图层。

3. 矿床预测模型

在综述上述预测要素基础上，采用GIS技术从各课题组底图中获取要素信息，并以点、线、面形式进行表达。据此，共提取了石碌群第六层或地质、物探推断的石碌群第六层、矿体、物探推断磁性体、航磁正负异常、低纬度化极航磁异常、化探的Fe_2O_3、Cu、Co、Mn综合异常等信息。建立了昌江石碌沉积变质型铁矿预测工作区预测模型（图4-4-2）。

二、与侵入岩有关热液型金矿

（一）典型矿床预测模型

1. 成矿地质特征

抱伦金矿含金石英脉主要赋存于尖峰岩体外接触带附近的下志留统陀烈组绢云母石英千枚岩、绢云母粉砂岩、含碳浅变质千枚岩构造破碎带中；矿区围岩是以千枚岩、变质粉砂岩为主的浅变质岩系；矿体受豪岗岭背斜构造以及NE向坝毫山-铁弯岭断层和NNW向控矿断裂带控制；矿床主要形成于三叠纪，燕山晚期构造-岩浆活动导致矿体进一步富化；成矿物质主要源于下志留统陀烈组地层，尖峰复式岩体起热源作用。

矿区发现并编号的矿脉有18条，大多呈（细）脉状、似透镜状、透镜状。矿石主要结构有不等粒状结构、变晶结构、交代结构。矿石主要构造有细脉网脉状构造、似条带状构造、浸染状构造、碎裂构造等。矿石主要类型为含金石英脉型和含金蚀变岩型，其中含金石英脉为主要矿石类型。

2. 成矿作用

前印支期的构造运动及区域变质作用，形成了豪岗岭背斜，伴随着背斜的形成，在背斜转折端形成构造裂隙，变质分异热液沿裂隙贯入，形成贫金石英脉；其后印支期尖峰岩体的侵入，进一步改造了豪岗岭背斜，使背斜更加紧闭，区域应力场由挤压环境突转为引张环境，岩浆期后含矿热液

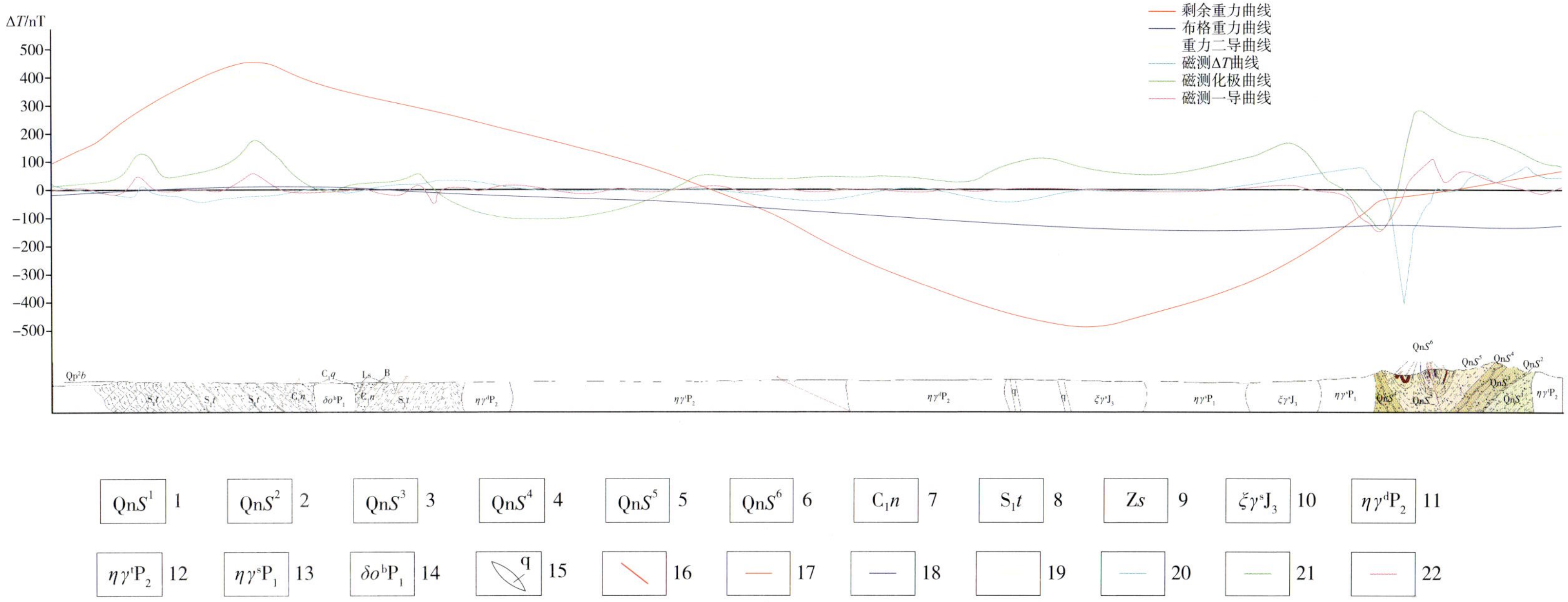

图 4-4-2 海南省昌江县石碌预测工作区石碌式沉积变质型铁铜硫银重晶石矿预测模型图

1—石英绢母片岩；2—含燧石结核结晶灰岩；3—绢云母石英片岩及绢云母片岩；4—绢云母片岩及部分石英绢云母片岩；5—石英片岩；6—二透岩化白云岩及白云岩为主；7—石英粉砂岩、黏土岩建造；8—绢云母千枚岩、含碳绢云母千枚岩、变质石英砂岩建造；9—铁质石英细砂岩、铁质粉砂质泥岩建造；10—中粒黑云母钾长花岗岩；11—中粒斑状黑云母二长花岗岩；12—中粗粒巨斑状角闪黑云母二长花岗岩；13—中粗粒巨斑状黑云母二长花岗岩；14—闪长岩-石英闪长岩；15—石英脉；16—断层；17—剩余重力曲线；18—布格重力曲线；19—重力二导曲线；20—磁测 ΔT 曲线；21—磁测化极曲线；22—磁测一导曲线充填在构造破碎带内，为本区的主成矿期；燕山晚期伴随着构造作用，早期形成的含金石英脉再次破碎，构造分异热液及岩浆热能改造形成的含矿热液再次充填到破碎的石英脉中，本区金矿进一步叠加富化。

3. 预测要素

通过对抱伦金矿典型矿床成矿地质背景、成矿地质特征和成矿作用进行分析，综合各类找矿指示因素，提取了典型矿床的预测要素（表4-4-5）。主要预测要素如下：

1）赋矿岩石：下志留统陀烈组绢云母石英千枚岩、绢云母粉砂岩、含碳浅变质千枚岩；

2）控矿构造：豪岗岭背斜构造以及NE向坝毫山-铁弯岭断层和NNW向断裂带；

3）成矿时代：三叠纪；

4）大地构造单元：武夷-云开-台湾造山系（Ⅰ级）五指山岩浆弧（Ⅱ级）五指山褶冲带（Ⅲ级）琼西结合带（Ⅳ级）；

表4-4-5 海南岛乐东县抱伦金矿区典型矿床预测要素一览表

<table>
<tr><td colspan="3">预测要素</td><td colspan="3">描述内容</td><td rowspan="3">预测要素分类</td></tr>
<tr><td colspan="3">储量</td><td>（333+334-1）
金资源量30186kg</td><td>品位</td><td>矿体平均品位29.30g/t，最高为282.70g/t</td></tr>
<tr><td colspan="3">特征描述</td><td colspan="3">与构造、地层、岩体有关的岩浆热液脉型金矿床</td></tr>
<tr><td rowspan="17">地质环境</td><td rowspan="2">成矿年代</td><td>沉积地层年代</td><td colspan="3">早志留世</td><td>必要</td></tr>
<tr><td>成矿年代</td><td colspan="3">三叠纪（236~205Ma）</td><td>必要</td></tr>
<tr><td rowspan="4">大地构造位置</td><td>大地构造单元</td><td colspan="3">武夷-云开-台湾造山系（Ⅰ）五指山岩浆弧（Ⅱ）五指山褶冲带（Ⅲ）琼西结合带（Ⅳ）</td><td>重要</td></tr>
<tr><td>区域构造位置</td><td colspan="3">尖峰-吊罗深大断裂与九所-陵水深大断裂之间的西部，乐东盆地南西缘</td><td>重要</td></tr>
<tr><td>区域构造类型</td><td colspan="3">豪岗岭背斜构造，NE向坝毫山-铁弯岭断层和NNW向控矿断裂带</td><td>重要</td></tr>
<tr><td>成矿区带</td><td colspan="3">典型矿床位于Ⅲ-90-Ⅳ-52-Ⅴ-06尖峰岭钨-钼-铅-锌-轻稀土-石墨-白云母-水晶矿田中</td><td>重要</td></tr>
<tr><td rowspan="7">沉积建造/沉积作用</td><td>地层分区</td><td colspan="3">五指山地层区</td><td>重要</td></tr>
<tr><td>地层单元</td><td colspan="3">下志留统陀烈组</td><td>必要</td></tr>
<tr><td>地层年代</td><td colspan="3">早志留世</td><td>必要</td></tr>
<tr><td>岩石组合</td><td colspan="3">绢云母石英千枚岩、绢云母粉砂岩、含碳浅变质千枚岩</td><td>重要</td></tr>
<tr><td>岩性特征</td><td colspan="3">含碳、浅变质、千枚岩</td><td>重要</td></tr>
<tr><td>岩石结构</td><td colspan="3">千枚状构造</td><td>重要</td></tr>
<tr><td>特殊标志层</td><td colspan="3">下志留统陀烈组（产几丁虫化石）</td><td>重要</td></tr>
<tr><td rowspan="4">岩浆建造/岩浆作用</td><td>侵入岩年代</td><td colspan="3">印支期—燕山晚期（尖峰复式岩体）</td><td>重要</td></tr>
<tr><td>岩石名称</td><td colspan="3">三叠纪中粗粒斑状黑云母正长花岗岩和燕山晚期闪长岩</td><td>重要</td></tr>
<tr><td>接触带特征</td><td colspan="3">接触带出现细粒黑云母二长花岗岩边缘相，陀烈组岩石揉曲强烈，并出现5~10m的角岩化带</td><td>重要</td></tr>
<tr><td>岩体形态</td><td colspan="3">尖峰岩体为地表近圆形出露的岩基</td><td>重要</td></tr>
</table>

续表

预测要素			描述内容			预测要素分类
储量			(333+334-1) 金资源量 80186kg	品位	矿体平均品位 29.30g/t，最高为 282.70g/t	
特征描述			与构造、地层、岩体有关的岩浆热液脉型金矿床			
地质环境	岩浆建造/岩浆作用	岩石结构	中粗粒似斑状结构、自形-半自形粒状结构			重要
		岩石构造	块状构造			重要
	侵入岩浆构造	岩体侵位构造	尖峰岩体呈主动侵位于豪岗岭背斜的轴部			重要
		控制岩体侵位区域构造带	尖峰-吊罗深大断裂			重要
		岩浆构造旋回	印支旋回、燕山旋回			重要
矿床特征	成矿构造	侵入接触构造	破碎带			必要
		围岩特征	硅化千糜岩			重要
		区域构造带	豪岗岭背斜轴部			必要
		断裂构造	NE 向坝毫山-铁弯岭断层及 NNW 向控矿断裂带			重要
	成矿特征	矿体形态	脉状、似透镜状、透镜状			重要
		矿体产状	走向 325°~355°，倾向南西西，倾角 65°~85°			重要
		矿体规模	走向 330°~355°，倾向 240°~265°，局部倾向 60°~75°，倾角 55°~82°			重要
		矿石矿物成分	主要为黄铁矿、磁黄铁矿，少量闪锌矿和方铅矿，微量金属矿物有毒砂、黄铜矿、自然金、银金矿、辉铋矿、自然铋。脉石矿物主要为石英，其次有方解石、白云母、绢云母、绿泥石、金红石及少量黏土类矿物如高岭石和伊利石等			重要
		矿石组构	矿石结构主要有自形-半自形粒状结构、斑状变晶结构，交代结构、包含结构、文象或蠕虫状结构、鳞片变晶结构，细脉状或网脉状构造、似条带状构造、浸染状构造、碎裂及碎斑构造等			重要
		矿床共生组分	Ag、Cu、Hg、As、Bi、Pb、Zn、S			重要
		蚀变矿物组分	硅化、绢云母化、绿泥石化、碳酸盐化、黄铁矿化及白云母化等，偶见钠长石化			重要
		矿床有益组分	Ag、Cu、Pb、Zn			重要
矿床地球物理特征		重力异常特征	位于抱伦重力高的西南部，剩余重力异常、重力垂向二阶导数处理，处于与古生代岩块有关的局部重力高中			重要
		航磁异常特征	位于航磁负异常的边缘部位，经低纬度化极垂向一阶导数处理处于平稳的负磁场中；1∶25 万航磁剖面平面图上处于负异常中，1∶5 万航磁异常反映不明显			重要
矿床资源储量		平均品位	平均品位 29.30g/t，最高为 282.70g/t			重要
		矿床规模	(333+334-1) 金资源量 80186kg，属大型			重要

续表

预测要素		描述内容			预测要素分类
储量		（333+334-1） 金资源量 80186kg	品位	矿体平均品位 29.30g/t，最高为 282.70g/t	
特征描述		与构造、地层、岩体有关的岩浆热液脉型金矿床			
控矿条件	构造因素	豪岗岭背斜的轴部及北北西向控矿断裂带			必要
	地层因素	陀烈组地层中金-多金属硫化物元素含量较高，与金矿床的形成关系密切			必要
	岩浆岩因素	尖峰超单元岩体是本区金的主要矿源岩，且尖峰岩体还起到热机作用			必要
矿床地球化学特征	组合元素	As、Sb、Hg、Ag、Au、Cu、Pb、Zn、Bi、Mo			重要
	异常下限	As 32.69×10^{-6}（外带）、Sb 1.29×10^{-6}（外带）、Hg 0.10×10^{-6}（外带）、Ag 0.15×10^{-6}（外带）、Au 46.43×10^{-9}（外带）、Cu 24.25×10^{-6}（外带）、Pb 46.95×10^{-6}（外带）、Zn 150.16×10^{-6}（外带）、Bi 2.58×10^{-6}（外带）、Mo 3.16×10^{-6}（外带）			重要
	异常特征值	As 1.21，Sb 1.18，Hg 16.20，Ag 1.53，Au 3.18，Cu 1.20，Pb 1.54，Zn 1.88，Bi 2.01，Mo 1.33			重要
遥感异常特征		预测区线性构造发育，北东向断裂构造占主导地位，以抱伦断裂为代表。工作区环形构造不发育			重要
物探找矿特征		1∶25 万区域重力图上，抱伦金矿区位于抱伦重力高的西南部；1∶25 万航磁异常平面图上，位于航磁负异常的边缘部位；自然 α 卡法异常预示矿化破碎带的存在，对寻找隐伏金矿体尤为重要			重要

5）大地构造位置：尖峰-吊罗深大断裂与九所-陵水深大断裂之间的西部，乐东盆地南西缘；

6）区域构造类型：表现为 NW-NNW 向与近 EW 向断裂构造；

7）地球物理特征：重力、航磁和自然 α 卡法异常；

8）地球化学特征：Au、As、Sb 等异常。

4. 矿床预测模型

在综述预测要素基础上，采用 GIS 技术从各课题组底图中获取要素信息，并以点、线、面形式进行表达。据此，共提取了侵入岩体、背斜及断裂、地层、矿体、化探的 As、Sb、Hg、Ag、Au、Cu、Pb、Zn、Bi、Mo 异常、重力高异常、航磁负异常等信息。建立了海南岛抱伦式脉型金矿预测工作区典型矿床预测模型（表 4-4-6，图 4-4-3）。

（二）预测工作区预测模型

通过对海南岛抱伦式脉型金矿床预测工作区时空分布规律、成矿地质背景和成矿规律的分析研究，总结各类找矿标志，提取了预测工作区预测要素（表 4-4-7），并对工作区金矿床的成矿过程进行了分析，总结了成矿模式。

1. 预测要素

海南岛琼西红岭-尖峰预测工作区抱伦式脉型金矿主要预测要素如下：

1）赋矿岩石：下志留统陀烈组绢云母石英千枚岩、绢云母粉砂岩及含碳千枚岩，大干村组含红柱石绢云母石英千枚岩，薄层绢云母石英千枚岩、石英片岩，含砾石英片岩、石英砂岩，下二叠统峨查组千枚岩、炭质页岩、板岩、砂岩夹灰岩透镜体、砾岩；

2）控矿构造：印支期尖峰岩体外接触带，NW—NWW、NW—NWW 向及 EW 向断裂构造带；

3）成矿时代：印支期；

表 4-4-6　海南岛抱伦式脉型金矿典型矿床模型表

<table>
<tr><td>名称</td><td colspan="6">海南岛抱伦金矿典型矿床</td></tr>
<tr><td rowspan="2">概况</td><td>东经</td><td>109°01′15″—109°01′30″</td><td>北纬</td><td>18°38′15″—18°40′00″</td><td>地理位置</td><td>海南岛乐东县抱由镇</td></tr>
<tr><td>主矿种</td><td>金</td><td>储量</td><td>（333+334-1）金资源量 70391kg</td><td>品位（g/t）</td><td>平均品位 29. 30g/t，最高为 282. 70g/t</td></tr>
<tr><td>成矿的地质构造环境</td><td colspan="6">矿床所处大地构造位置为华南褶皱系五指山褶皱带的南西部，东西向尖峰-吊罗深大断裂与九所-陵水深大断裂之间，乐东盆地南西边缘地带。其频繁的区域构造运动和多期次构造-岩浆事件导致北东向、东西向构造-岩浆岩带及北西向、南北向断裂构造带叠加复合</td></tr>
<tr><td>主要控矿因素</td><td colspan="6">1. 构造控矿因素：为豪岗岭背斜的轴部及北北西向控矿断裂带；2. 地层控矿因素：陀烈组地层中金-多金属硫化物元素含量较高，为金矿床的矿源层；3. 岩浆岩控矿因素：尖峰超单元岩体起到热机的作用</td></tr>
<tr><td rowspan="3">矿床空间分布特征</td><td>产状</td><td colspan="5">走向一般为 325°~355°，倾向南西西，局部北东东，倾角一般为 65°~85°</td></tr>
<tr><td>形态</td><td colspan="5">脉状、似透镜状、透镜状</td></tr>
<tr><td>埋深</td><td colspan="5">-180~525m</td></tr>
<tr><td rowspan="4">矿床的物质组成</td><td>矿石类型</td><td colspan="5">含金石英脉和含金蚀变岩</td></tr>
<tr><td>矿物组合</td><td colspan="5">主要金属矿物最常见的为黄铁矿，其次有磁黄铁矿，少量闪锌矿和方铅矿，微量金属矿物有毒砂、黄铜矿、自然金、银金矿、辉铋矿、自然铋、黑铋金矿、硫金铋矿、硫铋铅矿、斜方硫铋铅矿、卡辉铋铅矿、柱辉铋铅矿、辉锑镍矿、赫碲铋矿、叶碲铋矿和金铋合金等。脉石矿物主要为石英，其次有方解石、白云母、绢云母、绿泥石、金红石及少量黏土类矿物如高岭石和伊利石等</td></tr>
<tr><td>结构构造</td><td colspan="5">矿石结构主要有自形不等粒状结构，半自形不等粒状结构，他形不等粒状结构，斑状变晶结构，交代结构，交代残留结构，环状交代结构，筛状结构，包含结构，固溶体分离结构，文象或蠕虫状结构，鳞片变晶结构，扇形（或放射状）变晶结构等</td></tr>
<tr><td>共伴生元素含量</td><td colspan="5">Ag、Cu、Pb、Zn、Hg、As、S</td></tr>
<tr><td>矿床地球物理特征及标志</td><td colspan="6">地球物理如自然 α 卡法异常预示了矿化破碎带的存在，对寻找隐伏金矿体尤为重要</td></tr>
<tr><td>矿床地球化学特征及标志</td><td colspan="6">Au、Ag、As、Pb、Zn 等指示元素的土壤地化异常、壤中气汞异常指示矿（化）体（尤其是隐伏矿体）的存在</td></tr>
<tr><td>成矿期及成矿阶段</td><td colspan="6">成矿期在 236~205Ma 间，可延续 30Ma 左右。成矿阶段可以划分为金-粗粒石英阶段、金-细粒石英阶段、金-铋化物-硫化物石英阶段和碳酸盐阶段，其中，金的形成主要与前三个阶段有关</td></tr>
<tr><td>矿床成因</td><td colspan="6">成矿作用归属于：成因类型为热液石英脉型。
成矿过程与演化：前印支期的构造运动及区域变质作用形成了豪岗岭背斜，伴随着背斜的形成，在背斜转折端形成构造裂隙，变质分异热液沿裂隙贯入，形成贫金石英脉，成矿物质此阶段初步富集；印支期进一步改造了豪岗岭背斜，使背斜更加紧闭，其岩浆期后含矿热液充填在构造破碎带内，为本区的主成矿期；燕山晚期伴随着构造作用，早期形成的含金石英脉再次破碎，构造分异热液及岩浆热能改造形成的含矿热液再次充填到破碎的石英脉中，为本区金矿的进一步叠加富集起着重要的作用</td></tr>
</table>

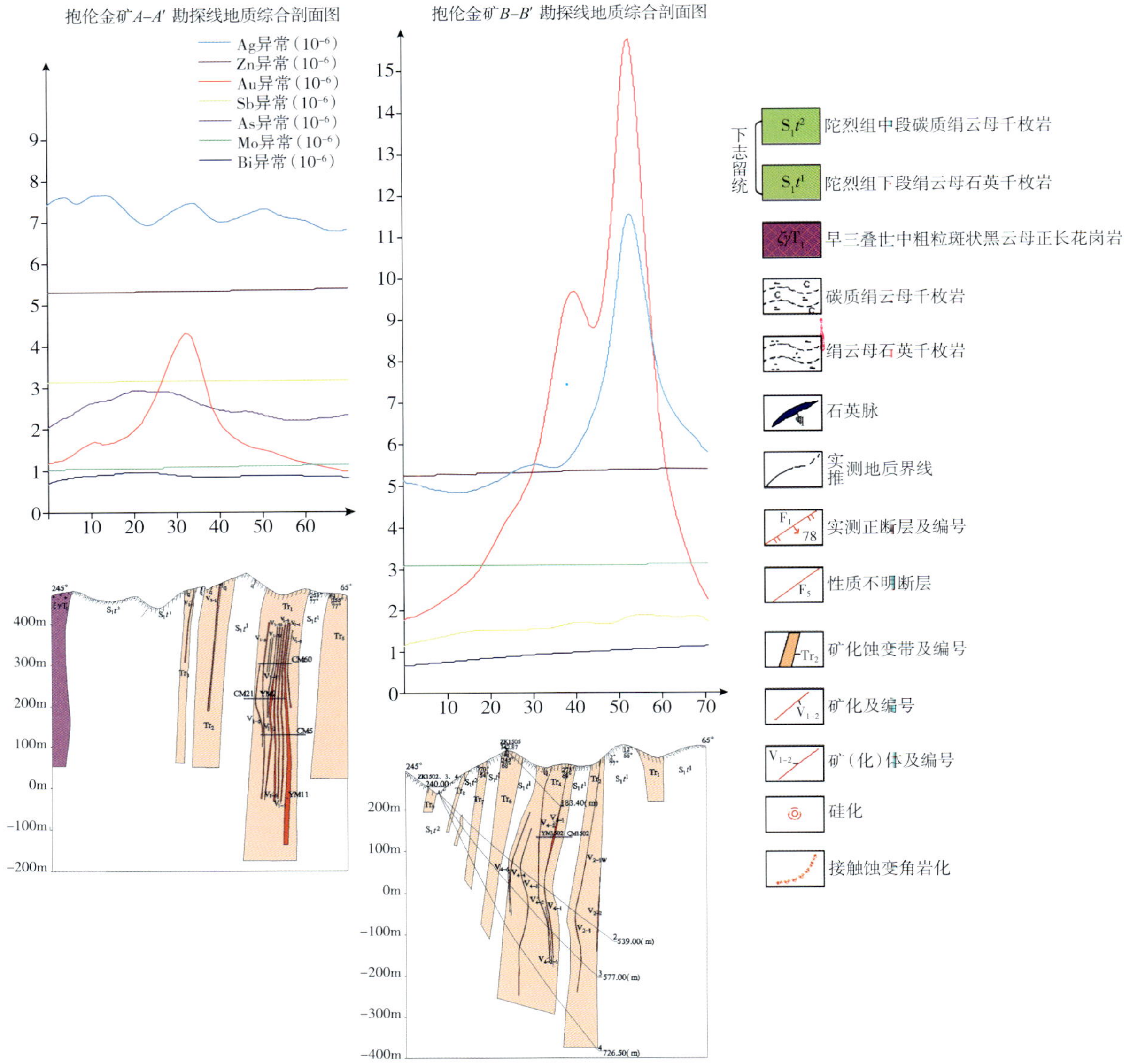

图 4–4–3　海南岛乐东县抱伦金矿区典型矿床预测模型图

注：①Zn、Sb、Mo、Bi 异常值稳定；②Au 异常明显；③As 具有弱的异常

4）大地构造单元：武夷–云开–台湾造山系（Ⅰ）五指山岩浆弧（Ⅱ）五指山褶冲带（Ⅲ）琼西结合带（Ⅳ）；

5）大地构造位置：琼西结合带南西部，尖峰–吊罗和九所–陵水两条深大断裂之间，乐东盆地南缘；

6）区域构造类型：表现为 NW–NWW、NW–NWW 向与近 EW 向断裂构造；

7）地球物理特征：重力、航磁和自然 α 卡法异常；

8）地球化学特征：Au、As、Bi 等异常。

2. 矿床预测模型

在综述上述预测要素基础上，采用 GIS 技术从各课题组底图中获取要素信息，并以点、线、面形式进行表达。据此，共提取了侵入岩体、断裂、地层、矿体、化探的 As、Sb、Hg、Ag、Au、Cu、Pb、Zn、Bi、Mo 异常、重力高异常、航磁负异常等信息。建立了海南岛琼西红岭–尖峰预测工作期抱伦式脉型金矿预测模型（图 4–4–4）。

表 4-4-7 海南岛琼西红岭-尖峰地区抱伦式脉型金矿预测工作区区域预测要素一览表

区域预测要素			描述内容	预测要素分类
特征描述			与构造、地层、岩体有关的岩浆热液矿床	
区域成矿地质环境	区域大地构造	大地构造单元	武夷-云开-台湾造山系（Ⅰ级）五指山岩浆弧（Ⅱ级）五指山褶冲带（Ⅲ级）琼西结合带（Ⅳ级）	必要
		大地构造位置	琼西指山褶冲带（Ⅲ级）琼西结合带（Ⅳ级），尖峰-吊罗和九所-陵水两条深大断裂之间	必要
	区域赋矿地层单元	地层单元	下志留统陀烈组、大干村组，下二叠统峨查组	重要
		地层时代	早古生代志留纪、晚古生代二叠纪	重要
		岩石类型	陀烈组：绢云母石英千枚岩、绢云母粉砂岩及含碳千枚岩	重要
			大干村组：含红柱石绢云母石英千枚岩，薄层绢云母石英千枚岩、石英片岩，含砾石英片岩、石英砂岩	
			峨查组：千枚岩、炭质页岩、板岩、砂岩夹灰岩透镜体、砾岩	
		岩石结构构造	千枚状、条带状、片状、板状、块状构造	次要
	区域成矿岩体	岩石类型	中-粗粒斑状黑云母正长、钾长、二长花岗岩	必要
		成岩时代	三叠纪	必要
	区域成矿构造		NW—NWW、NW—NWW 向及 EW 向断裂构造带	必要
	成矿时代		三叠纪（236~205Ma）	必要
区域成矿地质特征	矿石类型		含金石英脉和含金蚀变岩	重要
	矿石矿物组合		矿石的金属矿物主要为黄铁矿，其次有磁黄铁矿，少量闪锌矿和方铅矿，微量金属矿物有毒砂，黄铜矿，自然金，银金矿，辉铋矿，自然铋，黑铋金矿，硫金铋矿等	重要
	矿石结构		矿石结构主要有自形不等粒状结构，半自形不等粒状结构，他形不等粒状结构，斑状变晶结构，交代结构，交代残留结构，环状交代结构，筛状结构，包含结构，固溶体分离结构，文象或蠕虫状结构，鳞片变晶结构，扇形（或放射状）变晶结构等	次要
	矿石构造		矿石构造主要有：细脉状或网脉状构造，似条带状构造，稀疏浸染状构造，团块浸染状构造，片状构造，柔皱状构造，劈理构造，晶洞构造，梳状构造，碎裂及碎斑构造等	次要
	蚀变特征		严格受到含矿构造带的制约，呈狭窄带状产出。蚀变主要有硅化、绢云母化、绿泥石化、碳酸盐化、黄铁矿化及白云母化等，偶见钠长石化	重要
控矿条件		构造条件	NW—NWW、NW—NWW 向及 EW 向断裂构造带	必要
		岩浆岩条件	中生代复式岩体（三叠纪花岗岩）：提供成矿物质及热能	必要
		地层条件	下志留统陀烈组、大干村组，下二叠统峨查组	必要
区域地球物理异常特征		重力异常特征	布格重力异常等值线向重力低方向呈“凸出”，处于与古生界岩块有关的剩余重力异常、重力垂向二阶导数正异常中	重要
		航磁异常特征	位于区域航磁负异常的边缘部位，经低纬度化极垂向一阶导数处理处于平稳的负磁场中，1：5 万航磁异常反映不明显	重要
区域地球化学异常特征		异常元素	Au	重要
		组合元素	As、Sb、Hg、Ag、Cu、Pb、Zn、Bi、Mo	重要
		异常特征	基于典型矿床的成矿规律，针对古生界地层区及其周边，尤其是地层时代早于花岗岩侵入时代的接触带附近以 Au 异常组合 As、Sb 异常圈定综合异常区	重要
区域遥感异常特征			在遥感影象上，矿区线、环状构造较发育，尤其是线性与环状构造交切处是成矿的有利部位	重要
区域重砂异常特征			As、Au、Cu、PbZn、Bi、Mo、Sn 和 W 等 8 种与成因密切相关的矿物异常	重要
区域物探找矿标志			与古生代地层相关的剩余重力正异常，或垂向二阶导数正异常；是该类型金矿的成矿有利部位	重要

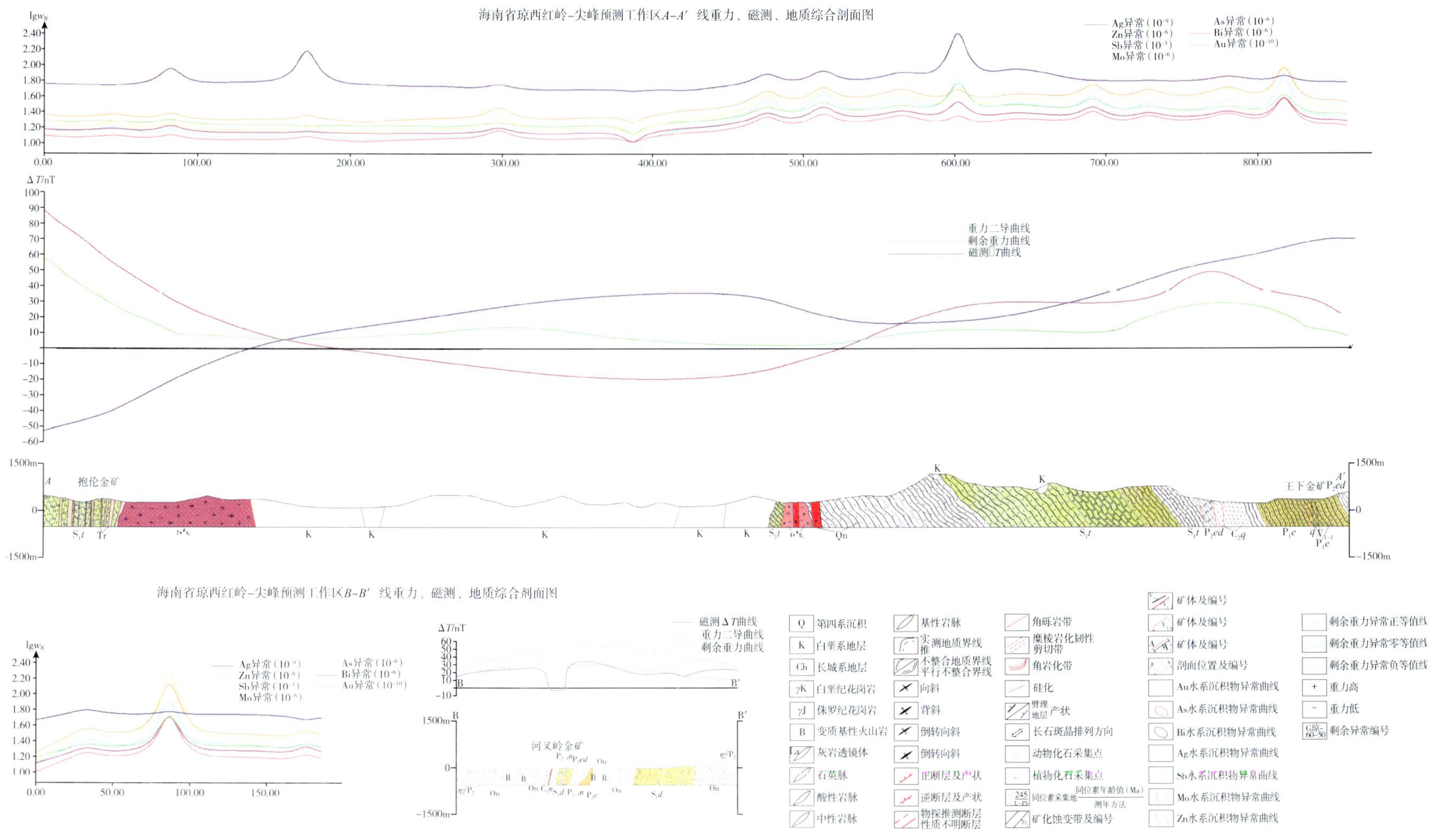

图 4-4-4　海南岛琼西红岭-尖峰地区抱伦式脉型金矿预测工作区 A-A′、B-B′ 剖面预测模型图

注：①破碎带具有较大的磁测 ΔT 负异常，抱伦金矿、河叉岭金矿此特征明显；②Au、Zn、Sb、Mo、As、Bi 异常主要分布于王下（牙老）金矿区以及花岗岩地区，典型矿床仅只有微弱的 Au 异常显示，Ag 比较平稳，在矿区无明显异常显示

三、蚀变碎裂岩型金银矿

（一）典型矿床预测模型

1. 成矿地质特征

二甲金矿含金矿脉主要赋存于北东向戈枕主断裂带及其西侧的中元古界抱板群地层中。矿区地层受区域变质作用、构造动力变质作用和岩浆热液作用影响蚀变强烈。矿区金矿类型有蚀变糜棱岩型、蚀变碎裂岩和石英脉型等三种金矿类型。其中蚀变糜棱岩型金矿，矿体分布及其产状形态均受糜棱岩带控制，矿体数量多，规模较大，获得储量占矿区储量的大多数，是矿区最主要的金矿类型，主要矿床包括土外山、抱板、风水山、红甫门岭。次为蚀变碎裂岩型金矿，主要受碎裂岩带控制，矿体规模（除北牛矿段 V_{23} 号矿体外）较小；石英脉型金矿主要受张性的次级脆性断裂控制，主要矿床（段）有 V_{50} 号矿、红泉十八队 V_1 号脉、不磨、那都等。

矿区矿体沿走向及倾向上多为舒缓波状、脉状、透镜状。矿石结构主要有自形粒状结构，半自形粒状结构，他形粒状结构，碎裂结构，交代结构，乳滴状结构，溶蚀结构，显微隐晶结构等。矿石构造常见的有浸染状构造（或斑杂状构造），细条纹状构造和细脉状构造等。

2. 成矿作用

海西期—印支期发生的韧性剪切动力变质作用导致区内抱板群岩石不同程度的糜棱岩化，形成一套糜棱岩、千糜岩、超糜棱岩；因构造分异作用和伴随的热液活动以及同期中酸性岩浆活动等，使抱板群中的金成矿物质活化迁移，在剪切带中富集形成蚀变糜棱岩型金矿；韧性剪切带发展后期（印支-燕山期）以脆-韧性、脆性活动为主，继承性构造热液及岩浆热液在韧性剪切带的边缘和旁侧分别形成蚀变碎裂岩型和石英脉型金矿，并对蚀变糜棱岩型金矿进一步叠加富集。

3. 预测要素

通过对二甲金矿典型矿床成矿地质背景、成矿地质特征和成矿作用进行分析，综合各类找矿指示因素，提取了典型矿床的预测要素（表 4-4-8）。主要预测要素如下：

1）赋矿岩石：中元古界抱板群及中元古代片麻状二长花岗岩和片麻状混合花岗闪长岩；

2）控矿构造：戈枕韧性剪切带及其派生的次级北东向—近东西向的韧性-脆性断裂破碎带；

3）成矿时代：主成矿期为印支期，次为燕山期；

4）大地构造单元：武夷-云开-台湾造山系五指山岩浆弧五指山褶冲带琼西结合带；

5）大地构造位置：五指山褶冲带（Ⅲ级）琼西结合带（Ⅳ级），东西向昌江-琼海深大断裂和吊罗-尖峰深大断裂之间，戈枕剪切带北段；

6）区域构造类型：表现为北东向、北东-近东西向断裂构造；

7）地球物理特征：重力、航磁、遥感、电法、浅震、静电 α 卡法；

8）地球化学特征：Au 区域化探异常。

4. 预测要素图编制

1）在成矿要素图的基础上叠加物探及化探信息；

2）编制并添加预测要素表、预测模型图、大地构造单元图、成矿模式图；

3）进行图件整饰，修改图名、图例、图签等；

4）计算机组合形成该区完整的预测要素图；

5）根据全国潜力评价项目办要求，应用 GEOMAG 软件对预测要素图各图层赋属性，建立空间数据库图层。

表 4-4-8 海南岛东方市戈枕金矿区典型矿床预测要素一览表

预测要素			描述内容	预测要素分类
储量			Au：C+D+E 26830kg 伴生 Ag189.77kg；品位：单样品最高品位 627g/t，平均品位 13.15g/t	
特征描述			与脆-韧性剪切构造、地层和岩体有关的破碎-蚀变岩型金矿	
地质环境	成矿时代		印支期成矿、燕山期叠加成矿	必要
地质环境	大地构造单元		武夷-云开-台湾造山系（Ⅰ级）五指山岩浆弧（Ⅱ级）五指山褶冲带（Ⅲ级）琼西结合带（Ⅳ级）	重要
地质环境	大地构造位置		东西向昌江-琼海深大断裂和吊罗-尖峰深大断裂之间，抱板逆冲构造带（抱板隆起区）戈枕剪切带北段	重要
地质环境	成矿区带		典型矿床位于戈枕金矿田（Ⅲ-90-Ⅳ-52-Ⅴ-04）中	重要
地质环境	沉积变质建造沉积变质作用	地层分区	五指山分区	重要
地质环境	沉积变质建造沉积变质作用	岩石地层单位	中元古界抱板群	必要
地质环境	沉积变质建造沉积变质作用	地层时代	中元古代	必要
地质环境	沉积变质建造沉积变质作用	岩石组合	戈枕组岩性以黑云斜长片麻岩或混合质黑云斜长片麻岩为主；峨文岭组岩性以二云（或白云）石英片岩为主，夹石英二云（或白云）片岩及部分变粒岩	重要
地质环境	岩浆建造/岩浆作用	岩石名称	片麻状二长花岗岩、细粒含斑黑云母二长花岗岩和细中粒-中粗粒巨斑状角闪黑云二长花岗岩	重要
地质环境	岩浆建造/岩浆作用	岩石组合	二长花岗岩、花岗岩	重要
地质环境	岩浆建造/岩浆作用	岩石结构构造	片麻状二长花岗岩为糜棱岩化变晶结构，黑云母二长花岗岩为似斑状结构，两者均为块状构造	重要
地质环境	岩浆建造/岩浆作用	侵入岩时代	长城纪、三叠纪	必要
地质环境	侵入岩浆构造	侵位构造	受北北东向和东西向构造控制，个别岩体（或岩脉）受北西西向和南北向构造控制	必要
地质环境	侵入岩浆构造	区域岩浆构造带边界	北侧为昌江-琼海构造岩浆带、南侧为尖峰-吊罗构造岩浆带、东侧为北东向戈枕脆-韧性剪切带	重要
地质环境	侵入岩浆构造	岩浆构造旋回	印支旋回、燕山旋回	重要
矿床特征	成矿构造	断裂构造	戈枕韧性剪切带及其派生的次级构造北东向-近东西向的韧性-脆性断裂破碎带	必要
矿床特征	成矿构造	断裂构造类型	韧性剪切带	必要
矿床特征	成矿构造	断裂构造规模	戈枕韧性剪切带：走向长度约 55km，宽 500~3000m，主带一般宽 500~730m；韧性-脆性断裂破碎带：走向长度 150~1000m，宽 50~100m	次要
矿床特征	成矿构造	断裂构造产状	戈枕韧性剪切带：走向一般为 45°~55°，主体倾向北西，局部倾向南东，倾角 50°~80°；韧性-脆性断裂破碎带：走向为 75°~115°，倾向 345°~25°，倾角 32°~79°	次要
矿床特征	成矿构造	断裂构造期次	形成于印支期，具多期次继承性活动特点	重要
矿床特征	成矿构造	断裂构造性质	压性逆断层性质	重要
矿床特征	成矿构造	构造岩分带特征	由两侧向中心，糜棱岩构造岩相由糜棱岩化混合岩至初糜棱岩至糜棱岩及超糜棱岩；断裂碎裂岩带的构造岩由外侧向中心可分为碎裂混合岩、硅化碎裂混合岩、碎裂岩、硅化碎裂岩、石英蚀变岩	必要

续表

预测要素			描述内容	预测要素分类
储量			Au：C+D+E 26830kg 伴生 Ag189.77kg ｜ 品位 ｜ 单样品最高品位 627g/t， 平均品位 13.15g/t	
特征描述			与脆-韧性剪切构造、地层和岩体有关的破碎-蚀变岩型金矿	
矿床特征	成矿特征	矿石自然类型	蚀变糜棱岩型、蚀变碎裂岩型、石英脉型	必要
		矿体形态	脉状，透镜状	重要
		矿体产状	蚀变糜棱岩型金矿体走向 16°～47°，一般为 30°，倾向一般为南东，倾角一般为 60°～75°；蚀变碎裂岩型金矿体走向为 75°～115°，倾向 345°～25°，倾角 32°～79°；石英脉型金矿体走向为 33°～60°，倾向南东，少数倾向北西，倾角 20°～48°，个别较陡，可达 65°～75°	重要
成矿特征	成矿特征	矿体规模	蚀变糜棱岩型金矿体长度为 40～150m，平均厚度 1.72m，倾向延深 30～283m；蚀变碎裂岩型金矿体，长度为 32～160m，厚度为 0.60～1.66m，倾向延深 28～105m；石英脉型金矿体长度为 20～70m，厚度为 0.24～1.87m，倾向延深 12～70m	重要
		矿体围岩	蚀变糜棱岩型金矿近矿围岩主要岩性为硅化糜棱岩、长英质糜棱岩、糜棱岩等；蚀变碎裂岩型金矿近矿围岩均为硅化碎裂岩；石英岩型金矿近矿围岩为石英蚀变岩和硅化碎裂岩	重要
		围岩蚀变特征	主要有硅化，黄铁矿化，次为绿泥石化，碳酸盐化，绿帘石化及绢云母化等	重要
		蚀变岩石组合	蚀变糜棱岩金矿：超糜棱岩、糜棱岩、初糜棱岩、糜棱岩化混合岩。蚀变碎裂岩型金矿：石英蚀变岩、硅化碎裂岩、硅化碎裂条纹-眼球状混合岩等	重要
		蚀变矿物组合	主要为石英，黄铁矿，次为绿泥石，方解石，绿帘石，还有绢云母等	重要
		矿石矿物成分	矿石矿物主要有自然金、银金矿及自然银、黄铁矿、毒砂、方铅矿、闪锌矿、黄铜矿等；脉石矿物有石英、微斜长石、斜长石、正长石、绢云母、绿泥石等；表生矿物有褐铁矿、白钛矿等	重要
		矿石结构构造	矿石结构主要有自形粒状结构，半自形粒状结构，他形粒状结构，碎裂结构，交代结构，乳滴状结构，溶蚀结构，显微隐晶结构等。矿石构造常见的有浸染状构造（或斑杂状构造），细条纹状构造和细脉状构造等	重要
		矿床共伴生组分	Ag、Fe、Pb、Zn、Cu、As、W、Bi、Sb、Hg 等	重要
		成矿流体类型及特征	由含金构造分异热液和沿构造上升的深部含金热液组成的混合热液	重要
控矿条件		地层条件	中元古界长城系抱板群是金矿的重要矿源层	必要
		构造条件	北东向的戈枕韧性剪切带是控制蚀变糜棱岩岩型金矿的主要构造带，其派生次级北东向-近东西向的韧性-脆性断裂破碎带则主要控制本区蚀变碎裂岩型金矿的产出，次级断裂内充填的石英脉控制石英脉型金矿的产出	必要
		岩浆岩条件	印支期、燕山期侵入岩体为含矿热液的形成提供热源和部分成矿物质	必要

续表

预测要素		描述内容	预测要素分类
储量		Au：C+D+E 26830kg 伴生 Ag189.77kg；品位：单样品最高品位 627g/t，平均品位 13.15g/t	
特征描述		与脆-韧性剪切构造、地层和岩体有关的破碎-蚀变岩型金矿	
矿床地球化学特征	主元素	Au	重要
	组合元素	Pb、Zn、As、Ag、Mo、W、Cu、Sn	重要
	异常下限	2.80×10^{-6}（外带），10.22×10^{-6}（中带），24.86×10^{-6}（外带）	重要
	异常形态特征	区域 Au 一级异常呈北西向团块状，异常强度 18.65，规模为全岛 Au 异常规模的最高水平。二甲金矿对应一个明显的三级异常，异常面积 210.11km^2，呈北东向的近似椭圆形，异常强度 5.25，规模为 1103.37km^2	重要
	异常特征值	$2.80\times10^{-6}\sim811.22\times10^{-6}$	重要
矿床地球物理特征	重力特征	1∶25 万区域重力图上，位于抱板重力高的东南部剩余重力异常，重力垂向二阶导数处理处于与中元古代或古生界岩块有关的重力正异常中	重要
	航磁特征	1∶25 万航磁异常平面图上，位于戈枕航磁异常中，经低纬度化极垂向一阶导数处理处于平稳的正背景磁场中；1∶5 万航磁异常图上处于呈北东向的戈枕~东方农场航磁异常带中	重要
	静电 α 卡法测量	构造破碎带引起的静电 α 卡多峰值、单峰及双峰值异常组	重要
遥感异常特征		预测区北东向线性构造（断裂构造）发育，以戈枕断裂韧性剪切带为代表，控制各矿床分布。区内环形构造不发育	重要

5. 矿床预测模型

在综述预测要素基础上，采用 GIS 技术从各课题组底图中获取要素信息，并以点、线、面形式进行表达。据此，共提取了侵入岩体、断裂、地层、化探的 Au 异常、重力正异常、航磁正异常等信息。建立了海南岛戈枕式破碎-蚀变岩型金矿预测工作区典型矿床预测模型（表 4-4-9；图 4-4-5）。

（二）预测工作区预测模型

通过对海南岛戈枕式破碎-蚀变岩型金矿床预测工作区时空展布、成矿地质背景和成矿规律的分析研究，总结各类找矿标志，提取了预测工作区预测要素（表 4-4-10），并对工作区金矿床的成矿过程进行了分析，总结了成矿模式。

1. 预测要素

海南岛琼西戈枕预测工作区戈枕式破碎-蚀变岩型金矿主要预测要素如下：

1）赋矿岩石：中元古界抱板群、中元古代片麻状二长花岗岩和花岗闪长岩；

2）控矿构造：戈枕韧性剪切带及其派生的次级北东向-近东西向的韧性-脆性断裂破碎带；

3）成矿时代：主要为印支期，其次是燕山期；

4）大地构造单元：武夷-云开-台湾造山系五指山岩浆弧五指山褶冲带琼西结合带；

5）大地构造位置：五指山褶冲带的西部，东西向昌江-琼海深大断裂和吊罗-尖峰深大断裂之间；

6）区域构造类型：表现为北东向、北东向—近东西向断裂构造；

7）地球物理特征：重力、航磁、遥感、电法、浅震、静电 α 卡法；

8）地球化学特征：Au 区域化探异常。

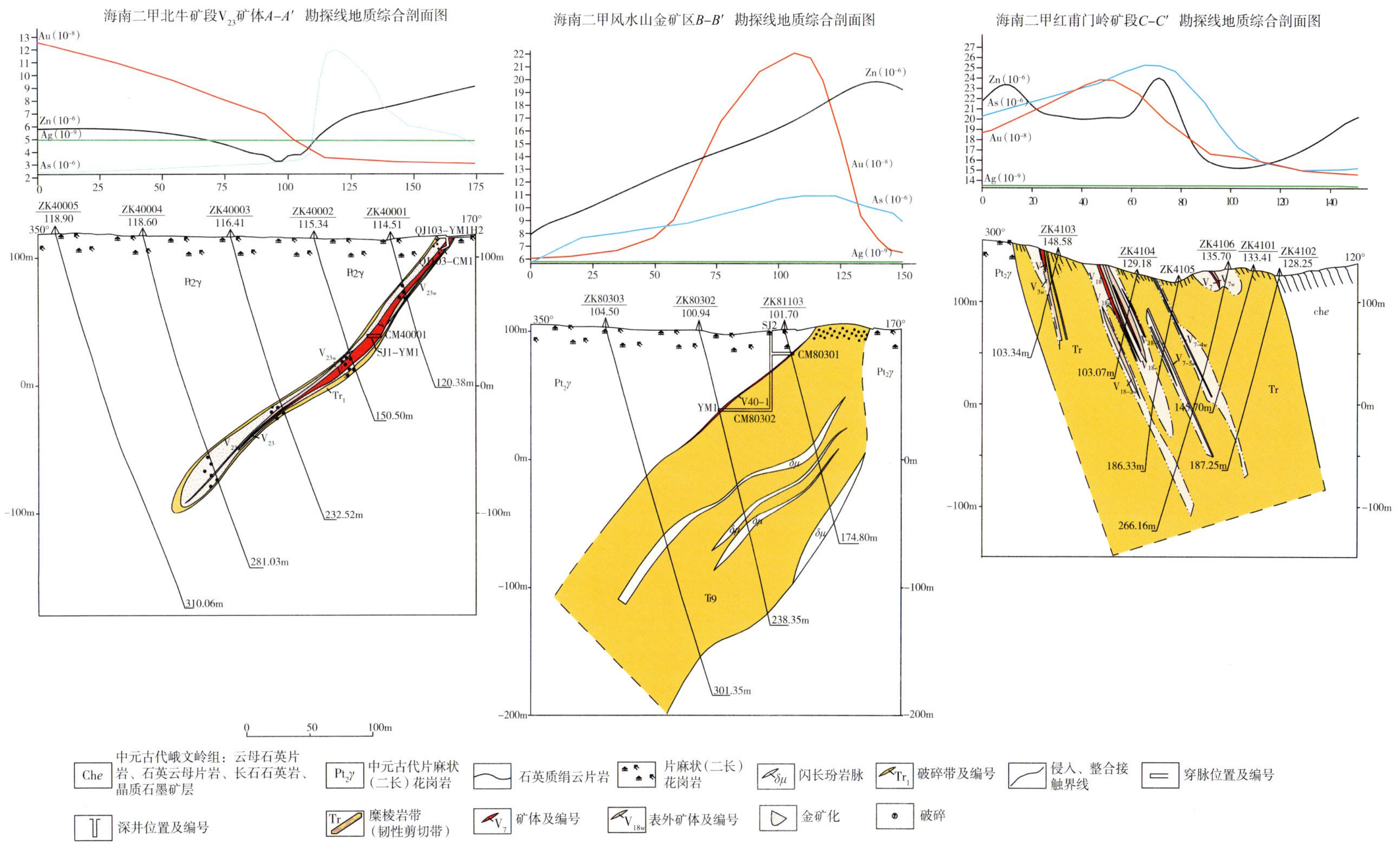

图 4-4-5 海南岛东方市戈枕金矿区典型矿床预测模型图

注：①Co、Cr、Ni、V、B、Ba、Mn 等 7 元素在矿体及其周边均无异常，不作为本次预测指标；②As、Au 元素异常对几乎全部已知矿体均有响应，是最重要的成矿指示元素；③Ag、Pb、Zn、Mo、W 元素异常分别与不同的已知矿体吻合，有一定的预测指示意义；④Cu 和 Sn 基本上不与已知矿体吻合，认为不具备预测指示意义

表 4-4-9　海南岛琼西戈枕式破碎-蚀变岩型金矿典型矿床模型表

<table>
<tr><td>名称</td><td colspan="7">东方二甲金矿典型矿床</td></tr>
<tr><td rowspan="2">概况</td><td>东经</td><td>108°50′09″—108°54′33″</td><td>北纬</td><td>19°03′08″—19°07′37″</td><td>地理位置</td><td colspan="2">海南岛东方黎族自治县境内</td></tr>
<tr><td>主矿种</td><td>金</td><td>储量</td><td>26830kg</td><td>品位/（g/t）</td><td colspan="2">单样品最高品位 627g/t，平均品位 13. 15g/t</td></tr>
<tr><td>成矿地质构造环境</td><td colspan="7">五指山褶冲带的西部，东西向昌江-琼海深大断裂和吊罗-尖峰深大断裂之间，琼西北东向戈枕式韧性剪切带及其西侧派生的次级韧性—脆性断裂破碎带</td></tr>
<tr><td>控矿的各类及主要控矿因素</td><td colspan="7">地层条件：中元古界长城系抱板群是金矿的重要矿源层；构造条件：北东向的戈枕韧性剪切带是控制本区蚀变糜棱岩型金矿的主要构造带，而塑变与脆变形成的糜棱岩 S-C 组构是主要的容矿构造，其派生次级构造北东向—近东西向的韧性-脆性断裂破碎带则主要控制本区蚀变碎裂岩型金矿的产出</td></tr>
<tr><td rowspan="4">矿床的三度空间分布特征</td><td>产状</td><td colspan="6">蚀变糜棱岩型金矿体走向 16°~47°，一般为 30°，倾向一般为南东，倾角一般为 60°~75°；蚀变碎裂岩型金矿体走向为 75°~115°，倾向 345°~25°，倾角 32°~79°；石英脉型金矿体走向为 33°~60°，倾向南东，少数倾向北西，倾角 20°~48°，个别较陡，可达 65°~75°</td></tr>
<tr><td>形态</td><td colspan="6">蚀变糜棱岩型金矿体形态多呈脉状及透镜状，具分枝复合、膨缩尖灭再现特点。蚀变碎裂岩型金矿体呈脉状、透镜状。石英脉型金矿体一般呈脉状</td></tr>
<tr><td>分带</td><td colspan="6">糜棱岩型和碎裂岩型矿体由中心向两侧硅化、碎裂化减弱，矿体品位也随之降低，以品位区分矿体与围岩界线；石英脉型矿体受断裂控制，无明显分带</td></tr>
<tr><td>埋深</td><td colspan="6">糜棱岩型矿体一般埋深在-57~+145m，工程控制斜深 30~283m；碎裂岩型矿体顶板、底板出露标高、相对高差一般为 28~130m，最大相对高差可达 274m，工程控制斜深 28~105m，最大斜深 255m；石英脉型矿体出露标高一般为+133~+128m，少数为+190~+189m，倾向延深 12~70m</td></tr>
<tr><td rowspan="6">矿床的物质组成</td><td>矿石类型</td><td colspan="6">蚀变糜棱岩型、蚀变碎裂岩型和石英脉型</td></tr>
<tr><td>矿物组合</td><td colspan="6">矿石矿物主要有自然金、银金矿及自然银、黄铁矿、毒砂、方铅矿、闪锌矿、黄铜矿等；脉石矿物有石英、微斜长石、斜长石、正长石、绢云母、绿泥石等；表生矿物有褐铁矿、白钛矿等</td></tr>
<tr><td>结构构造</td><td colspan="6">矿石结构主要有自形粒状结构，半自形粒状结构，他形粒状结构，碎裂结构，交代结构，乳滴状结构，溶蚀结构，显微隐晶结构等。矿石构造常见的有浸染状构造（或斑杂状构造），细条纹状构造和细脉状构造等</td></tr>
<tr><td>围岩蚀变</td><td colspan="6">主要有硅化、黄铁矿化，次为绿泥石化、碳酸盐化、绿帘石化及绢云母化等，其中硅化是重要的找矿标志，一般硅化愈强，金矿化愈好</td></tr>
<tr><td>主元素含量</td><td colspan="6">蚀变糜棱岩型金矿：单个矿体金平均品位 3. 02~27. 71g/t，平均品位 5. 90g/t，单样最高品位为 125. 64g/t；蚀变碎裂岩型金矿：3. 31~13. 15g/t，个别为 117. 75g/t，单样最高品位为 627g/t；石英脉型金矿：品位 1. 19~2. 86g/t，少数矿体可达 5. 69~13. 14g/t，单样最高品位为 23. 93g/t</td></tr>
<tr><td>伴生元素含量</td><td colspan="6">伴生 S 的含量平均为 0. 48%，伴生 Ag 达到综合利用要求</td></tr>
</table>

续表

名称	东方二甲金矿典型矿床
成矿期次	蚀变糜棱岩型金矿分为构造分异期、热液期和表生期三个成矿期。其中构造分异期分为三个成矿阶段：金-硫化物微细粒石英阶段、金-硫化物脉阶段和金-多金属硫化物阶段；热液期分为两个成矿阶段：金-硫化物石英脉阶段和碳酸盐阶段；表生期则只有表生氧化阶段。在以上各成矿期次及阶段中，第一期为主要成矿期，第Ⅰ、Ⅱ阶段为主要成矿阶段。蚀变碎裂岩型金矿分为热液期和表生期两个成矿期。其中热液期分为五个成矿阶段：金-硫化物石英阶段、金-黄铁矿、毒砂阶段、金-多金属硫化物阶段、金-硫化物石英脉阶段和碳酸盐阶段；表生期则只有表生阶段。在以上各成矿期次及阶段中，第一期为主成矿期，第Ⅰ、Ⅱ、Ⅲ阶段为主要成矿阶段
矿床的地球物理特征及标志	重力：主要分布在昌江-东方重力低异常带之间；航磁：位于昌江-东方航磁 ΔT 正异常范围内；低阻区是寻找蚀变糜棱岩型金矿的有利地段，而高阻背景区中狭窄之高阻异常，应注意寻找含金石英脉或其他脉状金矿体；静电 α 卡法测量圈出的 13 个单峰异常是剪切带中糜棱岩（化）带的反映
矿床的遥感特征及标志	北东向戈枕式韧性剪切带遥感解译反应明显，在遥感坝王岭菱环式矿田构造的西部
矿床的地球化学特征及标志	区域 Au 一级异常呈北西向团块状，异常强度 18.65，规模为全岛 Au 异常规模的最高水平。二甲金矿对应一个明显的三级异常，异常面积 210.11km^2，呈北东向的近似椭圆形，异常强度 5.25，规模为 1103.37km^2
成矿物理化学条件	蚀变糜棱岩型金矿石矿物包裹体爆烈温度在 315~453℃之间，其中石英爆裂温度为 330~348℃；蚀变碎裂岩型金矿石石英的均一温度为 112~304℃；石英蚀变岩中石英的均一温度为 290~304℃，说明成矿热液由高温高压的韧性剪切带向两旁侧派生的次级韧性-脆性断裂构造破碎带运移过程中，温度、压力逐渐降低；含矿热液成分以 H_2O 和 CO_2 为主，成矿物质和热液可能部分来源深部，部分来源于围岩；毒砂、黄铁矿、自然金、方铅矿等矿物
成矿时代	印支期
矿床成因	成矿作用归属：剪切带破碎-蚀变岩型； 成矿过程与演化分析： 1. 含金热液的形成 地壳深部在韧性剪切的高温、高压作用下岩石产生塑性流而定向排列，在此过程中，岩石中的含水矿物和磷酸盐矿物发生去水和脱炭的反应，产生 SiO_2，从而形成了以 H_2O 和 CO_2 为主要成分的热液，并吸收金及硫等元素进入热液，构成含金构造分异热液，同时也有沿构造上升的深部含金热液的加入，形成混合热液，赋存于韧性剪切带内。 2. 含金热液的迁移 在形成戈枕韧性剪切带的同时，也形成了旁侧次级构造——北东向或近东西向韧性-脆性断裂构造破碎带，两种构造之间存在不同的物理化学场，韧性剪切带内温度、压力高，这种温压的差异导致韧性剪切带内的部分含金热液向温压较低的韧性-脆性断裂破碎带运动。 3. 金的沉淀 戈枕韧性剪切带内，热液在运移过程中温度压力的降低，沉淀出包括金矿物在内的矿物。并产生蚀变作用，形成蚀变糜棱岩型金矿。 运移到韧性-脆性断裂构造破碎带中的热液，与碎裂的眼球状混合岩发生交代蚀变作用形成硅化、绢云母化、绿泥石化等。在此过程中，随温度的下降，分阶段沉淀出毒砂、黄铁矿、自然金、方铅矿等矿物，形成蚀变碎裂岩型金矿

续表

名称	东方二甲金矿典型矿床
找矿标志	1. 构造标志：北东向韧性剪切带及其附近与之相配套的次级构造-韧脆性断裂构造破碎带。 2. 地层标志：中元古界长城系抱板群是金矿的主要找矿标志。 3. 围岩蚀变标志：糜棱岩带、碎裂岩带内硅化是野外宏观找矿的主要标志。 4. 黄铁矿、毒砂的找矿标志：半自形-他形粒状黄铁矿和毒砂的含金性比自形黄铁矿和毒砂的含金性好；黄铁矿、毒砂的粒度越细，含金量越高；黄铁矿颜色一般越暗淡，金含量越高。 5. 指示元素：蚀变糜棱岩带和蚀变碎裂岩带内 As、Bi、Pb、W、Ag、Hg 是判定金矿存在与否的标志。 6. 化探（土壤测量或水系沉积物测量）异常是主要的找矿标志。 7. 黄金重砂异常也是重要的找矿标志。 8. 民采点和民采坑（或井）在第四系广泛覆盖地区是最好的找矿标志

表 4-4-10　海南岛琼西戈枕地区戈枕式破碎-蚀变岩型金矿预测工作区区域预测要素一览表

区域预测要素			描述内容	预测要素分类
特征描述			与脆-韧性剪切构造、地层和岩体有关的破碎-蚀变岩型金矿	
区域成矿地质环境	大地构造单元		武夷-云开-台湾造山系（Ⅰ级）五指山岩浆弧（Ⅱ级）五指山褶冲带（Ⅲ级）琼西结合带（Ⅳ级）	必要
	大地构造位置		五指山褶冲带（Ⅲ级）西部，东西向昌江-琼海深大断裂和吊罗-尖峰深大断裂之间	必要
	区域构造类型		东西向昌江-琼海深大断裂带、尖峰-吊罗深大断裂带和北东向戈枕剪切带控制了区域构造格架	必要
	赋矿地层		中元古界长城系抱板群	必要
	区域岩浆岩		主要为二长花岗岩、正长花岗岩和花岗闪长岩	必要
	侵入岩时代		中元古代长城纪、海西期—印支期、燕山期	重要
	岩体侵位构造		侵入岩体明显受北东向和东西向构造控制	次要
	变质作用类型		主要有区域动力、接触气-液、混合岩化等变质作用	重要
	区域控矿构造		北东向断裂控矿构造以区域性戈枕韧性剪切成矿带为代表	必要
	区域成矿类型和成矿期		海西晚期—燕山早期蚀变糜棱岩型金矿床	必要
			燕山晚期石英脉型金矿床	必要
区域成矿地质特征	蚀变糜棱岩型金矿成矿要素	围岩蚀变	主要有硅化、黄铁矿化，次为绿泥石化、碳酸盐化、绿帘石化及绢云母化等	重要
		构造环境	处于剪切带的韧性构造环境	必要
		矿体形态和分布	矿体分布在糜棱岩带，矿体形态多呈脉状及透镜状，产状受糜棱岩带控制	重要
		矿石类型	原生矿石和氧化矿石，原生矿石有糜棱岩型、硅化糜棱岩型、超糜棱岩（硅化岩）型及千糜岩型	重要
		矿石矿物	矿石矿物：自然金、银金矿、黄铁矿、毒砂、黄铜矿、闪锌矿、方铅矿等；脉石矿物：主要为石英和绢云母	重要
		结构构造	矿石结构主要有自形-半自形、他形粒状结构，碎裂结构，交代结构，乳滴状结构，溶蚀结构，显微隐晶结构等；矿石构造主要有浸染状构造，细条纹状构造和细脉状构造等	重要
区域成矿地质特征	蚀变碎裂岩型金矿成矿要素	围岩蚀变	主要有硅化、黄铁矿化，次为绿泥石化、碳酸盐化、绿帘石化及绢云母化等	重要
		构造环境	处于剪切带的脆性构造环境	必要
		矿体形态和分布	矿体产在碎裂岩带中，形态多呈脉状、透镜状，产状受碎裂岩带控制	重要
		矿石类型	原生矿石和氧化矿石，原生矿石主要为碎裂岩（包括碎裂混合岩）型，硅化碎裂岩型和石英蚀变岩型	重要
区域成矿地质特征	蚀变碎裂岩型金矿成矿要素	矿石矿物	矿石矿物：自然金、银金矿、黄铁矿、毒砂、闪锌矿、方铅矿、黄铜矿等；脉石矿物：主要为石英，次为微斜长石、钾长石、绢云母、绿泥石、方解石等	重要
		结构构造	矿石结构主要有自形-半自形，他形粒状结构，碎裂结构，交代结构，乳滴状结构，溶蚀结构，显微隐晶结构等；矿石构造主要有浸染状构造，细条纹状构造和细脉状构造等	重要
	石英脉型金矿成矿要素	围岩蚀变	硅化、绢云母化、绿泥石化、黄铁矿化等	重要
		构造环境	处于剪切带的脆性构造环境	必要
		矿石矿物	矿石矿物：主要有自然金、银金矿、毒砂、黄铁矿、方铅矿等；脉石矿物主要为石英	重要
		结构构造	矿石结构：半自形-他形粒状结构、碎裂结构为主；矿石构造：浸染状、细脉状构造	重要
区域地球物理异常特征	重力异常		规模较大的布格重力高部位，处于与古生界岩块有关的剩余重力异常、重力垂向二阶导数正异常中	重要
	航磁异常		呈北东走向的区域航磁正异常带，规模不大的 1∶5 万航磁正异常带	重要

续表

区域预测要素		描述内容	预测要素分类
特征描述		与脆-韧性剪切构造、地层和岩体有关的破碎-蚀变岩型金矿	
区域地球化学异常特征	异常元素	Au	重要
	组合元素	Pb、Zn、As、Ag、Mo、W、Cu、Sn	重要
	异常特征	预测区南部使用Au元素异常圈区；其他无Au异常区域采用组合元素，As、Ag元素异常吻合良好，且与Au元素异常大多重合，与典型矿床的土壤元素异常分布特征基本一致，具有较好的指示意义	重要
遥感异常特征		线、环构造发育，矿床分布主要受线性构造控制	重要
重砂异常特征		As、Hg、Au、Cu、Pb、Zn、Bi、Mo、Sn和W等9种矿物异常与金矿种成因密切相关	重要
区域物探找矿标志		与中元古代、古生代地层相关的剩余重力正异常，或垂向二次导数正异常　是该类型金矿的成矿有利部位	次要

2. 预测模型

在综述上述预测要素基础上，采用GIS技术从各课题组底图中获取要素信息，并以点、线、面形式进行表达。据此，共提取了侵入岩体、断裂构造、已知矿床（点）、化探的Au异常等信息。建立了海南岛琼西戈枕预测区破碎-蚀变岩型金矿预测模型（图4-4-6）。

四、斑岩型钨钼矿

（一）典型矿床预测模型

1. 成矿地质特征

乐东县尖峰红门岭钨（钼）矿是与钼、铅锌共生的矿床，产于与印支期花岗斑岩有关的内、外接触带内，受区域东西向尖峰-吊罗断裂带控制。矿区范围内在矿区冲沟及低洼处见有少量第四系冲洪积层外，基岩表层普遍发育第四系残坡积层，无其他地层出露。

（1）赋矿岩石

主要赋存于海西期二长花岗岩、印支期正长花岗岩和印支期花岗斑岩体中，以及岩体内部的石英脉、蚀变带及绢英岩化带中。

（2）控矿构造

晚期新华夏构造体系的区域性NNE扭张性断裂所派生的低序次、低级别的近NS向、NE向、NNW向压扭性断裂为主要的控矿构造。

（3）围岩蚀变

蚀变类型有钾长石化、黄玉云英岩化、硅化、高岭土化等，蚀变作用普遍较弱。其中，钾长石化、高岭土化蚀变范围广，为典型的面型蚀变；绢云母化虽也为面型蚀变，但范围小，分布不均匀；硅化基本属于线型蚀变。以上4种蚀变均与钨、钼矿化有关，其中以钾长石化、硅化与矿化关系最为密切。

（4）矿体地质特征

迄今为止，本矿区共圈出钨矿带2个（共有矿体24个）及2个矿化点，大多呈脉状。主要金属矿物为辉钼矿、黑钨矿、白钨矿、闪锌矿、辉铋矿、方铅矿，次要金属矿物为黄铁矿、黄铜矿、毒砂、锡石。矿石结构主要有鳞片花岗变晶结构、变余斑状花岗结构、自形-半自形片状结构、碎裂结构。块状构造、团块状构造、角砾状构造、细脉浸染状构造是主要的矿石构造。

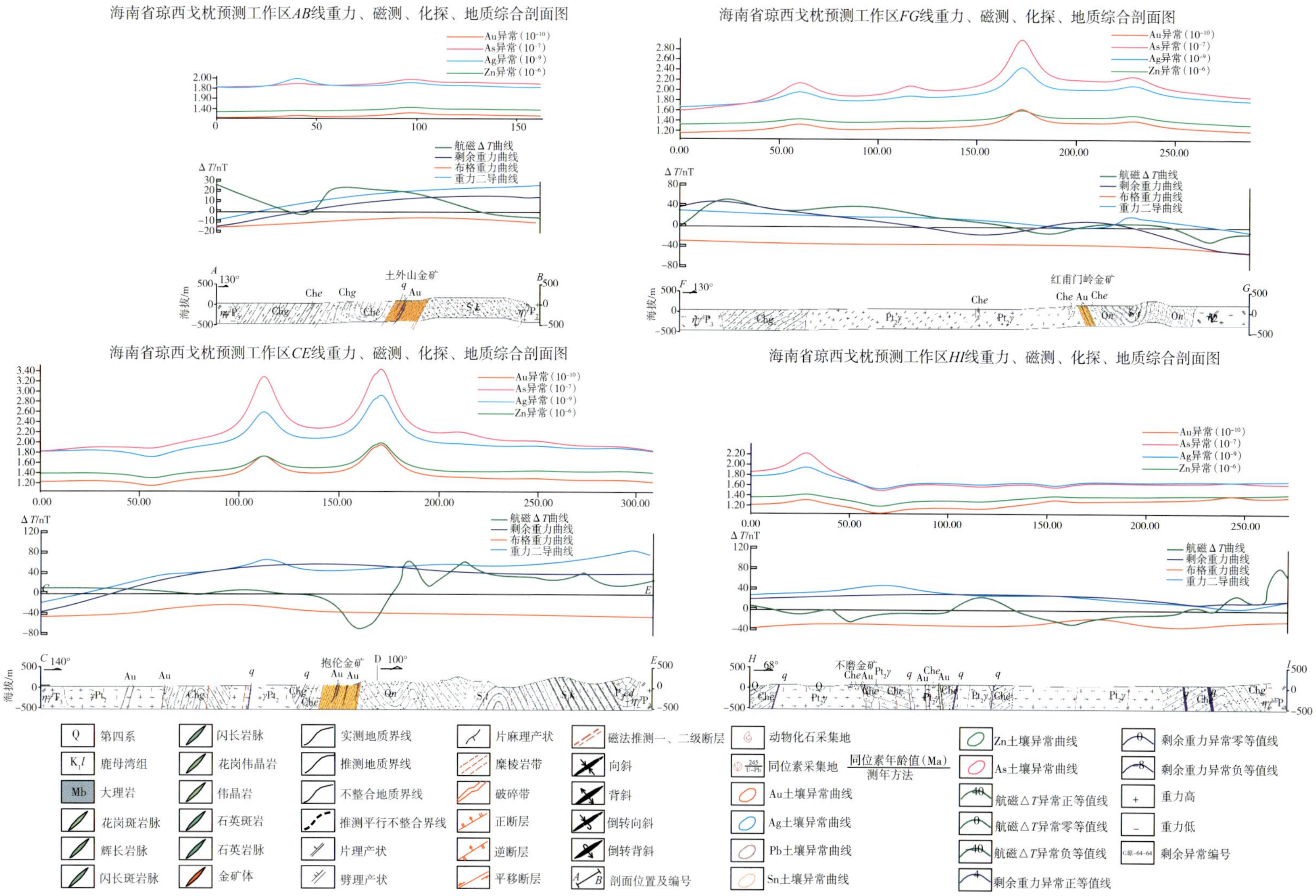

图 4-4-6　海南岛琼西戈枕地区破碎-蚀变岩型金矿预测工作区 A-B、C-D-E、F-G、H-I 剖面预测模型图

注：①除土外山金矿外，抱板金矿、红甫门岭金矿、不磨金矿具有与矿体对应明显的 As、Ag 元素异常；②航磁异常能很好的反应构造剪切带，对糜棱岩型和碎裂岩型金矿预测具有指导意义，对热液型（石英脉型）金矿意义不大；③在剖面上布格重力和剩余重力曲线平稳，变化较小

（5）地球物理特征

1∶25万区域重力图上，位于尖峰重力低的西部，剩余重力异常、重力垂向二阶导数处理，处于与花岗岩体有关的局部重力低中。1∶25万航磁异常平面图上，位于航磁负异常和航磁正异常过渡部位，经低纬度化极垂向一阶导数处理处于北东向航磁正异常带的边缘；1∶5万航磁异常反映不明显。

花岗岩体引起的剩余重力负异常或重力垂向二阶导数负异常，是发现和圈定该类型钨矿的成矿有利部位。

（6）地球化学特征

通过对水系沉积物的研究发现：V_1 矿体有Ag、Au、Pb、Zn、Bi、Mo等元素三级异常（Au只一级），该异常的浓集中心偏离于 V_1 矿体西侧。

（7）遥感特征

大多数异常与已知矿点吻合程度不高。

2. 成矿作用

东西向尖峰-吊罗深断裂在晚古生代和早中生代的强烈活动导致海西期二长花岗岩以及印支期正长花岗岩与花岗斑岩沿此构造带大规模侵位。在燕山晚期构造岩浆阶段，这些早期形成的岩体由于受到新华夏构造体系的区域性NNE扭张性断裂活动的影响，派生出低序次、低级别的近NS向、NE向、NNW向压扭性断裂。伴随晚白垩世花岗斑岩岩浆的上升定位，富含挥发分和成矿金属的热水溶液沿这些次级断裂上升并通过充填交代作用形成石英脉、硅化破碎带、蚀变岩石等一系列含矿岩石。除岩浆热液外，矿化可能有一定量的大气降水的参与，成矿金属主要源于印支期花岗斑岩体。

3. 预测要素

通过对乐东县尖峰红门岭钨（钼）矿典型矿床成矿地质背景、成矿地质特征和成矿作用进行分析，综合各类找矿指示因素，提取了典型矿床的预测要素。主要预测要素如表4-4-11所示。

表4-4-11　海南省乐东县尖峰红门岭钨矿区典型矿床预测要素一览表

<table>
<tr><td colspan="3">预测要素</td><td colspan="3">描述内容</td><td rowspan="3">预测要素分类</td></tr>
<tr><td colspan="3">储量</td><td>WO_3：1654.8t
Mo：2164.2t</td><td>平均品位/%</td><td>WO_3：0.1713（V_1 矿带）
Mo：0.2422</td></tr>
<tr><td colspan="3">特征描述</td><td colspan="3">尖峰红门岭莲花山式斑岩型钼钨矿床</td></tr>
<tr><td rowspan="8">地质环境</td><td rowspan="3">区域构造</td><td>大地构造单元</td><td colspan="3">武夷-云开-台湾造山系（Ⅰ级）五指山岩浆弧（Ⅱ级）五指山褶冲带（Ⅲ级）琼西结合带（Ⅳ级）</td><td>重要</td></tr>
<tr><td>大地构造位置</td><td colspan="3">琼西结合带南部，燕山期强烈活动的东西向尖峰-吊罗构造岩浆活动带西段</td><td>必要</td></tr>
<tr><td>成矿区带</td><td colspan="3">位于尖峰岭金、钨、钼、轻稀土、石墨、白云母、水晶、多金属矿田（Ⅲ-90-Ⅳ-52-Ⅴ-6）</td><td>重要</td></tr>
<tr><td colspan="2">成矿构造</td><td colspan="3">矿体均产于与印支期花岗斑岩体有关的内、外接触带，沿低序次断裂带分布</td><td>必要</td></tr>
<tr><td rowspan="3">赋矿岩石单元</td><td>地层/岩体</td><td colspan="3">晚古生代—中生代中酸性岩浆岩基及少量岩株和岩脉</td><td>必要</td></tr>
<tr><td>岩石类型</td><td colspan="3">海西期二长花岗岩和印支期正长花岗岩（岩基）、印支期花岗斑岩（呈岩被、岩枝、岩墙及岩脉产出）、燕山期花岗斑岩（小岩株）、时代不明岩脉</td><td>重要</td></tr>
<tr><td>岩石结构构造</td><td colspan="3">斑状结构，块状构造</td><td>重要</td></tr>
<tr><td colspan="2">成岩（矿）时代</td><td colspan="3">晚白垩世，区域上同类岩石K-Ar同位素年龄94Ma</td><td>重要</td></tr>
</table>

续表

<table>
<tr><td colspan="3">预测要素</td><td colspan="3">描述内容</td><td rowspan="3">预测要素分类</td></tr>
<tr><td colspan="3">储量</td><td>WO_3：1654.8t
Mo：2164.2t</td><td>平均品位/%</td><td>WO_3：0.1713（V_1 矿带）
Mo：0.2422</td></tr>
<tr><td colspan="3">特征描述</td><td colspan="3">尖峰红门岭莲花山式斑岩型钼钨矿床</td></tr>
<tr><td rowspan="5">矿床特征</td><td colspan="2">岩性组合</td><td colspan="3">含钨钼多金属二长花岗岩、正长花岗岩、花岗斑岩、石英脉</td><td>必要</td></tr>
<tr><td colspan="2">矿物组合</td><td colspan="3">主要金属矿物为黑钨矿、白钨矿、辉钼矿、辉铋矿、方铅矿、闪锌矿，次要矿物为黄铁矿、黄铜矿、毒砂、锡石</td><td>必要</td></tr>
<tr><td colspan="2">结构</td><td colspan="3">鳞片花岗变晶结构、变余斑状花岗结构、自形-半自形片状结构、碎裂结构</td><td>重要</td></tr>
<tr><td colspan="2">构造</td><td colspan="3">块状构造、团块状构造、角砾状构造、细脉浸染状构造</td><td>重要</td></tr>
<tr><td colspan="2">蚀变</td><td colspan="3">围岩蚀变类型有钾长石化、黄玉云英岩化、硅化、高岭土化等，蚀变作用普遍较弱。其中，钾长石化、高岭土化蚀变范围广，为典型的面型蚀变；绢云母化虽也为面型蚀变，但范围小，分布不均匀；硅化基本属于线型蚀变。以上四种蚀变均与钨、钼矿化有关，其中以钾长石化、硅化与矿化关系最为密切</td><td>必要</td></tr>
<tr><td rowspan="3">矿床特征</td><td colspan="2" rowspan="3">控矿条件</td><td colspan="3">接触带：与印支期花岗斑岩体有关的内、外按触带</td><td rowspan="3">必要</td></tr>
<tr><td colspan="3">构造：低序次的断裂构造带</td></tr>
<tr><td colspan="3">岩浆岩：燕山期斑状花岗岩小岩株</td></tr>
<tr><td rowspan="4">物化遥和重砂特征</td><td>地球化学标志</td><td>水系沉积物</td><td colspan="3">V_1 矿体有 Ag、Au、Pb、Zn、Bi、Mo 等元素三级异常（Au 只一级），该异常的浓集中心偏离于 V_1 矿体西侧</td><td>重要</td></tr>
<tr><td rowspan="2">地球物理标志</td><td>区域地球物理场特征</td><td colspan="3">1：25 万区域重力图上，位于尖峰重力低的西部，剩余重力异常、重力垂向二阶导数处理，处于与花岗岩体有关的局部重力低中。1：25 万航磁异常平面图上，位于航磁负异常和航磁正异常过渡部位，经低纬度化极垂向一阶导数处理处于北东向航磁正异常带的边缘；1：5 万航磁异常反映不明显</td><td>重要</td></tr>
<tr><td>物探找矿标志</td><td colspan="3">花岗岩体引起的剩余重力负异常或重力垂向二阶导数负异常，是发现和圈定该类型钨矿的成矿有利部位</td><td>重要</td></tr>
<tr><td colspan="2">遥感特征</td><td colspan="3">大多数矿化型异常与已知矿点吻合程度不高</td><td>重要</td></tr>
</table>

1）赋矿岩石：尖峰岩体中海西期二长花岗岩和印支期正长正长花岗岩、印支期花岗斑岩；

2）控矿构造：低序次、低级别断裂构造；

3）成矿时代：燕山晚期（晚白垩世）；

4）大地构造单元：武夷-云开-台湾造山系五指山岩浆弧五指山褶冲带琼西结合带；

5）大地构造位置：琼西结合带南部，燕山期强烈活动的东西向尖峰-吊罗构造岩浆活动带西段；

6）区域构造类型：东西向尖峰-吊罗构造岩浆活动带为成矿母岩形成的岩浆和热液的运移沉淀提供了良好的通道，控制了后期的断裂和岩浆活动；

7）地球物理特征：重力、航磁和重砂特征；

8）地球化学特征：V_1 矿体一带的水系沉积物有 Ag、Au、Pb、Zn、Bi、Mo 等元素三级异常（Au 只一级），该异常的浓集中心偏离于 V_1 矿体西侧。

4. 矿床预测模型

在综述预测要素基础上，采用 GIS 技术从各课题组底图中获取要素信息，并以点、线、面形式进行表达。据此，共提取了侵入岩体、断裂、矿体、水系沉积物的元素组合异常等信息，建立了海南省尖峰红门岭钨矿区典型矿床预测模型（图 4-4-7）。

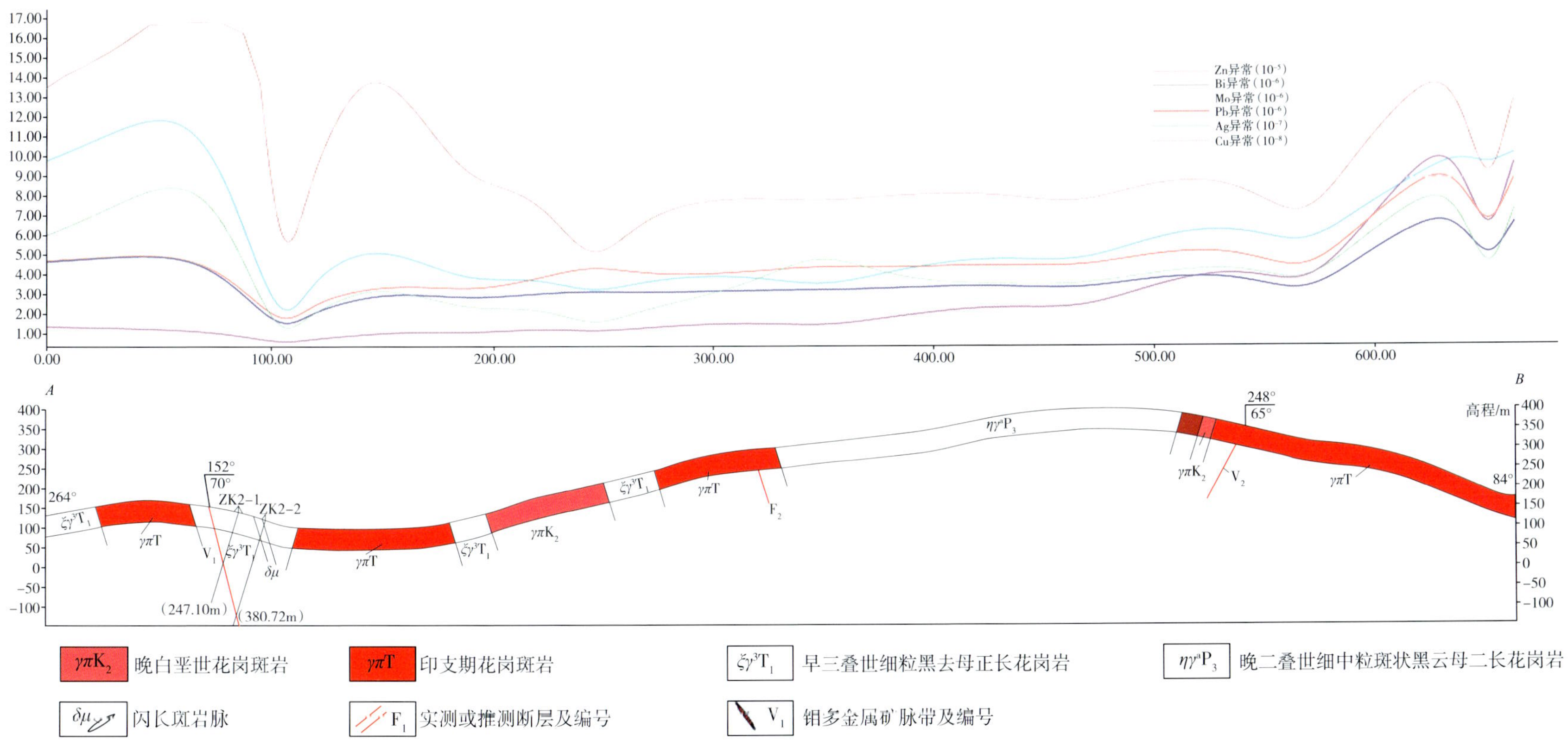

图 4-4-7　海南省乐东县尖峰红门岭钨矿区典型矿床预测模型图

（二）预测工作区预测模型

通过对海南省尖峰预测工作区莲花山式斑岩型钼钨矿床时空分布规律、成矿地质背景和成矿规律的分析研究，总结各类找矿标志，提取了预测工作区预测要素（表4-4-12），并对工作区钨矿床的成矿过程进行了分析，总结了成矿模式。

表4-4-12　海南省乐东县尖峰地区莲花山式斑岩型钨矿预测工作区区域预测要素一览表

区域预测要素			描述内容	预测要素分类
特征描述			尖峰莲花山式斑岩型钼钨矿床	
区域大地构造单元			武夷-云开-台湾造山系五指山岩浆弧五指山褶冲带琼西结合带南端与五指山岩浆弧西南端结合部位	重要
区域大地构造位置			九所-陵水深大断裂西段北侧、尖峰-吊罗构造岩浆带西段，白沙断陷、抱板隆起和五指山隆起的交汇部位	必要
区域成矿地质环境	赋矿岩石单元	地层/岩体	晚古生代—中生代中酸性岩浆岩基及少量岩株和岩脉	必要
		岩石类型	海西期：二长花岗岩和石英闪长岩-闪长岩（岩基）；印支期：正长花岗岩和花岗斑岩（呈岩被、岩枝、岩墙及岩脉产出）；燕山期：花岗斑岩（小岩株）；时代不明岩脉：闪长玢岩脉、花岗斑岩脉、及隐伏二长花岗岩脉	重要
		岩石结构构造	中粗粒花岗结构、斑状结构及少量半自形细-中粒结构，块状构造	重要
	成矿岩体	岩石类型	燕山期侵入的斑状花岗岩，呈岩被、岩枝、岩墙及岩脉产出	必要
		结构构造	斑状结构，块状构造	重要
		成岩（矿）时代	晚白垩世，区域上同类岩石 K-Ar 同位素年龄 94Ma	重要
	成矿构造		尖峰岩体西缘印支期花岗斑岩体的内、外接触带；低序次、低级别断裂构造	必要
区域成矿地质特征	岩性组合		含钼钨多金属二长花岗岩、正长花岗岩、花岗斑岩、石英脉、硅化破碎带及绢英岩化蚀变带	必要
	矿物组合		主要金属矿物为辉钼矿、黑钨矿、白钨矿、辉铋矿、方铅矿、闪锌矿，次要金属矿物为黄铁矿、黄铜矿、毒砂、锡石	必要
	矿石结构		鳞片花岗变晶结构、变余斑状花岗结构、自形-半自形片状结构、碎裂结构	重要
	矿石构造		块状构造、团块状构造、角砾状构造、细脉浸染状构造	重要
	蚀变		围岩蚀变类型有钾长石化、黄玉云英岩化、硅化、高岭土化等，蚀变作用普遍较弱。其中，钾长石化、高岭土化蚀变范围广，为典型的面型蚀变；绢云母化虽也为面型蚀变，但范围小，分布不均匀；硅化基本属于线型蚀变。以上四种蚀变均与钨、钼矿化有关，其中以钾长石化、硅化与矿化关系最为密切	必要
	矿物生成顺序		第一期：中温热液铅锌成矿期，形成含铅锌矿石英脉；第二期：高温热液钨钼多金属成矿期，为主要成矿期，沿北北西、近南北及北北东向构造带形成钨钼矿床	重要
	控矿条件		区域构造：东西向尖峰-吊罗深断裂	必要
			矿区构造：晚期新华夏构造体系的区域性 NNE 扭张性断裂所派生的低序次、低级别的近 NS 向、NE 向、NNW 向压扭性断裂为主要的控矿构造	
			接触带：矿体均产出在与印支期花岗斑岩体有关的内、外接触带，沿尖峰-吊罗深大断裂侵入的印支期花岗斑岩体很可能是其成矿母岩	

续表

<table>
<tr><td colspan="3">区域预测要素</td><td>描述内容</td><td rowspan="2">预测要素分类</td></tr>
<tr><td colspan="3">特征描述</td><td>尖峰莲花山式斑岩型钼钨矿床</td></tr>
<tr><td>区域地球化学特征</td><td colspan="2">水系沉积物</td><td>共圈出21处综合异常，W元素异常与Pb、Zn元素一般分离存在，前者多与小型花岗斑岩体（时代不只是限于白垩纪）关系密切；Bi、Mo元素异常与W和Pb、Zn元素异常均可共生；Ag元素异常广泛存在，实际上可以不作为预测指标</td><td>重要</td></tr>
<tr><td colspan="3">自然重砂矿物综合异常</td><td>共圈定12处，其中，典型矿床所在地有钨、钼、铅矿物异常叠合出现，化探相应元素异常组合显著；除1号、2号、5号、6号和12号异常外（基于接触型构造线或断裂构造圈定），其他地区综合异常均表现出与花岗斑岩的空间对应关系</td><td>重要</td></tr>
<tr><td rowspan="4">区域地球物理和遥感特征</td><td rowspan="3">地球物理标志</td><td>区域地球物理场特征</td><td>位于布格重力重力低中，处于与花岗岩体有关的剩余重力负异常、重力垂向二阶导数负异常中。区域航磁异常图上，为航磁正负异常的过渡带。经低纬度化极垂向一阶导数处理处于北东向航磁正异常带的边缘；1∶5万航磁异常反映不明显</td><td>重要</td></tr>
<tr><td>物性特征</td><td>古生界的二叠系—石炭系、志留系密度为2.73～2.79g/cm^3，长城系抱板群密度均为2.76g/cm^3；花岗岩、二长花岗岩密度为2.58g/cm^3</td><td>重要</td></tr>
<tr><td>物探找矿标志</td><td>花岗岩体引起的剩余重力负异常或重力垂向二阶导数负异常，是发现和圈定该类型钨矿的成矿有利部位</td><td>重要</td></tr>
<tr><td colspan="2">遥感特征</td><td>线、环构造发育；羟基、铁染遥感异常信息大致可分为地层、岩体、接触带、矿化型等四类，因水系发达而不明显</td><td>重要</td></tr>
</table>

1. 预测要素

海南省尖峰斑岩型钼钨矿预测工作区主要预测要素如下：

1）赋矿岩石：晚古生代—中生代中酸性岩浆岩基及少量岩株和岩脉；

2）控矿构造：东西向尖峰-吊罗深断裂控制晚古生代以来的岩浆活动与成矿作用。晚期新华夏构造体系的区域性NNE扭张性断裂所派生的低序次、低级别的近NS向、NE向、NNW向压扭性断裂为主要的控矿构造；

3）成矿时代：燕山晚期（白垩纪）；

4）大地构造单元：武夷-云开-台湾造山系五指山岩浆弧五指山褶冲带琼西结合带南端与五指山岩浆弧西南端结合部位；

5）大地构造位置：九所-陵水深大断裂西段北侧、尖峰-吊罗构造岩浆带西段，白沙断陷、抱板隆起和五指山隆起的交汇部位；

6）成矿岩体特征：燕山期侵入的斑状花岗岩，呈岩被、岩枝、岩墙及岩脉产出，斑状结构，块状构造；

7）矿化特征：已知矿带或矿化点；

8）矿石矿物组合：主要金属矿物为辉钼矿、黑钨矿、白钨矿、闪锌矿、辉铋矿、方铅矿，次要金属矿物为黄铁矿、黄铜矿、毒砂、锡石；

9）地球物理特征：位于布格重力重力低中，处于与花岗岩体有关的剩余重力负异常、重力垂向二阶导数负异常中。区域航磁异常图上，为航磁正负异常的过渡带。经低纬度化极垂向一阶导数处理处于北东向航磁正异常带的边缘；1∶5万航磁异常反映不明显。花岗岩体引起的剩余重力负异常或重力垂向二阶导数负异常，是发现和圈定该类型钨矿的成矿有利部位重力（大部分铅锌矿床（点）处于花岗岩体引起剩余重力负异常中或其边缘）；

10）地球化学特征：由水系沉积物共圈出21处综合异常，W元素异常与Pb、Zn元素一般分离存在，前者多与小型花岗斑岩体（时代不只是限于白垩纪）关系密切；Bi、Mo 元素异常与 W 和 Pb、Zn 元素异常均可共生；

11）自然重砂矿物综合异常：共圈定 12 处，其中，典型矿床所在地有钨、钼、铅矿物异常叠合出现，化探相应元素异常组合显著；除 1 号、2 号、5 号、6 号和 12 号异常外（基于接触型构造线或断裂构造圈定），其他地区综合异常均表现出与花岗斑岩的空间对应关系。

2. 矿床预测模型及其特点

在综述上述预测要素基础上，采用 GIS 技术从各课题组底图中获取要素信息，并以点、线、面形式进行表达。据此，共提取了侵入岩体、断裂构造、已知矿床（点）、重力、航磁等物探异常信息。建立了海南省乐东县尖峰地区莲花山式斑岩型钨矿预测工作区区域预测模型（图 4-4-8）。

该矿床预测模型综合了地质、地球物理和地球化学剖面特征。表明印支期花岗斑岩与低序次、低级别断裂，以及水系沉积物中 W 元素异常与自然重砂分析中的钨、钼、铅矿物异常叠合出现的地方，则是钨矿勘探的有利靶区。

五、矽卡岩-云英岩型钨锡矿床

（一）典型矿床预测模型

1. 成矿地质特征

儋州市兰洋钨锡矿矿点产于海西期—印支期儋县岩体与石炭系青天峡组内、外接触带中，矿区范围内主要出露海西期—印支期花岗岩与石炭系青天峡组地层，以及矿区南部二叠系峨查组地层。

（1）赋矿岩石

白钨矿赋存于矽卡岩、角岩捕虏体及（矽卡岩化）角岩中，前两者多为整体矿化。

（2）控矿构造

矿体的展布受接触带控制，产于接触面外侧围岩——钙硅角岩中的矽卡岩型和角岩型白钨矿体，呈透镜状、薄层状顺层产出，矿体与围岩同步褶皱；产于内接触带的角岩捕虏体型矿体，形状不规则，矿体两侧黑云母花岗岩也同时产生钨矿化。

（3）接触带特征

接触带近东西向延伸，长 4～5km，波状弯曲或为锯齿状，以向外倾向南为主，倾角一般为 42°～63°。其中段约 1 公里长的接触线内弯部位有后期断裂叠加，岩枝岩脉发育；接触界面两侧为内带和外带，外带主要有矽卡岩化带和其外的数百米至千余米的角岩带。

（4）蚀变特征

接触线外带（0～70m）矽卡岩化，内带（0～40m）绢云母化、绿泥石化、云英岩化等。

（5）矿体地质特征

19 个矿体，一般长 20～60m，最长 90m；宽多为 2.5～7m，最大宽 17m；厚 1～9m，平均 3m。矿体呈透镜状、似层状，走向 NWW—NW（280°～310°），倾向以 SW 为主，部分倾向 NE，倾角中等至陡（32°～70°）。矿石矿物主要有白钨矿，局部见少量黄铁矿等；脉石矿物主要有石榴子石、透辉石、符山石、石英、金云母、绿帘石、硅灰石等。钨以氧化物（WO_3）形式形成独立矿物，白钨矿呈细粒浸染散布于角岩、矽卡岩、角岩捕虏体、云英岩、残积碎屑岩中。

（6）地球物理特征

1∶25 万区域重力图上，位于兰洋重力低中，剩余重力异常、重力垂向二阶导数处理，处于与花岗岩体有关的局部重力负异常中。1∶25 万航磁异常平面图上，位于航磁正负异常过渡带，经低纬度化极垂向一阶导数处理处于负背景磁场中；1∶5 万航磁异常反映不明显。

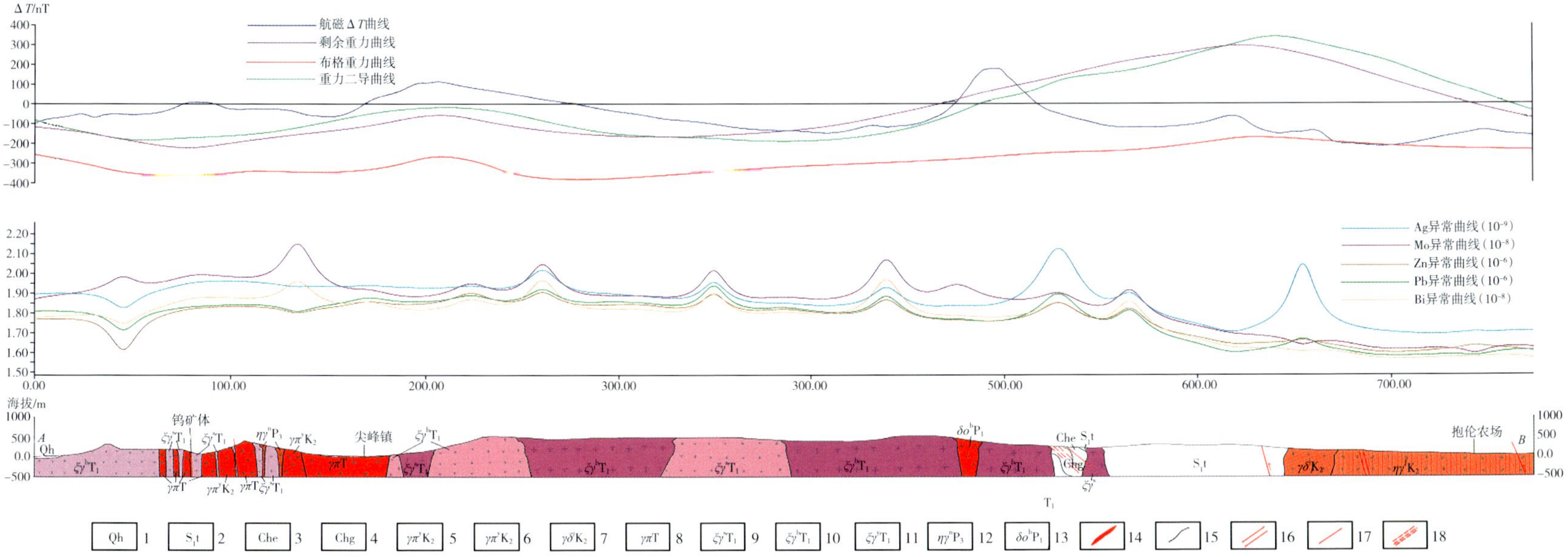

图 4-4-8　海南省乐东县尖峰地区莲花山式斑岩型钨矿预测工作区区域预测模型图（物探+化探+地质综合剖面）

（钨矿体所示为尖峰红门岭钨（钼）矿床）

1—全新统（未分）：冲洪积：砂砾、含砾砂、粉砂、亚黏土等；2—陀烈组：变质石英细砂岩、粉砂岩、绢云母石英粉砂岩、绢云母板岩、千枚岩、结晶灰岩；3—峨文岭组：云母石英片、石英云母片岩为主，夹数层长石石英岩恶业石墨矿层；4—戈枕村组：黑云斜长片麻岩、黑云石英片麻岩、黑云钾长片麻岩、含石榴石黑云二长片麻岩、混合岩化片麻岩、混合岩化黑云二长片麻岩、眼球状混合岩、眼球状斜长混合岩、眼球状黑云斜长混合岩；5—晚白垩世花岗斑岩；6—细中粒斑状（少斑）角闪黑云二长花岗岩；7　中细粒角闪黑云花岗闪长岩；8—三叠纪花岗斑岩；9—细粒黑云母正长花岗岩；10—细粒含斑-斑状黑云母正长花岗岩；11—中粗粒斑状黑云母正长花岗岩；12—细中粒斑状黑云母二长花岗岩；13—细粒-中细粒石英闪长岩-闪长岩；14—钨矿体；15—地质界线；16—物探推测断层；17—实测断层；18—韧性剪切带与花岗岩体有关的剩余重力负异常、重力垂向二阶导数负异常是该类型矿床的成矿有利部位。

（7）地球化学特征

矿区具明显 W 元素异常，异常的形态规则，成椭圆形，东西长 190m，宽 80m，峰值 500×10^{-6}，异常下限为 100×10^{-6}。Zn 的背景值最高，其次是 W、B、Pb、Cu、Sn，元素标准离差由高到低依次为 B-Pb-Cu-W-Zn-Sn。典型矿床研究区内的水系沉积物钨元素异常明显。

2. 成矿作用

石炭系浅海相地层沉积阶段，形成钙质、硅泥质、粉砂质青天峡组。海西期-印支期花岗岩侵入，与石炭系青天峡组（类复理石建造夹碳酸盐岩建造）发生接触交代作用，在接触带内、外产生矽卡岩、角岩、角岩捕虏体、云英岩等白钨矿化。

3. 预测要素

通过儋州市兰洋钨锡矿典型矿床成矿地质背景、成矿地质特征和成矿作用进行分析，综合各类找矿指示因素，提取了典型矿床的预测要素（表 4-4-13）。主要预测要素如下：

1）大地构造位置：琼西结合带北东缘，东西向王五-文教深断裂带以南、昌江-琼海断裂带北侧；

2）沉积建造岩石类型：钙质、硅泥质、粉砂质浅变质沉积岩；

3）接触带及其蚀变特征：近东西向延伸，长 4~5km，波状弯曲或为锯齿状，以向外倾向南为主，倾角一般为 42°~63°。其中段约 1km 长的接触线内弯部位有后期断裂叠加，岩枝岩脉发育；接触界面两侧为内带和外带，外带主要有矽卡岩化带和其外的数百米至千余米的角岩带。接触线外带（0~70m）矽卡岩化，内带（0~40m）绢云母化、绿泥石化、云英岩化等；

4）矿床特征：矿石矿物主要有白钨矿，局部见少量黄铁矿等；脉石矿物主要有石榴子石、透辉石、符山石、石英、金云母、绿帘石、硅灰石等。蚀变矿物主要为石榴子石、透辉石，其次有符山石、硅灰石、绿帘石、透闪石、金云母等；

5）控矿条件：海西期—印支期侵入的儋县岩体导致围岩热变质；石炭系青天峡组岩石变质为矽卡岩、石英角岩类等；

6）地球物理特征：重力、航磁、电性和重砂特征；

7）地球化学特征：矿区具明显 W 元素异常，异常的形态规则，成椭圆形，东西长 190m，宽 80m，峰值 500×10^{-6}，异常下限为 100×10^{-6}。Zn 的背景值最高，其次是 W、B、Pb、Cu、Sn，元素标准离差由高到低依次为 B-Pb-Cu-W-Zn-Sn 。典型矿床研究区内的水系沉积物钨元素异常明显。

表 4-4-13　海南省儋州市兰洋钨矿区典型矿床预测要素一览表

<table>
<tr><td colspan="3">预测要素</td><td colspan="4">描述内容</td><td rowspan="3">预测要素分类</td></tr>
<tr><td colspan="3">储量</td><td>WO_3约 811.1t（表内、表外 D 级），伴生铜约 97.6t</td><td>平均品位/%</td><td colspan="2">0.291（卡岩）；0.222（角岩）；0.850（角岩捕虏体）；0.154（花岗岩）；0.085（花岗岩表外）；0.992（残积）</td></tr>
<tr><td colspan="3">特征描述</td><td colspan="4">兰洋矽卡岩-云英岩型钨矿床</td></tr>
<tr><td rowspan="3"></td><td rowspan="3">区域构造</td><td>大地构造单元</td><td colspan="4">武夷-云开-台湾造山系（Ⅰ级）五指山岩浆弧（Ⅱ级）五指山褶冲带（Ⅲ级）琼西结合带（Ⅳ级）</td><td>重要</td></tr>
<tr><td>大地构造位置</td><td colspan="4">琼西结合带北东缘，东西向王五-文教深断裂带以南、昌江-琼海断裂带北侧</td><td>必要</td></tr>
<tr><td>成矿区带</td><td colspan="4">位于那大锡（钨）、铌钽、铅、锌、金矿田（Ⅲ-90-Ⅳ-52-Ⅴ-1）</td><td>重要</td></tr>
</table>

续表

<table>
<tr><td colspan="3">预测要素</td><td colspan="3">描述内容</td><td rowspan="3">预测要素分类</td></tr>
<tr><td colspan="3">储量</td><td>WO_3约811.[illegible]t（表内、表外D级），伴生铜约97.6t</td><td>平均品位/%</td><td>0.291（卡岩）；0.222（角岩）；0.850（角岩捕房体）；0.154（花岗岩）；0.085（花岗岩表外）；0.992（残积）</td></tr>
<tr><td colspan="3">特征描述</td><td colspan="3">兰洋矽卡岩-云英岩型钨矿床</td></tr>
<tr><td rowspan="19"></td><td rowspan="8">沉积建造/沉积作用</td><td>岩石地层单位</td><td colspan="3">石炭系青天峡组</td><td>重要</td></tr>
<tr><td>地层时代</td><td colspan="3">石炭纪</td><td>重要</td></tr>
<tr><td>岩石类型</td><td colspan="3">钙质、硅泥质、粉砂质浅变质沉积岩</td><td>必要</td></tr>
<tr><td>岩性特征</td><td colspan="3">薄层状、条带状，多层</td><td>重要</td></tr>
<tr><td>岩石组合</td><td colspan="3">石英角岩、二透石石英角岩、黑云母石英角岩和大理岩等</td><td>重要</td></tr>
<tr><td>岩石结构</td><td colspan="3">角岩结构、鳞片花岗变晶结构、微粒变晶结构等</td><td>重要</td></tr>
<tr><td>沉积建造类型</td><td colspan="3">浅海相类复理石建造夹碳酸盐岩建造</td><td>重要</td></tr>
<tr><td>蚀变特征</td><td colspan="3">接触线外带（0~70m）矽卡岩化，内带（0~40m）绢云母化、绿泥石化、云英岩化等</td><td>必要</td></tr>
<tr><td rowspan="11">岩浆建造/岩浆作用</td><td>岩石名称</td><td colspan="3">黑云母二长花岗岩</td><td>必要</td></tr>
<tr><td>侵入岩时代</td><td colspan="3">海西期—印支期</td><td>重要</td></tr>
<tr><td>接触带特征</td><td colspan="3">近东西向延伸，长4~5km，波状弯曲或为锯齿状，以向外倾向南为主，倾角一般为42°~63°。其中段约1km长的接触线内弯部位有后期断裂叠加，岩枝岩脉发育；接触界面两侧为内带和外带，外带主要有矽卡岩化带和其外的数百米至千余米的角岩带</td><td>必要</td></tr>
<tr><td>岩石组合</td><td colspan="3">中细粒黑云母花岗岩、细粒花岗岩、脉岩（石英斑岩脉，闪长岩脉等）</td><td>必要</td></tr>
<tr><td>岩体形态</td><td colspan="3">整体呈岩株状，接触带处成岩枝状插入围岩</td><td>重要</td></tr>
<tr><td>岩石结构</td><td colspan="3">中细粒似斑状结构</td><td>重要</td></tr>
<tr><td>岩石构造</td><td colspan="3">块状构造</td><td>重要</td></tr>
<tr><td>侵位构造</td><td colspan="3">儋县岩体侵位于由石炭系地层组成的背斜轴部</td><td>重要</td></tr>
<tr><td>侵入接触构造</td><td colspan="3">接触面呈波状弯曲或锯齿状</td><td>必要</td></tr>
<tr><td>岩浆作用影响范围</td><td colspan="3">海南岛西北部以儋县为中心的数百至数千里平方公里范围</td><td>重要</td></tr>
<tr><td rowspan="2">矿床特征</td><td rowspan="2">成矿构造</td><td>断裂构造</td><td colspan="3">F3倾向320°~325°，倾角65°；F8断层靠接触带外侧，倾向5°~20°，倾角70°~80°；F9与F8平行分布，位于F8以南</td><td>重要</td></tr>
<tr><td>侵入围岩构造</td><td colspan="3">牵引小褶皱，不整合面</td><td>重要</td></tr>
<tr><td rowspan="5">矿床特征</td><td rowspan="5">成矿特征</td><td>矿体形态</td><td colspan="3">透镜状、似层状</td><td>重要</td></tr>
<tr><td>矿体产状</td><td colspan="3">走向NWW—NW（280°~310°），倾向SW为主，部分倾向NE，倾角中等至陡（32°~70°）</td><td>重要</td></tr>
<tr><td>矿体规模</td><td colspan="3">19个矿体，一般长20~60m，最长90m；宽多为2.5~7m，最大宽17m；厚1~9m，平均3m左右</td><td>重要</td></tr>
<tr><td>矿体顶底板岩石</td><td colspan="3">主要为石英角岩、黑云母石英角岩、透辉石石英角岩、二透石石英角岩等</td><td>重要</td></tr>
<tr><td>矿带形态</td><td colspan="3">近东西向串珠状</td><td>重要</td></tr>
</table>

续表

<table>
<tr><td colspan="3">预测要素</td><td colspan="3">描述内容</td><td rowspan="3">预测要素分类</td></tr>
<tr><td colspan="3">储量</td><td>WO_3约 811.1t（表内、表外D级），伴生铜约 97.6t</td><td>平均品位/%</td><td>0.291（卡岩）；0.222（角岩）；0.850（角岩捕房体）；0.154（花岗岩）；0.085（花岗岩表外）；0.992（残积）</td></tr>
<tr><td colspan="3">特征描述</td><td colspan="3">兰洋矽卡岩-云英岩型钨矿床</td></tr>
<tr><td rowspan="8">矿床特征</td><td rowspan="6">成矿特征</td><td>矿石矿物成分</td><td colspan="3">矿石矿物主要有白钨矿，局部见少量黄铁矿等；脉石矿物主要有石榴子石、透辉石、符山石、石英、金云母、绿帘石、硅灰石等</td><td>必要</td></tr>
<tr><td>矿床共生组分</td><td colspan="3">W</td><td>重要</td></tr>
<tr><td>矿床伴生组分</td><td colspan="3">Cu、Pb、Zn、Sn</td><td>重要</td></tr>
<tr><td>蚀变矿物组合</td><td colspan="3">主要为石榴子石、透辉石，其次有符山石、硅灰石、绿帘石、透闪石、金云母等</td><td>必要</td></tr>
<tr><td>矿床有益组分</td><td colspan="3">W、Cu</td><td>重要</td></tr>
<tr><td>组分赋存状态</td><td colspan="3">钨以氧化物（WO_3）形式形成独立矿物，白钨矿呈细粒浸染散布于角岩、矽卡岩、角岩捕虏体、云英岩、残积碎屑岩中</td><td>重要</td></tr>
<tr><td colspan="2" rowspan="2">控矿条件</td><td colspan="3">岩浆岩：海西期—印支期侵入的儋县岩体导致围岩热变质</td><td rowspan="2">重要</td></tr>
<tr><td colspan="3">地层：石炭系青天峡组岩石变质为矽卡岩、石英角岩等</td></tr>
<tr><td rowspan="4">物化遥特征</td><td rowspan="2">地球物理标志</td><td>区域地球物理场特征</td><td colspan="3">1∶25 万区域重力图上，位于兰洋重力低中，剩余重力异常、重力垂向二阶导数处理，处于与花岗岩体有关的局部重力负异常中。1∶25 万航磁异常平面图上，位于航磁正负异常过渡带，经低纬度化极垂向一阶导数处理处于负背景磁场中；1∶5 万航磁异常反映不明显</td><td>重要</td></tr>
<tr><td>物探找矿标志</td><td colspan="3">与花岗岩体有关的剩余重力负异常、重力垂向二阶导数负异常是该类型矿床的成矿有利部位</td><td>重要</td></tr>
<tr><td colspan="2">矿床的遥感特征</td><td colspan="3">大多数异常与已知矿点吻合程度不高</td><td>次要</td></tr>
<tr><td colspan="2">水系沉积物</td><td colspan="3">Cu 和 Mo 共生元素异常，有 As、Sb、Hg、Ag、Au、Cu、Pb、Zn、Bi、Mo 等元素一至三级异常</td><td>重要</td></tr>
</table>

4. 矿床预测模型

在综述预测要素基础上，采用 GIS 技术从各课题组底图中获取要素信息，并以点、线、面形式进行表达。据此，共提取了侵入岩体、地层、沉积建造、接触带、矿体、水系沉积物异常等信息，建立了海南省儋州市兰洋钨矿区典型矿床预测模型（表 4-4-14，图 4-4-9）。

表 4-4-14　海南省兰洋预测工作区新田岭式矽卡岩-云英岩钨矿典型矿床模型表

<table>
<tr><td>名称</td><td colspan="6">儋州兰洋钨锡矿典型矿床</td></tr>
<tr><td rowspan="2">概况</td><td>东经</td><td>109°36′05″—109°41′13″</td><td>北纬</td><td>19°24′26″—19°27′14″</td><td>地理位置</td><td>海南省儋州市兰洋镇附近</td></tr>
<tr><td>主矿种</td><td>钨</td><td>储量/规模</td><td>矿点规模 WO_3 811.1t</td><td>品位 WO_3/%</td><td>0.085~0.992</td></tr>
</table>

名称		儋州兰洋钨锡矿典型矿床
成矿地质构造环境		南坤园-兰洋复式同斜南西西段北北西翼边缘与海西期—印支期混合花岗岩体（儋县岩体）的接触带，属昌江弧状构造岩浆带
主要控矿因素		岩浆岩条件：海西期—印支期侵入的儋县岩体与围岩发生接触交代变质作用 地层条件：石炭系青天峡组含钙、硅泥质细碎屑岩，接触变质形成大面积钙硅角岩
矿床的三度空间分布特征	产状	走向 NWW—NW（280°~310°），倾向 SW 为主，部分倾向 NE，倾角中等至陡（32°~70°）
	形态	均呈透镜状或似层状，沿东西向接触带断续分布长达 750~800m，形成串珠状矿带
	分带	矽卡岩型和角岩型白钨矿体分布在观音岩地段，沿近东西向的花岗岩与石炭系钙硅角岩的外接触带展布；角岩捕虏体型白钨矿体分布在上居桢地段，沿近南北向内接触带展布
	埋深	Ⅷ号矿体埋深 36m；Ⅸ号矿体埋深 152m；其余矿体出露于地表
矿床的物质组成	矿石类型	矽卡岩、角岩、角岩捕虏体、云英岩、残积型白钨矿石
	矿物组合	矿石矿物主要有白钨矿，局部见少量黄铁矿等；脉石矿物主要有石榴子石、透辉石、符山石、石英、金云母、绿帘石、硅灰石等
	结构构造	白钨矿自形程度差，以他形粒状结构为主；在矽卡岩中呈细脉浸染状构造
	围岩蚀变	矽卡岩化、角岩化、绢云母化、绿泥石化、云英岩化等
	主元素 含量	矿区钨矿石平均品位：0.085%~0.992%
	伴生元素含量	伴生 Cu：0.034%
成矿期次		角岩化期和矽卡岩晚期两个矿化期
矿床的地球物理特征及标志		1∶25 万区域重力图上，位于兰洋重力低中，剩余重力异常、重力垂向二阶导数处理，处于与花岗岩体有关的局部重力负异常中。1∶25 万航磁异常平面图上，位于航磁正负异常过渡带，经低纬度化极垂向一阶导数处理处于负背景磁场中；1∶5 万航磁异常反映不明显。与花岗岩体有关的剩余重力负异常、重力垂向二阶导数负异常是该类型矿床的成矿有利部位
矿床的遥感特征及标志		大多数异常与已知矿点吻合程度不高
矿床的地球化学特征及标志		水系沉积物没有 W 和 Sn 元素测试数据，Cu 和 Mo 共生元素异常，有 As、Sb、Hg、Ag、Au、Cu、Pb、Zn、Bi、Mo 等元素一至三级异常
成矿时代		主要是印支期
矿床成因		成矿作用归属：矽卡岩-云英岩型 成矿过程与演化分析：海西期—印支期黑云母二长花岗岩与石炭系含钙、硅泥质细碎屑岩广泛接触，产生热接触变质作用，形成大面积钙硅角岩，使原岩中 WO_3 产生活化和聚集，在角岩化晚期晶出白钨矿。尔后，气化热水含矿溶液沿接触带构造有利部位运移集中，在外侧钙硅角岩中进行选择性顺层交代形成小矽卡岩体，接着矿化进入矽卡岩晚期氧化物阶段，先生成阳起石、绿帘石、金云母等含水硅酸盐矿物，尔后析出白钨矿。最后，残余高温含矿热液沿黑云母二长花岗岩裂隙进行充填交代，形成云英岩脉型白钨矿

（二）预测工作区预测模型

通过对海南省兰洋预测工作区新田岭式矽卡岩-云英岩型钨矿床时空分布规律、成矿地质背景和成矿规律的分析研究，总结各类找矿标志，提取了预测工作区预测要素（表 4-4-15），并对工作区钨矿床的成矿过程进行了分析，总结了成矿模式。

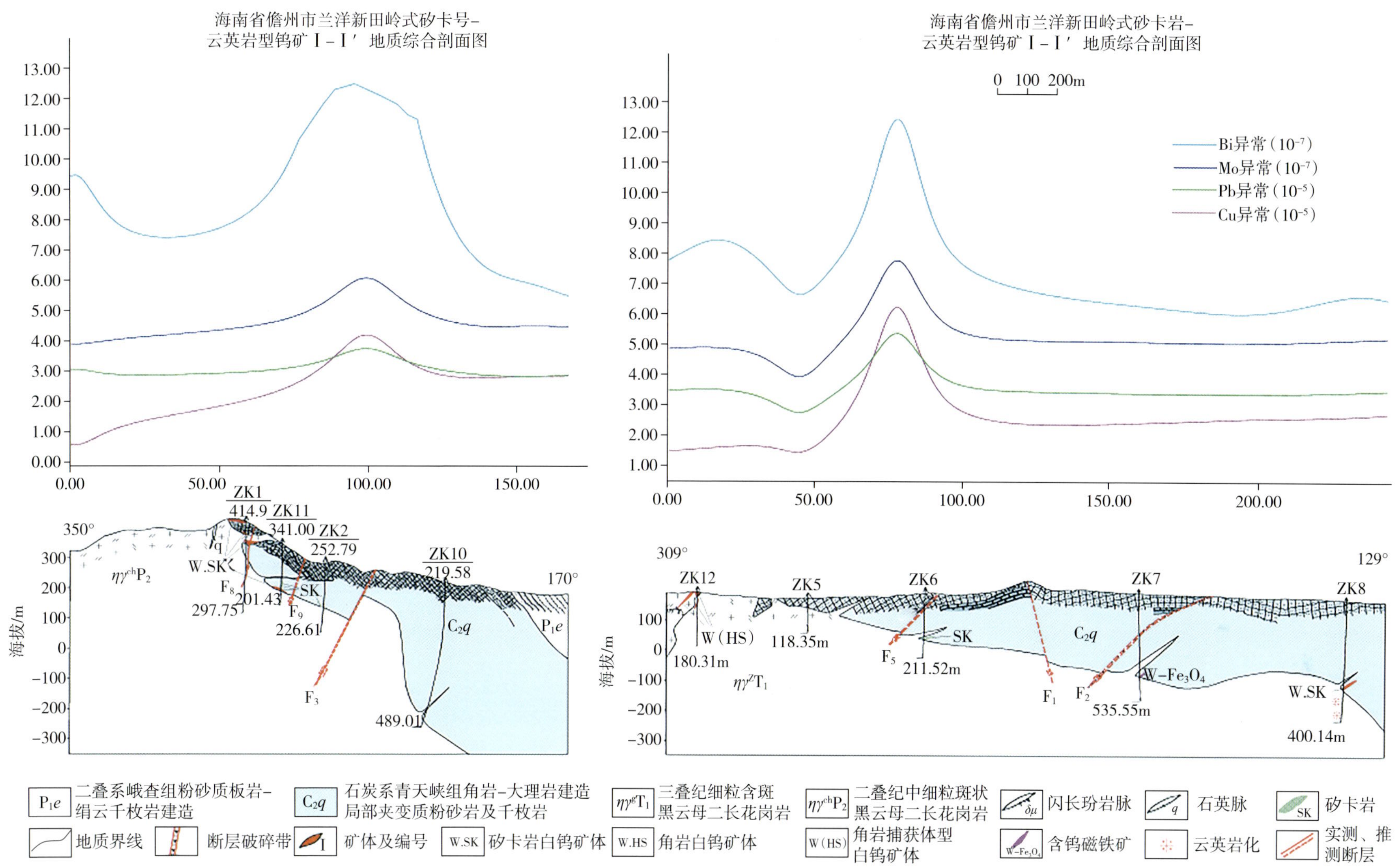

图 4-4-9　海南省儋州市兰洋钨矿区典型矿床预测模型图

表 4-4-15 海南省儋州市兰洋地区新田岭式矽卡岩-云英岩型钨矿预测工作区区域预测要素一览表

预测要素			描述内容			预测要素分类
储量			WO_3约 811.1t（表内、表外 D 级），伴生铜约 97.6t	平均品位/%	0.291（矽卡岩）；0.222（角岩）；0.850（角岩捕房体）；0.154（花岗岩）；0.085（花岗岩表外）；0.992（残积）	
特征描述			兰洋矽卡岩-云英岩型钨矿床			
	区域构造	大地构造单元	武夷-云开-台湾造山系（Ⅰ级）五指山岩浆弧（Ⅱ级）五指山褶冲带（Ⅲ级）琼西结合带（Ⅳ级）			重要
		大地构造位置	琼西结合带北东缘，东西向王五-文教深断裂带以南、昌江-琼海断裂带北侧			必要
	沉积建造/沉积作用	岩石地层单位	石炭系青天峡组			重要
		地层时代	石炭纪			重要
		岩石类型	钙质、硅泥质、粉砂质浅变质沉积岩			必要
		岩性特征	薄层状、条带状，多层			重要
		岩石组合	石英角岩、二透石石英角岩、黑云母石英角岩和大理岩等			重要
		岩石结构	角岩结构、鳞片花岗变晶结构、微粒变晶结构等			重要
		沉积建造类型	浅海相类复理石建造夹碳酸盐岩建造			重要
		蚀变特征	接触线外带矽卡岩化，内带绢云母化、绿泥石化、云英岩化等			必要
	岩浆建造/岩浆作用	岩石名称	黑云母二长花岗岩			必要
		侵入岩时代	海西期—印支期			重要
		接触带特征	波状弯曲或为锯齿状，以向外倾向南为主，部分接触线内弯部位有后期断裂叠加，岩枝岩脉发育；接触界面外带主要有矽卡岩化带和其外的数百米至千余米的角岩带			必要
		岩石组合	中细粒黑云母花岗岩、细粒花岗岩、脉岩（石英斑岩脉，闪长岩脉等）			必要
		岩体形态	整体呈岩株状，接触带处成岩枝状插入围岩			重要
		岩石结构	中细粒似斑状结构			重要
		岩石构造	块状构造			重要
		侵位构造	儋县岩体侵位于由石炭系地层组成的背斜轴部			重要
		侵入接触构造	接触面呈波状弯曲或锯齿状			必要
		岩浆作用影响范围	海南岛西北部以儋县为中心的数百至数千平方千米范围			重要
矿床特征	成矿构造	断裂构造	F3 倾向 320°~325°，倾角 65°；F8 断层靠接触带外侧，倾向 5°~20°，倾角 70°~80°；F9 与 F8 平行分布，位于 F8 以南			重要
		侵入围岩构造	牵引小褶皱，不整合面			重要
	成矿特征	矿体形态	透镜状、似层状			重要
		矿体顶底板岩石	主要为石英角岩、黑云母石英角岩、透辉石石英角岩、二透石石英角岩等			重要
		矿带形态	近东西向串珠状			重要
		矿石矿物成分	矿石矿物主要有白钨矿，局部见少量黄铁矿等；脉石矿物主要有石榴子石、透辉石、符山石、石英、金云母、绿帘石、硅灰石等			必要

续表

<table>
<tr><td colspan="3">预测要素</td><td colspan="3">描述内容</td><td rowspan="3">预测要素分类</td></tr>
<tr><td colspan="3">储量</td><td>WO_3约811.1t（表内、表外D级），伴生铜约97.6t</td><td>平均品位/%</td><td>0.291（矽卡岩）；0.222（角岩）；0.850（角岩捕房体）；0.154（花岗岩）；0.085（花岗岩表外）；0.992（残积）</td></tr>
<tr><td colspan="3">特征描述</td><td colspan="3">兰洋矽卡岩-云英岩型钨矿床</td></tr>
<tr><td rowspan="6">矿床特征</td><td rowspan="5">成矿特征</td><td>矿床共生组分</td><td colspan="3">W</td><td>重要</td></tr>
<tr><td>矿床伴生组分</td><td colspan="3">Cu、Pb、Zn、Sn</td><td>重要</td></tr>
<tr><td>蚀变矿物组合</td><td colspan="3">主要为石榴子石、透辉石，其次有符山石、硅灰石、绿帘石、透闪石、金云母等</td><td>必要</td></tr>
<tr><td>矿床有益组分</td><td colspan="3">W、Cu</td><td>重要</td></tr>
<tr><td>组分赋存状态</td><td colspan="3">钨以氧化物（WO_3）形式形成独立矿物，白钨矿呈细粒浸染散布于角岩、矽卡岩、角岩捕房体、云英岩、残积碎屑岩中</td><td>必要</td></tr>
<tr><td colspan="2">控矿条件</td><td colspan="3">岩浆岩：海西期—印支期侵入的儋县岩体导致围岩区域热变质
地层：石炭系青天峡组钙质、硅泥质、粉砂质岩石变质为矽卡岩、石英角岩等</td><td>重要</td></tr>
<tr><td rowspan="4">物化遥特征</td><td rowspan="2">地球物理标志</td><td>区域地球物理场特征</td><td colspan="3">1∶25万区域重力图上，位于兰洋重力低中，剩余重力异常、重力垂向二阶导数处理，处于与花岗岩体有关的局部重力负异常中。1∶25万航磁异常平面图上，位于航磁正负异常过渡带，经低纬度化极垂向一阶导数处理处于负背景磁场中；1∶5万航磁异常反映不明显</td><td>重要</td></tr>
<tr><td>物探找矿标志</td><td colspan="3">与花岗岩体有关的剩余重力负异常、重力垂向二阶导数负异常是该类型矿床的成矿有利部位</td><td>重要</td></tr>
<tr><td colspan="2">矿床的遥感特征</td><td colspan="3">大多数异常与已知矿点吻合程度不高</td><td>次要</td></tr>
<tr><td colspan="2">水系沉积物</td><td colspan="3">没有W和Sn元素测试数据，Cu和Mo共生元素异常，有As、Sb、Hg、Ag、Au、Cu、Pb、Zn、Bi、Mo等元素一至三级异常</td><td>重要</td></tr>
</table>

1. 预测要素

海南省兰洋预测工作区新田岭式矽卡岩-云英岩型钨矿预测工作区主要预测要素如下：

1）大地构造位置：武夷-云开-台湾造山系五指山岩浆弧五指山褶冲带内琼西结合带与五指山岩浆弧结合部位的东北端；

2）侵入岩：海西期—印支期混合花岗岩（儋县岩体），岩性主要为黑云母二长花岗岩、花岗闪长岩、二长花岗岩等；

3）沉积建造/沉积作用：浅海相类复理石建造夹碳酸盐岩建造及碎屑岩建造，岩性主要为钙质、硅泥质、粉砂质沉积岩；

4）主要成矿要素：矿石矿物主要有白钨矿，局部见少量黄铁矿等；脉石矿物主要有石榴子石、透辉石、符山石、石英、金云母、绿帘石、硅灰石等；岩浆作用：海西期—印支期侵入的儋县岩体导致围岩矽卡岩化、角岩化、云英岩化，从而成矿；接触线外带矽卡岩化、角岩化，内带绢云母化、绿泥石化、云英岩化、钨矿化等。矿体赋存于接触面、岩枝两侧、北北东向和北北西向断层旁侧围岩、褶皱轴部等；

5）主要控矿构造：轴向北东的南坤园-兰洋复式向斜南西段北北西翼边缘与海西期—印支期花岗岩（儋县岩体）接触带上，以及那大-兰洋次一级背斜构造近轴部的北东东向至东西向的压性或压扭性为主的裂隙。

6）成矿时代主要为印支期；成矿环境为海西-印支期花岗质岩浆侵入到沉积地层后的接触带或附近围岩；

7）化探异常：中部有明显的W水系沉积物异常，异常不规则状，而区内东南部Ag水系沉积物异常较明显；

8）地球物理标志：位于布格重力低中，处于与花岗岩体有关的剩余重力异常、重力垂向二阶导数正异常中。位于区域航磁正负异常的过渡带，1∶5万航磁异常反映不明显。古生界的二叠系—石炭系、志留系密度为2.73~2.79g/cm^3，长城系抱板群密度均为2.76g/cm^3；花岗岩、二长花岗岩密度为2.58 g/cm^3。与花岗岩相关的剩余重力正异常，或垂向二次导数正异常是该类型钨矿的成矿有利部位。

2. 矿床预测模型

在综述上述预测要素基础上，采用GIS技术从各课题组底图中获取要素信息，并以点、线、面形式进行表达。据此，共提取了侵入岩体、沉积地层/沉积建造、已知矿体、重力、磁测、水系沉积物异常等化探异常信息，建立了海南省兰洋地区新田岭式矽卡岩-云英岩型钨矿预测工作区区域预测模型（图4-4-10）。

该矿床预测模型综合了地质、地球物理和地球化学剖面特征，表明海西期—印支期花岗岩与上石炭统青天峡组（矽卡岩化）角岩地层，以及水系沉积物中元素综合异常出现的地方，则是钨矿勘探的有利靶区。

六、离子吸附型稀土矿

（一）典型矿床预测模型

1. 成矿地质特征

坝王岭稀土矿区岩浆岩发育，主要为三叠纪的正长花岗岩和二长花岗岩，以及后期的花岗斑岩脉、花岗岩脉、基性岩脉、煌斑岩脉等。地层较为简单，仅为下白垩统鹿母湾组。矿区主要发育三组断裂构造，分别为近南北向断裂、北西向断裂和东西向断裂。稀土矿体产于三叠纪正长花岗岩的风化壳中。

（1）成矿母岩

坝王岭离子吸附型稀土矿的含矿母岩为三叠纪正长花岗岩，岩性为中粗粒角闪黑云母正长花岗岩，以中粗粒结构为主，局部为粗粒结构。岩石中包体比较丰富，包体岩性有闪长岩、石英闪长岩、石英二长岩、中细粒花岗岩及砂泥岩等，形状有椭圆状、浑圆状、棱角状、不规则状等。

（2）风化壳分布特征

风化壳基本呈面状分布，且厚度随地形的变化而发生改变，在坡度较缓的山坡上风化壳厚度较大，在较陡的山脊上风化壳厚度较薄。在南七河、东二林场、东四林场一带，风化壳甚为发育，南七河处最厚的风化壳厚度超过15m，在东二林场和东四林场一带厚度一般为7~14m。风化壳在垂向上大致可分为地表腐植土层和残坡积层、全风化层、半风化层，各分层界线不明显，呈渐变过渡关系。

（3）矿体地质特征

矿区内共圈定3个稀土矿体，分别为东二矿体、东四矿体和南七河矿体。东二稀土矿体略呈圆形，半径长500m，地表面积约0.96km^2，浅井控制的稀土矿体厚度大于3m，未揭露到矿层底板，最高REO品位0.137%，平均0.07%，浸出率为76.2%；东四稀土矿体南北向长约950m，东西宽约450m的长方形矿体，面积约0.38km^2，矿体上段（3.20m以上）的REO品位低于0.044%，而下段（3.20m至9.20m）品位较富，最高达0.274%，平均0.132%，厚度为6~10m，浸出率为59.1%；南七河稀土矿体大致呈一椭圆形，长轴1350m，短轴750m，面积约1.14km^2，该矿体稀土品位较富，变化也不大，地表覆盖层1.60m以下即为矿体，REO品位最低0.106%，最高0.187%，

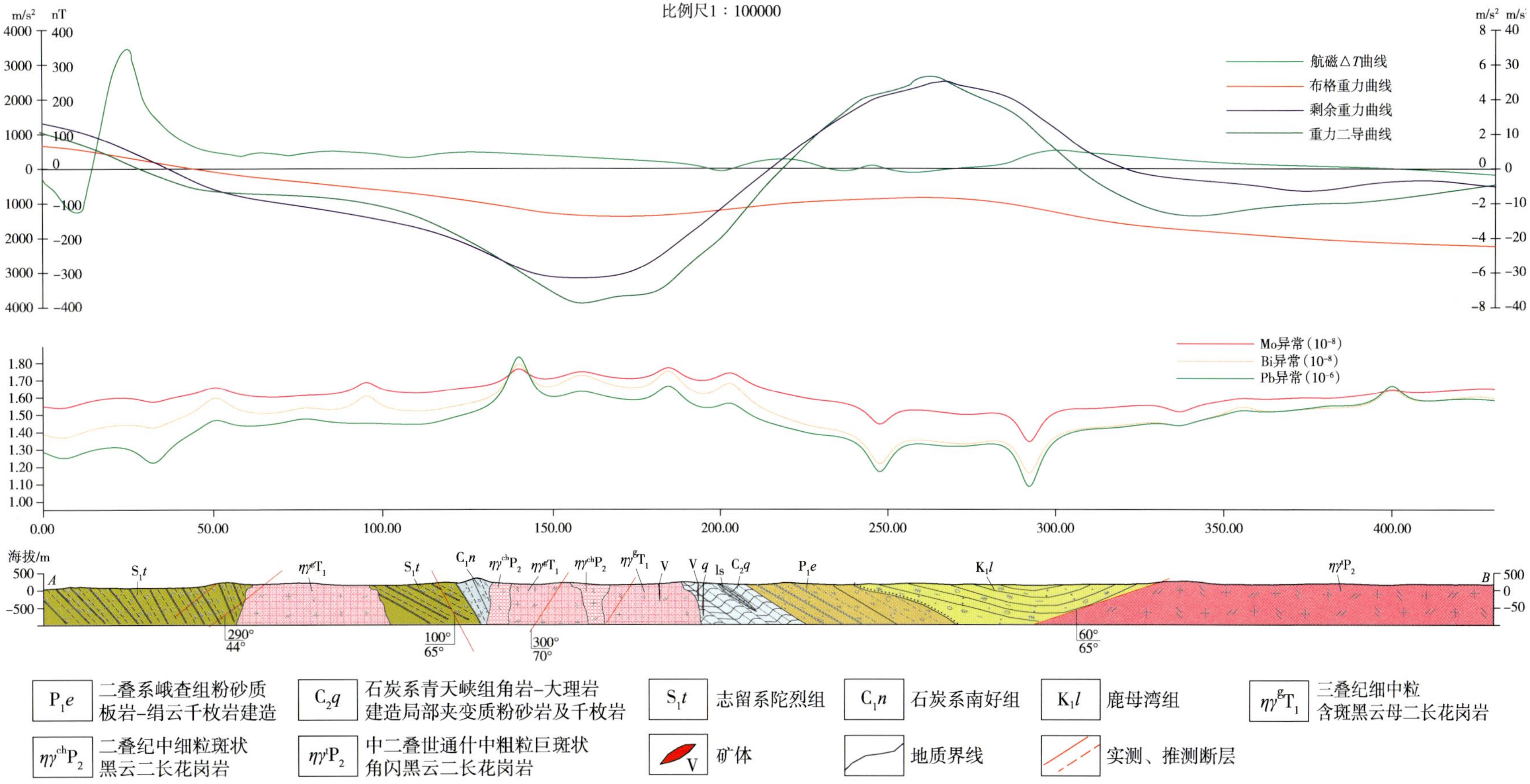

图 4-4-10　海南省儋州市兰洋地区新田岭式矽卡岩-云英岩型钨矿预测工作区区域预测模型图

平均 0.133%，矿体厚度为 9.0m，浸出率为 59.5%。

（4）矿体赋存状态

坝王岭稀土矿主要以离子相形式被钾长石、黑云母等矿物风化后形成的高岭土等黏土矿物吸附，并赋存于中粗粒角闪石黑云母正长花岗岩形成的全风化壳中下部和半风化壳中上部。

2. 成矿作用

（1）岩石地球化学特征

三叠纪正长花岗岩的 SiO_2 含量在 66.78%~74.47%之间，属酸性岩类，碱质含量较高，K_2O+Na_2O 含量 7.72%~10.35%，σ 值为在 1.85~4.5 之间，绝大部分 σ 值落在 2~2.6 之间，属钙碱性系列，A/CNK 为 0.9~1.07，整体属偏铝质花岗岩，*DI* 值高达 81.4~90.2。

成矿母岩三叠纪正长花岗岩的稀土总量在 300×10^{-6} 以上，最高可达 1259.80×10^{-6}，且正长花岗岩风化土的稀土总量均大于新鲜的花岗岩稀土总量，新鲜岩石稀土总量为 331.5×10^{-6}~445.0×10^{-6}，而其风化壳层的稀土总量 833.2×10^{-6}~1259.8×10^{-6}，为新鲜岩石的 2.6 倍。

（2）成矿时代

矿体的形成主要是由三叠纪正长花岗岩发生风化、淋漓等物理化学作用，稀土元素在物理作用、化学作用的共同协作下从母岩中溶出，最终迁移、富集成矿，成矿时代为第四纪。

（3）气候

海南岛地处热带—亚热带，气候温暖、雨量充沛、植被茂盛、微生物极其活跃，该气候条件下有利于花岗岩风化壳及离子吸附型稀土矿的形成。

（4）地形地貌

坝王岭稀土所处地貌类型为剥蚀山地之构造侵蚀中山区，标高 1000m 以上，山脉走向与区域构造线基本一致，岩石剥蚀较强，切割强烈，但覆盖层不厚，水系发育成树枝状，山谷呈“V”字形。坡度一般小于 30°的硅铝黏土型残积物地形为第四纪残积型稀土矿矿层分布区。

稀土矿主要富集于坡度略缓（10°~30°）的山坡上，坡度较缓处风化壳厚度大，稀土矿体厚度愈大，较陡的山脊上风化壳厚度较薄，稀土矿体厚度愈薄。

（5）成矿物质来源

风化壳型稀土矿成矿物质主要来源于印支期正长花岗岩母岩，该母岩属酸性岩类，岩浆分异程度较高，整体属偏铝钙碱性系列，形成于后碰撞构造环境。

（6）成矿机制与矿床成因

喜马拉雅期地壳抬升，晚印支早期富含稀土黑云母正长花岗岩发生风化作月。海南岛地处热带-亚热带，气候温暖、雨量充沛、植被茂盛、微生物极其活跃，为风化壳的形成和 REE 的次生富集提供了优越条件。

富含稀土的黑云母正长花岗岩接受剥蚀、风化、淋漓等物理化学作用，形成风化壳。在有机物（一元酸、二元酸、非酸有机物）、微生物及其新陈代谢产物、腐殖酸（富里酸）的共同作用下，风化壳处在 PH=4~6 的酸性环境中。在酸性环境下，REE 以水溶性配合物（REE $(H_2O)_n^{3+}$）形式从母岩中溶出，并向低势处迁移，如风化壳表层的剥蚀速度小于 REE 向低势迁移的速度，则表层剥蚀部分的 REE 继续向下部新发育的风化壳聚集。在 REE 向下迁移的过程中被由黑云母和长石风化后形成的高岭土等黏土矿物所吸附，富集成矿。在 REE 从黑云母正长花岗岩母岩的溶出、迁移和富集的过程中，是有机和无机协同成矿的结果，稀土矿体主要集中于全风化层的中下部和半风化层的中上部。

3. 地球物理特征

1：25 万区域重力图上，坝王岭稀土矿区位于雅加大岭重力低中，剩余重力异常、垂向二阶导数处理图上，处于与雅加大岭花岗岩体有关的局部重力负异常中。1：25 万航磁异常平面图上，位于航磁正负异常的过渡部位，网格化的 ΔT 异常强度约 30nT，低纬度化极垂向一阶导数处理图上处于航磁背景场中；1：5 万航磁平面图上，矿区处于航磁背景磁场中。

4. 预测要素

综合收集、整理和研究坝王岭稀土矿床的资料，对矿床形成的地质环境、气候环境、地貌特点、矿床特征等进行了分析和研究，总结稀土矿的预测要素特征，见表 4-4-16。

表 4-4-16　海南省昌江县坝王岭来石式离子吸附型稀土矿矿床预测要素表

预测要素			描述内容	预测分类
特征描述			风化花岗岩形成的离子吸附型稀土矿床	重要
区域构造			武夷-云开-台湾造山系（Ⅰ）五指山岩浆弧（Ⅱ）五指山褶冲带（Ⅲ）琼西结合带（Ⅳ）	重要
地质环境	成矿时代		喜马拉雅期	重要
	岩浆建造/岩浆作用	岩石名称	黑云母正长花岗岩	必要
		侵入岩时代	印支期	重要
		矿物组合	钾长石、石英、斜长石、黑云母等主矿物，以及磁铁矿、锆石、磷灰石、榍石、萤石等副矿物	重要
		岩石结构	中粗粒花岗结构，少数灰色似斑状结构	重要
		岩石构造	以致密块状构造为主，少量脉状构造	重要
		分布范围	岩浆岩分布较广，部分地方被第四系覆盖	重要
		岩浆旋回	印支旋回	重要
		侵入岩成因	I 型花岗岩	重要
		岩脉特征	主要是煌斑岩脉，其次有细粒花岗岩脉，花岗斑岩脉，辉绿玢岩脉或石英脉等充填裂隙节理中，受后期构造控制明显，脉宽 0.1~4m	重要
	气候	气候类型	属亚热带，气候湿热多雨，植被发育，有机酸丰富	必要
矿床特征	地貌特征	地貌类型	坡度略缓（10°~30°）的山坡上，风化壳厚度较大；较陡的山脊上风化壳厚度较薄	重要
	含矿原岩	岩石类型	黑云母正长花岗岩	必要
	成矿构造	风化壳空间分布特征	东四单元风化壳基本呈面状分布，厚度一般为 7~14m	必要
	成矿特征	矿体形态	东二矿体：略呈圆形；东四矿体：长方形；南七河矿体：椭圆形	重要
		矿体规模	东二矿体：半径长 500m；东四矿体：南北向长约 950m，东西宽约 450m；南七河矿体：长轴 1350m，短轴 750m	重要
		矿体产状	呈似层状，随地形起伏变化	重要
		矿床主要成分	离子型吸附相氧化稀土（TR_2O_3），以 La、Ce、Nd、Y 为主	重要
		矿床伴生组分	长石、黑云母风化后形成的黏土矿物	重要
		矿床主要组分赋存状态	离子型吸附相	重要
		矿床主要组分空间分布特征	分布于南七河上游、东二林场和东四林场等地坡度略缓的山坡上	重要
		成矿区带	坝王岭-王下金-铅-锌-轻稀土-萤石矿田	重要
	矿床资源量	矿石量	东二矿体：5611t；东四矿体：4464t；南七河矿体：17044t	重要
		体重	$2.52t/m^3$	重要
		平均品位	东二矿体：0.1%；东四矿体：0.132%；南七河矿体：0.133%	重要

5. 矿床预测模型

在综述预测要素基础上，采用GIS技术从各课题组底图中获取要素信息，并以点、线、面形式进行表达。据此，共提取了侵入岩体、断裂、矿体、土壤和水系沉积物化探的La异常、Ce异常等信息，建立了海南省海南岛来石式风化壳离子吸附型稀土矿预测工作区典型矿床预测模型（表4-4-17，图4-4-11）。

表4-4-17　海南省昌江县坝王岭来石式离子吸附型稀土矿典型矿床模型表

<table>
<tr><td rowspan="2">概况</td><td>东经</td><td>109°11′00″—109°12′06″</td><td>北纬</td><td>19°04′58″—19°07′59″</td><td>地理位置</td><td>昌江县坝王岭一带</td></tr>
<tr><td>主矿种</td><td>稀土</td><td>储量</td><td>氧化稀土D级和E级总计27119t</td><td>品位</td><td>平均0.111%</td></tr>
<tr><td>成矿的大地构造位置</td><td colspan="6">武夷-云开-台湾造山系（Ⅰ）五指山岩浆弧（Ⅱ）五指山褶冲带（Ⅲ）琼西结合带（Ⅳ）</td></tr>
<tr><td>控矿的各类及主要控矿因素</td><td colspan="6">印支期富含稀土的酸性花岗岩的风化壳地段，亚热带气候，坡度略缓（10°~30°）的地形地貌</td></tr>
<tr><td rowspan="4">矿床的三度空间分布特征</td><td>产状</td><td colspan="5">呈似层状，随地形起伏变化</td></tr>
<tr><td>形态</td><td colspan="5">东二矿体略呈圆形；东四矿体呈长方形；南七河矿体呈椭圆形</td></tr>
<tr><td>规模</td><td colspan="5">东二矿体：半径长500m；东四矿体：南北向长约950m，东西宽约450m；南七河矿体：长轴1350m，短轴750m</td></tr>
<tr><td>埋深</td><td colspan="5">5~15m</td></tr>
<tr><td rowspan="5">矿床的物质组成</td><td>岩石类型</td><td colspan="5">黑云母正长花岗岩</td></tr>
<tr><td>结构构造</td><td colspan="5">中粗粒花岗结构，少数灰色似斑状结构，块状构造</td></tr>
<tr><td>矿床主要成分</td><td colspan="5">离子型吸附相氧化稀土，以La、Ce、Nd、Y为主</td></tr>
<tr><td>矿床伴生组分</td><td colspan="5">长石、黑云母风化后形成的黏土矿物</td></tr>
<tr><td>主元素含量</td><td colspan="5">0.07%~0.197%</td></tr>
<tr><td>矿床的地球物理特征及标志</td><td colspan="6">坝王岭稀土矿区位于雅加大岭重力低中，剩余重力异常、垂向二阶导数处理图上，处于与雅加大岭花岗岩体有关的局部重力负异常中。1∶25万航磁异常平面图上，位于航磁正负异常的过渡部位，网格化的ΔT异常强度约30nT，低纬度化极垂向一阶导数处理图上处于航磁背景场中；1∶5万航磁平面图上，矿区处于航磁背景磁场中</td></tr>
<tr><td>成矿时代</td><td colspan="6">喜马拉雅期（第四纪）</td></tr>
<tr><td>矿床成因</td><td colspan="6">成矿作用归属：花岗岩风化壳离子吸附型稀土矿床
成因分析：喜马拉雅期地壳抬升，印支早期富含稀土的黑云母正长花岗岩发生风化作用。海南岛地处热带-亚热带，气候温暖、雨量充沛、植被茂盛、微生物极其活跃，为风化壳的形成和REE的次生富集提供了优越条件。
富含稀土的黑云母正长花岗岩接受剥蚀、风化、淋漓等物理化学作用，形成风化壳。在有机物（一元酸、二元酸、非酸有机物）、微生物及其新陈代谢产物、腐殖酸（富里酸）的共同作用下，风化壳处在PH=4~6的酸性环境中。在酸性环境下，REE以水溶性配合物（$REE(H_2O)_n^{3+}$）形式从母岩中溶出，并向低势处迁移，如风化壳表层的剥蚀速度小于REE向低势迁移的速度，则表层剥蚀部分的REE继续向下部新发育的风化壳聚集。在REE向下迁移的过程中被以黑云母和长石风化后形成的高岭土等黏土矿物所吸附，形成稀土矿。在REE从黑云母正长花岗岩母岩的溶出、迁移和富集的过程中，是有机和无机协同成矿的结果，稀土矿体主要集中于全风化层的中下部和半风化层的上部（见典型矿床成矿模式图）</td></tr>
</table>

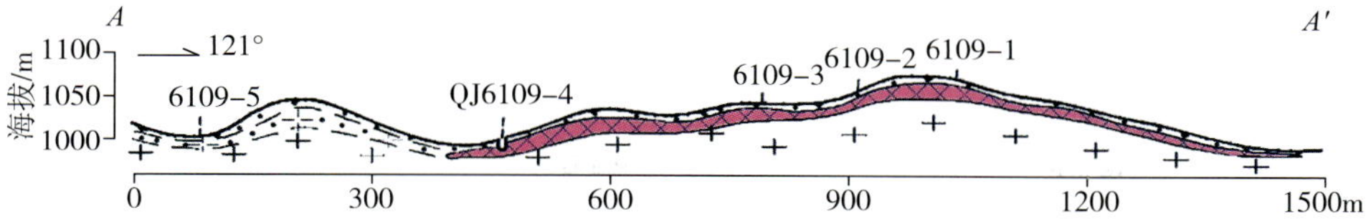

图 4-4-11　坝王岭轻稀土矿典型矿床预测模型图

1—腐殖土层；2—风化花岗岩；3—正长花岗岩；4—稀土矿体；5—浅井及编号；6—剥土采样点及编号

（二）预测工作区预测模型

海南省目前发现的风化壳离子吸附型稀土矿床（点）共计6处，分布于坝王岭、尖峰岭、雷鸣盆地翰林地区、万宁市兴隆及陵水县杨梅一带，所属的Ⅲ级构造单元为五指山褶冲带。与成矿母岩为三叠纪正长花岗岩有关的矿床（点）共计5处，稀土矿体都赋存于母岩的风化层中，特别是全风化层的中下部至半风化层的中上部，矿体呈层状分布，矿体的厚度随风化壳厚度的变化而改变，在坡度较缓处（10°左右）风化壳厚度较大，矿体的厚度愈大，在坡度较陡处风化壳厚度较小，矿体的厚度亦较薄。1∶25万水系沉积物La异常和生态多目标土壤La异常显示，部分矿床（点）处在异常浓集中心部位。

1. 预测要素

通过对海南省海南岛预测工作区来石式风化壳离子吸附型稀土矿的时空分布规律、成矿地质背景和成矿规律的分析研究，总结各类找矿标志，提取了预测工作区预测要素（表4-4-18），并对预测工作区稀土矿床的成矿过程进行了分析，总结了成矿模式。

表 4-4-18　海南岛预测工作区来石式花岗岩风化壳离子吸附型稀土矿区域矿产预测要素表

区域预测要素			描述内容	要素分类
特征描述			花岗岩风化壳离子吸附型稀土矿床	
区域成矿地质环境	大地构造单元		五指山岩浆弧，五指山褶冲带、三亚被动陆缘	重要
	岩浆岩建造/岩浆作用	岩石组合	花岗岩、闪长岩、正长岩、辉长岩、辉绿岩	重要
		岩石组构	花岗结构、斑状结构、似斑状结构；致密块状构造	重要
		分布范围	王五-文教深大断裂以南	重要
		岩浆旋回	印支期—燕山期旋回	重要
		侵入岩成因	S型花岗岩，I型花岗岩	重要
	风化壳	形成时代	第四纪	重要
		空间分布特征	与成矿密切相关的风化壳主要分布于坝王岭、尖峰岭、五指山南麓一带	必要
		厚度	一般7~15m，风化壳厚度与地形关系密切，一般在高山处较薄，而丘陵、山坡处较厚	重要
		岩石类型	上部被第四纪的冲积物、坡积物、腐质层覆盖；中下部是风化的花岗岩，以高岭土为主的黏土矿物，其间含少量的石英、绢云母、锆石、磷灰石等	重要
		结构构造	细-中粗粒花岗结构，少数灰色似斑状结构，土状构造；块状构造	重要
	气候	气候类型	属热带-亚热带，气候湿热多雨，植被发育，有机酸丰富	必要
区域成矿地质特征	地貌特征	地貌类型	坡度略缓（10°~30°）的山坡上，风化壳厚度较大；较陡的山脊上风化壳厚度较薄	重要
	成矿母岩	岩体	印支期侵位的富稀土酸性岩浆岩	必要
		岩石类型	黑云母正长花岗岩	必要
		结构组构	细-中粗粒花岗结构；致密块状构造	重要

续表

区域预测要素			描述内容	要素分类
特征描述			花岗岩风化壳离子吸附型稀土矿床	
区域成矿地质特征	成矿特征	矿体形态	呈不规则面状、似层状，受成矿母岩与地形控制	重要
		矿体产状	各处不一，随地形起伏变化	重要
		矿体主要成分	以 La、Ce、Nd、Y 为主	重要
		矿石矿物组合	离子型吸附相氧化稀土	重要
		矿石类型	氧化稀土矿，呈土状、松散、原岩结构部分保留	重要
		主要组分赋存状态	离子型吸附相氧化稀土，赋存于花岗岩全风化壳中下部和半风化壳中上部	重要
		成矿区带	坝王岭-王下金-铅-锌-轻稀土-萤石矿田；尖峰岭钨-钼-铅-锌-轻稀土-石墨-白云母-水晶矿田	重要
	蚀变特征		风化壳花岗岩的蚀变主要有泥化、绢云母化、硅化、高岭土化	重要
化探特征	主成矿元素		La、Ce	重要
	成矿地球化学特征		坝王岭稀土矿处在 La 异常三级浓集中心内。一级异常面积 338.65km^2，呈北北东向的团块形，异常强度 1.42，规模为 481.06km^2	重要
物探特征	重力		坝王岭矿区位于航磁 ΔT 正异常	次要
	航磁		坝王岭矿区位于昌江至白沙布格重力负异常范围内	次要

2. 预测工作区预测模型

在综述上述预测要素基础上，采用 GIS 技术从各课题组底图中获取要素信息，并以点、线、面形式进行表达。据此，共提取了侵入岩体、断裂构造、已知矿床（点）、化探异常信息，建立了海南省海南岛预测工作区来石式风化壳离子吸附型稀土矿预测模型（图 4-4-12）。

七、层状或热液脉状层控型重晶石矿床

（一）典型矿床预测模型

1. 成矿地质特征

保由重晶石矿含重晶石矿脉主要赋存于北东向下二叠统鹅顶组与峨查组过渡地区的断裂破碎带中。矿区地层受断裂构造、岩浆活动及地层等因素控制明显。矿区重晶石矿类型为热液脉型。

矿区矿体沿着断裂带分布，主要在下二叠统峨查组碎屑岩与鹅顶组灰岩接触部位，多为脉状、透镜状。矿石结构有板柱状中-细粒晶粒结构、具碎裂状的板状粗-巨粒晶粒结构，碎裂结构等。矿石构造有块状构造、条带状构造、网脉状构造、角砾状构造等。

2. 成矿作用

印支期—燕山期，因韧性剪切变形及动力变质作用，导致了矿物重新定向排列，形成岩石具有千枚状构造，而一些硬脆性岩石则具有压碎，碎裂与重结晶现象，同时因构造分异作用及伴随的热液活动和印支期—燕山期花岗质岩浆活动等，促使断裂破碎带中的重晶石成矿物质交代填充、富集。

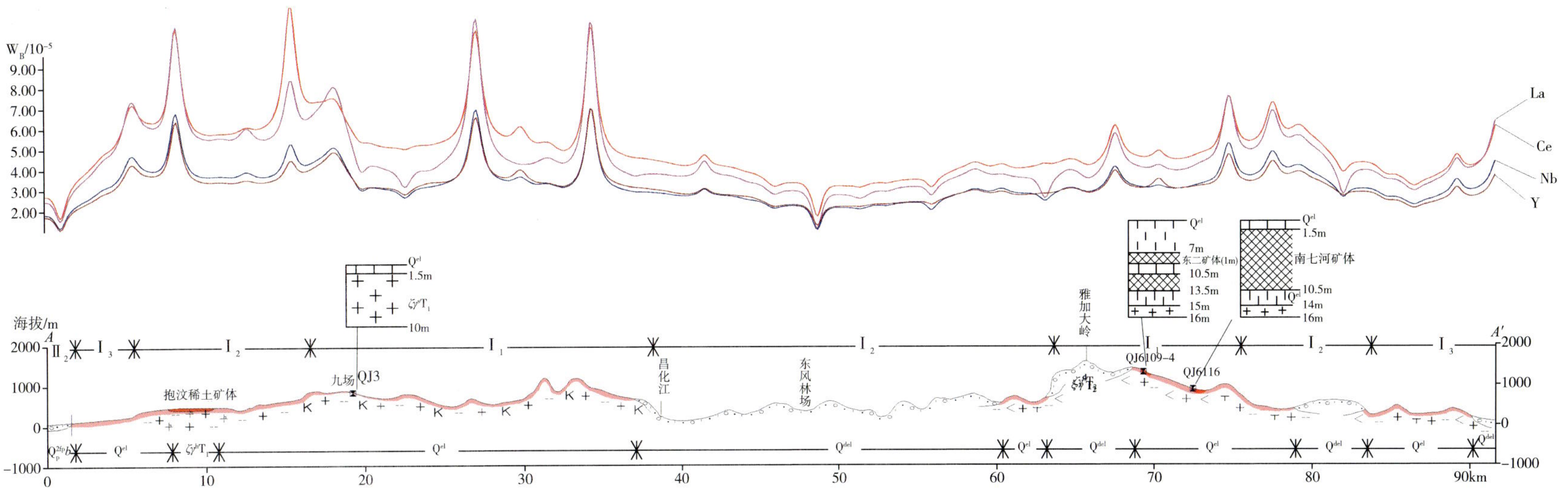

图 4-4-12　海南岛预测工作区来石式风化壳离子吸附型轻稀土矿床预测模型图

3. 预测要素

通过对保由重晶石矿典型矿床成矿地质背景、成矿地质特征和成矿作用进行分析，综合各类找矿指示因素，提取了典型矿床的预测要素（表4-4-19）。主要预测要素如下：

1）赋矿岩石：下二叠统峨查组碎屑岩与鹅顶组灰岩；

2）控矿构造：北西向的断裂破碎带；

3）成矿时代：主成矿期为印支期—燕山期；

4）大地构造单元：武夷-云开-台湾造山系，五指山岩浆弧，五指山褶冲带，琼西结合带；

5）大地构造位置：五指山褶冲带（Ⅲ级）琼西结合带（Ⅳ级），东西向昌江-琼海深大断裂和吊罗-尖峰深大断裂之间，王下逆冲构造带内及附近区域；

6）区域构造类型：表现为北西向、北东向、南北向断裂构造；

7）地球物理特征：重力、航磁、遥感、电法、浅震、静电 α 卡法；

8）地球化学特征：Ba 区域化探异常。

表4-4-19 海南省昌江县保由重晶石矿区典型矿床预测要素一览表

<table>
<tr><td colspan="3">预测要素</td><td colspan="3">描述内容</td><td rowspan="3">预测要素分类</td></tr>
<tr><td colspan="3">储量</td><td>重晶石矿石量为17.141×10^4t</td><td>品位</td><td>11.53%~61.69%，平均品位31.75%</td></tr>
<tr><td colspan="3">特征描述</td><td colspan="3">与构造、地层、岩体有关的热液型重晶石矿床</td></tr>
<tr><td rowspan="18">地质环境</td><td rowspan="2">成矿年代</td><td>沉积地层年代</td><td colspan="3">二叠纪</td><td>必要</td></tr>
<tr><td>成矿年代</td><td colspan="3">印支期—燕山期</td><td>必要</td></tr>
<tr><td rowspan="3">大地构造位置</td><td>大地构造单元</td><td colspan="3">武夷-云开-台湾造山系（Ⅰ）五指山岩浆弧（Ⅱ）五指山褶冲带（Ⅲ）琼西结合带（Ⅳ）</td><td>重要</td></tr>
<tr><td>区域构造位置</td><td colspan="3">琼西结合带，东方-昌江海西褶皱带的中段</td><td>重要</td></tr>
<tr><td>区域构造类型</td><td colspan="3">东方-昌江海西褶皱带</td><td>重要</td></tr>
<tr><td rowspan="7">沉积建造/沉积作用</td><td>地层分区</td><td colspan="3">五指山地层区</td><td>重要</td></tr>
<tr><td>地层单元</td><td colspan="3">下二叠统峨查组、鹅顶组</td><td>必要</td></tr>
<tr><td>地层年代</td><td colspan="3">晚古生代二叠纪</td><td>必要</td></tr>
<tr><td>岩性特征</td><td colspan="3">含碳、浅变质、千枚岩、硅化</td><td>重要</td></tr>
<tr><td>岩石组合</td><td colspan="3">含碳粉砂质千枚岩、变质石英砂岩、硅化石英岩</td><td>重要</td></tr>
<tr><td>岩石结构</td><td colspan="3">鳞片变晶结构</td><td>重要</td></tr>
<tr><td>特殊标志层</td><td colspan="3">下二叠统峨查组、鹅顶组</td><td>重要</td></tr>
<tr><td rowspan="6">岩浆建造/岩浆作用</td><td>侵入岩年代</td><td colspan="3">印支期</td><td>重要</td></tr>
<tr><td>岩石名称</td><td colspan="3">中细粒似斑状黑云母花岗岩</td><td>重要</td></tr>
<tr><td>接触带特征</td><td colspan="3">接触带附近，岩石普遍受到蚀变，热液蚀变表现为硅化，绢云母化、绿泥石化等</td><td>重要</td></tr>
<tr><td>岩体形态</td><td colspan="3">呈岩基状侵入下二叠统</td><td>重要</td></tr>
<tr><td>岩石结构</td><td colspan="3">中细粒花岗结构</td><td>重要</td></tr>
<tr><td>岩石构造</td><td colspan="3">块状构造，片麻状构造</td><td>重要</td></tr>
</table>

续表

预测要素			描述内容				预测要素分类
储量			重晶石矿石量为17.141×10^4t	品位	11.53%~61.69%，平均品位31.75%		
特征描述			与构造、地层、岩体有关的热液型重晶石矿床				
矿床特征	成矿构造	侵入接触构造	破碎带				必要
		侵入岩围岩特征	硅化，绢云母化，绿泥石化				必要
		区域构造带	芸红岭-燕窝岭向斜				次要
		断裂构造	NW向断裂				必要
	成矿特征	矿体形态	脉状、透镜状				重要
		矿体产状	平均走向325°，倾向南西平均倾角53°				重要
		矿体规模	矿体长40~130m，宽0.9~15.57m，平均真厚度0.56~7.04m				重要
		矿石矿物成分	矿石类型比较单一，主要是重晶石-石英-方铅矿矿石，重晶石含量高达80%~90%，石英5%~10%				重要
		矿石组构	矿石结构主要有板柱状中-细粒结构、具碎裂状的板状粗-巨粒结构、碎裂结构等。矿石构造有块状构造、条带状构造、网脉状构造、角砾状构造等				重要
		矿床共生组分	Pb、Zn、Cu				重要
		蚀变矿物组分	主要是硅化、重晶石化、黄铁矿化、碳酸盐化，其次是石墨化、绿泥石化				重要
		矿床有益组分	Pb、Zn				重要
	矿床资源储量	平均品位	11.53%~61.69%				重要
		矿床规模	小型				重要
控矿条件		构造因素	NW向控矿断裂带				必要
		地层因素	下二叠统峨查组、鹅顶组				必要
		岩浆岩因素	印支期—燕山期侵入岩				重要
地球化学异常	1∶5万水系沉积物测量		具有显著的Ba异常。该异常具显著的三级浓度分带。和石碌重晶石矿同在一个一级异常带内，其面积为431.34km^2，总体呈北西向的条带状，异常强度1.58，规模为681.52km^2，位居全岛Ba异常规模的最高水平。典型矿床所对应的三级异常面积为48.58km^2，呈北东向的近似椭圆形，异常强度1.17，规模为56.84km^2				重要
地球物理特征	重力特征		位于1∶50万区域布格重力异常的负值区，等值线走向和重力低长轴多呈北东向。保由矿区所在的昌江重力低为区内规模最大的异常之一				重要
	航磁特征		低纬度化极航磁异常之正异常部位				重要

4. 矿床预测模型

在综述预测要素基础上，采用GIS技术从各课题组底图中获取要素信息，并以点、线、面形式进行表达。据此，共提取了侵入岩体、断裂、地层、化探的Ba异常、重力正异常、航磁正异常等信息。建立了海南省昌江县保由重晶石矿区典型矿床预测模型（表4-4-20，图4-4-13）。

表 4-4-20　海南省昌江县保由谭子山式热液脉型重晶石矿典型矿床模型表

名称	昌江保由重晶石矿典型矿床					
概况	东经	108°59′57″—109°02′17″	北纬	19°04′15″—19°87′06″	地理位置	海南岛昌江县七差区境内
	主矿种	重晶石	储量	17.141×10⁴t	品位	11.53%~61.69%，平均品位 31.75%
成矿地质构造环境	琼西结合带，东方-昌江海西褶皱带的中段					
控矿的各类及主要控矿因素	地层条件：下二叠统峨查组、鹅顶组地层是重晶石矿的重要赋矿层；构造条件：西向的 F18 断裂带是控矿的主要构造带，而北东向和北北东向的断裂带则破坏了矿化带的连续与完整					
矿床的三度空间分布特征	产状	矿体产状与矿化带产状基本一致，平均走向 325°，倾向南西平均倾角 53°				
	形态	Ⅰ号矿体在地表呈现比较清楚的脉状，其余 3 个矿体则呈透镜状分布				
	分带	矿化破碎带中普遍含重晶石，但富集地段为 20 线与 30 线之间，并可圈出 4 个矿体				
	埋深	Ⅰ号矿体：长度 130m，宽度最大 15.57m，最小 0.90m，平均真厚度 7.04m，沿倾斜控制深度 15~40m。Ⅱ号矿体：长度 120m，平均真厚度 2.22m，沿倾斜控制深度 10~20m。Ⅲ号矿体：长度 40m，平均真厚度 3.69m，往南东侧伏，侧伏控制深度 40~130m。Ⅳ号矿体：长度 55m，真厚度 0.56m，侧伏控制深度 30m				
矿床的物质组成	矿石类型	重晶石-石英-方铅矿矿石				
	矿物组合	除主要矿物重晶石外，其次有方铅矿、闪锌矿、黄铜矿、萤石、石英等				
	结构构造	矿石结构有：板柱状中-细粒晶粒结构、具碎裂状的板状粗-巨粒晶粒结构，碎裂结构等。矿石构造有块状构造、条带状构造、网脉状构造、角砾状构造等				
	围岩蚀变	区段内近矿围岩蚀变类型主要有硅化、重晶石化、黄铁矿化、碳酸盐化、其次是石墨化、绿泥石化等				
	主元素含量	11.53%~61.69%，平均品位 31.75%				
	伴生元素含量	伴生 Au 的含量为 0.62g/t				
成矿期次	可分为构造期和成矿期					
矿床的地球物理特征及标志	重力：位于 1∶50 万区域布格重力异常的负值区，等值线走向和重力低长轴多呈北东向。保由矿区所在的昌江重力低为区内规模最大的异常之一；航磁，低纬度化极航磁异常之正异常部位					
矿床的地球化学特征及标志	区域 Ba 所处的一级异常，其面积为 431.34km²，总体呈北西向的条带状，异常强度 1.58（平均值/异常下限），规模（强度×面积）为 681.52km²，位居全岛 Ba 异常规模的最高水平。保由重晶石矿床所对应的三级异常面积为 48.58km²，呈北东向的近似椭圆形，异常强度 1.17，规模为 56.84km²					
成矿时代	印支期—燕山期					

续表

名称	昌江保由重晶石矿典型矿床
矿床成因	成矿作用归属：热液脉型； 成矿过程与演化分析： 在下二叠统峨查组碎屑岩与鹅顶组灰岩的过渡带上，由于其岩性变化的复杂性，加之岩石本身的物理、化学等性质的差异，在承受多期次的构造活动作用下，为断裂构造的发育创造了良好的空间；印支、燕山期花岗岩的侵入使接触带附近岩石普遍受到蚀变，出现了硅化、绢云母化、绿泥石化等，随后，含矿热液沿断裂破碎带充填交代方铅重晶石-石英脉成矿
找矿标志	1. 构造标志：北西向的断裂破碎带及其附近与之相配套的次级构造破碎带； 2. 地层标志：下二叠统峨查组与鹅顶组的过渡地层是重晶石矿的主要找矿标志； 3. 围岩蚀变标志：硅化、黄铁矿化这些蚀变强弱的存在，直接指示矿体存在与否； 4. 指示元素：断裂破碎带内 Zn、Pb、Cu 的存在对重晶石找矿工作有指导意义； 5. 化探（土壤测量或水系沉积物测量）异常是主要的找矿标志； 6. 重晶石重砂异常也是重要的找矿标志

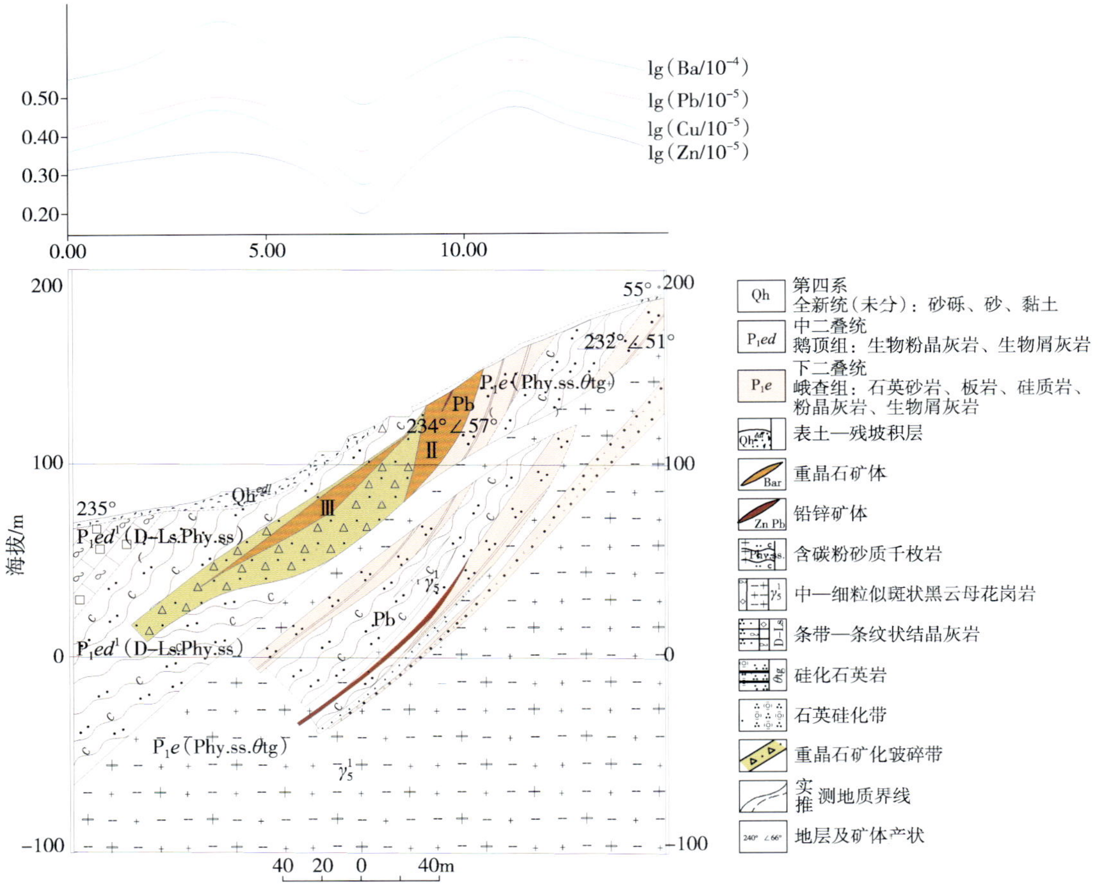

图 4-4-13　海南省昌江县保由重晶石矿区典型矿床预测模型图

注：①Cu、Pb、Zn 等 3 元素在部分重晶石矿体周围有异常，与已知铅锌矿体的吻合度最高，与重晶石矿体吻合程度一般，故不作为本次预测指标；②Ba 元素异常与已知重晶石矿体吻合良好，是重要的成矿指示元素

（二）预测工作区预测模型

通过对海南省昌江县保由预测工作区热液脉型重晶石矿床时空分布规律、成矿地质背景和成矿规律的分析研究，总结各类找矿标志，提取了预测工作区预测要素（表 4-4-21），并对工作区重晶石矿床的成矿过程进行了分析，总结了成矿模式。

1. 预测要素

海南省昌江保由预测工作区谭子山式热液脉型重晶石矿主要预测要素如下：

1）赋矿岩石：下二叠统峨查组碎屑岩与鹅顶组灰岩；

2）控矿构造：北西向断裂破碎带；

3）成矿时代：印支期—燕山期；

4）大地构造单元：武夷-云开-台湾造山系（Ⅰ）五指山岩浆弧（Ⅱ）五指山褶冲带（Ⅲ）琼西结合带（Ⅳ）；

5）大地构造位置：琼西结合带，东方-昌江海西褶皱带的中段；

6）区域构造类型：东方-昌江海西褶皱带；

7）地球物理特征：重力、航磁、遥感、电法；

8）地球化学特征：Ba 区域化探异常。

2. 预测模型

在综合上述预测要素基础上，采用 GIS 技术从各课题组底图中获取要素信息，并以点、线、面形式进行表达。据此，共提取了含矿地层、断裂构造、已知矿床（点）、化探的 Ba 异常等信息，建立了海南省昌江县保由地区谭子山式热液脉型重晶石矿预测工作区区域预测模型图（图 4-4-14）。

表 4-4-21 海南省昌江县保由地区谭子山式热液脉型重晶石矿预测工作区区域预测要素一览表

区域预测要素			描述内容	预测要素分类
特征描述			与构造、地层、岩体有关的热液脉型重晶石矿床	
区域成矿地质环境	区域大地构造	大地构造单元	武夷-云开-台湾造山系（Ⅰ）五指山岩浆弧（Ⅱ）五指山褶冲带（Ⅲ）琼西结合带（Ⅳ）	必要
		大地构造位置	琼西结合带，东方-昌江海西褶皱带的中段	必要
	区域成矿区带		属华南成矿省（Ⅱ-16）海南 Fe、Cu、Co、Mo、Au、Pb、Zn 水晶成矿带（Ⅲ-90）	重要
	区域构造类型		东方-昌江海西褶皱带	必要
	区域赋矿地层	岩石	下二叠统峨查组碎屑岩与鹅顶组灰岩	必要
		岩脉	石英脉、闪长玢岩脉、煌斑岩脉	必要
	侵入岩时代		印支期—燕山期	重要
	区域容矿构造		北西向断裂破碎带	必要
	区域成矿类型		含矿热液沿断裂破碎带充填交代型矿床	重要
	成矿时代		印支期—燕山期	重要
区域矿床地质特征	矿体形状		脉状、透镜状	重要
	矿体产状		平均走向 325°，倾向南西，平均倾角 53°	重要
	矿石类型		重晶石-石英-方铅矿矿石	重要
	矿石矿物成分		主要矿物为重晶石，其次有方铅矿、闪锌矿、黄铜矿、萤石、石英等	重要
	矿石结构、构造		矿石结构主要有板柱状中-细粒结构、具碎裂状的板状粗-巨粒结构、碎裂结构等。矿石构造有块状构造、条带状构造、网脉状构造、角砾状构造等	重要
区域矿床地质特征	蚀变特征		主要是硅化、重晶石化、黄铁矿化、碳酸盐化，其次是石墨化、绿泥石化	重要
	控矿条件		北西向断裂	必要
地球物理特征	磁法		位于 1 : 5 万航磁正异常的边缘部位，经航磁化极处理后处于平稳的负异常中	重要
	重力		1 : 5 万剩余重力异常零等值线附近是成矿的有利部位，布格重力异常无明显相关性	重要
地球化学特征	异常元素		Ba	重要
	组合元素		Cu、Pb、Zn	重要
	化学综合异常		具有显著的 Ba 异常。该异常具显著的三级浓度分带，和石碌重晶石矿同在同一个一级异常带内，其面积为 431.34km^2，总体呈北西向的条带状，异常强度 1.58，规模为 681.52km^2，位居全岛 Ba 异常规模的最高水平	重要

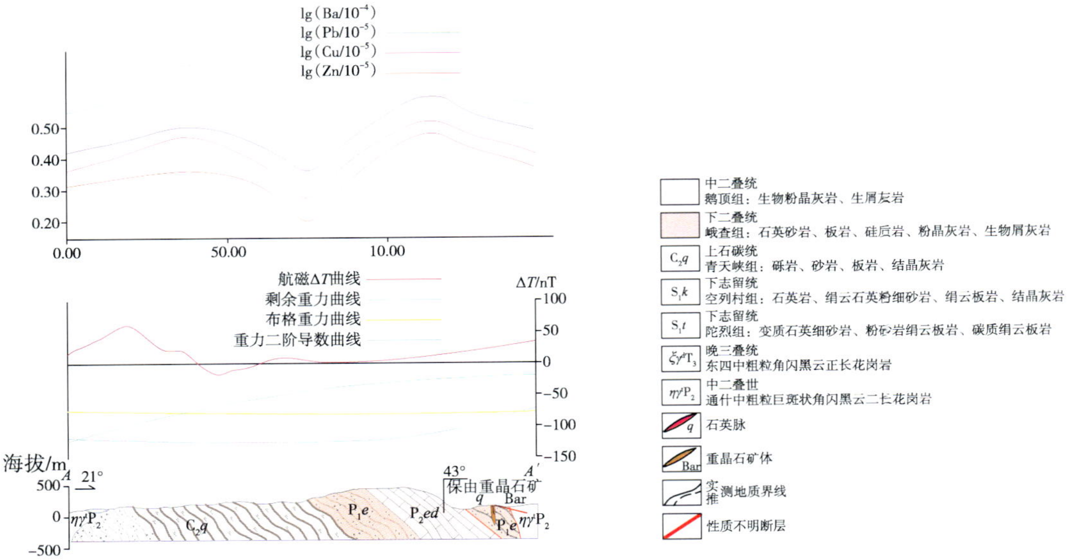

海南省昌江县保由地区谭子山式热液脉型重晶石矿预测工作区*B*–*B*′ 区域预测模型图

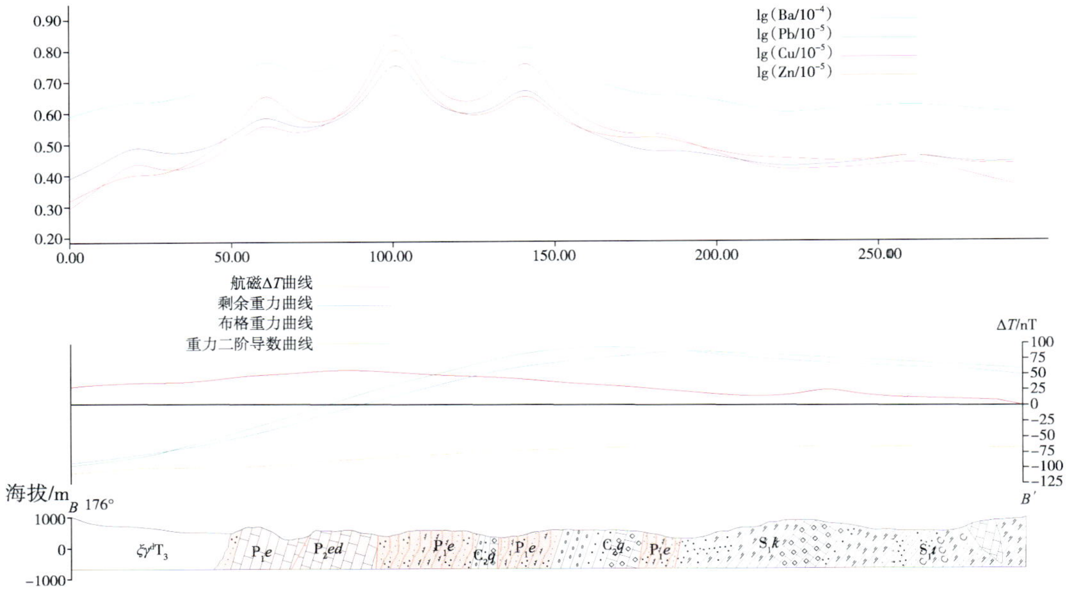

图 4-4-14　海南省昌江县保由地区谭子山式热液脉型重晶石矿预测工作区区域预测模型图

八、残坡积重晶石矿床

（一）典型矿床预测模型

1. 成矿地质特征

矿体呈似层状赋存于下二叠统峨查组底部条带状含重晶石硅质岩之上。其中坡积矿赋存在顶部，残积块状矿夹在中间，残积砂土状矿产于底部，三者呈似层状叠夹产出。受褶皱构造和风化剥蚀作用等因素控制明显，一系列小褶曲的断续分布，控制矿层的厚薄变化。北北东向断层发育良好，并且破坏了矿体。

矿石结构主要有：显微鳞片变晶结构、显微鳞片变晶花岗变晶结构、隐晶质-显微花岗变晶结构、他形粒状结构、细粒、中细粒似斑状花岗结构、糖粒状结构、细粒花岗结构、煌斑岩结构。矿石构造主要有：块状构造、似片麻状构造、似眼球状构造、千枚状构造、薄层状构造、条带状构造、透镜状构造、梳状构造、褐铁矿胶结构造。

2. 成矿作用

二叠纪时期，含成矿物质的重晶石硅质岩或含重晶石结晶灰岩的碎屑在浅海海湾相中沉积成岩；中生代热液的侵入以及三叠纪的褶皱构造运动，促使热液对原生重晶石矿物起一定改造作用，使其富集成矿；后来由于构造运动，使含矿地层出露地表，后经风化剥蚀现象，形成风化壳型残、坡积次生矿床。

3. 预测要素

通过对冰岭重晶石矿典型矿床成矿地质背景、成矿地质特征和成矿作用进行分析，综合各类找矿指示因素，提取了典型矿床的预测要素（表 4-4-22）。主要预测要素如下：

1）赋矿岩石：下二叠统峨查组第四岩性段地层中；

2）控矿构造：一系列的小褶曲；

3）成矿时代：第四纪；

4）大地构造单元：武夷-云开-台湾造山系（Ⅰ）五指山岩浆弧（Ⅱ）五指山褶冲带（Ⅲ）琼西结合带（Ⅳ）；

5）大地构造位置：琼西结合带北东侧，兰洋向斜构造东端北翼；

6）区域构造类型：表现为北西向、北北东向、近东西向断裂构造；

7）地球物理特征：重力、航磁；

8）地球化学特征：区域 Ba 化探异常。

表 4-4-22　海南省儋州市冰岭重晶石矿区典型矿床预测要素一览表

<table>
<tr><td colspan="3">预测要素</td><td colspan="3">描述内容</td><td rowspan="3">预测要素分类</td></tr>
<tr><td colspan="3">储量</td><td>表内外各级总储量 42.33×10^4t</td><td>品位</td><td>平均品位 56.64%</td></tr>
<tr><td colspan="3">特征描述</td><td colspan="3">风化壳型重晶石矿</td></tr>
<tr><td rowspan="16">地质环境</td><td rowspan="2">成矿年代</td><td>沉积地层年代</td><td colspan="3">二叠纪</td><td>必要</td></tr>
<tr><td>成矿年代</td><td colspan="3">第四纪</td><td>必要</td></tr>
<tr><td rowspan="2">大地构造位置</td><td>大地构造单元</td><td colspan="3">武夷-云开-台湾造山系（Ⅰ）五指山岩浆弧（Ⅱ）五指山褶冲带（Ⅲ）五指山岩浆弧（Ⅳ）</td><td>重要</td></tr>
<tr><td>区域构造位置</td><td colspan="3">琼西结合带北东侧，兰洋向斜构造东端北翼</td><td>重要</td></tr>
<tr><td rowspan="6">沉积建造/沉积作用</td><td>地层分区</td><td colspan="3">五指山地层区</td><td>重要</td></tr>
<tr><td>地层单元</td><td colspan="3">下二叠统峨查组</td><td>必要</td></tr>
<tr><td>地层年代</td><td colspan="3">晚古生代二叠纪</td><td>必要</td></tr>
<tr><td>岩性特征</td><td colspan="3">含碳、浅变质、千枚岩、硅化</td><td>重要</td></tr>
<tr><td>岩石组合</td><td colspan="3">带状含重晶石硅质岩、绢云母千枚岩、变质石英粉砂岩、硅质岩</td><td>重要</td></tr>
<tr><td>岩石结构</td><td colspan="3">鳞片变晶结构</td><td>重要</td></tr>
<tr><td rowspan="6">岩浆建造/岩浆作用</td><td>侵入岩年代</td><td colspan="3">二叠纪</td><td>重要</td></tr>
<tr><td>岩石名称</td><td colspan="3">细粒、中细粒似斑状黑云母花岗岩</td><td>重要</td></tr>
<tr><td>接触带特征</td><td colspan="3">接触带附近，岩石普遍受到蚀变</td><td>重要</td></tr>
<tr><td>岩体形态</td><td colspan="3">呈岩基状侵入下二叠统峨查组地层</td><td>重要</td></tr>
<tr><td>岩石结构</td><td colspan="3">中细粒花岗结构</td><td>重要</td></tr>
<tr><td>岩石构造</td><td colspan="3">块状构造，片麻状构造</td><td>重要</td></tr>
</table>

续表

<table>
<tr><td colspan="3">预测要素</td><td colspan="3">描述内容</td><td rowspan="3">预测要素分类</td></tr>
<tr><td colspan="3">储量</td><td>表内外各级总储量 42.33×10^4t</td><td>品位</td><td>平均品位 56.64%</td></tr>
<tr><td colspan="3">特征描述</td><td colspan="3">风化壳型重晶石矿</td></tr>
<tr><td rowspan="9">矿床特征</td><td rowspan="7">矿体特征</td><td>矿体形态</td><td colspan="3">坡积矿、残积块状和残积砂土状三者均呈似层状叠加产出</td><td>必要</td></tr>
<tr><td>矿体产状</td><td colspan="3">总体呈北西走向，向南西倾斜，倾角平缓，约15°~20°</td><td>重要</td></tr>
<tr><td>矿体规模</td><td colspan="3">总面积达 0.047453km^2</td><td>次要</td></tr>
<tr><td>矿石矿物成分</td><td colspan="3">矿石类型比较单一，主要是石英-重晶石矿石，重晶石含量70%~98%，石英含量2%~30%</td><td>重要</td></tr>
<tr><td>矿石组构</td><td colspan="3">矿石结构主要有：显微鳞片变晶结构、显微鳞片变晶花岗变晶结构、、他形粒状结构、细粒、中细粒似斑状花岗结构、糖粒状结构、细粒花岗结构、煌斑岩结构等。矿石构造主要有：块状构造、似片麻状构造、似眼球状构造、千枚状构造、薄层状构造、条带状构造、透镜状构造、梳状构造等</td><td>重要</td></tr>
<tr><td>蚀变矿物组分</td><td colspan="3">主要是硅化、重晶石化、绢云母化</td><td>重要</td></tr>
<tr><td>矿床规模</td><td colspan="3">小型</td><td>重要</td></tr>
<tr><td rowspan="2">控矿条件</td><td>地层</td><td colspan="3">矿床赋存于下二叠统峨查组第四岩性段地层中</td><td>必要</td></tr>
<tr><td>构造</td><td colspan="3">小褶曲控制矿层的厚薄变化，脉岩受裂隙或断层构造控制</td><td>重要</td></tr>
<tr><td colspan="2">后期改造</td><td>岩浆岩</td><td colspan="3">矿床外围印支、燕山期岩体，对重晶石矿后期起一定改造作用</td><td>重要</td></tr>
<tr><td colspan="2">地球化学特征</td><td>1:5万水系沉积物测量</td><td colspan="3">具有显著的Ba异常。该异常具显著的一个三级浓度分带，典型矿床位于三级浓度分带内。但其三级浓度分带面积很小，呈同心圆形，其中一级异常面积为5.00km^2，异常强度2.36，规模为11.8km^2；二级异常面积为3.33km^2，异常强度1.85，规模为6.16km^2；三级异常面积为2.41km^2，异常强度1.58，规模为3.81km^2，位居全岛Ba异常规模的最低水平</td><td>重要</td></tr>
<tr><td colspan="2" rowspan="2">地球物理特征</td><td>重力特征</td><td colspan="3">1:25万区域重力图上，位于重力低中，剩余重力异常、重力垂向二阶导数处理，处于与花岗岩体有关的局部重力负异常中</td><td>重要</td></tr>
<tr><td>航磁特征</td><td colspan="3">1:25万航磁异常平面图上，位于航磁正负异常过渡带，经低纬度化极垂向一阶导数处理处于负背景磁场中；1:5万航磁异常反映不明显</td><td>重要</td></tr>
</table>

4. 矿床预测模型

在综述预测要素基础上，采用GIS技术从各课题组底图中获取要素信息，并以点、线、面形式进行表达。据此，共提取了侵入岩体、断裂、矿体、化探的As、Sb、Hg、Zn异常、航磁正负异常对低纬度化极航磁异常等信息，建立了海南省儋州市冰岭重晶石矿区典型矿床预测模型（表4-4-23，图4-4-15）。

（二）预测工作区预测模型

通过对海南省儋州市冰岭预测工作区风化壳型重晶石矿床时空分布规律、成矿地质背景和成矿规律的分析研究，总结各类找矿标志，提取了预测工作区区域预测要素（表4-4-24），并对工作区重晶石矿床的成矿过程进行了分析，总结了成矿模式。

1. 预测要素

海南省儋州市冰岭预测工作区风化壳型重晶石矿主要预测要素如下：

1）赋矿层位：下二叠统峨查组条带状含重晶石硅质岩；

表 4-4-23　海南省儋州市冰岭重晶石矿区典型矿床预测模型表

名称	儋州冰岭重晶石矿典型矿床					
概况	东经	109°44′00″	北纬	19°26′05″	地理位置	海南岛儋州市兰洋镇境内
	主矿种	重晶石	储量	表内外各级总储量 42.33×10^4t	品位	平均品位 56.64%
成矿的地质构造环境	矿区位于琼西结合带北东侧，兰洋向斜构造东端北翼					
控矿的各类及主要控矿因素	构造控矿因素：小褶曲控制矿层的厚薄变化，脉岩受裂隙或断层构造控制 地层控矿因素：矿体呈似层状赋存于下二叠统峨查组底部条带状含重晶石硅质岩之上					
矿床的三度空间分布特征	产状	总体呈北西走向，向南西倾斜，倾角平缓，约 15°~20°				
	形态	坡积矿、残积块状和残积砂土状三者均呈似层状叠加产出				
	规模	总面积达 0.047453km^2				
矿床的物质组成	矿石类型	石英-重晶石型				
	矿物组合	以重晶石、微粒石英为主体，还有黄铁矿、绢云母、方解石和锆石等				
	结构构造	矿石结构主要有：显微鳞片变晶结构、显微鳞片变晶花岗变晶结构、隐晶质-显微花岗变晶结构、他形粒状结构、细粒、中细粒似斑状花岗结构、糖粒状结构、细粒花岗结构、煌斑岩结构； 矿石构造主要有：块状构造、似片麻状构造、似眼球状构造、千枚状构造、薄层状构造、条带状构造、透镜状构造、梳状构造、褐铁矿胶结构造				
	蚀变类型	主要是硅化、重晶石化、绢云母化				
矿床的地球化学特征及标志	具有显著的 Ba 异常。该异常具显著的一个三级浓度分带，典型矿床位于三级浓度分带内。但其三级浓度分带面积很小，呈同心圆形，其中一级异常面积为 5.00km^2，异常强度 2.36，规模为 11.8km^2；二级异常面积为 3.33km^2，异常强度 1.85，规模为 6.16km^2；三级异常面积为 2.41km^2，异常强度 1.58，规模为 3.81km^2，位居全岛 Ba 异常规模的最低水平					
矿床的地球物理和遥感特征及标志	重力：1∶25 万区域重力图上，位于重力低中，剩余重力异常、重力垂向二阶导数处理，处于与花岗岩体有关的局部重力负异常中；航磁：1∶25 万航磁异常平面图上，位于航磁正负异常过渡带，经低纬度化极垂向一阶导数处理处于负背景磁场中；1∶5 万航磁异常反映不明显					
矿床成因	矿床成因类型：风化壳型重晶石矿； 矿床成因：首先，含成矿物质的重晶石硅质岩或含重晶石结晶灰岩的碎屑在浅海海湾相中沉积成岩； 其次，由于构造运动，地层抬升，大气降水和中生代岩浆岩的侵入，促使热液对原生重晶石矿物起一定改造作用，使其富集成矿。最后，由于断裂构造，使含矿地层出露地表，后经风化剥蚀现象，形成风化壳型残、坡积次生矿床					

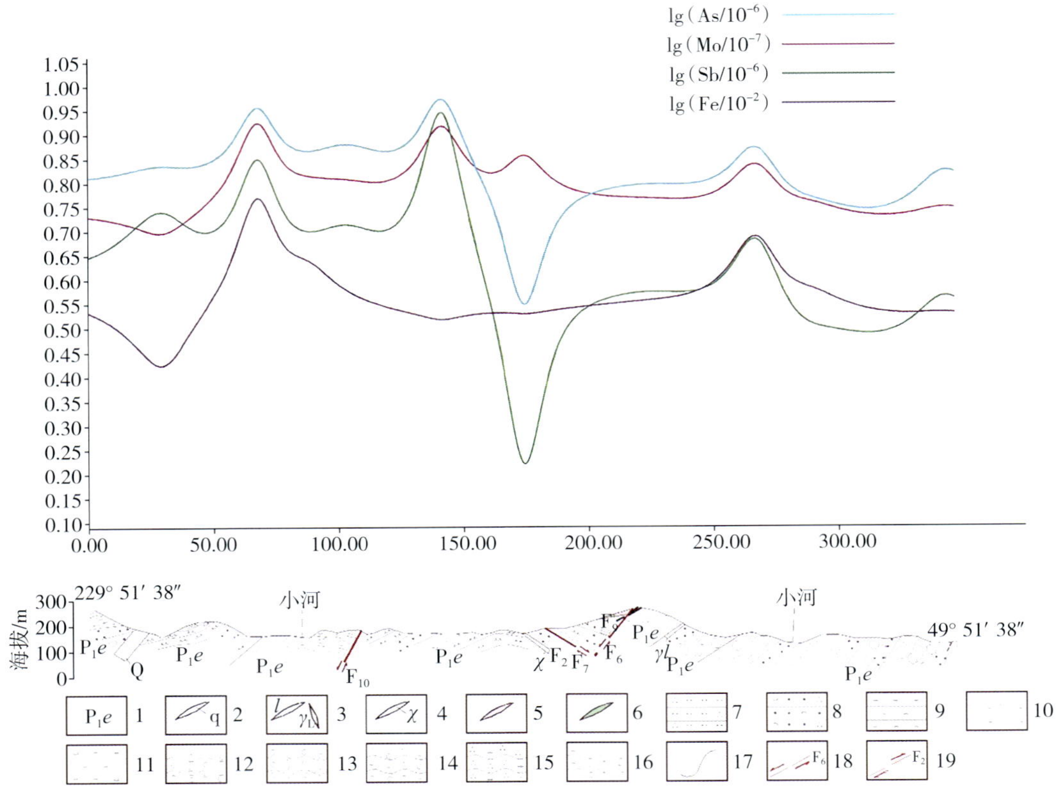

图 4-4-15 海南省儋州市冰岭重晶石矿区典型矿床预测模型图

1—下二叠统峨查组；2—石英脉；3—细晶岩脉细粒花岗岩；4—煌斑岩；5—残积重晶石矿；6—坡积重晶石矿；7—变质石英粉砂岩；8—变质含砾石英砂岩；9—硅质岩；10—千枚岩；11—条带状含重晶石硅质岩；12—含碳绢云母千枚岩；13—含碳千枚岩；14—含碳红柱石片岩；15—云母石英片岩；16—绢云母千枚岩；17—实测地质界线；18—推测正断层及编号；19—推测逆断层及编号

2）控矿构造：一系列小褶曲；

3）成矿时代：第四纪；

4）大地构造单元：武夷-云开-台湾造山系（Ⅰ）五指山岩浆弧（Ⅱ）五指山褶冲带（Ⅲ）琼西结合带（Ⅳ）；

5）大地构造位置：琼西结合带北东侧，兰洋向斜构造东端北翼；

6）矿石矿物组合：主要为重晶石、石英，其次还有微量绢云母、方解石等；

7）地球物理特征：重力、航磁和自然 α 卡法异常；

8）地球化学特征：Ba 异常。

表 4-4-24 海南省儋州市冰岭地区冰岭式风化壳型重晶石矿预测工作区区域预测要素一览表

<table>
<tr><td colspan="3">区域预测要素</td><td>描述内容</td><td rowspan="2">预测要素分类</td></tr>
<tr><td colspan="3">特征描述</td><td>风化壳型重晶石矿床</td></tr>
<tr><td rowspan="4">区域成矿地质环境</td><td rowspan="2">区域大地构造</td><td>大地构造单元</td><td>武夷-云开-台湾造山系（Ⅰ）五指山岩浆弧（Ⅱ）五指山褶冲带（Ⅲ）琼西结合带（Ⅳ）</td><td>必要</td></tr>
<tr><td>大地构造位置</td><td>琼西结合带北东侧，兰洋向斜构造东端北翼</td><td>必要</td></tr>
<tr><td colspan="2">区域成矿区带</td><td>属华南成矿省（Ⅱ-16）海南 Fe、Cu、Co、Mo、Au、Pb、Zn 水晶成矿带（Ⅲ-90）</td><td>重要</td></tr>
<tr><td colspan="2">区域构造类型</td><td>王五-文教大断裂、白沙坳陷构造带</td><td>必要</td></tr>
</table>

续表

区域预测要素			描述内容	预测要素分类
特征描述			风化壳型重晶石矿床	
区域成矿地质环境	区域赋矿地层	岩石	下二叠统峨查组条带状含重晶石硅质岩	必要
		岩脉	石英脉、煌斑岩脉、细粒花岗岩脉	必要
	侵入岩时代		二叠纪	重要
	区域控矿构造		一系列小褶曲	必要
	区域成矿类型		风化壳型矿床	重要
	成矿时代		第四纪	重要
区域矿床地质特征	矿体形状		似层状叠加产出	重要
	矿体产状		总体呈北西走向，向南西倾斜，倾角平缓，约 15°~20°	重要
	矿石类型		石英-重晶石矿	重要
	矿石矿物成分		重晶石含量 70%~98%，石英含量 2%~30%，微量绢云母、方解石等	重要
	矿石结构、构造		矿石结构主要有：显微鳞片变晶结构、显微鳞片变晶花岗变晶结构、他形粒状结构、细粒、中细粒似斑状花岗结构、糖粒状结构、细粒花岗结构、煌斑岩结构等。矿石构造主要有：块状构造、似片麻状构造、似眼球状构造、千枚状构造、薄层状构造、条带状构造、透镜状构造、梳状构造等	重要
	蚀变特征		主要是硅化、重晶石化、绢云母化	重要
	控矿条件		小褶曲控制矿层的厚薄变化，脉岩受裂隙或断层构造控制	必要
地球物理特征	磁法		1：5 万航磁异常处于平稳的负异常中	重要
	重力		位于 1：5 万布格重力异常兰洋重力低边缘的负异常中，剩余异常中位于重力高向重力低过渡的中间地带	重要
地球化学特征	化探综合异常		Ba、Hg、Sb 化探综合异常发育部位	重要

2. 预测模型

在综述上述预测要素基础上，采用 GIS 技术从各课题组底图中获取要素信息，并以点、线、面形式进行表达。据此，共提取了下二叠统峨查组第四岩性段地层、矿体、物探推断磁性体、航磁正负异常、低纬度化极航磁异常等信息。建立了儋州冰岭重晶石矿预测工作区预测模型（图 4-4-16）。

九、与中酸性岩浆热液有关的脉状银金铜矿床

（一）典型矿床预测模型

1. 成矿地质特征

南报银金矿含银矿脉产于岩体及地层北西、北北东向断裂破碎带中，与围岩无太大关系，矿区围岩蚀变主要有硅化、绢云母化、黄铁矿化、绿泥石化、高岭土化、碳酸盐化，蚀变带一般厚数十厘米至数米，其中硅化、黄铁矿化尤其是叠加绢云母化常常指示可能存在矿化或矿体。

矿区发现的矿体均层脉状。矿石结构有他形粒状、溶蚀交代、包含、碎裂结构等。矿石构造主要为浸染状构造、斑点状构造、细脉状构造、角砾状构造、块状构造等。

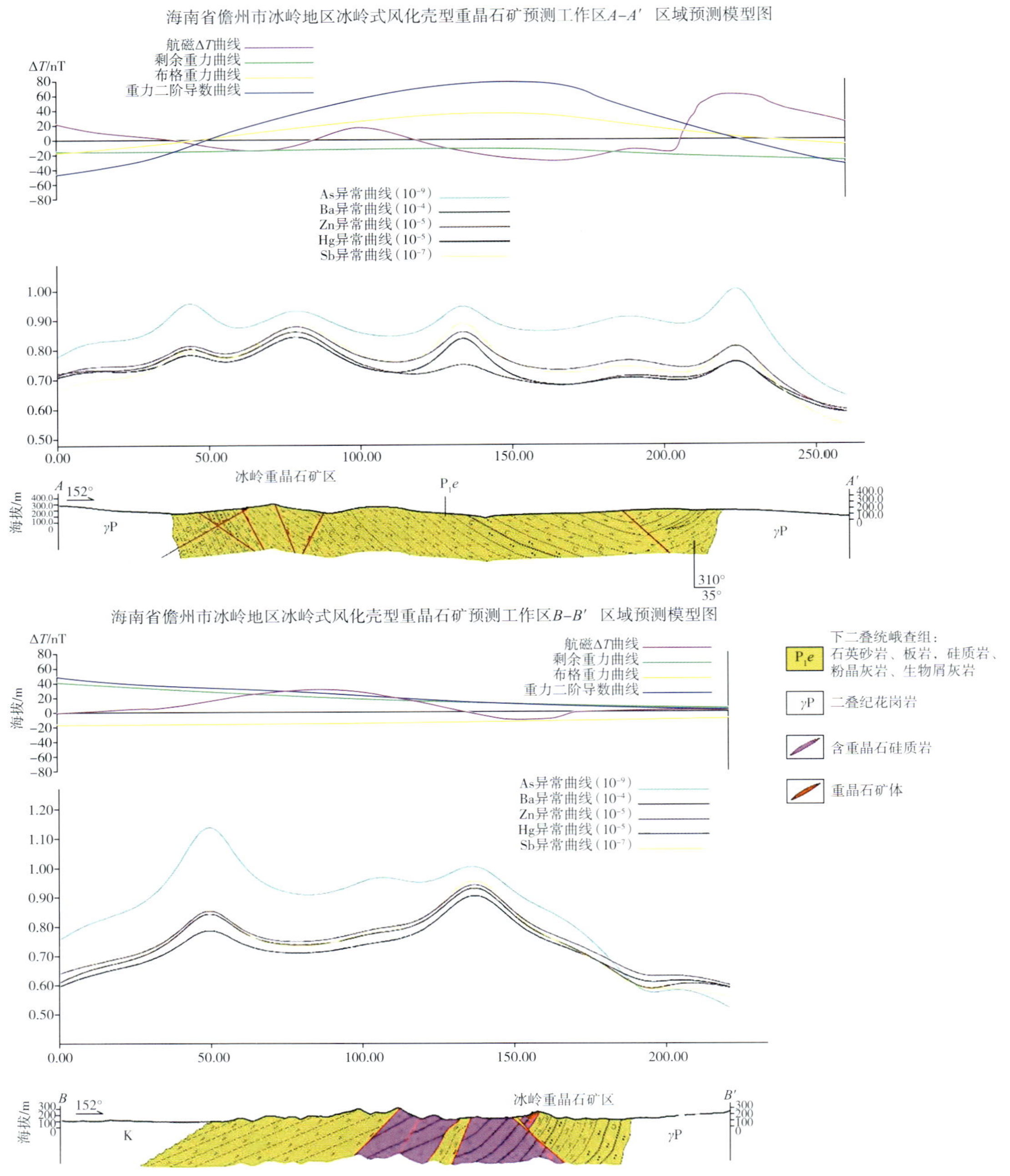

图 4-4-16　海南省儋州市冰岭地区冰岭式风化壳型重晶石矿预测工作区区域预测模型图

2. 成矿作用

印支期以来，构造活动强烈，先后形成了北西、北北东向断裂及破碎带，并呈现多次活动的特点，燕山期开始，深部来源的富含银金等元素的燕山晚期花岗岩岩浆侵位，当富含成矿元素的岩浆热液运移到断裂破碎带、并遇到下渗的地表水时，从而发生物理化学变化使银、金等元素沉淀富集并且成矿。

3. 预测要素

通过对南报银金矿典型矿床成矿地质背景、成矿地质特征和成矿作用进行分析，综合各类找矿指示因素，提取了典型矿床的预测要素（表 4-4-25）。主要预测要素如下：

1）赋矿岩石：上石炭统青天峡组石英角岩、二透石英角岩，下二叠统峨查组绢云母千枚岩，以及印支期黑云母二长花岗岩体；

2）控矿构造：NW 向及 NNE 向断裂破碎带；

3）成矿时代：燕山晚期；

4）大地构造单元：五夷–云开–台湾造山系（Ⅰ）五指山岩浆弧（Ⅱ）五指山褶冲带（Ⅲ）琼西结合带（Ⅳ）；

5）大地构造位置：位于王五–文教深大断裂带与昌江–琼海两深大断裂带之间、南坤园褶皱构造内；

6）区域构造类型：北西及北北东组断裂；

7）地球物理特征：重力高与重力低异常之间；航磁正异常与负异常之间；

8）地球化学特征：Ag、Au 土壤异常。

表 4–4–25　海南省儋州市南报银矿区典型矿床预测要素一览表

<table>
<tr><td colspan="3">预测要素</td><td colspan="3">描述内容</td><td rowspan="3">预测要素分类</td></tr>
<tr><td colspan="3">资源储量</td><td>Ag12.021t（D 级金属量）
Au263kg（D 级金属量）</td><td>平均品位</td><td>Ag143.23g/t
Au3.13g/t</td></tr>
<tr><td colspan="3">特征描述</td><td colspan="3">与破碎带有关的热液石英脉型银矿</td></tr>
<tr><td rowspan="21">地质环境</td><td colspan="2">成矿时代</td><td colspan="3">燕山晚期（主成矿期）</td><td>必要</td></tr>
<tr><td rowspan="2">区域构造</td><td>大地构造单元</td><td colspan="3">五夷–云开–台湾造山系（Ⅰ）五指山岩浆弧（Ⅱ）五指山褶冲带（Ⅲ）琼西结合带（Ⅳ）</td><td>重要</td></tr>
<tr><td>大地构造位置</td><td colspan="3">位于王五–文教深大断裂带与昌江–琼海两深大断裂带之间、南坤园褶皱构造内</td><td>必要</td></tr>
<tr><td rowspan="8">变质建造/变质作用</td><td>地层分区</td><td colspan="3">五指山地层区</td><td>次要</td></tr>
<tr><td>岩石地层单位</td><td colspan="3">上石炭统青天峡组（C_2q）、下二叠统峨查组（P_1e）</td><td>次要</td></tr>
<tr><td>地层时代</td><td colspan="3">石炭纪、二叠纪</td><td>次要</td></tr>
<tr><td>岩石类型</td><td colspan="3">浅变质碎屑岩系</td><td>次要</td></tr>
<tr><td>主要岩性</td><td colspan="3">石英角岩，二透石英角岩，云母石英片岩、变质粉砂岩夹绢云母千枚岩，含炭绢云母千枚岩夹变质粉砂岩，绢云母千枚岩夹变质石英粉砂岩</td><td>次要</td></tr>
<tr><td>变质作用类型</td><td colspan="3">区域变质作用，接触热液变质作用，动力变质作用</td><td>次要</td></tr>
<tr><td>蚀变类型</td><td colspan="3">硅化、绢云母化、黄铁矿化、绿泥石化、高岭土化和碳酸盐岩化</td><td>重要</td></tr>
<tr><td>变质作用位置</td><td colspan="3">区域变质作用主要发生于上石炭统青天峡组、二叠系；接触热液变质作用主要发生于青天峡组与花岗岩侵入接触带上；动力变质作用主要发生于断裂带中</td><td>次要</td></tr>
<tr><td rowspan="10">岩浆建造/岩浆作用</td><td>矿物组合</td><td colspan="3">绢云母，石英，透辉石，透闪石，含少量黄铁矿，电气石</td><td>次要</td></tr>
<tr><td>岩石结构</td><td colspan="3">显微鳞片变晶结构，不等粒变晶结构，变余粉砂结构</td><td>次要</td></tr>
<tr><td>分布范围</td><td colspan="3">海西期岩体与地层呈断层接触及侵入接触关系，分布于矿区北西及中东部，印支期岩体则呈带状侵入到海西期岩体中，分布于矿区中部，燕山期岩体隐伏于海西期—印支期岩体之下</td><td>重要</td></tr>
<tr><td>变质作用时代</td><td colspan="3">海西期—印支期</td><td>重要</td></tr>
<tr><td>侵入岩岩性</td><td colspan="3">中二叠世、早三叠世细粒斑状黑云母二长花岗岩、细–中细粒黑云母正长花岗岩、中粗粒斑状黑云母二长花岗岩，与成矿关系密切的燕山期岩体无相关资料，推测为花岗岩类岩石</td><td>必要</td></tr>
<tr><td>侵入岩时代</td><td colspan="3">燕山晚期</td><td>必要</td></tr>
<tr><td>脉岩类型</td><td colspan="3">石英脉、石英–煌斑岩脉、萤石–石英脉、煌斑岩脉、闪长岩脉、细晶岩脉、辉绿岩脉和花岗岩脉</td><td>重要</td></tr>
<tr><td>脉岩产状特征</td><td colspan="3">主要有北北东向、北西向和东西向三组，脉岩严格受断裂、破碎带控制，脉带间距一般为 300～400m</td><td>重要</td></tr>
<tr><td>岩浆作用影响范围</td><td colspan="3">岩浆活动频繁，岩浆岩大面积出露，主要分布于矿区北部</td><td>重要</td></tr>
<tr><td>构造旋回</td><td colspan="3">海西–印支旋回、燕山旋回</td><td>重要</td></tr>
</table>

续表

预测要素			描述内容	预测要素分类
资源储量			Ag12.021t（D 级金属量） Au263kg（D 级金属量）；平均品位：Ag143.23g/t Au3.13g/t	
特征描述			与破碎带有关的热液石英脉型银矿	
矿床特征	成矿构造	断裂构造	矿区断裂构造较发育，主要有北北东向和北西向两组。其中北北东向断裂构造规模较大。位于矿区东部的几乎斜贯全区的 F1 断裂，北穿白石岭，南穿斧头岭，往南延伸被浮土覆盖，是矿区规模最大的断裂，延伸 5.7km。总体走向北北东 10°~20°，北西向断裂主要有 F_2，其规模仅次于 F_1 断裂，总体走向 320°~330°，倾向南西，倾角 70°~80°，沿断裂面发育有石英-煌斑岩复合脉，石英脉，破碎岩，构造角砾等	必要
		断裂特征	北北东向断裂为压扭性质，以压性为主；北西向断裂为张扭性质，以张性为主。倾角较陡，局部直立，都有石英脉或者和煌斑岩脉的复合岩脉充填，都具有破碎和后期侵入的特点，反映了断裂多次活动的特点	重要
		构造破碎带	矿区内构造破碎带极为发育，主要为北北东，北西和近东西向 3 组。其中前者最为发育，与成矿关系密切，北西向次之，近东西向者最少	必要
		破碎带特征	北北东组：主要分布于矿区北西部，常有石英脉、煌斑岩脉、石英-煌斑岩复合脉等脉体充填，脉体较为破碎，并有后期石英细脉、煌斑岩脉穿插其中，显示了构造运动的多次性。还可见有构造角砾岩。破碎带走向 10°~20°，大多倾向北西，倾角 70°~85°，常近于平行排列延伸，尖灭再现现象常见，具有被挤压现象。本组破碎带与矿产关系密切，区内部分银金矿、萤石矿等就产于该组破碎带中	重要
	成矿特征	矿体形态	矿体形态总体呈脉状，沿走向有明显膨胀缩小现象，局部有复合，尖灭再现现象	重要
		矿体产状	倾向以北西和南西向为主，倾角在 56°~87°	重要
		矿体规模	银、金矿化脉（样品分析品位 Au>0.50×10^{-6}，Ag>45.0×10^{-6}）共计 21 条，金、银达边界品位以上的矿脉共 11 条，其中构成工业矿体的有 QX1（1 号脉）、QX9（2 号脉）、QX24（3 号脉）。厚度在 0.22~3.4m 之间	重要
		矿化及围岩特征	主要为褐铁矿化，少量黄铁矿化，褐铁矿化呈细脉状和蜂窝状，黄铁矿化呈团块状和稀疏星点状分布，半自形-自形结构，中细粒，矿化主要集中于石英脉、石英-煌斑岩复合脉和构造破碎带中。脉体围岩主要为中细粒黑云母二长花岗岩、中粗粒黑云母二长花岗岩和中细粒黑云母正长花岗岩	重要
		共生组分	Au、Ag	重要
		矿脉类型	石英煌斑岩复合岩脉或者是石英脉	必要
		有益组分	Au、Ag、As、Sb	重要
		平均品位	V2 号脉平均金品位 1.84×10^{-6}，平均银品位 71.31×10^{-6}。V1 号脉的矿体平均金品位 3.69×10^{-6}，平均银品位 226.64×10^{-6}	重要
		矿床规模	小型	重要
控矿条件			三叠纪早期的黑云母二长花岗岩是主要的赋矿围岩，隐伏燕山期花岗岩提供主要的成矿物质	必要
			发育的北北东组构造破碎带以及黑云母二长花岗岩与上石炭统青天峡组接触带为矿液的运移和沉淀提供了通道和空间，并且控制了矿床的形态	必要
			矿化主要集中在石英脉或者煌斑岩脉中，脉体围岩主要为中细粒斑状黑云母二长花岗岩	必要
地球物理特征			分布于澄迈重力高异常边部至儋县、昌江重力低异常之间；儋州航磁正异常与澄迈航磁负异常之间	次要

续表

预测要素		描述内容			预测要素分类
资源储量		Ag12.021t（D级金属量） Au263kg（D级金属量）	平均品位	Ag143.23g/t Au3.13g/t	
特征描述		与破碎带有关的热液石英脉型银矿			
地球化学特征	汞异常	测区南部土壤中汞气含量高，向北逐渐降低。异常数量多。异常主要集中分布于矿区的南东水电站一带，向北西逐渐稀少，多数异常呈北东、北北东向展布，主要异常均分布于北东、北西两组断裂的复合部位，多数异常与断裂构造关系密切，与已知矿化部位吻合较好			重要
	土壤异常	土壤化探异常总体特征为：区内化探异常发育，Au异常面积60km^2、Ag异常面积148km^2；从北到南，异常有由强到弱和由密到稀的趋势；从元素组合来看，北部和南部为Au、Ag组合，中部以Au、Ag、As、Sb组合为主，主要异常分布于南报村至银孔岭一带，多数异常长轴与断裂走向或岩（矿）脉走向几乎一致			重要
	水系沉积物异常	金及相关元素的异常均产于石炭系青天峡组、二叠系峨查组或地层与中—晚三叠世黑云母二长花岗岩接触带附近，其规模强度都相对较大，岩浆活动为异常的形成提供了物质来源，各元素在地层中处于富集状态			重要
遥感地质特征		位于儋州方格式矿田构造中			次要

4. 矿床预测模型

在综述预测要素基础上，采用GIS技术从各课题组底图中获取要素信息，并以点、线、面形式进行表达。据此，共提取了侵入岩体、断裂、矿体、化探的Au、Ag、As、Sb异常、航磁正负异常对、重力高值与低值区信息。建立了海南岛南报式脉型银矿异常工作区典型矿床预测模型表（表4-4-26，图4-4-17）。

表4-4-26 海南省儋州市南报银金矿典型矿床模型表

名称	南报银矿矿床模型表					
概况	东经	109°44′19″	北纬	19°27′30″	地理位置	海南省儋州市兰洋镇南报乡和澄迈县昆仑农场之间
	主矿种	银、金	金属储量	Ag 12.021t Au 263kg	平均品位	Ag 143.23g/t Au 3.13g/t
成矿地质构造环境	位于王五-文教深大断裂与昌江-琼海两深大断裂之间，南坤园褶皱构造带内					
主要控矿因素	北北东组的构造破碎带为矿液的运移和沉淀提供了通道和空间，并且控制了矿床的形态；三叠世中晚期的中细粒黑云母二长花岗岩是成矿物质来源和主要的矿体围岩					
矿体三维空间分布特征	产状	倾向以北西和南西向为主，倾角56°~87°				
	形态	矿体形态总体呈脉状，沿走向有明显膨胀缩小现象，局部有复合，尖灭再现现象				
	规模	银、金矿化脉共计21条，达边界品位以上的矿脉共11条，其中构成工业矿体的有QX1（1号脉）、QX9（2号脉）、QX24（3号脉），厚度在0.22~3.4m之间				
矿床物质组成	脉岩类型	石英脉、石英-煌斑岩脉、萤石-石英脉、煌斑岩脉				
	蚀变类型	硅化、绢云母化、黄铁矿化、绿泥石化、高岭土化和碳酸盐岩化				
	矿化及围岩特征	主要为褐铁矿化，少量黄铁矿化，褐铁矿化呈细脉状和蜂窝状，黄铁矿化呈团块状和稀疏星点状分布，半自形-自形结构，中细粒，矿化主要集中于石英脉、石英-煌斑岩复合脉和构造破碎带中。脉体围岩主要为中细粒黑云母二长花岗岩、中粗粒黑云母二长花岗岩和中细粒黑云母正长花岗岩				
	矿床有益组分	Au、Ag、As、Sb				

名称	南报银矿矿床模型表
矿床地球物理特征	分布于澄迈重力高异常边部至儋州、昌江重力低异常之间；儋县航磁正异常与澄迈航磁负异常之间
矿床遥感地质特征	位于儋州方格式矿田构造中
矿床的地球化学特征及标志	银金及相关元素的异常均产于石炭系南好组-青天峡组地层或地层与中—晚三叠世黑云母二长花岗岩接触带附近，其规模强度都相对较大，岩浆活动为异常的形成提供了物质来源，各元素在地层中处于富集状态
	从元素组合来看，北部和南部为 Au、Ag 组合，中部以 Au、Ag、As、Sb 组合为主，主要异常分布于南报村至银孔岭一带，多数异常长轴与断裂走向或岩（矿）脉走向几乎一致
矿床成因	矿床成因类型：热液石英脉型银矿
	矿床成因：中—晚三叠世黑云母二长花岗岩富含金银等元素；岩浆后期富含金银的岩浆热液沿构造断裂带活动，并与围岩发生交代、蚀变，从而在构造破碎带、与上石炭统的接触带等部位成矿
找矿标志	褐铁矿露头是找矿的直接标志； 石英脉、石英-煌斑岩复合脉的地表露头是找矿的良好标志； 硅化、黄铁矿化尤其是叠加绢云母化常常指示可能； 金银化探异常及银的重砂异常是重要的找矿标志，存在矿化或矿体； 民采点、民采坑也是最重要的找矿标志

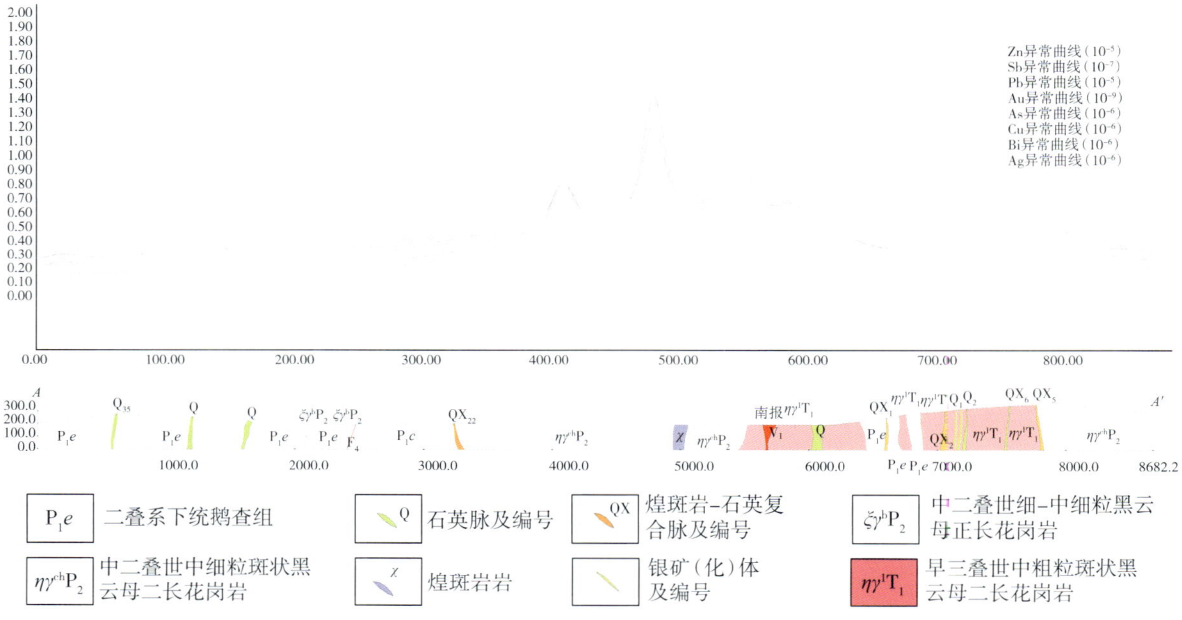

图 4-4-17　海南省儋州市南报银矿区典型矿床预测模型图

注：Au、Ag、Cu、Pb、Zn、Bi 元素异常峰值显著，As、Sb 元素有异常但无显著峰值。地表未出露的矿体也有异常显现，特别是 As 和 Sb 元素异常（但较弱于出露的矿体）

（二）预测工作区预测模型

通过对海南岛南报式脉型银矿床预测工作区时空分布规律、成矿地质背景和成矿规律的分析研究，总结各类找矿标志，提取了预测工作区预测要素（表 4-4-27），并对工作区银矿床的成矿过程进行了分析，总结了成矿模式。

表 4-4-27 海南省海南岛南报式脉型银矿预测工作区区域预测要素一览表

区域预测要素		描述内容	预测要素分类
区域成矿地质环境	大地构造单元	横跨武夷-云开-台湾造山系（Ⅰ级）五指山岩浆弧（Ⅱ级）和印支地块（Ⅰ级）三亚被动陆缘（Ⅱ级）两大地质构造单元。绝大部分已知的银矿化分布于五指山岩浆弧（Ⅱ级）的五指山褶冲带内	必要
	大地构造位置	欧亚板块、印度-澳大利亚板块和菲律宾板块（西太平洋）的交汇部位	必要
	成矿区带	属华南成矿省（Ⅱ-16）海南 Fe、Cu、Co、Mo、Au、Pb、Zn 水晶成矿带（Ⅲ-90）	必要
区域成矿地质环境	区域构造类型	主要为北北东向和北西向两组断裂，其次为北北东，北西和近东西向三组构造破碎带	重要
	赋矿岩体单元	长塘岭单元（$\eta\gamma^{ch}P_2$）、两院单元（$\eta\gamma^{l}T_1$）	重要
	赋矿岩石	中粗粒斑状黑云母二长花岗岩、中细粒黑云母二长花岗岩	重要
	赋矿岩脉	石英脉，石英-煌斑岩脉、煌斑岩脉	必要
	侵入岩时代	燕山晚期	必要
	区域控矿构造	主要有北西向、北北东向两组，均为控矿、导矿断裂构造	必要
区域成矿地质特征	区域成矿类型和成矿期	南报式石英脉型银矿；燕山晚期	必要
	南报式石英脉型银矿床主要成矿要素	围岩蚀变：主要有硅化、绢云母化、黄铁矿化、绿泥石化、高岭土化和碳酸盐岩化。其中黄铁矿化与金银矿化关系密切	重要
		矿体形状、产状：矿体形态总体呈脉状，沿走向有明显膨胀缩小现象，局部有复合，尖灭再现现象；倾向北北西、南东或南西，倾角 35°~85°	重要
		矿石类型：按氧化程度，矿石分为氧化矿石和原生矿石两种类型。氧化矿石矿物成分为石英，高岭石、褐铁矿、金银矿物等；原生矿石主要有含银金石英脉型，含银金构造角砾岩，次为含银金煌斑岩型和含银金石英-煌斑岩复合脉型。其中银金最富集的是含银金石英脉型	重要
		矿石矿物：矿石矿物有自然金，自然银、银金矿、辉银矿、黄铁矿、银黝铜矿和褐铁矿等。脉石矿物有石英、绢云母、绿泥石、高岭石、方解石等	重要
		矿石结构构造：他形粒状结构、溶蚀交代结构，包含结构和碎裂结构；浸染状构造，斑点状构造，脉状构造，角砾状构造和块状构造	重要
物化遥自然重砂异常特征	重力异常	在儋县-南丰-蓝洋农场地区出现一个封闭的长轴状重力低异常。由于受东西向断裂带影响，使重力低异常的轴向为东西向，推测该异常是由沿断裂带侵入的隐伏岩体所引起；海头-琼中、琼中-万宁两个扭变梯级带组成一条北西向的重力异常变化带。其东北侧是以梯度变化带和叠加在区域重力场背景上的局部重力异常为主	重要
	化探异常	Ag 异常较多，大部分与 Pb、Zn 异常伴随出现，但规模较大，如昌化大岭和银孔岭一带，银为主要成矿元素之一	重要
	航磁异常	王五-文教航磁 ΔT 异常带由一系列正、负伴生的局部航磁异常组成，异常表现为南正北负，主要异常有松鸡异常和岭南异常	次要
	遥感解译	1∶50 万遥感解译出现由南北向断裂和北东向断裂组成的菱形块体	次要
	自然重砂异常	预测工作区内相关矿物异常，共有砷、汞、铅锌、自然金、自然银、钨矿物等，多数自然银与自然金、铅锌异常共生	重要

1. 预测要素

海南省海南岛预测工作区南报式脉型银矿主要预测要素如下：

1）赋矿岩石：长塘岭单元（$\eta\gamma^{ch}P_2$）、两院单元（$\eta\gamma^{l}T_1$）黑云母二长花岗岩以及上石炭统青天峡组（C_2q）石英角岩、二透石英角岩、下二叠统峨查组（P_1e）变质粉砂岩；

2）控矿构造：NW 向、NNE 向断裂以及 NW、NNE、近 EW 向构造破碎带；

3）成矿时代：燕山晚期；

4）大地构造单元：武夷-云开-台湾造山系（Ⅰ级）五指山岩浆弧（Ⅱ级）五指山褶冲带（Ⅲ级）五指山岩浆弧（Ⅳ级）；

5）大地构造位置：横跨武夷-云开-台湾造山系（Ⅰ级）五指山岩浆弧（Ⅱ级）和印支地块（Ⅰ级）三亚被动陆缘（Ⅱ级）两大地质构造单元。绝大部分已知的银矿化分布于五指山岩浆弧（Ⅱ级）的五指山褶冲带内；

6）区域构造类型：表现为 NW、NNE 向断裂构造；

7）地球物理特征：重力、航磁；

8）地球化学特征：Au、Ag、Pb、Zn 化探异常；

9）重砂异常特征：Au、Ag 和 Pb、Zn 异常分布区。

2. 矿床预测模型

在综述上述预测要素基础上，采用 GIS 技术从各课题组底图中获取要素信息，并以点、线、面形式进行表达。据此，共提取了侵入岩体、地层、断裂构造、已知矿床（点）、化探的 Ag、Au、Pb、Zn 异常等信息。建立了海南省海南岛南报式脉型银矿预测工作区预测模型（图 4-4-18）。

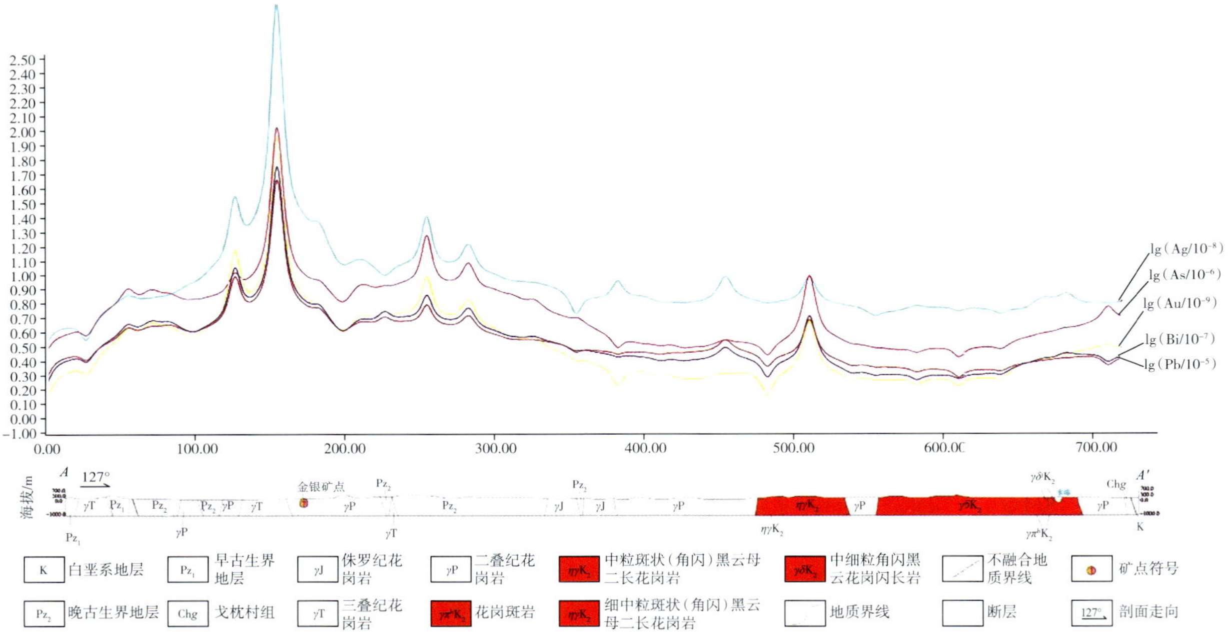

图 4-4-18 海南省海南岛南报式脉型银矿预测工作区区域预测模型图

第五节 多矿种综合预测区特征

区带内共圈定多矿种综合预测区 13 个，其中 A 级综合预测区 8 个，B 级综合预测区 4 个，C 级综合预测区 1 个。涉及的矿种有重晶石、银、钨、钼、铁、铜、金、铅、锌、稀土、硫、萤石、钼等。见图 4-5-1、表 4-5-1。

表 4-5-1　琼西结合带Ⅳ级成矿区带综合预测区概况表

综合预测区编号	综合预测区名称	矿种：500m 以浅预测资源量	矿种：1000m 以浅预测资源量	矿种：2000m 以浅预测资源量	查明资源量	可利用资源量	地质评价
4	仁村综合预测区	重晶石：94×10^4t	重晶石：94×10^4t	重晶石：94×10^4t	重晶石：0	重晶石：94×10^4t	地表出露有峨查组含重晶石硅质岩，工作程度不高，找矿潜力大
5	南坤园综合预测区	银：5. 432t	银：5. 432t	银：5. 432t	银：0	银：5. 432t	具有化探、构造、岩体并已经发现矿点，找矿潜力相对较大
6	兰洋综合预测区	钨：11914. 7t； 银：60. 186t	钨：11914. 7t； 银：60. 186t	钨：11914. 7t； 银：60. 186t	钨：811. 1t； 银：12. 021t	钨：3215. 4t； 银：59. 394t	有典型矿床，钨矿成矿条件较好。银矿成矿条件一般
11	邦溪综合预测区	金：31194kg； 银：1. 764t	金：31194kg； 银：1. 764t	金：32262kg； 银：1. 764t	金：1068kg； 银：0	金：31194kg； 银：1. 764t	金具有良好的成矿条件，银有一定的找矿潜力，总体找矿潜力小
12	先西-道隆综合预测区	银：9. 901t	银：9. 901t	银：9. 901t	银：0	银：9. 901t	具有构造、地层并已发现矿点，总体找矿潜力一般
13	叉河-石碌综合预测区	铅锌：18291t； 钼：2013t	铅锌：18291t； 钼：2432t	铅锌：18291t； 钼：2432t	铅锌：0； 钼：0	铅锌：13271t； 钼：515t	铅、锌成矿条件较好，钼矿找矿潜力一般
14	石碌综合预测区	铁：588×10^4t； 铜：50912t； 硫：62×10^4t； 银：67. 768t； 重晶石：3.8×10^4t	铁：26165×10^4t； 铜：115002t； 硫：444×10^4t； 银：67. 768t； 重晶石：10.7×10^4t	铁：29846×10^4t； 铜：161746t； 硫：724×10^4t； 银：67. 768t； 重晶石：15.8×10^4t	铁：4633×10^4t； 铜：111125t； 硫：514×10^4t； 银：67. 768t； 重晶石：4.8×10^4t	铁：6532×10^4t； 铜：50912t； 硫：62×10^4t； 银：33. 067t； 重晶石：3.8×10^4t	已发现大型铁矿床，且查明了铜钴银硫重晶石多金属矿，目前正在开采，外围开始找矿突破，找矿潜力很好

续表

综合预测区编号	综合预测区名称	矿种：500m以浅预测资源量	矿种：1000m以浅预测资源量	矿种：2000m以浅预测资源量	查明资源量	可利用资源量	地质评价
15	坝王岭综合预测区	稀土：27498t	稀土：27498t	稀土：27498t	稀土：27119t	稀土：0	成矿条件好，找矿潜力大
16	二甲综合预测区	金：322101kg； 银：28.084t； 萤石：57×10^4t	金：352482kg； 银：28.084t； 萤石：57×10^4t	金：352482kg； 银：28.084t； 萤石：57×10^4t	金：54008kg； 银：0； 萤石：57×10^4t	金：352482kg； 银：28.084t； 萤石：57×10^4t	金矿位于戈枕成矿带上，成矿条件好； 银矿有一定的找矿潜力； 萤石找矿条件一般
17	尖雅-王下综合预测区	金：19512kg； 银：26.882t； 铅锌：825305t； 萤石：287×10^4t	金：24245kg； 银：26.882t； 铅锌：825305t； 萤石：287×10^4t	金：24245kg； 银：26.882t； 铅锌：825305t； 萤石：287×10^4t	金：4163kg； 银：0； 铅锌：24824t； 萤石：0	金：24245kg； 银：23.337t； 铅锌：148440t； 萤石：199×10^4t	金银矿找矿潜力一般；铅锌找矿潜力好；萤石找矿潜力较大。总体找矿潜力较好
18	黑眉综合预测区	铅锌：68230t； 钨：4038.7t； 钼：14304t	铅锌：68230t； 钨：4038.7t； 钼：23329t	铅锌：68230t； 钨：4038.7t； 钼：23329t	铅锌：807t； 钨：1654.8t； 钼：2164.2t	铅锌：68230t； 钨：14880.2002t； 钼：23158t	有铅锌矿点和钨钼矿床，成矿条件好，总体找矿潜力好
19	尖峰岭综合预测区	稀土：173733t	稀土：173733t	稀土：173733t	稀土：72978t	稀土：101044t	成矿条件好，找矿潜力大
20	抱界综合预测区	铅锌：14934t； 钨：16081.2t； 银：2.111t； 钼：14977t； 萤石：5.5×10^4t	铅锌：14934t； 钨：16081.2t； 银：2.111t； 钼：31183t； 萤石：5.5×10^4t	铅锌：14934t； 钨：16081.2t； 银：2.111t； 钼：31183t； 萤石：5.5×10^4t	铅锌：0； 钨：0； 银：0t； 钼：1729t； 萤石：0×10^4t	铅锌：14934t； 钨：7446.9t； 银：1.838t； 钼：31183t； 萤石：5.5×10^4t	钨、钼成矿条件较好，其余矿种找矿条件一般

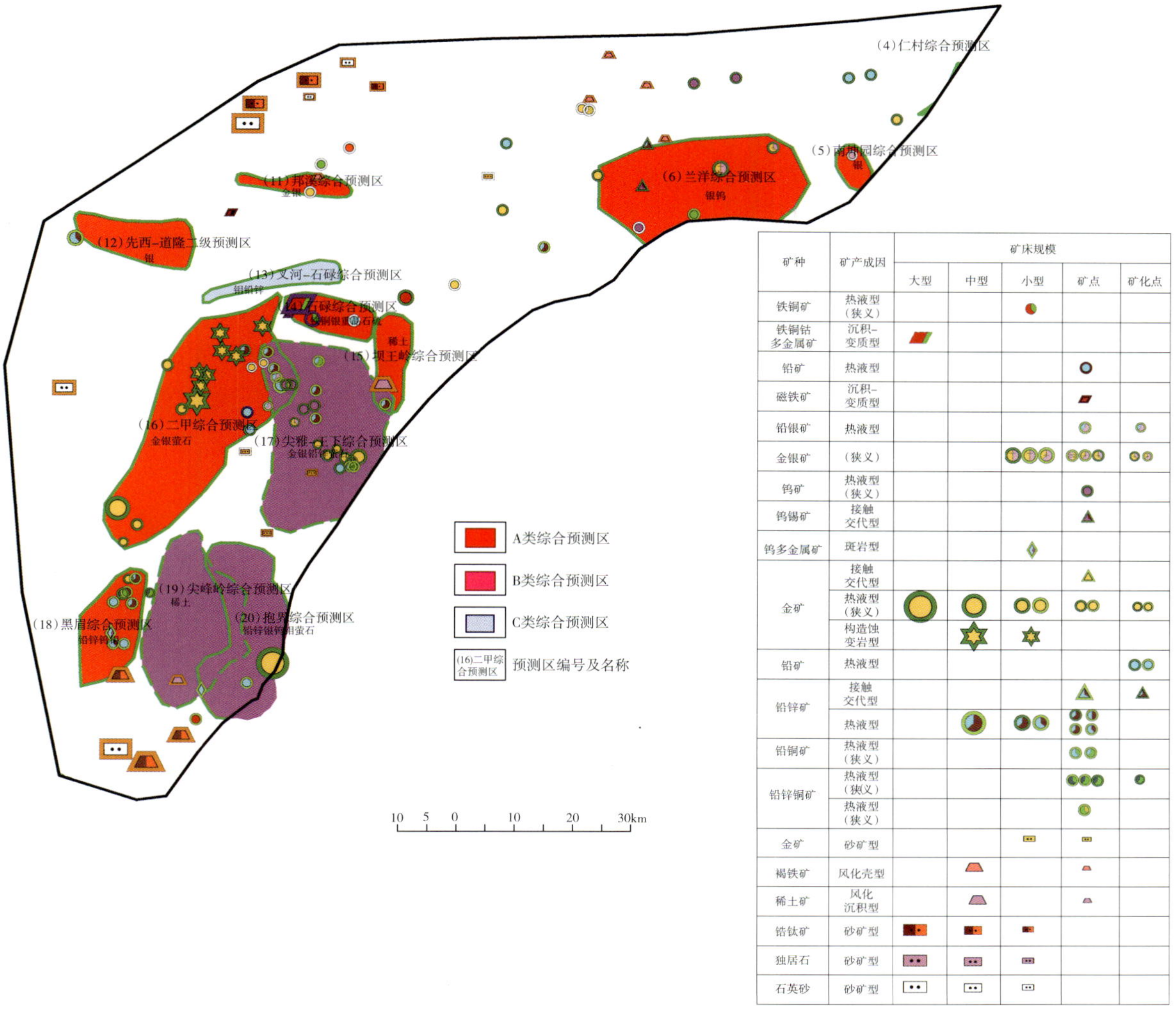

图 4-5-1　琼西结合带Ⅳ级成矿区带综合预测区分布图

一、综合预测区分布情况

综合预测区主要分布在区带的西部。金、银、铅、锌组合综合预测区主要分布在二甲-不磨、尖峰-王下、邦溪一带，有二甲综合预测区、尖峰-王下综合预测区及邦溪综合预测区；铁、铜、银、重晶石、硫组合综合预测区主要分布在昌江石碌一带，有石碌综合预测区；钨、钼综合预测区主要分布在黑眉岭一带，银、钨、重晶石综合预测区主要分布在儋州仁村、蓝洋、南坤园一带。稀土矿综合预测区主分布在尖峰、坝王岭一带。

二、主要综合预测区特征

1. 仁村重晶石综合预测区

综合预测区位于冰岭重晶石矿床的北西，出露该地区的重晶石赋矿层为二叠系峨查组，地层内含重晶石硅质岩发育，走向延长大，厚度稳定，且对应的 Ba 元素异常发育，地貌为具陡坡的低山，与该类型典型矿床冰岭的成矿地质条件极为相似。综合预测区内预测资源量为 9.4×10^4t，具有小型重晶石矿床规模。

2. 南坤园银综合预测区

综合预测区位于琼西结合带与五指山岩浆弧的结合带部位，综合预测区内构造发育，主要有南坤园褶皱构造，北东向的区域性谭爷门断裂构造，北西向断裂构造发育，主要出露地层为二叠系峨查组。综合区内及外围，岩浆岩多期次侵入，大面积分布。综合预测区范围银、金异常发育，与邻近的南报银矿典型矿床的赋矿地层、控矿岩浆岩、控矿断裂构造及银、金异常特征非常接近，具有良好成矿地质条件。

3. 兰洋钨、银综合预测区

综合预测区位于兰洋钨锡多金属矿集区内，区内发育有与银、金矿成矿关系密切的志留系、二叠系地层，岩浆岩多期次侵入，南北向、北东向、北西向断裂构造发育，区内 W 元素异常发育，并与已发现的兰洋钨矿对应较好。综合预测区具有良好的成矿地质条件。综合预测区内已查明钨资源量 811t、银资源量 12t，预测钨资源量 11914t、预测银资源量 60t。

4. 邦溪金、银综合预测区

综合预测区位于北东向区域性断裂构造金波断裂带内，区内断裂构造发育、岩浆岩多期次侵入，综合预测区及邻区出露古生界地层，区内金、银元素异常具有二级浓度分带。综合预测区内已发现有小型金矿床 1 处，查明资源储量 1068kg，本次预测资源量金 32262kg、银 1. 7t。

5. 叉河-石碌银、钼综合预测区

综合预测区内岩浆岩多期次侵入，断裂构造发育，区内已发现有小型铅锌矿床，查明铅加锌资源储量 13271t。本次预测铅加锌资源量 18291t、钼 2432t。

6. 石碌铁、铜、银、硫、重晶石综合预测区

综合预测区分布在区带西部石碌铁铜钴银硫重晶石矿集区中，为大型的石碌铁矿深部及外围，综合预测区含矿、赋矿地层石碌群发育，最近新发现有向斜构造和新的矿体，成矿地质条件非常好，尚具有较大找矿前景。综合预测区内已查明铁矿石资源储量 463×10^{4}t、铜金属资源储量 111125t、硫 51×10^{4}t、银金属 67.768×10^{4}t、重晶石 4.8×10^{4}t。综合预测区内预测铁矿资源量 2985×10^{4}t（矿石）、铜金属预测资源量 161746t、硫 72×10^{4}t、银 67t、重晶石 157t。

7. 二甲金、银综合预测区

综合预测区位于北东向戈枕金矿矿集区，区内已发现金矿床点达 15 个，查明金资源储量 54008kg、银资源储量 28t、萤石（氟化钙）5.7×10^{4}t。区内金矿源层大面积分布，断裂构造发育，并以戈枕韧性剪切带为最主要的控矿构造。区内近期不断有新的突破，成矿地贡条件好。综合预测区内预测金资源量 352482kg、银资源量 28t。

8. 尖峰-王下金、银、锌、萤石综合预测区

综合预测区位于区带西部的尖峰至王下一带，区内与金矿成矿关系密切的志留系、二叠系地层大面积出露，近水平、北西、北东向断裂构造发育，区内已发现多处矿产地，查明资源储量 4163kg、银 23. 33t、锌 148440t、萤石 20×10^{4}t。区内金、银元素地球化学异常发育，综合预测区成矿地质条件好。本次工作预测金资源量 24245kg、银 27t、锌 825305t、萤石 29×10^{4}t。

9. 尖峰稀土综合预测区

区内三叠纪花岗岩大面积分布，风化强烈，已发现有抱汶岭稀土矿床，查明稀土矿资源储量 72978t。本次工作预测稀土矿资源量 173733t。

第六节　多矿种综合靶区部署建议

根据上述对区内资源情况及成矿地质条件的分析，区带内成矿地质条件较好、找矿潜力较大的综合预测区主要有：石碌铁、铜、银、硫、重晶石综合预测区、二甲金、银综合预测区、尖峰-王下金、银、锌、萤石综合预测区、兰洋钨、银综合预测区及尖峰稀土综合预测区。

根据海南省国际旅游岛建设要求、海南省生态省建设要求及海南省矿产资源已有的勘查工作程度，建议对石碌铁、铜、银、硫、重晶石综合预测区、二甲金、银综合预测区、尖峰-王下金、银、锌、萤石综合预测区及兰洋钨、银综合预测区设立国家级或省级整装勘查区进行矿产资源调查评价工作，工作程度为预查-普查，局部可开展详查工作，增加新矿产地。

第五章　白沙陆内盆地萤石、金、铅Ⅳ级成矿区带预测成果

第一节　区域地质背景

区带以广泛发育盆地沉积为特点，主要出露长城系、奥陶系、二叠系、白垩系、新近系和第四系，长城系为角闪岩相变质和深层次变形，奥陶系为低绿片岩相变质和中深层次变形。分布有二叠纪、三叠纪、侏罗纪、白垩纪等中生代花岗岩。二叠纪、三叠纪花岗岩发育走向北东的线理和面理构造，生成于同造山期—晚造山期；侏罗纪、白垩纪岩体定向组构不发育，形成于离散环境，并往往受多方向断裂的控制，导致岩体平面中常呈不规则长条状分布。区内构造线以北东向为主，并被后期多方向断裂的切割和改造。见图 5-1-1。

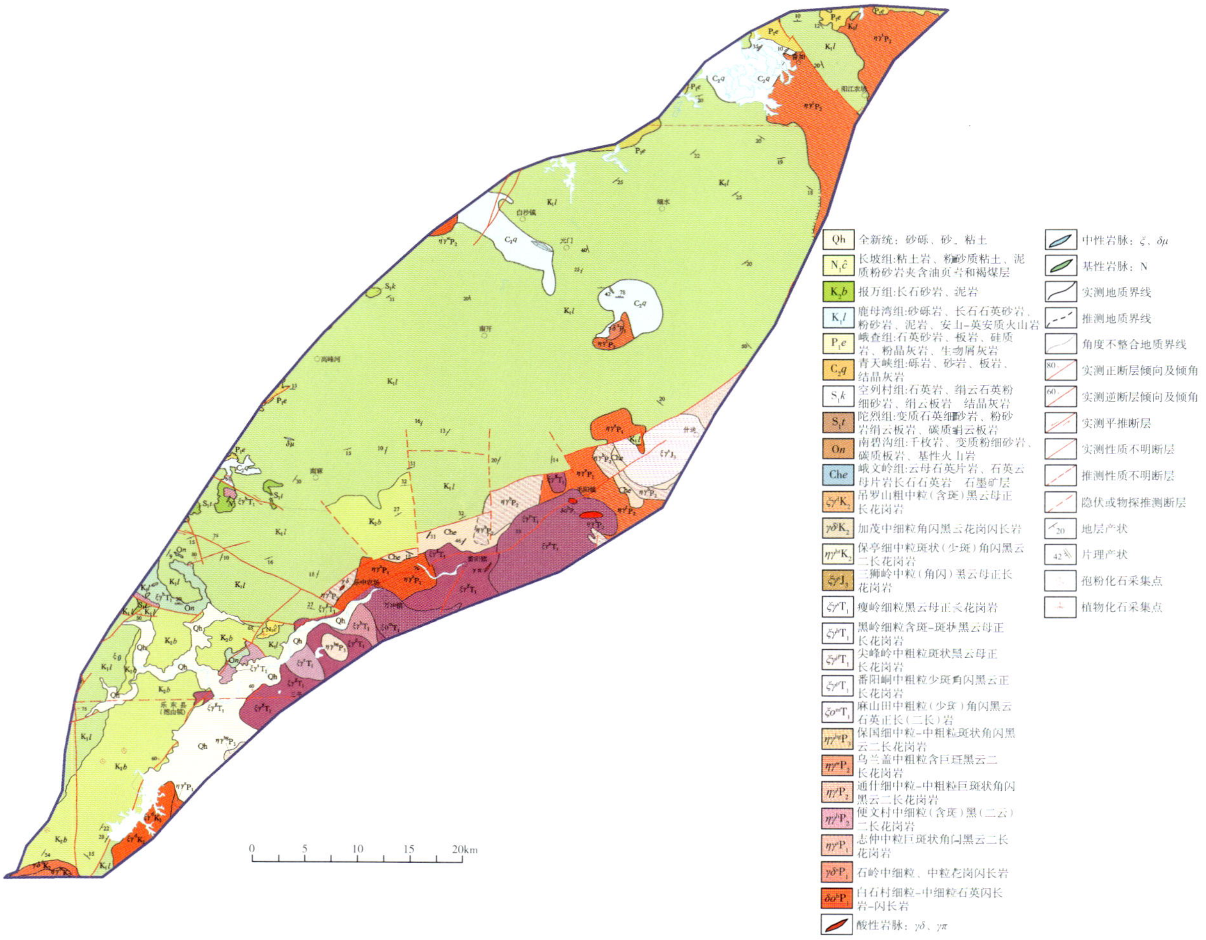

图 5-1-1　白沙陆内盆地Ⅳ级成矿区带地质图

一、地层

根据海南岛地层元素分布特征，在分布的抱板群中 Au、Pb、Bi、Ag，南碧沟组中 Au、Ag、Sb、W，志留系中 Au、Cu、W、As、Sb，石炭系中 Au、As、Sb、W，二叠系中 Au、Cu、As、Sb，白垩系中 Zn、Ag、Cu、U、W、Co 等元素平均含量也高于全岛其他地层相同元素的平均值。

抱板群不仅是岛内金矿的主要矿源层，而且还是石墨矿的赋存层位；古生界中多金属元素含量也较高，与已知多金属矿床点的分布关系密切；长坡组控制褐煤油页岩的分布。

1. 中元古界

中元古界长城系抱板群（Ch*B*）：抱板群是省内出露最老的地层，由一套中深变质的变质片麻岩类、片岩类及石英岩类组成，厚度大于 3562m。区带内毛阳镇一带小面积出露峨文岭组。

峨文岭组（Ch*e*）：以云母石英片岩、石英云母片岩为主，夹数层长石石英岩及石墨矿层，厚度大于 1181m，与上覆青白口纪石碌群或奥陶纪南碧沟组呈断层接触。抱板群是金矿的重要矿源层，抱板群上部的峨文岭组则是省内唯一的石墨矿含矿层位。

2. 下古生界

（1）奥陶系南碧沟组

岩性以云母石英片岩、千枚岩、绢云母板岩为主，夹变质粉细砂岩、碳质板岩；中上部夹基性火山熔岩及基性火山碎屑岩。厚 3151m。与下伏寒武纪美子林组接触关系不清，与抱板群普遍呈断层接触，与上覆早志留世陀烈组呈整合接触。

（2）志留系

志留系仅在五指山地层分区发育。有下志留统陀烈组、空列村组和中志留统大干村组、靠亲山组及上志留统足赛岭组。

陀烈组（S_1t）：整合于南碧沟组之上、空列村组之下。下段为变质石英细砂岩、绢云母板岩夹灰岩透镜体、绢云母千枚岩；中段以碳质绢云母板岩为主夹变质粉砂岩及含碳质千板岩；上段为千枚岩、绢云母板岩夹变质粉砂岩条带。产几丁虫及微古植物化石，厚约 1144~2843m。

空列村组（S_1k）：整合于陀烈组之上、大干村组之下。底部石英岩，往上为绢云母板岩与变质绢云母石英粉细砂岩互层，夹结晶灰岩。厚约 855m。

3. 上古生界

（1）石炭系

主要出露上石炭统青天峡组。

青天峡组（C_2q）：为板岩、砂质板岩与石英砂岩不等厚互层，底部为细砂岩夹板岩、条带状结晶灰岩。厚约 101m。

（2）二叠系

主要出露下二叠统峨查组。

峨查组（P_1e）：为石英砂岩与板岩、砂质板岩不等厚互层，底部生物屑微晶灰岩夹硅质岩。产腕足类、牙形石、蜓类及海百合化石，厚度 56~1001m。与下伏青天峡组板岩整合接触，顶部为细砂质板岩与上覆鹅顶组灰岩整合接触。

4. 中生界

中生界出露白垩系鹿母湾组和报万组。

鹿母湾组（K_1l）：下部以紫、紫红、紫灰色砂砾岩、含砾长石石英砂岩为主，夹泥质、铁质粉砂岩和泥岩；上部紫色间灰绿色长石石英细、粉砂岩夹钙泥质粉砂岩、粉砂质泥岩。常夹安山-英安质火山岩。与上覆报万组整合接触，底界以砂砾岩与下伏花岗岩呈不整合接触。

报万组（K_2b）：主要为长石砂岩，中下部夹少量粉砂岩、钙质泥岩，中部夹少量砾岩。未见顶。

5. 新生界

新近系长坡组（N_1c）：隐伏于海口地层小区，为陆相含煤沉积。以灰、蓝灰色黏土岩、粉砂质黏土岩、泥质粉砂岩为主，夹灰色钙质含油页岩和褐煤层，底部见杂色砾岩、砂砾岩、泥质中粗砂岩。厚度331~294m。与上覆晚中新统灯楼角组呈平行不整合接触，与下伏鹿母湾组呈不整合接触。长坡组控制了长坡大型油页岩矿床及中型褐煤矿床。

第四系全新统：为河流Ⅰ级阶地、河漫滩冲积层、洪冲积层及洞穴堆积。岩性为砾石、含砾粗砂、砂、砂质黏土等，洞穴堆积为钙质黏土夹碳质黏土。

二、构造

区带内断裂构造发育，并对区内成矿具有控制作用。

1. 主要构造特征

（1）东西向构造形迹

东西向构造形迹，从北往南有王五-文教构造带、昌江-琼海构造带、尖峰-吊罗构造带、九所-陵水构造带。

Ⅰ. 昌江-琼海构造带（F_2）

位于北纬19°05′—19°25′左右，横贯东方、昌江、白沙、琼中、屯昌和琼海等县市。它是一条规模巨大以断裂带为主夹有近东西向褶皱带的断褶构造带，其延伸方向上，时隐时显，断续延长达200km以上。在该构造带上分布有一系列东西向断裂带；分布有中生代昌化江盆地、白沙陆内盆地和阳江盆地；分布有海西期、印支期、燕山期的花岗岩体组成一条近东西向展布的花岗岩穹隆构造带；卷入该构造带中的长城系抱板群形成的抱板褶皱带、青白口系石碌群和震旦系石灰顶组形成的石碌褶皱带、古生界志留系和石炭系及二叠系形成的褶皱构造，是该构造带分别在晋宁、广西和海西等不同时期遭受挤压活动的产物。

构造带可能在中元古代初期就以坳陷带出现，曾导致幔源基性岩浆侵入，还沉积了巨厚的抱板群和石碌群，晋宁运动使它们形成褶皱带，构成了海南岛的基底构造。加里东期明显的石碌褶皱带与上覆的石炭系和二叠系不整合接触，该构造带继续遭受挤压，形成东西向褶皱带和断裂带。海西期该构造带仍发生挤压活动，形成一些褶皱带和断裂带，断裂带有的深达30余千米，引起幔源岩浆沿断裂侵入分异形成闪长岩体。印支期和燕山期，该构造带仍有强烈活动，导致岩浆侵入体充满断裂带构成一条巨大的东西向花岗岩穹隆构造带。喜马拉雅期至近期该构造带仍有活动，白沙县光雅和琼海市官塘等温泉沿构造带分布。

Ⅱ. 尖峰-吊罗构造带（F_3）

位于北纬18°40′—18°52′左右，横贯乐东、通什、保亭、陵水和万宁等县市，东西长约190km，主要由感城-万宁断裂带和尖峰-吊罗断裂带等一系列东西向断裂带组成。该构造带分布有海西期二长花岗岩和花岗闪长岩、闪长岩，印支期钾长花岗岩和二长花岗岩，燕山期辉长岩、钾长花岗岩、二长花岗岩和花岗闪长岩，组成一条巨大的东西向花岗岩穹隆构造带。沿该构造带展布范围内的花岗岩体中都见到有东西向破裂面构成的挤压破碎带。这些现象说明该构造带中海西期、印支期和燕山期有强烈活动，并表现为压性或扭压性特征。

构造带可能早在加里东期就已形成，并控制了该构造带北侧古生界的沉积。海西期继续活动，形成东西向断裂带。印支期和燕山期，该构造带强烈活动，导致印支期和燕山期岩体的多次侵入，并且使岩体发生强烈的挤压破碎，形成了东西向褶皱带和断裂带。新生代以来的活动主要表现对山川地势的控制作用，使沿该断裂带分布的尖峰岭、七指岭和吊罗山等山脉呈东西向分布，该构造带有多处温泉，保亭新村和万宁县兴隆地热田的分布。

（2）北东向构造形迹

区内北东向褶皱和断裂构造十分发育。主要分布在盆地边缘，部分分布于盆地中。

潭爷断陷构造带（F7）：北起澄迈，往西南经儋州、琼中、白沙、乐东一带，总体方向为北东25°~30°延伸，长约180km，宽20~30km。由白沙拗陷带的东、西两侧的断裂带及夹于其中的白垩纪白沙陆内盆地、南门营盆地组成。西侧的断裂带有新开田-抱界断裂带（北段为新开田-大炎新村断裂，南段为抱界断裂和坝毫山-铁弯岭断裂），是白沙断陷带与抱板逆冲带的分界；东侧断裂带有乐东-黎母山-文儒断裂带（北段为黎母山-文儒断裂、中段为黎母山-什运断裂、南段为连环岭-马形岭断裂），是白沙断陷带与五指山岩浆带的分界。沿这些断裂带断续可见几十米宽的挤压破碎带，形成硅化角砾岩、糜棱岩，并有燕山晚期岩脉或石英脉和萤石石英脉充填，是控制萤石矿床的主要断裂带。这些断裂带还控制白垩系沉积，形成白垩纪断陷盆地，沉积了厚达2500多米的红色粗碎屑岩建造。

（3）南北向构造形迹

琼中南北向构造带（F15）：位于东经109°25′-109°42′左右，纵贯儋州、临高、白沙、琼中、通什、保亭、三亚等市县。由走向南北的褶皱带、断裂带和岩浆岩带（岩体、岩脉群）等组成。该构造带由北往南，在北段发育有南北向洛基-南丰断裂带，沿断裂带有石英脉群充填，还有洛基火山岩喷发，在南丰一带分布有含金石英脉金矿；在中段分布有元门-鹦歌岭断裂带、细水-什运断裂带，在什运一带的断裂破碎带，广东区测队称为风模断层。沿断裂带在元门一带充填有南北向钠长斑岩脉及充填有元门岩体；在南段分布有番阳-高峰断裂带、毛阳-荔枝沟断裂带，在什运风模断层带南端与几十千米长的南北向燕山期牙落花岗斑岩体相接。在该段南北向断裂带中，还分布有南北向延伸的燕山期岩体和充填有南北向花岗斑岩脉及石英脉带。在荔枝沟一带的石英脉中分布有铅锌矿。

2. 构造控矿作用

北东向断裂构造：盆地边缘及盆地中断裂带控制着燕山期花岗岩脉和石英脉矿化有关的钨、锡、铅、锌、萤石矿床的分布。

三、侵入岩

区带内岩浆岩主要沿盆地边缘多期次侵入，有二叠纪、三叠纪、侏罗纪及白垩纪的侵入岩，岩性以正长花岗岩、二长花岗岩为主。

根据海南岛岩浆岩地球化学参数特征，海西期花岗岩中Pb、Sn、Bi、Be、Sr、U、Th，印支期花岗岩中Pb、Sn、Mo、Bi、U、Th，燕山期花岗岩中U、Th、Pb、Sn、W、Mo、La、Y，燕山晚期中—酸性火山岩中W、Mo、U、Th、La等元素的平均含量均高于全岛相同元素的平均值。其中海西期、印支期花岗岩Au的平均含量等于全岛Au元素的平均值，与已知分布的金矿床的成矿作用有密切的关系。

与I型花岗岩的海西期侵入体的中心和边缘部接触地带及其旁侧基底隆起区边缘的构造岩浆岩带控制着铁、铜、钼、铅、锌、金、银、硫铁、水晶、萤石、稀土等矿产的分布；与S型花岗岩的侵入体的中心和边缘部接触带及其旁侧基底隆起区边缘的构造岩浆带控制着钨、锡、金、银、铌、钽、稀土、铅、锌、水晶、萤石等矿产的分布。

四、变质岩

区带内出露的变质岩有区域变质岩、动力变质岩及气-液蚀变岩。

1. 区域变质岩

中—新元古界和古生界遭受不同期次、不同程度的区域变质作用，而中生界和新生界未发生区域变质。根据地层时代、变质强度及构造事件，将区域变质地质体划分为三个构造层次。

第一层次为中元古界抱板群峨文岭组，原岩为泥质岩、砂岩、泥碳，局部夹有钙碱性中酸性火山岩。受区域动力热流变质作用，发生低角闪岩相区域变质，伴有以固态流变为主的深构造相塑性变形。具体岩性为二云母石英片岩、石英二云母片岩、长石石英片岩、石英岩、浅粒岩、变粒岩等。

第二层次为下古生界，原岩为泥质岩、砂岩、灰岩、凝灰岩、中基性火山岩、泥碳等。发生低绿片岩相（黑云母带）区域变质，伴有以固态流变和褶皱构造为主的中深构造相塑性变形。岩石类型有变质粉砂岩、变质砂岩、板岩、千枚岩、大理岩、石英岩、片岩、变质沉凝灰岩、变质凝灰质碎屑岩、变质基性火山熔岩等。变质矿物有石英、绢云母、白云母、黑云母（雏晶）、绿泥石、阳起石、绿帘石、方解石、透闪石等。变质作用类型为区域低温动力变质作用。

第三层次为上古生界，原岩为泥质岩、砂岩、砾岩、灰岩。受海西运动影响，遭受低温动力变质作用，发生低绿片岩相（绢云母带）区域变质，伴有以褶皱构造为主的中浅构造相变形。岩石类型有变质粉砂岩、变质砂岩、变质砂砾岩、变质砾岩、板岩、绢云千枚岩、大理岩、透辉透闪石岩等，变质矿物主要为石英、绢云母、绿泥石、白云母、方解石、透闪石，未见黑云母出现。

2. 动力变质岩

动力变质岩主要出现在各种脆性断裂中，严格受断裂带控制。

以脆性变形为特征，可分为压碎角砾岩类和碎裂岩类。前者为原岩发生破碎形成，岩石类型有构造角砾岩及构造圆化角砾岩；后者以压碎变形为主，岩石未具定向组构，岩石类型有碎裂岩化岩石、碎裂岩、碎斑岩、碎粒岩。

3. 气-液蚀变岩

主要沿断裂带与动力变质岩相伴出现，部分岩体和火山岩中见有少量出露。根据岩石受蚀变作用的强弱程度分为强蚀变岩和弱蚀变岩石。前者受蚀变作用较强，岩石类型有绢英岩、硅化岩、绢云绿帘石岩、云英岩等。后者受蚀变作用较弱，原岩的结构、构造基本保留，只是主要造岩矿物发生不同程度的结晶及蚀变，主要有硅化、绿泥石化、绢云母化、黄铁矿化、云英岩化、碳酸盐岩化、绿帘石化、阳起石化、蛇纹石化、钠黝帘石化、钠长石化等。

第二节　区域矿产特征

区带内已发现中型的琼中县什统萤石矿、小型的番阳镇布伦萤石矿、乐东县志爱山萤石矿等 4 个萤石矿点，以及 2 个金矿点、3 个铅锌矿点和钨、锡、水晶、重晶石等矿点。萤石矿主要沿盆地东缘断裂带分布并受其控制，与岩浆热液作用及碳酸盐岩岩层有关，成矿时代为燕山期；金矿点、铅锌矿点主要分布在盆地中，受北东向的断裂构造控制，成矿与岩浆热液有关，成矿时代为燕山期。钨、锡、水晶、重晶石等矿产主要与印支期侵入岩有关。

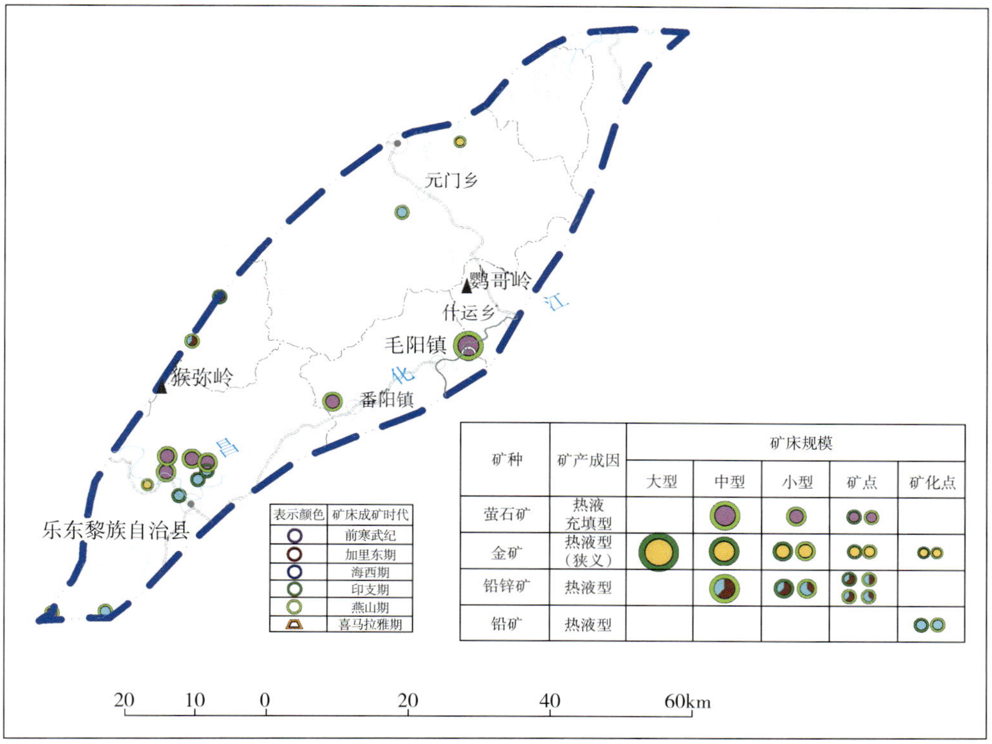

图 5-2-1　白沙陆内盆地萤石、金、铅、钨Ⅳ级成矿区带矿产分布图

第三节　地球物理、地球化学、遥感、自然重砂特征及推断成果

一、地球物理特征及推断成果

1. 航磁特征

区内磁场变化趋势总体上为北高南低、西高东低之特征（图 5-3-1），异常幅值为-125~250nT，区内高值异常主要位于南棍园—潘加镇—白沙县城、南针岭—芳芒老村—南丰田、付光新村—山荣农场一带，其最大值为 500nT，航磁负异常处于奋步—潘阳畜牧场、青松镇北侧—白沙镇南侧、乐东县—乐光农场一带，其最小值为-250nT。区内分布有蓝洋异常带、南棍园-潘加异常带、青松-芳芒老村异常带。

1）蓝洋异常带：位于儋州市蓝洋与南丰之间，松涛水库的北东侧，此带分布有 5 个航磁异常。这些局部异常是区域负磁场背景上显示出来的。它们均位于石炭纪青天峡组组成的蓝洋向斜中及二叠纪峨查组组成南棍园向斜的西南部，石炭纪青天峡组主要岩性为砾岩、砂岩、板岩、结晶灰岩。二叠纪峨查组主要岩性为石英砂岩、板岩、硅质岩、粉晶灰岩、生物屑灰岩。上述岩性中均为无磁性或弱磁性，据地面查证资料，此处的石炭纪青天峡组、二叠纪峨查组地层中含有磁黄铁矿化，因此，上述航磁异常与磁黄铁矿化有关。

2）南棍园-潘加异常带：在南棍园—黄岭农场西侧—潘加一带分布有一条北东向的航磁异常带，该航磁异常带由 M-Ⅴ-8、M-Ⅴ-9 等组成北东向长条状的异常带，该异常带为南棍园向斜在

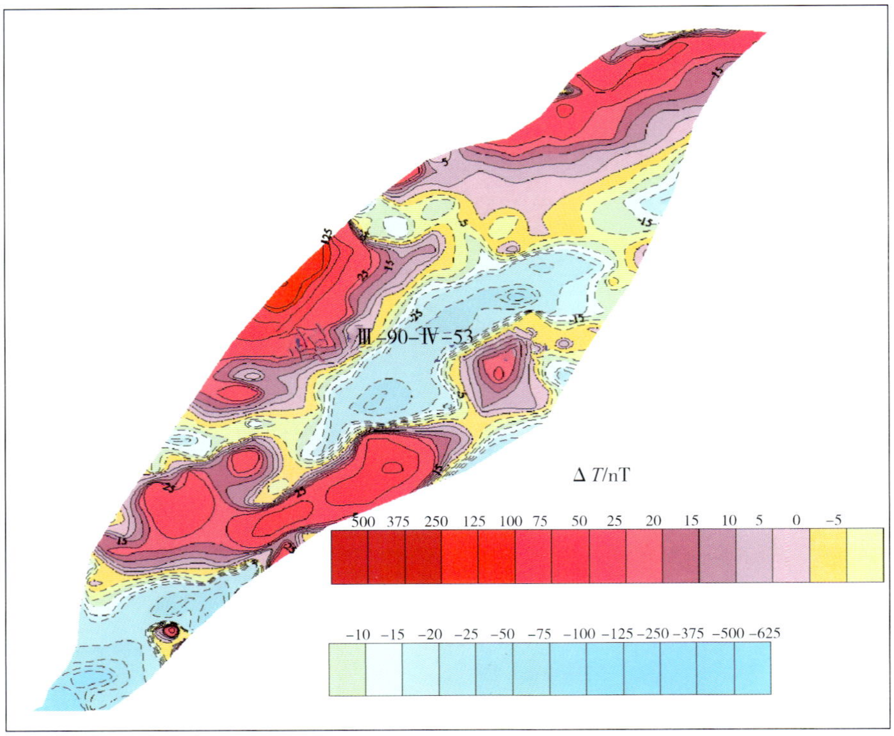

图 5-3-1　白沙陆内盆地萤石、金、铅、钨Ⅳ级成矿区带航磁等值线平面图

该磁场区的反映。该磁场区中的局部异常大多与中基性岩脉或含磁黄铁矿化地层有关。

3）青松-芳芒老村异常带：处于矿带的西南部，南针岭经青松乡至芳芒老村一带，分布有9个航磁异常。这些航磁异常规模大，强度高，正负伴生。它们大多处于花岗岩体之中。根据这些航磁异常特征分析，这些航磁异常与闪长岩和隐伏的基性岩脉有关。

2. 重力特征

从海南岛 1∶20 万布格重力异常图上可以看出，矿带位于乐东-定安重力异常带之西侧，白沙-南丰田重力异常带之东侧。区内布格重力异常表现为多条等值线圈闭。剩余重力正异常呈近南北向、不规则的“凸”字形，为白垩纪沉积盆地的重力场特征。据对窗口为 40km 剩余重力异常正演拟合计算结果，推测古生界地层顶板深度为 800～1300m，其厚度自北西往南东增大，最大厚度为 2300m 左右。区内分布有一些剩余重力正负异常：毛阳剩余重力负异常、乱岭剩余重力负异常、南棍园（南段）剩余重力正异常、南溪剩余重力正异常、奋步剩余重力正异常等。以上剩余重力负异常为花岗岩体的反映（图 5-3-2），而且这些花岗岩体多与铅、萤石等矿产有着密切的关系，如什统脉型萤石矿产于毛阳花岗岩体中。剩余重力正异常与古生代或中元古代地层有关，古生代或中元古代地层多与该区的金等矿产关系密切。如白沙原门金矿与石炭纪地层关系密切，为其含矿层。

二、地球化学特征及推断成果

1. 地球化学异常特征

区带内地球化学场特征表现为金属元素及非金属元素总体呈低背景，主要金属成矿元素异常和主要非金属矿成矿元素异常一般面积较小，但分布较均匀。什统中型萤石矿床有异常反映。

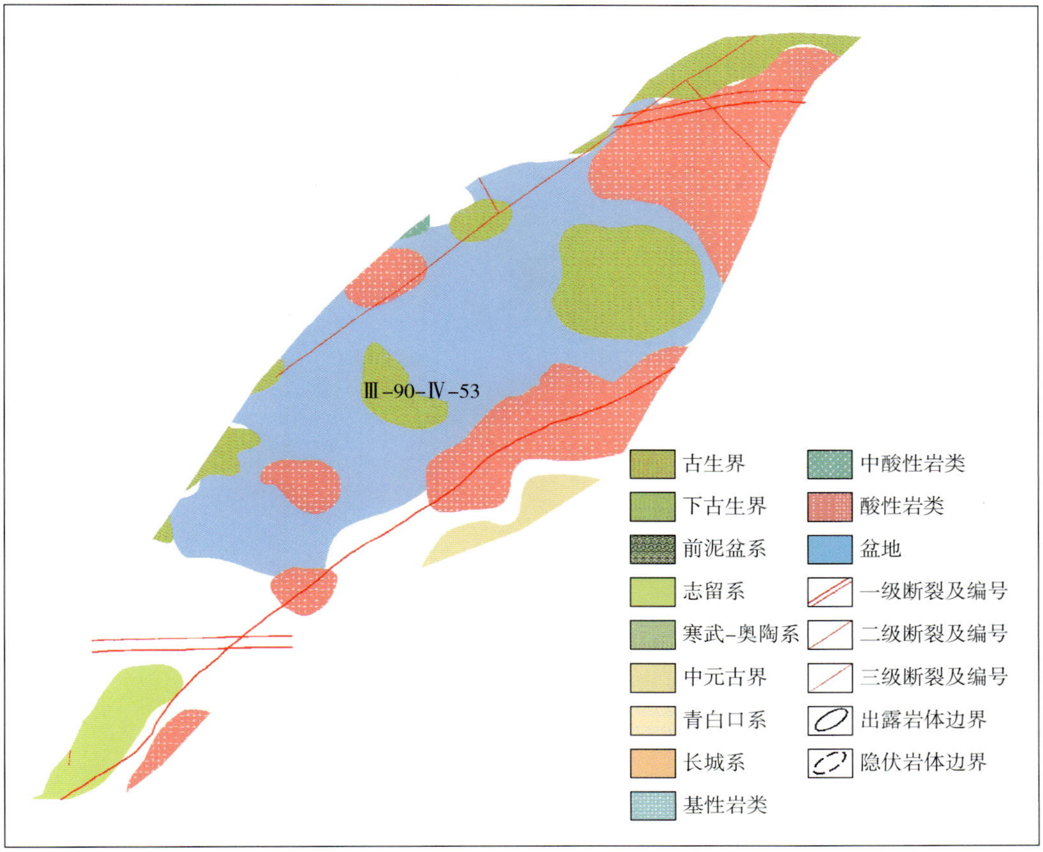

图 5-3-2　白沙陆内盆地萤石、金、铅、钨Ⅳ级成矿区带物探推断解译图

(1) Au 元素区域地球化学异常特征

区带内 Au 元素异常主要分布于白沙元门、猴弥岭、毛阳、番阳一带，已知的元门金矿具有异常反映。见图 5-3-3。

(2) As 元素区域地球化学异常特征

区带内的 As 元素异常区主要沿盆地边缘零星分布，在猴弥岭地区异常具有三级浓集中心，在元门地区具有弱异常，与 Au 异常具有一定套合关系。见图 5-3-4。

(3) Pb 元素区域地球化学异常特征

区带内 Pb 元素异常主要沿盆地东缘断裂带分布于乐东县城至毛阳镇北东一带，猴弥岭地区发育有小的异常。见图 5-3-5。

(4) Zn 元素区域地球化学异常特征

区带内 Zn 元素异常零星分布于毛阳、元门、猴弥岭一带，异常面积小。见图 5-3-6。

2. 地球化学组合与综合异常特征分析

(1) 金矿种综合异常

区带内圈定综合异常 6 处（图 5-3-7）。基于定安富文金银矿典型矿床 As、Sb、Au、Pb、Zn、Bi 元素组合圈出异常 2 处，Z-4 号综合异常组合了 As、Sb、Au、Pb、Zn、Bi 元素，与典型矿床相对应；基于东方二甲金矿典型矿床 As、Ag、Au、Pb、W 元素组合圈出异常 1 处，Z-27 号综合异常组合了 As、Ag、Au、Pb、W 元素，与典型矿床相对应，并有其他铅、锌、银矿等产出；基于乐东抱伦金矿典型矿床 As、Au、Bi、Mo 元素组合圈出异常 3 处，典型矿床无综合异常对应。其他综合异常基本特征见表5-3-1，综合异常一般组合有中低温的As、Ag等元素，地质背景为沉积-变质岩和（或）侵入岩，只有近5成综合异常有已知贵金属和有色金属矿床（点）产出，找矿前景较好。

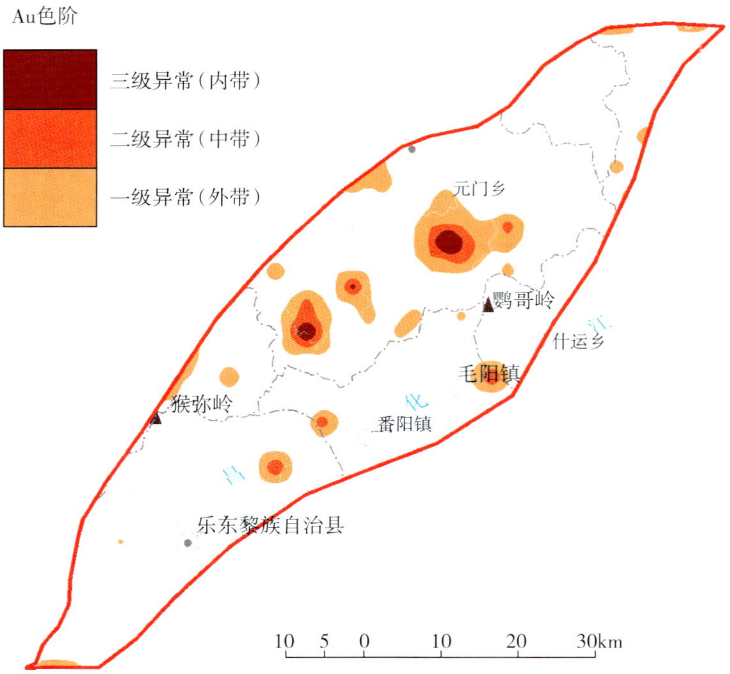

图5-3-3　白沙陆内盆地萤石、金、铅、钨Ⅳ级成矿区带Au地球化学异常图

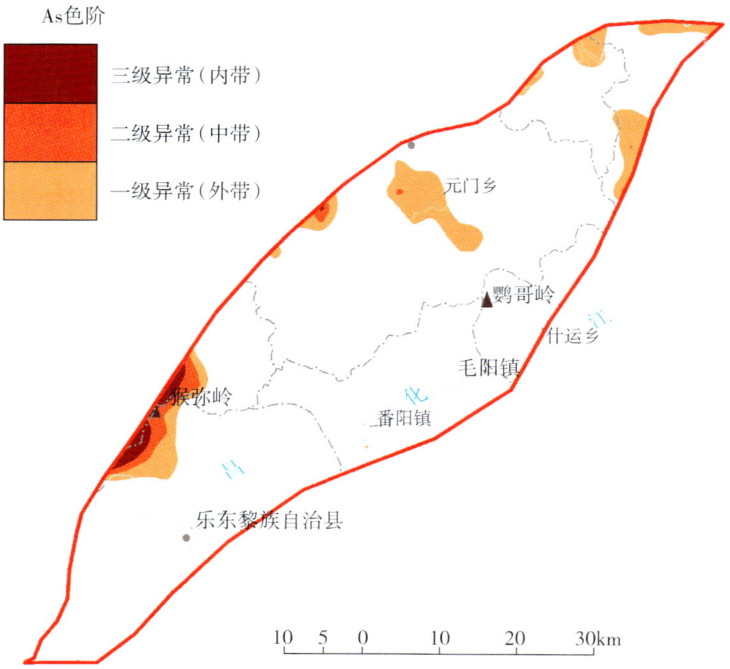

图5-3-4　白沙陆内盆地萤石、金、铅、钨Ⅳ级成矿区带As地球化学异常图

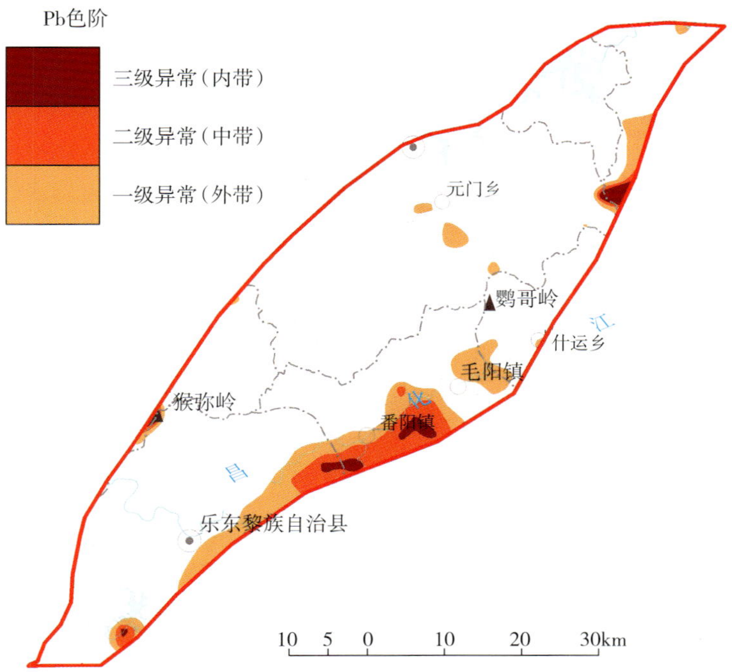

图 5-3-5　白沙陆内盆地萤石、金、铅、钨Ⅳ级成矿区带 Pb 地球化学异常图

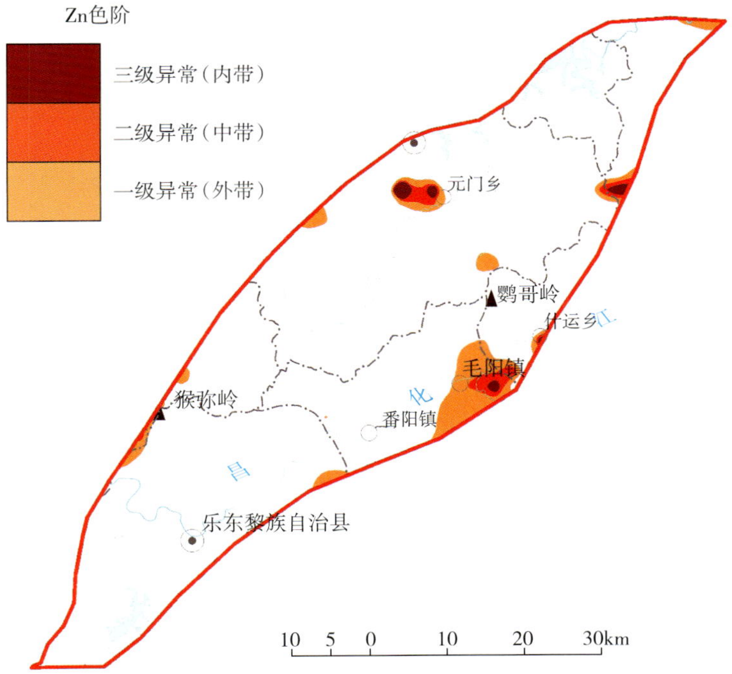

图 5-3-6　白沙陆内盆地萤石、金、铅、钨Ⅳ级成矿区带 Zn 地球化学异常图

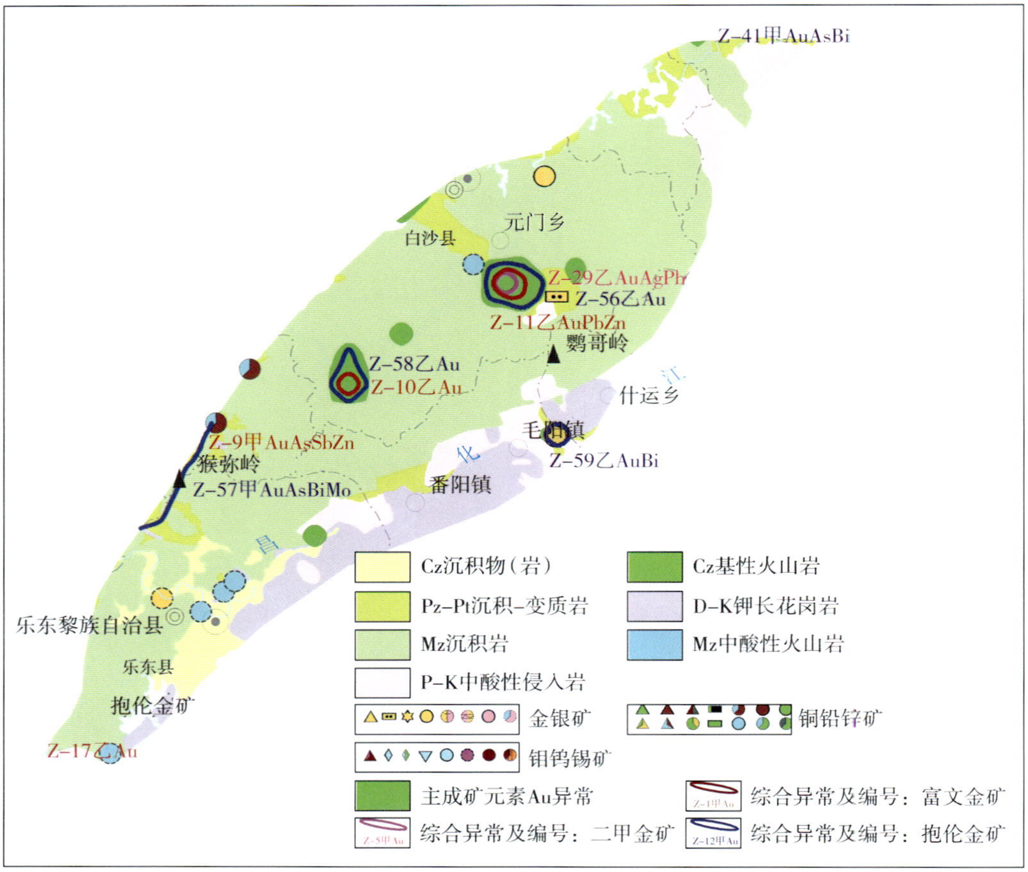

图 5-3-7　白沙陆内盆地Ⅳ级成矿区带金矿种地球化学综合异常图

表 5-3-1　白沙陆内盆地Ⅳ级成矿区带金矿种地球化学综合异常基本特征

编号	元素组合	地质背景（岩类）	已知矿产	典型矿床
Z-10	Au	沉积岩	未发现	
Z-11	Au、Pb、Zn	沉积岩	未发现	
Z-29	Ag、Au、Pb	沉积岩	未发现	
Z-56	Au	沉积岩	未发现	
Z-57	As、Au、Bi、Mo	沉积-变质岩	有已知金、铜、铅锌矿	
Z-58	Au	沉积岩	未发现	

（2）银矿种综合异常

区带内基于定安富文金银矿典型矿床 As、Ag、Au、Pb、Bi 元素组合圈出 2 处综合异常。综合异常基本特征见表 5-3-2、图 5-3-8。

表 5-3-2　白沙陆内盆地Ⅳ级成矿区带银矿种地球化学综合异常基本特征

编号	元素组合	地质背景（岩类）	已知矿产	典型矿床
Z-15	As、Ag、Au、Pb、Bi	沉积岩	未发现	富文金银矿
Z-17	Ag、Au	沉积岩	未发现	

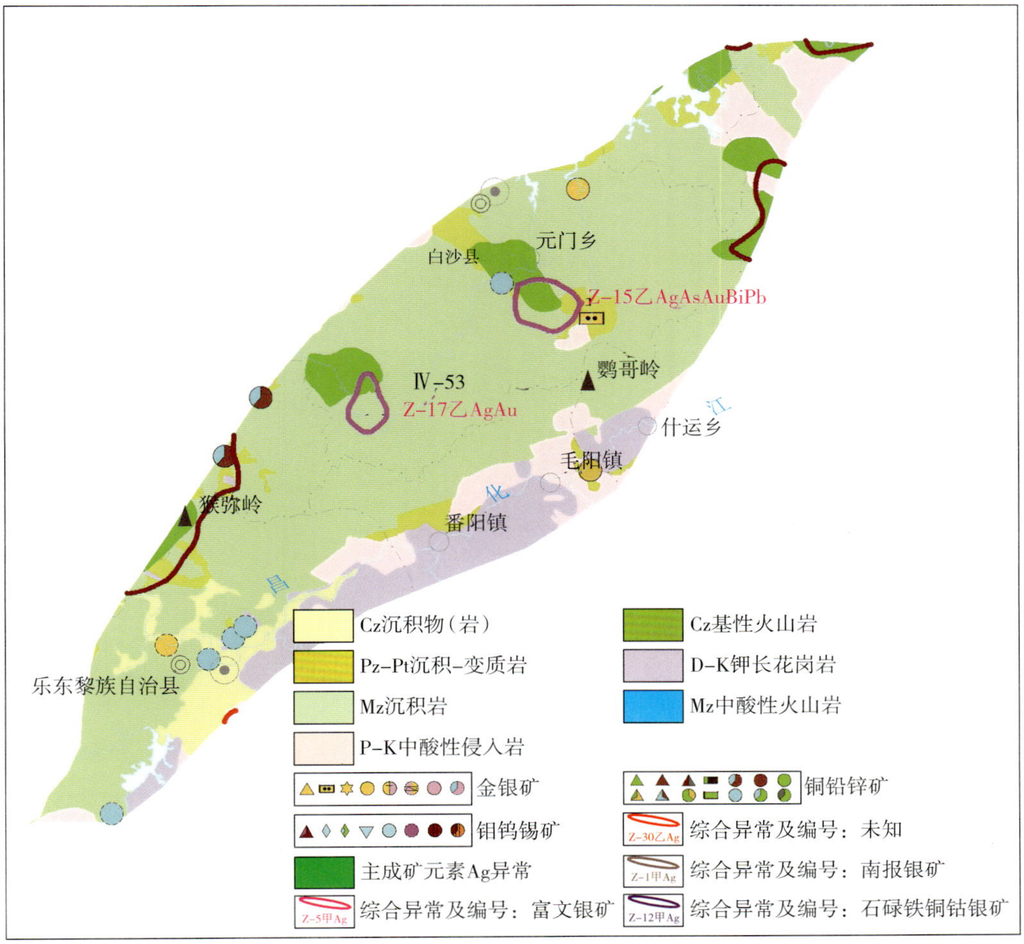

图 5-3-8　白沙陆内盆地Ⅳ级成矿区带银矿种地球化学综合异常图

(3) 硫矿种综合异常

区带内共圈定综合异常 6 处，基本特征见表 5-3-3。综合异常一般组合有中低温的 As、Ag 等元素，地质背景包括沉积-变质岩和侵入岩。见图 5-3-9。

表 5-3-3　白沙陆内盆地Ⅳ级成矿区带硫矿种地球化学综合异常基本特征

编号	元素组合	地质背景（岩类）	已知矿产	典型矿床
Z-15	As、Ag、Cu、Bi、Co	沉积-变质岩	有已知钨矿	
Z-18	As、Ag、Cu、Co	沉积-变质岩	有已知铅矿	
Z-19	Ag、Cu、Co	沉积（-变质）岩	有已知金矿	
Z-21	Ag、Cu	沉积岩	未发现	
Z-22	Ag、Cu	沉积岩	未发现	
Z-25	Cu、Co	沉积岩	未发现	

3. 地球化学推断地质构造

据 Ag、As、Au、Hg、Sb 等成矿及伴生元素分布特点，在琼西南地区自乐东千家向北至乐东山荣，再向东至五指山番阳和红毛一线，以上元素在西北侧较富集，而在东南侧明显贫化，沿西北侧以上元素的显著变化边界推断为一区域性断裂构造，视为二级构造。该推断构造与实际情况吻合良好。

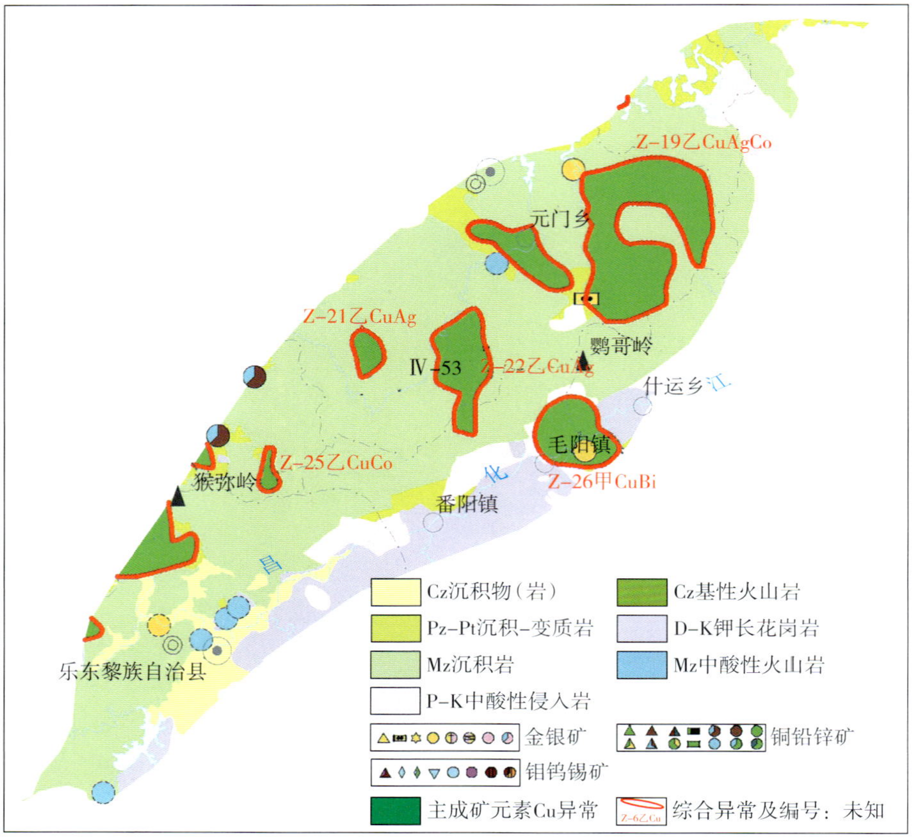

图 5-3-9　白沙陆内盆地Ⅳ级成矿区带硫矿种地球化学综合异常图

三、遥感特征及推断成果

位于海南岛中偏西部，主体部分为白垩纪康马、潭爷、南门营盆地及南坤园向斜分布区，呈北东向带状，长约 170km，宽 5~31km，面积 3209km²。矿带南西段为白垩纪康马、潭爷、南门营盆地，沉积物有下白垩统鹿母湾组紫红色粗碎屑岩夹中酸性火山岩，上白垩统报万组长石砂岩、泥岩。北东段为石炭纪地层分布区，有下石炭统南好组砂岩、板岩、砾岩和上石炭统青天峡组板岩、砂岩夹结晶灰岩。元门地区有小面积分布的下二叠统峨查组石英砂岩、板岩、硅质岩和鹅顶组灰岩。北东段边部有少量印支期二长花岗岩（大王岭岩体）和海西期二长花岗岩。矿带北东段为轴向北东的南坤园向斜构造，向斜由石炭纪地层组成，带内断裂构造发育，主要有北西向、北东向两组断裂。

区带内沿南丰-白沙段南北向断裂带和向斜分布有两个金地球化学省，南西部白垩纪盆地属铅、铀地球化学省分布区之一。矿化主要有金、银、铝、锌、钨、锡、萤石等，主要矿产地有小型矿床 5 处（金银、砂、金、铅锌、钨锡、萤石）以及金、铜、铅锌等矿点矿化点。

1. 区域地质构造遥感特征

区带遥感线性、环形要素形迹清晰，分布密集。区内共解译出线要素 173 条，环形构造 12 个（图 5-3-10）。矿带中遥感色、块、带要素特征不明显。

区带内共解译出大型构造 1 条：该尖峰-吊罗断裂在矿带南部呈东西向展布，影像中有较明显直线状纹理，直线状水系分布，负地形，沿沟谷、凹地延伸。线性构造两侧地层体较复杂。

区带共解译出中小型构造 170 多条，其中中型构造 8 条，主要为北东走向，断层主要发育于白垩纪鹿母湾组、报万组等地层中，断层线清晰；小型构造主要分布于矿带中部和南部，中部地区构造走向以南北向为主，主要发育于白垩系鹿母湾组中。南部地区的小型构造主要发育于尖峰岩体边部，北东走向为主，影像中有较明显直线状纹理。

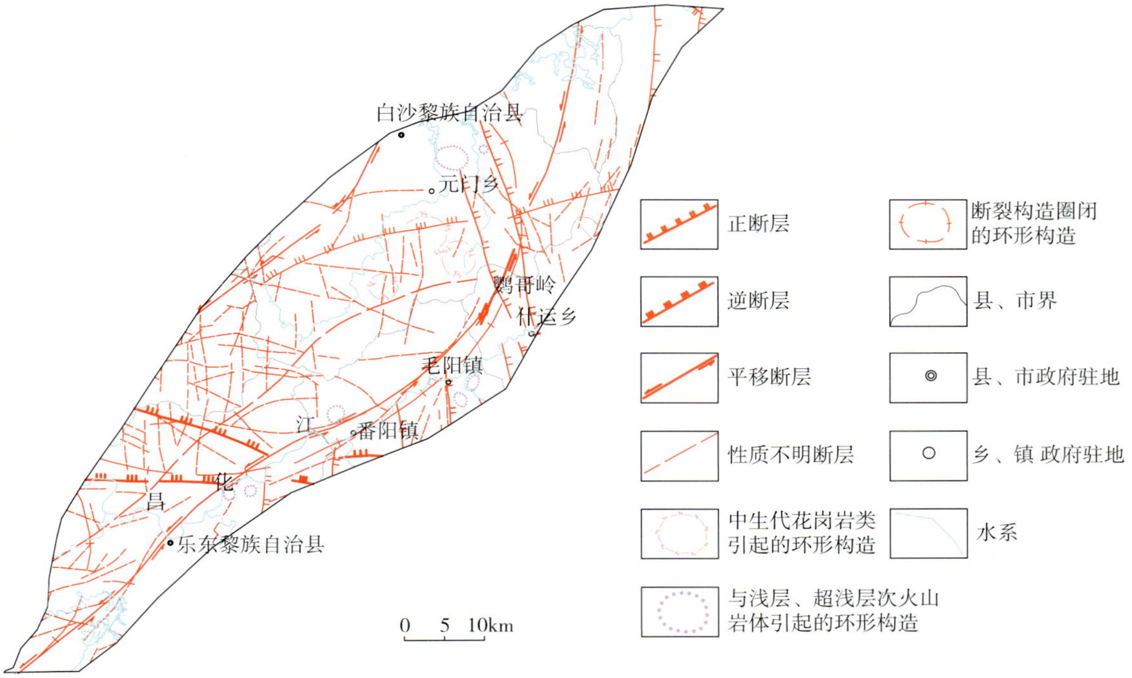

图 5-3-10 白沙陆内盆地Ⅳ级成矿区带遥感构造解译图

环状构造主要发育于区带的中部和南部，分布在白垩纪鹿母湾组报万组等地层中。根据遥感解译所反映的环形影像，结合地质资料，对这些环形影像构造进行分类、解释。

1）构造穹隆或构造盆地：这类环形影像在该成矿区带只解译出 1 个，即东方-元门环形构造，该环形影像呈圆环状，边界清楚，环内细脉状影纹，色调较明显。

2）中生代花岗岩类引起的环形构造：这类环形影像色调一般较暗，个体均为小圆环，共解译出 3 个环，主要有猴鹦哥岭环形构造等。

3）与浅层、超浅层次火山岩体引起的环形构造：共解译出 8 个环，这类环形影像色调一般较暗。

主要的环构造遥感特征见表 5-3-4。

表 5-3-4 白沙陆内盆地Ⅳ级成矿区带主要环形影像解译简表

编号	名称	面积/km^2	影像特征	地质特征	成因推测
12	猴弥岭环形影像	16	影像清晰，圆形状环，有一小环叠加，中心为山脊，具放射性水系，条带状影纹	西北部出露下志留统陀烈组千枚岩、板岩、东南部出露下白垩统鹿母湾组砂岩、砂砾岩	断裂构造
13	元门环形影像	13	影像清晰，圆形状环，边界清楚，环内细脉状影纹	环带内分布下白垩统鹿母湾组砂岩、砂砾岩	陨石造成的坳陷
14	鹦哥岭环形影像	17	影像东部清晰，西部模糊，呈圆形状环，环内草绿色均匀，细脉状影纹，线状水系	环带内大部分分布下白垩统鹿母湾组砂岩、砂砾岩，东北角出露有印支期二长花岗岩	岩浆岩岩体、断裂构造

2. 遥感异常特征

区带内共提取出遥感羟基异常图斑共有1113个，其中一级异常143个，二级异常359个，三级异常611个；遥感铁染异常图斑共有598个，其中一级异常49个，二级异常167个，三级异常382个。根据异常集中分布程度、所处的地质构造环境等，共圈定出7处羟基异常带，1处铁染异常带。

区带遥感异常主要分布于矿带中部和北部的白垩纪和晚三叠世地层中。区带受地表植被等因素的干扰，遥感异常反映不明显，分布零散，大多为无指示意义的异常。区带矿产资源分布与异常无明显的相关性。

四、自然重砂特征及推断成果

白沙陆内盆地主要由铁矿物异常组成，为特殊的地质背景引起，属三级异常，没有找矿指示意义。

第四节 重要矿种预测评价模型

区带内分布的本次预测工作的重要矿种有稀土矿和萤石矿，其矿产评价预测模型分别为离子吸附型稀土矿、接触交代型萤石矿、岩浆热液充填型萤石矿。接触交代型萤石矿与岩浆热液充填型萤石矿在同一个矿床中产出。

一、典型矿床预测模型

1. 成矿地质特征

琼中县什统萤石矿床产于上石炭统青天峡组和毛阳岩体中。

（1）赋矿岩石

上石炭统青天峡组的结晶灰岩和中二叠世中粒黑云母二长花岗岩为控矿围岩；花岗岩中有灰岩残留体存在，是本区形成萤石矿床的重要条件。

（2）控矿构造

晚白垩世花岗质岩浆侵入体固结后形成的近北东向扭张性断裂。该组断裂具多次继承性活动的特点，由数条规模较大、走向近北东向的石英脉绢云母化破碎带组成。

（3）围岩蚀变

由于矿体受到岩浆作用、变质作用及成矿作用的影响，且矿体围岩为结晶灰岩和黑云母二长花岗岩，故近矿多发生以硅化、绢云母化、萤石化为主的，并伴随有绿泥石化、碳酸盐化等围岩蚀变现象。

萤石化程度很高时即构成萤石矿体。顶板围岩萤石化较发育，底板围岩萤石化较弱，萤石化主要沿围岩裂隙充填，呈细脉带，不规则分枝复合网脉带为特征。

（4）矿体地质特征

迄今为止，本矿区共圈出萤石矿体8个，大多呈脉状。矿石的矿物成分较为简单，矿石矿物为萤石，脉石矿物以石英为主，次为少量的绢云母及碳盐酸类矿物。金属矿物含量甚微，其成分为黄铁矿及铁锰氧化物。

矿石结构：矿石结构较为简单，一般为自形-半自形至他形粒状结构。其中：萤石常具自形-半自形粒状结构，石英常具半自形粒状-他形粒状结构和镶嵌结构，有时具毡状结构；绢云母具鳞片结构或显微鳞片结构；碳酸盐矿物具半自形至自形粒状结构，铁锰氧化物多具隐晶质结构。

矿石构造：矿石以块状、角砾状构造为主，次为脉状构造、偶见晶洞构造及浸染状构造。

2. 成矿作用

燕山晚期构造运动和岩浆活动强烈，大量花岗质岩浆上升侵入到青天峡组地层和中二叠世岩体中，在岩浆活动晚期含矿热液沿断裂上升，并在上升运移的过程中不断地汲取、淋滤使矿化度不断升高，也与两侧的花岗岩发生物质转换，最终石英和萤石一同充填于断裂构造破碎带中，导致石英和矿石矿物的沉淀及围岩的蚀变作用，形成一套以矿化石英脉为中心、对称分布的中低温热液蚀变（硅化、绢云母化、绿泥石化、黄铁矿化和碳酸盐化）岩石。

3. 预测要素

通过对琼中县什统萤石矿典型矿床成矿地质背景、成矿地质特征和成矿作用进行分析，综合各类找矿指示因素，提取了典型矿床的预测要素表（表5-4-1）。主要预测要素如下：

1）赋矿岩石：上石炭统青天峡组结晶灰岩和中二叠世中粒黑云母二长花岗岩；

2）控矿构造：主要控矿构造为北东向压扭性断裂构造，次要控矿构造为北西、北北西向张扭性断裂构造；

3）成矿时代：成矿时代为燕山期，主要成矿年龄为90~70Ma，属白垩纪，在燕山运动中晚期成矿；

4）大地构造单元：武夷-云开-台湾造山系（Ⅰ）五指山岩浆弧（Ⅱ）五指山褶冲带（Ⅲ）五指山岩浆弧（Ⅳ）；

表5-4-1 海南省琼中县什统萤石矿区典型矿床预测要素一览表

<table>
<tr><td colspan="3">成矿要素</td><td colspan="3">描述内容</td><td rowspan="3">成矿要素分类</td></tr>
<tr><td colspan="3">资源储量</td><td>矿石量：（122b+333）176×10⁴t</td><td>平均品位</td><td>48.03%</td></tr>
<tr><td colspan="3">特征描述</td><td colspan="3">与岩浆期后作用有关的热液型萤石矿床</td></tr>
<tr><td rowspan="13">地质环境</td><td colspan="2">成矿时代</td><td colspan="3">燕山晚期</td><td>必要</td></tr>
<tr><td colspan="2">大地构造单元</td><td colspan="3">武夷-云开-台湾造山系（Ⅰ）五指山岩浆弧（Ⅱ）五指山褶冲带（Ⅲ）五指山岩浆弧（Ⅳ）</td><td>重要</td></tr>
<tr><td colspan="2">大地构造位置</td><td colspan="3">位于华南褶皱系五指山褶冲带中部，白沙陆内盆地东部，乐东-黎母山断裂中段</td><td>重要</td></tr>
<tr><td rowspan="4">沉积变质建造/沉积变质作用</td><td>地层分区</td><td colspan="3">五指山分区</td><td>重要</td></tr>
<tr><td>岩石地层单位</td><td colspan="3">上石炭统青天峡组（C_2q）</td><td>必要</td></tr>
<tr><td>地层时代</td><td colspan="3">石炭系</td><td>必要</td></tr>
<tr><td>岩石组合</td><td colspan="3">砂质板岩、结晶灰岩、变质石英砂岩等</td><td>重要</td></tr>
<tr><td rowspan="4">岩浆建造/岩浆作用</td><td>岩石名称</td><td colspan="3">中二叠世（$\eta\gamma P_2$）二长花岗岩及晚侏罗世（$\xi\gamma^{s}J_3$）正长花岗岩出露，少量煌斑岩脉（χ）、细晶岩脉（ι）</td><td>必要</td></tr>
<tr><td>岩石组合</td><td colspan="3">中二叠世中粒黑云母二长花岗岩及晚侏罗世中粒黑云母正长花岗岩，煌斑岩脉，细晶岩脉</td><td>重要</td></tr>
<tr><td>岩石结构构造</td><td colspan="3">中二叠世二长花岗岩：中粒二长花岗结构、块状构造；晚侏罗世正长花岗岩：花岗结构、块状构造；煌斑岩脉：煌斑结构，块状构造；细晶岩脉：细粒结构，块状构造</td><td>次要</td></tr>
<tr><td>侵入岩时代</td><td colspan="3">二叠纪、侏罗纪</td><td>必要</td></tr>
<tr><td rowspan="2">侵入岩浆构造</td><td>侵位构造</td><td colspan="3">主动侵位</td><td>重要</td></tr>
<tr><td>岩浆构造旋回</td><td colspan="3">印支旋回、燕山旋回</td><td>重要</td></tr>
</table>

续表

成矿要素			描述内容	成矿要素分类
资源储量			矿石量：（122b+333）176×10^4t　平均品位　48.03%	
特征描述			与岩浆期后作用有关的热液型萤石矿床	
矿床特征	成矿构造	断裂构造	以北东向断裂构造为主，少量的北西及北北西向断裂	必要
		断裂构造类型	压扭性断裂	次要
		断裂构造规模	北东向乐东-黎母山断裂走向长度超过40km，矿区内其他北东向断裂为该断裂的次级断裂，走向长300~1000m	次要
		断裂构造产状	走向北东，倾向300°~335°，倾角41°~84°	次要
	成矿特征	矿石自然类型	萤石型矿石、石英-萤石型矿石、萤石-石英型矿石	必要
		矿体形态	脉状、似脉状、透镜状	重要
		矿体产状	倾向303°~340°，倾角45°~84°	重要
		矿体规模	长度最长700m，延深最大320~470m	重要
		矿体围岩	中二叠世中粒黑云母二长花岗岩和上石炭统青天峡组结晶灰岩	重要
		围岩蚀变特征	硅化、绢云母化、绿泥石化、碳酸盐化，偶见黄铁矿化等	重要
		蚀变矿物组合	石英、绢云母、绿泥石等	重要
		矿石矿物成分	矿石的矿物成分较为简单，矿石矿物为萤石，脉石矿物以石英为主，次为少量的绢云母及碳盐酸类矿物。金属矿物含量甚微，其成分为黄铁矿及铁锰氧化物	重要
		矿石结构构造	结构：一般为自形-半自形至他形粒状结构；构造：矿石以块状、角砾状构造为主，次为脉状构造、偶见晶洞构造及浸染状构造	重要
矿床特征	控矿条件	构造条件	北东向断裂构造控制各矿体的产出	必要
		围岩条件	上石炭统青天峡组的结晶灰岩和中二叠世中粒黑云母二长花岗岩	必要
		岩浆岩条件	中二叠世中粒黑云母二长花岗岩和晚侏罗世中粒黑云母正长花岗岩	必要
	矿床规模		中型	重要
物化遥和自然重砂异常特征	物探特征		1∶25万区域重力图上，本矿区位于毛阳重力低中，该剩余重力异常、垂向二阶导数处理图上，什统萤石矿处于与花岗岩体有关的局部重力负异常中	次要
	遥感特征		矿区环形构造不发育，仅有少量的线性构造。色调异常为浅色调，与周边色调有明显差异。该类型萤石矿的近矿找矿标志为北东向线性构造与环形构造、色要素的组合	次要

5）大地构造位置：位于华南褶皱系五指山褶冲带中部，白沙陆内盆地东部，乐东-黎母山断裂中段；

6）区域构造：区域构造以断裂构造为主，主要有NE、NNW及近EW向三组断裂，断裂带主要表现为碎裂岩化及充填中基性岩脉、石英脉、石英萤石脉等；其中北东向断裂在区域上自西南角至东北角贯穿本区，长度大于40km，为乐东-黎母山断裂带的中段，倾向NW，倾角较陡，北西盘向北东斜滑，是白沙陆内盆地边界断裂，本区萤石矿受控于该断裂旁侧的次级断裂中；

7）地球物理特征：1∶25万区域重力图上，本矿区位于毛阳重力低中，该剩余重力异常、垂向二阶导数处理图上，什统萤石矿处于与花岗岩体有关的局部重力负异常中，花岗岩体引起的剩余重力负异常，是该类型矿床的成矿有利部位；

8）地球化学特征：什统异常规模大，形态不规则。异常元素组合复杂，主要有Au、Hg、Cu、Pb、Zn、Sb、Bi、F、CaO、W。各异常元素部分重叠，其中F、CaO异常主要分布于矿区南部附近。

4. 矿床预测模型

在综合预测要素基础上，采用GIS技术从各课题组底图中获取要素信息，并以点、线、面形式进行表达。据此，提取了断裂、侵入岩体、F、Cu、Pb、Sb、Bi 地球化学异常、灰岩体等信息，建立了海南省海南岛什统式热液充填型萤石矿预测工作区的典型矿床预测模型，典型矿床预测模型表见表 5-4-2，海南省琼中什统萤石矿区典型矿床预测模型图见图 5-4-1。

表 5-4-2 海南省琼中县什统萤石矿区典型矿床预测模型表

<table>
<tr><td>名称</td><td colspan="6">海南省什统萤石矿典型矿床</td></tr>
<tr><td rowspan="2">概况</td><td>东经</td><td>109°31′33″—109°33′31″</td><td>北纬</td><td>18°57′02″—18°58′20″</td><td>地理位置</td><td>海南省琼中县什运乡</td></tr>
<tr><td>主矿种</td><td>萤石</td><td>储量/规模</td><td>中型规模，矿石量：（122b+333） 176×10^4t</td><td>品位</td><td>48.03%</td></tr>
<tr><td>成矿的地质构造环境</td><td colspan="6">五指山褶冲带（Ⅲ）五指山岩浆弧（Ⅳ）白沙陆内盆地东部，乐东-黎母山断裂中段</td></tr>
<tr><td>控矿的各类及主要控矿因素</td><td colspan="6">以北东向压扭性断裂构造为主，少量的北西及北北西向扭张性断裂构造，与燕山晚期花岗质岩浆侵入关系密切</td></tr>
<tr><td rowspan="4">矿体的三度空间分布特征</td><td colspan="2">形态</td><td colspan="4">脉状、似脉状、透镜状</td></tr>
<tr><td colspan="2">产状</td><td colspan="4">总体上与断裂构造产状一致；倾向 303°~340°，倾角 45°~84°</td></tr>
<tr><td colspan="2">分带</td><td colspan="4">矿脉体沿北东向断裂破碎带分布，矿脉几乎平行分布</td></tr>
<tr><td colspan="2">规模</td><td colspan="4">长度 87~700m，V1 号矿体延深可达 700m，平均厚度可达 2.7m</td></tr>
<tr><td rowspan="3">矿床的物质组成</td><td colspan="2">矿石类型</td><td colspan="4">萤石型矿石、石英-萤石型矿石、萤石-石英型矿石</td></tr>
<tr><td colspan="2">矿物组合</td><td colspan="4">矿石的矿物成分较为简单，矿石矿物为萤石，脉石矿物以石英为主，次为少量的绢云母及碳盐酸类矿物。金属矿物含量甚微，其成分为黄铁矿及铁锰氧化物</td></tr>
<tr><td colspan="2">结构构造</td><td colspan="4">结构：一般为自形-半自形至他形粒状结构；构造：矿石以块状、角砾状构造为主，次为脉状构造、偶见晶洞构造及浸染状构造</td></tr>
<tr><td>成矿期次</td><td colspan="6">燕山晚期（白垩纪）成矿</td></tr>
<tr><td>矿床的地球物理和遥感特征</td><td colspan="6">矿（化）体为中低阻高极化特征，处于与花岗岩体有关的局部重力低中，位于呈东西走向的航磁负异常中，低纬度垂向一阶导数处理处于正负异常的过渡带上；1∶25 万航磁剖面平面图上处于负异常中，1∶5 万航磁异常反映不明显。后万岭铅锌矿床在 ETM 影像中以绿色和粉红色为主色调，产出于一个环形构造与一条近南北向构造的交汇部位</td></tr>
<tr><td>矿床的地球化学特</td><td colspan="6">矿区具有强度较高的铅锌铜综合化探异常，异常元素组合 Sb、Ag、Cu、Pb、Zn、Bi、Mo，水平分带性明显</td></tr>
<tr><td>成矿物理化学条件</td><td colspan="6">中、低温及相对较低的压力条件</td></tr>
<tr><td>矿床成因</td><td colspan="6">矿床成因类型：属岩浆期后热液充填型中低温热液矿床
成因分析：燕山晚期构造运动和岩浆活动强烈，大量花岗质岩浆上升侵入到青天峡组和中二叠岩体中，在岩浆活动晚期含矿热液沿断裂上升，并在上升运移的过程中不断地汲取、淋滤使矿化度不断升高，也与两侧的花岗岩发生物质转换，最终石英和萤石一同充填于断裂构造破碎带中导致石英和矿石矿物的沉淀及围岩的蚀变作用，形成一套以矿化石英脉为中心、对称分布的中低温热液蚀变（硅化、绢云母化、绿泥石化、黄铁矿化和碳酸盐化）岩石。在成因上也不完全排除有大气降水渗透的影响，由于此因素对本矿床的形成影响不大，故本书中不做深入的探讨</td></tr>
<tr><td>找矿标志</td><td colspan="6">①石英脉或石英萤石脉的地表露头为萤石矿体的直接找矿标志；
②北东向断裂构造作为控矿构造为萤石矿体的间接找矿标志；
③断裂带及其围岩的硅化、萤石化往往预示着萤石矿体的存在；
④F、Ca 的地球化学异常也是萤石矿体很好的间接找矿标志；
⑤岩体中或附近存在结晶灰岩亦是很好的找矿标志</td></tr>
</table>

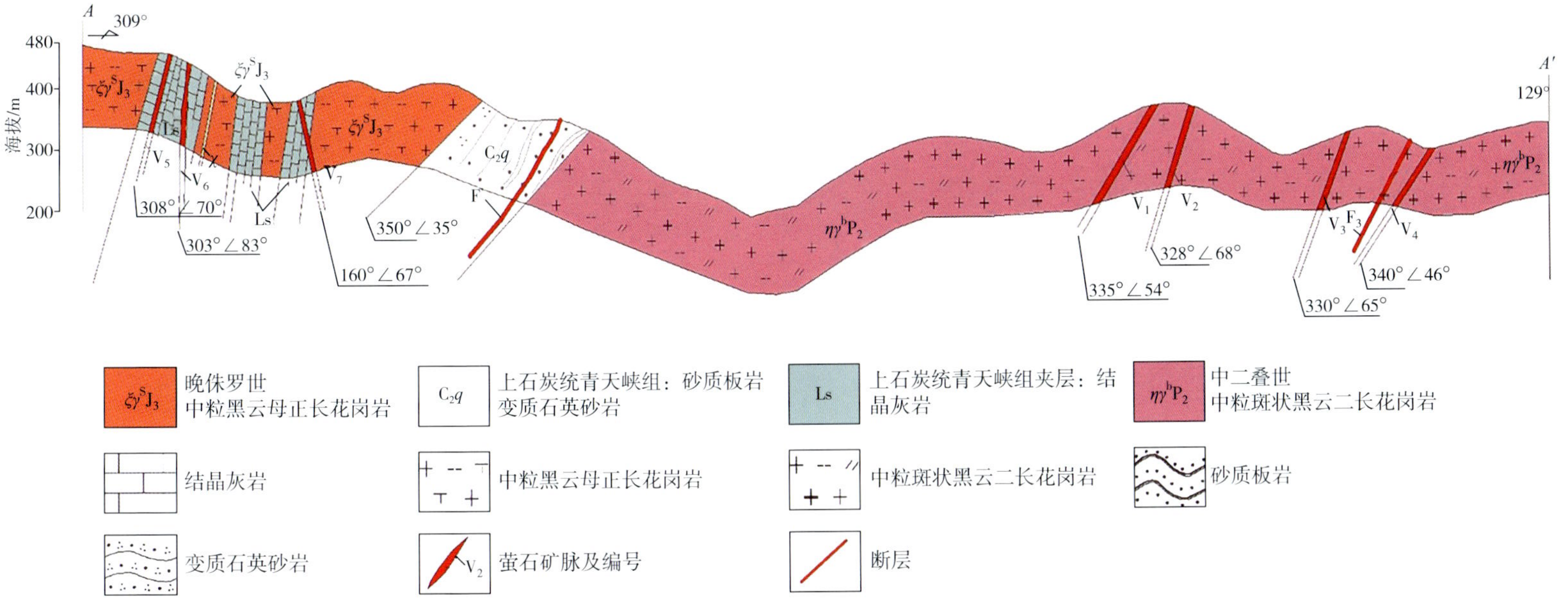

图 5-4-1　海南省琼中什统萤石矿区典型矿床预测模型图

由表 5-4-2 和图 5-4-1 可以看出，在燕山期强烈的构造运动和岩浆活动的作用下，随着区域应力场转换的影响，北东向断烈发生活动并发育，此时断裂带具有松弛引张的环境，在此背景下，形成了这一地区的白沙断陷盆地，张性的断裂构造不仅起到良好的导矿作用，同时也为含矿热液的赋存提供了良好的、足够的空间，在岩浆作用下，第一阶段形成的初始富集成矿物质，不断活化，并在成矿期（燕山中晚期）构造动力的驱动下，沿断裂、裂隙等低压空间不断的上升、运移，在这一过程不断同化混染周围围岩，且与沿断裂渗透下来的含矿大气降水相混合并对其加热，使成矿物质矿化度不断的增高，至地表浅时，由于温度、压力、浓度等物理化学条件的明显变化，导致成矿热液的结晶分异，在合适的空间场所发生沉淀并富集成矿。

最后，在燕山运动的末期，北东向断裂再次发生活动，对本身进行了后期改造，使其展现为现在的压扭性断裂，而这种压扭性断裂又保持了控矿构造的相对封闭条件，一定程度上避免和阻止了 F^- 和 Ca^{2+} 等活性组分的逸散和流失，使该类性质特征的断裂成为本区萤石矿成矿最为有利的控矿构造。

二、预测工作区预测模型

通过对海南省海南岛什统式热液充填型萤石矿床时空分布规律、成矿地质背景和成矿规律的分析研究，总结各类找矿标志，提取了预测工作区预测要素（表 5-4-3），并对工作区萤石矿床的成矿过程进行了分析，总结了成矿模式。

表 5-4-3　海南省海南岛什统式热液充填型萤石矿预测工作区区域预测要素一览表

区域预测要素			描述内容	区域预测要素分类
特征描述			与岩浆期后作用有关的热液型萤石矿床	
区域地质环境	成矿时代		燕山晚期	必要
	大地构造单元		横跨武夷-云开-台湾造山系（Ⅰ）五指山岩浆弧（Ⅱ）和印支地块（Ⅰ）三亚被动陆缘（Ⅱ）两大地质构造单元。绝大部分已知的萤石矿化分布于五指山岩浆弧（Ⅱ）的五指山褶冲带内	重要
	大地构造位置		欧亚板块、印度-澳大利亚板块和菲律宾板块（西太平洋板块）的交汇部位	重要
	成矿区带		属华南成矿省（Ⅱ-16）海南 Fe、Cu、Co、Mo、Au、Pb、Zn 水晶成矿带（Ⅲ-90）	重要
	沉积变质建造/沉积变质作用	岩石地层单位	石炭系青天峡组、南好组，志留系	必要
		岩石组合	砂质板岩、结晶灰岩、变质石英砂岩等	重要
		分布范围	海南岛中部、中西部和南部	必要
	岩浆建造/岩浆作用	岩石名称	花岗闪长岩、二长花岗岩、正长花岗岩出露，少量煌斑岩脉（χ）、细晶岩脉（ι）	必要
		岩石组合	海西期—印支期和燕山期花岗岩、花岗闪长岩类，煌斑岩脉，细晶岩脉	重要
		侵入岩时代	二叠纪、侏罗纪	必要
	侵入岩浆构造	侵位构造	主动侵位	重要
		岩浆构造旋回	印支旋回、燕山旋回	重要
区域成矿地质特征	成矿构造	断裂构造	以北东向断裂构造为主，少量的北西及北北西向断裂	必要
		断裂构造类型	压扭性断裂	次要
	成矿特征	矿石自然类型	萤石型矿石、石英-萤石型矿石、萤石-石英型矿石	必要
		矿体形态	脉状、似脉状、透镜状	重要
		赋矿围岩	古老变质沉积、中生代灰岩地层和海西期-印支期、燕山期花岗类岩体中	重要
		围岩蚀变类型	硅化、绢云母化、绿泥石化、碳酸盐化，偶见黄铁矿化等	重要

续表

区域预测要素		描述内容		区域预测要素分类
特征描述		与岩浆期后作用有关的热液型萤石矿床		
区域成矿地质特征	成矿特征	蚀变矿物组合	石英、绢云母、绿泥石等	重要
		矿石矿物成分	矿石的矿物成分较为简单，矿石矿物为萤石，脉石矿物以石英为主，次为少量的绢云母及碳盐酸类矿物。金属矿物含量甚微，其成分为黄铁矿及铁锰氧化物	重要
		矿石结构构造	结构：一般为自形-半自形至他形粒状结构；构造：矿石以块状、角砾状构造为主，次为脉状构造、偶见晶洞构造及浸染状构造	重要
		成因类型	热液充填型萤石矿床，成因上与燕山晚期岩浆作用、尤其与花岗质岩浆侵入活动关系密切	重要
特征描述		与岩浆期后作用有关的热液型萤石矿床		
区域物化遥和自然重砂异常特征	化探		萤石矿预测依据之一的地球化学特征不是很明显，但是从仅有的地球化学剖面来看，矿产点的 F、Bi、Hg、Sb、Cu 元素异常与矿化特征有较好的对应关系，所以这几种元素的异常特征可以为预测工作提供有力的证据	重要
	物探		从现有的资料看，重力异常与航磁异常与矿产点没有直接的联系，故不能作为预测的直接依据	次要
	遥感		遥感所反映的北东向断裂与成矿有很大关系，对预测萤石矿的存在有很大的指导意义	次要
	自然重砂		绝大部分矿产点附近都有明显的重砂异常，所以自然重砂异常能很好的指示成矿作用	次要

1. 预测要素

海南岛什统式热液充填型萤石矿预测工作区主要预测要素如下：

1）赋矿岩石：中生代花岗岩类岩石和燕山期之前的变质沉积岩，以前者为主；

2）控矿构造：燕山期活动的断裂构造；

3）成矿时代：燕山晚期（白垩纪）；

4）成因类型：岩浆期后热液充填型萤石矿床，成因上与燕山期断裂活动和岩浆作用、尤其是花岗质岩浆侵入活动关系密切；

5）大地构造单元：横跨武夷-云开-台湾造山系（Ⅰ）五指山岩浆弧（Ⅱ）和印支地块（Ⅰ）三亚被动陆缘（Ⅱ）两大地质构造单元；

6）大地构造位置：欧亚板块、印度-澳大利亚板块和菲律宾板块（西太平洋板块）的交汇部位；

7）区域构造类型：主要表现为一系列北东向和北北东向压扭性断裂构造、北西、北北西向张扭性断裂构造；

8）矿化特征：已知矿体或矿化点；

9）矿石矿物：萤石；

10）地球物理特征：1：25 万区域重力图上，本矿区位于毛阳重力低中，该剩余重力异常、垂向二阶导数处理图上，什统萤石矿处于与花岗岩体有关的局部重力负异常中，花岗岩体引起的剩余重力负异常，是该类型矿床的成矿有利部位；

11）地球化学特征：琼中什统萤石矿相关的区域共伴生异常元素有 Sb、Hg、Au、Cu、Pb、Zn、Bi、W。Sb、Au、Pb 仅具有一级浓度分带，其他元素均具有三级浓度分带，空间套合十分显著，什统萤石矿区内 F 含量处中等水平（$421.82\times10^{-6}\sim489.03\times10^{-6}$）。

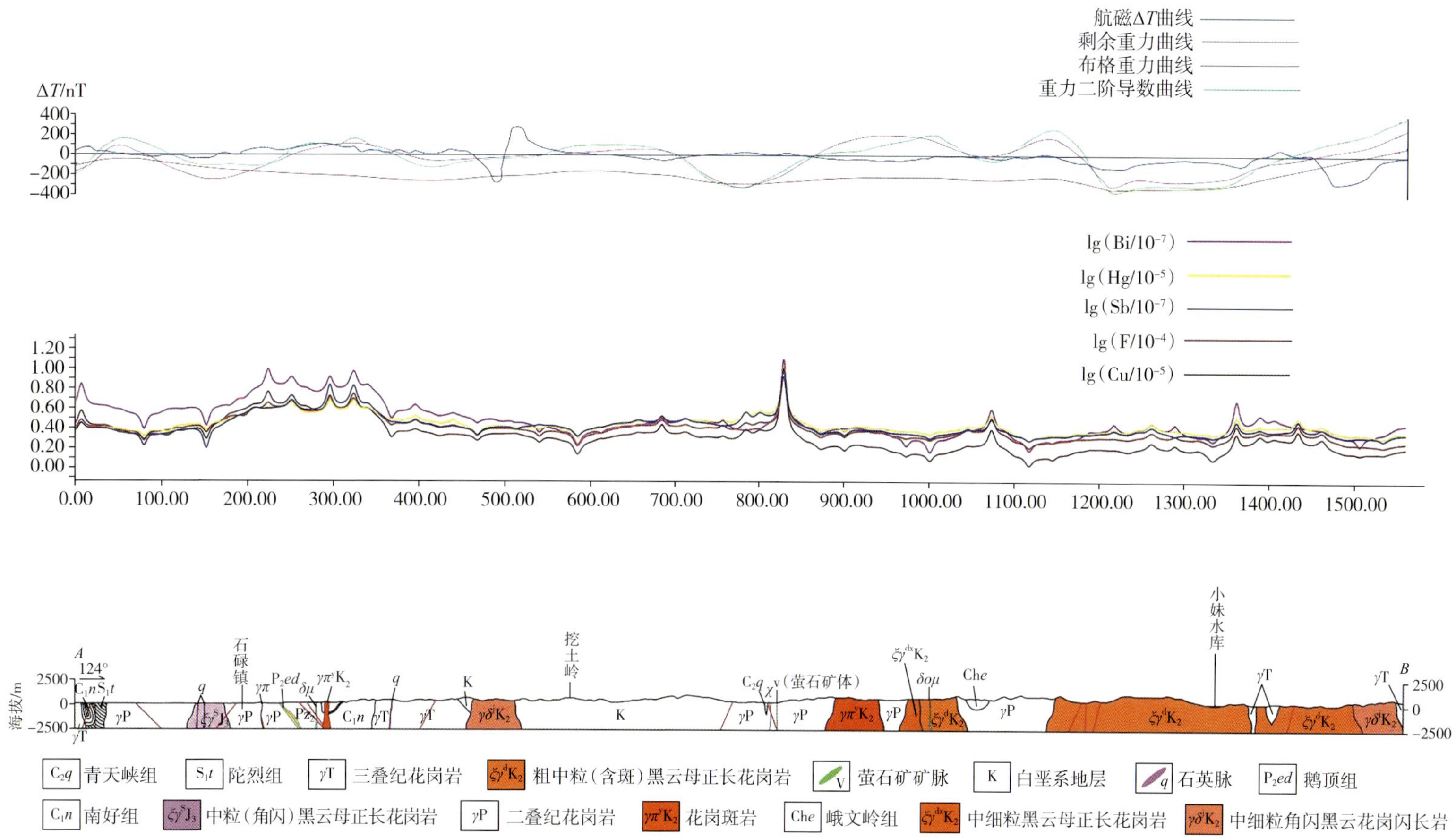

图 5-4-2　海南省海南岛什统式热液充填型萤石矿预测工作区区域预测模型图

2. 预测工作区预测模型

在综述上述预测要素基础上，采用 GIS 技术从各课题组底图中获取要素信息，并以点、线、面形式进行表达。据此，共提取了侵入岩体、断裂构造、已知矿床（点）、化探异常信息。建立了海南岛什统式热液充填型萤石矿预测工作区区域预测模型（图 5-4-2）。

第五节　多矿种综合预测区特征

区带内共圈定多矿种综合预测区 1 个，为 A 级综合预测区。涉及的主要矿种为萤石。见图 5-5-1。

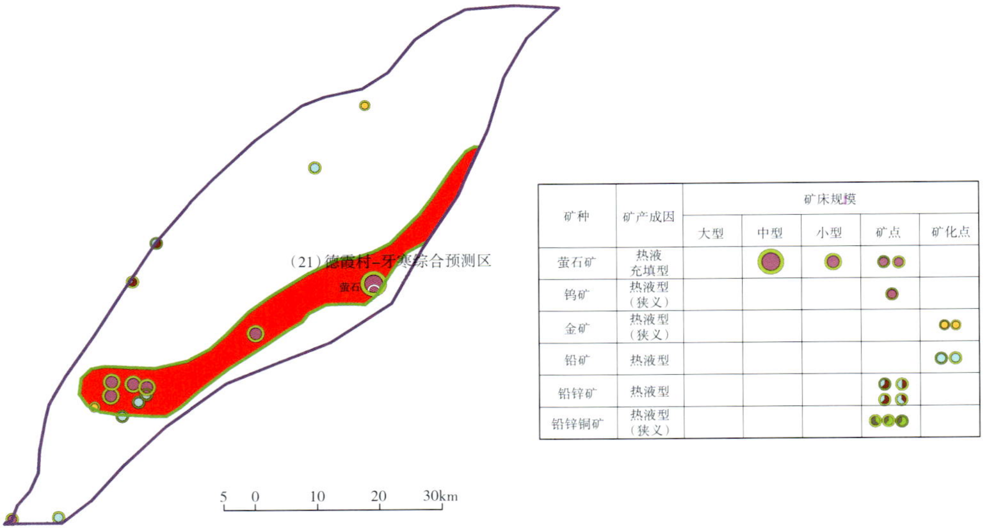

图 5-5-1　白沙陆内盆地萤石、金、铅、钨Ⅳ级成矿区带综合预测区分布图

一、综合预测区分布情况

综合预测区主要分布在区带的盆地南东缘。

二、综合预测区特征

综合预测区沿白沙陆内盆地边缘分布，属大安萤石矿集区。区内岩浆岩多期次侵入，断裂构造发育区内萤石矿体主要赋存在岩体的断裂裂隙中或与碳酸盐岩接触带部位的裂隙中。区内已发现 6 处萤石矿床，尚有铅锌、钨锡等矿点。区内已查明萤石 84.7×10^4t，预测萤石资源量 2837t。

第六节　多矿种综合靶区部署建议

根据上述对区内资源情况及成矿地质条件的分析，区带内成矿地质条件较好，具有一定萤石矿找矿潜力。

根据海南省国际旅游岛建设要求、海南省生态省建设要求及海南省矿产资源已有的勘查工作程度，建议对该综合预测设立省级项目进行矿产资源调查评价工作，工作程度为预查–普查。

第六章　五指山岩浆弧铁、铝（钴）、铀、水晶、宝石、褐煤、石墨、多金属Ⅳ级成矿区带预测成果

第一节　区域地质背景

区带以广泛发育盆地沉积为特点，包括雷鸣白垩盆地、阳江白垩盆地和翰林、琼海三叠系拉分盆地及蓬莱古近系火山盆地、长昌古近系盆地、龙门新近系火山盆地等。主要出露长城系、奥陶系、三叠系、白垩系、古近系、新近系和第四系，长城系为角闪岩相变质和深层次变形，奥陶系为低绿片岩相变质和中深层次变形。分布有二叠纪、三叠纪、侏罗纪、白垩纪等中生代花岗岩，而缺乏中元古代花岗岩。二叠纪、三叠纪花岗岩发育走向北东的线理和面理构造，生成于同造山期—晚造山期；侏罗纪、白垩纪岩体定向组构不发育，形成于离散环境，并往往受多方向断裂的控制，导致岩体平面中常呈不规则长条状分布。区内构造线以北东向为主，并受后期多方向断裂的切割和改造，见图6-1-1。

根据海南岛地层元素分布特征，抱板群中Au、Pb、Bi、Ag，南碧沟组中Au、Ag、Sb、W，志留系Au、Cu、W、As、Sb，石炭系中Au、As、Sb、W，二叠系中Au、Cu、As、Sb，白垩系中Zn、Ag、Cu、U、W、Co等元素平均含量高于全岛其他地层相同元素的平均值。

抱板群、石碌群、南碧沟组、志留系、石炭系、二叠系的Au元素含量相对较高并与岛内已知金矿的分布关系密切。抱板群不仅是岛内金矿的主要矿源层，而且还是石墨矿的赋存层位，古生界中多金属元素含量也较高，与已知多金属矿床点的分布关系密切；下二叠统鹅顶组控制着水泥灰岩的分布；长昌组为褐煤、油页岩赋存层位；第四系控制着与风化作用有关的砂钛矿、锆英石矿、铝土矿、钴土矿、宝石、稀土矿床的分布。

一、地层

1. 元古界

区带内仅发育中元古界长城系抱板群（Ch*B*），以中深及浅变质的砂泥质岩石为主，次为火山岩及碳酸盐岩。

抱板群由一套中深变质的变质片麻岩类、片岩类及石英岩类组成。自下而上分为戈枕村组和峨文岭组。主要分布在定安县黄竹岭、琼海市烟塘、琼中县长征一带。抱板群是金矿的重要矿源层，抱板群上部的峨文岭组则是省内唯一的石墨矿含矿层位。

戈枕村组（Ch*g*）：以黑云斜长片麻岩或混合质黑云斜长片麻岩为主，下部为混合花岗闪长岩及黑云斜长混合片麻岩，与上覆峨文岭组整合接触。

峨文岭组（Ch*e*）：以云母石英片岩、石英云母片岩为主，夹数层长石石英岩及石墨矿层。

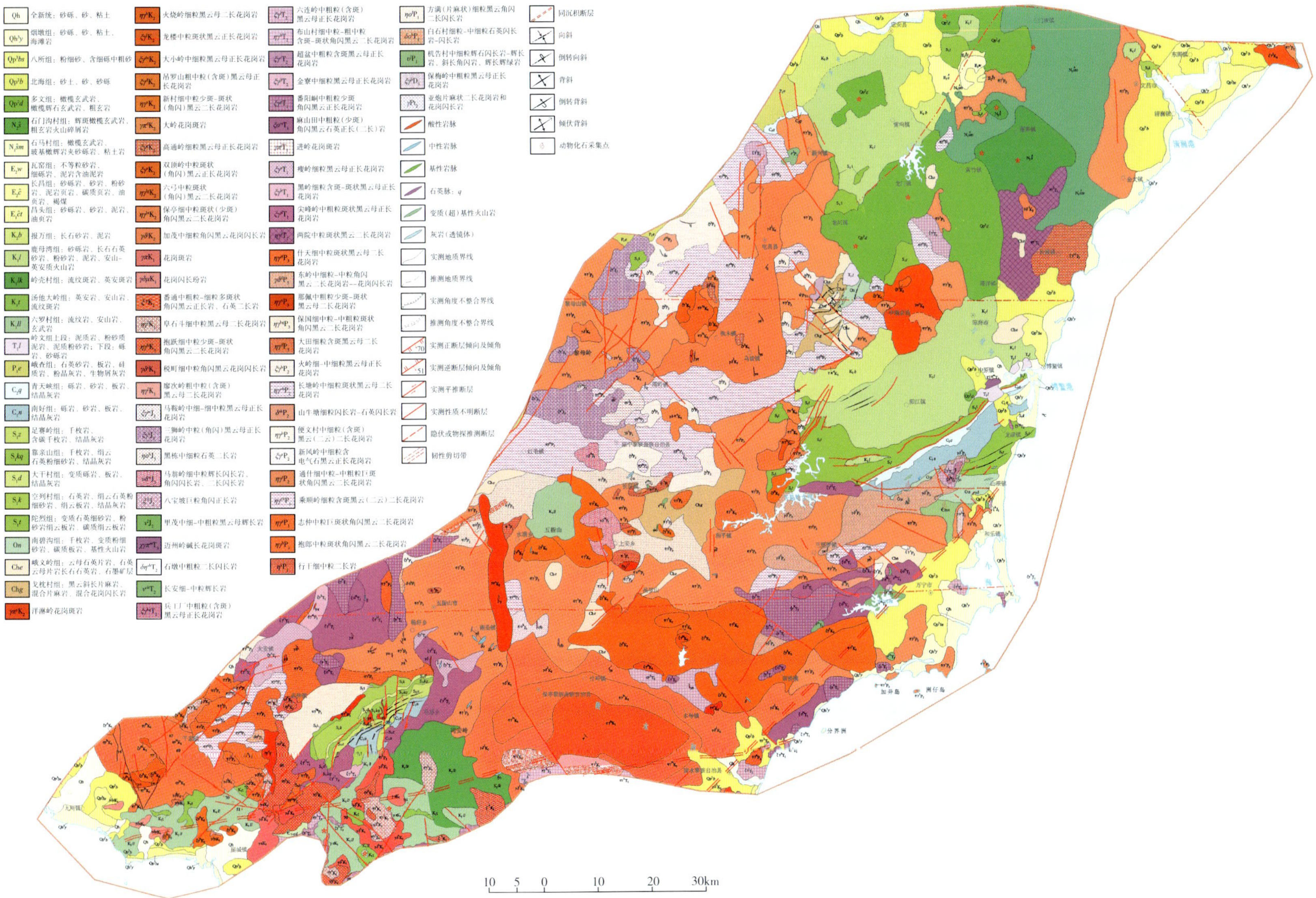

图 6-1-1　五指山岩浆弧Ⅳ级成矿区带地质图

2. 下古生界

（1）奥陶系南碧沟组

岩性以云母石英片岩、千枚岩、绢云母板岩为主，夹变质粉细砂岩、炭质板岩；中上部夹基性火山熔岩及基性火山碎屑岩。与下伏寒武系美子林组接触关系不清，与抱板群普遍呈断层接触，与上覆早志留世陀烈组呈整合接触。

（2）志留系

志留系有下志留统陀烈组、空列村组和中志留统大干村组、靠亲山组及上志留统足赛岭组。主要分布在南好断陷及琼海阳江盆地的南边及南东边。

陀烈组（S_1t）：整合于南碧沟组之上、空列村组之下。下段为变质石英细砂岩、绢云母板岩夹灰岩透镜体、绢云母千枚岩；中段以炭质绢云母板岩为主夹变质粉砂岩及含炭质千板岩；上段为千枚岩、绢云母板岩夹变质粉砂岩条带。

空列村组（S_1k）：整合于陀烈组之上、大干村组之下。底部石英岩，往上为绢云母板岩与变质绢云母石英粉细砂岩互层，夹结晶灰岩。

大干村组（S_1d）：整合于空烈村组之上，靠亲山组之下。由变质复成分砾岩、板岩、结晶灰岩组成，灰岩中产珊瑚、海绵化石。

靠亲山组（S_1kq）：整合于大干村组之上，足赛岭组之下。为千枚岩或含炭千枚岩与绢云母石英粉细砂岩互层；顶部为结晶灰岩。

足赛岭组（S_1z）：整合于靠亲山组之上，为含炭千枚岩、千枚岩夹结晶灰岩。顶部以千枚岩与早石炭世南好组含砾不等粒石英砂岩、砂砾岩不整合接触。

3. 上古生界

只有石炭纪、二叠纪地层。

（1）石炭系

主要分布在南好断陷及琼海阳江盆地的南边及南东边，有下石炭统南好组及上石炭统青天峡组。

南好组（C_1n）：为石英砂岩、砂岩与板岩、粉砂质板岩不等厚互层，底部为砾岩或含砾不等粒石英砂岩。与下伏足赛岭组呈不整合接触，与上覆青天峡组整合接触。

青天峡组（C_2q）：为板岩、砂质板岩与石英砂岩不等厚互层，底部为细砂岩夹板岩、条带状结晶灰岩。

（2）二叠系

区带内出露的二叠系地层为下二叠系峨查组，小面积分布于区带的北西缘。

峨查组（P_1e）：为石英砂岩与板岩、砂质板岩不等厚互层，底部生物屑微晶灰岩夹硅质岩。与下伏青天峡组板岩整合接触，顶部为细砂质板岩与上覆鹅顶组灰岩整合接触。

4. 中生界

中生界出露下三叠统及白垩系，为陆相碎屑岩、泥质岩及火山岩沉积。

（1）下三叠统岭文组

三叠纪地层仅出露下三叠统岭文组，分布局限，仅在五指山地层分区的定安县岭文及琼海市九曲江一带有出露。

岭文组（T_1l）：下部为砾岩、含砾细砂岩；上部为泥岩、泥质粉砂岩，产植物、孢粉化石。底部以砾岩与抱板群混合片麻岩不整合接触。

（2）白垩系

白垩纪地层有下白垩统六罗村组、汤他大岭组、岭壳村组、鹿母湾组和上白垩统报万组。下白垩统鹿母湾组要分布在阳江、雷鸣、三亚等盆地，由陆相沉积的红色碎屑岩夹安山岩、英安质火山岩组成。下白垩统六罗村组、汤他大岭组、岭壳村组为陆相中酸性夹少量基性火山岩系沉积，主要沿东西向九所-陵水构造带分布。上白垩统报万组为陆相紫红色碎屑岩沉积，主要分布于阳江盆地、雷鸣盆地。

六罗村组（K_1ll）：岩性主要为流纹质火山岩，下部夹少量玄武岩和安山岩，底部局部为含火山角砾的紫红色砾岩。局部与下伏海力西晚期花岗闪长岩呈不整合接触，顶部以流纹质含砾凝灰熔岩与上覆汤他大岭组安山质角砾熔岩呈喷发不整合接触。

汤他大岭组（K_1t）：岩性以英安质火山岩为主，中部和下部夹少量安山质流纹质火山岩。顶部以英安岩与上覆岭壳村组流纹质角砾凝灰熔岩呈喷发不整合接触。

岭壳村组（K_1lk）：以流纹质熔岩及流纹质火山碎屑岩为主，夹数层英安岩。

鹿母湾组（K_1l）：下部以紫、紫红、紫灰色砂砾岩、含砾长石石英砂岩为主，夹泥质、铁质粉砂岩和泥岩；上部为紫色间灰绿色长石石英细、粉砂岩夹钙泥质粉砂岩、粉砂质泥岩。常夹安山—英安质火山岩。与上覆报万组整合接触，底界以砂砾岩与下伏花岗岩呈不整合接触。

报万组（K_2b）：主要为长石砂岩，中下部夹少量粉砂岩、钙质泥岩，中部夹少量砾岩。

5. 新生界

（1）古近系

昌头组（E_1ct）：出露于五指山地层分区，下部为棕红色砂砾岩夹粉砂岩、棕红色泥岩与灰白色砂岩不等厚互层；上部灰褐色油页岩与棕红、灰色泥岩、页岩不等厚互层。不整合于燕山期花岗闪长岩之上，顶部以浅棕红色粉砂质泥岩与上覆长昌组灰绿色粗砂岩整合接触。

长昌组（E_2c）：出露于五指山地层分区，下部杂色岩段为杂色砂岩、粉砂岩为主，夹砂砾岩及泥岩；上部含煤段为页岩、碳质页岩、油页岩与砂岩、粉砂岩不等厚互层，夹褐煤层。顶部以褐色油页岩与瓦窑组整合接触。长昌组是长昌小型煤矿床的含矿层位。

瓦窑组（E_2w）：出露于五指山地层分区，以灰白、灰黄色不等粒砂岩、含砾砂岩、细砂岩为主，夹青灰、黄褐色泥岩、粉砂质泥岩及褐紫色含油泥岩。瓦窑组是长昌砂质高岭土矿床的含矿层位。

（2）新近系

石马村组（N_1s）：出露于五指山地层分区，下部为玻基橄辉岩夹砂砾岩及黏土岩；上部为橄榄玄武岩及角砾凝灰岩互层，顶部为 0.3 米的铁质黏土岩，含铁化木及果子化石。厚度 72.5～142.3m。以玻基橄辉岩与下伏海西期—印支期花岗岩呈喷发不整合接触，顶部以铁质黏土岩与上覆石门沟村组平行不整合接触。石马村组是钴土矿、铝土矿、宝石矿床的含矿层位。

石门沟村组（N_2s）：出露于五指山地层分区，下部为火山碎屑岩夹橄榄玄武岩；上部为辉斑橄榄玄武岩、粗玄岩，未见顶。厚度 162～224m。石门沟村组是宝石、铝土矿、钴土矿床的含矿层位，也是小型砂铬矿床的含矿层位。

（3）第四系

北海组（Qp^2b）：平行不整合于秀英组之上，被道堂组喷发不整合覆盖。地貌上叠覆于海成Ⅱ、Ⅲ级阶地之上，表现为Ⅲ级或Ⅳ级阶地。岩性为桔黄、棕红、褐红色亚砂土、砂、砂砾、砂质砾石。底部砂砾层往往含玻璃陨石及含铁质结核。

八所组（Qp^3bs）：平行不整合于秀英组之上，未见顶。在地貌上表现为海成Ⅱ级或Ⅲ级阶地。岩性为棕黄、黄及白色粉细砂、中砂及含细砾中粗砂层。八所组是玻璃砂矿的主要控矿层位。

道堂组（Qp^3d）：喷发不整合于北海组之上，被石山组喷发不整合覆盖。岩性为基性火山熔岩与沉积玄武质火山碎屑岩呈互层状产出。

全新统：为河流Ⅰ级阶地、河漫滩冲积层、洪冲积层及洞穴堆积。岩性为砾石、含砾粗砂、砂、砂质黏土等，洞穴堆积为钙质黏土夹炭质黏土。

烟墩组（Qh^3y）：为滨海、潟湖系列沉积。岩性为砂砾、砂、有机质黏土、粉砂质黏土及海滩岩。该组是滨海钛铁矿、锆英石、独居石砂矿的主要含矿层位。

二、构造

区带内褶皱、断裂构造发育，并对区内成矿具有控制作用。

（一）主要构造特征

1. 东西向构造形迹

东西向构造形迹，从北往南有王五-文教构造带、昌江-琼海构造带、尖峰-吊罗构造带、九所-陵水构造带。

（1）王五-文教构造带（F_1）

为区带的北部边界，大致展布在北纬19°45′左右，横跨儋州、澄迈、定安、文昌等地区。西端潜入北部湾，东端没于南海，岛上延伸达210km。该构造带属于雷琼裂谷与五指山断褶带的分野性构造带，其构造形迹除了在铜鼓岭北面宝陵港见及外，其余地区地表未见出露，呈隐伏状产出，为物探推测构造带。卫片中表现为一清晰的东西向亮带，为南北两种不同影像的分界线。在重力图中，构造带以北，重力场与北部湾一致，其重力高、低反映了基底起伏和上第三系沉积，构造带以南是重力低异常区，负异常反映的是莫霍面的起伏，地壳增厚，达34~35 km。在航磁ΔT平面图中，反映为一个剧烈变化的正异常交接带。

构造带由一系列呈东西向分布的断裂组成，重力异常显示其断面倾向北，倾角大于60°，呈阶梯状下降，具有正断层特征。沿构造带发育多个东西向的新生代凹陷盆地，反映了盆地的形成受它的制约，自西往东、自南往北，盆地的下拗幅度逐渐增大，长坡盆地、福山~多文盆地和海口盆地下拗幅度分别为300~400m、2000m、3000m。盆地内接受了新生代以来的沉积。同时，控制了琼北新生代多期次的火山喷发或喷溢作用，形成大面积东西向展布的玄武岩被。沿构造带，地震活动比较强烈，据1463—1834年间的不完全统计，琼山、定安、澄迈、文昌等地发生过37次地震，其中破坏性地震5次。1970年，临高县附近海域发生过1.8级弱震，也与该构造带有关。

文昌市铜鼓岭北面宝陵港花岗岩中，构造破碎带倾向南，倾角达60°~70°，宽约10m，由浑圆状构造角砾岩、糜棱岩、糜棱岩化岩石组成。根据南侧围岩中发育一组次级劈理与主断面分析，断裂具有左旋压扭性活动特征。此外，沿构造带见有海西期闪长岩脉侵入，反映了构造带至少形成于海西期。

由此表明，构造带多期活动特征明显。海西期表现为左旋压扭性；燕山期控制了同期里万岩体的侵位，导致岩体呈东西向展布，根据岩体未发育定向组构，可能显示该期活动具有张性或张扭性；新生代以来，构造带活动非常强烈，多次活动特征明显，控制了新生代盆地的形成和火山喷发、喷溢作用及地震活动。

（2）昌江-琼海构造带（F_2）

位于北纬19°05′~19°25′，横贯东方、昌江、白沙、琼中、屯昌和琼海等市、县。它是一条规模巨大以断裂带为主夹有近东西向褶皱带的断褶构造带，其延伸方向上，时隐时显，断续延长达200km以上。在该构造带上分布有一系列东西向断裂带；分布有中生代昌化江盆地、白沙陆内盆地和阳江盆地；分布有海西期、印支期、燕山期的花岗岩体组成一条近东西向展布的花岗岩穹隆构造带；卷入该构造带中的长城系抱板群形成的抱板褶皱带、青白口系石碌群和震旦系石灰顶组形成的石碌褶皱带、古生界志留系和石炭系及二叠系形成的褶皱构造，是该构造带分别在晋宁、广西和海西等不同时期遭受挤压活动的产物。

构造带可能在中元古代初期就以拗陷带出现，曾导致幔源基性岩浆侵入，还沉积了巨厚的抱板群和石碌群，晋宁运动使它们形成褶皱带，构成了海南岛的基底构造。加里东期明显的石碌褶皱带与上覆的石炭系和二叠系不整合接触，该构造带继续遭受挤压，形成东西向褶皱带和断裂带。海西期该构造带仍发生挤压活动，形成一些褶皱带和断裂带，断裂带有的深达30余千米，引起幔源岩浆沿断裂侵入分异形成闪长岩体。印支期和燕山期，该构造带仍有强烈活动，导致岩浆侵入体充满断裂带构成一条巨大的东西向花岗岩穹隆构造带。喜马拉雅期至近期该构造带仍有活动，白沙县光雅和琼海市官塘等温泉沿构造带分布。

（3）尖峰-吊罗构造带（F_3）

位于北纬18°40′—18°52′，横贯乐东、通什、保亭、陵水和万宁等市、县，东西长约190km，主要由感城-万宁断裂带和尖峰-吊罗断裂带等一系列东西向断裂带组成。该构造带分布有海西期二长花岗岩和花岗闪长岩、闪长岩，印支期钾长花岗岩和二长花岗岩，燕山期辉长岩、钾长花岗岩、二长花岗岩和花岗闪长岩，组成一条巨大的东西向花岗岩穹隆构造带。沿该构造带展布范围内的花岗岩体中都见到有东西向破裂面构成的挤压破碎带。这些现象说明该构造带中海西期、印支期和燕山期有强烈活动，并表现为压性或扭压性特征。

构造带可能早在加里东期就已形成，并控制了该构造带北侧古生界的沉积。海西期继续活动，形成东西向断裂带。印支期和燕山期，该构造带强烈活动，导致印支期和燕山期岩体的多次侵入，另一方面又使岩体发生强烈的挤压破碎，形成了东西向褶皱带和断裂带。新生代以来的活动主要表现对山川地势的控制作用，使沿该断裂带分布的尖峰岭、七指岭和吊罗山等山脉呈东西向分布，该构造带有多处温泉，保亭新村和万宁县兴隆地热田的分布。

（4）九所-陵水构造带（F_4）

为该区带的南边界，位于北纬18°15′—18°30′，横贯乐东、三亚和陵水等市、县，东西长100余千米，由九所-陵水断裂带、崖城-藤桥断裂带等组成。该构造带在海西期和燕山期有强烈活动，分布有海西期育才花岗闪长岩、田仔二长花岗岩等岩体，燕山期千家、高峰、罗蓬、南林、陵水等岩体，它们形成一条东西向花岗岩穹隆构造。另外，燕山晚期有同安岭、牛腊岭等火山岩喷发，形成东西向火山岩带分布。在该构造带展布区，东西向的断裂带和挤压破碎带十分发育，显示了压性断裂带的特征。

根据现有资料分析，该构造带可能形成于前寒武纪，是当时南海地台与华南褶皱系五指山褶皱带的分界线，控制了寒武纪以来不同的构造单元的发展和不同沉积建造的分布。构造带在海西期、印支期—燕山期继续活动，导致岩浆侵入和喷发活动，形成东西向分布的花岗岩穹隆构造和火山岩带，在喜马拉雅期的活动比较强烈，沿该构造带地震时有发生，热矿泉遍布，海蚀地貌发育。

2. 北东向构造形迹

海南岛北东向褶皱和断裂构造十分发育，主要分布区带西部边缘。

（1）潭爷断陷构造带（F_7）

北起澄迈，往西南经儋州、琼中、白沙、乐东一带，总体方向为北东25°～30°延伸，长约180km以上，宽20～30km。由白沙拗陷带的东、西两侧的断裂带及夹于其中的白垩纪白沙陆内盆地、南门营盆地组成。东侧断裂带有乐东-黎母山-文儒断裂带（北段为黎母山-文儒断裂、中段为黎母山-什运断裂、南段为连环岭-马形岭断裂），是白沙断陷带与五指山岩浆带的分界。沿这些断裂带断续可见几十米宽的挤压破碎带，形成硅化角砾岩、糜棱岩，并有燕山晚期岩脉或石英脉和萤石石英脉充填，是控制萤石矿床的主要断裂带。这些断裂带还控制白垩系沉积，形成白垩纪断陷盆地，沉积了厚达2500多米的红色粗碎屑岩建造。

（2）南好褶皱构造带（F_8）

分布在保亭县南好到三亚雅亮一带，全长30余千米，宽10余千米。由轴向北东的大致平行的复式倒转背斜及倒转向科和北东向断层组成。褶皱带由志留系空列村组、大干村组、靠亲山组、足赛岭组和下石炭统南好组构成。

（3）东岭褶皱构造带（F_9）

分布于万宁龙滚、东岭、三更罗一带。由轴向北东的加晓岭复背斜及其两翼的次级褶皱组成。北东端和东南翼被第四系掩盖并沉没入大海，南西端被燕山期、印支期、海西期花岗岩吞没。复背斜轴部出露志留系陀烈组，两翼为志留系空列村组及不整合覆盖于志留系的下石炭统南好组和上石炭统青天峡组。虽然下石炭统不整合覆于志留系之上，但石炭系卷入了这一构造带中，褶皱带的西北部又为下白垩统鹿母湾组所不整合覆盖，可见其形成时期是海西期。

3. 北西向构造形迹

（1）龙波-翰林断裂带（F_{10}）

该断裂带北西起自澄迈县龙波，往南东经南蛇岭、翰林直到中端一带。总体走向北西 320°，长 70km 以上，宽 5～10km。沿该断裂带断续可见发育断裂破碎带和石英脉带。在南蛇岭、银瓶岭和翰林等地，断裂带中的石英脉成群成带发育，组成北西向突出的山脊。在屯昌博文一带，形成宽达 50 多米的北西向延伸的破碎带、构造角砾岩带，并将屯昌岩体北段错开；在银瓶岭一带，北西向的破碎角砾岩带宽达 130m，并充填有石英脉，沿断裂带还分布有 8 个温泉点，成为控制温泉出露的主要断裂带。在断裂带发育石英脉群分布的地段，还有金银和铅锌矿化，也是一条控制多金属矿化的断裂带。

（2）儋州-万宁断裂带（F_{11}）

北西起自儋州市以西，往南东经蓝洋、黎母山、乌石，一直延伸到万宁兴隆一带，断裂带总体走向呈北西 320°～340°。该断裂带北西段，在蓝洋一带称为冰岭断裂带，表现为破碎角砾岩带、石英脉带和花岗斑岩脉带及温泉发育为特征。在蓝洋附近，沿北西向断裂带出露有水温高达 90℃ 的温泉断续出露延伸分布达 3km 多。在该断裂带的南东段乌石至万宁兴隆一带，破碎角砾岩沿断裂带断续出现，在兴隆一段最为发育，角砾岩为硅质胶结，沿北西向断裂带出露有水温高达 60℃ 的温泉延续延伸分布数千米。

从该断裂带特征来看，表现出有三次活动，第一次活动发生在古生代地层中，形成破碎带和角砾岩带，它可能形成于海西期；第二次活动表现在前期活动形成的角砾岩带基础上又发育一系列破碎带，并为石英脉带和燕山期花岗斑岩脉充填，这期活动在断裂带的北段和南段还控制着白垩纪盆地的边界，因此其形成应在燕山期；第三次活动表现是控制温泉分布，是晚近时期发生的。

（3）白沙-陵水断裂带（F_{12}）

该断裂带北西起儋州富洋，向南东经白沙、什运一直延伸到陵水一带，总体走向北西 315°～325°。断裂带的北西段，在八一农场推顶岭一带以破碎带和角砾岩带出现，宽达数百米，在断层角砾岩带上，还叠加发育硅化脉和石英脉；断裂带的南东段，白沙、什运至陵水一带，断续分布有破碎带和角砾岩带，被燕山晚期花岗斑岩脉和石英脉充填，沿断裂带还有什运、保亭新村、陵水南平等温泉的分布，显示了该断裂带的存在和晚近时期的活动性。

4. 南北向构造形迹

区带内南北向构造带为琼东南北向构造带和琼中南北向构造带。

（1）琼东南北向构造带（F_{16}）

位于东经 110°00′—110°45′，纵贯文昌、琼山、澄迈、定安、屯昌、琼海、万宁等市、县。南北延长 120km 以上，东西宽达 60km 以上。由琼东南北隆起构造带，及同方向文昌-迈号、铺前-长坡、蓬莱-烟塘、长昌-黄竹、琼山-仙沟、雷鸣、瑞溪-白莲和山口-南坤等一系列近于平行的南北向断裂带组成。沿断裂带呈南北分布有印支期新市和大致坡花岗岩体，燕山期屯昌、长坡和烟塘等花岗岩体，喜马拉雅期玄武岩浆喷发形成的灵山-琼海大路南北向分布玄武岩被。

该构造带从其卷入的万宁市龙滚至东岭地区晚古生代地层和岩浆活动来看，他形成始于海西期，表现为强烈褶皱隆起，同时发育一些南北向断裂带，控制着印支期和燕山期岩浆侵入和喜马拉雅期玄武岩浆喷发活动。分布有与玄武岩有关的蓝宝石矿、铝土矿、钴土矿等矿床，与印支期二长花岗岩有关的砂性高岭土矿床，与燕山期花岗岩有关的金、铜多金属矿床。

（2）琼中南北向构造带（F_{15}）

位于东经109°25′—109°42′，纵贯儋州、临高、白沙、琼中、通什、保亭、三亚等市、县。由走向南北的褶皱带、断裂带和岩浆岩带（岩体、岩脉群）等组成。该构造带由北往南，在北段发育有南北向洛基-南丰断裂带，沿断裂带有石英脉群充填，还有洛基火山岩喷发，在南丰一带分布有含金石英脉金矿；在中段分布有元门-鹦歌岭断裂带、细水-什运断裂带，在什运一带的断裂破碎带，广东区测队称为风模断层。沿断裂带在元门一带充填有南北向钠长斑岩脉及充填有元门岩体；在南段分布有番阳-高峰断裂带、毛阳-荔枝沟断裂带，在什运风模断层带南端与几十千米长的南北向燕山期牙落花岗斑岩体相接。在该段南北向断裂带中，还分布有南北向延伸的燕山期岩体和充填有南北向花岗斑岩脉及石英脉带。在荔枝沟一带的石英脉中分布有铅锌矿。

（二）构造对成矿的控制作用

1. 北东向断裂构造

乐东-黎母山断裂带控制着燕山期花岗岩脉和石英脉矿化有关的钨、锡、铅、锌、萤石矿床的分布；南好断裂带控制着燕山期花岗斑岩与志留系接触带矿化成矿有关的铁、铜、铅、锌矿床的分布。

2. 南北向断裂构造

琼中南北向断裂带北段洛基-南丰断裂带控制着印支期破碎带蚀变岩型和石英脉型金矿的分布，海西期—印支期岩浆热液作用有关的锡、铌钽矿床的分布；琼东南北向断裂带的蓬莱-烟圹断裂带控制着燕山晚期花岗闪长岩爆破角砾岩筒斑岩铜钼矿床的分布。

3. 北西向断裂构造

千家断裂带控制着燕山晚期岩浆热液作用有关的云英岩型钼矿床和石英脉型金、银、铅、锌矿床的分布。

三、岩浆岩

1. 火山岩

火山岩大面积分布，其中中生代早白垩世火山岩系陆相双峰式火山岩，呈岩被产出，新生代中新世-第四纪火山岩，呈岩被产出。属大陆板块边缘内侧与裂谷有关的玄武岩，以富钠为特征的亚碱性的拉斑玄武岩系列和碱性玄武岩系列组成。

（1）超基性岩

目前仅发现于海相喷出岩中，规模小。

玻基橄辉岩：斑状结构，气孔状、杏仁状或块状构造。斑晶：橄榄石、辉石、斜长石；基质：玻璃质。产于文昌市蓬莱中新统石马村组。

（2）基性岩

橄榄玄武岩：斑状结构。斑晶由橄榄石、普通辉石、斜长石组成。基质组份：斜长石、普通辉石、橄榄石、玻璃质。岩石含磁铁矿1%～15%。分布于洋浦、临高、多文、白莲、安仁、石山、永兴、龙桥、美兰、岭脚及蓬莱一带。具熔渣状，浮岩状构造的橄榄玄武岩，系火山喷发作用的末期产物，往往围绕火山口周围分布，构成琼北火山岩区如雷虎岭、卧牛岭、儒洪、昌道岭、美玉岭、春腾、马鞍岭、群众岭、新兴等23座火山锥。其余构造如气孔状、块状构造的橄榄玄武岩，则以王五-文教一线以北的广大地区及邻昌岛、大坡、石门沟村、石马村、大路、龙门、龙塘等地分布。上述岩石赋存于早全新统石山组、晚更新统道堂组、上新统石门沟村组及中新统石马村组。是风化壳型铝土矿、钴土矿、宝石矿的成矿母岩及赋矿层位。

辉斑橄榄玄武岩：斑状结构。斑晶：橄榄石、辉石、斜长石。基质为间粒结构，由斜长石、辉石、橄榄石、玻璃质组成。岩石含蓝刚玉 2.66g/t，含红锆石 92g/t，产于文昌市蓬莱石门沟村一带。赋存于上新世石门沟村组，是风化壳型铝土矿、钴土矿、宝石矿的成矿母岩及赋矿层位。

橄榄拉斑玄武岩：斑状结构。斑晶：橄榄石、斜长石、普通辉石十易变辉石。基质为拉玄结构，由斜长石、辉石、橄榄石等组成。产于金牛岭、石山、老城、马村以及十字路。赋存于石山组、道堂组及上新统海口组第三段。

玄武岩：斑状结构。斑晶：普通辉石、辉石、橄榄石、斜长石。基质为间粒-间隐结构，由斜长石、辉石、玻璃质组成。产于儋州市公堂上、三亚市北岭村。赋存于道堂组及下侏罗统六罗村组。

玄武质浮岩：斑状结构，浮岩状构造。组份：橄榄石、普通辉石、微量斜长石、基性火山玻璃。产于雷虎岭、马鞍岭火山口旁侧的伴生火山口。赋存在石山组中。

玄武质泡沫熔岩：玻璃结构，气孔状构造。由玻璃质组成，含橄榄石、石英长石。产于国社岭火山锥。赋存在道堂组。

粗玄岩：斑状结构。斑晶：斜长石、橄榄石、普通辉石。基质粗玄结构，由斜长石、辉石、橄榄石组成。产于国社岭、石山一带，石门沟村一带，以及干冲一带。赋存于石山组、道堂组、石门沟村组。

(3) 中性岩

安山岩：斑状结构。斑晶：斜长石、石英、钾长石。基质隐晶质，由钾长石、石英、铁镁质矿物组成。有绿泥石、绢云母、高岭土等次生矿物。产于三亚市汤他大岭、抱冲村及五指山等地的下白垩统汤他大岭组、六罗村组中。

(4) 中酸性-酸性岩

英安岩：斑状结构。斑晶：斜长石、石英、钾长石、黑云母。基质隐晶结构，由斜长石、石英及铁镁质矿物组成。次生矿物绿泥石、绢云母等。产于三亚市的岭壳一带、汤他大岭，抱中及五指山等地的下白垩统岭壳村组、汤他大岭组中。

流纹斑岩：斑状结构。斑晶由石英、钾长石、斜长石及黑云母组成。基质显微隐晶结构，组分为长英质。次生矿物有绢云母、绿泥石、高岭土。产于六罗山、毫包帽、抱冲村、羊绵岭、老地山至中央山一带及五指山。赋存于岭壳村组、汤他大岭组、六罗村组中。

次花岗闪长斑岩：斑状结构。斑晶：斜长石、钾长石、石英、黑云母。基质霏细-微晶质，成分主要为长英质，少量黑云母、角闪石。时代为晚白垩世。产于三亚市三清白之西北面及梅山北面。认为它是与英安质火山岩同源的次火山岩。

次流纹斑岩：斑状结构。斑晶：石英、钾长石、更长石。基质霏细结构，由长英质组成。时代为晚白垩世。产于崖城东面。认为它是与流纹质火山岩同源的次火山岩。

次花岗斑岩、斑状结构。斑晶：石英、钾长石、斜长石、黑云母。基质由长英质组成，呈霏细-微晶结构。时代为晚白垩世。产于三清白之北面，岩体充填于破火山口。认为它是与流纹质火山岩同源的次火山岩。

(5) 火山碎屑岩

英安质晶屑凝灰熔岩：晶屑凝灰熔岩结构，角砾状、晶屑砂状结构。岩石成分：晶屑以石英、斜长石为主，其次钾长石、角闪石，少量英安质岩屑和霏细质。胶结物为长英质。产于三亚市汤他大岭一带的汤他大岭组中。

碎斑熔岩：碎斑状结构。斑晶主要为石英、钾长石，其次斜长石、黑云母、角闪石。熔岩胶结，呈霏细或球粒状结构，有时显示流纹构造。产于好甘岭、林鼻岭、汤他大岭南面、后边岭等地的岭壳村组中。

流纹质晶屑凝灰熔岩：凝灰熔岩结构。岩石成分：晶屑以长石、石英为主，其次黑云母、角闪石；岩屑主要为流纹质岩屑，少量英安质、花岗质岩屑。胶结物为长英质，呈霏细-微晶状。次生矿物常见绢云母、绿泥石、高岭土。产于六罗山、阜腰岭、雄岭、老简岭、大本岭、汤他大岭等地的岭壳村组、汤他大岭组及六罗村组。

英安质集块熔结凝灰岩：角砾结构，角砾成分以花岗岩为主，其次为花斑岩、英安岩、安山岩。胶结物具有流动构造，组分为英安质。产于汤他大岭组。

火山集块角砾岩：角砾成分为石英岩、粉砂岩、安山岩、花岗岩、石英砂岩等。胶结物为硅质、凝灰质、泥质。产于汤他大岭组。

玄武质凝灰岩：凝灰结构。火山碎屑成分：玻屑、晶屑及玄武质岩屑。胶结物为火山灰和细小晶屑，根据玻屑、晶屑、岩屑的含量变化，可进一步命名为玻屑晶屑岩屑凝灰岩，晶屑岩屑凝灰岩，后者含火山角砾。产于文昌市石马村、石门沟村一带及隐伏分布于琼山市罗京盘火山口之南侧。赋存于石马村组、石门沟村组及道堂组。

英安质晶屑凝灰岩：凝灰结构，簿层状构造。火山碎屑成分：石英、斜长石、钾长石、凝灰质、火山灰、云母类。产于汤他大岭组。

玄武质沉火山角砾岩：火山角砾结构，胶结物凝灰结构，层状构造。火山角砾：浮岩、凝灰岩、石英。胶结物：玻屑、凝灰质、晶屑、火山尘。产于儋州市三都一带的道堂组。

玄武质沉凝灰岩：凝灰结构，层理构造。碎屑组分以玻屑、晶屑、玄武质岩屑为主，少量陆源碎屑物。泥质、火山尘胶结。根据玻屑、晶屑、岩屑及陆源碎屑物的含量变化，岩石可进一步命名为玄武质沉岩屑晶屑凝灰岩，玄武质沉玻屑晶屑凝灰岩，沉玻屑凝灰岩。后二者偶含海绿石、有孔虫化石。产于长流、雷虎岭山脚、三都一带的道堂组。

沉凝灰岩：凝灰结构或碎屑粉砂状结构，层纹状构造。碎屑成分：以钾长石、斜长石、石英为主，少量黑云母和岩屑。火山灰及少量泥质胶结。分布于三亚地区阜牯岭、阜落刀岭、汤他大岭及抱冲村。赋存于六罗村组、汤他大岭组。

凝灰质砂岩：凝灰砂状结构。碎屑成分：砂屑，其成分为石英、长石、花岗岩屑、变质岩屑及火山岩屑；凝灰质成分为长石晶屑、酸性玻屑及水云母等。凝灰质、泥质胶结。主要赋存于鹿母湾组和岭文组，分布于琼海市朝阳上村、赤根村、南塘水库管理处、内村及黄土寨。在江边南好组靠近底部也发现。

凝灰质砾岩：砾石成分：变质岩、脉石英、花岗岩，呈次圆—次棱角状。其次为各种喷出岩屑及石英、长石的晶屑，泥质、泥沙质胶结。产于南塘水库鹿母湾组。

2. 侵入岩

区内岩浆岩发育，多期次侵入，大面积出露，其成因类型有 I 型、S 型及 A 型三种，以 I 型成因的岩体为主。岩体时代：长城纪、泥盆纪至白垩纪都有侵入岩分布，尤以三叠纪的最发育，分布最广泛。岩性为二长花岗岩居多。

（1）基性侵入岩

辉长岩：辉长结构或含长结构。矿物组分：斜长石、钾长石、石英、黑云母、角闪石、紫苏辉石、单斜辉石。岩体出露面积 0.4~12km^2。时代为晚侏罗世及晚二叠世。分布于万宁。

（2）中性侵入岩

闪长岩：粒状结构。岩体产出的年代越新，矿物的粒度越粗。矿物成分：斜长石、石英、钾长石、黑云母、角闪石、单斜辉石微量。单个岩体出露面积 0.27~4.2km^2，最大者达 19km^2。时代为晚石炭世，早—晚二叠世、中—晚三叠世、晚侏罗世。分布于万宁、屯昌。

角闪正长岩：巨粒状结构。矿物成分：斜长石、钾长石、石英、黑云母、角闪石。岩体出露面积仅 0.45km^2。时代为晚侏罗世。分布于万宁。

(3) 中酸性-酸性侵入岩

石英正长岩：中细粒、中粗粒结构。矿物成分：钾长石、斜长石、石英、黑云母、角闪石。单个岩体出露面积6~22.5km²，时代为早二叠世、晚三叠世。分布于万宁。

花岗闪长岩：细粒至粗粒状结构。矿物成分：斜长石、石英、钾长石、黑云母、角闪石、辉石。分布于屯昌、保亭、陵水等地。时代为中元古代、早—晚二叠世、中三叠世、早—晚白垩世。

二长花岗岩：为细粒到粗粒变化的似斑状结构。矿物成分：斜长石、钾长石、石英、黑云母、角闪石、辉石。时代为早、晚二叠世，早—晚三叠世、中—晚侏罗世、早—晚白垩世。分布于五指山、屯昌及北士岛、蜈支洲、西洲、西瑁洲、分界洲。其中五指山及长安一带的（二长）花岗岩具片麻状构造。

正长花岗岩：中细粒、中粗、中粗粒结构。矿物成分：钾长石、斜长石、石英、黑云母、角闪石、辉石、白云母。时代为晚泥盆世、晚二叠世、中—晚三叠世、早—晚侏罗世、早—晚白垩世。分布于万宁及南士岛、白鞍岛、大洲岛、洲仔岛、东洲。

钠长白岗岩：粗中粒结构。矿物成分：斜长石、石英。时代为晚白垩世。分布于琼海。

碱长花岗岩：中细粒、中粒结构。矿物成分：钾长石、斜长石、石英、黑云母、角闪石、白云母。时代为晚三叠世、中侏罗世。分布于万宁。

(4) 脉岩

脉岩种属繁多，多沿北东、北西、近东西和近南北向裂隙充填分布。近南北向的脉岩一般规模较大，时代较新，以酸性岩脉为主。矿物成分：橄榄云煌岩、含长角闪岩、煌斑岩、辉绿岩、闪长玢岩、石英二长斑岩、花岗闪长斑岩、花岗斑岩、石英斑岩、花岗细晶岩、花岗伟晶岩。

(5) 岩浆岩与成矿关系

与I型花岗岩的海西期志仲岩体、琼中岩体、燕山期千家岩体、税町岩体、保城岩体、屯昌岩体、罗蓬岩体等侵入体的中心和边缘部接触地带及其旁侧基底隆起区边缘的构造岩浆岩带控制着铁、铜、钼、铅、锌、金、银、硫铁、水晶、萤石、稀土等矿产的分布；与S形花岗岩、燕山期侵入体的中心和边缘部接触带及其旁侧基底隆起区边缘的构造岩浆带控制着钨、锡、金、银、铌、钽、稀土、铅、锌、水晶、萤石等矿产的分布；与中酸性-酸性火山岩的牛腊岭、同安岭、五指山等火山岩带成矿有关的控制着铁、铜、铅、锌、硫铁、金、银等矿产的分布；与基性火山岩的蓬莱火山岩成矿有关的控制着蓝宝石、红宝石、红锆宝石、三水型铝土矿、钴土矿、砂钛矿、沸石、膨润土等矿产的分布。

四、变质岩

区带内出露的变质岩有区域变质岩、动力变质岩、接触变质岩及气-液蚀变岩。其中区域变质岩分布较广。

1. 区域变质岩

中新元古界和古生界遭受不同期次、不同程度的区域变质作用，而中生界和新生界未发生区域变质。根据地层时代、变质强度及构造事件，将区域变质地质体划分为4个构造层次。

第一层次为中元古界抱板群戈枕村组，原岩为钙碱性中酸性火山岩，局部夹杂砂岩。受早晋宁运动影响，该组岩石遭受区域动力热流变质作用，形成以高角闪岩相为主、局部低角闪岩相的岩石组合，伴有以固态流变为主的深构造相塑性变形。岩石类型有片麻岩、变粒岩、混合质片麻岩、混合岩等。该组岩石普遍遭受混合岩化作用，在空间上呈一定程度的分带，可分为弱混合岩化带和中等强烈混合岩化带。

第二层次为中元古界抱板群峨文岭组，原岩为泥质岩、砂岩、泥炭，局部夹有钙碱性中酸性火山岩。受区域动力热流变质作用，发生低角闪岩相区域变质，伴有以固态流变为主的深构造相塑性变形。具体岩性为二云母石英片岩、石英二云母片岩、长石石英片岩、石英岩、浅粒岩、变粒岩等。

第三层次为下古生界，原岩为泥质岩、砂岩、灰岩、凝灰岩、中基性火山岩、泥岩等。发生低绿片岩相（黑云母带）区域变质，伴有以固态流变和褶皱构造为主的中深构造相塑性变形。岩石类型有变质粉砂岩、变质砂岩、板岩、千枚岩、大理岩、石英岩、片岩、变质沉凝灰岩、变质凝灰质碎屑岩、变质基性火山熔岩等。变质矿物有石英、绢云母、白云母、黑云母（雏晶）、绿泥石、阳起石、绿帘石、方解石、透闪石等。变质作用类型为区域低温动力变质作用。

第四层次为上古生界，原岩为泥质岩、砂岩、砾岩、灰岩。受海西运动影响，遭受低温动力变质作用，发生低绿片岩相（绢云母带）区域变质，伴有以褶皱构造为主的中浅构造相变形。岩石类型有变质粉砂岩、变质砂岩、变质砂砾岩、变质砾岩、板岩、绢云千枚岩、大理岩、透辉透闪石岩等，变质矿物主要为石英、绢云母、绿泥石、白云母、方解石、透闪石，未见黑云母出现。

2. 动力变质岩

动力变质岩主要出现在各种韧脆性断裂中，严格受断裂带控制。可分为碎裂岩和糜棱岩—构造片岩两个系列。

（1）碎裂岩系列

以脆性变形为特征，可分为压碎角砾岩类和碎裂岩类。前者为原岩发生破碎形成，岩石类型有构造角砾岩及构造圆化角砾岩；后者以压碎变形为主，岩石未具定向组构，岩石类型有碎裂岩化岩石、碎裂岩、碎斑岩、碎粒岩。

（2）糜棱岩-构造片岩系列

以中—深构造层次韧性变形为特征，具特征的流动构造。可分为糜棱岩类和构造片岩类。岩石类型有糜棱岩化岩石、初糜棱岩石、云英质糜棱岩、花岗质糜棱岩、超糜棱岩、千糜岩、糜棱片岩、糜棱片麻岩、变晶糜棱岩及构造片岩等。

3. 接触变质岩

主要分布在侵入岩与地层的接触带中，按成因分为热液接触变质岩和接触交代变质岩。

（1）热液接触变质岩

该类岩石分布较广，岩石类型有角岩化碎屑岩、斑点板岩、透辉石角岩、黑云母角岩、石英角岩、透辉石石榴子石角岩、黑云母矽线石石英（片岩）、红柱石角岩、黑云母角闪角岩、透辉石斜长石角岩、透辉石石英角岩、大理岩等。

（2）接触交代变质岩

接触交代变质岩出露较少，多呈残留体、脉状或团块状产出。岩性有绿帘石石榴子石矽卡岩、石榴子石透辉石矽卡岩、石榴子石阳起石矽卡岩、石榴子石矽卡岩、石榴子石绿帘石矽卡岩等。

4. 气-液蚀变岩

主要沿断裂带与动力变质岩相伴出现，部分岩体和火山岩中见有少量出露。根据岩石受蚀变作用的强弱程度分为强蚀变岩和弱蚀变岩石。前者受蚀变作用较强，岩石类型有绢英岩、硅化岩、绢云绿帘石岩、云英岩等。后者受蚀变作用较弱，原岩的结构、构造基本保留，只是主要造岩矿物发生不同程度的结晶及蚀变，主要有硅化、绿泥石化、绢云母化、黄铁矿化、云英岩化、碳酸盐岩化、绿帘石化、阳起石化、蛇纹石化、钠黝帘石化、钠长石化等。

第二节　区域矿产特征

区带内矿产资源丰富，矿种多样，主要矿产地有蓬莱铝土矿、钴土矿、宝石矿矿床、富文金矿、烟塘钼矿、烟塘石墨矿、伍圆石墨矿、琼海加定金矿、屯昌羊角岭水晶矿、什统萤石矿、红石铁矿、岭壳铜矿、罗葵洞钼矿、新村钼矿、高通岭钼矿、南改金矿、南好铁、铜多金属矿、后万岭铅锌矿及东海岸的滨浅海锆英石、钛铁矿等，见图6-2-1。主要矿产特征如下：

1）在区带北部的蓬莱、南阳、居丁及长昌地区，铝土、钴土、宝石、褐煤、油页岩、高岭土矿矿产资源丰富，已知矿产地有大型矿床2处（铝土矿、宝石矿），中型矿床1处（钴土矿）、小型矿床5处（钴土矿、褐煤、耐火黏土、高岭土等）。铝土矿、宝石矿、钴土矿等主要与成矿母岩玄武岩的种类、风化及地形地貌有关，成矿时代为第四纪；高岭土矿床主要与母岩侵入岩的种类、风化程度及地形地貌有关，成矿时代为第四纪；褐煤、油页岩矿产主要产于长昌盆地的长昌组上段，受长昌组地层及褶皱构造控制，为沉积型矿床，成矿时代为古近纪。

2）在区带北部定安县新竹-雷鸣地区发育有金、银、铀等矿产，已探明小型金矿床1处（富文金矿）、小型铀矿床1处。金矿床主要赋存于白垩系鹿母湾组层间破碎带中，受地层、层间破碎带、燕山期岩浆岩控制，成因类型为岩浆热液型，成矿时代为燕山期；铀矿产于鹿母湾组含砾长石石英砂岩中，受赋矿地层、盆地位置及构造等控制，成因与盆地沉积有关，为沙页岩型铀矿，成矿时代为白垩纪。

3）区带北东部烟塘地区钼、铜、石墨矿等发育，已发现琼海市烟塘梅岭铜钼矿、琼海市烟塘文斗坡铜钼矿、琼海县烟塘石墨矿、琼海市伍园石墨矿及琼海县烟塘西岸岭褐铁矿等。钼、铜矿成矿主要受破火山机构、火山岩岩性岩相及燕山晚期斑岩控制，为斑岩型铜、钼矿，成矿时代为燕山期；石墨矿主要产于峨文岭组云母石英片岩、石英云母片岩中，为变质矿床，成矿时代为元古代。

4）在区带中部屯昌地区发育有钼、钨、锡、铅、锌、金、水晶等矿产，区内已发现有巨型水晶矿床1处，金、钼、钨、铅、砂锡矿等小型矿床6处。钨、钼、锡、铅、锌、金、水晶等矿化与燕山晚期花岗岩类密切，同时受构造破碎带等控制，成因类型为岩浆热液型矿床，成矿时代为燕山期。

5）在区带南部琼中地区发育有金、铅、锌等矿产，区内已探明小型金矿床1处，小型铅锌矿床1处，并发现有银金、铅、锌、金等矿点、矿化点10处。矿床产于海西期—印支期花岗裂隙中，为岩浆热液石英脉型铅、锌、金矿，受岩体及构造裂隙控制，成矿时代为燕山期。

6）在区带南部保亭县南好-三亚红石地区发育有铁、铜、铅、锌等矿产，区已探明小型矿床6处（其中铁矿3处、铁铜矿1处、铅锌矿2处），矿点5处（包括铅锌、铜、钨、金、毒砂）。矿床产于足赛岭组结晶灰岩、含钙质千枚岩与燕山晚期花岗岩接触带部位，矿床成因类型为接触交代型（矽卡岩型）铁、铜、多金属矿床，矿床主要受地层岩性、燕山期岩浆岩、接触带构造控制。成矿时代为燕山期。

7）在区带南部乐东县千家-福报地区发育有钼、铅、锌、银、铜等矿产，区内已探明中型钼矿床1处，中型铅锌矿床1处，小型铅锌矿床1处，小型银矿床1处，此外还有多处铀、铜、铅、锌等矿点、矿化点。成矿受燕山期岩浆岩、北西向及南北向构造带控制，为岩浆热液型矿床。成矿时代为燕山期。

8）在区带南部三亚市牛腊岭—崖城—高峰至保亭县同安岭地区发育有钼、铜、金等矿产，区内已发现有大型的罗葵洞钼矿、中型的新村钼矿、小型的南改金矿、小型的岭壳铜矿，另外发现有金、铜、铅锌、铁等矿点10余处。矿床主要产于火山盆地内缘火山岩中，为热液型矿床，成矿受火山机构、火山岩性岩相、次火山岩、构造带控制。成矿时代为燕山期。

9）区带东部海岸带锆英石、钛铁矿、石英砂砂矿资源丰富，主要产于烟敦组、八所组、北海组等赋矿层位中，主要为滨海沉积型矿床。矿床受赋矿地层及地形地貌控制明显。成矿时代为第四纪。

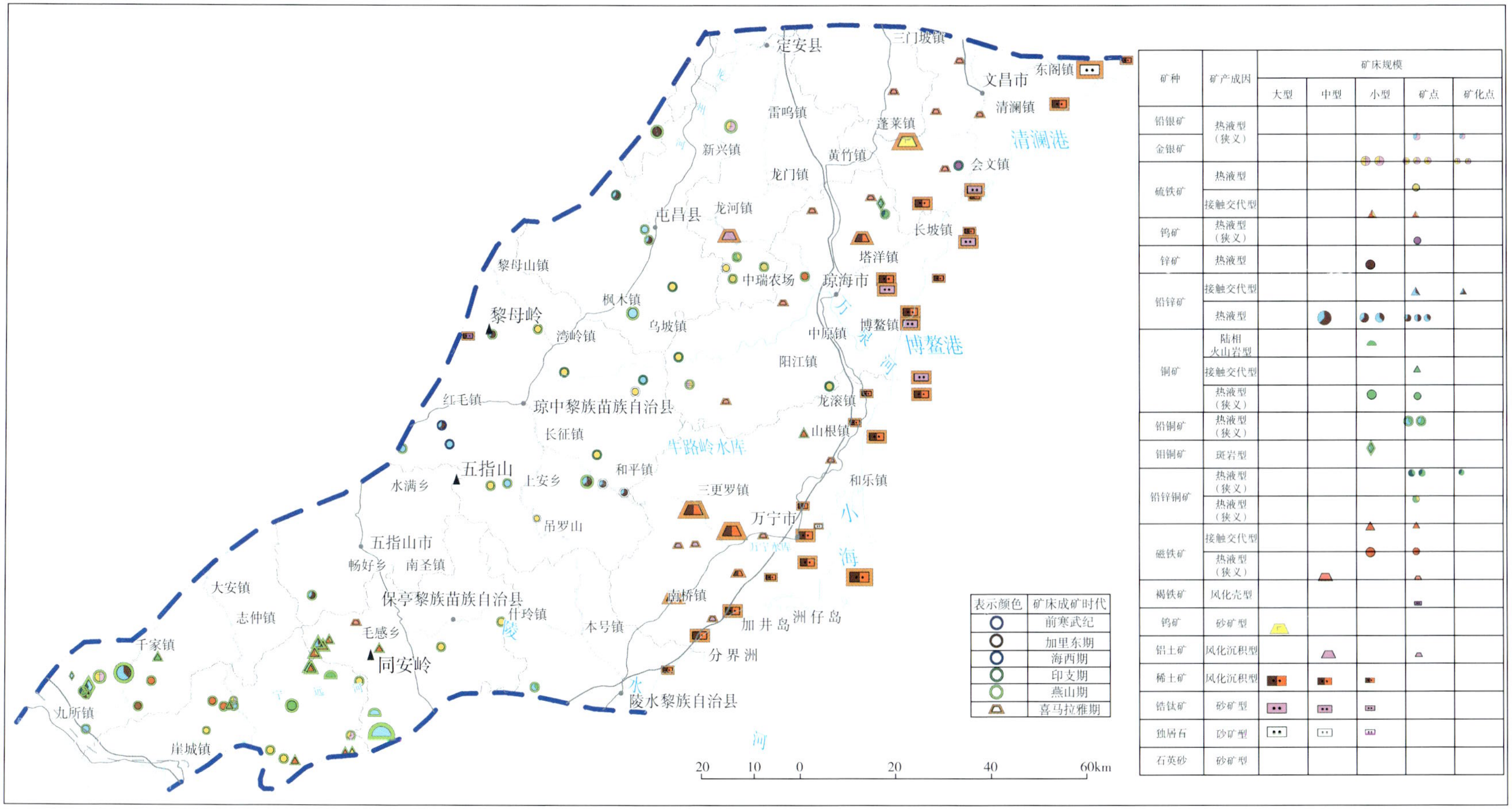

图 6-2-1　五指山岩浆弧Ⅳ级成矿区带矿产分布图

第三节　地球物理、地球化学、遥感、自然重砂特征及推断成果

一、地球物理特征及推断成果

1. 航磁特征

区内磁场变化趋势总体上为北高南低、西低东高之特征（图6-3-1），航磁异常走向多呈北东向，异常幅值为-625～500nT，区内高值异常主要位于新竹镇—谭文镇—文昌县城、乌石农场—白马岭—文市镇、福田—长坡一带，其最大值为500nT，航磁负异常处于新进农场—屯昌县城南侧、八村—兴隆农场、福报—雅亮—文罗一带，其最小值为-625nT。区内分布有乌石农场-乌坡-琼海航磁异常带、毛道-万宁航磁异常带、九所-陵水航磁异常带、陵水-山根航磁异常带、牛腊岭异常带、保显农场-志强异常带、那坑-毛感异常带。

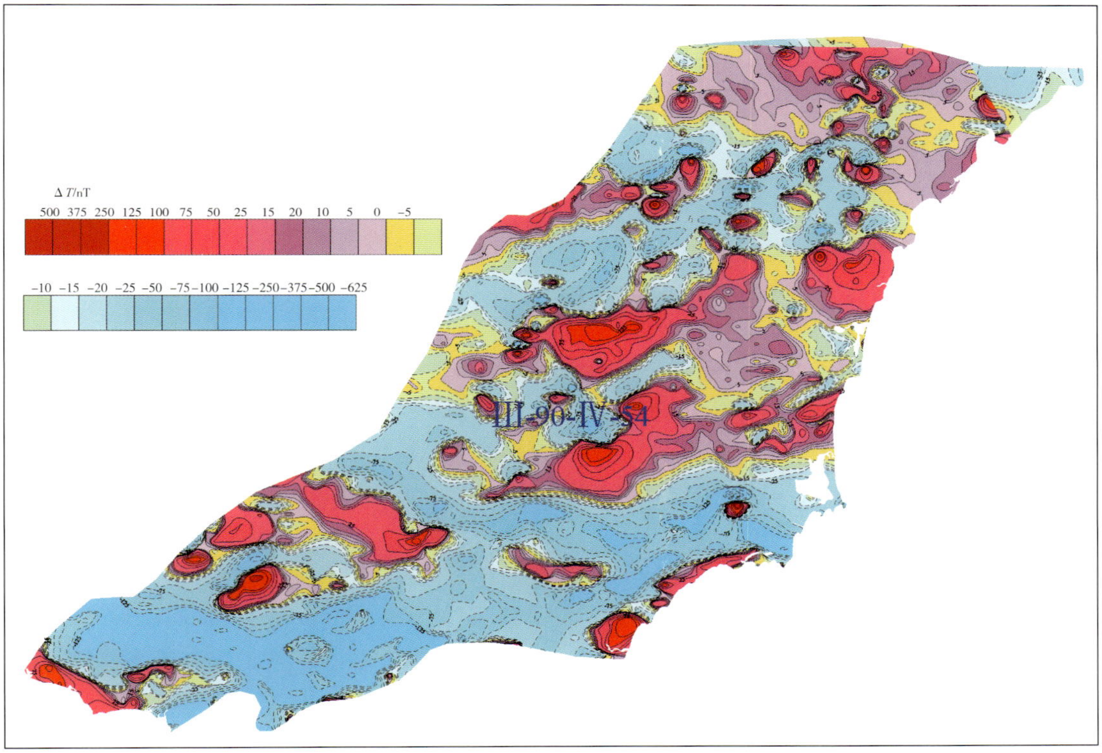

图6-3-1　五指山岩浆弧Ⅳ级成矿区带航磁异常图

(1) 乌石农场-乌坡-琼海异常带

处于乌石农场—湾岭—乌坡—琼海一带，该航磁异常带为昌江-琼海航磁异常带的东段，由乌石、湾岭、乌坡、琼海等规模较大，呈近东西走向，强度较高，正负相伴的航磁异常组成，该航磁异常带为昌江-琼海断裂带东段的反映。

(2) 毛道-万宁航磁异常带

该航磁异常带为尖峰-万宁航磁异常带东段，是以东西向延伸的梯度变化带出现。在其南北两

侧，航磁异常特征明显不同，南侧以较强的负异常为主，异常强度最小值为-150nT左右；其北侧以叠加在区域磁场背景上的局部正异常为主，异常强度最大值为125nT左右。这条航磁异常带反映为断裂带异常特征，推测是由尖峰-吊罗断裂带毛道-万宁段所引起。

（3）九所-陵水航磁异常带

这条航磁异常带位于岛南的九所—陵水一带，大致与九所-陵水断裂带相吻合。该航磁异常带由牛腊岭航磁异常、阜落刀岭航磁异常、三道航磁异常和演村航磁异常等一系列近东西向排列的长轴状异常组成，构成了一条近东西向的航磁异常带，并且与该区的重力梯级带相对应，反映了断裂带的异常特征，是九所-陵水断裂带表现。该航磁异常带中的牛腊岭航磁异常、阜落刀岭航磁异常、三道航磁异常和演村航磁异常主要为中生代火山岩盆和中基性岩体的反映。

（4）陵水-山根航磁异常带

为三亚-山根航磁异常带的北东段，该航磁异常带分布在岛东南的三亚、英州、陵水、兴隆、长安和山根一线，并呈北东向延伸入海。异常带由英州、锅盖岭、大坡、长安和山根等一系列北东向的局部航磁异常组成。无论从航磁异常带的总体展布特征或从局部异常变化规律看，都明显反映为断裂带所引起的航磁异常，为三亚-山根断裂带北东段的反映。该带中的航磁局部异常为断裂带中基性或中基性岩体引起。

（5）牛腊岭异常带

位于潘家田、新村、北岭、大龙一带，分布着变化较大，强度高，正负异常伴生（在其北侧），梯度较陡，跳跃激烈，由多个异常中心组成的正异常带，异常带总体呈东西走向。在这条航磁异常带上，出现老笋岭、新村、南顶岭、沙埋村、牛腊岭、坝后村等规模稍大，强度高、正负伴生的航磁异常，反映了火山岩地区的磁场特征。这条航磁异常带称牛腊岭航磁异常急变带，该航磁异常带是东西向九所-陵水深大断裂带及牛腊岭中生代火山岩被的综合反映。

（6）保显农场-志强异常带

位于预测工作区的北部，志强—保显农场一带，在长约16km，由3个异常组成比较明显的北东向异常带。该异常带以大规模的正磁场为主，形状起伏频繁，平面等值线从南至北由稀逐渐变密，北侧出现低缓负异常。异常范围大，强度高，似扁椭圆形，长轴近北东向，异常带与志仲花岗岩体位置吻合。从万河、志强两个磁异常组合形态特征来看，ΔT值以50nT等值线可连成一个整体，100nT等值线明显出现弯曲分离。分解为两个磁异常，并在位置上明显产生水平和垂直方向上的错动和位移，这可能是断裂作用的结果。但不排除岩体本身磁性相对集中不均匀所致。

（7）那坑-毛感异常带

位于预测工作区的东北部，那坑经南好至知洁岭一带，在长约21km，宽不到10km的范围内，航磁异常密集，组成比较明显的北东向异常带，已编号的异常有7处。这些异常共同特点是曲线规则，强度不大，比较平缓，规模较小，走向近北东—东西向延伸。局部异常处于大片平稳升高磁场上，区域场的走向近北东。根据地质资料，这些异常大多数沿着岗阜鸡复式倒转背斜分布，处于志留系空列村组、大干村组、靠亲山组、足赛岭组和下石炭统南好组等老地层中。而且从收集到的物性资料研究分析，该异常带中除基性岩、角闪岩、矽卡岩具磁性外，其余岩石属弱磁性或无磁性，所以这一带区域磁场显示较平稳。但是古生代地层中如有磁黄铁矿化时具有磁性，成为本区主要磁性干扰体。而且南好、红石等铁矿床（点）分布其中，因此，该异常带地质成矿条件较好，找矿潜力较大。

2. 重力特征

该成矿区带处于王五-文教东西向重力梯级带东段之南侧，中部跨越昌江—琼海东西向重力异常异常（东段）之南北两侧，南部处于尖峰-万宁重力异常带（东段）的南北两侧，区内重力变化趋势总体上为北高南低，东高西低之特征。区内分布有保城、千家、屯昌、雅亮等重力低地区。区内重力梯级带和重力异常带与断裂相对应，重力低与花岗岩体有关。区内剩余重力异常分布主要有：千家剩余重力负异常、志仲剩余重力负异常、洋林剩余重力负异常、新村剩余重力负异常、保城大岭剩余重力负异常、吊罗山剩余重力负异常、东奥剩余重力负异常、屯昌-乌石剩余重力负异常、白马岭-和平剩余重力负异常、吊罗山剩余重力负异常、中瑞-岭口剩余重力负异常、白延剩余重力负异常、南好剩余重力正异常、太平剩余重力正异常、新中剩余重力正异常、龙滚剩余重力正异常、会山剩余重力正异常、加叉剩余重力正异常、南吕剩余重力正异常等。以上剩余重力负异常为花岗岩体的反映（图6-3-2），而且这些花岗岩体多与铅锌、钼、水晶、稀土、金等矿产有着密切的关系。如石门山铅锌钼多金属矿、后万岭铅锌矿处于千家花岗岩体中，又如罗葵洞钼矿、新村钼矿均处于新村花岗岩体中，再如高通岭钼矿、陵水红门钼矿分布处于屯昌花岗岩体和吊罗山花岗岩体中。剩余重力正异常与古生代或元古代地层有关，古生代或元古代地层多与铁、铜、金、铅锌、硫等矿产关系密切。如红石矽卡岩型铁矿和铅锌矿、南好矽卡岩型铜矿、南好矽卡岩型硫矿、南好矽卡岩型铁矿和铅锌矿等金属矿均与南好向斜关系密切。

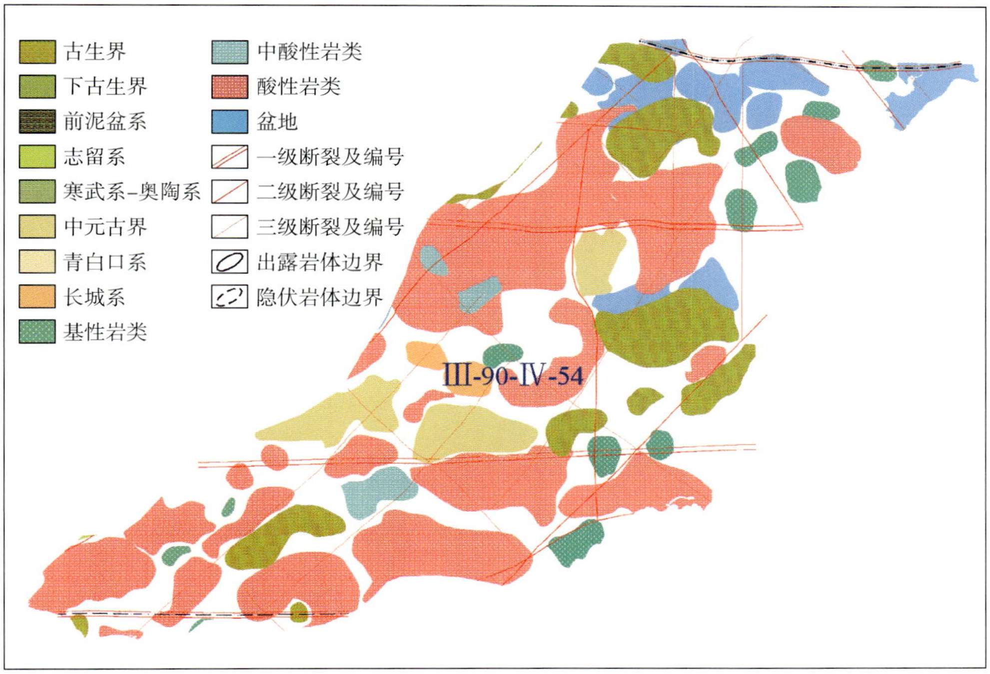

图6-3-2　五指山岩浆弧Ⅳ级成矿区带物探推断解译图

二、地球化学特征及推断成果

区内分布海西晚期、印支期、燕山期二长花岗岩，印支期和燕山早期钾长花岗岩，燕山早期辉长岩、花岗岩和燕山晚期花岗闪长岩，燕山晚期五指山中酸性火山岩和同安岭基性-酸性火山岩，喜马拉雅期蓬莱地区基性火山岩；在琼中县长征、定安岭口和琼海市重兴等地区分布长城系抱板群，在保亭南好地区分布志留系、石炭系，在琼海市至万宁市一带分布寒武系、奥陶系、志留系、石炭系、三叠系、白垩系等，在定安县雷鸣地区分布白垩系。区内地球化学场特征表现为Zn、Sr、Na_2O、K_2O、U、Th、La等高背景值；Ba、Sn、SiO_2、Al_2O_3、CaO、Nb、Ta、Pb呈正常背景值；Hg、V、Mn、Bi、Au、Co、Li、Cr、W、Ag、MgO、Zn、F、Mo、Fe_2O_3、Y、Be、P等呈低背景值；Sb、As、B、Ca、Ni呈甚低背景值。在本区内分布的一些大岩体也同样具有明显的地球化学特征，如阜堡笔钾长花岗岩体以K_2O、Zr、Th、Nb、Y、Pb等呈高背景为特征，千家二长花岗岩体

以 Na_2O、CaO、Sr 等高背景为特征，吊罗钾长花岗岩体以 Al_2O_3、Th、Pb、Bi、Mo、W 等高背景为特征，保城花岗闪长岩体以 Al_2O_3 高背景为特征。

区内主要金属成矿元素异常和主要非金属矿成矿元素异常，一般面积较小，但分布较均匀，与之对应分布的矿产有：九所石门山中型钼矿和小型铅锌矿床，南好小型铜、铅锌矿床，红石小型铁矿床，南改小型金矿床，高通岭小型钼矿床，加定小型金矿床，烟塘铜矿、富文中型金矿床，什统大型萤石矿床，羊角岭大型水晶矿蓬莱大型蓝宝石、铝土矿床。

1. 单元素区域地球化学特征

（1）Au 元素区域地球化学异常特征

区带内 Au 元素异常主要分布于保亭南好、定安富文、琼中牙代、乐东千家、屯昌等处，对应的矿产地分别有保亭南好金属硫化物矿床、定安富文金矿、琼中牙代金矿等。主要 Au 异常有金矿产地分布，具有较好的寻找金矿指示作用，见图 6-3-3。

本次金矿种预测的典型矿床定安富文金矿有极显著的 Au 元素三级异常。

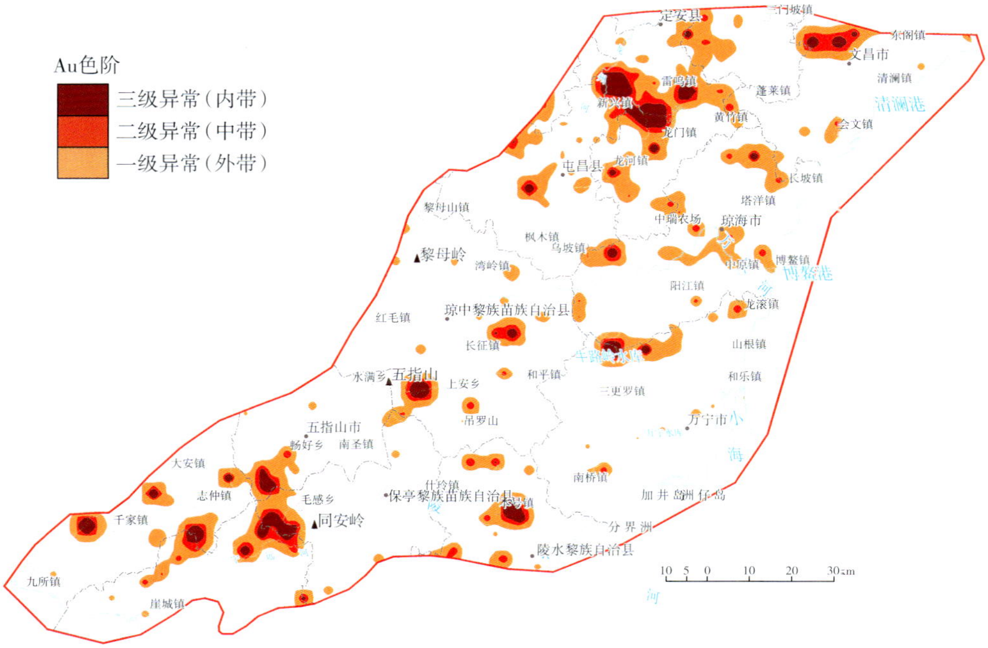

图 6-3-3 五指山岩浆弧Ⅳ级成矿区带 Au 地球化学异常图

（2）Ag 元素区域地球化学异常特征

区带内 Ag 元素异常主要分布于保亭南好、五指山、定安富文、琼中牙代、屯昌等处，对应的矿产地分别有保亭南好铜硫矿、琼中牙代金矿和定安富文金银矿等。主要 Ag 异常有金、银矿等矿产地产出，见图 6-3-4。

本次预测的银矿种典型矿床定安富文金银矿有显著的 Ag 元素异常。

（3）Cu 元素区域地球化学异常特征

区带内 Cu 元素异常主要分布于同安岭、保亭新村、琼海烟塘、文昌会文及定安黄竹等处，对应的矿产地分别有保亭南好铅锌矿、铁矿、铜硫矿和三亚岭曲铜矿、保亭新村钼矿、罗葵洞钼矿、烟塘梅岭钼铜矿等。主要 Cu 异常有铜或其他金属矿产地产出，见图 6-3-5。

本次铜矿种预测的典型矿床岭曲铜矿有显著的 Cu 三级异常。

（4）Pb 元素区域地球化学异常特征

区带内 Pb 元素异常主要分布于五指山番阳、乐东石门山、乐东千家后万岭、琼中黎母岭、定

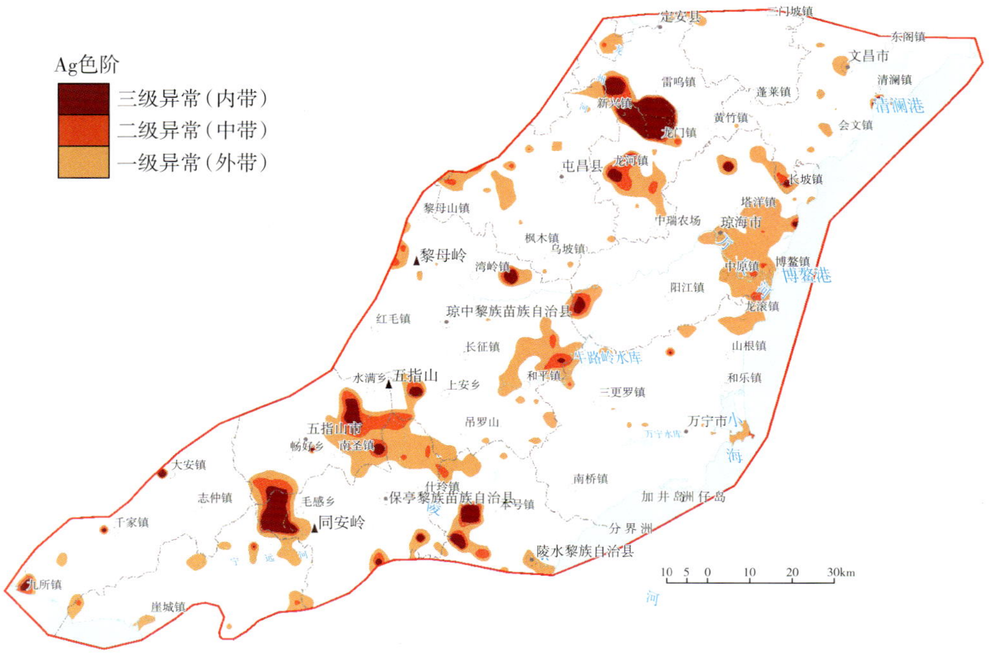

图 6-3-4　五指山岩浆弧Ⅳ级成矿区带 Ag 地球化学异常图

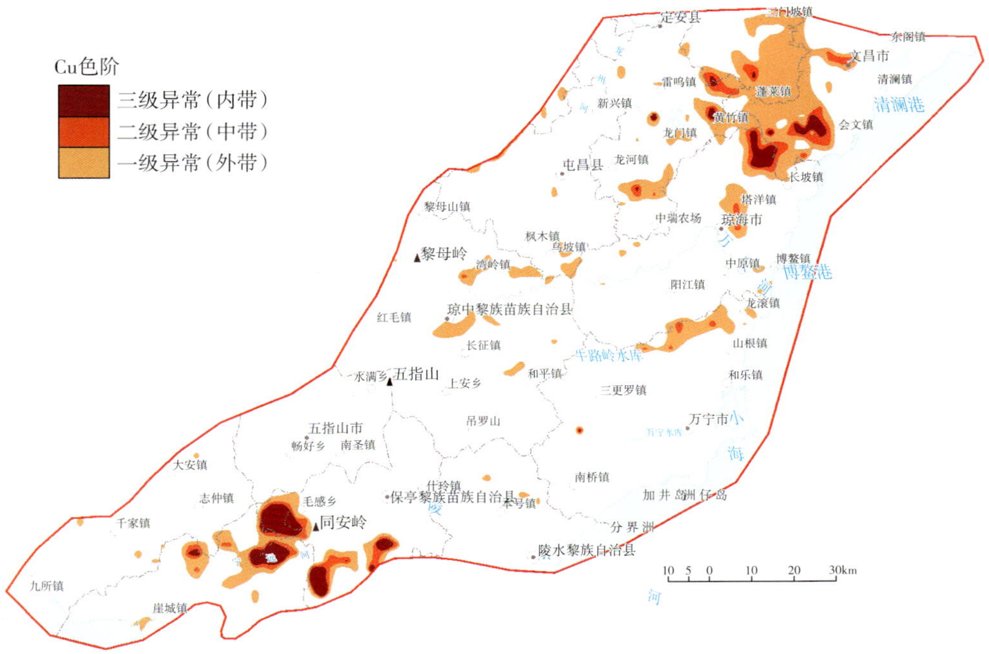

图 6-3-5　五指山岩浆弧Ⅳ级成矿区带 Cu 地球化学异常图

安富文等处，地质背景分别为三叠纪钾长花岗岩（五指山番阳）、白垩纪（二长）花岗岩（乐东石门山）和白垩纪沉积岩，对应的矿产地分别有五指山布伦萤石矿、乐东后万岭、石牛岭铅锌矿、盗公村铅锌铜铀矿、石门山钼矿、看树岭金银矿、琼中黎母岭铅锌矿和富文金矿等。主要 Pb 常有铅锌或其他金属矿产地产出，见图 6-3-6。

本次铅、锌矿种预测的典型矿床乐东后万岭铅锌矿有较显著的 Pb 元素三级异常。

(5) Zn 元素区域地球化学异常特征

区带内 Zn 元素异常主要分布于保亭、五指山水满、五指山毛感、琼中长征、万宁南桥等处，

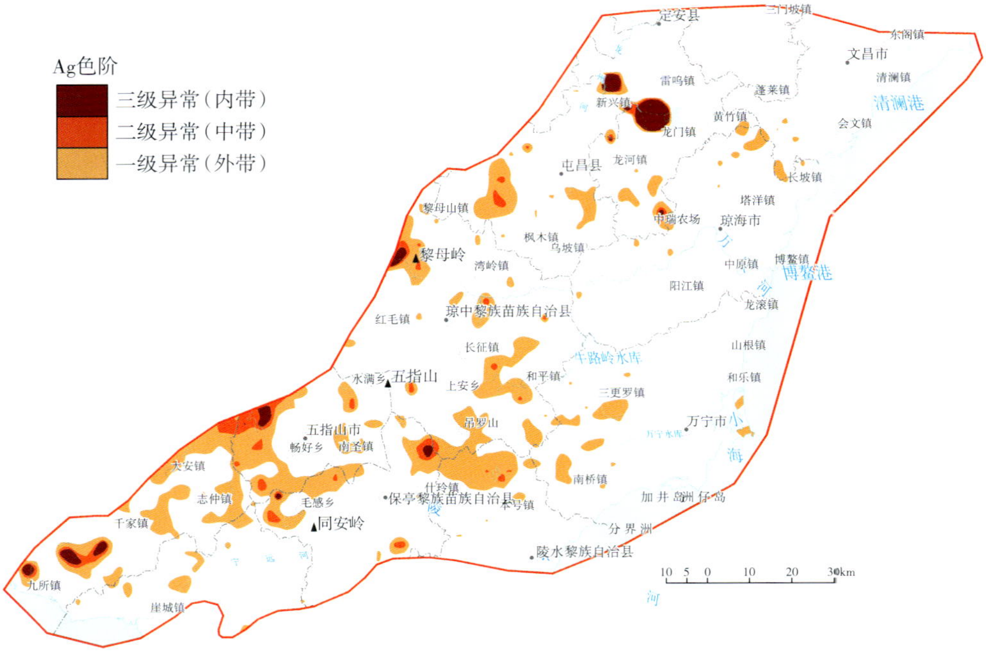

图 6-3-6 五指山岩浆弧Ⅳ级成矿区带 Pb 地球化学异常图

地质背景分别为三叠纪钾长花岗岩、二叠纪二长花岗岩或白垩纪花岗岩、志留纪沉积变质岩，对应的矿产地分别有保亭南好铅锌矿、铜硫矿、情安岭铁矿、琼中银岭顶金矿等。主要 Zn 异常有铅锌或其他金属矿产地产出，见图 6-3-7。

铅、锌预测矿种的典型矿床乐东后万岭铅锌矿只有微弱的 Zn 元素一级异常。

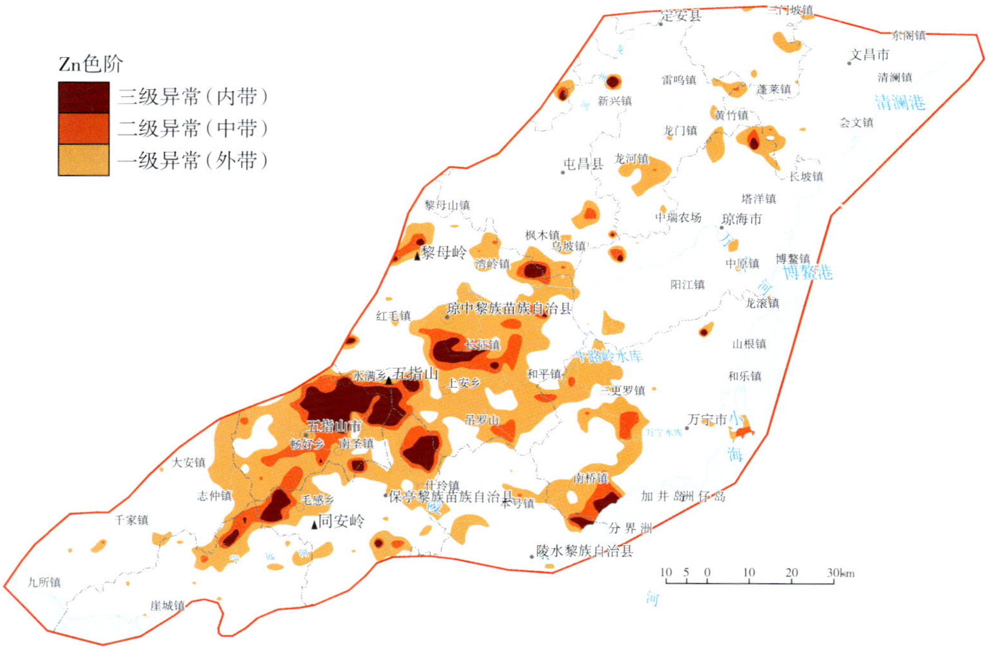

图 6-3-7 五指山岩浆弧Ⅳ级成矿区带 Zn 地球化学异常图

(6) Mo 元素区域地球化学异常特征

区带内 Mo 元素异常主要分布于乐东石门山、保亭新村、罗葵洞、什玲—吊罗山、三亚雅亮、定安翰林、屯昌南坤及琼海烟塘梅岭等处，对应的矿产地分别有保亭新村钼矿、罗葵洞钼矿、三亚雅亮金银矿、铅矿、洋淋岭铁矿、定安森山坡硫黄铜矿、翰林岩金矿、蒙花岭方铅黄铁矿和屯昌猪昂村铅锌矿等。主要 Mo 异常有钼金属和有色金属矿产地产出，见图 6-3-8。

本次钼矿种预测的典型矿床石门山钼矿、罗葵洞钼矿、梅岭钼矿有 Mo 元素异常。

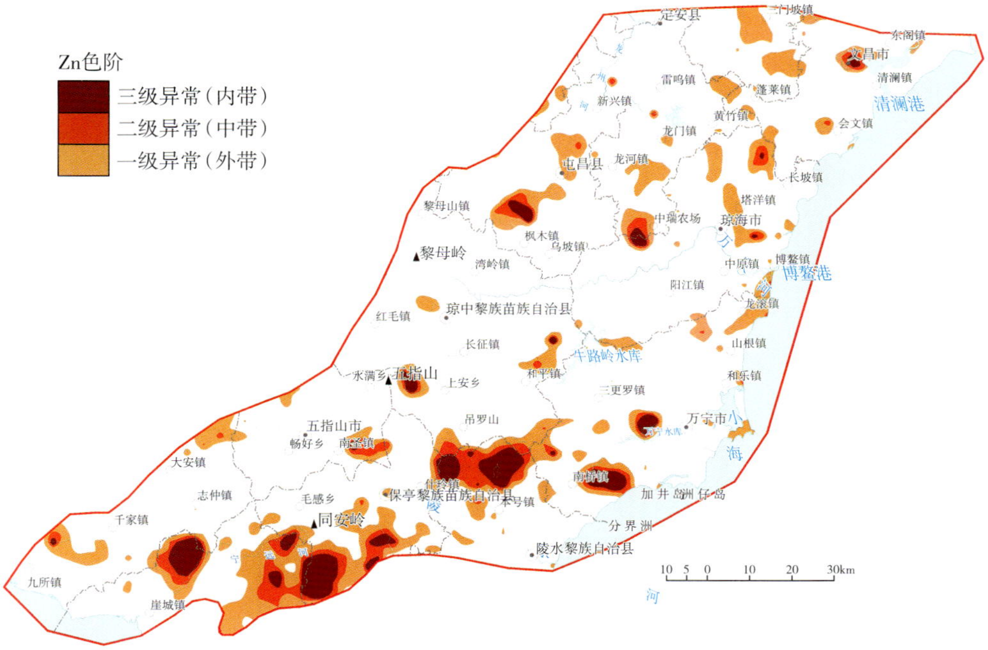

图 6-3-8 五指山岩浆弧Ⅳ级成矿区带 Mo 地球化学异常图

（7）La 元素区域地球化学异常特征

区带内 La 元素异常主要分布于区带南西缘大安镇、琼中—吊罗山、万宁、定安翰林一带，与万宁兴隆和定安翰林等地的风化壳成因的离子吸附型稀土矿有较好的对应关系，见图 6-3-9。

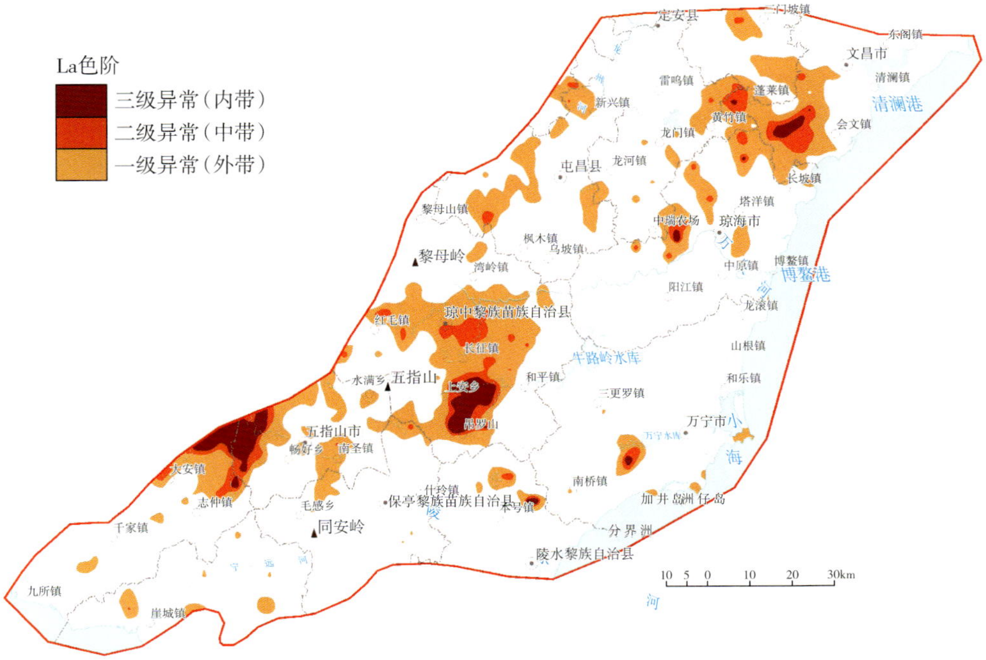

图 6-3-9 五指山岩浆弧Ⅳ级成矿区带 La 地球化学异常图

2. 地球化学组合与综合异常特征分析

本节基于海南省矿产资源潜力评价的化探课题组的预测矿种，以省级综合异常图为对象，分析不同矿种不同成因类型典型矿床的组合异常和综合异常地球化学特征。

（1）铜矿种综合异常

区带内共圈定 6 个铜矿种相关综合异常，其中基于昌江石碌铁铜钴银矿典型矿床 As、Ag、Cu、Bi、Co、Ni 元素组合圈出 2 处综合异常，基于三亚岭曲铜矿典型矿床 As、Ag、Cu、Bi、Mo 元素组合圈出 4 处综合异常。综合异常基本特征见表 6-3-1，大多数综合异常组合有中低温的 As、Ag 等元素，地质背景多为沉积-变质岩，多数综合异常有已知贵金属和有色金属矿床（点）产出，见图 6-3-10。

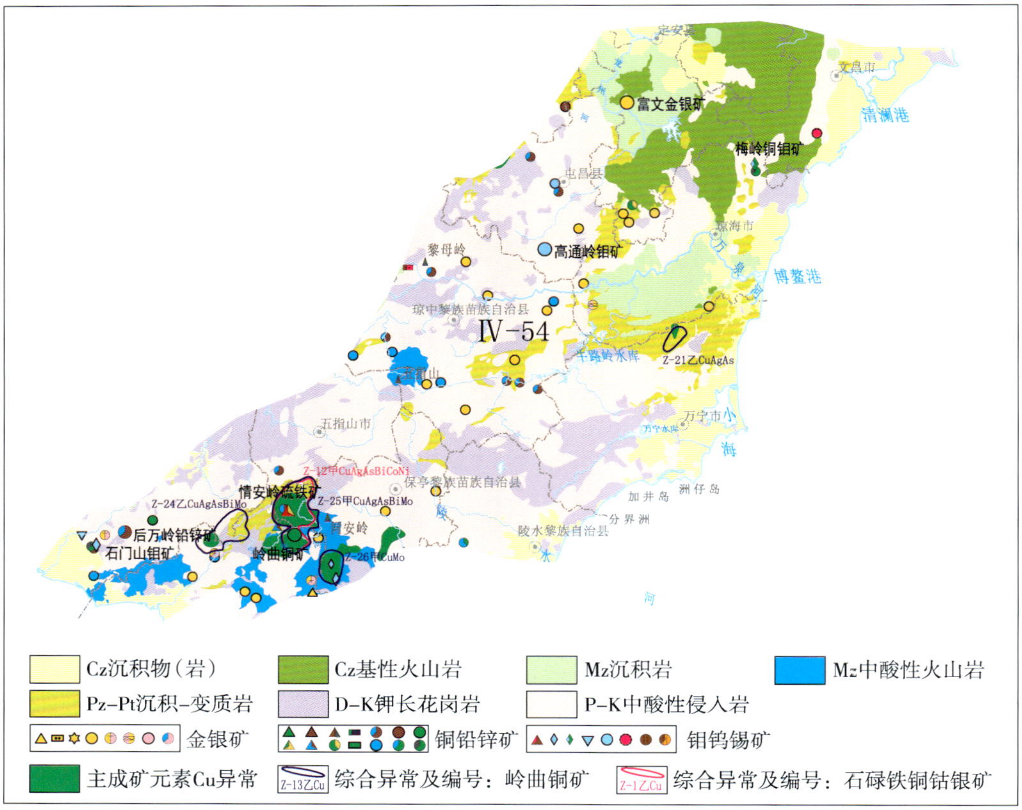

图 6-3-10　五指山岩浆弧Ⅳ级成矿区带铜矿种地球化学综合异常图

（2）铅矿种综合异常

区带内基于乐东后万岭铅锌矿典型矿床 Pb、Zn、Cd、Bi、Mo 元素组合圈出 20 处综合异常，其中 Z-28 号综合异常组合了 Pb、Zn、Cd、Bi、Mo 元素，与典型矿床相对应，并有其他金银、铅、锌、钼矿等多金属产出。其他综合异常基本特征见表 6-3-2。所有综合异常组合有 Pb、Zn、Cd 元素之一，而且一般都有高温的 Bi 或 Mo 元素，地质背景多与中酸性侵入岩类和钾长花岗岩有关，近六成综合异常有已知贵金属和有色金属矿床（点）产出，见图 6-3-11。

表 6-3-1　五指山岩浆弧Ⅳ级成矿区带铜矿种地球化学综合异常基本特征

编号	元素组合	地质背景（岩类）	已知矿产	典型矿床
Z-9	Cu、Bi	侵入岩	有已知硫矿	石碌矿床
Z-12	As、Ag、Cu、Bi、Co、Ni	沉积-变质岩、中酸性火山岩	有已知铜、硫、铅锌矿	

续表

编号	元素组合	地质背景（岩类）	已知矿产	典型矿床
Z-21	As、Ag、Cu	沉积-变质岩	未发现	
Z-24	As、Ag、Cu、Bi、Mo	沉积-变质岩、侵入岩	有已知银、铅矿	岭曲铜矿床
Z-26	Cu、Mo	中酸性火山岩	有已知钼矿	

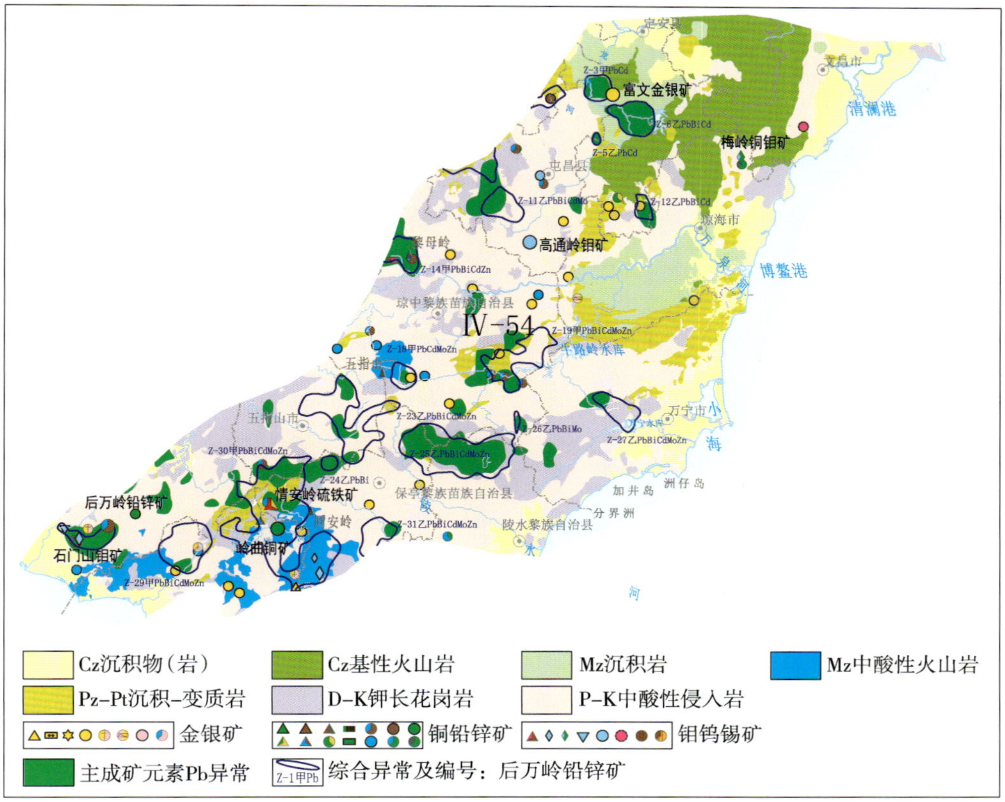

图 6-3-11　五指山岩浆弧Ⅳ级成矿区带铅矿种地球化学综合异常图

表 6-3-2　五指山岩浆弧Ⅳ级成矿区带铅矿种地球化学综合异常基本特征

编号	元素组合	地质背景（岩类）	已知矿产	典型矿床
Z-3	Pb、Cd	沉积岩	有已知金银矿	
Z-5	Pb、Cd	侵入岩	未发现	
Z-6	Pb、Cd、Bi	沉积岩	有已知金银矿	
Z-10	Pb、Cd、Mo	沉积-变质岩	有已知铅锌矿	
Z-11	Pb、Cd、Bi、Mo	侵入岩	未发现	
Z-12	Pb、Cd、Bi	侵入岩	有已知硫矿	
Z-14	Pb、Zn、Cd、Bi	侵入岩	有已知铅锌、钨矿	后万岭铅锌矿
Z-16	Pb、Bi	侵入岩	未发现	
Z-17	Pb、Zn、Bi	沉积-变质岩、侵入岩	有已知硫矿	
Z-18	Pb、Zn、Cd、Mo	侵入岩、中酸性火山岩	有已知金矿	
Z-19	Pb、Zn、Cd、Bi、Mo	沉积-变质岩、侵入岩	有已知金、铅锌矿	
Z-23	Pb、Zn、Cd、Bi、Mo	侵入岩	未发现	
Z-24	Pb、Bi	侵入岩	未发现	

续表

编号	元素组合	地质背景（岩类）	已知矿产	典型矿床
Z-25	Pb、Zn、Cd、Bi、Mo	侵入岩	未发现	后万岭铅锌矿
Z-26	Pb、Bi、Mo	侵入岩	未发现	
Z-27	Pb、Zn、Cd、Bi、Mo	侵入岩	未发现	
Z-29	Pb、Zn、Cd、Bi、Mo	侵入岩	有已知金银、铅矿	
Z-30	Pb、Zn、Cd、Bi、Mo	沉积-变质岩、侵入岩、中酸性火山岩	有已知金、铜、铅锌、钼矿	
Z-31	Pb、Zn、Cd、Bi、Mo	侵入岩	未发现	

（3）锌矿种综合异常

区带内基于乐东后万岭铅锌矿典型矿床Pb、Zn、Cd、Bi、Mo元素组合圈出17处综合异常，其中Z-28号综合异常组合了Pb、Zn、Cd、Bi、Mo元素，与典型矿床相对应，并有其他金银、铅、锌、钼矿等多金属产出。其他综合异常基本特征见表6-3-3。其他综合异常组合有Pb、Zn、Cd元素之一，而且一般都有高温的Bi或Mo元素，地质背景多属侵入岩类，六成以上有已知贵金属和有色金属矿产出，见图6-3-12。

表6-3-3　五指山岩浆弧Ⅳ级成矿区带锌矿种地球化学综合异常基本特征

编号	元素组合	地质背景（岩类）	已知矿产	典型矿床
Z-8	Zn、Cd	沉积-变质岩、侵入岩	有已知铅矿	后万岭铅锌矿
Z-9	Pb、Zn、Cd、Bi	侵入岩	有已知铅锌、钨矿	
Z-10	Zn、Cd	侵入岩	未发现	
Z-11	Zn、Cd、Bi	沉积-变质岩、侵入岩	未发现	
Z-14	Pb、Zn、Bi	沉积-变质岩、侵入岩	有已知硫矿	
Z-15	Pb、Zn、Cd、Mo	侵入岩、中酸性火山岩	有已知金矿	
Z-16	Pb、Zn、Cd	侵入岩	有已知金矿	
Z-17	Pb、Zn、Cd、Bi、Mo	沉积-变质岩、侵入岩	有已知金、铅锌矿	
Z-19	Zn、Bi	侵入岩	未发现	
Z-20	Pb、Zn、Cd、Bi、Mo	侵入岩	未发现	
Z-21	Pb、Zn、Cd、Bi、Mo	侵入岩	未发现	
Z-22	Pb、Zn、Cd、Bi、Mo	侵入岩	未发现	
Z-23	Zn、Cd、Bi、Mo	侵入岩	未发现	
Z-25	Pb、Zn、Cd、Bi、Mo	侵入岩	有已知金银、铅矿	
Z-26	Pb、Zn、Cd、Bi、Mo	沉积-变质岩、侵入岩、中酸性火山岩	有已知金、铜、铅锌、钼矿	
Z-27	Pb、Zn、Cd、Bi、Mo	侵入岩	未发现	

（4）金矿种综合异常

区带内共圈定综合异常40处。基于定安富文金银矿典型矿床As、Sb、Au、Pb、Zn、Bi元素组合圈出10处综合异常，其中Z-4号综合异常组合了As、Sb、Au、Pb、Zn、Bi元素，与典型矿床相对应，基于东方二甲金矿典型矿床As、Ag、Au、Pb、W元素组合圈出10处综合异常，

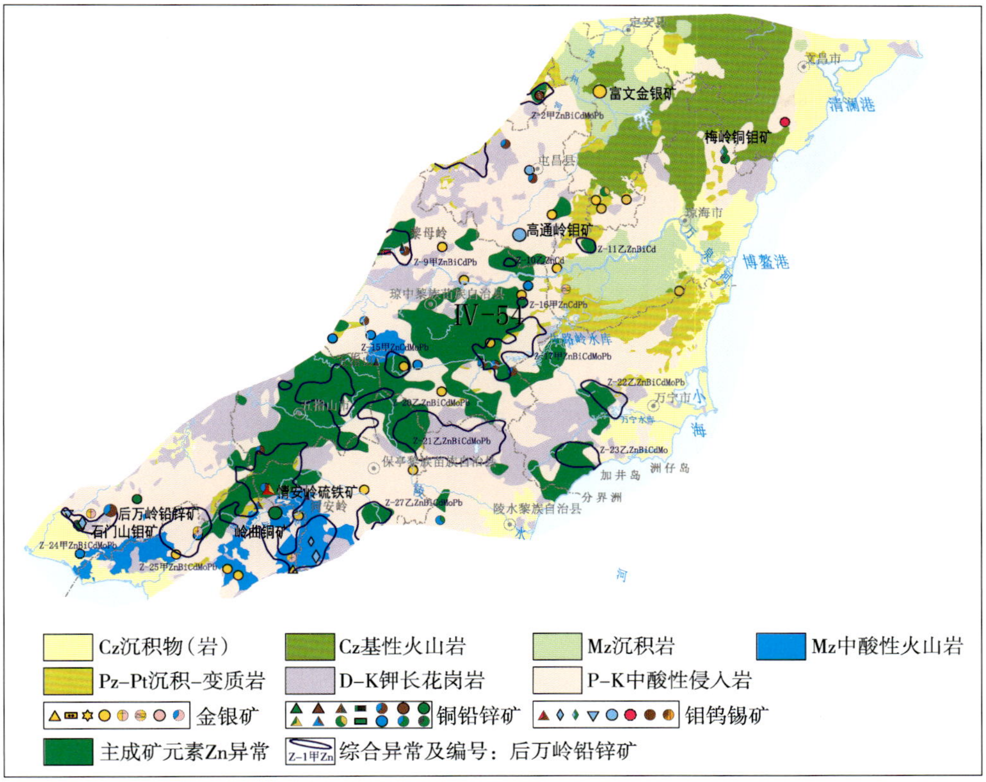

图 6-3-12　五指山岩浆弧Ⅳ级成矿区带锌矿种地球化学综合异常图

基于乐东抱伦金矿典型矿床 As、Au、Bi、Mo 元素组合圈出 20 处综合异常。其他综合异常基本特征见表 6-3-4。可见，综合异常一般组合有中低温的 As、Ag 等元素，地质背景为沉积-变质岩和（或）侵入岩，只有近五成综合异常有已知贵金属和有色金属矿床（点）产出，找矿前景较好，见图 6-3-13。

表 6-3-4　五指山岩浆弧Ⅳ级成矿区带金矿种地球化学综合异常基本特征

编号	元素组合	地质背景（岩类）	已知矿产	典型矿床
Z-5	Au	沉积岩	未发现	富文金矿
Z-10	Au	沉积岩	未发现	
Z-11	Au、Pb、Zn	沉积岩	未发现	
Z-12	Au、Pb、Zn	侵入岩	有已知金矿	
Z-13	Au、Zn	侵入岩	未发现	
Z-14	Au、Zn、Bi	沉积-变质岩、侵入岩	未发现	
Z-15	Au、Zn	沉积-变质岩、侵入岩	未发现	
Z-17	Au	侵入岩	未发现	
Z-18	As、Au、Bi	侵入岩	未发现	
Z-19	Au、Zn、Bi	沉积-变质岩、侵入岩	未发现	
Z-20	As、Sb、Au、Pb、Zn、Bi	沉积-变质岩、侵入岩、中酸性火山岩	有已知铜、铅锌、硫矿	
Z-21	Au	侵入岩	未发现	

续表

编号	元素组合	地质背景（岩类）	已知矿产	典型矿床
Z-22	As、Ag、Au、Pb	沉积岩	有已知金矿	二甲金矿
Z-23	Au	沉积岩	未发现	
Z-25	As、Ag、Au、Pb	沉积岩	未发现	
Z-29	Ag、Au、Pb	沉积岩	未发现	
Z-30	Ag、Au、Pb、W	侵入岩	有已知金矿	
Z-31	Au	沉积-变质岩、侵入岩	未发现	
Z-32	Au、W	侵入岩	未发现	
Z-33	Ag、Au、Pb	沉积-变质岩、侵入岩	有已知铅锌矿	
Z-34	As、Au、W	侵入岩	未发现	
Z-35	As、Ag、Au、Pb	沉积-变质岩、侵入岩	有已知铅锌、硫矿	
Z-36	Ag、Au	中酸性火山岩、侵入岩	有已知铜矿	
Z-37	Au	侵入岩	未发现	
Z-45	Au	沉积-变质岩、侵入岩	未发现	抱伦金矿
Z-46	As、Au、Bi	沉积岩	有已知金矿	
Z-47	Au	沉积岩	未发现	
Z-48	As、Au、Bi	沉积-变质岩、侵入岩	有已知铅锌矿	
Z-49	Au、Bi、Mo	侵入岩	未发现	
Z-51	Au	沉积-变质岩、侵入岩	未发现	
Z-52	Au、Bi	沉积-变质岩、侵入岩	有已知硫矿	
Z-53	Au、Bi	沉积-变质岩、侵入岩	未发现	
Z-56	Au	沉积岩	未发现	
Z-58	Au	沉积岩	未发现	
Z-59	Au、Bi	沉积-变质岩、侵入岩	有已知硫矿	
Z-60	Au	侵入岩	未发现	
Z-61	Au、Bi	沉积-变质岩、侵入岩	未发现	
Z-62	Au、Mo	侵入岩	有已知金、铅矿	
Z-64	Au、Mo	侵入岩	未发现	
Z-65	Au	侵入岩	未发现	
Z-66	Au	侵入岩	未发现	
Z-67	Au	侵入岩	未发现	
Z-68	Au、Bi、Mo	侵入岩	未发现	
Z-69	Au、Mo	侵入岩	未发现	
Z-70	Au	侵入岩	未发现	
Z-71	Au、Bi、Mo	侵入岩	未发现	
Z-72	As、Au、Bi、Mo	侵入岩	有已知金银矿	
Z-73	Au、Bi、Mo	侵入岩	未发现	
Z-74	As、Au、Bi、Mo	沉积-变质岩、侵入岩 中酸性火山岩	有已知铜、铅锌、硫矿	
Z-75	Au、Bi、Mo	中酸性火山岩	有已知钼矿	
Z-76	Au	侵入岩	未发现	
Z-77	Au、Bi、Mo	侵入岩	未发现	

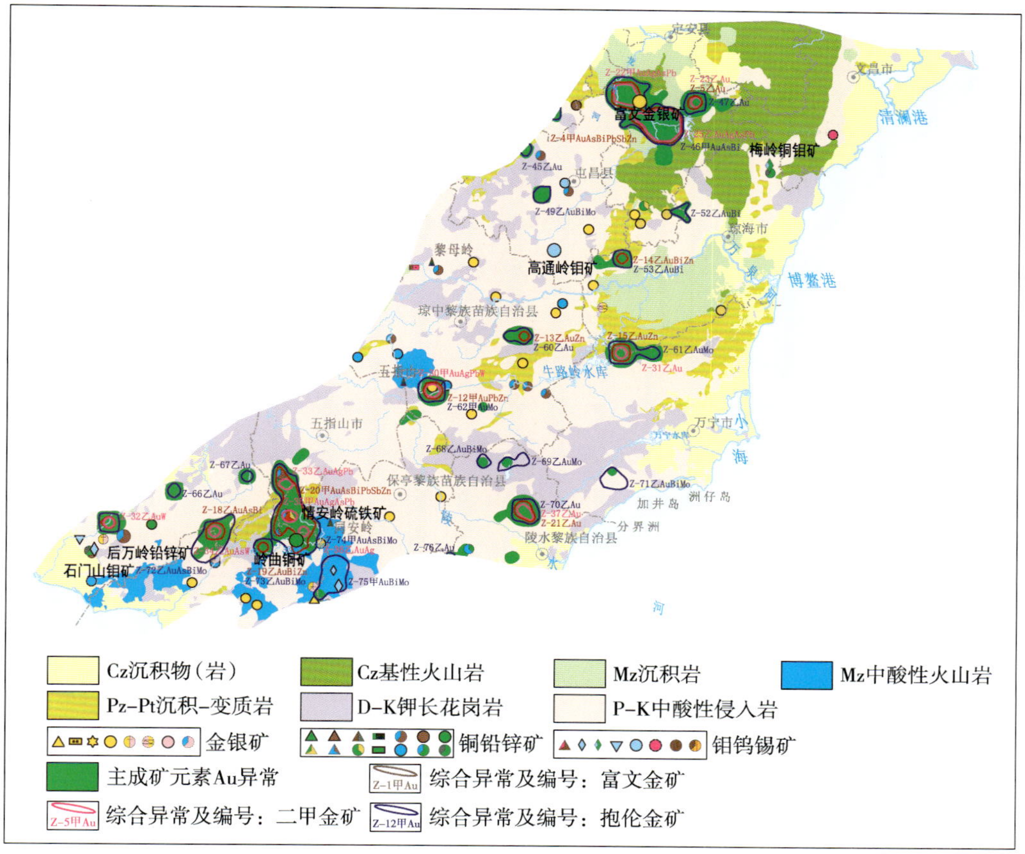

图 6-3-13　五指山岩浆弧Ⅳ级成矿区带金矿种地球化学综合异常图

（5）银矿种综合异常

区带内圈定 24 处综合异常。基于儋州南报银矿典型矿床 As、Ag、Au、Pb、Bi 元素组合圈出 16 处综合异常，基于定安富文金银矿典型矿床 As、Ag、Au、Pb、Bi 元素组合圈出 1 处综合异常，即 Z-5 号综合异常组合了 As、Ag、Au、Pb、Bi 元素，与典型矿床相对应，圈出无典型矿床对应综合异常 7 处。主要综合异常基本特征见表 6-3-5。综合异常一般组合有中低温的 As、Ag 等元素，地质背景多与侵入岩有关，有近五成综合异常有已知贵金属和有色金属矿产出，见图 6-3-14。

表 6-3-5　五指山岩浆弧Ⅳ级成矿区带银矿种地球化学综合异常基本特征

编号	元素组合	地质背景（岩类）	已知矿产	典型矿床
Z-8	As、Ag	沉积-变质岩	未发现	南报银矿
Z-9	Ag、Pb、Bi	侵入岩	未发现	
Z-10	As、Ag、Au、Pb	侵入岩	有已知铜钼多金属矿	
Z-11	As、Ag、Au、Pb	侵入岩	未发现	
Z-14	As、Ag、Au、Bi	侵入岩	有已知钨、铅锌矿	
Z-16	Ag、Au	侵入岩	未发现	
Z-18	Ag、Au、Pb	侵入岩	未发现	
Z-19	As、Ag、Au	沉积-变质岩、侵入岩	未发现	
Z-20	Ag、Au、Pb	侵入岩	有已知金、硫矿	
Z-21	As、Ag、Au、Pb、Bi	沉积-变质岩、侵入岩	有已知铅锌矿	

编号	元素组合	地质背景（岩类）	已知矿产	典型矿床
Z-22	As、Ag、Bi	沉积-变质岩、沉积岩	未发现	南报银矿
Z-24	Ag、Au	沉积-变质岩、侵入岩	未发现	
Z-26	As、Ag、Au、Pb、Bi	沉积-变质岩、侵入岩 中酸性火山岩	有已知铜、铅锌、硫矿	
Z-27	Ag、Au、Pb、Bi	侵入岩	未发现	
Z-28	Ag	侵入岩	未发现	
Z-29	Ag、Au	侵入岩、中酸性火山岩	有已知金银矿	
Z-15	As、Ag、Au、Pb、Bi	沉积岩	未发现	富文金银矿
Z-17	Ag、Au	沉积岩	未发现	未知
Z-31	Ag、Cu、Co、Bi	侵入岩	有已知钨矿	
Z-33	Ag	侵入岩	未发现	
Z-34	Ag	侵入岩	未发现	
Z-35	Ag	侵入岩	未发现	
Z-36	Ag、Cu	侵入岩	未发现	
Z-37	Ag	侵入岩	未发现	
Z-38	Ag	侵入岩	有已知金、钼多金属矿	
Z-39	Ag	侵入岩、中酸性火山岩	未发现	
Z-40	Ag	侵入岩	未发现	

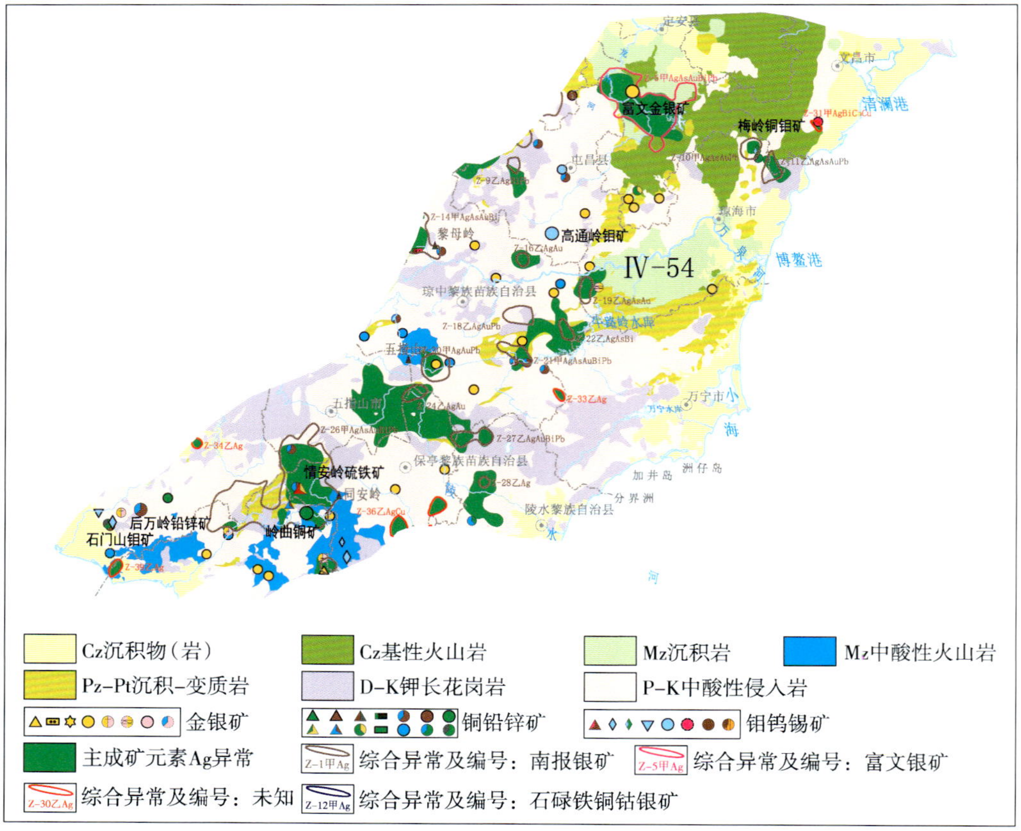

图 6-3-14　五指山岩浆弧Ⅳ级成矿区带银矿种地球化学综合异常图

（6）钨矿种综合异常

区带内圈定综合异常39个。基于儋州兰洋钨锡矿典型矿床基于Cu、Pb、Bi、W、Sn元素组合圈出20处综合异常；基于乐东红门岭钨钼矿典型矿床Ag、Pb、Zn、Bi、Mo、W元素组合圈出19处综合异常。综合异常基本特征见表6-3-6。综合异常一般组合有中低温的As、Ag等元素，地质背景基本上都离不开侵入岩，近六成综合异常有已知贵金属和有色金属矿产出，见图6-3-15。

表6-3-6 五指山岩浆弧Ⅳ级成矿区带钨矿种地球化学综合异常基本特征

编号	元素组合	地质背景（岩类）	已知矿产	典型矿床
Z-7	Pb、Bi、W	侵入岩	未发现	兰洋钨锡矿
Z-8	Bi、W	侵入岩	有已知铅锌矿	
Z-9	Bi、W、Sn	侵入岩	未发现	
Z-10	Pb、Bi、W、Sn	沉积-变质岩、侵入岩	有已知金、硫多金属矿	
Z-17	Bi、W	沉积-变质岩、侵入岩	有已知金矿	
Z-18	Pb、Bi、W、Sn	侵入岩	有已知铅锌、钨矿	
Z-19	Bi、W、Sn	沉积-变质岩、侵入岩	未发现	
Z-23	Pb、Bi、W、Sn	沉积-变质岩、侵入岩	有已知金矿	
Z-24	Pb、Sn	侵入岩	有已知金矿	
Z-25	Pb、Bi、W、Sn	沉积-变质岩、侵入岩	有已知金、铅锌矿	
Z-26	Bi、W、Sn	侵入岩	未发现	
Z-27	W、Sn	沉积-变质岩、侵入岩	未发现	
Z-28	Cu、Pb、Bi、W、Sn	沉积-变质岩、侵入岩	有已知金、铅、钼矿	
Z-30	Cu、Pb、Bi、W、Sn	沉积-变质岩、侵入岩 中酸性火山岩	有已知金银、铜、铅、锌矿	
Z-31	Pb、Bi、W	侵入岩	未发现	
Z-32	Pb、Bi、W	侵入岩	未发现	
Z-33	Pb、Bi、W	侵入岩	未发现	
Z-34	Bi、W	侵入岩	未发现	
Z-35	Cu、Pb、Bi、W	侵入岩	未发现	
Z-36	Cu、Bi、W、Sn	中酸性火山岩、侵入岩	有已知钼矿	
Z-39	Ag、Zn、Bi、Mo、W	沉积-变质岩、侵入岩	有已知锌矿	红门岭钨钼矿
Z-41	Ag、Bi、Mo、W	侵入岩	未发现	
Z-42	Bi、Mo、W	侵入岩	有已知铅锌矿	
Z-43	Ag、Pb、Bi、Mo、W	沉积-变质岩、侵入岩	有已知金、硫多金属矿	
Z-44	Zn、Bi、W	沉积-变质岩、侵入岩	未发现	
Z-51	Ag、Bi、W	沉积-变质岩、侵入岩	有已知金矿	
Z-52	Pb、Zn、Bi、W	沉积-变质岩、侵入岩	有已知硫矿	
Z-53	Ag、Pb、Zn、Bi、W	侵入岩	有已知铅锌、钨矿	
Z-54	Ag、Pb、Zn、Mo、W	侵入岩	有已知金矿	
Z-55	Ag、Pb、Zn、Bi、Mo、W	沉积-变质岩、侵入岩	有已知金、铅锌矿	
Z-56	Ag、Bi、Mo、W	侵入岩	未发现	
Z-57	Mo、W	沉积-变质岩、侵入岩	未发现	
Z-60	Ag、Pb、Zn、Bi、Mo、W	沉积-变质岩、侵入岩	有已知金银矿	

编号	元素组合	地质背景（岩类）	已知矿产	典型矿床
Z-61	Ag、Pb、Zn、Bi、Mo、W	沉积-变质岩、侵入岩 中酸性火山岩	有已知金银、铜、铅、锌、钼矿	
Z-62	Bi、Mo、W	侵入岩	未发现	
Z-63	Ag、Pb、Zn、Bi、Mo、W	侵入岩	未发现	红门岭钨钼矿
Z-64	Ag、Pb、Zn、Bi、Mo、W	侵入岩	未发现	
Z-65	Mo、W	侵入岩	未发现	
Z-66	Zn、Bi、Mo、W	侵入岩	未发现	
Z-67	Zn、Bi、Mo、W	侵入岩	未发现	

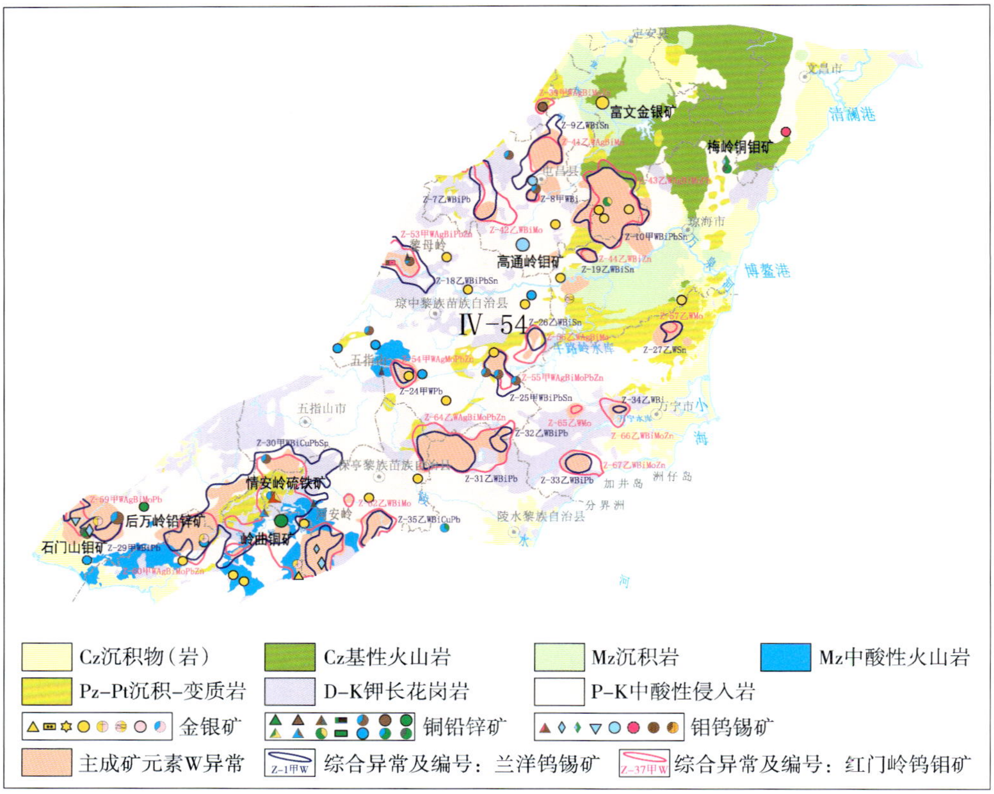

图 6-3-15　五指山岩浆弧Ⅳ级成矿区带钨矿种地球化学综合异常图

（7）钼矿种综合异常

区带内圈定综合异常 29 处。基于保亭罗葵洞钼矿典型矿床 Ag、Cu、Zn、Bi、Mo 元素组合圈出 2 处综合异常，其中 Z-29 号综合异常组合了 Cu、Zn、Bi、Mo 元素，与典型矿床相对应，并有其他钼矿产出，基于琼海梅岭钼铜矿典型矿床 Ag、Cu、Zn、Mo、Co 元素组合圈出 2 处综合异常，其中 Z-5 号综合异常组合了 Ag、Cu、Zn、Mo、Co 元素，与典型矿床相对应，并有其他钨及多金属矿产出，基于屯昌高通岭钼矿典型矿床 Ag、Cu、Pb、Mo、W 元素组合圈出 5 处综合异常，典型矿床无综合异常对应，基于红门岭钨钼矿典型矿床 Cu、Pb、Zn、Mo、W 元素组合圈出 7 处综合异常，并与典型矿床红门岭钨钼矿对应，圈出无典型矿床对应的综合异常 13 处。综合异常（包括与已知典型矿床不匹配的 19 处综合异常）基本特征见表 6-3-7。综合异常一般组合有中高温的 Pb、Mo 等元素，地质背景绝大多数与侵入岩类有关，只有三成多综合异常有贵金属或有色金属矿产出，找矿前景较好，见图 6-3-16。

表 6-3-7　五指山岩浆弧Ⅳ级成矿区带钼矿种地球化学综合异常基本特征

编号	元素组合	地质背景（岩类）	已知矿产	典型矿床
Z-18	Cu、Pb、Zn、Mo、W	侵入岩	有已知金矿	红门岭钼矿
Z-20	Pb、Zn、Mo	侵入岩	未发现	
Z-21	Cu、Pb、Zn、Mo、W	侵入岩	未发现	
Z-22	Cu、Zn、Mo、W	侵入岩	未发现	
Z-26	Cu、Zn、Mo、W	侵入岩	未发现	
Z-28	Cu、Pb、Zn、Mo、W	侵入岩	有已知金银、铅矿	
Z-3	Ag、Cu、Mo、W	沉积-变质岩、侵入岩	有已知金、硫矿	高通岭钼矿等
Z-4	Ag、Cu、Pb、Mo	沉积-变质岩、侵入岩	有已知金矿	
Z-7	Ag、Pb、Mo、W	侵入岩	未发现	
Z-9	Ag、Pb、Mo、W	侵入岩	未发现	
Z-10	Cu、Mo、W	沉积-变质岩、侵入岩	未发现	
Z-17	Cu、Mo	侵入岩	未发现	
Z-25	Ag、Mo	侵入岩	未发现	
Z-30	Ag、Cu、Pb、Mo、W	侵入岩	未发现	
Z-11	Ag、Cu、Mo、Co	侵入岩	未发现	梅岭钼铜矿
Z-24	Ag、Cu、Zn、Bi、Mo	沉积-变质岩、侵入岩 中酸性火山岩	有已知铜、铅锌、硫矿	罗葵洞钼矿
Z-32	Ag、Cu、Zn、Mo	沉积-变质岩、侵入岩	有已知锌矿	未知
Z-33	Cu、Zn、Mo、Co	沉积-变质岩、侵入岩	未发现	
Z-34	Ag、Mo	侵入岩	未发现	
Z-35	Mo	侵入岩	未发现	
Z-39	Cu、Mo	侵入岩	有已知铅锌矿	
Z-40	Mo	侵入岩	未发现	
Z-41	Cu、Mo	沉积-变质岩、侵入岩	未发现	
Z-42	Ag、Cu、Mo	沉积-变质岩、侵入岩	未发现	
Z-43	Ag、Mo	侵入岩	未发现	
Z-46	Mo	侵入岩	未发现	
Z-47	Ag、Zn、Mo	侵入岩	未发现	
Z-48	Cu、Mo	侵入岩、中酸性火山岩	有已知金矿	
Z-49	Mo	侵入岩	未发现	

（8）硫矿种综合异常

区带内圈定综合异常 14 处。基于保亭情安岭硫铁矿典型矿床 Ag、Au、Cu、Bi、Mo、Fe_2O_3 元素组合圈出 4 处综合异常，其中 Z-5 号综合异常组合了 Ag、Au、Cu、Bi、Mo、Fe_2O_3 元素，与典型矿床相对应，并有其他铜、铅、锌矿等产出。圈出无典型矿床对应的综合异常 10 处。主要综合异常基本特征见表 6-3-8。综合异常一般组合有中低温的 As、Ag 等元素，地质背景包括沉积-变质岩和侵入岩，近六成综合异常有已知贵金属有色金属矿产出，见图 6-3-17。

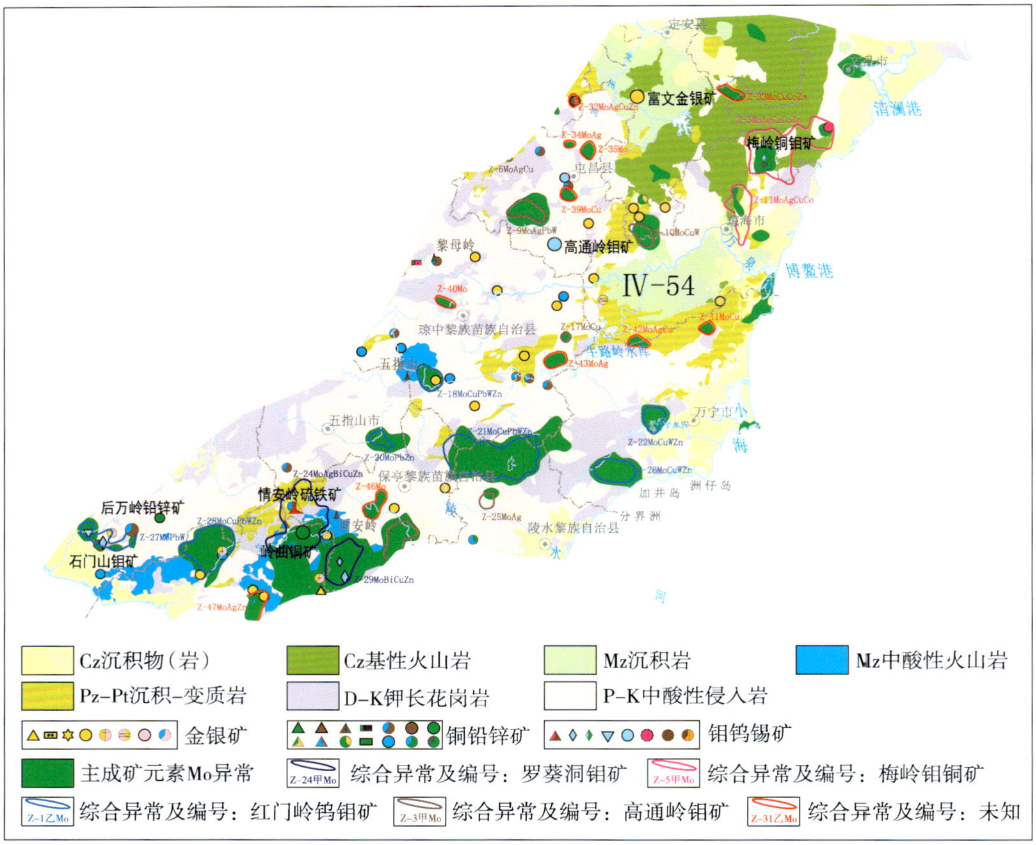

图 6-3-16　五指山岩浆弧Ⅳ级成矿区带钼矿种地球化学综合异常图

表 6-3-8　五指山岩浆弧Ⅳ级成矿区带硫矿种地球化学综合异常基本特征

编号	元素组合	地质背景（岩类）	已知矿产	典型矿床
Z-2	Au、Cu、Mo	沉积-变质岩、侵入岩	未发现	情安岭硫铁矿
Z-3	Ag、Au	沉积-变质岩、侵入岩	有已知铅锌矿	
Z-4	Au、Cu、Bi、Mo、Fe_2O_3	沉积-变质岩、侵入岩	未发现	
Z-9	As、Ag、Cu、Bi、Co	侵入岩	有已知铜钼、钨矿	未知
Z-14	As、Ag、Cu、Bi	沉积岩	未发现	
Z-20	As、Cu、Co	侵入岩	未发现	
Z-23	As、Cu、Co	侵入岩	未发现	
Z-26	Cu、Bi	沉积-变质岩、侵入岩	有已知硫矿	
Z-29	As、Ag、Cu、Bi、Co	沉积-变质岩、侵入岩	有已知金银、铅矿	
Z-30	As、Ag、Cu、Co	沉积-变质岩、侵入岩	未发现	
Z-31	Cu、Bi、Co	中酸性火山岩、侵入岩	有已知钼矿	
Z-32	Ag、Cu、Bi	侵入岩	未发现	
Z-34	As、Cu	沉积-变质岩、侵入岩	未发现	

（9）稀土矿种综合异常

区带内基于昌江坝王岭稀土矿典型矿床 La、Y、Ce 元素组合圈出 1 处综合异常，异常分布于钾长花岗岩中。区带内已知稀土矿没有综合异常响应，见图 6-3-18。

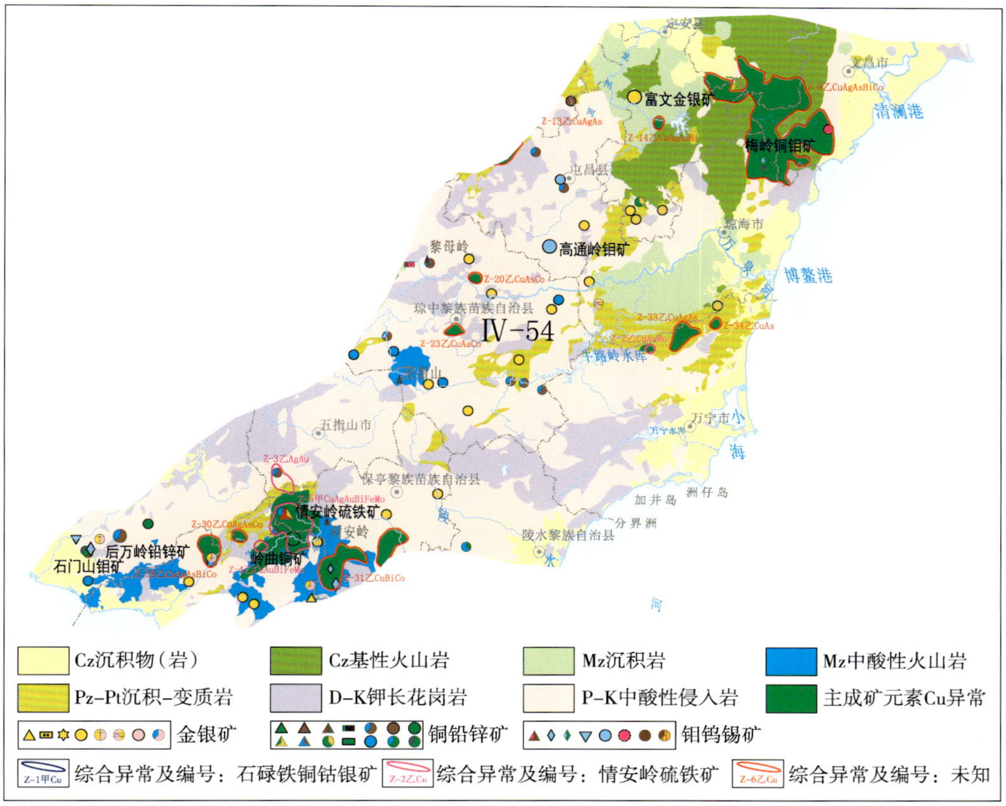

图 6-3-17　五指山岩浆弧Ⅳ级成矿区带硫矿种地球化学综合异常图

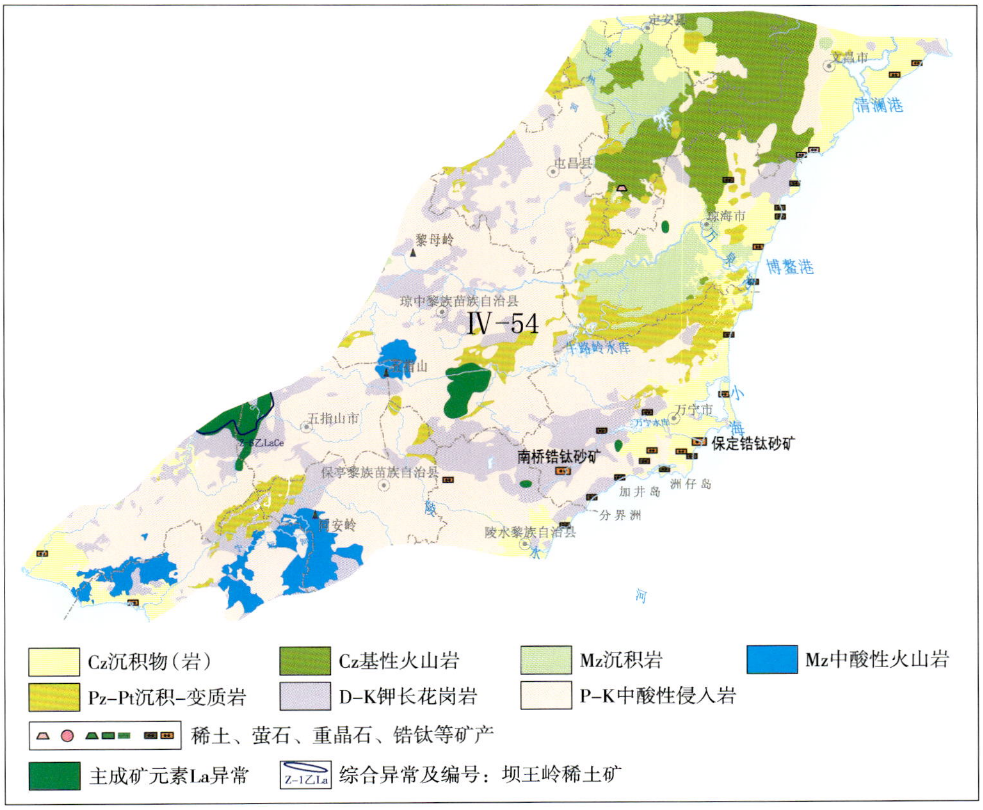

图 6-3-18　五指山岩浆弧Ⅳ级成矿区带稀土矿种地球化学综合异常图

（10）萤石矿种综合异常

区带内基于琼中什统萤石矿典型矿床 As、Sb、Hg、Cu、F 元素组合圈出 3 处综合异常，典型矿床与 Z-7 号综合异常基本对应，组合有 Sb、Hg、Cu、F 元素。其他综合异常基本特征见表 6-3-9。综合异常与已知萤石矿吻合程度一般，见图 6-3-19。

表 6-3-9 五指山岩浆弧Ⅳ级成矿区带萤石矿种地球化学综合异常基本特征

编号	元素组合	地质背景（岩类）	已知矿产	典型矿床
Z-2	As、Sb、Hg、Cu、F	沉积-变质岩、侵入岩	未发现	什统萤石矿
Z-8	F	沉积-变质岩、侵入岩	有已知萤石矿	

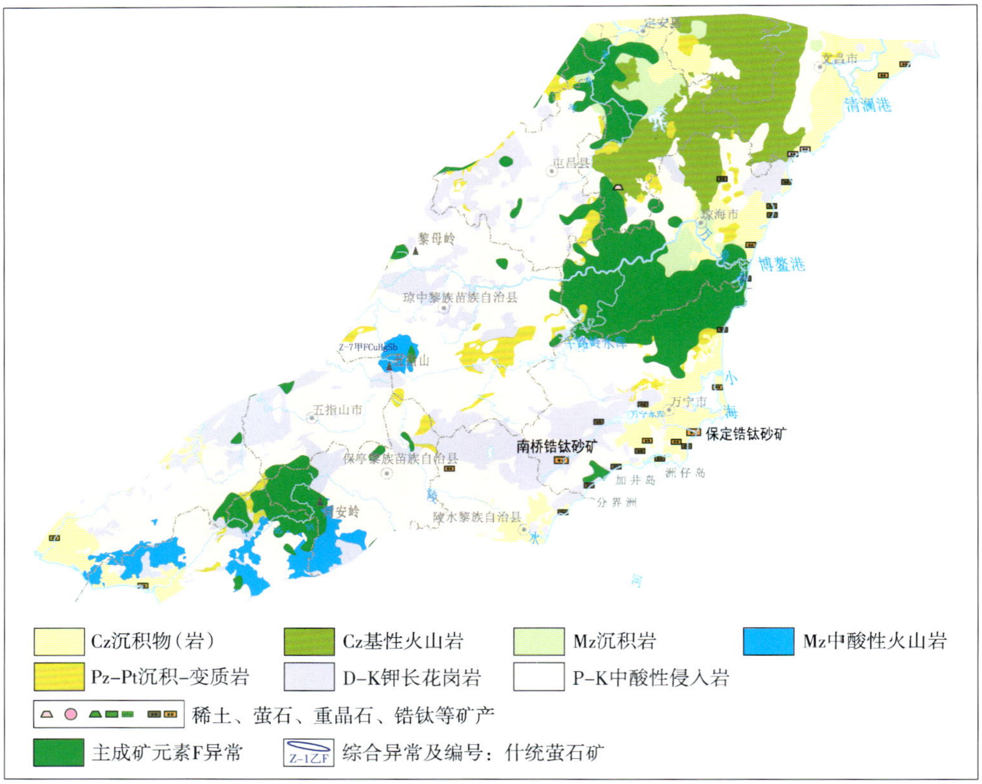

图 6-3-19 五指山岩浆弧Ⅳ级成矿区带萤石矿种地球化学综合异常图

（11）重晶石矿种综合异常

区带内重晶石矿种相关元素综合异常发育，共圈定综合异常 24 处。基于昌江保由重晶石矿典型矿床 Cu、Pb、Zn、Ba 元素组合圈出 12 处综合异常，圈出无典型矿床对应的综合异常 12 处。主要综合异常基本特征见表 6-3-10。综合异常一般组合元素简单，地质背景主要为侵入岩，没有已知重晶石矿与之对应，见图 6-3-20。

表 6-3-10 五指山岩浆弧Ⅳ级成矿区带重晶石矿种地球化学综合异常基本特征

编号	元素组合	地质背景（岩类）	已知矿产	典型矿床
Z-5	Pb、Ba	侵入岩	未发现	保由重晶石矿
Z-6	Pb、Ba	侵入岩	未发现	
Z-7	Pb、Zn、Ba	侵入岩	未发现	
Z-12	Pb、Zn、Ba	侵入岩	未发现	

编号	元素组合	地质背景（岩类）	已知矿产	典型矿床
Z-13	Pb、Zn、Ba	侵入岩	未发现	保由重晶石矿
Z-14	Cu、Pb、Zn、Ba	沉积-变质岩、侵入岩	未发现	
Z-15	Pb、Zn、Ba	沉积-变质岩、侵入岩	未发现	
Z-16	Pb、Zn、Ba	侵入岩	未发现	
Z-17	Pb、Zn、Ba	侵入岩	未发现	
Z-20	Pb、Zn、Ba	侵入岩	未发现	
Z-21	Cu、Pb、Zn、Ba	侵入岩	未发现	
Z-22	Cu、Pb、Zn、Ba	侵入岩	未发现	
Z-30	Ba	侵入岩	未发现	未知
Z-36	Ba	侵入岩	未发现	
Z-37	Ba	侵入岩	未发现	
Z-38	Zn、Ba	侵入岩	未发现	
Z-39	Hg、Ba	侵入岩	未发现	
Z-40	Ba	侵入岩	未发现	
Z-41	Hg、Ba	侵入岩	未发现	
Z-42	Ba	侵入岩	未发现	
Z-43	Ba	侵入岩	未发现	
Z-44	Ba	侵入岩	未发现	
Z-45	Hg、Ba	侵入岩	未发现	
Z-46	Ba	侵入岩	未发现	

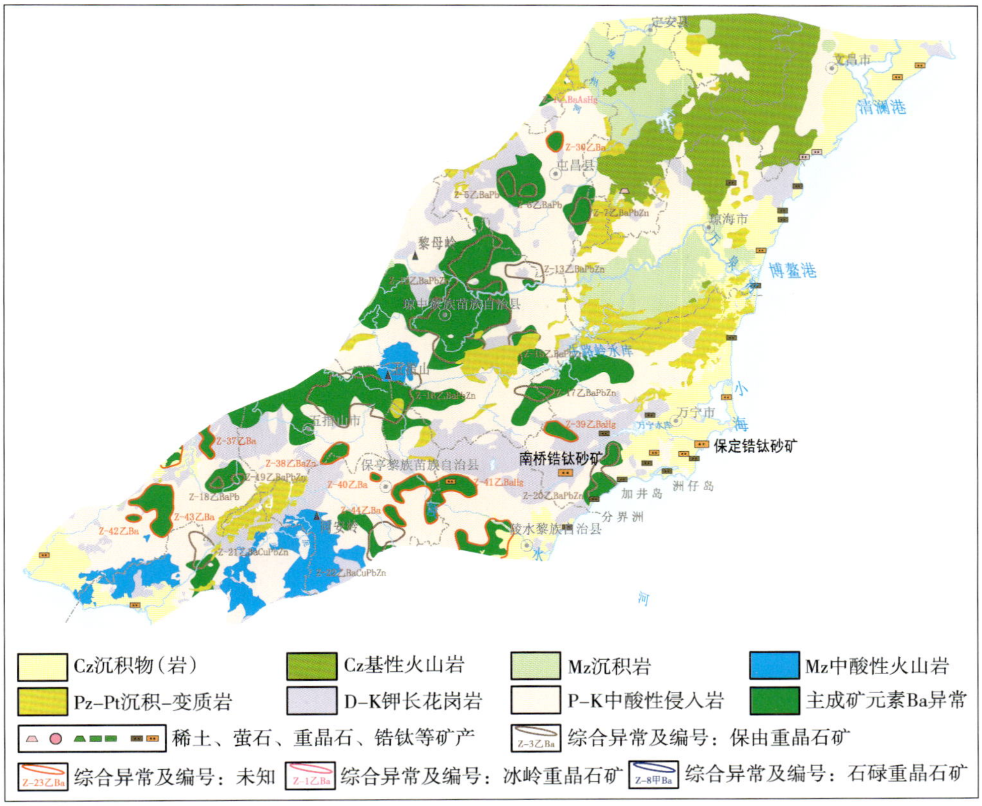

图 6-3-20　五指山岩浆弧Ⅳ级成矿区带重晶石矿种地球化学综合异常图

3. 地球化学推断地质构造

1）基于 Ca、Sr、Ba 等造岩元素组合推断斜长花岗岩类（钙碱性花岗岩）分布范围。高值区位于琼中白沙陆内盆地两侧局部地区，与实际情况大致吻合。

2）基于 SiO_2 元素高值区推断为陆源碎屑岩类分布范围。高值区位于区带东部海岸带，为实际情况的第四系（主要为海相沉积）分布范围，两者吻合良好。

3）据 Ag、As、Au、Hg、Sb 等成矿及伴生元素分布特点，在琼西南地区自乐东千家向北至乐东山荣，再向东至五指山番阳和红毛一线，以上元素在西北侧较富集，而在东南侧明显贫化，沿西北侧以上元素的显著变化边界推断为一区域性断裂构造，视为二级构造。该推断构造与实际情况吻合良好。

4）基于 B、Be、F、Li、P 等岩浆射气元素组合推断为断裂带或构造岩浆带，视为三级构造。5 种元素的累加值基本呈长条带状分布，推断的构造线沿条带中部穿过。共推断出 11 条，主要分布于琼北至琼南之间的区域，与已知构造线吻合程度较好。

5）基于 Cd、Cu、Pb、Zn 等成矿元素组合推断为中温矿化断裂带和矿化带，视为三级构造。4 种元素累加值高值区呈串珠状（多个）或沿一定走向（单个）分布于琼中偏南等地区。共推断出 14 条，与已知构造线吻合较好。有 7 条与 Ag、As、Au、Hg、Sb 等推断的构造线靠近或重合，应为中低温矿化的结果。

三、遥感特征及推断成果

该矿带位于海南岛东部地区，北东向展布，长约 191km，宽 68~83km，面积 14381km^2。成矿带北东部的长昌—蓬莱一带大部分为新第三纪玄武岩（蓬莱基性火山岩）所覆盖。成矿带西北部的屯昌—雷鸣一带，主要为白垩纪雷鸣盆地，其次为印支期二长花岗岩（琼中岩体），其中有许多大小不等的燕山期花岗岩类岩体侵入。燕山晚期花岗岩类与钨、钼、锡、铅、锌、水晶等矿化较为密切。该地区矿产地主要有巨型水晶矿床 1 处，金、铀、钨、铅、砂锡矿等小型矿床 6 处。成矿带中东部的五指山-和平-阳江-翰林-烟圹地区，翰林-烟圹区段和西南面五指山区段主要是古老基底中元古界抱板群出露区。区内还有印支期二长花岩、燕山期花岗岩、花岗闪长岩、花岗斑岩及第四纪玄武岩。五指山区段以海西期二长花岗岩（乐来岩体）为主，次为印支期钾长花岩（阜堡笔岩体）及石英正长岩，二长花岗岩（禄马岩体）及燕山期闪长岩和辉长岩（南流岗岩体），以及少量燕山早期花岗岩（什运岩体）。还有五指山酸性火山岩（纹斑岩、英安斑岩）。阳江盆地东南面有下志留统陀烈组千枚岩和石炭系南好组、青天峡组砂岩、板岩、结晶灰岩及砾岩小面积分布。区内矿化主要有石墨、铜、钼、金、萤石、铅、锌等，已探明中型石墨矿床 1 处，小型（铜、钼、石墨、风化壳型轻稀土）矿床 3 处。成矿带南部的千家—南好—保城—陵水一带，除了中部北东向南好断陷有志留纪和石炭纪地层分布外，其余面积全为花岗岩类侵入岩和少量白垩纪中酸性火山岩。侵入岩有海西期二长花岗岩（志仲岩体、乐东岩体南半部），印支期二长花岗岩（毛拉岩体）。燕山晚期花岗岩岩浆沿东西向尖峰-吊罗和九所-陵水两条大断裂侵入，形成东西向分布、长轴东西向的花岗岩体，构成岛南部东西向构造-岩浆带，主要有千家二长花岗岩、保城花岗闪长岩和吊罗钾长花岗岩等三大岩体。火山岩属同安岭火岩带的一部分，主要岩性为流纹岩、流纹斑岩、英安岩、英安斑岩及玄武岩。南好断陷南东侧有印支期毛拉二长花岗岩体和燕山期花岗闪长岩体，此外，燕山晚期花岗斑岩、石英斑岩及斜长花岗斑岩等脉岩较为发育，且与金属矿化较为密切。区内已知矿床点主要有中型钼矿床 1 处，小型矿床 12 处，其中铅锌矿 4 处，铜矿 1 处，铁矿 2 处，水晶矿 4 处，砂质高岭土 1 处。还有金、多金属矿点、矿化点。

1. 区域地质构造遥感特征

该矿带遥感线性、环形要素较为发育，色、块、带要素特征不明显。矿带中共解译出线要素 449 条，环形构造 81 个，见图 6-3-21。

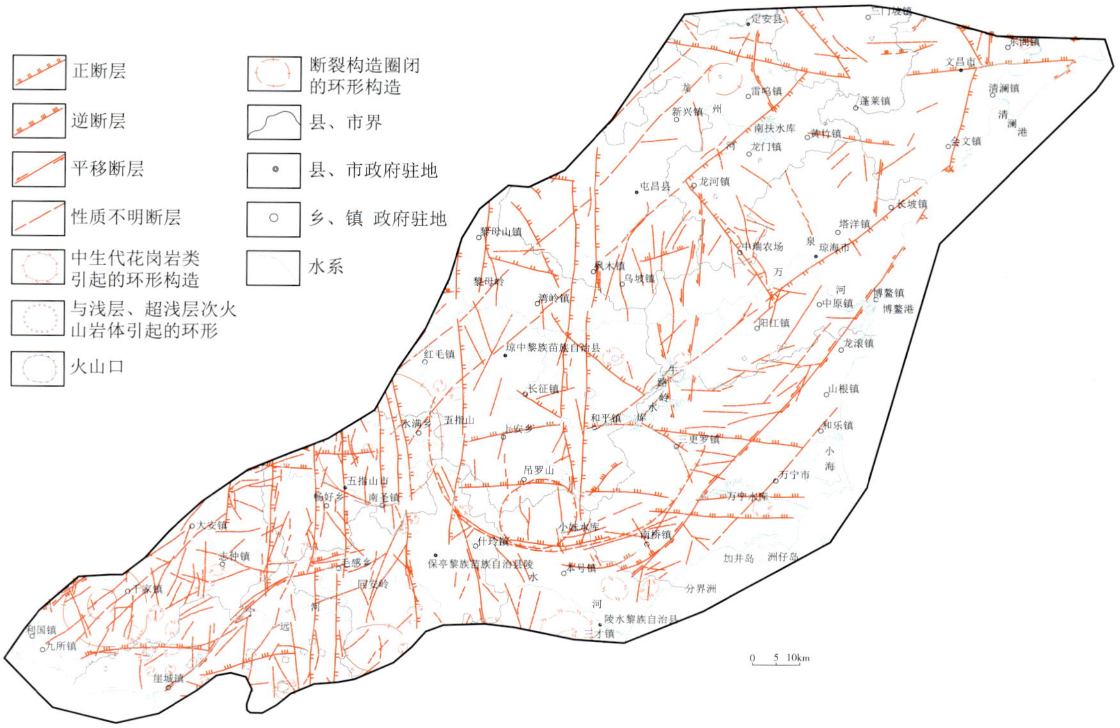

图 6-3-21　五指山岩浆弧Ⅳ级成矿区带遥感构造解译图

矿带中共解译出大型构造 3 条：王五-文教断裂带东段贯穿于矿带北侧，遥感影像上为一系列 EW 向断裂构成的带状低洼地貌，第四纪沉积物呈带状分布，形成东西向带状平原；昌江-琼海构造带东段横穿矿带中部，沿断裂带展布着一系列东西向山脉和河流，在遥感影像上反映出东西向线性构造断续出现，形迹较为隐晦；尖峰-吊罗断裂东段横贯矿带南部，遥感线性要素非常发育。

该矿带中小型构造主要分布于矿带中部和南部，其中中型构造 11 条，小型构造 430 多条，断层主要产于二叠纪、三叠纪和白垩纪等地层中。构造走向以北东向为主，南北向次之，影像中有较明显直线状纹理，断层线清晰。

遥感环状构造主要分布于矿带的中部和南部的二叠纪、三叠纪和白垩纪等地层中。根据遥感解译所反映的环形影像，结合地质资料，对这些环形影像构造进行分类、解释：

1）火山口环：此类环形影像较发育，为火山构造所反映的环形影像，色调一般较暗，个体均为小圆环，共解译出 28 个环，在矿带南部的崖城—千家镇一带呈东西向带状分布。

2）中生代花岗岩类引起的环形构造：这类环形影像色调一般较暗，共解译出 31 个环，主要有三才环形构造、高峰环形构造等。

3）构造穹隆或构造盆地：这类环形影像在该成矿带内共解译出 6 个环形构造，都呈圆环状，边界清楚，环内细脉状影纹，色调较明显，如金鸡岭环形影像、石门山环形构造等。

4）与浅层、超浅层次火山岩体引起的环形构造：这类环形影像色调一般较暗，个体均为小圆环，共解译出 5 个。

5）断裂构造圈闭的环形构造：此类环形构造共解译出 1 个。

主要的环构造遥感特征见表 6-3-11。

表 6-3-11　五指山岩浆弧Ⅳ级成矿区带主要环形影像解译简表

编号	名称	面积/km²	影像特征	地质特征	成因推测
5	小妹水库环形影像	177	影像清晰，单环等圆形，环内色调为墨绿色，树枝状水系	处于东西向尖峰－吊罗深大断裂带上，环内出露燕山晚期吊罗岩体钾长花岗岩	断裂及岩浆岩体穹隆相构
6	三才环形影像	95	影像清晰，等圆形环中叠有小环，环中色调呈绿色、粉红色，短而粗的树枝状水系	处于东西向九所－陵水深大断裂带东端上，环内西部出露燕山晚期保城岩体花岗闪长岩，东部分布第四系	岩浆岩岩体
7	南林环形影像	102	影像清晰，等圆形环中叠有小环，内有环状山，水系不发育，呈分枝状	处于海西期二长花岗岩、花岗闪长岩与同安岭火山岩接触部位	中酸性火山岩边界
8	高峰环形影像	16	影像清晰，呈等圆形单环，环中心为一北东向的山背，具放射状水系	处于燕山期二长花岗岩与同安岭火山岩接触部位，汤他大岭磁铁矿点所在地	中酸性火山岩、火山机构边界
9	石门山环形影像	214	影像清晰，外环为椭圆状，长轴呈北西向，内有5个圆形小环，水系不发育	环中出露燕山晚期千家岩体，北北西向及南北向断裂发育，石门山钼、铅锌矿床，看树岭银矿床及后万岭铅锌矿床所在地	千家岩体的不同单元
15	金鸡岭环形影像	38	影像清晰，环内外色调差异明显，放射状水系不发育	环带外分布下白垩统鹿母湾组砂岩、砂砾岩、环内分布第四系基性火山岩	基性火山岩、火山机构边界

2. 遥感异常特征

矿带内共提取出遥感羟基异常图斑 16008 个，其中一级异常 2168 个，二级异常 5026 个，三级异常 8814 个。遥感铁染异常共有图斑 12452 个，其中一级异常 1329 个，二级异常 3782 个，三级异常 7341 个。根据异常集中分布程度、所处的地质构造环境等，共圈定出 22 处羟基异常带，13 处铁染异常带，2 处羟基铁染异常组合带。

该矿带遥感异常主要分布于矿带的北部和南部及东部沿海地区，散布在第四纪北海组、二叠纪花岗岩、白垩纪早世鹿母湾组等地层中。该矿带受地表植被、水系等因素的干扰，遥感异常反映不明显，大多为无指示意义的异常。矿带中矿产资源分布与异常无明显的相关性。

四、自然重砂特征及推断成果

1）区带东海岸一带重砂矿物大多为除金属硫化物之外耐风化的矿物异常，如自然金、锡石和稀土（以及锆钛矿物）等，均为三级异常，可指示次生砂矿型矿床。

2）蓬莱地区新近系玄武岩类分布区重砂矿物由砷矿物、辰砂、铬和铁矿物异常组成，除铁、铬矿物异常外，砷矿物、辰砂均为三级异常，没有找矿指示意义。

3）区带东部的阳江盆地等中生代红层分布区重砂矿物主要由铁矿物异常组成，为特殊的地质背景引起，属三级异常，没有找矿指示意义。

4）区带内沉积-变质岩区重砂矿物以自然金和金属硫化物矿物异常为特征，也有少数钨矿物、锡石等矿物异常。多为一级或二级异常，矿床指示意义突出。

5）区带内花岗岩分布区重砂矿物除铬矿物外其他矿物均有异常出现，铁矿物和辰砂异常较少，金属硫化物矿物和钨矿物、锡石、稀土、重晶石、萤石、磷灰石、锰矿物异常众多。多为一级或二级异常，矿床指示意义突出。

第四节　重要矿种预测评价模型

区带内的重要矿种主要有金、铁、铜、银、硫、萤石、稀土、钼、铝土矿等，形成了6个矿床成矿系列和8个成矿亚系列。主要为与古老基底出露区与中元古代沉积变质作用有关的石墨矿床成矿系列，与燕山期岩浆热液作用有关的铜、钼、铅、锌、铁、金、银、水晶、萤石矿床成矿系列、与中生代陆相砂岩-砾岩建造有关的铀矿床成矿系列，与第三纪内陆盆地沉积有关的褐煤矿床成矿系列，分布于东部海岸、内陆部分地区的第四纪与风化-沉积作用有关的钛铁矿、锆英石、独居石、金、锡、钨、水晶、石英砂矿床成矿系列及第四纪与风化壳有关的铝土矿、钴土矿、宝石矿、铌、钽、稀土、高岭土矿床成矿系列。

区带内预测评价模型主要有：与侵入岩有关的热液型金、银矿、矽卡岩型铁铜硫（钼金银）矿、红土型铝土矿床（三水型），与中酸性岩浆热液有关的脉状铅锌矿床、陆相火山岩型铁硫矿、矽卡岩型铁铜硫（钼金银）矿、斑岩型钼矿、陆相火山岩型钼矿及与岩浆热液作用有关脉型钼矿等，见表6-4-1。

各预测评价模型特征如下：

表6-4-1　五指山岩浆弧铁、铝（钴）、铀、水晶、宝石、褐煤、石墨、多金属Ⅳ级成矿区带预测评价模型表

省级矿产预测类型	成矿时代	主要预测要素	全国评价模型	矿种	典型矿床
富文式脉型金矿	白垩纪	花岗闪长岩体侵入，下白垩统鹿母湾组，NW向层间断裂，区域Au化探异常	与侵入岩有关热液型金矿	金、银、铅锌、铜	富文金银矿
富文式脉型银矿	白垩纪	花岗闪长岩体侵入，下白垩统鹿母湾组，北西向层间断裂，区域Au化探异常	与侵入岩有关热液型金矿	金、银、铅锌、铜	富文金银矿
大冶式矽卡岩型硫铁矿床	晚白垩世	上志留统足赛岭组，晚白垩世中酸性岩浆岩，北北东—近南北走向的断裂、裂隙，花岗斑岩与结晶灰岩接触带的矽卡岩体，矽卡岩化、硅化	矽卡岩型铁铜硫（钼金银）矿	磁铁矿、硫铁矿、铜	保亭情安岭硫铁矿床
红土型铝土矿床	第四纪	玄武岩风化形成的红土层（第四系风化壳），三水硬铝石，石马村组及石门沟村组玄武岩，红土化	红土型铝土矿床（三水型）	铝土矿、钴土矿、褐铁矿	蓬莱铝土矿
后万岭式脉型铅锌矿床	白垩纪	千家岩浆岩超单元花岗岩，北北西向—近南北向扭张性断裂，晚白垩世花岗质岩浆侵入体，Pb、Zn、Cu、Ag、Mo、Sb、Bi等元素异常	与中酸性岩浆热液有关的脉状铅锌矿床	铅、锌	后万岭铅锌矿床
岭曲式陆相火山岩型铜矿	白垩纪	白垩系岭壳村组第火山岩、花岗闪长岩，火山机构和构造及Tr1蚀变矿化破碎带，Cu、As、Ag、Mo、Bi等元素异常	陆相火山岩型铁硫矿	铜、银、金	岭曲式铜矿床

续表

省级矿产预测类型	成矿时代	主要预测要素	全国评价模型	矿种	典型矿床
大冶式矽卡岩型铁矿	燕山期	北东向的狗岭断裂及次级断裂，足赛岭组与燕山期岩浆岩接触带矽卡岩，磁异常	矽卡岩型铁铜硫（钼金银）矿	磁铁矿	红石铁矿床
园珠顶式斑岩型钼矿	晚白垩世	晚白垩世斜长花岗斑岩，近南北向冲卒岭断裂，Mo、Pb、Cu 区域化探异常	斑岩型钼矿	钼、铅锌、银	石门山钼铅锌多金属矿床
园珠顶式斑岩型钼矿	晚白垩世	梅岭爆破角砾岩筒与花岗闪长岩接触带附近的花岗闪长岩、花岗闪长斑岩、爆破角砾岩、震碎角砾岩，菱形裂隙带及岩筒东部与东西向梅岭-重兴断裂近乎平行的断裂带，Cu、Mo 等异常	斑岩型钼矿	钼、铜	梅岭铜钼矿床
罗葵洞式陆相火山岩型钼矿	白垩纪	破火山口构造，隐伏斑状花岗岩顶部及六罗村组火山岩，硅化、钾化、黄铁矿化、黑云母化	陆相火山岩型钼矿	钼	罗葵洞钼矿床
白石嶂式脉型钼矿	晚白垩世	晚白垩世高通岭正长花岗岩体的北西向断裂带，次一级的北西向断裂带，燕山晚期中酸性侵入岩，硅化、钾化蚀变	与岩浆热液作用有关脉型钼矿	钼	高通岭钼矿床

一、矽卡岩型铁铜硫（钼金银）矿

（一）典型矿床预测模型

1. 红石大冶式矽卡岩型铁矿床

（1）成矿地质特征

1）赋矿地层：足赛岭组（S_1z）与燕山期岩浆岩接触带矽卡岩是区内铁矿的主要赋矿层位及直接围岩。

2）成矿构造：北东向的狗岭断裂及次级断裂是区内的主要导矿容矿构造，控制了矽卡岩和矿体的产生和分布。

3）岩浆岩：燕山期岩浆活动强烈，岩石类型为（花岗）闪长岩和花岗斑岩等，控制了矿体或含矿矽卡岩的分布。

4）矿体主要特征：

A）铁矿体主要产于燕山期侵入岩与足赛岭组变质岩接触带及附近的石榴子石透辉石矽卡岩中。

B）铁矿体总体呈北东向左行斜列分布，倾向北西。

C）铁矿体中仅Ⅰ号矿体出露地表，其余均为盲矿体，与磁异常对应关系较好。

5）地球物理特征：1∶5 万航磁负背景场中低缓磁异常、1∶5 万航磁化极低缓正异常部位及 1∶25 万剩余重力正负异常过渡带是成矿的有利部位。

6）蚀变特征：矿区围岩蚀变强烈且广泛，从南西到北东沿花岗斑岩、花岗岩、花岗闪长岩、闪长岩接触带分布，主要在中部蚀变较强，蚀变类型有矽卡岩化、角岩化、碳酸盐化、绿帘石化、钾长石化、绿泥石化、绢云母化等，且以前三种分布最广，矽卡岩与铁矿化关系密切。

（2）成矿作用

矿床成因类型：大冶式矽卡岩型。

成矿物质来源分析：燕山期岩浆岩提供了大部分铁、铜、铅锌、钨等矿质，亦提供大量的热能。

成矿过程与演化：燕山期岩浆沿褶皱构造应力脆弱部位侵入，分泌大量的中酸性气水溶液，并提供大量的热能。中酸性气水溶液向围岩渗滤并与化学性质活泼的碳酸盐围岩发生交代反应，改变物态并沉淀出各类组分。随着温度物理化学条件的变化，早期（矽卡岩期）高温气态阶段，气-液与围岩反应形成高温挥发性组分石榴子石、透辉石、透闪石、绿帘石等矽卡岩矿物，并形成磁铁矿和白钨矿等矿体，少量的黄铜矿、黄铁矿，构成内矽卡岩带；晚期，随着气水溶液向外围渗透，形成绿泥石、绢云母、黄铜矿、黄铁矿，并在矽卡岩外带形成黄铜矿、方铅矿、闪锌矿等矿体。

（3）预测要素

通过对红石铁矿典型矿床成矿地质背景、成矿地质特征和成矿作用进行分析，综合各类找矿指示因素，提取了典型矿床的预测要素（表 6-4-2）。主要预测要素如下：

1）赋矿层位：燕山期侵入岩与足赛岭组接触带上及附近的矽卡岩；

2）控矿构造：北东向的断裂构造及其次级断裂构造；

3）成矿时代：燕山期；

4）侵入岩：燕山期闪长岩、花岗闪长岩、花岗斑岩；

5）围岩（地层）：足赛岭组；

6）大地构造单元：五指山岩浆弧；

7）航磁异常特征：1∶25 万航磁正负异常对。

表 6-4-2　海南省三亚市红石矽卡岩型铁矿典型矿床预测要素一览表

成矿要素			描述内容			成矿要素分类
储　量			148.6×10^4t	平均品位	TFe：31.37%~45.59%	
特征描述			矽卡岩型铁矿床			
地质环境	成矿年代	沉积地层年代	早古生代早志留世			必要
		成矿时代	燕山期			必要
	大地构造位置	大地构造单元	五指山岩浆弧			重要
		区域构造类型	断裂构造			重要
		区域构造位置	东西向九所-陵水和尖峰-吊罗深大断裂之间，次级北北东向牙日-南好-狗岭断裂之西南端			重要
	沉积建造/沉积作用	地层分区	五指山地层区			重要
		地层单位	下志留统足赛岭组（S_1z）			必要
		地层年代	早志留世			必要
		岩石类型	碳酸盐岩			必要
		沉积建造厚度	>1084m			重要
		蚀变特征	矽卡岩化、碳酸盐化、角岩化、绿泥石化等			必要
		岩石特征	含炭、浅变质、硅化、多层			重要
		岩石组合	结晶灰岩			重要
		岩石结构	微晶-细晶			重要
		特殊标志层	矽卡岩（化）			重要
		沉积建造类型	碳酸盐岩建造			次要
		侵入岩时代	燕山期			必要
		岩石名称	花岗斑岩			必要

续表

成矿要素			描述内容			成矿要素分类
储　量			148.6×10⁴t	平均品位	TFe：31.37%～45 59%	
特征描述			矿卡岩型铁矿床			
地质环境	岩浆建造/岩浆作用	接触带特征	矽卡岩化、碳酸盐化、角岩化、绿泥石化			必要
		岩石组合	花岗斑岩、花岗闪长岩、二长岩			重要
		岩体形态	北东向不规则脉状			重要
		岩石结构	斑状结构、花岗结构、中-细粒结构			次要
		岩石构造	块状构造、斑状构造			次要
	侵入岩浆构造	岩体侵位构造	狗岭断裂带			重要
		岩浆作用影响范围	水平距岩体接触带 500m，岩体顶 300m 垂距			必要
		控制岩体侵位区域构造带	牙日-南好-狗岭断裂带			必要
		岩浆构造旋回	燕山旋回			次要
矿床特征	成矿构造	侵入接触构造	侵入不整合面凹凸不平			必要
		侵入岩围岩构造	碎裂构造			必要
		区域构造带	牙日-南好-狗岭断裂带			必要
		断裂构造	北北东向狗岭断裂			必要
	成矿特征	矿体形态	似层状			重要
		矿体产状	走向北东，倾向北西，倾角 25°～65°			重要
		矿体规模	Ⅰ号矿体长 216m，厚 5.5～12m，延深 70～120m；Ⅱ号矿体长 240m，厚 5 n；Ⅲ号矿体长 355m，厚 8～32 m，延深 60～105m			重要
		矿带形态	北东向带状			重要
		矿石矿物成分	主要为磁铁矿，少量黄铁矿、黄铜矿，微量铅锌矿			重要
		矿石组构	他形-半自形、粒状结构；团块状、条带状和浸染状构造			重要
		矿床共生组分	Fe、S、Cu、Pb、Zn			重要
		蚀变矿物组合	透辉石、石榴子石、白云母、透闪石、白云石及石英、方解石			次要
		矿床有益组分	Fe、S、Cu、Pb、Zn			次要
	矿床资源储量	矿石量	148.6×10⁴t（C+D）			重要
		平均品位	TFe：31.37%～45.59%			重要
		矿床规模	小型			重要

续表

成矿要素			描述内容			成矿要素分类
储　量			148.6×10^4t	平均品位	TFe：31.37%~45.59%	
特征描述			矽卡岩型铁矿床			
地球物理特征	磁法	侵入岩体磁测特征	花岗岩斑岩磁性弱，没有形成较强的磁异常			必要
		侵入岩体类型	中性			必要
		侵入岩体岩性特征	矿区内侵入岩较为发育，与成矿较为密切的为矽卡岩西侧的花岗岩斑岩			必要
		铁磁性矿体磁场特征	具有极强磁性，$K=38465\times10^{-5}\sim357583\times10^{-5}$SI、$Jr=10000\times10^{-3}\sim2030000\times10^{-3}$A/m，与围岩的磁性有明显的差异			必要
		铁磁性矿体出露状态	出露			次要
		矿体埋深	60~120m			重要

(4) 预测要素图编制

1）在成矿要素图的基础上叠加物探及化探信息；

2）编制并添加预测要素表、预测模型图；

3）进行图件整饰，修改图名、图例、图签等；

4）计算机组合形成该区完整的预测要素图；

5）根据全国潜力评价项目办要求，应用 GEOMAG 软件对预测要素图各图层赋属性，建立空间数据库图层。

(5) 矿床预测模型

在综述预测要素基础上，采用 GIS 技术从各课题组底图中获取要素信息，并以点、线、面形式进行表达。据此，共提取了赋矿层位矽卡岩、燕山期侵入岩、足赛岭组、北东向构造影响范围、航磁正负异常对、等综合异常等信息，建立了红石铁矿典型矿床预测模型（表 6-4-3，图 6-4-1）。

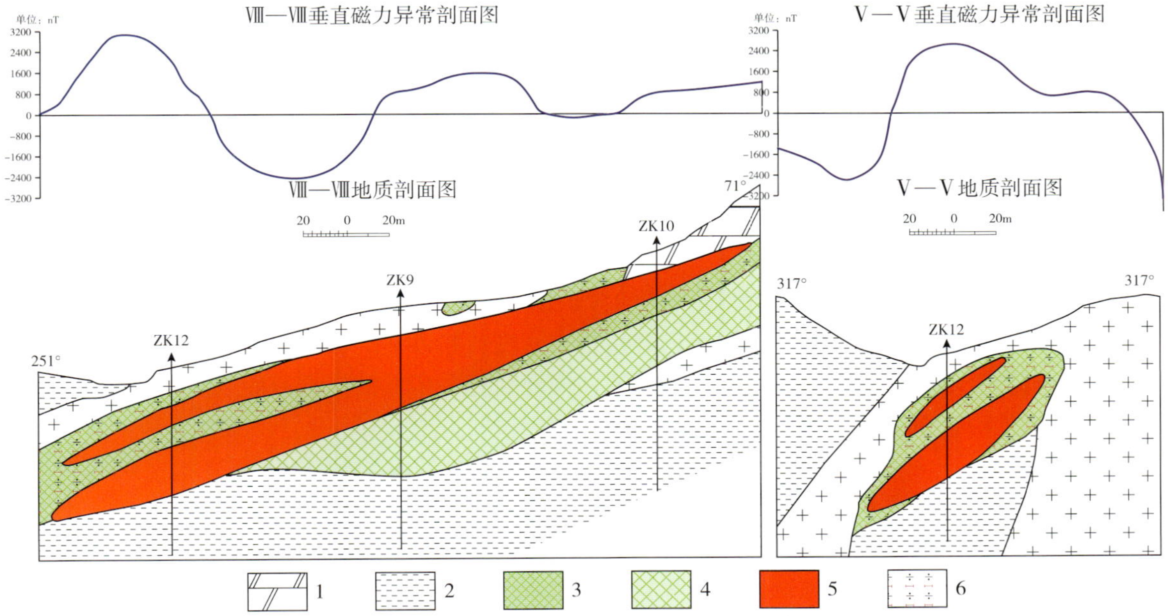

图 6-4-1　海南省三亚市红石大冶式矽卡岩型铁矿预测模型图

1—大理岩；2—千枚岩；3—矽卡岩；4—矽卡岩化；5—花岗斑化；6—透辉石透闪石化

表 6-4-3　海南省三亚市红石铁矿典型矿床模型表

<table>
<tr><td>名称</td><td colspan="6">海南省三亚市亚红石铁矿典型矿床</td></tr>
<tr><td rowspan="2">概况</td><td>东经</td><td>109°25′43″</td><td>北纬</td><td>18°33′16″</td><td>地理位置</td><td>三亚市</td></tr>
<tr><td>主矿种</td><td>铁</td><td>储量</td><td>148.6×10⁴t</td><td>平均品位</td><td>TFe：31.37%～45.59%</td></tr>
<tr><td>成矿的地质构造环境</td><td colspan="6">矿区位于五指山岩浆弧南部，志留纪地层残留体与早白垩世、早三叠世岩浆岩的接触带</td></tr>
<tr><td>控矿的各类及主要控矿因素</td><td colspan="6">成矿关系密切的主要为北北东向断裂构造</td></tr>
<tr><td rowspan="4">矿床的三度空间分布特征</td><td colspan="2">产状</td><td colspan="4">走向北东，倾向北西，倾角 25°～65°</td></tr>
<tr><td colspan="2">形态</td><td colspan="4">矿区查明 3 个矿体，矿体似层状</td></tr>
<tr><td colspan="2">分带</td><td colspan="4">矽卡岩内带为铁矿，矽卡岩外带为铅锌矿，整个矿区平面上从南向北呈现铁→铅、锌组合</td></tr>
<tr><td colspan="2">埋深</td><td colspan="4">0～-120m</td></tr>
<tr><td rowspan="4">矿床的物质组成</td><td colspan="2">矿石类型</td><td colspan="4">磁铁矿</td></tr>
<tr><td colspan="2">矿物组合及围岩蚀变</td><td colspan="4">铁矿石主要矿石矿物为磁铁矿，少量黄铁矿、黄铜矿，微量铅锌矿。脉石矿物主要为透辉石、石榴子石、白云母、透闪石、白云石及石英、方解石</td></tr>
<tr><td colspan="2">结构构造</td><td colspan="4">他形-半自形、粒状结构。团块状、条带状和浸染状构造</td></tr>
<tr><td colspan="2">主元素含量</td><td colspan="4">TFe：31.37%～45.59%</td></tr>
<tr><td>成矿期次</td><td colspan="6">成矿期可划分为矽卡岩期与石英硫化物期。矽卡岩期，形成石榴子石、透辉石、透闪石、绿帘石等矽卡岩矿物，并形成磁铁矿和白钨矿，少量的黄铜矿、黄铁矿；石英硫化物期，形成绿泥石、绢云母、黄铜矿、黄铁矿，并在外矽卡岩带形黄铜矿、方铅矿、闪锌矿等矿体</td></tr>
<tr><td>矿床的地球物理特征及标志</td><td colspan="6">磁负背景场中相对凸起的部位、正异常向负异常过渡处；重力高向重力低过渡处</td></tr>
<tr><td>成矿时代</td><td colspan="6">白垩纪</td></tr>
<tr><td>矿床成因</td><td colspan="6">成矿作用归属于：矽卡岩型；
成矿物质来源分析：白垩系提供了大部分铁、铜、铅锌、钨等矿质，亦提供大量的热能
成矿过程与演化：白垩纪花岗斑岩浆沿褶皱构造应力脆弱部位侵入，分泌大量的中酸性气水溶液，并提供大量的热能。中酸性气水溶液向围岩渗滤并与化学性质活泼的碳酸盐围岩发生交代反应，改变物态并沉淀出各类组分。随着温度物理化学条件的变化，早期（矽卡岩期）高温气态阶段，气-液与围岩反应形成高温挥发性组分石榴子石、透辉石、透闪石、绿帘石等矽卡岩矿物，并形成磁铁矿和白钨矿等矿体，少量的黄铜矿、黄铁矿，构成内矽卡岩带；晚期，随着气水溶液向外围渗透，形成绿泥石、绢云母、黄铜矿、黄铁矿，并在外矽卡岩带形成黄铜矿、方铅矿、闪锌矿等矿体</td></tr>
</table>

2. 保亭县情安岭硫铁矿区

（1）成矿地质特征

1）赋矿岩石：巷子口式矽卡岩型硫铁矿的含矿地层主要为上志留统足赛岭组，上统足赛岭组千枚岩夹晶灰岩、含炭千枚岩，下石炭统南好组板岩、变质粉砂岩、砾岩，含矿岩石主要为花岗斑岩、花岗闪长岩与足赛岭组、南好组的结晶灰岩、大理岩接触带的矽卡岩或矽卡岩化岩石，同时在角岩中也有少量的岩石。

2）控矿构造：

岩浆岩条件：晚白垩世中酸性岩浆岩沿大理岩与钙质砂、页岩层分界面斜交侵入。

构造条件：区内北北东—近南北走向的断裂、裂隙控制了矽卡岩体及矿体的生成。

地层条件：矿体产于花岗斑岩与结晶灰岩的接触带的矽卡岩体、矽卡岩化角岩及矽卡岩化大理岩中。

3）围岩蚀变：蚀变主要是矽卡岩化、硅化、角岩化、绿泥石化、绿帘石化、黄铁矿化、黄铜矿化、褐铁矿化。

4）矿体地质特征：本矿床由21个铁、硫、铜矿体组成，其中5个主要矿体编号为101、105、301、302、304。此5个主要矿体分布于情安岭附近南北长约1.4km、东西宽约0.5km的范围内，垂直分布在508~771m标高之间。矿体受北北东向构造控制，产于早二叠世石英闪长岩体、晚白垩世花岗斑岩体与足赛岭组第二段结晶灰岩、第三段绢云母石英粉砂岩接触带之矽卡岩及矽卡岩化岩石中。这些矿体大小不等，形态不一，呈脉状、透镜状或不规则团包状。矿体的产状多数为北北东向，皆以陡倾角向北西倾斜。矿体沿走向延长一般30~46m不等，厚度变化大，自1m至十几米，最厚可达30m，一般延深30~60m。但少数矿体，如101矿体延深达147m，302-3矿体延深达140m。

5）地球物理特征：

重力异常：保亭情安岭硫铁矿位于布格重力异常的负值区，以重力低为主，并间有重力高；等值线走向和重力低长轴多呈北东向。

航磁异常：区内磁场强度较大，梯度变化也较大，东西两端有变窄趋势。

6）自然重砂特征：除铬矿物外其他矿物均有异常出现，铁和汞矿物异常较少，金属硫化物矿物和钨、锡、稀土、重晶石、萤石、磷、锰等矿物异常众多。多为一级或二级异常，矿床指示意义突出。

（2）成矿作用

巷子口式硫铁矿主要受北北东向断裂的控制，志留系足赛岭组与石炭系南好组的地层被切割错断，进而为后期的岩浆活动提供了通道，使得后期印支-燕山期的花岗岩类侵入，当晚白垩世的花岗斑岩、石英斑岩侵入后，与足赛岭组和南好组中的结晶灰岩接触形成矽卡岩，与此同时含铁的成矿物质也会随着在结晶灰岩与花岗斑岩或花岗闪长岩接触带的矽卡岩中富集，形成矿床。

（3）预测要素

通过对保亭县情安岭硫铁矿典型矿床成矿地质背景、成矿地质特征和成矿作用进行分析，综合各类找矿指示因素，提取了典型矿床的预测要素（表6-4-4）。主要预测要素如下：

表6-4-4　海南省保亭县情安岭硫铁矿区典型矿床预测要素一览表

<table>
<tr><td colspan="3">预测要素</td><td colspan="3">描述内容</td><td rowspan="3">预测要素分类</td></tr>
<tr><td colspan="3">储量</td><td>铁矿石：53×10^4t；
硫铁矿石：51.7×10^4t；
铜金属量：3705t</td><td>平均品位</td><td>铁矿石：平均含铁58.90%~30.66%；硫铁矿石：27.27%~11.81%；铜：1.11%~0.79%</td></tr>
<tr><td colspan="3">特征描述</td><td colspan="3">矽卡岩型硫铁矿床</td></tr>
<tr><td rowspan="11">地质环境</td><td rowspan="2">区域构造</td><td>大地构造单元</td><td colspan="3">五夷-云开-台湾造山系五指山岩浆弧五指山褶冲带五指山岩浆弧</td><td>重要</td></tr>
<tr><td>大地构造位置</td><td colspan="3">华南褶皱系五指山褶皱带中南部的南好断陷中，位于尖峰-吊罗深大断裂的南侧</td><td>重要</td></tr>
<tr><td colspan="2">成矿构造</td><td colspan="3">区域上受尖峰-吊罗深大断裂及次级南北向断裂构造的控制</td><td>必要</td></tr>
<tr><td rowspan="4">赋矿地层</td><td>岩石地层单位</td><td colspan="3">下志留统足赛岭组（S_1z）和石炭系南好组（Cn）</td><td>必要</td></tr>
<tr><td>地层时代</td><td colspan="3">下志留统和石炭系</td><td>必要</td></tr>
<tr><td>岩石类型</td><td colspan="3">足赛岭组（S_1z）：千枚岩、含炭千枚岩、结晶灰岩；南好组（Cn）：含砾不等粒石英砂岩、砂岩、板岩、结晶灰岩</td><td>重要</td></tr>
<tr><td>岩石结构构造</td><td colspan="3">粒状鳞片变晶结构、碎屑结构、填隙结构、板状结构、变余结构，千枚状构造、块状构造</td><td>次要</td></tr>
<tr><td rowspan="4">成矿岩体</td><td>岩石类型</td><td colspan="3">石英闪长斑岩（岩脉）、花岗斑岩、石英闪长岩</td><td>必要</td></tr>
<tr><td>接触关系</td><td colspan="3">与下志留统足赛岭组（S_1z）和石炭系南好组（Cn）地层呈侵入接触</td><td rowspan="2">次要</td></tr>
<tr><td>结构构造</td><td colspan="3">石英闪长斑岩：斑状结构，块状构造；石英闪长岩：花岗结构，块状构造</td></tr>
<tr><td>成岩（矿）时代</td><td colspan="3">石英闪长斑岩（岩脉）、花岗斑岩：晚白垩世；石英闪长岩：早二叠世</td><td>必要</td></tr>
</table>

预测要素		描述内容	预测要素分类
储量		铁矿石：53×10^4t；硫铁矿石：51.7×10^4t；铜金属量：3705t；平均品位：铁矿石：平均含铁 58.90%～30.66%；硫铁矿石：27.27%～11.81%；铜：1.11%～0.79%	
特征描述		矽卡岩型硫铁矿床	
矿床特征	岩性组合	矽卡岩、矽卡岩化角岩或矽卡岩化大理岩	重要
	矿物组合	主要金属矿物为褐铁矿及磁铁矿，少量镜铁矿、黄铁矿、磁黄铁矿、黄铜矿	重要
	结构	粒状结构、细粒结构、粉细粒结构	次要
	构造	致密块状构造、浸染状构造、细脉浸染状构造、团脉状构造；地表及浅部为土状结构、多孔状构造	次要
	蚀变	蚀变主要是矽卡岩化、硅化、角岩化、绿泥石化、绿帘石化、黄铁矿化、黄铜矿化、褐铁矿化	重要
	矿物生成顺序	由早至晚：磁黄铁矿、镜铁矿-磁黄铁矿-黄铁矿-黄铜矿	重要
	控矿条件	晚白垩世中酸性岩浆岩沿大理岩与钙质砂、页岩层分界面斜交侵入	必要
		区内北北东—近南北走向的断裂、裂隙控制了矽卡岩体及矿体的生成	重要
		矿体产于花岗斑岩与结晶灰岩的接触带的矽卡岩体、矽卡岩化角岩及矽卡岩化大理岩中	必要
物化遥和自然重砂特征	重力异常	保亭情安岭硫铁矿位于布格重力异常的负值区，以重力低为主，并间有重力高；等值线走向和重力低长轴多呈北东向	次要
	航磁异常	磁场强度较大，梯度变化也较大，东西两端有变窄趋势	次要
	自然重砂特征	除铬矿物外其他矿物均有异常出现，铁和汞矿物异常较少，金属硫化物矿物和钨、锡、稀土、重晶石、萤石、磷、锰等矿物异常众多，多为一级或二级异常	次要

（4）矿床预测模型

在综合预测要素基础上，采用 GIS 技术从各课题组底图中获取要素信息，并以点、线、面形式进行表达。据此，共提取了火山岩、侵入岩体、断裂、矿体、土壤化探的 Cu、As、Ag、Mo、Bi 等元素异常等信息，建立了海南省保亭县情安岭硫铁矿区典型矿床预测模型（表 6-4-5）。

表 6-4-5　海南省保亭县情安岭硫铁矿区典型矿床预测模型表

名称	海南省保亭县情安岭硫铁矿区典型矿床					
概况	东经	109°25′36″	北纬	18°34′47″	地理位置	保亭县情安岭
	主矿种	硫铁矿	储量	硫铁矿石：51.7×10^4t	品位	硫铁矿石 27.27%～11.81%
成矿地质构造环境	矿区位于五夷-云开-台湾造山系五指山岩浆弧五指山褶冲带五指山岩浆弧					
主要控矿因素	岩浆岩条件：晚白垩世中酸性岩浆岩沿大理岩与钙质砂、页岩层分界面斜交侵入 构造条件：区内北北东-近南北走向的断裂、裂隙控制了矽卡岩体及矿体的生成 地层条件：矿体产于花岗斑岩与结晶灰岩的接触带的矽卡岩体、矽卡岩化角岩及矽卡岩化大理岩中					
矿床空间分布特征	形态	矿区硫铁矿体主要呈脉状、网脉状、透镜状				
	产状	矿体的产状多数为北北东向，皆以陡倾角向北西倾斜				
	埋深	矿体沿走向延长一般 30～46m 不等，厚度变化大，自 1m 至十几米，最厚可达 30m，一般延深 30～60m 即尖灭。但少数矿体，如 101 矿体延深达 147m，302-3 矿体延深达 140m				

续表

名称		海南省保亭县情安岭硫铁矿区典型矿床
矿床的物质组成	矿石矿物组合	主要金属矿物为褐铁矿及磁铁矿，少量镜铁矿，黄铁矿、磁黄铁矿、黄铜矿
	结构构造	粒状结构、细粒结构、粉细粒结构；矿石多为致密块状构造、浸染状构造、细脉浸染状构造、团脉状构造；地表及浅部为土状结构、多孔状构造
	共伴生元素	Fe、Cu、Co、Ni、Pb、Zn
矿床地球物理特征及标志	保亭情安岭硫铁矿位于布格重力异常的负值区，以重力低为主，并间有重力高；等值线走向和重力低长轴多呈北东向；磁场强度较大，梯度变化也较大，东西两端有变窄趋势	
矿床自然重砂特征	除铬矿物外其他矿物均有异常出现，铁和汞矿物异常较少，金属硫化物矿物和钨、锡、稀土、重晶石、萤石、磷、锰等矿物异常众多。多为一级或二级异常，矿床指示意义突出	
成矿时代	晚白垩世	
矿床成因	受北北东向断裂的控制，志留系足赛岭组与石炭系南好组的地层被切割错断，进而为后期的岩浆活动提供了通道，使得后期印支燕山期的花岗岩类侵入，当晚白垩世的花岗斑岩，石英斑岩侵入后，与足赛岭组和南好组中的结晶灰岩、大理岩及含钙质高的岩石接触形成矽卡岩，与此同时成矿物质在结晶灰岩与花岗斑岩或花岗闪长岩接触交代形成的矽卡岩中富集，形成矿床	

由表6-4-5可以看出，典型矿床明显受燕山期（晚白垩世）北北东向断裂构造、花岗斑岩、石英闪长岩岩浆侵入体所控制。区内硫铁矿位于布格重力异常的负值区，以重力低为主，并间有重力高，等值线走向和重力低长轴多呈北东向；航磁显示矿区内磁场强度较大，梯度变化也较大，东西两端有变窄趋势；区内除铬矿物外其他矿物均有异常出现，铁和汞矿物异常较少，金属硫化物矿物和钨、锡、稀土、重晶石、萤石、磷、锰等矿物异常众多。多为一级或二级异常，矿床指示意义突出。

（二）预测工作区预测模型

1. 振海山-红石铁矿预测工作区大冶式矽卡岩型铁矿

（1）预测要素

通过对海南省振海山-红石铁矿预测工作区大冶式矽卡岩型铁矿床时空分布规律、成矿地质背景和成矿规律的分析研究，总结各类找矿标志，提取了预测工作区预测要素（表6-4-6），并对工作区铁矿床的成矿过程进行了分析，总结了成矿模式。

1）赋矿层位：燕山期侵入岩与足赛岭组接触带上及附近的矽卡岩；

2）控矿构造：北东向的断裂构造及其次级断裂构造；

3）成矿时代：燕山期；

4）侵入岩：燕山期闪长岩、花岗闪长岩、花岗斑岩；

5）围岩（地层）：足赛岭组；

6）大地构造单元：五指山岩浆弧；

7）航磁异常特征：1∶25万航磁正负异常对。

（2）预测模型

在综述预测要素基础上，采用GIS技术从各课题组底图中获取要素信息，并以点、线、面形式进行表达。据此，共提取了赋矿层位矽卡岩、燕山期侵入岩、足赛岭组、北东向构造影响范围、航磁正负异常对等综合异常等信息，建立了海南省振海山-红石预测工作区大冶式矽卡岩型铁矿预测模型（图6-4-2）。

表 6-4-6　海南省振海山-红石预测工作区大冶式矽卡岩型铁矿预测要素一览表

成矿要素			描述内容	成矿要素分类
特征描述			矽卡岩型铁矿床	
地质环境	成矿时代		燕山期	必要
	大地构造位置	大地构造单元	五指山岩浆弧	重要
		区域构造类型	断裂、褶皱	重要
		区域构造位置	东西向九所-陵水和尖峰-吊罗深大断裂之间	重要
	沉积建造/沉积作用	地层分区	五指山地层区	重要
		地层单位	下志留统足赛岭组（S_1z）	必要
		地层年代	晚志留世	必要
		岩石类型	碳酸盐岩	重要
		沉积建造厚度	>1084m	重要
		蚀变特征	矽卡岩化、碳酸盐化、角岩化、绿泥石化等	必要
		岩石特征	含炭、浅变质、硅化、多层	重要
		岩石组合	结晶灰岩、大理岩	重要
		岩石结构	微晶-细晶、变余	重要
		特殊标志层	矽卡岩（化）	重要
		沉积建造类型	碳酸盐岩建造、硅化白云质大理岩建造	次要
	岩浆建造/岩浆作用	侵入岩时代	燕山期	必要
		岩石名称	花岗斑岩、花岗闪长岩、石英斑岩	必要
		岩石组合	花岗岩类、闪长岩类、石英斑岩	重要
		岩体形态	北东向不规则脉状	重要
		岩石结构	斑状结构、花岗结构、中-细粒结构	次要
		岩石构造	块状构造	次要
	侵入岩浆构造	岩体侵位构造	牙日-南好-狗岭断裂	必要
		岩浆作用影响范围	水平距岩体接触带 500m，岩体顶 300m 垂距	必要
		控制岩体侵位区域构造带	牙日-南好-狗岭断裂带	必要
		岩浆构造旋回	燕山旋回	次要
矿床特征	成矿构造	侵入接触构造	不规则状	必要
		侵入岩围岩构造	碎裂构造	必要
		区域构造带	牙日-南好-狗岭断裂带	必要
		断裂构造	北北东向狗岭断裂	必要
	成矿特征	矿体形态	似层状	重要
		矿体产状	走向北东，倾向北西，倾角 25°~65°	重要
		矿体规模	Ⅰ号矿体长 216m，厚 5.5~12m，延深 70~120m；Ⅱ号矿体长 240m，厚 5m；Ⅲ号矿体长 355m，厚 8~32m，延深 60~105m	重要
		矿带形态	北东向带状	重要
		矿石矿物成分	主要为磁铁矿，少量黄铁矿、黄铜矿，微量铅锌矿	重要
		矿石组构	他形-半自形、粒状结构。团块状、条带状和浸染状构造	重要
		矿床共生组分	S、Cu、Pb、Zn	重要
		蚀变矿物组合	透辉石、石榴子石、白云母、透闪石、白云石及石英、方解石	次要
		矿床有益组分	Fe、S、Cu、Pb、Zn	次要

续表

成矿要素			描述内容	成矿要素分类
特征描述			矽卡岩型铁矿床	
矿床特征	矿床资源储量	矿石量	148.6×10^4t（C+D）	重要
		平均品位	TFe：31.37%~45.59%	重要
		矿床规模	小型	重要
地球物理特征	磁法	1：5万航磁	负背景场中低缓磁异常	必要
		1：5万航磁化极	低缓正异常部位，0~200nT	必要
	重力	1：25万剩余重力	重力0值附近梯级带	重要

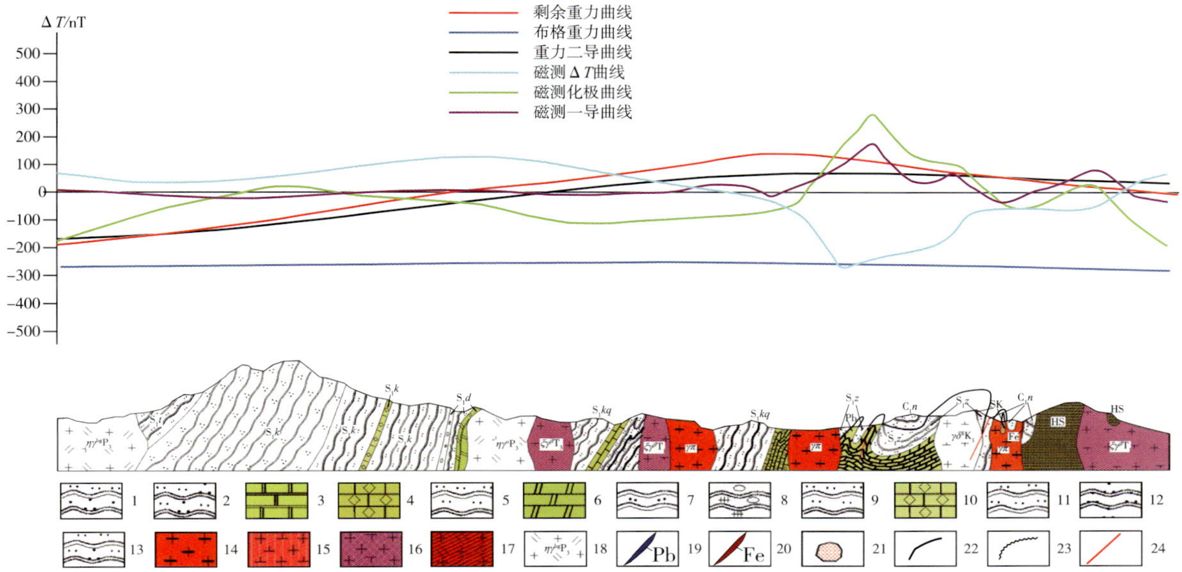

图 6-4-2　振海山-红石预测工作区大冶式矽卡岩型铁矿预测模型图

1—下石炭统南好组：粉砂质板岩，变石英砂岩；2—下志留统足赛岭组：变石英粉砂岩；3—下志留统足赛岭组：大理岩；4—下志留统靠亲山组：结晶灰岩；5—下志留统靠亲山组：变石英粉砂岩，粉砂质板岩；6—下志留统大干村组三段：白云岩；7—下志留统大干村组：粉砂质板岩；8—下志留统大干村组：变质复成分砾岩；9—下志留统空列村组：粉砂板岩，变石英粉砂岩；10—下志留统空列村组三段：结晶灰岩；11—下志留统空列村组：粉砂质板岩；12—下志留统空列村组：石英岩；13—下志留统陀烈组：粉砂质绢云母板岩，变石英粉砂岩；14—花岗斑岩；15—早白垩世细中粒角闪黑云花岗闪长岩；16—早三叠世中粗粒斑状黑云钾长花岗岩；17—晚二叠世中粗粒斑状黑云二长花岗岩；18—晚二叠世细中粒斑状角闪黑云二长花岗岩；19—铅矿体；20—铁矿体；21—矽卡岩体；22—角度不整合界线；23—地质界线；24—断裂

2. 振海山-红石预测工作区巷子口式矽卡岩型硫铁矿

(1) 预测要素

通过对海南省振海山-红石预测工作区巷子口式矽卡岩型硫铁矿床时空分布规律、成矿地质背景和成矿规律的分析研究，总结各类找矿标志，提取了预测工作区预测要素（表 6-4-7），并对工作区硫铁矿的成矿过程进行了分析，总结了成矿模式。

海南省振海山-红石预测工作区矽卡岩型硫铁矿主要预测要素如下：

1）赋矿层位：主要是下志留统足赛岭组（S_1z）和石炭系南好组（Cn）；

2）控矿构造：区内北北东—近南北走向的断裂、裂隙控制了矽卡岩体及矿体的生成；

3）成矿时代：晚白垩世；

4）岩性特征：矽卡岩、矽卡岩化角岩或矽卡岩化大理岩；

5）大地构造位置：华南褶皱系五指山褶皱带中南部的南好断陷中，位亍尖峰–吊罗深大断裂的南侧；

6）大地构造单元：五夷–云开–台湾造山系五指山岩浆弧五指山褶冲带五指山岩浆弧；

7）矿石矿物组合：硫铁矿主要金属矿物为褐铁矿及磁铁矿，少量镜铁矿，微数黄铁、磁黄铁矿、黄铜矿。

表 6–4–7　海南省振海山–红石地区巷子口式矽卡岩型硫铁矿预测工作区区域预测要素一览表

区域预测要素			描述内容	预测要素分类
特征描述			矽卡岩型硫铁矿床	
区域地质环境	区域构造	大地构造单元	五夷–云开–台湾造山系五指山岩浆弧五指山褶冲带五指山岩浆弧	重要
		大地构造位置	华南褶皱系五指山褶皱带中南部的南好断陷中，位于尖峰–吊罗深大断裂的南侧	重要
		成矿构造	区域上受尖峰–吊罗深大断裂及次级南北向断裂构造的控制	必要
	赋矿地层	岩石地层单位	下志留统足赛岭组（S_1z）和下石炭统南好组（C_1n）	必要
		地层时代	晚志留世统和石炭纪	必要
		岩石类型	足赛岭组（S_1z）：千枚岩、含炭千枚岩、结晶灰岩；南好组（C_1n）：含砾不等粒石英砂岩、砂岩、板岩、结晶灰岩	重要
		岩石结构构造	粒状鳞片变晶结构、碎屑结构、填隙结构、板状结构、变余结构，千枚状构造、块状构造	次要
	成矿岩体	岩石类型	石英闪长斑岩（岩脉）、花岗斑岩、石英闪长岩	必要
		接触关系	与下志留统足赛岭组（S_1z）和下石炭统南好组（C_1n）地层呈侵入接触	次要
		结构构造	石英闪长斑岩：斑状结构，块状构造；石英闪长岩：花岗结构，块状构造	
		成岩（矿）时代	石英闪长斑岩（岩脉）、花岗斑岩：晚白垩世；石英闪长岩：早二叠世	必要
区域成矿地质特征	岩性组合		矽卡岩、矽卡岩化角岩或矽卡岩化大理岩	重要
	矿物组合		主要金属矿物为褐铁矿及磁铁矿，少量镜铁矿，微数黄铁、磁黄铁矿、黄铜矿	重要
	结构		粒状结构、细粒结构、粉细粒结构	次要
	构造		致密块状构造、浸染状构造、细脉浸染状构造、团脉状构造；地表及浅部为土状结构、多孔状构造	次要
	蚀变		蚀变主要是矽卡岩化、硅化、角岩化、绿泥石化、绿帘石化、黄铁矿化、黄铜矿化、褐铁矿化	重要
	矿物生成顺序		由早至晚：磁黄铁矿、镜铁矿—磁黄铁矿—黄铁矿—黄铜矿	重要
	控矿条件		白垩世中酸性岩浆岩沿大理岩与钙质砂、页岩层分界面斜交侵入	必要
			区内北北东—近南北走向的断裂、裂隙控制了矽卡岩体及矿体的生成	必要
			矿体产于花岗斑岩与结晶灰岩的接触带的矽卡岩体、矽卡岩化角岩及矽卡岩化大理岩中	必要
区域物化遥和自然重砂特征	重力异常		保亭情安岭硫铁矿位于布格重力异常的负值区，以重力低为主，并间有重力高；等值线走向和重力低长轴多呈北东向	次要
	航磁异常		磁场强度较大，梯度变化也较大，东西两端有变窄趋势	次要
	自然重砂特征		除铬矿物外其他矿物均有异常出现，铁和汞矿物异常较少，金属硫化物矿物和钨、锡、稀土、重晶石、萤石、磷、锰等矿物异常众多，多为一级或二级异常。异常面积大，覆盖整个含矿地质体，对最小预测区的圈定和优选无具体指导意义	次要

（2）预测模型

在综述上述预测要素基础上，采用 GIS 技术从各课题组底图中获取要素信息，并以点、线、面形式进行表达。据此，共提取了足赛岭组、南好组或地质、物探推断的足赛岭组、南好组、矿体、物探推断磁性体、航磁正负异常、低纬度化极航磁异常等信息，建立了振海山-红石地区巷子口式矽卡岩型硫铁矿预测工作区预测模型（图 6-4-3）。

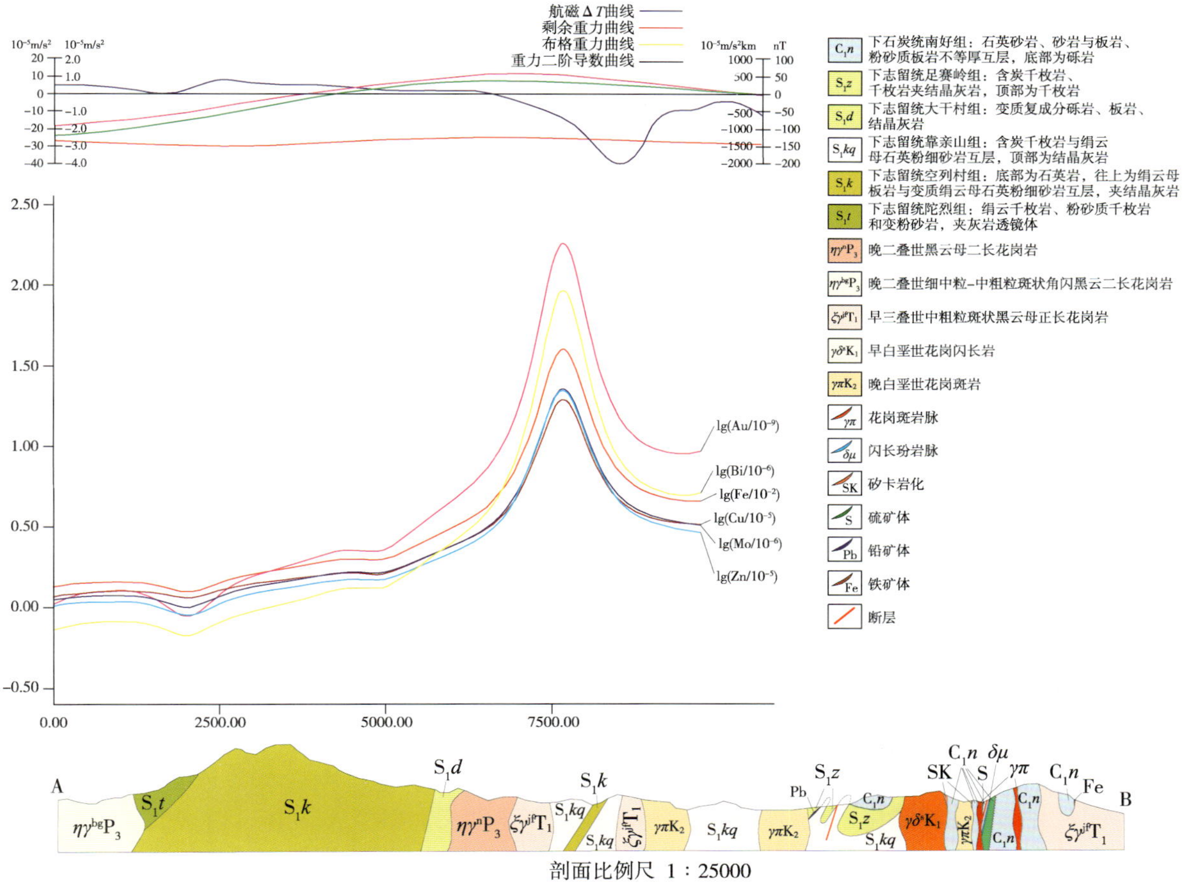

图 6-4-3　海南省振海山-红石地区巷子口式矽卡岩型硫铁矿预测工作区区域预测模型图

由图 6-4-3 可以看出，而航磁异常曲线则在围岩与矿体接触带附近呈明显的锯齿状，数值波动较大，在出露的矿体与围岩的接触带附近尤为明显。

二、陆相火山岩型铁铜硫

（一）典型矿床预测模型

1. 成矿地质特征

（1）赋矿岩石

下白垩统岭壳村组三段（K_1lk^3）、第四段（K_1lk^4）和与岭壳村组属同源岩浆分异演化的早白垩世花岗闪长岩（$\gamma\delta K_1$）。

（2）控矿构造

与铜矿化关系密切的是北西向张扭性岭曲断裂带（F1）。其位于岭曲断裂带南侧的 Tr1 蚀变矿化破碎带，控制矿体的产出。Tr1 蚀变矿化破碎带长度约 1500m，宽度 200～520m。在 BB′剖面线（20 号勘探线）以西，Tr1 带总体走向呈 310°～315°展布，向东总体走向变为约 165°，且向东有延伸和深度潜伏的趋势。

(3) 围岩蚀变

矿体顶底板围岩为英安流纹岩、流纹岩、流纹质（英安质）角砾凝灰熔岩、英安岩和黑云母角闪花岗闪长岩。矿体与围岩界线不明显，二者呈渐变过渡关系，矿体的圈定主要依靠系统采样分析所获得的资料来进行。围岩蚀变类型主要有硅化、绿泥石化、钾长石化、黄铁矿化、黄铜矿化和碳酸盐化，其中硅化、绿泥石化发育较普遍。

(4) 矿体地质特征

在岭曲铜矿区已圈定主矿化蚀变带1条（编号为Tr1），并在其中发现6个工业矿体和9个低品位矿体。各矿体主要呈脉状、长透镜状产于Tr1矿化蚀变破碎带中，总体走向为300°~310°，倾向南西，倾角多为40°~60°，少数大于60°。矿体厚0.93~9m，长123~686m，控制标高58~404m。铜矿体品位0.22%~0.95%，平均0.51%，单工程最高品位2.57%。矿石的金属矿物主要有黄铜矿、黄铁矿、辉铋矿、铜蓝和自然银；脉石矿物主要为斜长石、钾长石和石英，次要脉石矿物为角闪石、黑云母、绿泥石、绢云母等，含少量方解石等。矿石结构主要有晶屑凝灰熔岩状结构、斑状结构、花岗结构、半自形-他形粒状结构、共生结构和交代结构，其中前4种为主要矿石结构，较普遍见之；后2种结构较少见，且多见于黄铁矿、黄铜矿和辉铋矿的接触处。矿石构造主要有浸染状构造、脉状构造、细脉纤状构造和细脉交错构造。

(5) 地球物理特征

1∶25万区域重力图上，位于保城重力低的西南部，布格重力剩余异常、重力垂向二阶导数处理，处于与花岗岩体有关的局部重力低中。1∶25万航磁异常平面图上，位于航磁负异常的边缘部位，经低纬度垂向一阶导数处理局部异常处于东西走向的负异常中；1∶5万航磁异常反映不明显。矿化带的反演电阻率小于130Ω·m，矿化带之外电阻率大于280Ω·m，异常区的相位峰值超过75mrad。矿化带或矿体具有低阻高极化的电性异常特征。

(6) 地球化学特征

已知矿体上方有良好Cu三级异常显示，该异常共生有As、Ag、Mo、Au、Pb、Zn异常。铜、金综合异常由铜多金属矿化引起，对寻找铜矿有较大指示意义。Cu、Ag、Bi是主要或次要成矿元素，其异常是进行潜力评价的必选指标，可伴有Au、Pb、Zn、Sb等异常。成矿元素地球化学模式：前缘晕As、Ag→中间晕Cu→后尾晕Bi、Mo。

2. 成矿作用

早白垩世晚期或白垩纪中期陆相火山活动带来深源为主的热液及矿物质，深源矿物质在岭壳村组中酸性火山岩建造中得到初步富集；稍晚，火山构造复活，与火山岩属同源岩浆分异演化产物的花岗闪长岩在同安岭盆地西部地区大面积侵入，形成侵入相，同时带来新的热液和成矿物质，并使火山岩中初步富集的矿物质发生活化、转移，随后矿物质在有利的构造环境中沉淀富集。因此，矿床成因类型属陆相火山-岩浆热液型铜矿床。

3. 预测要素

通过对三亚市岭曲铜矿典型矿床成矿地质背景、成矿地质特征和成矿作用进行分析，综合各类找矿指示因素，提取了典型矿床的预测要素（表6-4-8）。主要预测要素如下：

1）赋矿岩石：白垩系岭壳村组火山岩及其同源岩浆分异演化所形成的花岗闪长岩。

2）控矿构造：早白垩世晚期或白垩纪中期形成的火山机构和构造以及位于F_1岭曲断裂带的南侧的Tr1蚀变矿化破碎带控制矿体的产出。

3）成矿时代：燕山晚期（白垩纪）。

4）大地构造单元：五夷-云开-台湾造山系（Ⅰ级）五指山岩浆弧（Ⅱ级）五指山褶冲带（Ⅲ级）五指山岩浆弧（Ⅳ级）。

5）大地构造位置：五指山岩浆弧南部，近东西向九所-陵水深大断裂中段北侧，晚白垩世岩浆活动带。

6）成矿岩浆岩：与下白垩统岭壳村组熔岩呈侵入接触的花岗闪长岩，两者为同源岩浆分异演化所形成；岭壳村组火山岩可能也提供了部分成矿物质。

7）地球物理特征：矿化带或矿体具有低阻高极化的电性异常特征，1：25 万区域重力图上，位于保城重力低的西南部，处于与花岗岩体有关的局部重力低中。1：25 万航磁异常平面图上，位于航磁负异常的边缘部位；1：5 万航磁异常反映不明显。

8）地球化学特征：Cu、As、Ag、Mo、Bi 等元素异常，已知矿体上方有良好 Cu 三级异常显示，该异常共生有 As、Ag、Mo 、Au、Pb、Zn 异常。铜、金综合异常由铜多金属矿化引起，对寻找铜矿有较大的远景。成矿元素地球化学模式：前缘晕 As、Ag →中间晕 Cu →后尾晕 Bi、Mo。

表 6-4-8　海南省三亚市岭曲铜矿区典型矿床预测要素一览表

成矿要素			描述内容	成矿要素分类
特征描述			岭曲陆相火山-岩浆热液型铜矿床	
地质环境	区域构造	大地构造单元	五夷-云开-湾造山系（Ⅰ级）五指山岩浆弧（Ⅱ级）五指山褶冲带（Ⅲ级）五指山岩浆弧（Ⅳ级）	必要
		大地构造位置	五指山岩浆弧南部，近东西向九所-陵水深大断裂中段北侧，晚白垩世岩浆活动带	必要
	成矿构造		同安岭火山岩盆地北西部边缘的抱差岭破火山喷溢相、北西向张扭性断裂构造	必要
	成矿区带		位于五级成矿区带“同安岭钼、铜、金矿田（Ⅲ-90—Ⅳ-54—Ⅴ-15）”内	重要
	赋矿地层	地层	下白垩统岭壳村组（K_1lk）中部火山岩	必要
		岩石类型	斑状流纹岩、英安（斑）岩、流纹质角砾凝灰熔岩	重要
		岩石结构构造	斑状、基质显微粒状及火山角砾状结构结构，块状构造	次要
	成矿及含矿岩体	岩石类型	花岗闪长岩	必要
		接触关系	与下白垩统岭壳村组熔岩呈侵入接触	重要
		结构构造	细-中粒花岗结构，块状构造	次要
		成岩（矿）时代	早白垩世晚期或白垩纪中期	必要
矿床特征	岩性组合		弱蚀变英安流纹岩、弱蚀变流纹质（英安质）角砾凝灰熔岩、弱蚀变英安岩、弱蚀变黑云母角闪花岗闪长岩和石英脉	重要
	矿物组合		矿石矿物较简单，主要金属矿物为黄铜矿、黄铁矿、辉铋矿、铜蓝和自然银，脉石矿物主要为斜长石、钾长石和石英	必要
	结构		晶屑凝灰熔岩状结构、半自形-他形粒状结构、共结边结构、交代结构	次要
	构造		浸染状构造、脉状构造、细脉纤状构造和细脉交错构造	次要
	蚀变		硅化、绿泥石化为主，次为钾长石化、黄铁矿化、黄铜矿化和碳酸盐化	重要
	矿物生成顺序		黄铁矿、黄铜矿、辉铋矿几乎同时结晶，但后两者矿物结晶结束的时间更晚一些	重要
	控矿条件		燕山期活动的北西向张扭性断裂构造提供容矿空间	必要
			花岗闪长质岩浆侵入体提供大量成矿物质及热能	必要
			岭壳村组火山岩及有关的火山构造提供容矿空间及少量矿质和热量	必要
	平均品位		铜矿体平均品位 0.22%～0.95%，银矿体平均品位 2.10～215.05g/t，金矿体平均品位 1.24～1.34g/t	重要
	储量		Cu 1.245714×10^4t，Ag 50.1912t，Au 0.4297t	重要

续表

成矿要素		描述内容	成矿要素分类
特征描述		岭曲陆相火山-岩浆热液型铜矿床	
地球化学异常	1：1万土壤测量	Cu、Ag、Bi是主要或次要成矿元素，其异常是进行潜力评价的必选指标；可伴有Au、Pb、Zn、Sb等异常。成矿元素地球化学模式：前缘晕As、Ag → 中间晕Cu → 后尾晕Bi、Mo	重要
	1：5万水系沉积物测量	已知矿体上方有良好Cu三级异常显示，该异常共生有As、Ag、Mo 、Au、Pb、Zn异常。铜、金综合异常由铜多金属矿化引起，对寻找铜矿有较大的指示意义	重要
地球物理异常	电性特征	矿化带的反演电阻率小于130Ω·m，矿化带之外电阻率大于280Ω·m，异常区的相位峰值超过75mrad。矿化带或矿体具有低阻高极化的电性异常特征	重要
	矿床地球物理场特征	1：25万区域重力图上，位于保城重力低的西南部，布格重力剩余异常、重力垂向二阶导数处理，处于与花岗岩体有关的局部重力低中。1：25万航磁异常平面图上，位于航磁负异常的边缘部位，经低纬度垂向一阶导数处理局部异常处于东西走向的负异常中；1：5万航磁异常反映不明显	必要
	物探找矿标志	低阻高极化异常带，1：1万铜土壤综合异常，是发现和圈定隐伏铜矿化带（矿体）的重要找矿标志	重要
遥感特征	SPOT-5影像	遥感影像上呈深绿色或绿色。番阳-高峰断裂带贯穿南北，控制了主要山脉走向，在影像上行迹表现清晰。三亚岭曲铜矿床产出于番阳-高峰断裂带中部。工作区环形构造不发育	次要

4. 矿床预测模型

在综合预测要素基础上，采用GIS技术从各课题组底图中获取要素信息，并以点、线、面形式进行表达。据此，共提取了火山岩、侵入岩体、断裂、矿体、土壤化探的Cu、As、Ag、Mo、Bi等元素异常等信息，建立了海南省三亚市岭曲式陆相火山岩型铜矿预测工作区典型矿床预测模型（表6-4-9，图6-4-4）。

表6-4-9 海南省三亚市岭曲式陆相火山岩型铜矿典型矿床模型表

名称	海南省岭曲铜矿典型矿床					
概况	东经	109°27′29″	北纬	18°32′09″	地理位置	海南省三亚市凤凰镇
	主矿种	铜	储量	2457×10^4t	品位	工业矿体平均0.22%~0.95%
成矿的地质构造环境	五夷-云开-台湾造山系（Ⅰ级）五指山岩浆弧（Ⅱ级）五指山褶冲带（Ⅲ级）五指山岩浆弧（Ⅳ级）南部，近东西向九所-陵水深大断裂中段北侧，晚白垩世岩浆活动带，处于同安岭火山岩盆地北西部边缘的抱差岭破火山喷溢相的火山岩中					
控矿的各类与主要控矿因素	北西向张扭性断裂构造（F1）控制蚀变破碎带，早白垩世晚期或白垩纪中期花岗闪长质岩浆侵入体及其附近，早白垩世晚期形成的火山机构和构造					
矿体的三度空间分布特征	产状	总体走向为300°~310°，倾向南西，倾角多为40°~60°，少数大于60°				
	形态	Tr1矿化蚀变破碎带内共发现6个矿体和9个低品位矿体，各矿（化）体主要呈脉状、长透镜状				
	分带					
	规模	矿（化）体长度为100~686m，最大延深为47.8~324m，平均厚度为0.93~4.47m，单工程最厚为8.99m				

续表

名称	海南省岭曲铜矿典型矿床	
矿床的物质组成	矿石类型	主要有弱蚀变英安流纹岩、弱蚀变流纹质（英安质）角砾凝灰熔岩、弱蚀变英安岩、弱蚀变花岗闪长岩和石英脉型矿石
	矿物组合	铜矿石主要矿石矿物为黄铜矿、铜蓝、黄铁矿、辉铋矿和自然银，脉石矿物主要为斜长石、钾长石和石英，次要脉石矿物为角闪石、黑云母、绿泥石、绢云母等，含少量方解石等
矿床的物质组成	结构构造	矿石结构有晶屑凝灰熔岩状结构、半自形—他形粒状结构、共结边结构、交代结构；矿石构造表现为浸染状构造、脉状构造、细脉纤状构造和细脉交错构造
	主元素含量	铜矿体平均品位0.22%~0.95%，单工程最高品位2.57%
	共生元素含量	银矿石量234090t，金属量50.1912t，两个银矿体平均品位分别为116.02 g/t（$V_{1(Ag)}$ 脉）和215.05g/t（$V_{6-2(Ag)}$ 脉）
	伴生元素含量	金矿石量153268t，金属量0.4297t；2个金低品位矿体（$V_{1(Au)}$、$V_{2(Au)}$）平均品位分别为1.34g/t和1.24g/t
成矿期次	燕山期成矿，成矿阶段的划分尚不清楚，但初步的矿相学研究显示：黄铁矿、黄铜矿、辉铋矿几乎同时结晶，但后两者矿物结晶结束的时间更晚一些	
矿床的地球物理特征及标志	矿化带或矿体具有低阻高极化的电性异常特征，1∶25万区域重力图上，位于保城重力低的西南部，处于与花岗岩体有关的局部重力低中。1∶25万航磁异常平面图上，位于航磁负异常的边缘部位；1∶5万航磁异常反映不明显	
矿床的地球化学特征及标志	已知矿体上方有良好Cu三级异常显示，该异常共生有As、Ag、Mo、Au、Pb、Zn异常。铜、金综合异常由铜多金属矿化引起，对寻找铜矿有较大的远景。成矿元素地球化学模式：前缘晕As、Ag→中间晕Cu→后尾晕Bi、Mo	
矿床成因	成矿作用归属于：陆相火山-岩浆热液型铜矿床 成因分析：火山活动带来深源为主的热液及矿物质，深源矿物质在岭壳村组中酸性火山岩建造中得到初步富集；稍晚，火山构造复活，与火山岩属同源岩浆分异演化产物的花岗闪长岩在同安岭盆地西部地区大面积侵入，形成侵入相，同时带来新的热液和成矿物质，并使火山岩中初步富集的矿物质发生活化、转移，随后矿质在有利的构造环境中沉淀富集	
找矿标志	1. 沿北西向断裂构造带可能会找到铜矿； 2. 石英脉的出现为寻找铜矿的直接标志； 3. 硅化、绢云母化、绿泥石化、黄铁矿化、碳酸盐化等蚀变集中发育、叠加地段，往往是铜矿体赋存的地段； 4. 矿区1∶1万土壤化探铜、铋异常集中发育地段，可作为寻找铜矿体及其含矿构造的间接标志 5. 低阻高极化，加1∶1万铜土壤综合异常，是发现和圈定隐伏铜矿化带（矿体）的重要找矿标志	

由表6-4-9及图6-4-4可以看出，典型矿床明显受燕山晚期（早白垩世晚期或白垩纪中期）北西向张扭性断裂构造（F1）、花岗闪长质岩浆侵入体及其同源岩浆分异演化所形成的岭壳村组火山岩（机构）所控制。矿化带或矿体具有低阻高极化的电性异常特征，1∶25万区域重力图上，位于保城重力低的西南部，处于与花岗岩体有关的局部重力低中。1∶25万航磁异常平面图上，位于航磁负异常的边缘部位；1∶5万航磁异常反映不明显。已知矿体上方有良好Cu三级异常显示，该异常共生有As、Ag、Mo、Au、Pb、Zn异常。铜、金综合异常由铜多金属矿化引起，对寻找铜矿有较大的远景。成矿元素地球化学模式可概括为前缘晕As、Ag→中间晕Cu→后尾晕Bi、Mo。

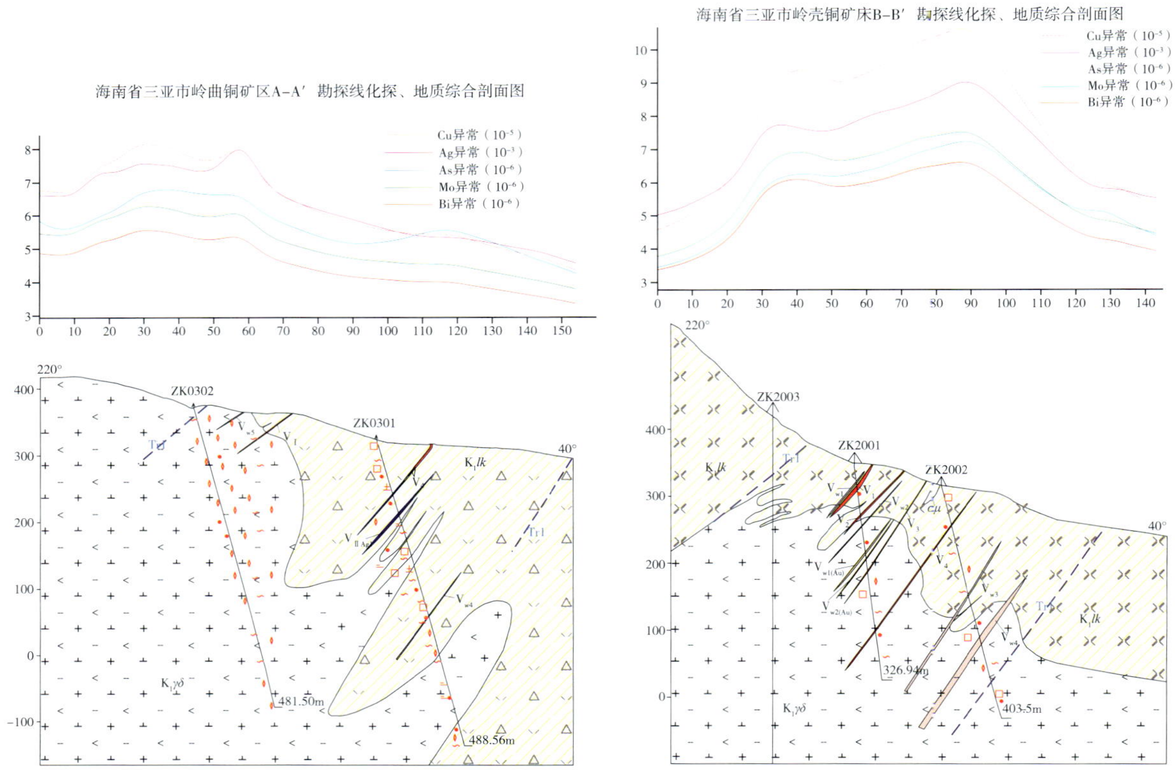

图 6-4-4　三亚市岭曲铜矿区典型矿床预测模型图

（二）预测工作区预测模型

通过对海南省同安岭-牛腊岭预测工作区岭曲式陆相火山岩型铜矿床时空分布规律、成矿地质背景和成矿规律的分析研究，总结各类找矿标志，提取了预测工作区预测要素（表 6-4-10），并对工作区铜矿床的成矿过程进行了分析，总结了成矿模式。

1. 预测要素

海南省同安岭-牛腊岭岭曲式陆相火山岩型铜矿预测工作区主要预测要素如下：

1）赋矿岩石：白垩系岭壳村组火山岩及其同源岩浆分异演化所形成的花岗闪长岩。

2）控矿构造：燕山期活动的北西向断裂构造。

3）成矿时代：燕山晚期（白垩纪）。

4）大地构造单元：五夷-云开-台湾造山系（Ⅰ级）五指山岩浆弧（Ⅱ级）五指山褶冲带（Ⅲ级）五指山岩浆弧（Ⅳ级）。

5）大地构造位置：五指山岩浆弧南部，近东西向九所-陵水深大断裂中西段北侧，白垩纪岩浆活动带。

6）成矿岩浆岩：与下白垩统岭壳村组火山岩呈侵入接触的花岗闪长岩，两者为同源岩浆分异演化所形成；岭壳村组火山岩可能也提供了部分成矿物质。

7）矿化特征：已知矿体或矿化，迄今只在岭曲矿区发现有岭曲式陆相火山岩型矿化。

8）矿石矿物组合：主要为黄铁矿、黄铜矿、辉铋矿、铜蓝和自然银。

9）地球物理特征：铜矿体一般与布格重力低对应，处于与花岗岩体有关的剩余重力负异常、重力垂向二阶导数负异常中。该矿体位于区域航磁负异常的边缘部位，经低纬度化极垂向一阶导数处理，处于东西走向的负磁场中，1∶5 万航磁异常反映不明显。

10）地球化学特征：预测工作区内基于典型矿床的指标元素 As、Ag、Cu、Bi 和 Mo 等的二、三级异常空间吻合程度较高，多有已知矿床对应；低温元素多集中分布于火山岩区，高温元素主要分布于花岗岩与火山岩接触部位；典型矿床的多元素异常响应良好，具有以上5种元素异常组合。

表 6-4-10 海南省同安岭–牛腊岭地区岭曲式陆相火山岩型铜矿预测工作区区域预测要素表

区域成矿要素			描述内容	成矿要素分类
特征描述			岭曲陆相火山岩浆热液型铜矿床	
区域成矿地质环境	区域大地构造	大地构造单元	五夷–云开–台湾造山系（Ⅰ级）五指山岩浆弧（Ⅱ级）五指山褶冲带（Ⅲ级）五指山岩浆弧（Ⅳ级）	必要
		大地构造位置	五指山岩浆弧南部，近东西向九所–陵水深大断裂中西段北侧，白垩纪岩浆活动带	必要
	区域成矿区带		大部分位于五指山岩浆弧铁、铝（钴）、钼、多金属成矿亚带（Ⅲ-90—Ⅳ-54），西北角和南部的局部地区分别与琼西结合带铁、钴（铜）、金、轻稀土、石墨、白云母、水晶、多金属成矿亚带（Ⅲ-90—Ⅳ-52）和三亚被动陆缘铁、磷、锰多金属成矿亚带（Ⅲ-90—Ⅳ-55）叠合	重要
	区域成矿构造		火山盆地破火山喷溢相、北西向张扭性断裂构造	必要
	区域赋矿地层	地层	下白垩统岭壳村组（K_1lk）中部火山岩	必要
		岩石类型	斑状流纹岩、英安（斑）岩、流纹质角砾凝灰熔岩	重要
		岩石结构构造	斑状、基质显微粒状及火山角砾状结构结构，块状构造	次要
	区域成矿及容矿岩体	岩石类型	花岗闪长岩	必要
		接触关系	与下白垩统岭壳村组熔岩呈侵入接触，两者母岩浆同源	重要
		结构构造	细–中粒花岗结构，块状构造	次要
		成岩（矿）时代	早白垩世晚期或白垩纪中期	必要
区域成矿地质特征	岩性组合		弱蚀变英安流纹岩、弱蚀变流纹质（英安质）角砾凝灰熔岩、弱蚀变英安岩、弱蚀变黑云母角闪花岗闪长岩和石英脉	重要
	矿物组合		矿石矿物较简单，主要金属矿物为黄铁矿、黄铜矿、辉铋矿、铜蓝和自然银，脉石矿物主要为斜长石、钾长石和石英	重要
	矿石结构		晶屑凝灰熔岩状结构、半自形–他形粒状结构、共结边结构、交代结构	次要
	矿石构造		浸染状构造、脉状构造、细脉纤状构造和细脉交错构造	次要
	蚀变特征		硅化、绿泥石化为主，次为钾长石化、黄铁矿化、黄铜矿化和碳酸盐化	重要
	矿物共生次序		黄铁矿、黄铜矿、辉铋矿几乎同时结晶，但后两者矿物结晶结束的时间更晚一些	重要
	控矿条件		北西向张扭性断裂构造控制蚀变破碎带	必要
			早白垩世晚期或白垩纪中期花岗闪长质岩浆侵入体及其附近	必要
			早白垩世晚期或白垩纪中期形成的火山机构和构造	必要
区域地球化学异常	1∶5万和1∶20万水系沉积物化探异常		预测工作区内基于典型矿床的指标元素 As、Ag、Cu、Bi 和 Mo 等的二、三级异常空间吻合程度较高，多有已知矿床对应；低温元素多集中分布于火山岩区，高温元素主要分布于的花岗岩与火山岩接触部位；典型矿床的多元素异常响应良好，具有以上5种元素异常组合	重要
区域地球物理异常	重力异常		铜矿体一般与布格重力低对应，处于与花岗岩体有关的剩余重力负异常、重力垂向二阶导数负异常中	重要
	航磁异常		区域航磁负异常的边缘部位，经低纬度化极垂向一阶导数处理处于东西走向的负磁场中，1∶5万航磁异常反映不明显	重要

续表

区域成矿要素		描述内容	成矿要素分类
特征描述		岭曲陆相火山岩浆热液型铜矿床	
区域遥感特征	铁染羟基异常（ETM 遥感影像解译）	在预测工作区已知矿点中，矿点与铁染羟基异常套和度不高	次要
区域重砂特征	自然重砂	存在 Au、Bi、Mo、Pb-Zn、Sn 和 W 等 6 种与预测矿种成因密切相关的矿物异常，无 Cu 矿物异常	次要

2. 矿床预测模型

在综合上述预测要素基础上，采用 GIS 技术从各课题组底图中获取要素信息，并以点、线、面形式进行表达。据此，共提取了花岗闪长岩体、岭壳村组中酸性火山岩、断裂构造、已知矿床（点）、化探及重力和航磁等物探异常信息，建立了海南省同安岭—牛腊岭岭曲式陆相火山岩型铜矿预测模型（图 6-4-5）。

由图 6-4-5 可以看出，陆相火山岩型铜矿体与同源岩浆分异演化所形成下白垩统岭壳村组火山岩和花岗闪长岩具有密切的空间或成因上的联系，两者均有可能为成矿作用提供成矿物质。铜矿体一般与布格重力低对应，处于与花岗岩体有关的剩余重力负异常、重力垂向二阶导数负异常中。预测工作区内基于典型矿床的指标元素 As、Ag、Cu、Bi 和 Mo 等的二、三级异常空间吻合程度较高；低温元素多集中分布于火山岩区，高温元素主要分布于花岗岩与火山岩接触部位；典型矿床的多元素异常响应良好，具有以上 5 种元素异常组合。

三、与侵入岩有关热液型金银矿

（一）典型矿床预测模型

1. 成矿地质特征

富文金银矿含金石英脉主要赋存于北西向下白垩统鹿母湾组层间滑动断裂中，燕山晚期花岗闪长岩体中部及边部也有含金石英脉的出现。矿区无明显围岩蚀变，矿脉两侧部位有厚 0.1~0.4m 的蚀变岩，其蚀变类型有黄铁矿化、硅化、绢云母化、绿泥石化、褪色化等，其中黄铁矿化、硅化、绢云母化是重要的找矿标志，蚀变与金矿化关系密切。

矿区发现的矿脉大多呈薄层状、脉状。矿石结构有自形、半自形、他形、镶嵌、溶离结构等。矿石构造主要为块状、条带状、角砾状等。

2. 成矿作用

燕山晚期岩浆活动强烈，早白垩世沉积形成的互层的、能干性不一的泥质岩、粉砂岩、含砾砂岩、砂砾岩等碎屑岩建造，由于受燕山运动的影响，深部来源的富含金银等元素的燕山晚期花岗闪长质岩浆侵位，导致白垩系地层上隆，并引起能干性不一的沉积地层发生顺层滑动，形成一系列层间断裂破碎带。当富含成矿元素的岩浆热液运移到层间破碎带并遇到下渗的地表水时，从而发生物理化学变化使金银等元素沉淀富集并且成矿。侵位的花岗闪长质岩浆因冷凝固结或受区域构造影响，因而在岩体中部和边部也有含金石英脉的出现。

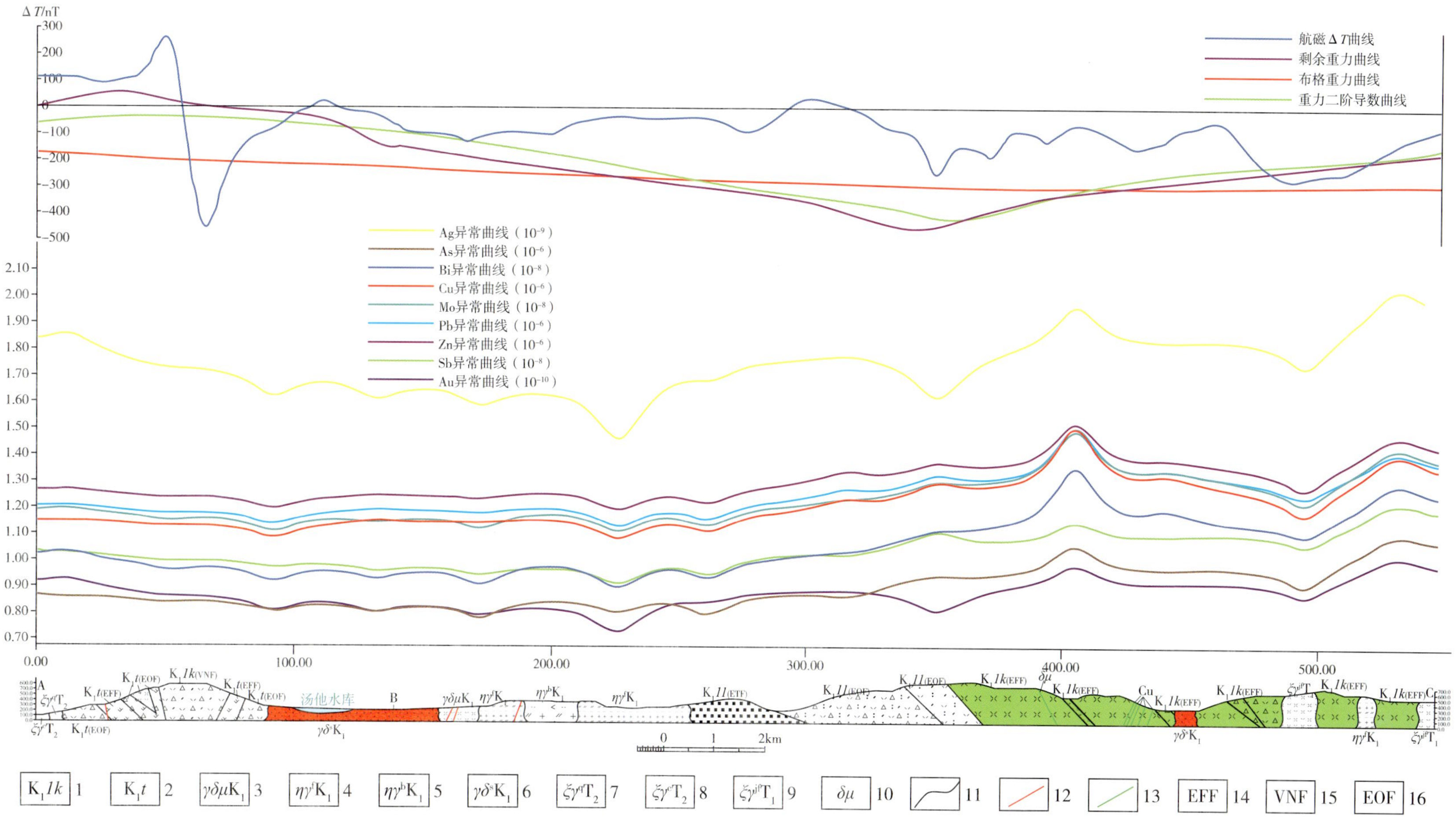

图 6-4-5 海南省同安岭-牛腊岭地区岭曲式陆相火山岩型铜矿预测工作区区域预测模型图

1—岭壳村组：英安斑岩、流纹质角砾熔岩、含角砾流纹斑岩、流纹斑岩、流纹质角砾凝灰熔岩；2—汤他大岭组：碎斑熔岩、安山质晶屑凝灰熔岩、英安岩、流纹质含砾晶屑凝灰熔岩、流纹质角砾熔岩、流纹岩-流纹斑岩、英安质熔结凝灰岩、英安质角砾熔岩；3—花岗闪长玢岩；4—细中粒黑云母二长花岗岩；5—细中粒少斑-斑状角闪黑云二长花岗岩；6—细中粒角闪黑云花岗闪长岩；7—细粒少斑黑云母正长花岗岩；8—中粗粒含斑黑云母正长花岗岩；9—中粗粒斑状黑云母正长花岗岩；10—闪长玢岩；11—地质界线；12—断层；13—铜矿体；14—喷溢相；15—火山颈相；16—爆溢相

3. 预测要素

通过对富文金银矿典型矿床成矿地质背景、成矿地质特征和成矿作用进行分析，综合各类找矿指示因素，提取了典型矿床的预测要素（表6-4-11）。主要预测要素如下：

1）赋矿岩石：下白垩统鹿母湾组泥质岩、粉砂岩、含砾砂岩；中生代花岗闪长岩。

2）控矿构造：北西向层间断裂。

3）成矿时代：燕山晚期。

4）大地构造单元：武夷-云开-台湾造山系（Ⅰ级）五指山岩浆弧（Ⅱ级）五指山褶冲带（Ⅲ级）五指山岩浆弧（Ⅳ级）。

5）大地构造位置：东西向王五-文教深大断裂带南侧、五指山岩浆弧雷鸣凹陷南部边缘。

6）区域构造类型：表现为东西向、北东-南西向断裂构造及层间破碎带。

7）地球物理特征：重力、航磁。

8）地球化学特征：区域Au化探异常。

表6-4-11　海南岛定安县富文金银矿典型矿床预测要素表

预测要素			描述内容			预测要素分类
储量			探明的D级金属储量 Au：4595kg，Ag：13331kg	平均品位	Au：53.67g/t， Ag：155.70g/t	
特征描述			与构造和岩体有关的沿层间裂隙充填的多阶段中低温热液矿床			
地质环境	成矿时代		燕山晚期			必要
地质环境	区域构造	大地构造单元	武夷-云开-台湾造山系（Ⅰ级）五指山岩浆弧（Ⅱ级）五指山褶冲带（Ⅲ级）五指山岩浆弧（Ⅳ级）			重要
地质环境	区域构造	大地构造位置	东西向文教-王五深大断裂南侧，五指山岩浆弧雷鸣凹陷南部边缘			重要
地质环境	区域构造	成矿区带	典型矿床位于Ⅲ-90—Ⅳ-54—Ⅴ-09雷鸣金、铀矿田内			重要
地质环境	沉积建造/沉积作用	地层分区	五指山分区			重要
地质环境	沉积建造/沉积作用	岩石地层单位	下白垩统鹿母湾组（K_1l）			必要
地质环境	沉积建造/沉积作用	地层时代	早白垩世			必要
地质环境	沉积建造/沉积作用	岩石组合	浅紫红色、浅灰白色复成分砾岩、砂岩、粉砂岩和泥岩			重要
地质环境	岩浆建造/岩浆作用	岩石名称	花岗闪长岩			必要
地质环境	岩浆建造/岩浆作用	侵入岩时代	燕山晚期			必要
地质环境	岩浆建造/岩浆作用	岩体形态	花岗闪长岩岩体呈椭圆状，侵入白垩纪地层			重要
地质环境	岩浆建造/岩浆作用	岩石构造	致密块状构造			重要
地质环境	岩浆建造/岩浆作用	蚀变特征	岩体中及岩体边缘有黄铁矿化和硅化等			重要
地质环境	岩浆建造/岩浆作用	岩浆构造旋回	燕山旋回			重要
矿床特征	成矿构造	构造位置	东西向文教-王五深大断裂和北东-南西向乐东-定安构造带的交汇部位			重要
矿床特征	成矿构造	断裂构造	断裂构造发育，按其方向分为三组：北西组、东西组和北北西组；其中北西组是主要的成矿和控矿构造			必要
矿床特征	成矿构造	断裂特征	北西组，倾向北东，倾角10°~25°，压扭性，层间滑动断裂；东西组，倾向北，倾角25°~37°；北北西组，为一组区域性的构造，由多条相互平行或断续的线性的断层破碎带构成，其中F2倾向230°，倾角78°，错断矿体			重要
矿床特征	成矿特征	矿体形态	薄层状，不规则的脉状，薄脉状，细脉状等			重要
矿床特征	成矿特征	矿体产状	矿脉产于地层层间裂隙中，倾向以北东向为主，少数北西向，倾角20°左右，产状与地层产状近似，局部被后期的断裂（如F2和F1）错断			重要

<table>
<tr><td colspan="3">预测要素</td><td colspan="4">描述内容</td><td rowspan="3">预测要素分类</td></tr>
<tr><td colspan="3">储量</td><td colspan="2">探明的D级金属储量
Au：4595kg，Ag：13331kg</td><td>平均品位</td><td>Au：53.67g/t，
Ag：155.70g/t</td></tr>
<tr><td colspan="3">特征描述</td><td colspan="4">与构造和岩体有关的沿层间裂隙充填的多阶段中低温热液矿床</td></tr>
<tr><td rowspan="7">矿床特征</td><td rowspan="7">成矿特征</td><td>矿体规模</td><td colspan="4">矿脉地表长度为多数在200～300m间，最长600m，最短90m；脉厚0.2m左右，最大3.2m，最小0.1m</td><td>重要</td></tr>
<tr><td>矿石类型</td><td colspan="4">石英脉型富金银多金属硫化物矿石</td><td>重要</td></tr>
<tr><td>矿石构造</td><td colspan="4">主要为块状，条带状，角砾状等</td><td>重要</td></tr>
<tr><td>矿石矿物组合</td><td colspan="4">以石英为主其次为方解石绿泥石的脉石矿物占90%以上；金属矿物含量小于10%，主要为方铅矿、黄铁矿、黄铜矿、闪锌矿、自然金等</td><td>重要</td></tr>
<tr><td>矿床共生组分</td><td colspan="4">金、银、铅、锌，还有微量的锑、铜和砷等</td><td>重要</td></tr>
<tr><td>蚀变类型</td><td colspan="4">以黄铁矿化、硅化、绢云母化等饰变为主，还有绿泥石化等</td><td>必要</td></tr>
<tr><td>矿床类型</td><td colspan="4">石英脉型</td><td>重要</td></tr>
<tr><td colspan="3">控矿条件</td><td colspan="4">北西组层间滑动断裂是主要的成矿构造；燕山晚期的花岗闪长岩是成矿物质的主要来源；下白垩统鹿母湾组为赋矿地层</td><td>必要</td></tr>
<tr><td colspan="2" rowspan="2">区域地球物理异常特征</td><td>航磁特征</td><td colspan="4">位于布格重力异常重力高的边缘部位，处于中生代白垩纪沉积盆地引起剩余重力正异常、重力垂向二阶导数正异常中或其边缘部位</td><td>重要</td></tr>
<tr><td>重力特征</td><td colspan="4">位于区域航磁负背景场中</td><td>重要</td></tr>
<tr><td colspan="2" rowspan="4">区域地球化学异常特征</td><td>异常元素</td><td colspan="4">Au</td><td>重要</td></tr>
<tr><td>异常下限</td><td colspan="4">2.80×10^{-6}（外带）</td><td>重要</td></tr>
<tr><td>异常形态特征</td><td colspan="4">典型矿床对应Au三级异常，呈近似圆形，规模为178.77km^2</td><td>重要</td></tr>
<tr><td>异常特征值</td><td colspan="4">异常强度10.15（外带）</td><td>重要</td></tr>
<tr><td colspan="3">区域物探找矿标志</td><td colspan="4">与中生代白垩纪沉积盆地相关的剩余重力正异常边缘，或垂向二次导数正异常边缘是该类型金矿的成矿有利部位</td><td>次要</td></tr>
</table>

4. 矿床预测模型

在综述预测要素基础上，采用GIS技术从各课题组底图中获取要素信息，并以点、线、面形式进行表达。据此，共提取了侵入岩体、断裂、矿体、化探的Au、Cu、Pb、Zn、Bi异常、航磁正负异常对、低纬度化极航磁异常等信息，建立了海南岛富文式脉型金矿预测工作区典型矿床预测模型（表6-4-12，图6-4-6）。

表6-4-12　海南岛富文式脉型金银矿典型矿床模型表

<table>
<tr><td>名称</td><td colspan="6">定安富文金银矿典型矿床</td></tr>
<tr><td rowspan="2">概况</td><td>东经</td><td>110°14′00″—110°15′30″</td><td>北纬</td><td>19°31′00″—19°34′45″</td><td>地理位置</td><td>海南岛东北部定安县富文乡、坡寨乡</td></tr>
<tr><td>主矿种</td><td>金</td><td>储量</td><td>D+E级金
金属量为8917kg</td><td>品位</td><td>V17矿体27.74g/t、
V15矿体87.68g/t、
V14-1矿体92.56g/t</td></tr>
<tr><td>成矿的地质构造环境</td><td colspan="6">位于东南沿海褶皱系南西段，雷鸣凹陷盆地南部边缘，屯昌南北构造带东侧，区域上位于东西向文教-王五深大断裂和北东-南西向乐东-定安构造带的交汇部位</td></tr>
<tr><td>控矿的各类及主要控矿因素</td><td colspan="6">燕山晚期花岗闪长岩提供了成矿物质的主要来源及热动力；北西向层间滑动断裂是主要的成矿和控矿构造；由互层的能干性不一的岩石组成的下白垩统鹿母湾组地层是主要的赋矿围岩</td></tr>
</table>

续表

名称	定安富文金银矿典型矿床	
矿床的三度空间分布特征	产状	矿脉产于鹿母湾组层间裂隙带中，局部被后期的断裂（如 F2 和 F1）错断。倾向北东向为主，少数北西向，倾角 20°左右，产状与岩层产状近似
	形态	薄层状，不规则的脉状，薄脉状，细脉状等
	规模	长度为多数在 200～300m 间，最长 600m，最短 90m；脉厚 0.2m 左右，最大 3.2m，最小 0.1m。中型规模的矿床
矿床的物质组成	矿石类型	石英脉型富金银多金属硫化物矿石
	矿物组合	以石英为主其次为方解石绿泥石的脉石矿物占 90%以上；金属矿物含量小于 10%，主要为方铅矿、黄铁矿、黄铜矿、闪锌矿、自然金等
	结构构造	主要为块状、条带状、角砾状等
	蚀变类型	以黄铁矿化、硅化、绢云母化等蚀变为主，还有绿泥石化等
	矿床伴生组分	银、铅、锌，还有微量的锑、铜和砷等
矿床的地球化学特征及标志	Au、Cu、Pb、Zn、Bi 异常峰值明显，伴有 As 和 Sb 异常，以及 Au、Sn 和 W 等 3 种与预测矿种成因密切相关的矿物异常。这些异常为找矿地球化学标志	
矿床的地球物理和遥感特征及标志	位于 1：25 万航磁 ΔT 低值平缓区，定安重力高异常南部边缘至屯昌重力负异常之间。羟基、铁染遥感异常不具指示意义	
矿床成因	矿床成因类型：中低温热液脉型金矿； 矿床成因：雷鸣盆地南缘在早白垩世沉积的砂砾岩、砂岩、粉砂岩和泥岩等，由于受燕山运动的影响，来源于深部的富含金银等元素的燕山晚期花岗闪长质岩浆在侵位过程中，使地层上隆抬升，上覆的早白垩世沉积地层因由互层的、能干性不一的岩石组成，因而发生顺层滑动，形成层间断裂破碎带。富含成矿元素的岩浆热液运移到层间破碎带遇到地表水，从而发生物理化学变化使金银等元素沉淀富集并且成矿	

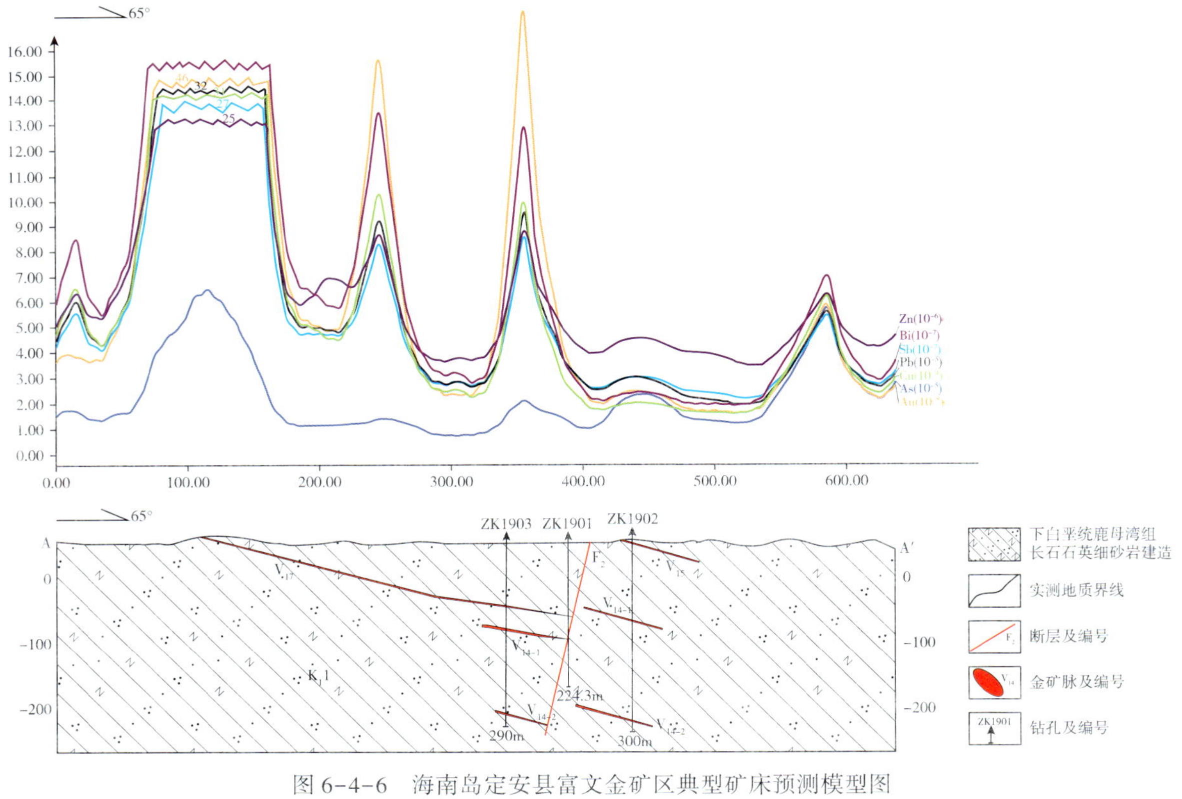

图 6-4-6　海南岛定安县富文金矿区典型矿床预测模型图

注：Au、Cu、Pb、Zn、Bi 元素异常峰值显著，As、Sb 元素有异常但无显著峰值。地表未出露的矿体也有异常显现，特别是 As 和 Sb 元素异常（但较弱于出露的矿体）

（二）预测工作区预测模型

通过对海南岛富文式脉型金矿床预测工作区时空分布规律、成矿地质背景和成矿规律的分析研究，总结各类找矿标志，提取了预测工作区预测要素（表6-4-13），并对工作区金矿床的成矿过程进行了分析，总结了成矿模式。

表 6-4-13　海南岛雷鸣盆地预测工作区富文式脉型金矿预测要素表

区域预测要素			描述内容	预测要素分类
特征描述			与构造和岩浆有关的沿构造裂隙充填的多阶段中低温热液矿床	
区域成矿地质环境	成矿时代		燕山晚期	必要
	区域构造	大地构造单元	武夷-云开-台湾造山系（Ⅰ级）五指山岩浆弧（Ⅱ级）五指山褶冲带（Ⅲ级）五指山岩浆弧（Ⅳ级）	重要
		大地构造位置	五指山岩浆弧（Ⅳ级）东西向文教-王五深大断裂南侧，五指山岩浆弧雷鸣凹陷南部边缘	重要
区域成矿地质环境	沉积建造/沉积作用	地层分区	五指山分区	重要
		岩石地层单位	下白垩统鹿母湾组（K_1l）	必要
		沉积建造厚度	总厚度大于4359m	重要
		岩石组合	鹿母湾组为浅紫红色、浅灰白色复成分砾岩、砂岩、泥岩	必要
		分布范围	主要分布于预测区的中部	重要
	岩浆建造/岩浆作用	岩石名称	花岗闪长岩	必要
		侵入岩时代	燕山晚期	必要
		蚀变特征	燕山期岩体中及岩体边缘有黄铁矿化和硅化等	必要
		岩浆构造旋回	燕山旋回	重要
区域成矿地质特征	成矿构造	成矿构造位置	屯昌南北构造带东侧，东西走向文教-王五深大断裂和北东-南西向乐东-定安构造带的交汇部位	重要
		区内构造特征	主要由一系列大小规模性分布的褶皱、断陷盆地等组成	重要
		断裂构造	断裂构造发育，按其方向分为三组：北西组、东西组和北北西组；其中北西组是主要的成矿构造	必要
		断裂特征	北西组，倾向北东，倾角10°~25°，系层间滑动断裂；东西组，倾向北，倾角25°~37°；北北西组，为一组区域性的构造，由多条相互平行或断续的线性的断层破碎带构成，其中F2，倾向230°，倾角78°	重要
	富文金银矿矿床特征	矿石类型	石英脉型富金银多金属硫化物矿石	必要
		矿石构造	主要为块状，条带状，角砾状等	重要
		矿石矿物组合	以石英为主其次为方解石绿泥石的脉石矿物占90%以上；金属矿物含量小于10%，主要为方铅矿，黄铁矿，黄铜矿，闪锌矿，自然金等	重要
		矿床共生组分	金、银、铅、锌，还有微量的锑、铜和砷等	重要
		蚀变类型	以黄铁矿化、硅化、绢云母化等蚀变为主，还有绿泥石化等	必要
控矿条件			燕山晚期花岗闪长岩是成矿物质的主要来源；白垩系鹿母湾组为主要的赋矿地层；北西组层间构造断裂是主要的成矿和控矿构造	必要
区域地球物理异常特征		航磁特征	位于布格重力异常重力高的边缘部位，中生代白垩纪沉积盆地引起剩余重力正异常，重力垂向二阶导数正异常中或其边缘部位	重要
		重力特征	位于区域航磁负背景场中	重要

续表

区域预测要素		描述内容	预测要素分类
特征描述		与构造和岩浆有关的沿构造裂隙充填的多阶段中低温热液矿床	
区域地球化学异常特征	异常元素	Au、Cu、Pb、Zn、Bi 异常峰值明显，伴有 As 和 Sb 异常	重要
	异常特征	Au 异常（二级）作为综合异常的圈定依据，非赋矿地层区内的异常不作考虑	重要
重砂异常特征		预测区 Au、Sn 和 W 异常与成矿密切相关	重要
区域物探找矿标志		与中生代白垩纪沉积盆地相关的剩余重力正异常边缘，或垂向二次导数正异常边缘；是该类型金矿的成矿有利部位	次要

1. 预测要素

海南岛雷鸣盆地预测工作区富文式脉型金矿主要预测要素如下：

1）赋矿岩石：鹿母湾组为浅紫红色、浅灰白色复成分砾岩、砂岩、粉砂岩和泥岩；

2）控矿构造：北西组构造断裂是主要的成矿构造，此外还有东西组和北北西组；

3）成矿时代：燕山晚期；

4）大地构造单元：武夷-云开-台湾造山系（Ⅰ级）五指山岩浆弧（Ⅱ级）五指山褶冲带（Ⅲ级）五指山岩浆弧（Ⅳ级）；

5）大地构造位置：五指山岩浆弧（Ⅳ级）东西向文教-王五深大断裂南侧，五指山岩浆弧雷鸣凹陷南部边缘；

6）区域构造类型：表现为东西向、北东-南西向断裂构造；

7）地球物理特征：重力、航磁；

8）地球化学特征：Au、Cu、Pb、Zn、Bi 化探异常，伴有 As 和 Sb 异常；

9）重砂异常特征：Au、Sn 和 W 异常分布区。

2. 矿床预测模型

在综述上述预测要素基础上，采用 GIS 技术从各课题组底图中获取要素信息，并以点、线、面形式进行表达。据此，共提取了侵入岩体、地层、断裂构造、已知矿床（点）、化探的 Au 异常等信息，建立了海南岛雷鸣盆地地区富文式脉型金矿预测工作区预测模型（图 6-4-7）。

四、与中酸性岩浆热液有关的脉状铅锌矿床

（一）典型矿床预测模型

1. 成矿地质特征

乐东县后万岭铅锌矿矿床产于燕山晚期侵位的千家岩体中，矿区范围内无地层出露。

1）赋矿岩石：近南北—北北西向断裂发育的矿化脉带中的含矿石英脉及其旁侧的绢英岩、绢云母化碎裂岩、硅化绢云母化粗中粒斑状角闪石黑云母二长花岗岩和黑云母正长花岗岩，全岩-黑云母 Rb-Sr 同位素等时线年龄为 93.3Ma（千家似斑状二长花岗岩）和 94.4 Ma（花岗闪长岩）。

2）控矿构造：晚白垩世花岗质岩浆侵入体固结后形成的北北西—近南北向扭张性断裂。该组断裂具多次继承性活动的特点，系由数条规模较大、走向北北西—近南北向的石英脉绢云母化破碎带组成。

3）围岩蚀变：蚀变类型主要有硅化、绢云母化、绿泥石化、黄铁矿化和碳酸盐化，其特点是

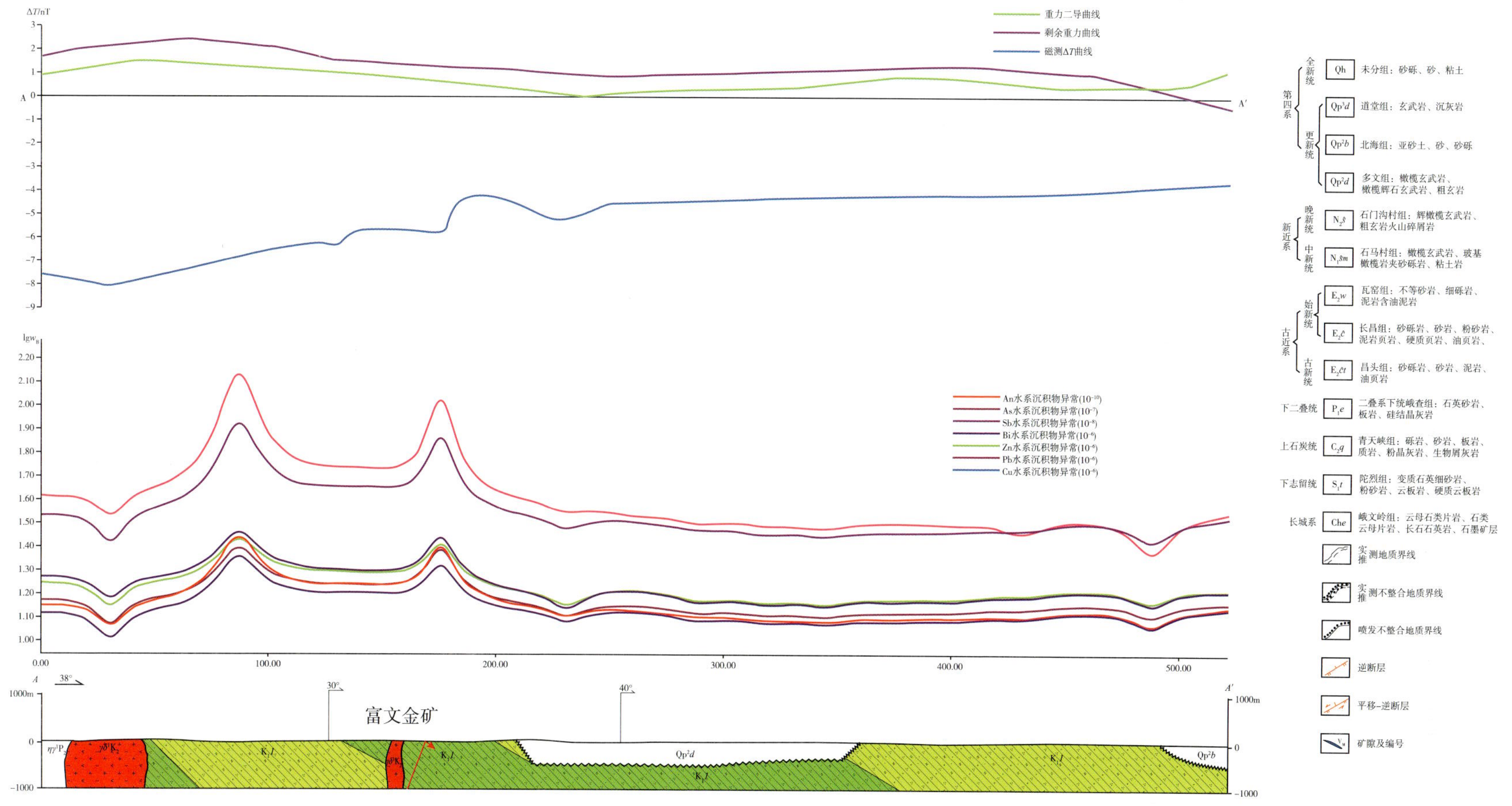

图 6-4-7　海南岛雷鸣盆地地区富文式脉型金矿预测工作区预测模型图

注：①布格重力异常以正值重力场为背景；②区内磁异为相对平稳的负异常，磁场变化趋势总体上为北高南低之特征；③元素异常平面图显示典型矿床只有 Au 元素异常；其他 Au 异常及其他元素异常由岩体和地层引起

以矿化石英脉为中心，往两侧依次出现有绢英岩、绢云母化碎裂岩、硅化、绢云母化二长花岗岩、绢云母化花岗岩。尽管本矿区的围岩蚀变与矿化的分带现象不很明显，但大致仍可以划分出硅化绢云母化带和绢云母化带两个矿化蚀变带。其中以硅化绢云母化与铅锌矿化关系较密切，蚀变强度与矿化强度呈同消长关系。

4）矿体地质特征：迄今为止，本矿区共圈出铅锌矿体 13 个，大多呈脉状。矿石的金属矿物主要有方铅矿、闪锌矿、次为黄铁矿及少量黄铜矿、微量辉银矿等；脉石矿物主要有石英、次为绢云母、绿泥石及残留的长石、磁铁矿、钛铁矿等。矿石的结构主要有他形-自形晶粒状结构、交代残余结构、乳滴状结构、碎裂结构，矿石的构造主要为块状构造、浸染状构造。

5）地球物理特征：1：25 万区域重力图上，位于千家布格重力低的北东部，处于与花岗岩体有关的局部重力低中。位于呈东西走向的航磁负异常中，低纬度垂向一阶导数处理处于正负异常的过渡带上；1：25 万航磁剖面平面图上处于负异常中，1：5 万航磁异常反映不明显。矿区表层电阻率在几十至 100Ω·m 之间，深部未蚀变的母岩-花岗岩视电阻率在 800~1000Ω·m，铅锌矿化蚀变带的电阻率在 200~400Ω·m 之间。在铅锌矿脉（或矿化蚀变带）上视充电率在 10~30ms 之间，未蚀变的花岗岩上视充电率则在 2~8ms 之间，矿（化）体为中低阻高极化特征。矿区物探找矿标志为与中生代相关的花岗岩体引起的剩余重力负异常、中低阻高极化异常。

6）地球化学特征：矿区具有强度较高的铅锌铜综合化探异常。1：5 万水系沉积物显示矿区中部的粗中粒（含斑）黑云母正长花岗岩岩株所在地有相对较多的元素异常集中分布；异常元素组合：Sb、Ag、Cu、Pb、Zn、Bi、Mo，呈现水平分带性：外带：Sb（Ag）—中带：（Ag）Cu、Pb、Zn—内带：Bi、Mo；外带的元素异常强度为 0.9~1.1，中带为 1.4~1.6，内带为 0.7~0.8。

7）重砂特征：在狗岭东西两侧北北西向河流中见有锡石、白钨矿、绿铅矿、泡铋矿、磁铁矿等重砂矿物，除磁铁矿含量较高外，其他含量均低。

2. 成矿作用

燕山晚期岩浆活动强烈，分异岩浆上升多期次侵位，形成的千家复式岩体（±94Ma）主体侵位于前泥盆系沉积变质岩（戈枕村组和陀烈组）中；在岩浆活动的晚期阶段，早期侵位的复式岩体主体受到北北西向—近南北向扭张性断裂活动的影响而发生破裂，形成开放空间，与此同时，深部岩浆房演化至晚期所分出的二长-正长花岗质岩浆沿断裂上升侵位并分凝出富含金属（Pb、Zn、Cu、Ag）的含矿热液；矿液沿断裂向上运移的过程中，与两侧的花岗岩发生物质和能量交换，导致石英和矿石矿物的沉淀及围岩的蚀变作用，形成一套以矿化石英脉为中心、对称分布的中低温热液蚀变（硅化、绢云母化、绿泥石化、黄铁矿化和碳酸盐化）岩石。由于断裂的开放性，岩浆热液成矿过程中，尤其是成矿作用的晚期，推测有一定量大气降水成分的参与。

3. 预测要素

通过对乐东县后万岭铅锌矿典型矿床成矿地质背景、成矿地质特征和成矿作用进行分析，综合各类找矿指示因素，提取了典型矿床的预测要素（表 6-4-14）。主要预测要素如下：

1）赋矿岩石：千家岩体中粒斑状角闪石黑云母二长花岗岩和黑云母正长花岗岩；

2）控矿构造：北北西—近南北向扭张性断裂；

3）成矿时代：燕山晚期（晚白垩世）。全岩-黑云母 Rb-Sr 同位素等时线年龄为 93.3Ma（千家似斑状二长花岗岩）和 94.4Ma（花岗闪长岩）；

4）大地构造单元：武夷-云开-台湾造山系五指山岩浆弧五指山褶冲带；

5）大地构造位置：琼西结合带南端与五指山岩浆弧西南端交汇部位，东西向九所-陵水深大断裂带中西段北侧、琼西南北向断裂构造带南段；

6）区域构造类型：表现为一系列北北东向、近南北向、北西向断裂，为成矿热液的运移沉淀提供了良好的通道和储存场所，从而在区域上形成了石门山、看树岭等铜、铅、锌、钼多金属矿床及矿化点，其中后万岭铅锌矿化石英脉绢云化破碎带明显的受琼西南北向断裂构造带南段及其北西侧次级近南北—北北西向压扭性断裂的制约。矿区中部的近东西向压扭性断裂属矿后期断裂；

7）地球物理特征：重力、航磁、电性和重砂特征；

8）地球化学特征：Pb、Zn、Cu、Ag、Mo、Sb、Bi等元素异常。

表6-4-14　海南岛后万岭式脉型铅锌矿后万岭典型矿床预测要素一览表

<table>
<tr><td colspan="3">预测要素</td><td colspan="3">描述内容</td><td rowspan="3">预测要素分类</td></tr>
<tr><td colspan="3">储量</td><td>铅4.4×10⁴t，锌24.6×10⁴t</td><td>平均品位</td><td>铅：0.95%，锌：2.23%</td></tr>
<tr><td colspan="3">特征描述</td><td colspan="3">中温热液石英脉-硅化云母化碎裂岩型铅锌矿床</td></tr>
<tr><td rowspan="9">地质环境</td><td rowspan="2">区域构造</td><td>大地构造单元</td><td colspan="3">武夷-云开-台湾造山系（Ⅰ级）五指山岩浆弧（Ⅱ级）五指山褶冲带（Ⅲ级）五指山岩浆弧（Ⅳ级）</td><td>必要</td></tr>
<tr><td>大地构造位置</td><td colspan="3">五指山岩浆弧西南部与琼西结合带交汇部位，琼西南北向断裂构造带南段，九所-陵水深大断裂北侧</td><td>必要</td></tr>
<tr><td colspan="2">成矿构造</td><td colspan="3">北北西向—近南北向扭张性断裂构造带，南球中岭断裂南段，石英脉绢云母化破碎带</td><td>必要</td></tr>
<tr><td colspan="2">成矿区带</td><td colspan="3">位于五级成矿区带“Ⅲ-90—Ⅳ-54—Ⅴ-14千家钼、铅锌多金属矿田”内</td><td>重要</td></tr>
<tr><td rowspan="3">赋矿岩石单元</td><td>地层/岩体</td><td colspan="3">千家岩浆岩超单元花岗岩（无地层出露）</td><td>必要</td></tr>
<tr><td>岩石类型</td><td colspan="3">主体为角闪石黑云母二长花岗岩和（辉石）黑云母正长花岗岩，其间有少量花岗细晶岩脉、石英斑岩脉、闪长玢岩脉穿插</td><td>必要</td></tr>
<tr><td>岩石结构构造</td><td colspan="3">中粒斑状结构、花岗结构、细晶结构及变余斑状结构，块状构造</td><td>重要</td></tr>
<tr><td colspan="2">成岩（矿）时代</td><td colspan="3">晚白垩世，全岩-黑云母的Rb-Sr同位素等时线年龄93.3Ma（千家似斑状二长花岗岩）和94.4Ma（花岗闪长岩）</td><td>重要</td></tr>
<tr><td rowspan="8">矿床特征</td><td colspan="2">岩性组合</td><td colspan="3">石英脉、绢英岩、绢云母化碎裂岩、硅化绢云母化二长花岗岩、正长花岗岩</td><td>重要</td></tr>
<tr><td colspan="2">矿物组合</td><td colspan="3">矿石矿物主要有方铅矿、闪锌矿，次为黄铁矿及少量黄铜矿、微量辉银矿、钼铅矿等；脉石矿物主要有石英，次为绢云母、绿泥石及残留的长石、磁铁矿、钛铁矿等</td><td>重要</td></tr>
<tr><td colspan="2">结构</td><td colspan="3">他形-自形晶粒状、交代残余、乳滴状及碎裂结构</td><td>次要</td></tr>
<tr><td colspan="2">构造</td><td colspan="3">块状构造、脉状构造、细脉浸染状构造、浸染状构造</td><td>次要</td></tr>
<tr><td colspan="2">蚀变</td><td colspan="3">主要有硅化、绢云母化，次为绿泥石化、高岭土化、黄铁矿化和碳酸盐化，其特点是以矿化石英脉为中心，往两侧依次出现有绢英岩、绢云母化碎裂岩、硅化、绢云母化二长花岗岩、绢云母化花岗岩</td><td>重要</td></tr>
<tr><td colspan="2" rowspan="2">控矿条件</td><td colspan="3">北北西—近南北向扭张性断裂提供导矿通道和容矿空间</td><td>必要</td></tr>
<tr><td colspan="3">晚白垩世花岗质岩浆侵入体存在提供成矿物质和热动力</td><td></td></tr>
<tr><td rowspan="4">物化遥和自然重砂异常特征</td><td colspan="2">地球物理特征</td><td colspan="3">矿（化）体为中低阻高极化特征。处于与花岗岩体有关的局部重力低中。位于呈东西走向的航磁负异常中，低纬度垂向一阶导数处理处于正负异常的过渡带上；1∶25万航磁剖面平面图上处于负异常中，1∶5万航磁异常反映不明显</td><td>重要</td></tr>
<tr><td colspan="2">遥感特征</td><td colspan="3">后万岭铅锌矿床在ETM影像中以绿色和粉红色为主色调，产出于一个环形构造与一条近南北向构造的交汇部位</td><td>重要</td></tr>
<tr><td colspan="2">化探</td><td colspan="3">矿区具有强度较高的铅锌铜综合化探异常。异常元素组合Sb-Ag-Cu-Pb-Zn-Bi-Mo，水平分带性明显</td><td>重要</td></tr>
<tr><td colspan="2">自然重砂异常</td><td colspan="3">在狗岭东西两侧北北西向河流中见有锡石、白钨矿、绿铅矿、泡铋矿、磁铁矿等，除磁铁矿含量较高外，其他含量均低</td><td>重要</td></tr>
</table>

4. 矿床预测模型

在综述预测要素基础上，采用 GIS 技术从各课题组底图中获取要素信息，并以点、线、面形式进行表达。据此，共提取了侵入岩体、断裂、矿体、土壤和水系沉积物化探的 Pb、Zn 异常、中梯极电激化率异常、可控源视电阻率等信息，建立了海南岛后万岭式脉型铅锌矿预测工作区典型矿床预测模型（表 6-4-15；图 6-4-8，图 6-4-9）。

表 6-4-15　海南省乐东县后万岭脉型铅锌矿典型矿床模型表

<table>
<tr><td>名称</td><td colspan="6">海南省后万岭铅锌矿典型矿床</td></tr>
<tr><td rowspan="2">概况</td><td>东经</td><td>109°02′45″~109°03′45″</td><td>北纬</td><td>108°29′45″~18°33′00″</td><td>地理位置</td><td>海南省乐东县千家镇</td></tr>
<tr><td>主矿种</td><td>铅、锌</td><td>储量/规模</td><td>中型规模
铅：4.4×10^4t
锌：24.6×10^4t</td><td>品位</td><td>铅：0.95%
锌：2.23%</td></tr>
<tr><td>成矿的地质构造环境</td><td colspan="6">五指山岩浆弧（Ⅳ级）西南部与琼西结合带（Ⅳ级）交汇部位、琼西南北向断裂构造带南段、九所-陵水深大断裂北侧，南球中岭断裂南段</td></tr>
<tr><td>控矿的各类及主要控矿因素</td><td colspan="6">北北西—近南北向扭张性断裂，晚白垩世早期花岗质岩浆侵入体存在</td></tr>
<tr><td rowspan="4">矿体的三度空间分布特征</td><td colspan="2">形态</td><td colspan="4">脉状</td></tr>
<tr><td colspan="2">产状</td><td colspan="4">总体走向北北西—近南北向（348°~360°），倾向东，倾角多大于 60°，仅 V_{3-3} 脉倾角约为 45°</td></tr>
<tr><td colspan="2">分带</td><td colspan="4">脉带沿走向和倾向膨缩变化大，呈透镜状，局部可见石英脉有追踪弯曲、分枝、左列等现象。脉带的中心部位有多期石英脉充填，往两侧出现有绢英岩、绢云母化碎裂岩（局部见构造角砾岩）和绢云母化二长花岗岩</td></tr>
<tr><td colspan="2">规模</td><td colspan="4">矿（化）体长度为 55~335m，倾向延深为 18~193m，平均厚度为 0.37~7.8m</td></tr>
<tr><td rowspan="3">矿床的物质组成</td><td colspan="2">矿石类型</td><td colspan="4">含铅锌石英脉及绢云英岩、绢云母化碎裂岩</td></tr>
<tr><td colspan="2">矿物组合</td><td colspan="4">矿石主要矿石矿物为方铅矿、闪锌矿，次为黄铁矿及少量黄铜矿、微量辉银矿、钼铅矿、褐铁矿、白铅矿、铅钒、钼铅太磷酸氯铅矿等；脉石矿物主要有石英，次为绢云母、绿泥石及残留的长石、磁铁矿、钛铁矿等</td></tr>
<tr><td colspan="2">结构构造</td><td colspan="4">矿石结构有他形-自形晶粒状、交代残余、乳滴状及碎裂结构，矿石构造表现为块状构造、脉状构造、细脉浸染状构造、浸染状构造</td></tr>
<tr><td rowspan="3">矿床的物质组成</td><td colspan="2">主元素含量</td><td colspan="4">铅：0.02%~7.28%（平均 0.95%），锌：0.01%~2.61%（平均 2.23%）</td></tr>
<tr><td colspan="2">共生元素含量</td><td colspan="4">V1 铜铅锌矿体中，铜品位 0.06%~4.43%，平均约 0.30%</td></tr>
<tr><td colspan="2">伴生元素含量</td><td colspan="4">含银矿体银的总储量为 111.9t，品位 3.69~117.6g/t（平均品位 11.33%）。含铜矿体铜总储量 9496t，品位 0.22%~0.27%（平均品位 0.26%）</td></tr>
<tr><td>成矿期次</td><td colspan="6">燕山晚期（晚白垩世）成矿，成矿阶段的划分尚不清楚</td></tr>
<tr><td>矿床的地球物理和遥感特征</td><td colspan="6">矿（化）体为中低阻高极化特征；处于与花岗岩体有关的局部重力低中；位于呈东西走向的航磁负异常中，低纬度垂向一阶导数处理处于正负异常的过渡带上；1：25 万航磁剖面平面图上处于负异常中，1：5 万航磁异常反映不明显。在 ETM 影像中以绿色和粉红色为主色调，产出于一个环形构造与一条近南北向构造的交汇部位</td></tr>
<tr><td>矿床的地球化学特征</td><td colspan="6">矿区具有强度较高的铅锌铜综合化探异常。异常元素组合 Sb-Ag-Cu-Pb-Zn-Bi-Mo，水平分带性明显</td></tr>
</table>

续表

名称	海南省后万岭铅锌矿典型矿床
成矿物理化学条件	中、低温及相对较低的压力条件
矿床成因	矿床成因类型：产于花岗岩断裂带的中温热液石英脉-硅化绢云母化碎裂岩型铅锌多金属矿床。 成因分析：燕山晚期岩浆活动强烈，分异岩浆上升多期次侵位，形成的千家复式岩体（±94Ma）主体侵位于前泥盆系沉积变质岩（戈枕村组和陀烈组）中；在岩浆活动的晚期阶段，早期侵位的复式岩体主体受到北北西—近南北向扭张性断裂活动的影响而发生破裂，形成开放空间，与此同时，深部岩浆房演化至晚期所分出的二长-正长花岗质岩浆沿断裂上升侵位并分凝出富含金属（Pb、Zn、Cu、Ag）的含矿热液；矿液沿断裂向上运移的过程中，与两侧的花岗岩发生物质和能量交换，导致石英和矿石矿物的沉淀及围岩的蚀变作用，形成一套以矿化石英脉为中心、对称分布的中低温热液蚀变（硅化、绢云母化、绿泥石化、黄铁矿化和碳酸盐化）岩石。由于断裂的开放性，岩浆热液成矿过程中，尤其是成矿作用的晚期，很可能有大量大气降水成分的参与
找矿标志	1. 沿北北东—北北西向带状山脊出现的断裂带，是找矿的地貌和构造标志； 2. 绢云母化、硅化强烈地段，是找矿的蚀变标志； 3. 地表脉带蜂窝状明显的地段，是找矿的氧化标志； 4. 沿脉带铅、锌、铜等化探异常同时出现，规模大且异常值高的地段，是找矿的地球化学特征； 5. 矿（化）体为中低阻高极化特征，是找矿的地球物理特征

由表6-4-15、图6-4-8、图6-4-9可以看出，典型矿床明显受燕山晚期（晚白垩世）活动的北北西—近南北向扭张性断裂及早期花岗质岩浆侵入体控制，矿（化）体为中低阻高极化特征，处于与花岗岩体有关的局部重力低中；1：25万航磁剖面平面图上处于负异常中，1：5万航磁异常反映不明显。矿区具有强度较高的铅锌铜综合化探异常，异常元素组合Sb、Ag、Cu、Pb、Zn、Bi、Mo，水平分带性明显。

（二）预测工作区预测模型

通过对海南岛后万岭式脉型铅锌矿床时空分布规律、成矿地质背景和成矿规律的分析研究，总结各类找矿标志，提取了预测工作区预测要素（表6-4-16），并对工作区铅锌矿床的成矿过程进行了分析，总结了成矿模式。

1. 预测要素

海南岛后万岭式脉型铅锌矿预测工作区主要预测要素如下：

1）赋矿岩石：中生代花岗岩类岩石和早古生代变质沉积岩，以前者为主。

2）控矿构造：燕山期活动的断裂构造。

3）成矿时代：燕山晚期（白垩纪中晚期）。

4）成因类型：热液石英脉型铅锌矿床，成因上与晚白垩世岩浆作用、尤其是花岗质岩浆活动关系密切。

5）大地构造单元：横跨武夷-云开-台湾造山系（Ⅰ级）五指山岩浆弧（Ⅱ级）和印支地块（Ⅰ级）三亚被动陆缘（Ⅱ级）两大地质构造单元。

6）大地构造位置：欧亚板块、印度-澳大利亚板块和菲律宾板块（西太平洋板块）的交汇部位。

7）区域构造类型：主要表现为一系列北东向和北北东向、近南北向、北西向断裂。

8）矿化特征：已知矿体或矿化点。

9）矿石矿物组合：主要为方铅矿、闪锌矿、黄铁矿、黄铜矿，其次为自然银、辉银矿、螺状硫银矿、辉钼矿、自然金、黝铜矿。

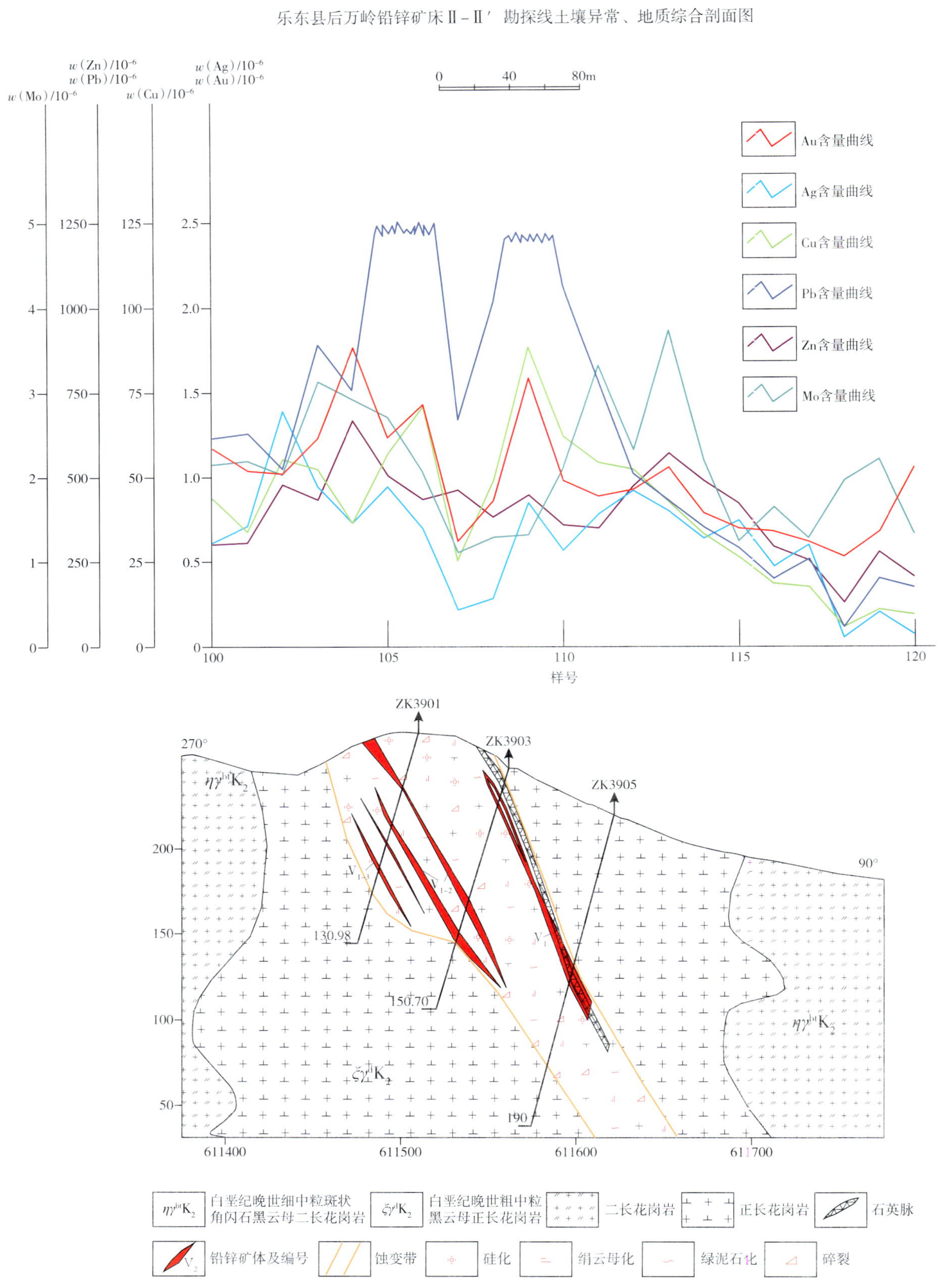

图 6-4-8　乐东县后万岭铅锌矿区典型矿床预测模型图

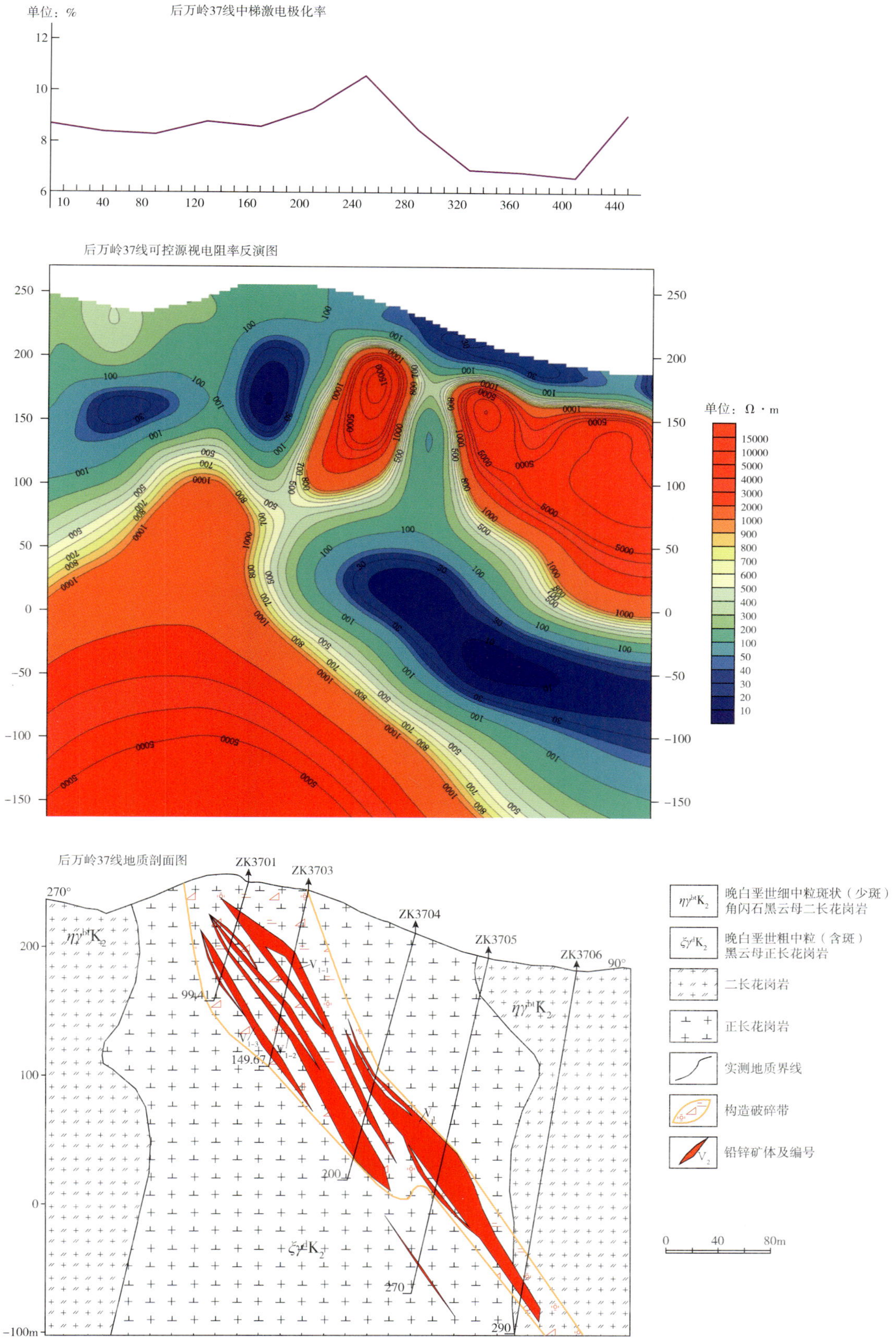

图 6-4-9　乐东县后万岭铅锌矿区典型矿床预测模型图

表 6-4-16　海南岛后万岭式脉型铅锌矿预测工作区区域预测要素一览表

区域预测要素		描述内容	预测要素分类
区域成矿地质环境	大地构造单元	横跨武夷-云开-台湾造山系（Ⅰ级）五指山岩浆弧（Ⅱ级）和印支地块（Ⅰ级）三亚被动陆缘（Ⅱ级）两大地质构造单元。绝大部分已知的铅锌矿化分布于五指山岩浆弧（Ⅱ级）的五指山褶冲带内	必要
	大地构造位置	欧亚板块、印度-澳大利亚板块和菲律宾板块（西太平洋板块）的交汇部位	必要
	成矿区带	属华南成矿省（Ⅱ-16）海南 Fe、Cu、Co、Mo、Au、Pb、Zn 水晶成矿带（Ⅲ-90）	重要
	区域构造类型	燕山期活动的断裂构造	必要
	赋矿岩石	矿体绝大多数赋存于中生代花岗岩类岩石（花岗岩、花岗斑岩、花岗闪长岩、闪长玢岩（斑状）、石英斑岩等）中，少量产于变质沉积岩（下志留统、石炭系和二叠系）中	必要
	成矿时代	燕山晚期（白垩纪中晚期）	重要
区域成矿地质特征	矿体形态、产状	矿体主要产于花岗岩断裂带，呈陡倾斜的不规则脉状、透镜状；产状多数和断裂产状一致	重要
	矿物组合	矿石矿物主要有方铅矿、闪锌矿、黄铁矿、黄铜矿，少量自然银、辉银矿、螺状硫银矿、辉钼矿、自然金、黝铜矿。脉石矿物主要是石英，少量萤石、方解石、绢云母；绿泥石等	重要
	成矿元素组合	Pb-Zn、Pb、Zn、Pb-Zn-Cu、S-Pb、Pb-Zn-Cu-U-Ag-Mo 等	重要
	矿石结构、构造	他形-自形晶粒状结构、交代残余结构、包含状结构、压碎结构、乳滴状结构和格状结构、不等粒镶嵌结构。块状构造、浸染状构造、细脉浸染状构造、条带状构造、脉状构造、角砾状构造、疏松多孔状或胶状构造	重要
区域成矿地质特征	围岩蚀变	主要有硅化、绢云母化、绿泥石化、黄铁矿化和碳酸盐化等	重要
	区域控矿条件	1. 北西向、北北西向、近南北向、北北东向、北东向断裂； 2. 燕山晚期（白垩纪）岩浆（花岗质?）侵入体	必要
	成因类型	热液石英脉型铅锌矿床，成因上与晚白垩世岩浆作用、尤其是花岗质岩浆活动关系密切	必要
区域物化遥和自然重砂异常特征	区域航磁异常	铅锌矿床（点）因所处的地质背景不同，其磁场特征差异较大，观律性较差，有处于强磁异常中的，有处于背景磁场中的，也有处于负磁异常中的。矿床不能利用磁法进行预测	次要
	区域重力异常	预测工作区布格重力异常强度从东向西逐渐减小，并有王五-文教、昌江-琼海、九所-陵水、屯昌-兴隆、陵水-三亚等5条醒目的重力梯级带分布。大部分铅锌矿床（点）处于花岗岩体引起剩余重力负异常中或其边缘部位，很少部分位于晚元古代地层或古生代地层引起剩余重力正异常中或边缘部位	次要
	区域化探异常	Cu、Pb、Zn 异常在花岗岩区的吻合程度较高，Pb、Zn 吻合程度最好，但 Cu 与 Pb、Zn 吻合稍差。考虑到典型矿床的矿物组合，Cu、Pb、Zn 出现其一就视之为具有矿床指示意义。在花岗岩区背景条件下，典型矿床的中间晕元素异常最突出（Pb、Zn），后尾晕元素（Bi、Mo）异常不显著，没有前缘晕元素（Sb、Ag）异常。对于整个预测工作区来说，单独出现的 Bi、Mo 异常，不考虑其对铅锌矿床的指示意义	重要
	自然重砂异常	预测工作区内的相关矿物异常，共有砷、汞、自然金、铜、铅锌、铋、钼、钨矿物等8种，多数铅锌矿物异常都有其他矿物异常共生	重要
	遥感	推断的线环构造	重要

10）地球物理特征：预测工作区布格重力异常强度从东向西逐渐减小，并有王五-文教、昌江-琼海、九所-陵水、屯昌-兴隆、陵水-三亚等5条醒目的重力梯级带分布。大部分铅锌矿床（点）处于花岗岩体引起剩余重力负异常中或其边缘部位，很少部分位于晚元古代地层或古生代地层引起剩余重力正异常中或边缘部位。

11）地球化学特征：Cu、Pb、Zn元素化探异常和组合异常。Cu、Pb、Zn异常在花岗岩区的吻合程度较高，Pb、Zn吻合程度最好，但Cu与Pb、Zn吻合稍差。考虑到典型矿床的矿物组合，Cu、Pb、Zn出现其一就视之为具有矿床指示意义。在花岗岩区背景条件下，典型矿床的中间晕元素异常最突出（Pb、Zn），后尾晕元素（Bi、Mo）异常不显著，没有前缘晕元素（Sb、Ag）异常。对于整个预测工作区来说，单独出现的Bi、Mo异常，不考虑其对铅锌矿床的指示意义。

2. 预测工作区预测模型

在综述上述预测要素基础上，采用GIS技术从各课题组底图中获取要素信息，并以点、线、面形式进行表达。据此，共提取了侵入岩体、断裂构造、已知矿床（点）、化探异常信息，建立了海南省海南岛后万岭铅锌矿预测工作区预测模型（图6-4-10）。

五、斑岩型钼矿

（一）典型矿床预测模型

1. 报告村钼矿、石门山钼矿

（1）成矿地质特征

报告村钼矿矿脉全部赋存于晚白垩世斜长花岗斑岩体内的北西向断裂带内，该斜长花岗斑岩体基本达到全岩矿化。因此，报告村钼矿虽受北西向断裂控制，但斜长花岗斑岩体对钼矿形成的控制作用更为显著。与成矿关系最为密切的蚀变为硅化、钾化，其他常见的蚀变类型有云英岩化、绢云母化、黄铁矿化、高岭土化等。矿床类型属斑岩型，矿石类型以细脉浸染状为主。石门山钼铅锌多金属矿矿脉赋存于离地表250m以下的深部，赋矿岩石主要为强烈蚀变的黑云母二长花岗岩，次为斜长花岗斑岩。黑云母二长花岗岩遭受强烈的云英岩化，靠近斜长花岗斑岩脉处已被蚀变为云英岩，按石英和云母含量的不同，大致可分为富云母云英岩和富石英云英岩。其中富石英云英岩位于富云母云英岩的外侧，为最重要的赋矿岩石。斜长花岗斑岩脉为蚀变和矿化中心，是最为重要的成矿物质来源，同时为成矿提供了大量的高温热液。矿床类型属于斑岩型，矿石类型以浸染状、细脉浸染状、条带状矿石为主。

矿区矿体多呈倾角陡的脉状，细脉浸染状、细脉状钼矿化，矿化均一程度不高，平均品位较低，往往细脉网脉密集处容易形成富矿。矿石结构主要有鳞片花岗变晶结构、自形-半自形叶片状、他形鳞片状结构、包含状结构、乳浊状结构、显微鳞片花岗变晶结构和变余似斑状花岗结构、碎裂结构等；矿石构造常见浸染状构造（或斑杂状构造）、细脉-网脉状构造、细脉浸染状构造、条带状构造、角砾状构造、薄膜状构造、团块状构造、块状构造等。

（2）成矿作用

燕山晚期东西向九所-陵水深大断裂再度裂解，断裂两侧发生大规模的火山喷发及岩浆侵入，为矿床的就位提供了充足的热源及充分的物质基础；岩浆演化后期分异出的斑状花岗岩及斜长花岗斑岩岩浆持续侵入，大量的岩浆热液不断萃取Mo等成矿物质沿近南北—北北西向石门山-冲卒岭-文且断裂带运移。斑岩岩浆持续侵入致使早期就位尚未固结的中酸性岩体产生大量裂隙，为成矿提供了重要的容矿空间；当围岩变质程度很高（长城系抱板群）时，其致密度和韧性高，渗透性极差，岩浆热液侧向充填和渗透交代基本不发生，如报告村钼矿其与围岩（长城系抱板群）接触带附近蚀变较弱，矿化均发生于斜长花岗斑岩岩株内，其内部裂隙群多为岩浆热液沿北北西向断裂脉动式侵入引起。

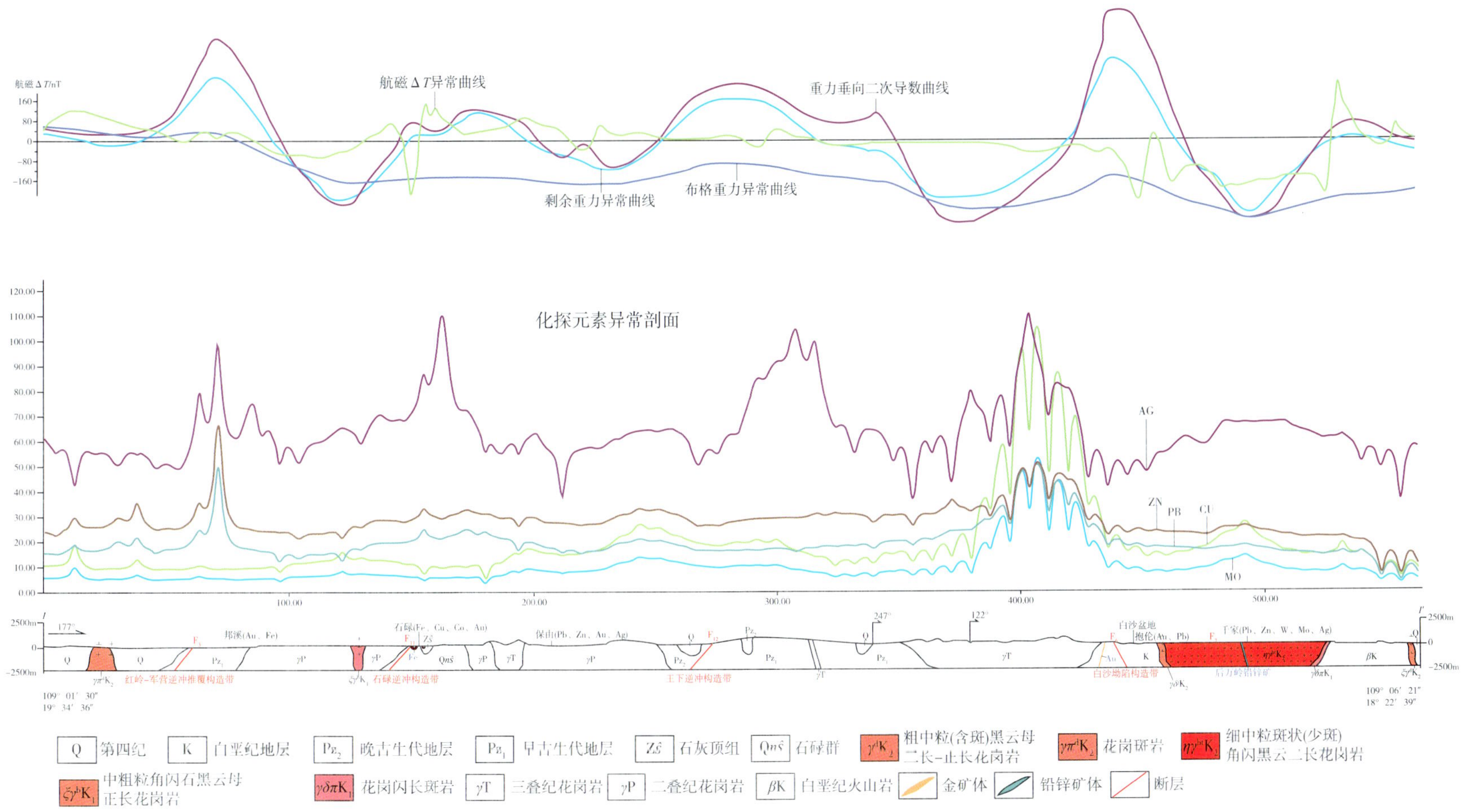

图 6-4-10　海南省海南岛后万岭铅锌矿预测工作区区预测模型图

(3) 预测要素

通过对报告村钼矿、石门山钼铅锌多金属矿典型矿床成矿地质背景、成矿地质特征和成矿作用进行分析，综合各类找矿指示因素，提取了典型矿床的预测要素（表6-4-17，表6-4-18）。

表6-4-17　海南省乐东县报告村钼矿区典型矿床预测要素一览表

预测要素			描述内容	预测要素分类
储量			Mo：1729t；平均品位 Mo：0.090%	
特征描述			斑岩型钼矿床	
地质环境	成矿时代		晚白垩世	必要
地质环境	区域构造	大地构造单元	武夷-云开-台湾造山系（Ⅰ级）五指山岩浆弧（Ⅱ级）五指山褶冲带（Ⅲ级）琼西结合带（Ⅳ级）	重要
地质环境	区域构造	大地构造位置	位于海南岛西南部尖峰-吊罗和九所-陵水深大断裂之间，尖峰岩体与中元古界地层的接触内带，大地构造位置属白沙断陷、抱板隆起和五指山隆起的交汇部位，矿区北西侧为尖峰复式岩体，南东侧为千家复式岩体，北东为白沙断陷南端	重要
地质环境	成矿构造		文且-冲卒岭-石门山扭张性断裂带	必要
地质环境	成矿区带		位于Ⅴ级成矿区带“尖峰岭金、钨、钼、轻稀土、石墨、白云母、水晶、多金属矿田（Ⅲ-90—Ⅳ-52—Ⅴ-6）”内	重要
地质环境	岩浆建造/岩浆作用	侵入岩体	斜长花岗斑岩体	必要
地质环境	岩浆建造/岩浆作用	岩石组合	角闪黑云斜长花岗斑岩	次要
地质环境	岩浆建造/岩浆作用	岩石结构、构造	斑状结构，块状构造	次要
地质环境	岩浆建造/岩浆作用	侵入岩时代	晚白垩世	必要
矿床特征	成矿特征	矿体形态	脉状	重要
矿床特征	成矿特征	矿体产状	总体走向为135°~145°，倾向南西，倾角27°~34°	重要
矿床特征	成矿特征	矿物组合	矿石金属矿物主要是辉钼矿，次为黄铁矿、黄铜矿；非金属矿物以石英和斜长石居多，其次是钾长石、黑云母、绿泥石和绢云母，其他微量矿物尚见磁铁矿、榍石、钛铁矿、磷灰石、金红石、黝帘石和锆石等	重要
矿床特征	成矿特征	矿床伴生组分	Cu、W、Pb、Zn、Bi、Re、S等	重要
矿床特征	成矿特征	矿体围岩	角闪黑云斜长花岗斑岩	必要
矿床特征	成矿特征	围岩蚀变特征	岩石的蚀变主要是硅化、钾化、黑云母化、云英岩化、黄铁矿化，其次是绢云母化、绿泥石化、绿帘石化、高岭土化、碳酸盐化等	重要
矿床特征	成矿特征	控矿条件	区域性文且-冲卒岭-石门山扭张性断裂带控制本地斑岩（脉）体侵位，也控制成矿热液的迁移和沉淀，晚白垩世斜长花岗岩体提供成矿物质来源	必要
矿床特征	矿床规模		小型	重要
物化遥和自然重砂异常特征	物探和资料	电性特征	矿区表层电阻率在几十至100Ω·m，未蚀变的花岗斑岩视电阻率大于500Ω·m，钼矿化蚀变带的电阻率小于400Ω·m。未蚀变的花岗斑岩视极化率一般为2%~4%，矿（化）体视极化率4%~9%，矿（化）体为中低阻中极化特征	次要
物化遥和自然重砂异常特征	物探和资料	区域地球物理特征	1∶25万区域重力图上，处于尖峰重力低的东南部，经布格重力剩余异常、重力垂向二阶导数处理，报告村斑岩型钼矿处于与尖峰花岗岩体有关局部重力负异常的边缘部位	次要
物化遥和自然重砂异常特征	物探找矿标志		花岗岩体引起剩余重力负异常的边缘部位，是该类型矿床成矿的有利部位，而中低阻中极化异常，是发现和圈定隐伏钼矿化带（矿体）的重要找矿标志	次要

预测要素			描述内容			预测要素分类
储量			Mo：1729t	平均品位	Mo：0.090%	
特征描述			斑岩型钼矿床			
物化遥和自然重砂异常特征	化探资料	异常特征	1：1万土壤测量结果圈定了Mo、Cu、Au、Ag、Pb 5个主成矿元素综合异常，区内Mo异常以北西向呈次圆状发育在区内文且村南西侧一带晚白垩世斜长石花岗斑岩，及其与长城系抱板群条带状混合岩、石英闪长岩、晚三叠世中粗粒斑状黑云母正长花岗岩的接触带中，异常往北、西向未闭合，异常面积、规模特大，强度高，衬度大，具三级浓度分带，有3个浓集中心，连续性好；其中W、Sn在斜长花岗斑岩体处与Mo异常重叠面积大、整合好			次要

表6-4-18　海南省乐东县石门山钼铅锌多金属矿区典型矿床预测要素一览表

预测要素			描述内容			预测要素分类
储量			Mo：10442.95t；Pb：6976.56t；Zn：1484.28t	平均品位	Mo：0.165%；Pb：3.211%；Zn：1.511%	
特征描述			斑岩型钼矿床			
地质环境	成矿时代		晚白垩世，辉钼矿Re-Os同位素模式年龄为80.2±0.6Ma、88.6±1.0Ma			必要
地质环境	区域构造	大地构造单元	武夷-云开-台湾造山系（Ⅰ级）五指山岩浆弧（Ⅱ级）五指山褶冲带（Ⅲ级）五指山岩浆弧（Ⅳ级）			重要
地质环境	区域构造	大地构造位置	五指山岩浆弧西南部、九所-陵水深大断裂北侧，区域性北东向断裂的次一级晚期北北西向断裂的中段和千家岩体西部			重要
地质环境	成矿构造		东西向九所-陵水深大断裂控制千家复式岩体的形成；北北西向扭张性断裂控制斑岩的分布，可能为导矿构造；近南北向和北东向两组挤压裂隙带是控矿构造			必要
地质环境	成矿区带		位于Ⅴ级成矿区带“千家钼、铅锌多金属矿田（Ⅲ-90—Ⅳ-54—Ⅴ-14）”内			重要
地质环境	岩浆建造/岩浆作用	岩石名称	（辉石）黑云母正长花岗岩、角闪石黑云母二长花岗岩			必要
地质环境	岩浆建造/岩浆作用	岩石结构	角闪石黑云母二长花岗岩为中粒斑状结构			次要
地质环境	岩浆建造/岩浆作用	岩石构造	块状构造			次要
地质环境	岩浆建造/岩浆作用	侵入岩时代	晚白垩世			重要
矿床特征	成矿特征	矿体形态	透镜状、脉状			重要
矿床特征	成矿特征	矿体产状	走向近南北—北北东向，向西倾斜，倾角16°~54°			重要
矿床特征	成矿特征	矿物组合	矿石矿物主要是辉钼矿，其次是黄铁矿、闪锌矿；脉石矿物主要是石英、白云母			重要
矿床特征	成矿特征	矿床伴生组分	锌、镓、铼、铋、铁、钨、铜、铅等			重要
矿床特征	成矿特征	矿体围岩	中粒斑状黑云母二长花岗岩			必要
矿床特征	成矿特征	围岩蚀变特征	在垂直方向和水平方向上，均存在着较明显的围岩蚀变与矿化的分带现象。根据围岩蚀变强度由深到浅分3个蚀变带：云英岩体，云英岩化带和绢云母化带			重要
矿床特征	成矿特征	控矿条件	岩浆岩条件：千家复式岩体作为成矿母岩，而且其演化后期形成的斜长花岗斑岩体直接控制了钼多金属矿床形成；构造条件：东西向九所-陵水深大断裂控制千家复式岩体的形成；北北西向扭张性断裂控制斑岩的分布，可能为导矿构造；近南北向和北东向两组挤压裂隙带是控矿构造			必要
矿床特征	矿床资源储量	矿床规模	中型			重要

续表

预测要素			描述内容			预测要素分类
储量			Mo：10442.95t；Pb：6976.56t；Zn：1484.28t	平均品位	Mo：0.165%；Pb：3.211%；Zn：1.511%	
特征描述			斑岩型钼矿床			
物化遥和自然重砂异常特征	物探和遥感资料	区域地球物理特征	1∶25万区域重力图上，位于千家重力低的西南部，剩余重力异常、重力垂向二阶导数处理图上，石门山钼铅锌多金属矿处于与千家花岗岩体引起的剩余重力负异常的西南部位			次要
		物探找矿标志	花岗岩体引起剩余重力负异常，是该类型矿床成矿的有利部位，而中高极化异常，是发现和圈定隐伏钼矿化带（矿体）的重要找矿标志			次要
		激电异常	地表激电异常主要由地表或浅部的多金属矿化石英脉绢云母化破碎带和采矿坑排出的矿渣引起，对于寻找隐伏云英岩体及钼矿体不具有指导意义；下部激电异常是在花岗岩体内沿构造破碎带发育的金属硫化矿物的激电效应与晚期的无矿充水构造破碎带的激电效应互相叠加所引起，可能成为间接找矿标志			次要
	自然重砂	重砂异常	根据不同矿物的异常下限圈出铅族（钼铅矿、白铅矿）异常2个，铅族矿物中的钼铅矿、白铅矿主要赋存于氧化的矿化石英脉中；铅的水系重砂异常，对于寻找原生铅有重要意义			次要
	化探资料	异常特征	典型矿床已知矿（化）体西部约1.2km处为Zn、Cu、Mo、Ag 4元素异常浓集中心，该地区亦位于成矿赋矿地质背景，具有较好的找矿潜力；在已知钼矿（化）体东南约1.5km非成矿赋矿地质背景亦有Mo、Bi、Ag、Cu、Zn 5种元素异常同时存在，亦具有同类型同矿种资源找矿潜力			重要

(4) 矿床预测模型

在综述预测要素基础上，采用GIS技术从各课题组底图中获取要素信息，并以点、线、面形式进行表达。据此，共提取了侵入岩体、断裂、地层、化探的Mo异常、重力正异常、航磁正异常等信息，建立了海南省园珠顶式斑岩型钼矿预测工作区典型矿床预测模型（表6-4-19，表6-4-20；图6-4-11，图6-4-12）。

表6-4-19 海南省乐东县报告村钼矿区典型矿床模型表

概况	东经	108°54′17″—108°57′00″	北纬	18°35′50″—18°37′40″	地理位置	海南省乐东县利国镇
	主矿种	钼	储量/规模	1729t；小型规模	品位	0.090%
成矿的地质构造环境	大地构造：武夷-云开-台湾造山系（Ⅰ级）五指山岩浆弧（Ⅱ级）五指山褶冲带（Ⅲ级）琼西结合带（Ⅳ级）南部；区域构造：燕山期强烈活动的东西向尖峰-吊罗和九所-陵水构造岩浆活动带西段及石门山-文且-冲卒岭近南北—北北西向断裂带；矿区构造：尖峰岩体与千家岩体过渡部位的斜长花岗斑岩体内，近南北向冲卒岭断裂北段					
主要控矿因素	石门山-文且-冲卒岭近南北—北北西向断裂带为主要的控矿构造，矿区空间上有晚白垩世斜长花岗斑岩体侵位					
矿体的三度空间分布特征	产状	矿体为半潜伏或潜伏矿体，走向北西，倾向南西，倾角为20°~35°，矿体产状总体较缓，呈平行脉状分布，有尖灭再现象				
	形态	脉状				
	规模	矿（化）体宽大于400m，长度大于600m，埋深102.7~303.7m不等，一般为0~250m				

续表

概况	东经	108°54′17″—108°57′00″	北纬	18°35′50″—18°37′40″	地理位置	海南省乐东县利国镇
	主矿种	钼	储量/规模	1729t；小型规模	品位	0.090%
矿床的物质组成	矿石类型	细脉浸染型				
	分带	岩体中部、深部矿化好，往边部、上部矿化变弱				
	矿物组合	矿石矿物主要是辉钼矿，次为黄铁矿、黄铜矿；脉石矿物以石英和斜长石居多，其次是钾长石、黑云母、绿泥石和绢云母				
	结构构造	矿石结构有自形半自形叶片状、他形鳞片状结构、碎裂结构、包含结构；矿石构造表现为细脉浸染状、细脉状构造，微条带状构造，交错脉状构造，薄膜状构造，星散浸染状构造，团块状构造，角砾状构造等				
	主元素含量	主成矿元素 Mo 一般含量在 0.03%~0.12%之间，个别最高可达 0.738%				
	共生元素含量	Cu 一般为 0.0065%~0.0161%，平均为 0.0086%；W 一般为 0.0006%~0.0065%，平均为 0.0022%；Re 一般为 0.0000205%~0.0000394%，平均为 0.000027%				
成矿期次	晚白垩世斜长花岗斑岩岩浆热液脉动式侵入					
矿床的地化特征及标志	1∶1 万土壤测量结果圈定了 Mo、Cu、Au、Ag、Pb 5 个主成矿元素综合异常，区内 Mo 异常以北西向呈次圆状发育在区内文且村南西侧一带晚白垩世斜长花岗斑岩，及其与长城系抱板群条带状混合岩、石英闪长岩、晚三叠世中粗粒斑状黑云母正长花岗岩的接触带中，异常往北、西向未闭合，异常面积、规模大，强度高，衬度大，具三级浓度分带，有 3 个浓集中心，连续性好；其中 W、Sn 在斜长花岗斑岩体处与 Mo 异常重叠面积大、整合好					
矿床的地物和遥感特征及标志	区域地球物理特征：1∶25 万区域重力图上，矿区处于尖峰重力低的东南部，经布格重力剩余异常、重力垂向二阶导数处理，报告村斑岩型钼矿处于与尖峰花岗岩体有关局部重力负异常的边缘部位；电性特征：矿区表层电阻率在几十至 100Ω·m 之间，未蚀变的花岗斑岩视电阻率大于 500Ω·m，钼矿化蚀变带的电阻率小于 400Ω·m。未蚀变的花岗斑岩视极率一般为 2%~4%，矿（化）体视极率 4%~9%，矿（化）体为中低阻中极化特征。物探找矿标志：花岗岩体引起剩余重力负异常的边缘部位，是该类型矿床成矿的有利部位，而中低阻中极化异常，是发现和圈定隐伏钼矿化带（矿体）的重要找矿标志					
矿床成因	矿床成因类型可划分为园珠顶式斑岩型钼矿； 成因分析：燕山晚期，东西向九所-陵水深大断裂裂解，沿该构造带发生大规模的岩浆侵位形成千家复式岩体，在岩浆演化后期分异出的斑岩岩浆聚集了大量的气液以及成矿金属元素，沿北北西向石门山-文且-冲卒岭断裂侵入，同时不断萃取围岩中的有用组分，最终沿冲卒岭断裂北西就位。由于其围岩多为长城系抱板群变质岩，致密度和韧性高，渗透性差，接触带附近为有大规模蚀变。长城系抱板群起到屏障的作用，致使斜长花岗斑岩就位，并且基本达到全岩矿化。除岩浆热液外，矿化可能有一定量的大气降水的参与，成矿金属主要源于斜长花岗斑岩体					

表 6-4-20　海南省乐东县石门山钼铅锌多金属矿区典型矿床预测模型表

名称	石门山钼铅锌多金属矿典型矿床					
概况	东经	108°58′00″—108°59′30″	北纬	18°28′30″—18°31′30″	地理位置	海南省乐东县石门山一带
	主矿种	钼	储量	金属量：10442.95t	品位	0.165%
成矿地质构造环境	九所-陵水深大断裂西段的北侧，千家晚白垩世酸性侵入岩体的西部，位于北北西—近南北向石门山-冲卒岭-文且断裂带南段					
控矿的各类及主要控矿因素	岩浆岩条件：千家复式岩体作为成矿母岩，而且其演化后期形成的斜长花岗斑岩体直接控制了钼多金属矿床形成；构造条件：东西向九所-陵水深大断裂控制千家复式岩体的形成；北北西向扭张性断裂控制斑岩的分布，可能为导矿构造；近南北向和北东向两组挤压裂隙带是控矿构造					

续表

名称	石门山钼铅锌多金属矿典型矿床	
矿床的三度空间分布特征	产状	走向近南北—北北西，向西倾斜，倾角16°~54°
	形态	共圈出规模不等的辉钼矿体10个，矿体呈较大的扁豆状、透镜状或脉状
	分带	在垂直方向和水平方向上，均存在着较明显的围岩蚀变与矿化的分带现象。根据围岩蚀变的强度由深到浅分3个蚀变带：云英岩体，云英岩化带和绢云母化带
	埋深	10个辉钼矿体分布在16~24线Ⅰ号脉带的深部距地表250~600m的范围内
矿床的物质组成	矿石类型	含钼云英岩型和含钼云英岩化二长花岗岩型
	矿物组合	矿石矿物主要是辉钼矿，其次是黄铁矿、闪锌矿、方铅矿；脉石矿物主要是石英、白云母
矿床的物质组成	结构构造	矿石结构有鳞片花岗变晶、自形半自形叶片状结构等。矿石构造有细脉浸染状、浸染状构造等
	围岩蚀变	云英岩化、绢云母化、硅化、绿泥石化、高岭土化、黄铁矿化等
	主元素含量	全区钼矿石平均品位：0.165%
	伴生元素含量	伴生Ga：$30\times10^{-6}\sim63\times10^{-6}$；Zn：0.183%；Pb：3.211%
成矿期次	分3个成矿序列，第一成矿序列主要构成了含矿云英岩体的基本轮廓，第二、三成矿序列在信得构造裂隙中成矿气液继续填充，成矿元素进一步富集。第二、三成矿序列因都含钼，致使含细脉浸染状辉钼矿云英岩矿石的矿化进一步富集	
地球物理和遥感特征及标志	区域地球物理特征：1∶25万区域重力图上，位于千家重力低的西南部，剩余重力异常、重力垂向二阶导数处理图上，石门山钼铅锌多金属矿处于与千家花岗岩体引起的剩余重力负异常的西南部位；地表激电异常主要由地表或浅部的多金属矿化石英脉绢云母化破碎带和采矿坑排出的矿渣引起，对于寻找隐伏云英岩体及钼矿体不具有指导意义；下部激电异常是在花岗岩体内沿构造破碎带发育的金属硫化矿物的激电效应与晚期的无矿充水构造破碎带的激电效应互相叠加所引起，可能成为间接找矿标志。 物探找矿标志：花岗岩体引起剩余重力负异常，是该类型矿床成矿的有利部位，而中高极化异常，是发现和圈定隐伏钼矿化带（矿体）的重要找矿标志	
地球化学特征及标志	典型矿床已知矿（化）体西部约1.2km处为Zn、Cu、Mo、Ag 4元素异常浓集中心，该地区亦位于成矿赋矿地质背景，具有较好的找矿潜力；在已知钼矿（化）体东南约1.5km非成矿赋矿地质背景亦有Mo、Bi、Ag、Cu、Zn 5种元素异常同时存在，亦具有同类型同矿种资源找矿潜力	
自然重砂	根据不同矿物的异常下限圈出铅族（钼铅矿、白铅矿）异常2个，铅族矿物中的钼铅矿、白铅矿主要赋存于氧化的矿化石英脉中；铅的水系重砂异常，对于寻找原生铅有重要意义	
成矿物理化学条件	富含硫化氢、氟等挥发份和二氧化硅的中高温成矿气液； $3KAlSi_3O_8 + H_2O \longrightarrow KAl_2[AlSi_3O_{10}][OH]_2 + 2SiO_2 + K_2Si_4O_9$； $K_2[Mo(OH)_4F_2] + CaO + 2H_2S \longrightarrow MoS_2 + CaF_2 + 2KOH + 3H_2O$	
矿床成因	矿床成因类型：斑岩型钼矿； 成因分析：晚白垩世，东西向九所-陵水深大断裂裂解，具多次岩浆侵入的千家复式岩体演化的后期分异出斜长花岗斑岩岩浆携带大量成矿气液，沿北北西向断裂向上运移，并就近在千家岩体深部隐伏的近南北向和北东向两组挤压裂隙带渗透交代，形成含辉钼矿云英岩，构成了含矿云英岩体的基本轮廓，之后可能存在多其次的岩浆热液的脉动式活动。在云英岩体上部和边部的富石英云英岩内逐步富集成细脉浸染状辉钼矿体。热液成矿阶段应属气化-高温热液阶段，形成石门山斑岩型钼矿床	

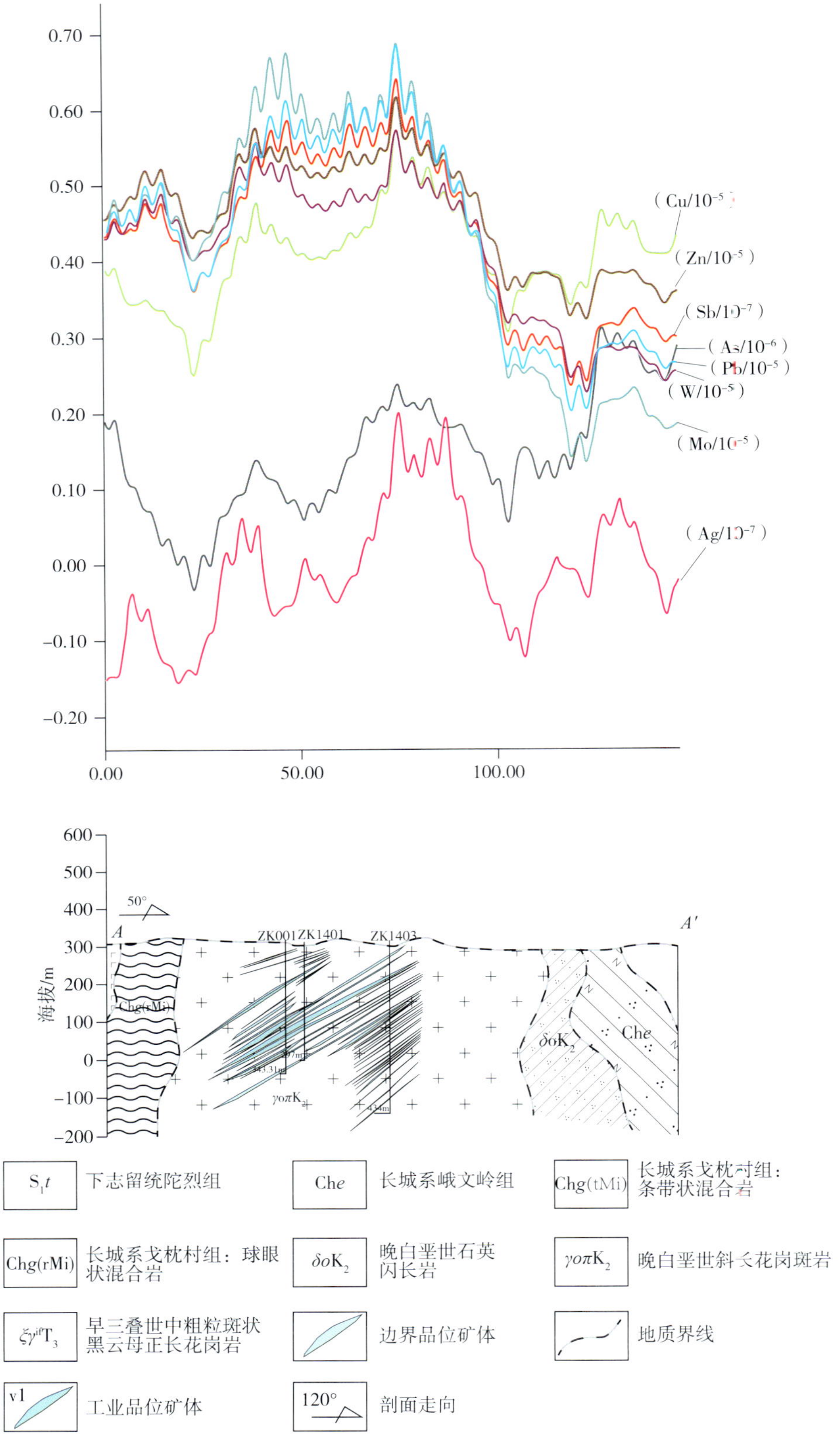

图 6-4-11　海南省乐东县报告村斑岩型钼矿典型矿床预测模型图

注：①Co、Cr、Ni、V、B、Ba、Mn 等 7 元素在矿体及其周边均无异常，不作为本次预测指标；②Pb、Zn、Mo、W、As、Sb 元素异常与已知矿体吻合，有一定的预测指示意义

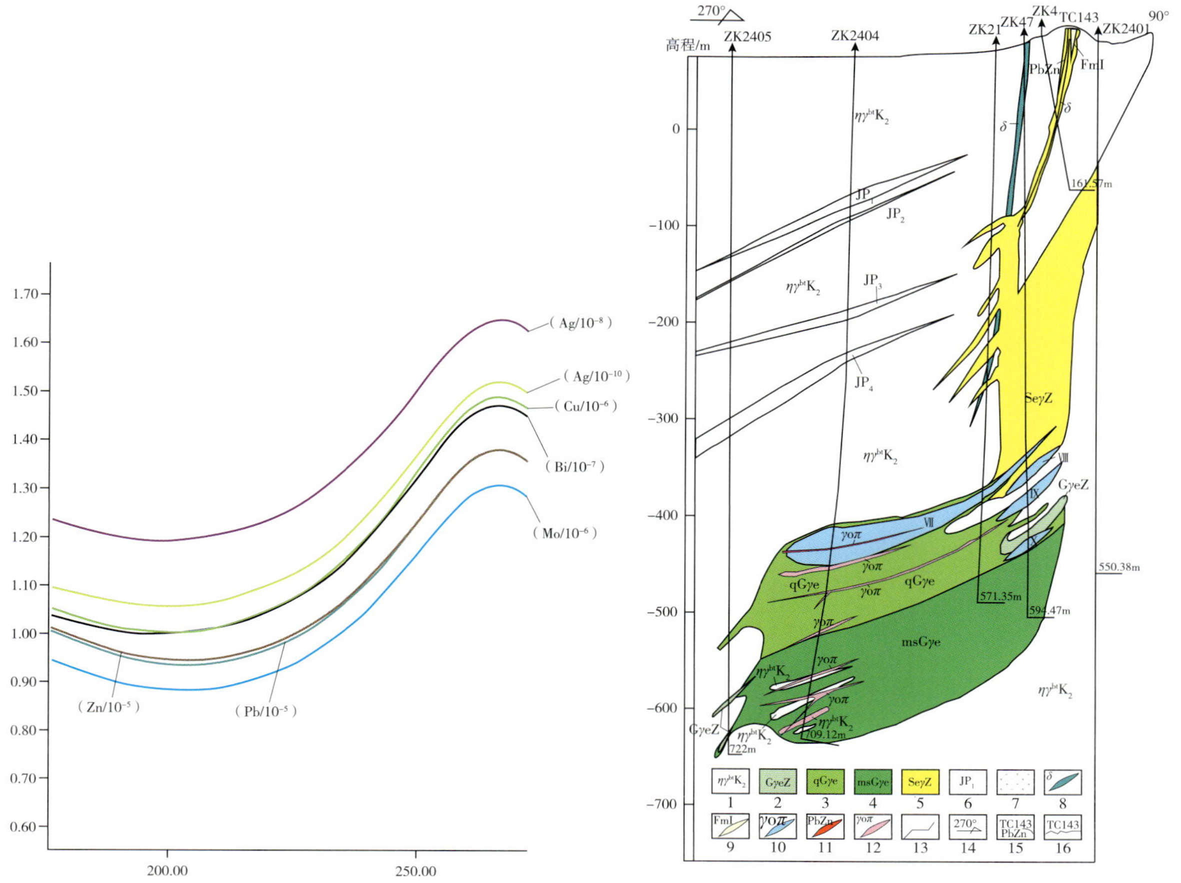

图 6-4-12　海南省乐东县石门山斑岩型钼铅锌多金属矿典型矿床预测模型图

1—细中粒斑状（少斑）角闪黑云二长花岗岩；2—云英岩化带；3—富石英云英岩；4—富云母云英岩；5—绢云母化带；6—挤压破碎带及编号；7—细中粒斑状（少斑）角闪黑云二长花岗岩；8—中性岩脉；9—石英脉绢云母化破碎带及编号；10—钼矿体；11—铅锌矿（化）体；12—花岗细晶岩脉；13—地质界线；14—剖面方向；15—钻孔位置、编号及深度；16—探槽走向

2. 烟塘梅岭钼矿

（1）成矿地质特征

梅岭铜钼矿矿体主要赋存于梅岭爆破角砾岩筒与花岗闪长岩接触带附近的花岗闪长岩、花岗闪长斑岩、爆破角砾岩、震碎角砾岩中；矿区围岩为晚白垩世花岗闪长岩、早三叠世黑云母二长花岗岩；矿体受梅岭爆破角砾岩筒与花岗闪长岩接触带附近的菱形裂隙带及岩筒东部与东西向梅岭-重兴断裂近乎平行的断裂带控制；矿床主要形成于晚白垩世，花岗闪长岩侵位及爆破角砾岩筒形成后多其次的花岗闪长斑岩的侵入导致 Mo、Cu 等有用元素进一步富集，其中第三次侵入的隐伏花岗斑岩对于成矿的贡献最大；成矿物质主要来源于晚白垩世花岗闪长岩及第三次侵入的花岗闪长斑岩。

矿区发现并编号的矿脉有 23 条，大多呈透镜状、脉状。矿石主要结构有斑状结构、似斑状结构、角砾状结构、假象角砾状结构、碎斑结构。矿石主要构造有浸染状构造、微粒浸染状构造和细脉浸染状构造等。矿石主要类型为细粒浸染状矿石、微粒浸染状矿石和细脉浸染状矿石，其中细脉浸染状矿石为主要矿石类型。

（2）成矿作用

晚白垩世花岗闪长岩侵入后期，在东西向梅岭-重兴断裂和南北向蓬莱-烟塘断裂的应力场作用下，深部岩浆携带大量的气液继续上侵，在断裂交汇部位致使围岩爆破形成梅岭爆破角砾岩筒。岩筒内可见浸染状铜钼矿化的花岗闪长岩角砾，表明在此阶段铜、钼已经初步富集；之后的 4 次花岗闪长斑岩的侵入使铜、钼进一步的富集，尤以第三次侵入的隐伏花岗闪长斑岩贡献最大，为梅岭铜钼矿的主成矿期。梅岭铜钼矿的成矿作用主要表现为富含大量铜、钼的成矿热液伴随花岗闪长斑岩（主要为第三次侵入花岗闪长斑岩）侵入于梅岭爆破角砾岩筒菱形裂隙带及近东西向断裂带内运移、富集、沉淀。

（3）预测要素

通过对梅岭铜钼矿典型矿床成矿地质背景、成矿地质特征和成矿作用进行分析，综合各类找矿指示因素，提取了典型矿床的预测要素（表6-4-21）。

表6-4-21　海南省琼海市梅岭铜钼矿典型矿床预测要素表

<table>
<tr><td colspan="3">预测要素</td><td colspan="3">描述内容</td><td rowspan="3">预测要素分类</td></tr>
<tr><td colspan="3">储量</td><td>铜金属量：1661t，钼金属量：3311t</td><td>平均品位</td><td>铜：0.53%；钼：0.10%</td></tr>
<tr><td colspan="3">特征描述</td><td colspan="3">与爆破角砾岩筒相关的斑岩型铜钼矿床</td></tr>
<tr><td rowspan="3">地质环境</td><td colspan="2">成矿时代</td><td colspan="3">晚白垩世</td><td>必要</td></tr>
<tr><td rowspan="2">区域构造</td><td>大地构造单元</td><td colspan="3">武夷-云开-台湾造山系（Ⅰ级）五指山岩浆弧（Ⅱ级）五指山褶冲带（Ⅲ级）五指山岩浆弧（Ⅳ级）</td><td>重要</td></tr>
<tr><td>大地构造位置</td><td colspan="3">五指山岩浆弧北东侧、昌江-琼海深大断裂东段</td><td>重要</td></tr>
<tr><td rowspan="6">地质环境</td><td colspan="2">成矿构造</td><td colspan="3">南北向的蓬莱-烟塘张性断裂和东西向或近东西向的梅岭-重兴断裂相交汇处</td><td>必要</td></tr>
<tr><td colspan="2">成矿区带</td><td colspan="3">位于Ⅴ级成矿区带“烟塘钼、铜多金属矿田（Ⅲ-90—Ⅳ-54—Ⅴ-10）”内</td><td>重要</td></tr>
<tr><td rowspan="4">岩浆建造/岩浆作用</td><td>岩体</td><td colspan="3">烟塘花岗闪长岩体及梅岭爆破角砾岩筒</td><td>必要</td></tr>
<tr><td>岩性组合</td><td colspan="3">花岗闪长岩、爆破角砾岩、碎裂岩、花岗闪长斑岩</td><td>次要</td></tr>
<tr><td>岩石结构、构造</td><td colspan="3">半自形粒状结构、中细粒状花岗结构；块状构造</td><td>次要</td></tr>
<tr><td>侵入岩时代</td><td colspan="3">晚白垩世</td><td>重要</td></tr>
<tr><td rowspan="11">矿床特征</td><td rowspan="7">成矿特征</td><td>矿体形态</td><td colspan="3">矿体多呈透镜状、脉状，常作陡倾、斜列单体产出，少数也有分枝现象</td><td>重要</td></tr>
<tr><td>矿体产状</td><td colspan="3">走向各处不一，倾角一般为60°~70°</td><td>重要</td></tr>
<tr><td>矿物组合</td><td colspan="3">原生金属矿物成分简单，主要是黄铁矿、辉钼矿和黄铜矿3种。非金属矿物主要有石英、长石、绢云母、绿泥石等</td><td>重要</td></tr>
<tr><td>矿床伴生组分</td><td colspan="3">Ag、Pb、Co、Zn</td><td>重要</td></tr>
<tr><td>矿体围岩</td><td colspan="3">花岗闪长岩、爆破角砾岩、碎裂岩、花岗闪长斑岩</td><td>重要</td></tr>
<tr><td>围岩蚀变</td><td colspan="3">以绢云母化、硅化、绿泥石化、绿帘石化、碳酸盐化和黑云母化较重要</td><td>重要</td></tr>
<tr><td>控矿条件</td><td colspan="3">在花岗斑岩侵入的第二期和第三期之间产生的梅岭爆破角砾岩筒是主要的含矿位置，第三期的花岗闪长斑岩是主要的矿源；岩筒南部的环状裂隙群和东部的断裂是成矿物质的主要运移通道和聚集场所；中酸性钙碱系列中深—浅成相的岩浆，有利携带Cu、Mo等成矿元素</td><td>必要</td></tr>
<tr><td colspan="2">矿床规模</td><td colspan="3">小型</td><td>重要</td></tr>
<tr><td rowspan="2">物探资料</td><td>重力异常</td><td colspan="3">1∶25万区域重力图上，位于白延重力低的西南侧，为布格重力异常等值线向重力高方向凸出部位，剩余重力异常、重力垂向二阶导数图上，梅岭钼矿处于与花岗岩体引起的剩余重力负异常中</td><td>次要</td></tr>
<tr><td>激电异常</td><td colspan="3">矿区出现4条视极化率激电异常带，其中有3条近乎平行呈北东方向延伸，它们向南西方向在岩筒边部结合</td><td>次要</td></tr>
<tr><td>化探资料</td><td>异常特征</td><td colspan="3">主成矿元素Mo及其共伴生元素Ag、Cu、Co、Zn在成矿赋矿地质背景内共形成3处较好的异常组合，烟塘地区组合异常，Mo、Ag、Cu、Zn异常均达三级浓度分带，Co异常达一级浓度分带，Mo、Cu、Co异常中心套合较好，琼海市烟塘梅岭铜钼矿位于该组合异常浓集中心南缘</td><td>重要</td></tr>
</table>

（4）矿床预测模型

在综述预测要素基础上，采用 GIS 技术从各课题组底图中获取要素信息，并以点、线、面形式进行表达。据此，共提取了侵入岩体、断裂、地层、矿体、化探的 Cu、Mo、Pb、Zn、Ag 异常、重力高异常、航磁负异常等信息，建立了海南省烟塘-塔洋园珠顶式斑岩型钼矿预测工作区典型矿床预测模型（表 6-4-22，图 6-4-13）。

表 6-4-22　海南省琼海市梅岭铜钼矿典型矿床模型表

<table>
<tr><td rowspan="2">概况</td><td>东经</td><td>110°31′56″—
110°34′14″</td><td>北纬</td><td>19°23′59″—
19°25′23″</td><td>地理位置</td><td>海南省琼海市
烟塘镇一带</td></tr>
<tr><td>主矿种</td><td>铜、钼</td><td>储量</td><td>铜：1661t；
钼：3311t</td><td>品位</td><td>铜：0.53%；
钼：0.10%</td></tr>
<tr><td>成矿的地质
构造环境</td><td colspan="6">五指山岩浆弧的北东侧，处于昌江-琼海深大断裂的东段，南北向的蓬莱-烟塘张性断裂和东西向或近东西向的梅岭-重兴断裂相交汇的地方，烟塘岩体中部的梅岭爆破角砾岩筒中</td></tr>
<tr><td>控矿的各类及
主要控矿因素</td><td colspan="6">烟塘岩体中部的膨大部位有多期次的花岗斑岩侵入，在第二和第三次之间产生的梅岭爆破角砾岩筒是主要的含矿位置，第三次侵入的花岗闪长斑岩是主要的矿源，岩筒与花岗闪长岩接触带附近的菱形裂隙群和东部与东西向梅岭-重兴断裂近乎平行近南北展布的断裂带是成矿物质的主要运移通道和聚集场所</td></tr>
<tr><td rowspan="3">矿床的三度
空间分布特征</td><td>产状</td><td colspan="5">走向各处不一，倾角一般为 60°～70°</td></tr>
<tr><td>形态</td><td colspan="5">矿体多呈透镜状、脉状，常作陡倾、斜列单体产出，少数也有分枝现象</td></tr>
<tr><td>规模</td><td colspan="5">储量小于 100t 的占多数，大于 1000t 的铜、钼矿体各仅 1 处。但这两个矿体（铜Ⅱ号和钼 14 号）的储量占总储量的 77%，而且品位也比较高。如果包括另外 4 个大于 100t 的矿体在内，则它们可占总储量近 90%</td></tr>
<tr><td rowspan="5">矿床的物质组成</td><td>矿石类型</td><td colspan="5">以细脉浸染状为主，少数细粒微粒侵染状</td></tr>
<tr><td>矿物组合</td><td colspan="5">矿石矿物主要为辉钼矿、黄铜矿，次要为黄铁矿、孔雀石、褐铁矿，以及少量至微量闪锌矿、磁铁矿、锐钛矿、白钛矿；脉石矿物主要为绢云母、石英、绿泥石、方解石、绿帘石，次要为钾长石、角闪石、黑云母、白云母，少量至微量榍石、磷灰石、褐帘石等</td></tr>
<tr><td>含矿岩石</td><td colspan="5">梅岭爆破角砾岩筒与花岗闪长岩接触带附近的花岗闪长岩、花岗闪长斑岩、爆破角砾岩、震碎角砾岩</td></tr>
<tr><td>蚀变类型</td><td colspan="5">绢云母化、硅化、绿泥石化、绿帘石化、碳酸盐化和黑云母化</td></tr>
<tr><td>伴生元素含量</td><td colspan="5">Cu、Mo、Ag、Pb、Co、Zn</td></tr>
<tr><td rowspan="2">矿床的地球
物理特征及标志</td><td>激电异常</td><td colspan="5">矿区出现 4 条视极化率异常带，其中有 3 条近乎平行呈北东方向延伸，它们向南西方向在岩筒边部结合</td></tr>
<tr><td>重力异常</td><td colspan="5">1∶25 万区域重力图上，位于白延重力低的西南侧，为布格重力异常等值线向重力高方向凸出部位，剩余重力异常、重力垂向二阶导数图上，梅岭钼矿处于与花岗岩体引起的剩余重力负异常中</td></tr>
<tr><td>矿床的地球
化学特征及标志</td><td colspan="6">主成矿元素 Mo 及其共伴生元素 Ag、Cu、Co、Zn 在成矿赋矿地质背景内共形成 3 处较好的异常组合，烟塘地区组合异常，Mo、Ag、Cu、Zn 异常均达三级浓度分带，Co 异常达一级浓度分带，Mo、Cu、Co 异常中心套合较好，琼海市烟塘梅岭铜钼矿位于该组合异常浓集中心南缘</td></tr>
<tr><td>矿床成因</td><td colspan="6">矿床成因类型：爆破岩筒式斑岩型铜钼矿床；
矿床成因：晚白垩世花岗闪长岩侵入后期，在东西向梅岭-重兴断裂和南北向庙岭-青岭断裂的应力场作用下，深部岩浆携带大量的气液继续上侵，在断裂交汇部位致使围岩爆破形成梅岭爆破角砾岩筒。岩筒内可见浸染状铜钼矿化的花岗闪长岩角砾，表明在此阶段铜、钼已经初步富集；之后的 4 次花岗闪长斑岩的侵入使铜、钼进一步的富集，尤以第三次侵入的隐伏花岗闪长斑岩贡献最大，为梅岭铜钼矿的主成矿期。梅岭铜钼矿的成矿作用主要表现为富含大量铜、钼的成矿热液伴随花岗闪长斑岩（主要为第三次侵入花岗闪长斑岩）侵入于梅岭爆破角砾岩筒菱形裂隙带及近东西向断裂带内运移、富集、沉淀</td></tr>
</table>

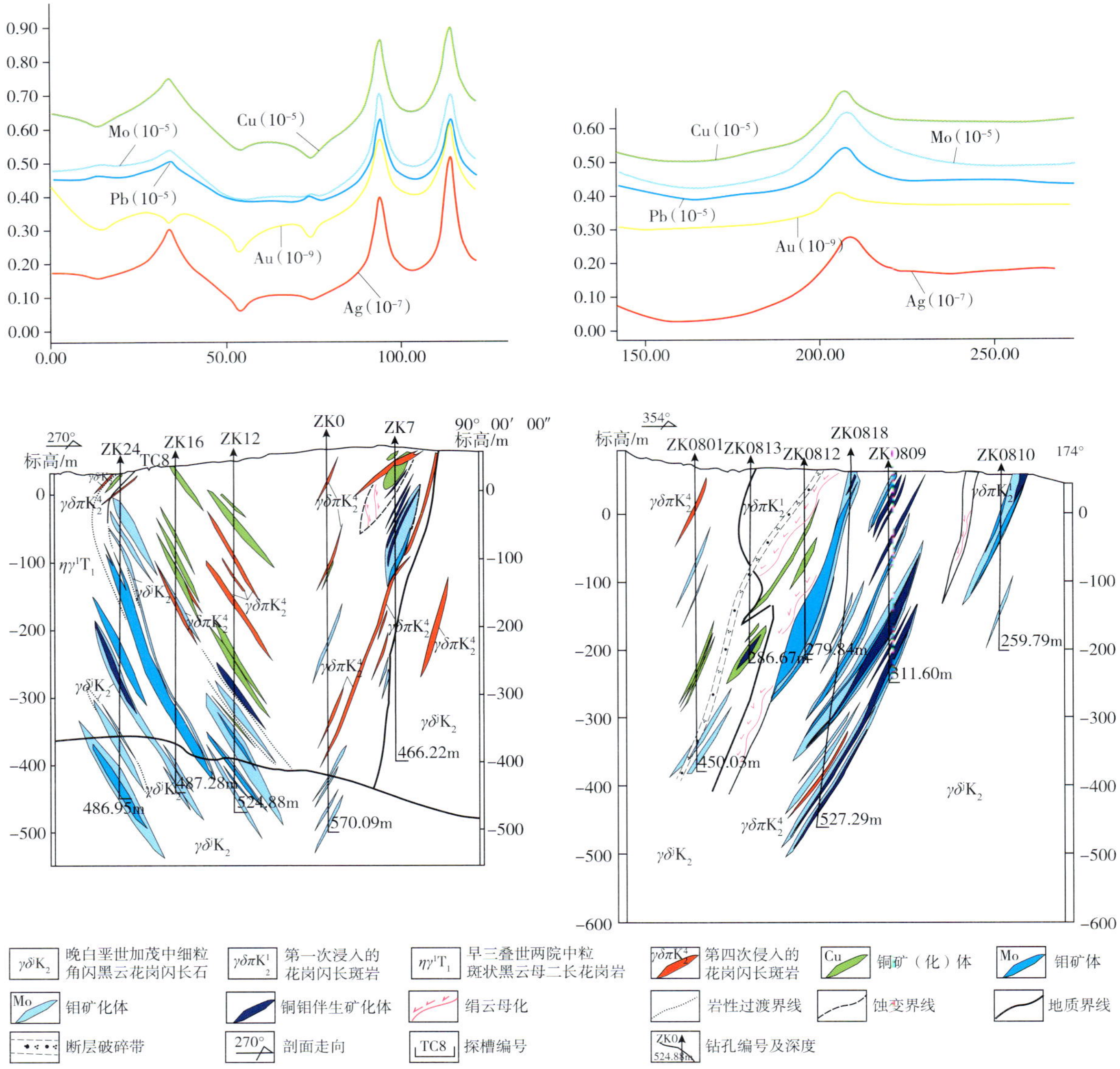

图 6-4-13　海南省琼海市梅岭铜钼矿区典型矿床预测模型图

注：①Cu、Mo、Pb、Au、Ag 异常值明显；②Au 异常明显；③As 具有弱的异常

（二）预测工作区预测模型

1. 乐东县尖峰-千家预测工作区园珠顶式斑岩型钼矿

（1）预测要素

通过对海南省园珠顶式斑岩型钼矿床预测工作区时空展布、成矿地质背景和成矿规律的分析研究，总结各类找矿标志，提取了预测工作区预测要素（表 6-4-23），并对工作区钼矿床的成矿过程进行了分析，总结了成矿模式。

（2）预测模型

在综述上述预测要素基础上，采用 GIS 技术从各课题组底图中获取要素信息，并以点、线、面形式进行表达。据此，共提取了侵入岩体、断裂构造、已知矿床（点）、化探的 Mo、Pb 异常等信息，建立了海南岛乐东县尖峰-千家预测区斑岩型钼矿预测模型（图 6-4-14a 和图 6-4-14b）。

表 6-4-23　海南省乐东县尖峰-千家预测工作区园珠顶式斑岩型钼矿区域预测要素表

<table>
<tr><th colspan="2">区域预测要素</th><th>描述内容</th><th>预测要素分类</th></tr>
<tr><td rowspan="3">区域成矿地质环境</td><td>大地构造单元</td><td>武夷-云开-台湾造山系（Ⅰ级）五指山岩浆弧（Ⅱ级）五指山褶冲带（Ⅲ级）</td><td>必要</td></tr>
<tr><td>大地构造位置</td><td>九所-陵水深大断裂西段北侧，尖峰-吊罗断裂带西段南侧，白沙断陷、抱板隆起和五指山隆起的交汇部位</td><td>必要</td></tr>
<tr><td>区域成矿区带</td><td>包括尖峰岭金、钨、钼、轻稀土、石墨、白云母、水晶、多金属矿田（Ⅲ-90—Ⅳ-52—Ⅴ-6）和千家钼、铅锌多金属矿田（Ⅲ-90—Ⅳ-54—Ⅴ-14）的全部，坝王岭-王下金、铅、锌、轻稀土、萤石矿田（Ⅲ-90—Ⅳ-52—Ⅴ-5）和戈枕金矿田（Ⅲ-90—Ⅳ-52—Ⅴ-4）的南端，什运-大安萤石矿田（Ⅲ-90—Ⅳ-53—Ⅴ-7）和南好铁、铜、铅、锌矿田（Ⅲ-90—Ⅳ-54—Ⅴ-13）的西段</td><td>重要</td></tr>
<tr><td rowspan="5">区域成矿地质环境</td><td>区域性构造</td><td>东西向的尖峰-吊罗和九所-陵水深大断裂及一系列次级断裂构造</td><td>重要</td></tr>
<tr><td>赋矿地层/岩体</td><td>千家岩体、尖峰岩体</td><td>必要</td></tr>
<tr><td>赋矿岩石类型</td><td>花岗斑岩、斑状黑云母二长花岗岩、斜长花岗斑岩</td><td>必要</td></tr>
<tr><td>侵入岩时代</td><td>海西期、印支期、燕山期</td><td>重要</td></tr>
<tr><td>区域控矿构造</td><td>一系列北东向和北北东向、近南北向、北西向、东西向断裂</td><td>必要</td></tr>
<tr><td rowspan="7">区域成矿地质特征</td><td>区域成矿类型和成矿期</td><td>园珠顶式斑岩型钼矿床；晚白垩世</td><td>重要</td></tr>
<tr><td>围岩蚀变</td><td>钼矿化、硅化、云英岩化、钾化、绢云母化、黄铁矿化、黑云母化等</td><td>重要</td></tr>
<tr><td>矿体形状</td><td>较大的扁豆状或透镜状、脉状</td><td>重要</td></tr>
<tr><td>矿石类型</td><td>含辉钼矿云英岩型矿石和含辉钼矿云英岩化二长花岗岩型矿石；含钼石英脉和含钼斜长花岗斑岩；含钼的花岗斑岩和正长花岗岩</td><td>重要</td></tr>
<tr><td>矿石矿物</td><td>主要是辉钼矿，其次是黄铁矿、黄铜矿、闪锌矿方铅矿等；脉石矿物主要是石英、白云母、斜长石等</td><td>重要</td></tr>
<tr><td>矿石结构构造</td><td>鳞片花岗变晶、自形-半自形叶片状结构、包含状结构、显微鳞片花光变晶结构和变余似斑状花岗结构、碎裂结构等；细脉浸染状、细脉状构造、角砾状构造等</td><td>重要</td></tr>
<tr><td>控矿条件</td><td>晚白垩世构造岩浆活动带；九所-陵水深大断裂西段北侧，尖峰-吊罗断裂带西段南侧；晚白垩世斜长花岗斑岩、斑状花岗岩</td><td>必要</td></tr>
<tr><td rowspan="4">区域物化遥和自然重砂异常特征</td><td>激电异常</td><td>地表激电异常主要由地表或浅部的多金属矿化石英脉绢云母化破碎带和采矿坑排出的矿渣引起，对于寻找隐伏云英岩体及钼矿体不具有指导意义；下部激电异常是在花岗岩体内沿构造破碎带发育的金属硫化矿物的激电效应与晚期的无矿充水构造破碎带的激电效应互相叠加所引起，可能成为间接找矿标志</td><td>次要</td></tr>
<tr><td>航磁异常</td><td>航磁异常分布在千家岩体北部和尖峰岩体内，异常由含少量磁性矿物的长英角岩和石英闪长岩枝一起，无工作价值</td><td>次要</td></tr>
<tr><td>遥感特征</td><td>1∶5 万区测及遥感地质解译资料表明，区域上低次序的东西向、北东向和近南北向断裂构造较发育，环形构造和线形构造较发育，线形构造整体呈北东向和近南北向展布。多组构造相互交汇叠加，为钼、钨、铅、锌、锡等多金属矿的迁移和富集提供了有利条件</td><td>次要</td></tr>
<tr><td>化探异常</td><td>1∶25 万地球化学土壤测量圈出Ⅰ类矿化异常 3 个，Ⅱ类矿化异常 7 个，Ⅲ类矿化异常 9 个。沿北北西向断裂带断续侵入于混合岩-变质岩区或花岗岩区的斜长花岗斑岩小岩体引起的钼异常有 4 个，占异常总数的 21%。分布在文且、冲卒岭南面和卧东岭一带，异常的位置、形态和规模与斑岩体基本一致，以钼异常为主，或伴有铜、铅异常，对寻找斑岩型的钼矿床有指导意义</td><td>重要</td></tr>
</table>

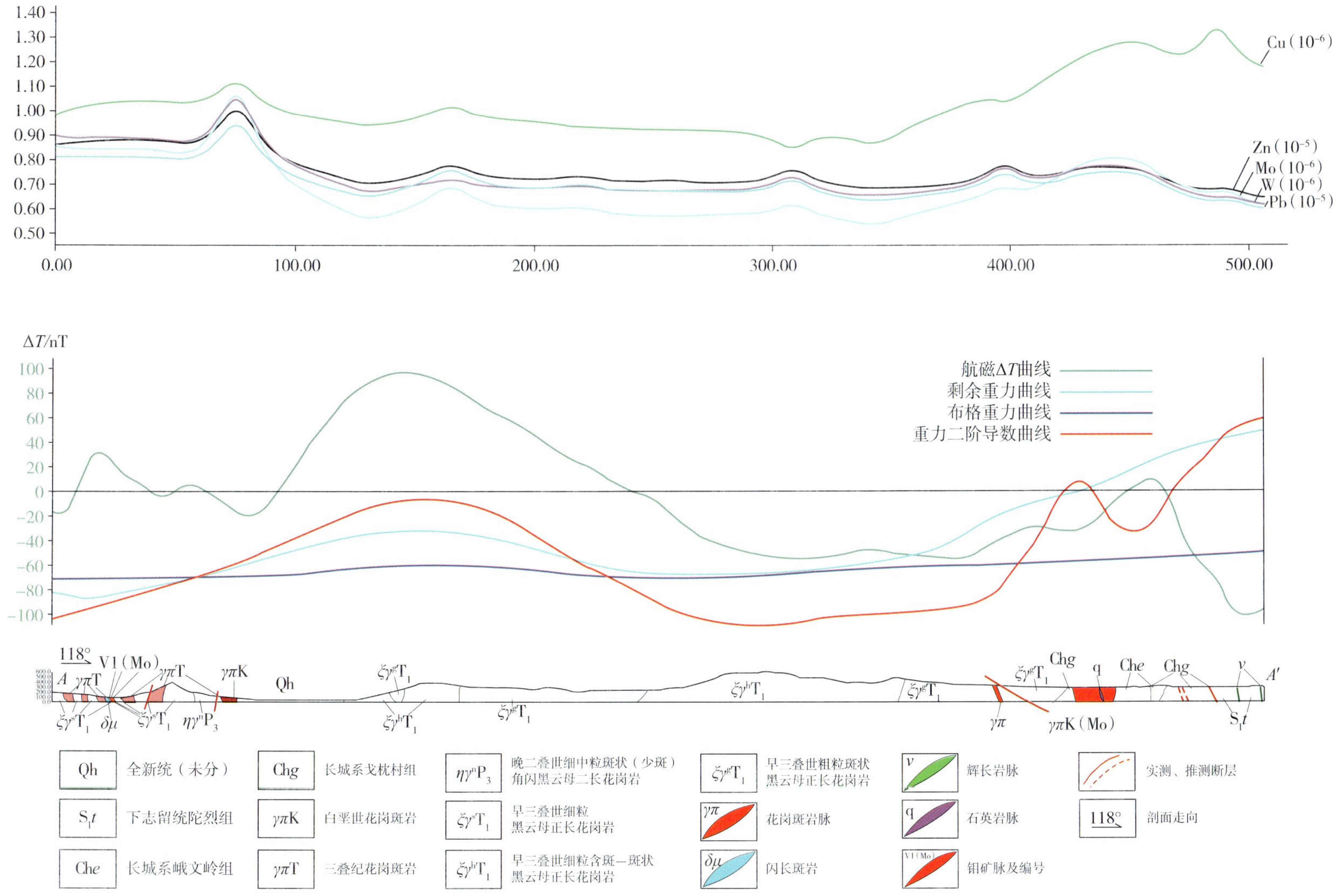

图 6-4-14a 海南省乐东县尖峰-千家预测工作区园珠顶式斑岩型钼矿 A-A'剖面区域预测模型图

注：①Mo、Zn、W、Pb、Cu 元素异常与报告村钼矿、红门岭钼钨矿矿区具有较好的对应，异常峰值与矿区存在一定的偏差；②航磁异常能很好的反应斜长花岗斑岩、花岗斑岩，对区内斑岩型矿床找矿意义重大，此外，重力二阶导、剩余重力在报告村钼矿（斜长花岗斑岩体）处出现峰值；③在剖面上布格重力曲线平稳，变化较小

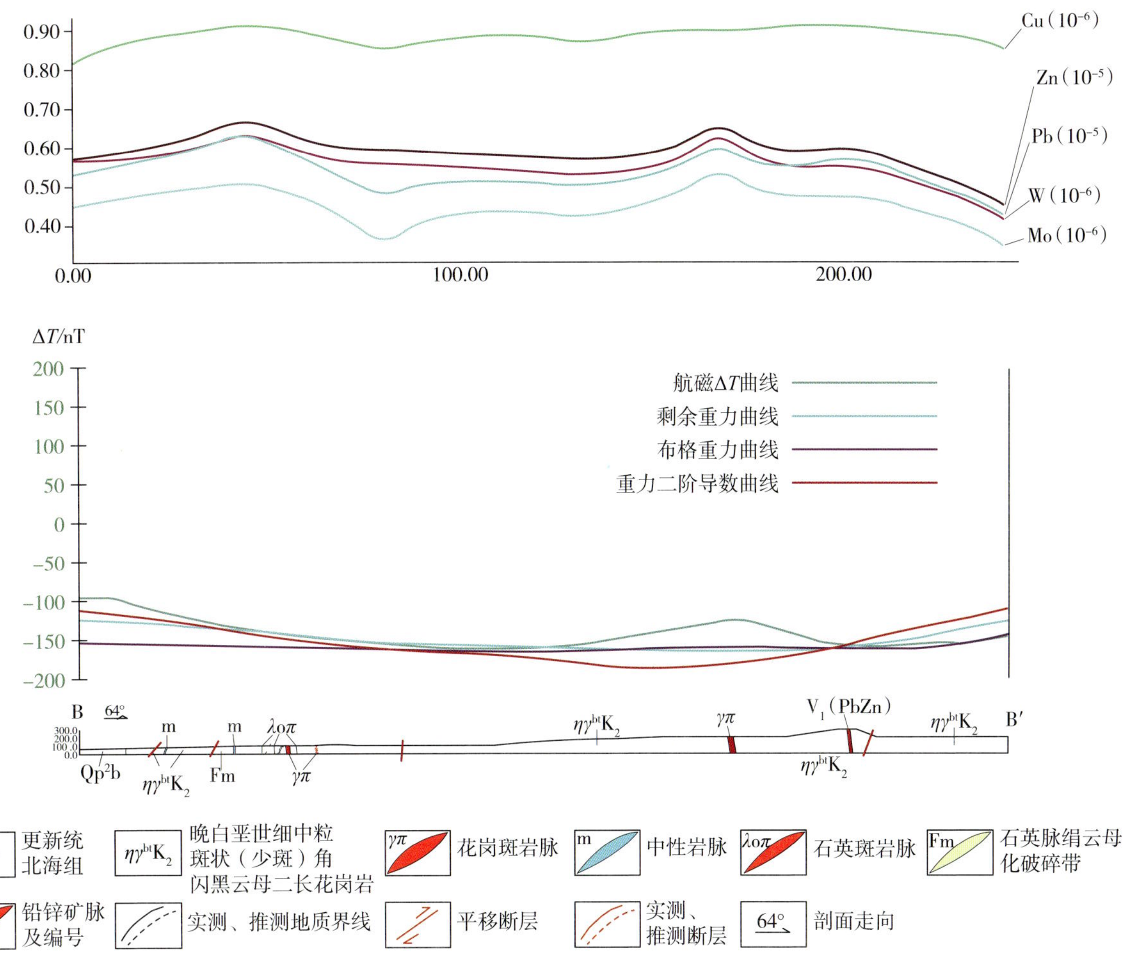

图 6-4-14b　海南省乐东县尖峰—千家预测工作区园珠顶式斑岩型钼矿 B-B′剖面区域预测模型图

注：①Mo、Zn、W、Pb、Cu 元素异常与石门山钼铅锌多金属矿矿区剖面位置吻合较好，但异常不十分明显；②航磁异常能很好的反应斑岩体的位置，对于区内斑岩型钼矿床找矿工作意义重大；③在剖面上布格重力和剩余重力曲线平稳，变化较小

2. 琼海市烟塘–塔洋预测工作区园珠顶式斑岩型钼矿

(1) 预测要素

通过对海南省琼海市烟塘—塔洋园珠顶式斑岩型钼矿床预测工作区时空分布规律、成矿地质背景和成矿规律的分析研究，总结各类找矿标志，提取了预测工作区预测要素（表6–4–24），并对工作区钼矿床的成矿过程进行了分析，总结了成矿模式。

表6–4–24 海南省琼海市烟塘–塔洋预测工作区园珠顶式斑岩型钼矿预测要素表

区域预测要素		描述内容	预测要素分类
区域成矿地质环境	大地构造单元	武夷–云开–台湾造山系（Ⅰ级）五指山岩浆弧（Ⅱ级）五指山褶冲带（Ⅲ级）五指山岩浆弧（Ⅳ级）	重要
	大地构造位置	五指山岩浆弧的东部，晚白垩世岩浆活动带，昌江–琼海深大断裂的东段	重要
	区域成矿区带	包括整个烟塘钼、铜多金属矿田（Ⅲ–90—Ⅳ–54—Ⅴ–10）和蓬莱铝土、钴土、宝石、褐煤、高岭土矿田（Ⅲ–90—Ⅳ–54—Ⅴ–8）东南端	重要
	区域性构造	断裂构造有3组，南北向的铺前–长坡断裂、蓬莱–烟塘断裂惯穿测区，东西向有昌江–琼海深大断裂和重兴–烟塘断裂、东岭山断裂，北西向有青岭–东岭山断裂	重要
	赋矿地层/岩体	燕山晚期花岗闪长岩及其同源的后期花岗闪长斑岩，爆破角砾岩筒	重要
	赋矿岩石类型	中细粒角闪黑云花岗闪长岩、花岗闪长斑岩、爆破角砾岩、震碎角砾岩	必要
	侵入岩时代	晚白垩世	重要
	区域控矿构造	南北向的庙岭–青岭张性断裂和东西向或近东西向的梅岭–重兴断裂相交汇处	必要
区域成矿地质特征	区域成矿类型和成矿期	与爆破角砾岩筒相关的斑岩型铜钼矿床；晚白垩世	必要
	围岩蚀变	区内热液蚀变类型有黑云母化、绢云母化、石英化、碳酸盐化、绿泥石化、绿帘石化、黄铁矿化、硬石膏化、沸石化、葡萄石化等。其中以绢云母化、石英化、绿泥石化、绿帘石化、碳酸盐化和黑云母化较重要	重要
	矿体形状、产状	矿体多呈透镜状、脉状，常作陡倾、斜列单体产出，少数也有分枝现象。走向各处不一，倾角一般60°~70°	重要
	矿石类型	微细粒浸染状、细脉浸染状矿石为主	重要
	矿石矿物	主要为黄铜矿、辉钼矿，次为黄铁矿、褐铁矿，少量闪锌矿、磁铁矿、金红石	重要
	矿石结构构造	它形—自形粒状、团粒状；微粒浸染状构造、细粒浸染状构造、细脉浸染状构造	重要
	控矿条件	南北向的张性断裂和东西向或近东西向的断裂相交汇的地方；晚白垩世花岗闪长斑岩侵入体存在；爆破角砾岩筒	必要
区域物化遥和自然重砂异常特征	激电异常	1∶1万~1∶2万的中梯激电物探异常在梅岭一带出现四条视极化率（ηs）异常带，其中3条近乎平行呈北东方向延伸，异常带向南西方向在岩筒边部结合，异常特征总体上反映了铜、钼等硫化物矿化	次要
	航磁异常	工作区位于琼北降低磁场区。矿区负磁异常位于梅岭–东流园负磁异常的西段，角砾岩筒位于其顶部宽阔部分的中央。异常强度南强北弱，较为平缓，异常范围比岩筒大数倍。岩筒的南端，负值最高，还可能与该处矿化活动（矿化相对强）以及岩筒下部的隐伏低铁斑岩体侵位较高有关	次要
	区域重力	①位于琼海重力高中北东部变化带中；②布格重力异常表现为向南（重力高）方向突出；③1∶20万区域重力剩余负异常呈北北西向椭圆状，异常强度中心出现在烟塘梅岭一带及长坡市西侧，与1∶20万化探异常范围相吻合	次要
	化探异常	一般都由Cu、Mo、Pb、Zn、Ag组成综合异常，以Cu、Mo出现的概率最大。异常一般沿岩筒四周断续呈环状分布，并向东扩伸，这反映出异常明显受岩筒接触带和东部构造带控制	重要

（2）预测模型

在综述上述预测要素基础上，采用 GIS 技术从各课题组底图中获取要素信息，共提取了侵入岩体、断裂、地层、矿体、化探的 Cu、Mo、Zn、Co、Ag 异常、重力高异常、航磁负异常等信息，建立了海南省琼海市烟塘—塔洋预测工作区园珠顶式斑岩型钼矿区域预测模型（图 6-4-15、图 6-4-16、图 6-4-17）。

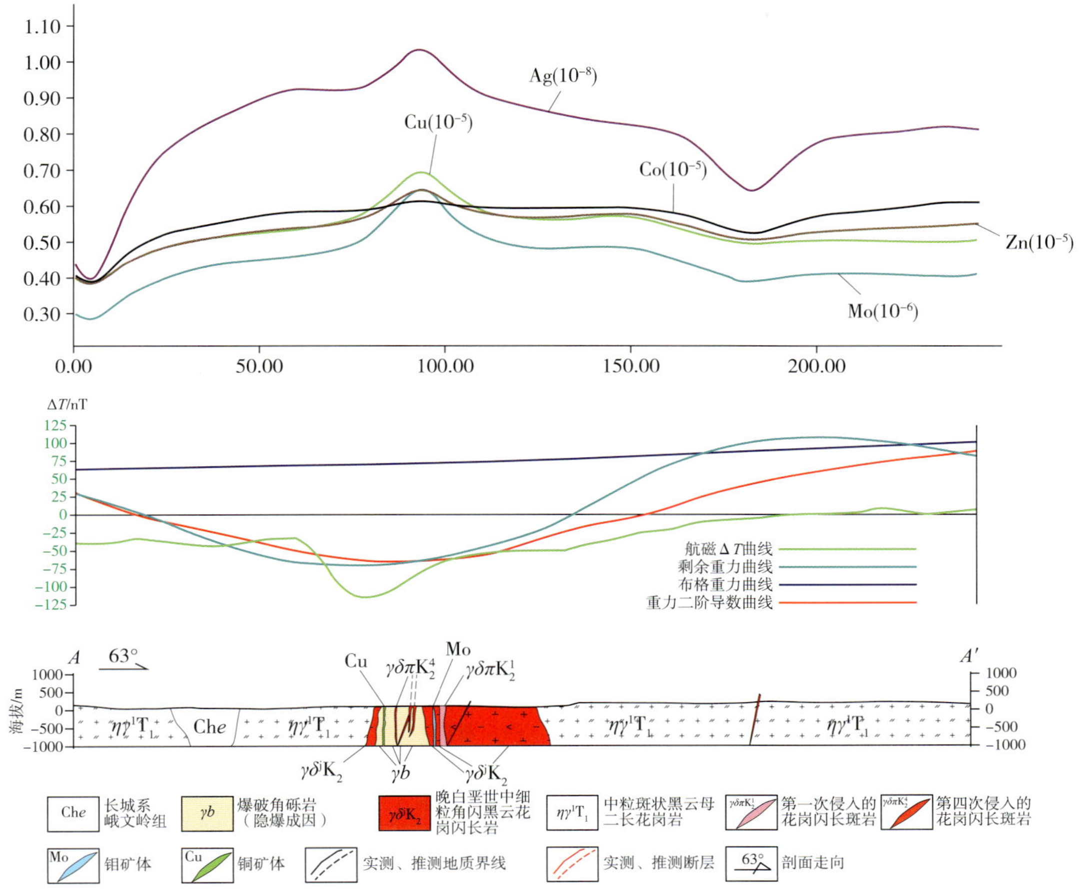

图 6-4-15 海南省琼海市烟塘-塔洋预测工作区园珠顶式斑岩型钼矿预测模型图

注：①破碎带具有较大的磁测 ΔT 负异常，梅岭钼矿此特征明显；②Ag、Zn、Cu、Mo 异常主要分布于梅岭铜钼矿区及花岗岩地区，Co 比较平稳，在矿区无明显异常显示

六、陆相火山岩性钼矿床

（一）典型矿床预测模型

1. 成矿地质特征

罗葵洞钼矿矿体主要受破火山口构造控制，位于隐伏斑状花岗岩顶部及其外接触带六罗村组火山岩中。矿区围岩蚀变不十分明显，蚀变连续性差，其蚀变类型主要有硅化、钾化、黄铁矿化、绢云母化、云英岩化、黑云母化、绿泥石化等，其中硅化、钾化、黄铁矿化、黑云母化是重要的找矿标志，蚀变与钼矿化关系密切。

矿区发现的矿体大多呈似层状、大扁豆状。矿石结构以半自形叶片状、鳞片状结构为主，次为半自形-他形粒状结构；矿石构造主要为细脉状、充填脉状构造、微条带状构造、交错脉状构造、薄膜状构造、星散浸染状构造、团块状构造、角砾状构造等。

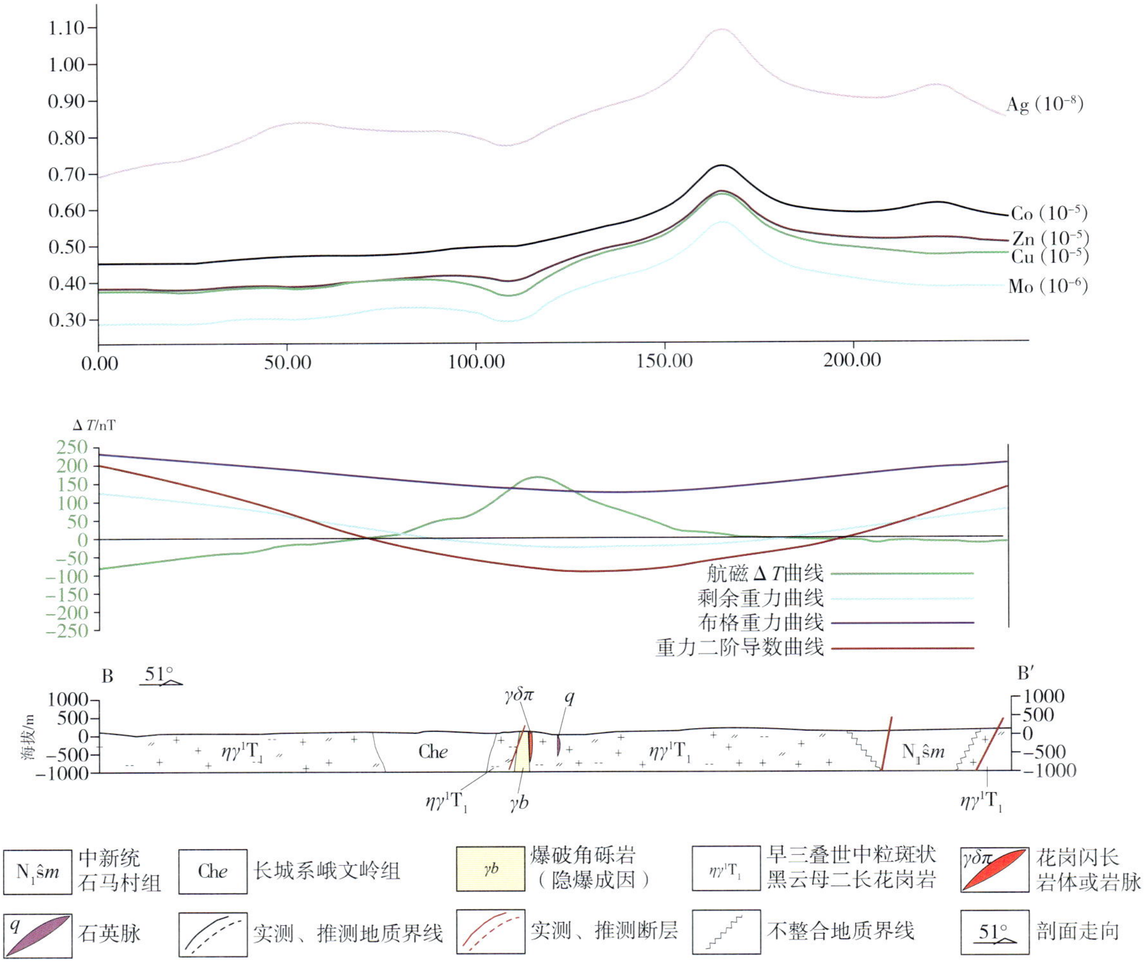

图 6-4-16　海南省琼海市烟塘-塔洋预测工作区园珠顶式斑岩型钼矿剖面预测模型图

注：①破碎带具有较大的磁测 ΔT 正异常，下磉村处此特征明显；②Ag、Zn、Cu、Mo 异常平稳，并未有对矿点良好的对应关系

2. 成矿作用

燕山晚期同安岭-牛腊岭地区发生大规模的火山喷发，构成同安岭-牛腊岭火山盆地。罗葵洞地区便为火山喷溢口之一，火山活动后期，火山口相在固结半固结状态下，深部同源中酸性岩浆沿火山通道上侵，引起爆发，形成罗葵洞破山口。成矿作用主要表现为斑状花岗岩持续侵入阶段，其携带的大量含 Mo 气液在斑状花岗岩顶界面及其外接触带六罗村组火山岩的裂隙带内对流循环、富集、沉淀。

3. 预测要素

通过对罗葵洞钼矿典型矿床成矿地质背景、成矿地质特征和成矿作用进行分析，综合各类找矿指示因素，提取了典型矿床的预测要素（表 6-4-25）。主要预测要素如下：

1）赋矿岩石：下白垩统六罗村组流纹质碎斑熔岩、流纹质角砾熔岩、英安质凝灰熔岩 、流纹质熔结凝灰岩、熔结角砾岩、安山岩及安山质角砾岩等；晚白垩世斑状花岗岩。

2）控矿构造：罗葵洞破火山口构造。

3）成矿时代：白垩纪，辉钼矿 Re-Os 同位素模式年龄加权平均值为 99.7±0.4 Ma。

4）大地构造单元：印支地块（Ⅰ）三亚被动陆缘（Ⅱ）。

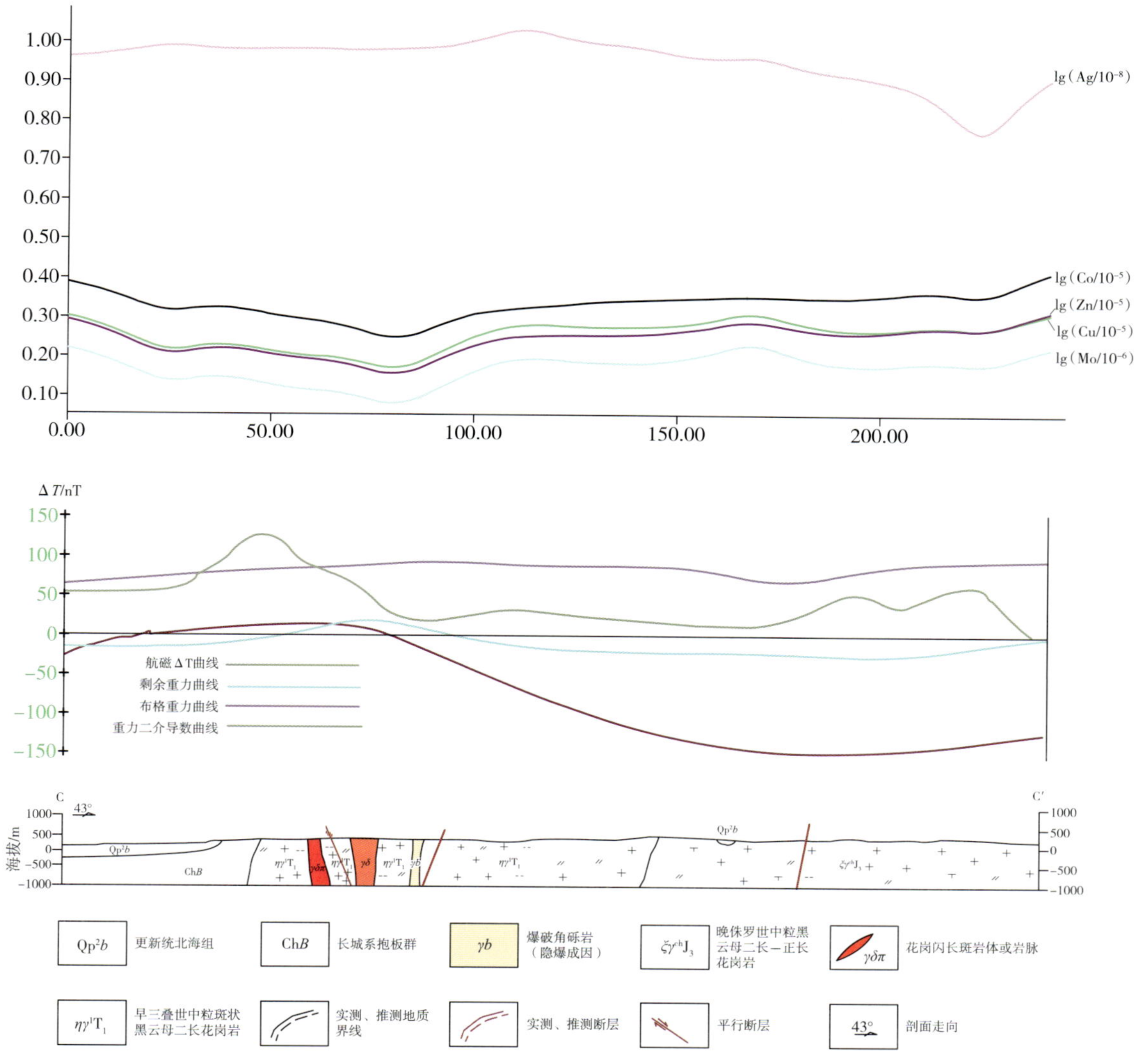

图 6–4–17　海南省琼海市烟塘–塔洋预测工作区园珠顶式斑岩型钼矿预测模型图

注：①破碎带具有较大的磁测 ΔT 正异常，青岭处此特征明显；②Ag、Zn、Cu、Mo 异常比较平稳，在矿区无明显异常显示

5）大地构造位置：五指山褶冲带与三亚被动陆缘过渡带，区域九所–陵水东西向构造带中段南侧，五指山岩浆弧南段，早白垩世同安岭陆相火山岩被南缘。

6）区域构造类型：表现为东西向九所–陵水深大断裂及火山口构造。

7）地球物理特征：激电、航磁。

8）地球化学特征：Mo 化探异常。

表 6–4–25　海南省保亭县罗葵洞钼矿典型矿床预测要素表

<table>
<tr><td colspan="3">预测要素</td><td colspan="4">描述内容</td><td rowspan="3">预测要素分类</td></tr>
<tr><td colspan="3">预测资源量</td><td>Mo：254346t</td><td>平均品位</td><td colspan="2">Mo：0.047%</td></tr>
<tr><td colspan="3">特征描述</td><td colspan="4">陆相火山岩型钼矿床</td></tr>
<tr><td rowspan="3">地质环境</td><td colspan="2">成矿时代</td><td colspan="4">白垩纪，辉钼矿 Re-Os 同位素模式年龄加权平均值为 99.7±0.4 Ma</td><td>必要</td></tr>
<tr><td rowspan="2">区域构造</td><td>大地构造单元</td><td colspan="4">印支地块（Ⅰ）三亚被动陆缘（Ⅱ）</td><td>重要</td></tr>
<tr><td>大地构造位置</td><td colspan="4">五指山褶冲带与三亚被动陆缘过渡带，区域九所–陵水东西向构造带中段南侧，五指山岩浆弧南段，早白垩世同安岭陆相火山岩被南缘</td><td>重要</td></tr>
</table>

续表

预测要素			描述内容	预测要素分类
预测资源量			Mo：254346t；平均品位 Mo：0.047%	
特征描述			陆相火山岩型钼矿床	
地质环境	成矿构造		同安岭-牛腊岭火山岩盆地中的罗葵洞破火山口	必要
	成矿区带		位于Ⅴ级成矿区带“同安岭钼、铜、金矿田（Ⅲ-90—Ⅳ-54—Ⅴ-15）”内	重要
	岩浆建造/岩浆作用	岩石名称	下白垩统六罗村组火山岩和晚白垩世斑状花岗岩	必要
		岩石结构	碎斑或碎屑结构、碎斑角砾结构、熔结碎屑角砾结构、中细粒碎斑状结构、细粒少斑状结构、似斑状构造	次要
		岩石构造	致密块状构造、角砾状构造、假流纹构造	次要
		侵入岩时代	白垩纪	必要
矿床特征	成矿特征	矿体形态	似层状、大扁豆状为主	重要
		矿体产状	矿体产状受隐伏斑岩体顶界面形态控制，倾角一般为0°~10°，个别部位在15°~33°	重要
		矿物组合	金属矿物主要为辉钼矿和黄铁矿，次为黄铜矿及少量闪锌矿、白钨矿、磁铁矿、赤铁矿	重要
		矿床伴生组分	Cu、W、Au、Ag、Re、Te、S、Se 等	重要
		矿体围岩	下白垩统六罗村组火山岩和晚白垩世斑状花岗岩	必要
		围岩蚀变特征	围岩蚀变不十分强，蚀变连续性较差. 常见类型有硅化、钾化、黄铁矿化、绢云母化、绢英岩化、云英岩化、黑云母化、绿帘石化、次闪石化、绿泥石化、碳酸盐化等几种，局部尚有叶蜡石化、萤石化	重要
		控矿条件	白垩纪构造岩浆活动带；早期形成的罗葵洞破火山口；斑状花岗岩隐伏岩体顶部及其外接触带的中-酸性火山岩层位	必要
	矿床规模		大型	重要
	物探和遥感资料	重力异常	1∶25 万区域重力图上，位于保城重力低的西南部，为布格重力异常等值线向重力高方向凸出部位，剩余重力异常、重力垂向二阶导数图上，罗葵洞钼矿处于与花岗岩体引起的剩余重力负异常中	次要
		电性异常	视电阻率异常与钼矿化关系不密切；视极化率异常为3%的范围与地表蚀变矿化范围基本吻合	次要
	化探资料	异常特征	土壤地球化学钼异常值 30×10^{-6} 范围基本与钼矿体圈定范围吻合，Cu、W 异常基本与 Mo 异常叠合，但范围小，连续性差；Sn、Pb、Ag、Au 均为弱异常	重要

4. 矿床预测模型

在综述预测要素基础上，采用 GIS 技术从各课题组底图中获取要素信息，并以点、线、面形式进行表达。据此，共提取了侵入岩体、断裂、矿体、化探的 Mo、Cu、Zn、Bi、Ag、W 异常、航磁正负异常对、低纬度化极航磁异常等信息，建立了海南省罗葵洞式陆相火山岩型钼矿预测工作区典型矿床预测模型（表 6-4-26，图 6-4-18）。

（二）预测工作区预测模型

通过对海南省罗葵洞式陆相火山岩型钼矿床预测工作区时空分布规律、成矿地质背景和成矿规律的分析研究，总结各类找矿标志，提取了预测工作区预测要素（表 6-4-26），并对工作区钼矿床的成矿过程进行了分析，总结了成矿模式，建立了海南省罗葵洞式陆相火山岩型钼矿预测模型（图 6-4-19）。

表 6-4-26 海南省罗葵洞式陆相火山岩型钼矿典型矿床模型表

<table>
<tr><td>名称</td><td colspan="6">海南省罗葵洞钼矿典型矿床</td></tr>
<tr><td rowspan="2">概况</td><td>东经</td><td>109°31′59″—109°35′00″</td><td>北纬</td><td>18°23′59″—18°27′00″</td><td>地理位置</td><td>海南省保亭县南林乡</td></tr>
<tr><td>主矿种</td><td>钼</td><td>储量</td><td>工业品级钼：221507t
低品级钼：33150t</td><td>品位</td><td>工业矿体平均 0.055%；
低品位矿体平均 0.025%</td></tr>
<tr><td>成矿的地质构造环境</td><td colspan="6">五夷-云开-台湾造山系五指山岩浆弧五指山褶冲带五指山岩浆弧南段、东西向九所-陵水构造带中段北侧，晚白垩世岩浆活动带内，同安岭-牛腊岭火山岩盆地中的罗葵洞古火山口</td></tr>
<tr><td>控矿各类及主要控矿因素</td><td colspan="6">晚白垩世构造岩浆活动带，罗葵洞古火山口及其附近，早白垩世流纹质火山岩夹安山质火山岩，斑状花岗岩隐伏岩体顶部及其外接触带</td></tr>
<tr><td rowspan="4">矿体的三度空间分布特征</td><td>产状</td><td colspan="5">产状形态受隐伏斑岩体顶面形态控制，倾角一般为 0°~10°，个别部位在 15°~33°</td></tr>
<tr><td>形态</td><td colspan="5">矿体总体呈东西方向稍长，南北方向稍窄的近等轴形。目前圈出 4 条钼矿体，单一矿体形态以似层状或大扁豆状为主；各矿体均由厚度不等、品级不同的多层矿组成</td></tr>
<tr><td>分带</td><td colspan="5">矿化分带与赋矿岩石的物理性质存在一定关系：细粒致密块状安山质岩石，裂隙不发育，矿化较弱；中细粒流纹质火山岩，裂隙发育，钼矿化较强；隐伏似斑状花岗岩体相对隆起的顶部裂隙发育，钼矿化最强</td></tr>
<tr><td>规模</td><td colspan="5">外带 V_1 和岩体顶界面 V_2 矿体东西长 1000~1500m，南北宽 1000~1300m，单工程厚度 2~408m；内带 V_3、V_4 钼矿体，长宽都小于 400m，单工程厚度 4~97m</td></tr>
<tr><td rowspan="5">矿床的物质组成</td><td>矿石类型</td><td colspan="5">外带矿石主要有流纹质碎斑熔岩、流纹质角砾熔岩、安山岩、安山质角砾岩、英安质碎斑熔岩、英安质角砾熔岩等；内带矿石主要为似斑状花岗岩及细粒正长花岗岩</td></tr>
<tr><td>矿物组合</td><td colspan="5">矿石矿物主要为辉钼矿、黄铁矿，次为黄铜矿及少量闪锌矿、白钨矿、磁铁矿、赤铁矿；脉石矿物与矿层赋矿岩石性质有关，长英质岩石中的矿体，脉石以钾长石、石英、斜长石为主，次为黑云母、绿泥石、绢云母及方解石；安山质岩石中的矿层，脉石矿物有斜长石、绿泥石、次闪石、方解石、石英及部分钾长石</td></tr>
<tr><td>结构构造</td><td colspan="5">矿石结构有半自形叶片状、鳞片状结构为主，次为半自形-他形粒状结构，矿石构造表现为细脉状、充填脉状构造、微条带状构造、交错脉状构造、薄膜状构造、星散浸染状构造、团块状构造、角砾状构造</td></tr>
<tr><td>主元素含量</td><td colspan="5">矿区钼平均品位仅 0.047%，Mo>1%的富矿很少。工业品级矿 Mo 含量≥0.04%，低品级矿钼含量在 0.02%~0.04%之间</td></tr>
<tr><td>伴生元素含量</td><td colspan="5">伴生组分 Cu 一般在 0.02%~0.1%，最高为 0.29%；W 一般在 0.01%~0.065%，最高为 0.35%。组合样分析 Cu、W 含量均很低，因而无法圈出单独的伴生矿体</td></tr>
<tr><td>成矿期次</td><td colspan="6">由早至晚：石英-钾长石阶段，石英-辉钼矿阶段，石英-黄铁矿阶段，石英-钾长石-黄铁矿阶段，碳酸盐阶段。辉钼矿主要集中在第二阶段和第三阶段</td></tr>
<tr><td>矿床的地球物理特征及标志</td><td colspan="6">1∶25 万区域重力图上，位于保城重力低的西南部，为布格重力异常等值线向重力高方向凸出部位，剩余重力异常、重力垂向二阶导数图上，罗葵洞钼矿处于与花岗岩体引起的剩余重力负异常中，中高极化异常，是发现和圈定隐伏钼矿化带（矿体）的重要找矿标志；激电测深揭示钼矿体覆盖浅，并且向下有较大延深，有较大的找矿潜力；遥感资料揭示的火山口环形构造与矿床范围一致</td></tr>
<tr><td>矿床的地球化学特征及标志</td><td colspan="6">以 Mo、Cu、W 异常为主。Mo 异常与钼矿体或蚀变带范围吻合好，可作为外围找矿的直接标志；Cu、W 异常基本上与 Mo 异常叠合，但范围小，连续性差</td></tr>
<tr><td>成矿物理化学条件</td><td colspan="6">根据 Mo 元素的地球化学特点，Mo 的化合价有 4 价和 6 价，在内生作用中，4 价 Mo 离子形成 MoS_2，Mo^{4+} 的离子电位较高，具有强的极化能力，其卤化物极易挥发，这决定了 Mo 在气化热液期集中</td></tr>
</table>

续表

名称	海南省罗葵洞钼矿典型矿床
矿床成因	矿床成因类型：陆相火山岩型钼矿； 成因分析：早白垩世晚期—晚白垩世早期，中生代火山活动频发，罗葵洞地区为火山喷溢口之一，由地壳深部岩浆所分异的中性至酸性岩浆多旋迴喷发及喷溢，形成流纹质凝灰熔岩、流纹质角砾熔岩、安山岩、安山质角砾等以熔岩为主的喷溢与喷发并存的岩石组合。火山活动晚期，火山口相上部岩浆凝固或半凝固的封闭状态下，下部融浆上升，冲破上部半凝固岩石，引起爆发，形成本区熔结角砾岩及凝灰质集块岩。火山活动结束后，深部岩浆房酸性岩浆沿火山构造上侵，在中—浅部位形成斑状花岗岩。岩浆热液上升的过程中，温度、压力等物理条件变化，促使矿液沉淀富集在附近的节理裂隙中，形成罗葵洞陆相火山岩型钼矿床。矿化为从尚未完全凝固的斑状岩体中分馏出的上升流体所引起，但很可能有一定数量大气降水热液的参与，成矿金属主要来自斑状花岗岩岩浆，但不排除早期形成的火山岩中有用元素受到热液萃取而参与成矿作用
找矿标志	构造标志：地幔相对隆起的活动过渡带，火山口构造出现的部位； 层位标志：火山口相的中下部层； 岩浆岩标志：中酸性岩浆岩发育区，中浅成花岗岩上侵可能出现的前缘； 蚀变标志：面形蚀变发育区，特别是石英细脉带广泛分布部位； 地球物理标志：磁场正高跳跃场与弱正负交替场过渡带，激电中梯面状及带状异常分布区； 地球化学标志：水系沉积物 Cu、Mo、W 异常强度大，浓集中心明显区，土壤地球化学 Mo 异常面状分布区

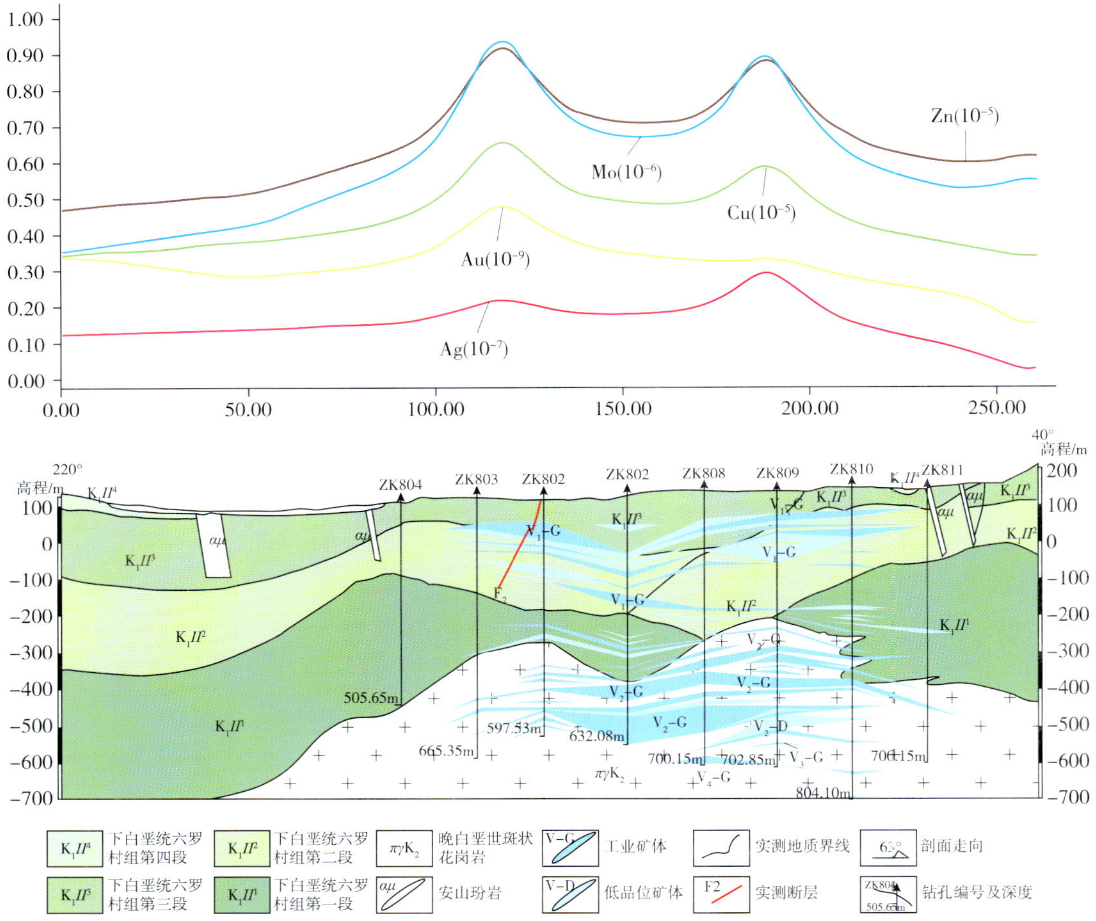

图 6-4-18　海南省保亭县罗葵洞钼矿区典型矿床预测模型图

注：Mo、Cu、Zn 元素异常峰值显著，Au、Ag 元素有异常但峰值并不显著

表 6-4-27　海南省同安岭-牛腊岭预测工作区罗葵洞式陆相火山岩型钼矿预测要素表

区域预测要素		描述内容	预测要素分类
区域成矿地质环境	大地构造单元	横跨五夷-云开-台湾造山系（Ⅰ）五指山岩浆弧（Ⅱ）五指山褶冲带（Ⅲ）五指山岩浆弧（Ⅳ）和印支地块（I）三亚被动陆缘（Ⅱ）。已知矿点位于三亚被动陆缘（Ⅱ级）	重要
	大地构造位置	五指山岩浆弧南缘，东西向九所-陵水深大断裂中西段北侧，晚白垩世构造岩浆活动带	重要
	区域控矿构造	同安岭-牛腊岭火山岩盆地中的破火山口构造	必要
	区域成矿区带	大部分位于五指山岩浆弧铁、铝（钴）、钼、多金属成矿亚带（Ⅲ-90—Ⅳ-54），西北角和南部的局部地区分别与琼西结合带铁、钴（铜）、金、轻稀土、石墨、白云母、水晶、多金属成矿亚带（Ⅲ-90—Ⅳ-52）和三亚被动陆缘铁、磷、锰多金属成矿亚带（Ⅲ-90—Ⅳ-55）叠合	重要
	赋矿地层	下白垩统六罗村组和岭壳村组火山岩	必要
	岩石类型	流纹斑岩、英安斑岩、流纹质碎斑熔岩、流纹质角砾熔岩、英安质凝灰熔岩 、流纹质熔结凝灰岩，熔结角砾岩、安山岩及安山质角砾岩等	重要
	赋矿岩体	斑状花岗岩、花岗斑岩、二长花岗岩	必要
	侵入岩时代	晚白垩世	重要
区域成矿地质特征	区域成矿类型和成矿期	陆相火山岩型钼矿床；白垩纪	必要
	围岩蚀变	围岩蚀变不十分强，蚀变连续性较差．常见类型有硅化、钾化、黄铁矿化、绢云母化、绢英岩化、云英岩化、黑云母化、绿帘石化、次闪石化、绿泥石化、碳酸盐化等几种，局部尚有叶蜡石化、萤石化	重要
	矿体形状、产状	罗葵洞钼矿：似层状、大扁豆状为主，矿体产状受隐伏斑岩体顶界面形态控制，倾角一般为0°~10°，个别部位在15°~33°；新村钼矿：平行脉状、透镜状，走向北西西，倾向北东，倾角为20°~35°	重要
	矿石类型	充填石英脉型、细脉浸染型	重要
	矿石矿物	主要金属矿物为辉钼矿和黄铁矿，次为黄铜矿及少量闪锌矿、白钨矿、磁铁矿、赤铁矿	重要
	矿石结构构造	半自形叶片状、鳞片状结构为主，次为半自形-他形粒状结构；细脉状、充填脉状构造、微条带状构造、交错脉状构造、薄膜状构造、星散浸染状构造、团块状构造、角砾状构造	重要
区域物化遥和自然重砂异常特征	物探异常	1：25万区域重力图上，位于保城重力低的西南部，为布格重力异常等值线向重力高方向凸出部位，剩余重力异常、重力垂向二阶导数图上，罗葵洞钼矿处于与花岗岩体引起的剩余重力负异常中；中高极化异常，是发现和圈定隐伏钼矿化带（矿体）的重要找矿标志	次要
	化探异常	主成矿元素Mo异常在预测工作区有几十处异常分布，且大多具有三级浓度分带，全区最大规模Mo异常分布在呆峨、大龙、雅亮、鸡头村之间白垩纪侵入岩分布地区（三级浓度分带，多个浓集中心）；主成矿元素Mo与共伴元素Ag、Cu、Zn、Bi异常在空间分布具有一定程度的套合关系，罗葵洞钼矿典型矿床区有Ag、Cu、Bi、Mo元素异常组合	重要
	遥感解译环形构造	浅层、超浅层次火山岩体引起的环形影像较为发育，发现有4处，面积较小，个体均为小圆环；预测区火山口非常发育，共解译出18个，面积一般较小，呈小圆环状	重要
	重砂异常	预测工作区钼矿物异常共有6处，其中Ⅰ级异常3处，Ⅱ级异常3处，Ⅰ级异常分别位于千家镇和岭壳；共2处综合异常，1号综合异常有金和钨矿物异常，有Au、Bi、Mo元素异常；2号综合异常有金和铅锌矿物异常，有Hg、Cu、Bi元素异常	次要

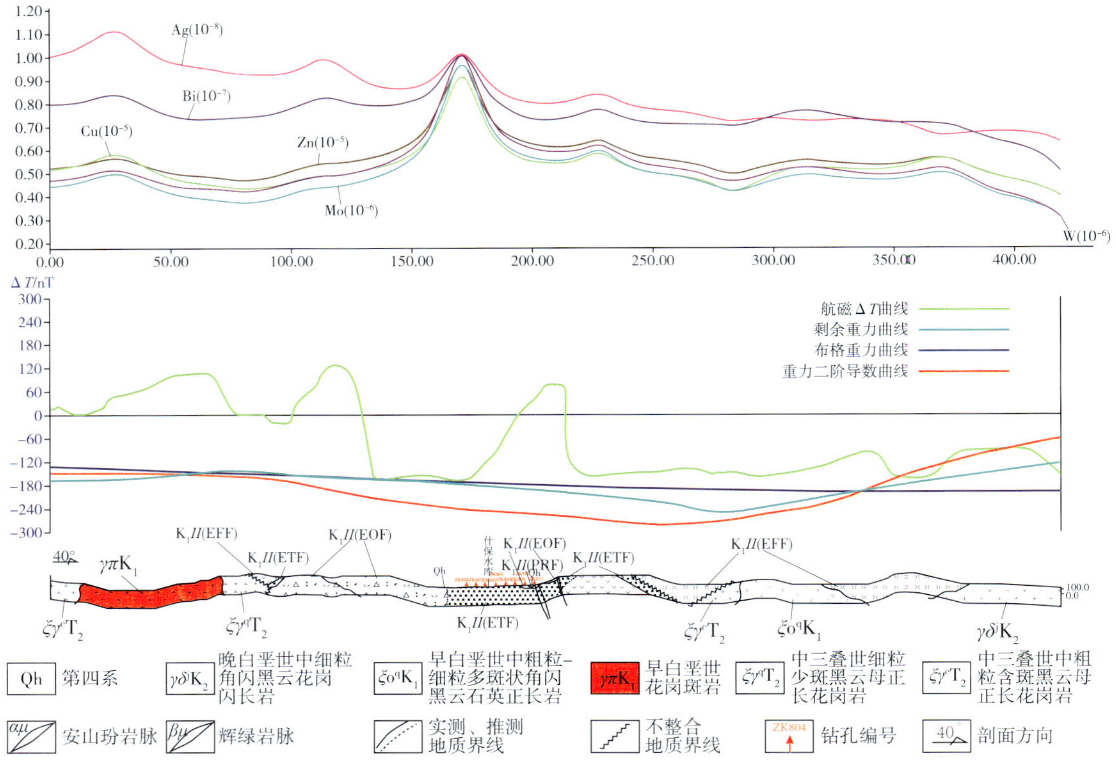

图 6-4-19　海南岛同安岭-牛腊岭预测工作区罗葵洞式陆相火山岩型钼矿预测模型图

注：①W、Mo、Cu、Zn、Ag 在罗葵洞钼矿典型矿床位置有明显的正异常，对于罗葵洞式陆相火山岩型钼矿的找矿勘探工作有重要的意义；②航磁 ΔT 曲线在罗葵洞钼矿矿区处呈现明显的正异常，有一定的指示意义，剩余重力、布格重力、重力二阶导数曲线总体平稳

七、与岩浆热液作用有关脉型钼矿床

（一）典型矿床预测模型

1. 成矿地质特征

高通岭钼矿矿体主要赋存于晚白垩世高通岭正长花岗岩体的北西向断裂带内，其形态、产状严格受次一级的北西向断裂带控制。矿区广泛出露燕山晚期中酸性侵入岩，受岩浆热液作用影响，硅化、钾化蚀变较为发育，其他常见的蚀变类型有绢云母化、黄铁矿化、绿泥石化等。矿区钼矿类型属热液脉型，矿石类型以细脉浸染型为主。

矿体多呈倾角较陡的平行脉状分布，矿脉产状稳定，受次一级的北东向或北西向断裂带控制，有尖灭再现现象。矿石结构主要有自形-半自形叶片状、他形鳞片状、包含结构、他形及半自形粒状变晶结构、显微鳞片、叶片变晶结构、变余花岗结构、交代残留结构、碎裂结构等；矿石构造常见星散浸染状构造、稀疏浸染状构造、稠密浸染状构造、条纹-浸染状构造、斑团状构造、无定向构造、脉状穿插构造、浸染状构造、细脉浸染状构造等。

2. 成矿作用

燕山晚期东西向九所-陵水和昌江-琼海深大断裂再度裂解，断裂两侧发生大规模的火山喷发及岩浆侵入活动，为矿床的形成提供了充足的热源及充分的物质基础；伴随深大断裂的活动，其旁侧岩体内派生出次一级的北东向或北西向断裂带；岩浆演化后期聚集了大量的含矿气液，在深部热能的驱动下，沿先存断裂带内运移、富集、沉淀成矿。矿体多为成矿流体沿断裂带充填交代形成的脉状，此过程中多有大气降水加入，蚀变主要发生于断裂带内，以线状蚀变为主。

3. 预测要素

通过对高通岭钼矿、龙门岭钼矿典型矿床成矿地质背景、成矿地质特征和成矿作用进行分析，综合各类找矿指示因素，提取了典型矿床的预测要素（表6-4-28）。

表6-4-28 海南省屯昌县高通岭钼矿区典型矿床预测要素表

预测要素			描述内容	预测要素分类
储量			Mo 金属量：1697.5t；平均品位：0.101%	
特征描述			热液脉型钼矿床	
地质环境	成矿时代		晚白垩世，辉钼矿 Re-Os 等时线年龄为 98.4±2.5Ma	必要
	区域构造	大地构造单元	武夷-云开-台湾造山系（Ⅰ级）五指山岩浆弧（Ⅱ级）五指山褶冲带（Ⅲ）五指山岩浆弧内（Ⅳ）	重要
		大地构造位置	五指山岩浆弧之北东部，东西向昌江-琼海深大断裂南侧	重要
	岩浆建造/岩浆作用	岩石名称	角闪石黑云母正长花岗岩（容矿岩体）、黑云母角闪石花岗闪长岩	必要
		岩石组合	角闪石黑云母正长花岗岩（容矿岩体）、黑云母角闪石花岗闪长岩及花岗斑岩、煌斑岩等	重要
		岩石结构	黑云母角闪石花岗闪长岩为半自形粒状结构，角闪石黑云母正长花岗岩为中细粒状花岗结构	次要
		岩石构造	块状构造	次要
		侵入岩时代	白垩纪	必要
		出露面积	黑云母角闪石花岗闪长岩分布在矿区四周，面积约 $3.0km^2$；角闪石黑云母正长花岗岩分布在矿区中部，面积约 $3.0km^2$	重要
		岩体形态	黑云母角闪石花岗闪长岩为岩基，角闪石黑云母正长花岗岩为岩株，花岗斑岩和煌斑岩为脉岩	重要
	侵入岩构造	岩浆作用影响范围	整个矿区及其周围大部分地区	重要
		岩浆构造旋回	燕山旋回	必要
矿床特征	成矿构造	断裂构造	近南北向断裂（F1），长度约 2.5km，产状 280°~300°∠57°~66°，力学性质为压性或压扭性；北西向断裂（F2）切割 F1 断裂，长度约 2.0km，宽度近 1m，产状 30°∠65°，F2 断裂带中硅化、黄铁矿化等矿化蚀变强烈，是辉钼矿的导矿和容矿构造	重要
	成矿特征	矿体形态	脉状	重要
		矿体产状	倾向基本为近北东，走向近北西，倾角 49°~85°	重要
		矿体规模	矿体地表长度一般为 200~400m，最长（V_9 矿体）529m。厚度一般 1~2m，最厚（V_2 矿体）3.61m	重要
		矿带特征	北西-南东向带状，地表宽约 200m，深部宽约 100m，长度约 600m	重要
		矿石矿物成分	矿石矿物主要为辉钼矿，其次为黄铜矿、黄铁矿、闪锌矿、方铅矿等，脉石矿物主要有石英等	重要
		矿床伴生组分	钨、铋、铅、锌、铜、金、银、硫、铍、锂、铼等	重要
		矿体围岩	中细粒黑云母正长花岗岩	必要
		矿体顶底板	中细粒黑云母正长花岗岩	必要

预测要素			描述内容			预测要素分类
储量			Mo金属量：1697.5t	平均品位	0.101%	
特征描述			热液脉型钼矿床			
矿床特征	成矿特征	围岩蚀变特征	线状蚀变，蚀变类型主要为硅化、钾化、黄铁矿化、绿泥石化等，水平方向自矿体向外蚀变减弱			重要
		矿床有益组分	钼（Mo）、铼（Re）和钨（W）			重要
		组分赋存状态	地表矿体钼主要以 MoO_3 形式赋存，深部矿体的钼主要以 MoS_2 形式赋存；钨以氧化物状态赋存			次要
		控矿条件	岩浆岩条件：早白垩世高通岭单元侵入岩体是成矿母岩； 构造条件：北西向断裂带（F2）矿化蚀变强烈，是导矿及容矿构造			必要
	矿床资源储量	矿石量	168.6×10^4t			重要
		矿床规模	小型			重要
	物探、化探资料	物探资料	1∶25万区域重力图上，位于屯昌重力低的东南部，剩余重力异常、重力垂向二阶导数图上，高通岭钼矿处于与屯昌花岗岩体引起的剩余重力负异常的边缘在；1∶25万布格重力等值线平面图，位于琼中至屯昌北东向重力负异常范围内；花岗岩体引起剩余重力负异常，是该类型矿床成矿的有利部位，而中高极化异常，是发现和圈定隐伏钼矿化带（矿体）的重要找矿标志			次要
		化探资料	1∶20万区域化探资料在矿区无Mo异常反映；1∶1万土壤Mo、W、Cu、Zn等元素异常与已知钼矿体和矿化蚀变带吻合较好			重要

4. 矿床预测模型

在综述预测要素基础上，采用GIS技术从各课题组底图中获取要素信息，并以点、线、面形式进行表达。据此，共提取了侵入岩体、断裂、地层、化探的Mo异常、布格重力异常、重力异常、航磁异常等信息，建立了海南省海南岛白石嶂式热液脉型钼矿预测工作区典型矿床预测模型（图6-4-20）。

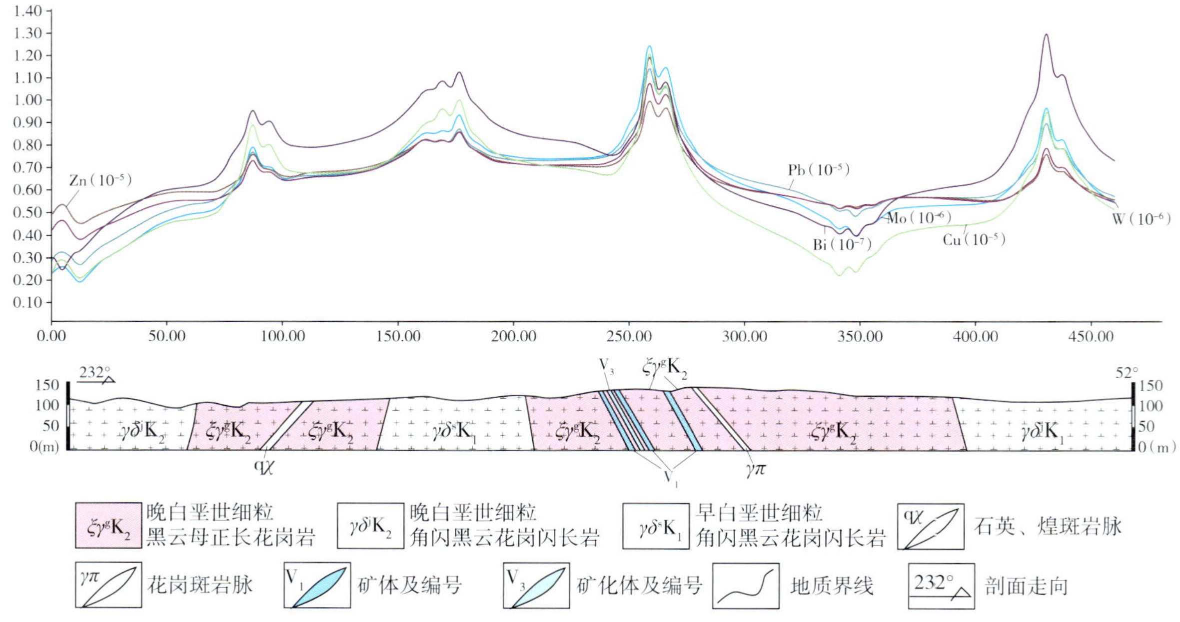

图6-4-20 海南省屯昌县高通岭钼矿区典型矿床预测模型图

注：①Bi、Pb、Zn、Mo、W、Cu、Sn等7元素在矿体及其周边异常显著，为本次预测重要指标；②Mo、Cu、Bi元素异常对几乎全部已知矿体均有响应，但考虑到异常区为钼矿床，因此采用Mo异常是最重要的找矿指示元素

（二）预测工作区预测模型

1. 预测要素

通过对海南省白石嶂式脉型钼矿床预测工作区时空展布、成矿地质背景和成矿规律的分析研究，总结各类找矿标志，提取了预测工作区预测要素（表6-4-29），并对工作区钼矿床的成矿过程进行了分析，总结了成矿模式。

表6-4-29　海南省海南岛预测工作区白石嶂式脉型钼矿区域预测要素表

区域预测要素			描述内容	预测要素分类
区域成矿地质环境	大地构造单元		包含武夷-云开-台湾造山系（Ⅰ级）五指山岩浆弧（Ⅱ级）和印支地块（Ⅰ级）三亚被动陆缘（Ⅱ级）两大地质构造单元。已知的钼矿化分布于三亚被动陆缘（Ⅱ级）与五指山岩浆弧（Ⅱ级）五指山褶冲带（Ⅲ）五指山岩浆弧内（Ⅳ）	重要
区域成矿地质环境	大地构造位置		欧亚板块、印度-澳大利亚板块和菲律宾板块（西太平洋板块）的交汇部位	重要
区域成矿地质环境	区域控矿构造		东西向的昌江-琼海深大断裂和九所-陵水深大断裂及其次一级的北东、北西向断裂	必要
区域成矿地质环境	区域成矿区带		属华南成矿省（Ⅱ-16）海南Fe、Cu、Co、Mo、Au、Pb、Zn水晶成矿带（Ⅲ-90）	重要
区域成矿地质环境	赋矿岩石		早白垩世黑云母正长花岗岩；早白垩世二长花岗岩；晚白垩世花岗闪长岩和绢英岩	必要
区域成矿地质环境	赋矿岩脉		含辉钼矿石英脉	必要
区域成矿地质环境	侵入岩时代		晚白垩世	重要
区域成矿地质特征	区域成矿类型和成矿期		热液脉型钼矿床；晚白垩世	必要
区域成矿地质特征	白石嶂式脉型钼矿主要成矿要素	围岩蚀变	常见硅化、黄铁矿化、绿泥石化、绢云母化、方解石化等，其中与钼矿化关系密切的主要是硅化和黄铁矿化	重要
区域成矿地质特征	白石嶂式脉型钼矿主要成矿要素	矿体形状、产状	脉状、矿体受矿区内断裂的控制，矿体产状与断裂产状一致；浅部较缓、深部较陡	重要
区域成矿地质特征	白石嶂式脉型钼矿主要成矿要素	矿石类型	充填石英脉型、细脉浸染型	重要
区域成矿地质特征	白石嶂式脉型钼矿主要成矿要素	矿石矿物	金属矿物主要为辉钼矿、黄铜矿、黄铁矿及少量闪锌矿、辉铋矿、方铅矿；非金属矿物主要为石英钾长石、黑云母，少量绿泥石等蚀变矿物	重要
区域成矿地质特征	白石嶂式脉型钼矿主要成矿要素	矿石结构构造	含钼石英脉矿石主要呈自形-半自形叶片状、它形鳞片状结构，脉状穿插构造。含钼黄铁矿化正长花岗岩矿石主要呈包含结构、碎裂结构，浸染状、细脉浸染状构造	重要
区域物化遥异常特征	区域磁场		磁场特征差异较大，规律性较差，多数处于航磁负背景场中	次要
区域物化遥异常特征	化探异常		主成矿元素Mo及其共伴生元素Ag、Cu、Pb、W在成矿赋矿地质体内共形成6处较好的异常组合，其中两处有已知矿床响应	重要
区域物化遥异常特征	区域重力		处于花岗岩体引起剩余重力负异常中；花岗岩体引起剩余重力负异常，是该类型矿床成矿的有利部位	次要

2. 预测模型

在综述上述预测要素基础上，采用GIS技术从各课题组底图中获取要素信息，并以点、线、面形式进行表达。据此，共提取了侵入岩体、断裂构造、已知矿床（点）、化探的Mo异常、航磁异常、重力异常等信息，建立了海南省海南岛预测工作区热液脉型钼矿预测模型（图6-4-21）。

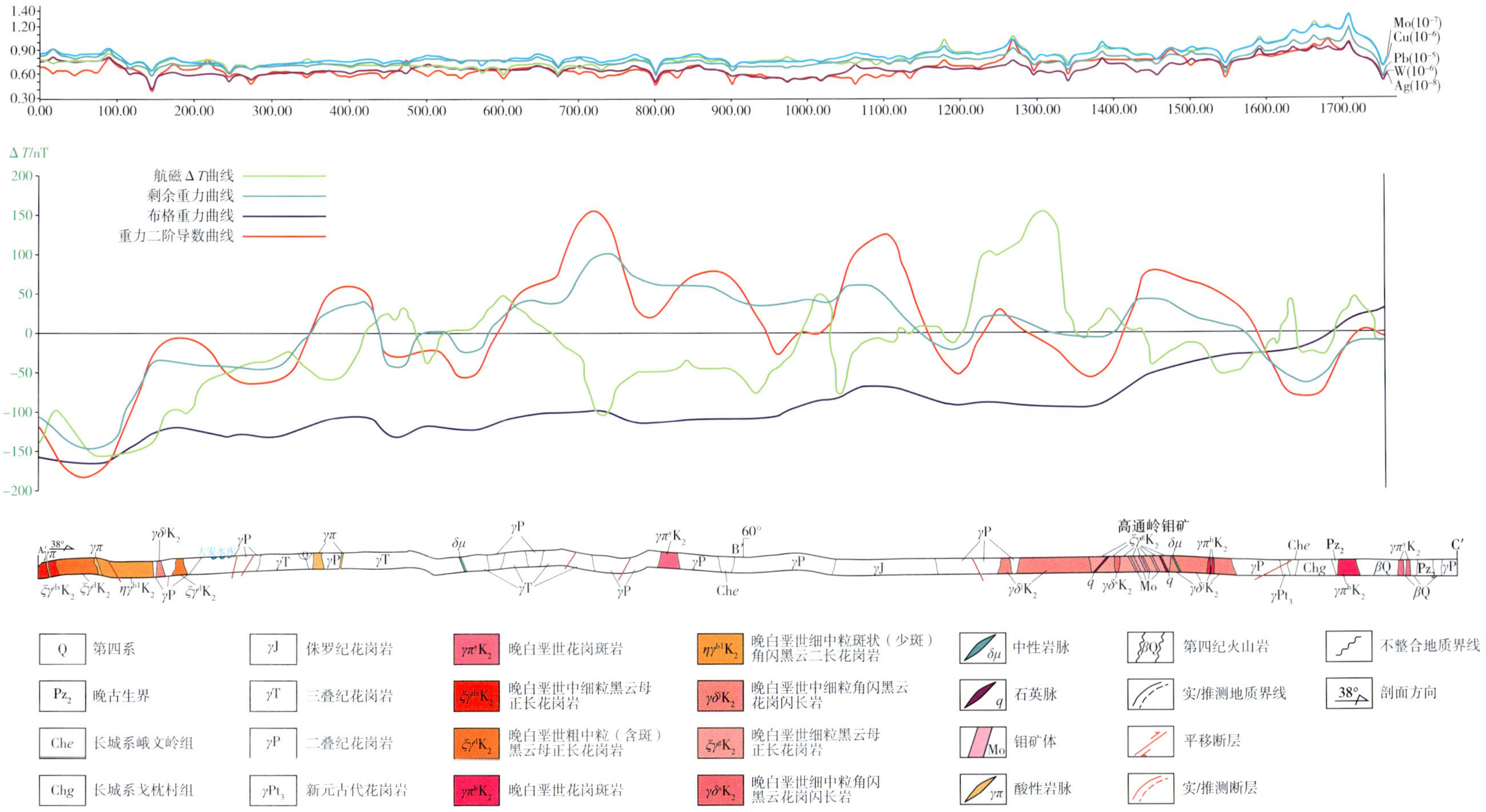

图 6-4-21　海南省海南岛预测工作区白石嶂式脉型钼矿预测模型图

注：①高通岭钼矿具有与矿体对应明显的 Mo、Ag、Cu、Pb、W 元素异常吻合不好，但具有一定的指示意义；②航磁 ΔT 曲线异常能很好的反应高通岭钼矿典型矿床位置，对白石嶂式脉型钼矿预测具有指导意义；③在剖面上布格重力和剩余重力曲线平稳，变化较小

八、红土型铝土矿（三水型）

（一）典型矿床预测模型

通过对海南省蓬莱铝土矿典型矿床成矿地质背景和成矿规律的分析研究及对典型矿床成矿要素图、预测要素图等图件的编制，总结提取了典型矿床成矿要素和预测要素（表6-4-30），并对典型矿床矿床成因及成矿过程进行了分析。海南省蓬莱红土型铝土矿床成矿要素按重要程度分列如下：

1）矿源层：石马村组和石门沟村组玄武岩；

2）成矿时代：第四纪；

3）岩性特征：玄武岩、红土；

4）地貌：近准平原、低缓山丘；

5）气候：炎热潮湿气候。

表6-4-30　海南省蓬莱铝土矿典型矿床预测要素一览表

<table>
<tr><td colspan="3">成矿要素</td><td colspan="3">描述内容</td><td rowspan="3">成矿要素分类</td></tr>
<tr><td colspan="3">储　量</td><td>149×10⁴t</td><td>平均品位</td><td>Al_2O_3：44.4%</td></tr>
<tr><td colspan="3">特征描述</td><td colspan="3">红土型铝土矿床</td></tr>
<tr><td rowspan="7">地质环境</td><td colspan="2">成矿时代</td><td colspan="3">第四纪</td><td>必要</td></tr>
<tr><td colspan="2">大地构造位置</td><td colspan="3">新生代雷琼火山喷发带</td><td>重要</td></tr>
<tr><td colspan="2">矿源层</td><td colspan="3">橄榄玄武岩、辉斑橄榄玄武岩</td><td>必要</td></tr>
<tr><td colspan="2">岩石类型</td><td colspan="3">第四系风化壳红土</td><td>必要</td></tr>
<tr><td colspan="2">岩石结构构造</td><td colspan="3">隐晶质结构，致密状、气孔状构造</td><td>次要</td></tr>
<tr><td rowspan="2">成矿环境</td><td>古气候</td><td colspan="3">热带海洋性季风气候，潮湿炎热</td><td>重要</td></tr>
<tr><td>地形地貌</td><td colspan="3">准平原、低缓山丘（坡度3°~10°）</td><td>必要</td></tr>
<tr><td rowspan="9">矿床特征</td><td colspan="2">矿物组合</td><td colspan="3">主要三水铝石，其次高岭石、针铁矿、褐铁矿，少量钛铁矿、磁铁矿、绿泥石、伊丁石、玉髓、石英、玻璃质</td><td>必要</td></tr>
<tr><td colspan="2">伴生有益组分</td><td colspan="3">镓（0.03%~0.043%）</td><td>次要</td></tr>
<tr><td colspan="2">结构构造</td><td colspan="3">隐晶—胶状结构、砂粒状结构、鲕状结构，块砾状构造、环带构造、同心圆状构造、气孔状构造、球状构造</td><td>次要</td></tr>
<tr><td colspan="2">蚀变</td><td colspan="3">褐铁矿化、赤铁矿化、高岭土化</td><td>次要</td></tr>
<tr><td colspan="2" rowspan="4">控矿条件</td><td>矿源层</td><td colspan="2">新近系中新统石马村组和上新统石门沟村组</td><td rowspan="4">必要</td></tr>
<tr><td>成矿母岩</td><td colspan="2">橄榄玄武岩、辉斑橄榄玄武岩</td></tr>
<tr><td>古气候</td><td colspan="2">热带海洋性季风气候、潮湿炎热</td></tr>
<tr><td>地形地貌</td><td colspan="2">地形近于准平原，低缓山丘（3°~10°）有利成矿</td></tr>
<tr><td colspan="2">风化</td><td colspan="3">红土化</td><td>重要</td></tr>
<tr><td rowspan="2">化探遥感特征</td><td colspan="2">遥感</td><td colspan="3">低缓山丘顶部及山坡上部</td><td>重要</td></tr>
<tr><td colspan="2">化探</td><td colspan="3">Al_2O_3、Fe_2O_3、Al/Si、Ni、Co异常</td><td>重要</td></tr>
</table>

蓬莱矿区红土型铝土矿床预测要素是在上述要素基础上增加遥感解译的低缓山丘的坡地及化探的Al_2O_3、Fe_2O_3、Al/Si、Co异常。

在综述上述预测要素基础上，采用GIS技术从地质图中获取其信息，并以点、线、面形式进行表达，据此，共提取了新近系石马村组和石门沟村组、遥感解译的第四系、低缓山丘坡地及化探的Al_2O_3、Fe_2O_3、Al/Si、Co异常等信息，建立了蓬莱铝土矿矿床预测模型（图6-4-22）。

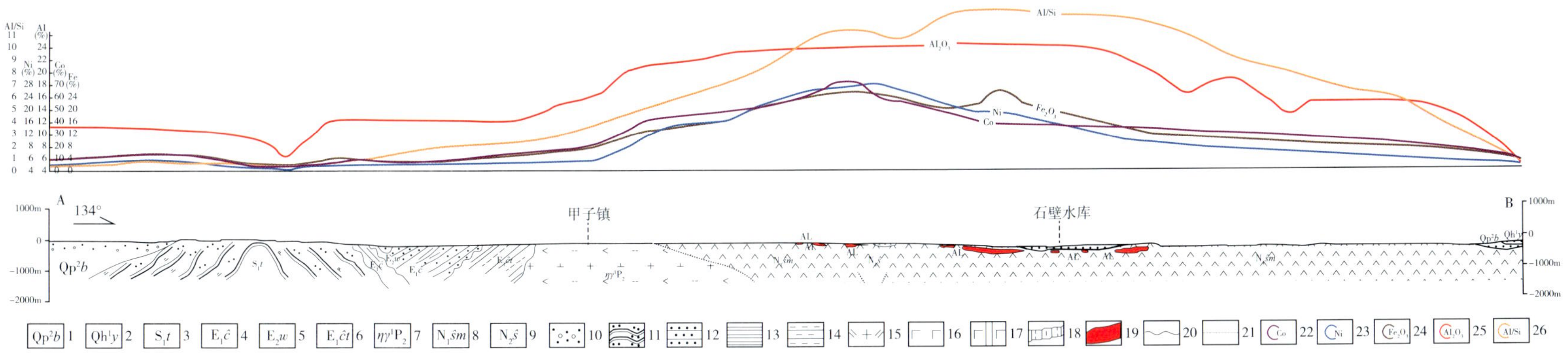

图 6-4-22　海南省蓬莱红土型铝土矿床预测模型图

1—更新统北海组；2—全新统烟墩组；3—下志留统陀烈组；4—古近系长昌组；5—古近系瓦窑组；6—古近系昌头组；7—二叠系通什单元；8—中新统石马村组；9—上新统石门沟村组；10—含砾中砂；11—砂质绢云母板岩；12—中砂岩；13—页岩；14—泥岩；15—二长花岗岩；16—玄武岩；17—风化玄武岩；18—红土层（带）；19—铝土矿层；20—角度不整合；21—火山喷发不整合；22—Co 含量变化曲线；23—Ni 含量变化曲线；24—Fe_2O_3 含量变化曲线；25—Al_2O_3 含量变化曲线；26—Al/Si 含量比值变化曲线

（二）预测工作区预测模型

通过对海南省蓬莱预测工作区红土型铝土矿床时空分布规律、成矿地质背景和成矿规律的分析研究及对预测工作区成矿要素图、预测要素图等图件的编制，总结提取了预测工作区成矿要素和预测要素（表6-4-31），并对工作区铝土矿矿床成因及成矿过程进行了分析。

海南省蓬莱预测工作区红土型铝土矿床成矿要素按重要程度分列如下：

1）矿源层：石马村组和石门沟村组玄武岩；

2）成矿时代：新近纪中新世到第四纪；

3）岩性特征：玄武岩、红土；

4）地貌：近准平原、低缓山丘；

5）气候：炎热潮湿气候；

6）已知红土型铝土矿床。

蓬莱预测工作区红土型铝土矿床预测要素是在上述要素基础上增加遥感解译的低缓山丘坡地及化探的 Al_2O_3、Fe_2O_3、Al/Si、Co 异常。

在综述上述预测要素基础上，采用 GIS 技术从地质图中获取其信息，并以点、线、面形式进行表达，据此，共提取了新近系石马村组和石门沟村组、遥感解译的低缓山丘坡地及化探的 Al_2O_3、Fe_2O_3、Al/Si、Co 异常等信息，建立了蓬莱预测工作区红土型铝土矿床预测模型，由于海南红土型铝土矿床成矿要素（矿源层、成矿时代、岩性特征等）具有特殊性和局限性，所建立的工作区预测模型同海南省蓬莱红土型铝土矿床预测模型（图6-4-22）。

表6-4-31　海南省蓬莱预测工作区红土型铝土矿区域预测要素表

<table>
<tr><th colspan="2">区域预测要素</th><th colspan="2">描述内容</th><th>预测要素分类</th></tr>
<tr><td rowspan="5">区域地质环境</td><td>成矿时代</td><td colspan="2">第四系</td><td>必要</td></tr>
<tr><td>大地构造位置</td><td colspan="2">断陷-坳陷盆地</td><td>必要</td></tr>
<tr><td>地貌</td><td colspan="2">低缓山丘坡地</td><td>必要</td></tr>
<tr><td>沉积建造</td><td colspan="2">新近系石马村组和石门沟村组铝土质岩、第四系风化壳红土</td><td>必要</td></tr>
<tr><td>古气候</td><td colspan="2">潮湿炎热气候</td><td>重要</td></tr>
<tr><td rowspan="9">区域成矿地质特征</td><td>已知矿床</td><td colspan="2">已发现矿床、矿床储量</td><td>重要</td></tr>
<tr><td>矿物组合</td><td colspan="2">主要为三水硬铝石</td><td>必要</td></tr>
<tr><td>结构构造</td><td colspan="2">豆状结构、鲕状结构，块状构造、层状构造</td><td>次要</td></tr>
<tr><td>蚀变</td><td colspan="2">褐铁矿化、赤铁矿化</td><td>次要</td></tr>
<tr><td rowspan="4">控矿条件</td><td>矿源层</td><td>新近系石马村组和石门沟村组</td><td rowspan="4">必要</td></tr>
<tr><td>岩性</td><td>碳酸盐岩围岩</td></tr>
<tr><td>气候</td><td>潮湿炎热</td></tr>
<tr><td>地貌</td><td>低缓山丘坡地</td></tr>
<tr><td>风化</td><td colspan="2">红土化</td><td>重要</td></tr>
<tr><td rowspan="2">物化遥特征</td><td>遥感</td><td colspan="2">低缓山丘坡地</td><td>重要</td></tr>
<tr><td>化探</td><td colspan="2">Al_2O_3、Fe_2O_3、Al/Si、Ni、Co 异常</td><td>重要</td></tr>
</table>

第五节　多矿种综合预测区特征

区带内共圈定多矿种综合预测区 23 个，其中 A 级综合预测区 8 个，B 级综合预测区 6 个，C 级综合预测区 9 个。涉及的矿种有铝土矿、金、银、铅、锌、钨、钼、铁、铜、稀土、硫、等，见图 6-5-1、表 6-5-1。

一、综合预测区分布情况

综合预测区在区带分布比较均匀，中部相对较少。铝土矿相关综合区至分布在区带北部，银矿、钼矿相关综合预测区在区带内分布较广，稀土矿综合预测区主要分布在万宁市。

二、主要综合预测区特征

1. 看树岭—后万岭铅、锌、钼、银综合预测区

综合预测区位于区带南部，属千家铅锌、钼、银多金属矿集区。区内与成矿关系密切的燕山期岩浆岩多次侵入，大面积分布。区内北西向、近南北向断裂构造发育，是区内后万岭铅锌矿、看树岭银矿、报告村钼矿、福报钼矿、石门山钼矿等的控矿构造。区内铅锌异常面具有三级浓集中心，并与已知矿床对应较好。综合预测区内已查明多个矿床，其中有后万岭中型铅锌矿床、石门山中型钼矿床、看树岭小型银矿床等，查明铅锌矿资源储量大于 290000t、银 1.6t、钼约 10000t。本次工作预测铅锌资源储量 1044499t、钼 122325t、银 8.5t。该综合预测区具有良好的成矿地质条件。

2. 富文金、银综合预测区

综合预测区位于区带北部雷鸣白垩纪盆地，大面积出露白垩纪的地层，断裂构造发育，特别是控矿的层间破碎带发育，区内燕山期岩体小面积出露，多隐伏于地层之下。区内已发现有富文金矿，查明金资源储量 4595kg、银资源储量 13t。本次工作预测金资源量 36089kg、银资源量 79t。区内成矿地质条件好，具有较好的找矿潜力。

3. 银瓶岭-安墩铅、锌、钼综合预测区

综合预测区位于区带北部地区，岩浆岩多期次侵入、大面积分布，断裂构造发育，形成有热液脉型的铅锌矿、钼矿。区内已有小型银瓶岭铅锌矿床，查明铅锌资源储量 13384t，本次工作预测铅锌资源量 186298t。区内成矿地质条件较好，有一定找矿潜力。

4. 黎母岭-高通岭铅、锌、钼综合预测区

综合预测区内岩浆岩多期次侵入、大面积分布，区内多处见矿化现象，已发现高通岭小型钼矿床。区内查明钼资源储量 1697t、铅锌资源储量 5798t。本次工作预测钼资源量 102942t、铅锌 20578t。该区具有较好的找钼矿的潜力。

5. 梅岭钼、铜综合预测区

综合预测区位于琼海市烟塘梅岭一带，面积较小，区内主要出露火山角砾岩，主要发育有破火山口构造及其次级构造，后期岩浆多期次侵入。区内已发现有梅岭小型钼矿床，查明钼资源储量 3311t，本次工作预测钼资源量 40759t。区内有寻找与次火山岩有关的钼、铜多金属矿床的潜力。

6. 新村-六罗钼、铜、银综合预测区

综合预测区分布于海南岛南部区域性大断裂九所-陵水断裂带北侧同安岭火山岩盆地中，区内

图 6-5-1　五指山岩浆弧Ⅳ级成矿区带综合预测区分布图

表 6-5-1　五指山岩浆弧Ⅳ级成矿区带综合预测区概况表

综合预测区编号	综合预测区名称	重要矿种 500m 以浅（单位）	重要矿种 1000m 以浅（单位）	重要矿种 2000m 以浅（单位）	查明资源量	可利用资源量	地质评价
1	文昌铝土矿综合预测区	铝土矿：782×10^4t	铝土矿：782×10^4t	铝土矿：782×10^4t	铝土矿：244×10^4t	暂不可利用	成矿条件好，在可利用的情况下可以勘探
2	富文综合预测区	金：36089kg；银：79.449t	金：36089kg；银：79.449t	金：36089kg；银：79.449t	金：4595kg；银 13.331t	金：36089kg；银：79.449t	已发现富文金银矿床，找矿潜力大，可进一步部署工作
3	银瓶岭-安墩综合预测区	铅锌：186298t；钼：5119t	铅锌：186298t；钼：6184t	铅锌：186298t；钼：6184t	铅锌：13384t；钼：0	铅锌：186298t；钼：6184t	有小型锌矿床，铅锌成矿条件较好。钼矿具有一定的热液脉型特征，找矿潜力较大
7	黎母岭-高通岭综合预测区	铅锌：20578t；钼：76704t	铅锌：20578t；钼：102942t	铅锌：20578t；钼：102942t	铅锌：5798t；钼：1697.5t	铅锌：6305t；钼：102942t	有铅锌矿点和钼矿床，成矿条件好，总体找矿潜力较大
8	加参综合预测区	铅锌：19114t；钼：587t	铅锌：19114t；钼：709t	铅锌：19114t；钼：709t	铅锌：0；钼：0	铅锌：19114t；钼：709t	有较好的化探异常和构造，成矿条件好，找矿潜力较大
9	梅岭综合预测区	钼：25712t	钼：40759t	钼：40759t	钼：3311t	钼：40759t	梅岭铜钼矿床，爆破角砾岩型，找矿潜力大
10	上昌村-福田镇综合预测区	钼：15943t	钼：24553t	钼：24553t	钼：0	钼：24553t	具有岩体、化探异常、构造 3 个成矿条件，具有好的斑岩型钼矿成矿条件
22	番阳综合预测区	稀土：18350t	稀土：18350t	稀土：18350t	稀土：0	稀土：0	成矿条件一般，找矿潜力一般
23	初保-牙好综合预测区	铅锌：407137t	铅锌：407137t	铅锌：407137t	铅锌：13t	铅锌：3561t	成矿条件稍好，找矿潜力一般

续表

综合预测区编号	综合预测区名称	重要矿种500m以浅（单位）	重要矿种1000m以浅（单位）	重要矿种2000m以浅（单位）	查明资源量	可利用资源量	地质评价
24	军民村－牙代综合预测区	钼：34267t	钼：45978t	钼：45978t	钼：0	钼：24005t	具有岩体、化探异常2个成矿条件，有一定的找矿潜力，总体找矿潜力较小
25	毛辉综合预测区	铅锌：248414t； 银：2.574t	铅锌：248414t； 银：2.574t	铅锌：248414t； 银：2.574t	铅锌：2t； 银：0	铅锌：106269t； 银：0	铅锌找矿条件较好，银矿找矿潜力较差
26	乘坡综合预测区	铅锌：130428t	铅锌：151973t	铅锌：151973t	铅锌：46313t	铅锌：151973t	由1个A级和2个B级预测区组成，成矿条件好，找矿潜力大
27	王道综合预测区	银：2.158t	银：2.158t	银：2.158t	银：0	银：1.68t	具有构造、化探两个成矿条件，总体找矿潜力小
28	牛上岭综合预测区	钼：235633t	钼：319047t	钼：319047t	钼：0	钼：178075t	具有岩体、化探异常、构造3个成矿条件，具有好的热液脉型钼矿成矿条件
29	三合水－杨梅综合预测区	稀土：8059t	稀土：8059t	稀土：8059t	稀土：0	稀土：0	成矿条件一般，找矿潜力一般
30	岭门－长丰综合预测区	钼：100892t； 铅锌：123453t	钼：136022t； 铅锌：123453t	钼：136022t； 铅锌：123453t	钼：0； 铅锌：0	钼：238524t； 铅锌：0	具有好的热液脉型钼矿成矿条件，铅锌成矿条件一般
31	看树岭－后万岭综合预测区	铅锌：1044499t； 银：8.568t； 钼：81752t	铅锌：1044499t； 银：8.568t； 钼：122325t	铅锌：1044499t； 银：8.568t； 钼：122325t	铅锌：290000t； 银：1.685t； 钼：10442.9502t	铅锌：1094931t； 银：8.568t； 钼：122325t	有铅锌中型矿床和银小型矿床，化探异常好，综合成矿条件较好，找矿潜力好

续表

综合预测区编号	综合预测区名称	重要矿种500m以浅（单位）	重要矿种1000m以浅（单位）	重要矿种2000m以浅（单位）	查明资源量	可利用资源量	地质评价
32	大母岭综合预测区	银：1.683t； 钼：105287t	银：1.683t； 钼：207415t	银：1.683t； 钼：207415t	银：0； 钼：0	银：1.683t； 钼：207415t	具有岩体、化探异常、构造3个成矿条件，有一定的找矿潜力，总体找矿潜力较小
33	毛胆综合预测区	银：13.783t； 钼：9415t； 铅锌：9088t； 铜：77610t； 硫：53×10^4t	银：13.783t； 钼：16928t； 铅锌：9088t； 铜：77610t； 硫：53×10^4t	银：13.783t； 钼：19102t； 铅锌：9088t； 铜：77610t； 硫：53×10^4t	银：0； 钼：0； 铅锌：7t； 铜：12457.1396t； 硫：0	银：0.853t； 钼：19102t； 铅锌：9088t； 铜：77610t； 硫：36×10^4t	有小型铜矿床，铜成矿条件好；其余矿种成矿条件一般，总体找矿潜力一般
34	加茂综合预测区	铅锌：343382t； 钼：137600t	铅锌：343382t； 钼：186310t	铅锌：343382t； 钼：186310t	铅锌：0； 钼：0	铅锌：343382t； 钼：186310t	具有岩体、化探异常、构造3个成矿条件，有一定的找矿潜力，总体找矿潜力较小
35	雅亮综合预测区	铅锌：44507t； 铜：26617t	铅锌：44507t； 铜：26617t	铅锌：44507t； 铜：26617t	铅锌：28t； 铜：0	铅锌：44507t； 铜：23185t	有岩体、构造2个成矿条件，部分位于保护区内，找矿潜力一般
36	新村-六罗综合预测区	银：0.442t； 钼：298897t； 铜：42432t	银：0.442t； 钼：674024t； 铜：42432t	银：0.442t； 钼：1009071t； 铜：42432t	银：0； 钼：258383.9063t； 铜：0	银：0.442t； 钼：550052t； 铜：36544t	具有大型钼矿床，钼成矿条件好；有金银矿点，银成矿条件较好；铜成矿条件一般。总体找矿潜力较好
38	南顶岭综合预测区	钼：37537t	钼：75073t	钼：102776t	钼：0	钼：102776t	具有岩体、化探异常、构造3个成矿条件，有一定的找矿潜力，总体找矿潜力较小

大面积分布有白垩纪火山岩，并伴有燕山期岩浆岩多次侵入，区内火山构造、断裂构造等发育。Mo 元素异常发育。区内已查明有大型的罗葵洞钼矿、中型的新村钼矿等。查明钼资源储量大于 26 万 t，本次工作预测钼资源量 100×10^4t、预测铜资源量 42432t。该预测区具有良好的成矿地质条件，具有寻找斑岩型钼、铜矿潜力。

7. 毛胆铁、铜、钼、铅锌、硫综合预测区

综合预测区位于海南岛南部同安岭火山岩盆地边缘，白垩纪火山岩大面积分布，燕山期岩浆岩多期次侵入，发育有志留系等地层。区内断裂构造发育、岩浆活动强烈。区内已发现有矽卡岩型铁、铜、铅锌、硫铁矿矿床。查明铁矿石资源储量 149×10^4t、查明铜金属资源储量 12457t。本次工作预测铁矿石资源量 13814×10^4t、铜 77610t、钼 16928t。该预测区成矿地质条件好，具有寻找铁铜多金属的潜力。

8. 加茂铅锌、钼综合预测区

综合预测区位于区域性九所-陵水断裂带旁侧，岩浆岩多期次侵入、大面积分布，区内断裂构造发育，Mo 异常面积较大、且具有较好的浓集中心。区内多处见钼、铅锌、金矿化，且发现有高品位的金矿石。区内成矿地质条件较好，具有较好的找钼、铅锌、金的潜力。

9. 文昌铝土矿综合预测区

预测区位于区带北部蓬莱一带，面积大，区内第四纪含矿玄武岩大面积分布，区内气候温暖潮湿，风化作用强烈，地表大面积形成风化的红土层，成为铝土矿、钴土矿、宝石矿的主要赋矿层位。预测区综合成矿地质条件好，但开发利用条件较差，对环境影响较大。

第六节　多矿种综合靶区部署建议

根据上述对区内资源情况及成矿地质条件的分析，区带内成矿地质条件较好、找矿潜力较大的综合预测区主要有：看树岭-后万岭铅、锌、钼、银综合预测区，新村-六罗钼、铜、银综合预测区，富文金、银综合预测区，毛胆铁、铜、钼、铅锌、硫综合预测区，银瓶岭-安墩铅、锌、钼综合预测区，加茂铅锌、钼综合预测区及黎母岭-高通岭铅、锌、钼综合预测区。

根据海南省国际旅游岛建设要求、海南省生态省建设要求及海南省矿产资源已有的勘查工作程度，建议近期将看树岭-后万岭铅、锌、钼、银综合预测区设立为国家级整装勘查区，将新村-六罗钼、铜、银综合预测区、富文金、银综合预测区设立为省级重点勘查区，将毛胆铁、铜、钼、铅锌、硫综合预测区、银瓶岭-安墩铅、锌、钼综合预测区、加茂铅锌、钼综合预测区及黎母岭-高通岭铅、锌、钼综合预测区设立为省级中远期重点勘查区。工作程度为预查-普查，局部可开展详查工作，增加新矿产地。

第七章　海南省各矿种Ⅲ-90-Ⅳ-55 三亚被动陆缘铁、磷、锰多金属Ⅳ级成矿区带预测成果

第一节　区域地质背景

区带内以大面积侵入岩分布为特征，主要出露古生代地层，断裂构造发育，见图 7-1-1。

一、地层

区带内仅出露寒武系、奥陶系、白垩系和第四系。

1. 寒武系

寒武系在三亚地层区分布较广，在五指山地层分区仅在万宁市局部地段出露美子林组。

孟月岭组（$\epsilon_1 m$）：为浅海相砂质岩、碳酸盐岩沉积。下部粉砂质黏土岩夹泥质粉砂岩；中部为中细粒石英砂岩与泥质粉砂岩或粉砂质黏土岩不等厚互层，夹白云岩及含磷硅质岩；上部为粉砂质黏土岩、泥质粉砂岩夹白云岩。与上覆大茅组整合接触。

大茅组（$\epsilon_2 d$）：为浅海砂泥质岩、碳酸盐岩夹硅质岩及磷锰矿沉积，下部中细粒石英砂岩夹粉砂岩；中部石英砂岩、粉砂质页岩与白云岩或白云质灰岩不等厚互层；上部为灰岩、白云岩、硅质岩夹磷块岩及锰矿层。与下伏孟月岭组整合接触，与上覆大葵组呈平行不整合接触。大茅组是沉积磷锰矿床的主要含矿层位。其中磷矿达中型规模。

美子林组（ϵm）：由浅变质的砂泥质岩及碳酸盐岩组成。下部以变质长石石英砂岩、云母石英片岩、云母片岩为主，中部为透辉透闪石英角岩、黑云母石英角岩、透辉长英角岩等，上部为结晶灰岩、大理岩夹变质粉细砂岩。

2. 奥陶系

三亚地层区的岩石地层单位有下奥陶统牙花组，下中奥陶统沙塘组，中奥陶统榆红组、尖岭组，上奥陶统干沟村组。

牙花组（$O_1 y$）：下部为厚层细粒石英砂岩夹页岩或互层；中部为厚层状炭质灰岩夹白云质灰岩、粉砂岩及页岩；上部为钙质炭质页岩夹厚层状结晶灰岩。

沙塘组（$O_{1-2} s$）：下段钙质砾灰岩、厚层状灰岩夹细砂岩；上段为黑色炭质页岩、灰色页岩及粉砂质页岩。

榆红组（$O_2 y$）：由复成分砾岩与中粗粒岩屑砂岩或中细粒石英砂岩互层组成，局部夹页岩。厚约 452m。底部以粉砂、不等粒砂岩、含砾不等粒砂岩、砾岩等组成逆粒序层始现与下伏沙塘组分界，顶部以石英砂岩与上覆尖岭组底部砾岩整合接触。榆红组未找到化石，其时代由上下层位推定为中奥陶世。

尖岭组（$O_2 j$）：底部为复岩屑砾岩，其上为细粒岩屑砂岩夹黏土岩，或呈不等厚互层；中上部为粉砂质黏土岩夹粉砂岩，顶部为岩屑粉砂岩。

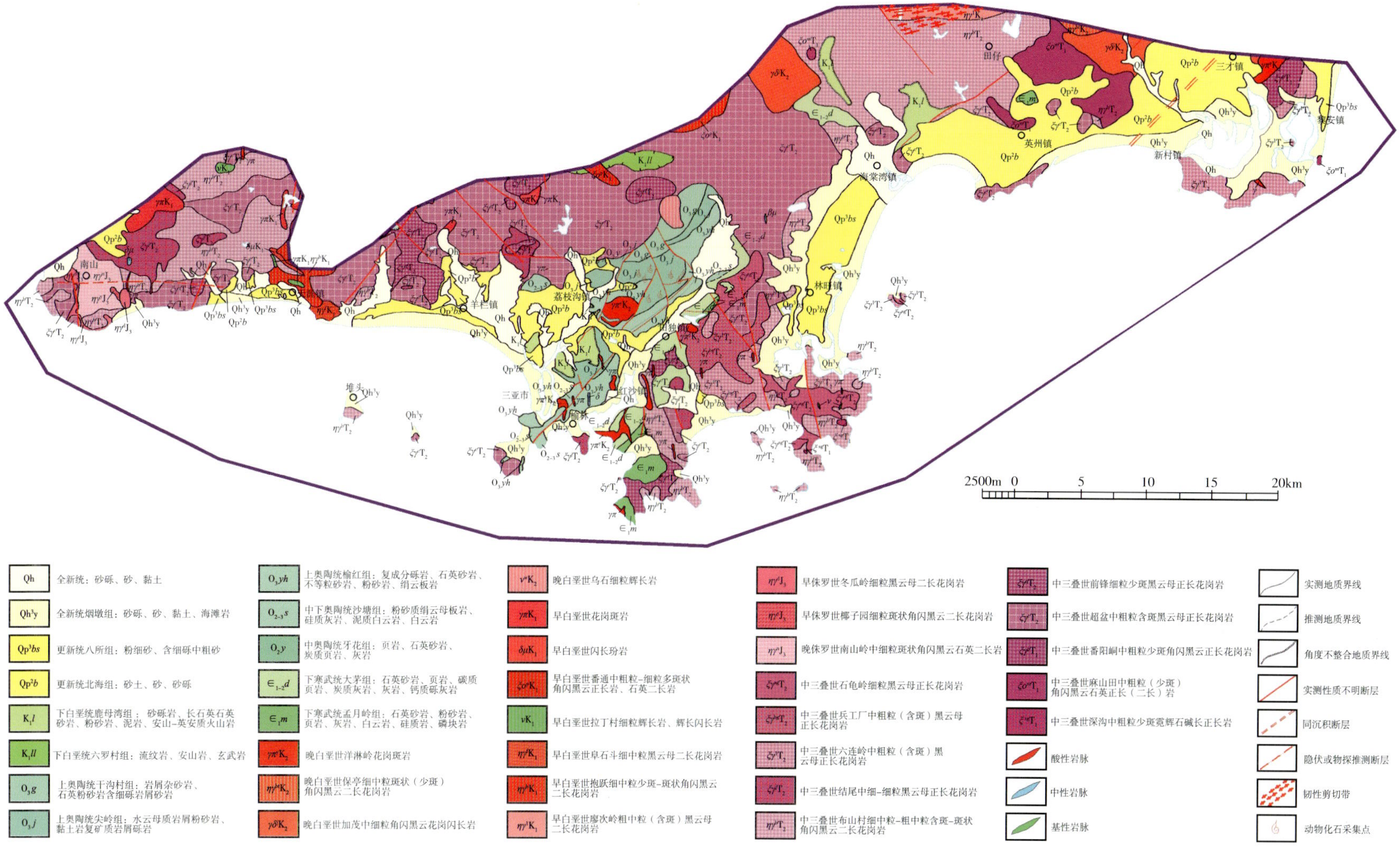

图 7-1-1 三亚被动陆源Ⅳ级成矿区带地质图

干沟村组（O_3g）：整合于尖岭组之上。主要由细粒岩屑杂砂岩夹粉砂岩组成，底部含细砾岩屑砂岩与下伏尖岭组分界。

3. 白垩系

下白垩统鹿母湾组主要分布在三亚同安岭-牛腊岭等盆地，由陆相沉积的红色碎屑岩夹安山岩、英安质火山岩组成。下白垩统六罗村组为陆相中酸性夹少量基性火山岩系沉积，主要沿东西向九所-陵水构造带分布。

六罗村组（K_1ll）：岩性主要为流纹质火山岩，下部夹少量玄武岩和安山岩，底部局部为含火山角砾的紫红色砾岩。局部与下伏海西晚期花岗闪长岩呈不整合接触，顶部以流纹质含砾凝灰熔岩与上覆汤他大岭组安山质角砾熔岩呈喷发不整合接触。

鹿母湾组（K_1l）：下部以紫、紫红、紫灰色砂砾岩、含砾长石石英砂岩为主，夹泥质、铁质粉砂岩和泥岩；上部紫色间灰绿色长石石英细、粉砂岩夹钙泥质粉砂岩、粉砂质泥岩。常夹安山—英安质火山岩。与上覆报万组整合接触，底界以砂砾岩与下伏花岗岩呈不整合接触。

4. 第四系

北海组（Qp^2b）：平行不整合于秀英组之上，被道堂组喷发不整合覆盖。地貌上叠覆于海成Ⅱ、Ⅲ级阶地之上，表现为Ⅲ级或Ⅳ级阶地。岩性为桔黄、棕红、褐红色亚砂土、砂、砂砾、砂质砾石。底部砂砾层往往含玻璃陨石及含铁质结核。

八所组（Qp^3bs）：平行不整合于秀英组之上，未见顶。在地貌上表现为海成Ⅱ级或Ⅲ级阶地。岩性为棕黄、黄及白色粉细砂、中砂及含细砾中粗砂层。八所组是玻璃砂矿的主要控矿层位。

全新统：为河流Ⅰ级阶地、河漫滩冲积层、洪冲积层及洞穴堆积。岩性为砾石、含砾粗砂、砂、砂质黏土等，洞穴堆积为钙质黏土夹炭质黏土。

烟墩组（Qh^3y）：为滨海、潟湖系列沉积。岩性为砂砾、砂、有机质黏土、粉砂质黏土及海滩岩。该组是滨海钛铁矿、锆英石、独居石砂矿的主要含矿层位。

5. 中寒武统

大茅组：控制着磷、锰矿床的分布，古生界中多金属元素含量也较高，与已知多金属矿床点的分布关系密切。

二、构造

区带内断裂构造发育，以东西向构造、北东向构造、北西向构造为主，控制着区内沉积建造、岩浆活动及成矿作用。

1. 东西向构造形迹

东西向构造形迹主要为九所-陵水构造带。

九所-陵水构造带（F_4）：位于北纬 18°15′—18°30′，横贯乐东、三亚和陵水等县市，东西长100 多千米，由九所-陵水断裂带、崖城-藤桥断裂带等组成。该构造带在海西期和燕山期有强烈活动，分布有海西期育才花岗闪长岩、田仔二长花岗岩等岩体，燕山期千家、高峰、罗蓬、南林、陵水等岩体，它们形成一条东西向花岗岩穹隆构造。另外，燕山晚期有同安岭、牛腊岭等火山岩喷发，形成东西向火山岩带分布。在该构造带展布区，东西向的断裂带和挤压破碎带十分发育，显示了压性断裂带的特征。

该断裂带控制了寒武纪以来不同的构造单元的发展和不同沉积建造的分布。构造带在海西期、印支期—燕山期继续活动，导致岩浆侵入和喷发活动，形成东西向分布的花岗岩穹隆构造和火山岩带，在喜马拉雅期的活动比较强烈，沿该构造带地震时有发生，热矿泉遍布，海蚀地貌发育。

2. 北东向构造形迹

区带内北东向褶皱主要由古生代地层组成的褶皱带和形成的断裂带构成。

三亚褶皱构造带：分布于三亚市到南田农场一带，西南端沉没入南海，北东端被海西期花岗岩吞蚀。全长40多千米，宽10多千米。由轴向北东的三道–晴坡岭荔枝沟复式向斜及其次一级褶皱构造组成。复向斜核部为上奥陶统干沟村组，两翼地层为中奥陶统尖岭组、榆红组、沙塘组，下奥陶统牙花组、大葵组，中寒武统大茅组和下寒武统孟月岭组等构成。与该褶皱带相伴生的，还发育有一系列北东向断层带，如北东向田独断裂带。

3. 北西向构造形迹

北西向构造主要为乐东–田独断裂带。

乐东–田独断裂带：断裂带北西起东方江边马眉，往南东经乐东、志仲，一直延伸到三亚市的田独，总体走向北西320°—330°，由一系列北西向断裂带组成。该断裂带在航片上反映十分清晰。其北西段的乐东至江边马眉一带，基本沿着流过此地区的北西向昌化江流域分布；其南东段的乐东、经志仲至三亚市田独地区，沿此段断裂带上的高峰断裂带断续见到破碎带、断层角砾岩带和挤压破碎带及温泉分布。

4. 南北向构造形迹

区带内南北向构造行迹主要表现为琼中南北向构造带（F15）南段。

该段南北向断裂带中，分布有南北向延伸的燕山期岩体和充填有南北向花岗斑岩脉及石英脉带。在荔枝沟一带的石英脉中分布有铅锌矿。

5. 东西向构造形迹

东西向荔枝沟断裂带控制着燕山晚期岩浆热液活动作用以及与中奥陶统接触交代作用有关的锡、铅、锌矿的分布；东西向九所–陵水断裂带，控制着断裂带南侧分布的燕山晚期牛腊岭—同安岭火山岩带和海西期、印支期、燕山期的岩浆活动作用有关的金、银、铜、铅、锌、铁、钼、水晶、萤石矿床的分布。

三、岩浆岩

1. 火山岩

（1）基性岩

玄武岩：斑状结构。斑晶：普通辉石、辉石、橄榄石、斜长石。基质为间粒–间隐结构，由斜长石、辉石、玻璃质组成。分布于三亚市北岭村。赋存于六罗村组。

（2）中性岩

安山岩：斑状结构。斑晶：斜长石、石英、钾长石。基质隐晶质，由钾长石、石英、铁镁质矿物组成。有绿泥石、绢云母、高岭土等次生矿物。为六罗村组。

（3）中酸性–酸性岩

流纹斑岩：斑状结构。斑晶由石英、钾长石、斜长石及黑云母组成。基质显微隐晶结构，组分为长英质。次生矿物有绢云母、绿泥石、高岭土。赋存于六罗村组中。

（4）火山碎屑岩

流纹质晶屑凝灰熔岩：凝灰熔岩结构。岩石成分：晶屑以长石、石英为主，其次为黑云母、角闪石；岩屑主要为流纹质岩屑，少量英安质、花岗质岩屑。胶结物为长英质，呈霏细–微晶状。次生矿物常见绢云母、绿泥石、高岭土。赋存于六罗村组中。

沉凝灰岩：凝灰结构或碎屑粉砂状结构，层纹状构造。碎屑成分：以钾长石、斜长石、石英为主，少量黑云母和岩屑。火山灰及少量泥质胶结。赋存于六罗村组。

凝灰质砾岩：砾石成分：变质岩、脉石英、花岗岩，呈次圆—次棱角状，其次为各种喷出岩屑及石英、长石的晶屑，泥质、泥沙质胶结。赋存于鹿母湾组。

2. 侵入岩

区带内侵入岩多期次侵入，大面积分布，并以三叠纪的正长花岗岩、二长花岗岩为主，燕山期花岗岩零星分布。

（1）基性侵入岩

辉长岩：分布于拉丁村一带，具辉长结构或细粒结构。矿物组份：斜长石、钾长石、石英、黑云母、角闪石、紫苏辉石、单斜辉石。

（2）中酸性-酸性侵入岩

石英二长岩：分布于南山岭一带，中粒斑状结构。斑晶以灰白色的钾长石为主。矿物成分：斜长石、钾长石、石英、黑云母、角闪石。岩体地表产出面积12.7km^2。时代为晚二叠世。分布于乐东。

花岗闪长岩：细粒至粗粒状结构。矿物成分：斜长石、石英、钾长石、黑云母、角闪石、辉石。时代为中三叠世，晚白垩世。

二长花岗岩：为细粒到粗粒变化的似斑状结构。矿物成分：斜长石、钾长石、石英、黑云母、角闪石、辉石。时代为早、中、晚三叠世，晚侏罗世。

正长花岗岩：中细粒、中粗、中粗粒结构。岩石矿物成分有钾长石、斜长石、石英、黑云母、角闪石、辉石、白云母。时代为早、中、晚三叠世。

（3）脉岩

海南岛脉岩种属繁多，多沿北东、北西、近东西和近南北向裂隙充填分布。近南北向的脉岩一般规模较大，时代较新，以酸性岩脉居主要。主要种属有：闪长玢岩、石英二长斑岩、花岗闪长斑岩、花岗斑岩、石英斑岩等。

3. 岩浆岩对成矿的控制作用

综合上述，结合海南岛已知矿产在时空和成因上与岩浆岩成矿作用的密切关系，其中，与I型花岗岩等侵入体的中心和边缘部接触地带及其旁侧基底隆起区边缘的构造岩浆岩带控制着铁、铜、钼、铅、锌、金、银、硫铁等矿产的分布。

四、变质岩

区内变质岩有区域变质岩、动力变质岩、接触变质岩及气-液蚀变岩。其中区域变质岩分布较广。

1. 区域变质岩

岩石类型有变质粉砂岩、变质砂岩、变质砂砾岩、变质砾岩、板岩、绢云千枚岩、大理岩、透辉透闪石岩等，变质矿物主要为石英、绢云母、绿泥石、白云母、方解石、透闪石，未见黑云母出现。

2. 动力变质岩

动力变质岩主要出现在各种脆性断裂中，严格受断裂带控制。以脆性变形为特征，可分为压碎角砾岩类和碎裂岩类。前者为原岩发生破碎形成，岩石类型有构造角砾岩及构造圆化角砾岩；后者以压碎变形为主，岩石未具定向组构，岩石类型有碎裂岩化岩石、碎裂岩、碎斑岩、碎粒岩。

3. 接触变质岩

主要分布在侵入岩与地层的接触带中，按成因分为热液接触变质岩和接触交代变质岩。

（1）热液接触变质岩

岩石类型有角岩化碎屑岩、斑点板岩、透辉石角岩、黑云母角岩、石英角岩、透辉石石榴子石角岩、黑云母矽线石石英（片岩）、红柱石角岩、黑云母角闪角岩、透辉石斜长石角岩、透辉石石英角岩、大理岩等。

（2）接触交代变质岩

接触交代变质岩出露较少，多呈残留体、脉状或团块状产出。岩性有绿帘石石榴子石矽卡岩、石榴子石透辉石矽卡岩、石榴子石阳起石矽卡岩、石榴子石矽卡岩、石榴子石绿帘石矽卡岩等。

4. 气–液蚀变岩

主要沿断裂带与动力变质岩相伴出现，部分岩体和火山岩中见有少量出露。根据岩石受蚀变作用的强弱程度分为强蚀变岩和弱蚀变岩石。前者受蚀变作用较强，岩石类型有绢英岩、硅化岩、绢云绿帘石岩、云英岩等。后者受蚀变作用较弱，原岩的结构、构造基本保留，只是主要造岩矿物发生不同程度的结晶及蚀变，主要有硅化、绿泥石化、绢云母化、黄铁矿化、云英岩化、碳酸盐岩化、绿帘石化、阳起石化、蛇纹石化、钠黝帘石化、钠长石化等。

第二节　区域矿产特征

区带内矿产资源主要有钼、铁、磷、锰、铅、锌，已发现有陵水英州钼矿、龙门岭钼矿、田独铁矿、大茅磷锰矿、陵水县白茅岭铅锌矿等，见图 7-2-1。矿产分布特征如下：

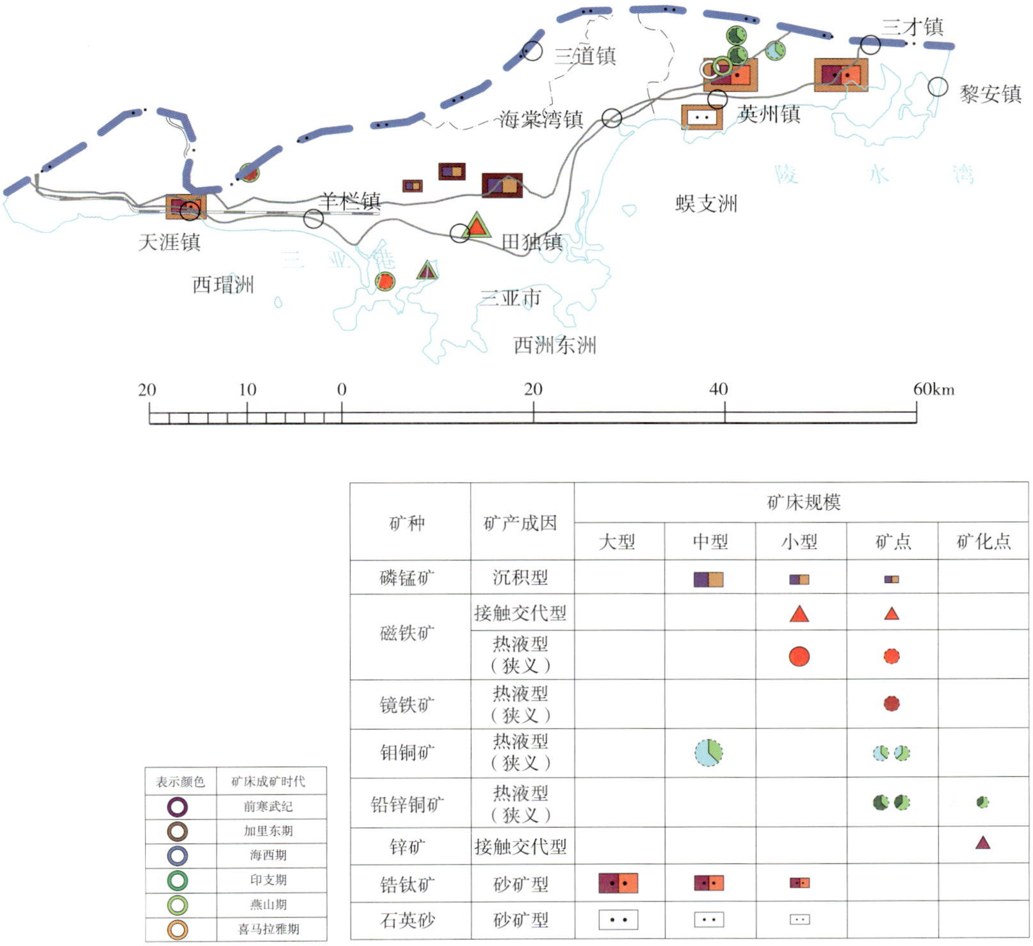

图 7-2-1　三亚被动陆缘铁、磷、锰多金属Ⅳ级成矿区带矿产地分布图

1）在区带东部英州等地区发育有钼、金、铅锌等矿产，已发现有陵水县龙门岭钼矿、陵水县英州金矿、陵水县白茅岭铅锌多金属矿、水县狗子岭水库铅锌多金属、陵水县狗尾吊铅铜矿等。矿床主要受北东向断裂带、燕山期侵入岩等控制，为岩浆热液矿床。成矿时代为燕山期。

2）在区带南部三亚市田独-大茅地区发育有铁、磷、锰等矿产，区内已发现中型矿床 2 处（富铁矿、磷锰矿）、锡铅、铅锌矿点 2 处。①产于下寒武统大茅组沉积型磷锰矿床：矿床主要产于含磷锰矿层位寒武系大茅组中，主要受含矿层位大茅组、向斜构造控制，并受后期断裂构造改造，为沉积矿床。成矿时代为寒武纪。②接触交代型铁、铅锌、锡矿床：产于燕山期花岗斑岩与寒武纪、奥陶纪地层接触带，主要受地层岩性、燕山期侵入岩及接触带构造控制，为接触交代矿床。成矿时代为燕山期。

3）区带东部、南部海岸带锆英石、钛铁矿、石英砂砂矿资源丰富，主要产于烟敦组、八所组、北海组中。矿床主要受赋矿地层及地形地貌控制。成矿时代为第四纪。

第三节　地球物理、地球化学、遥感、自然重砂特征及推断成果

一、地球物理特征及推断成果

1. 航磁特征

区内为高磁异常带，磁场强度大，强度和梯度变化都很复杂的正负伴生异常带，伴生负磁场中叠加有大量之局部异常，磁异常多呈北东走向。区内高值异常主要位于羊拦镇—荔技沟镇—林旺镇、三道农场—田仔镇、南田农场—军田一带，其最大值为 250nT（图 7-3-1）。

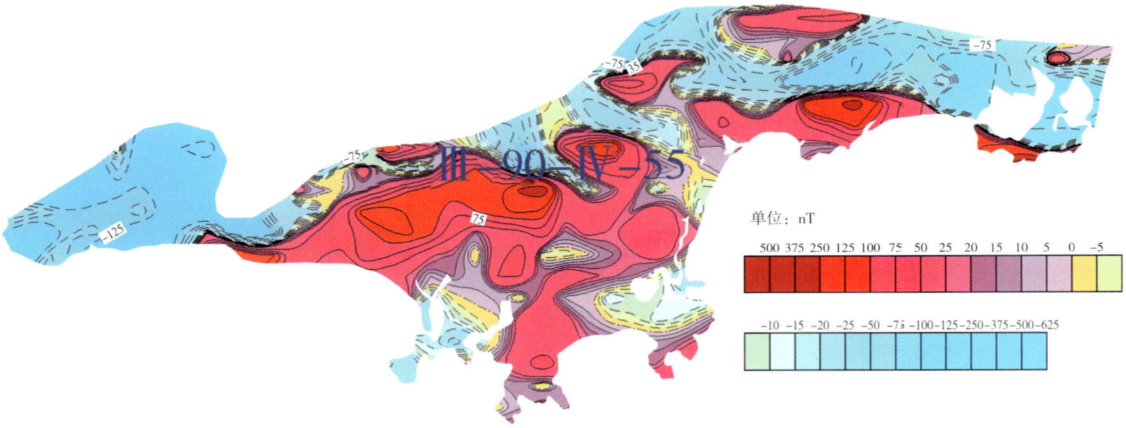

图 7-3-1　三亚被动陆缘铁、磷、锰多金属Ⅳ级成矿区带航磁异常图

2. 重力特征

该成矿区带处于九所-陵水东西向重力梯级带之南侧，等值线多呈东西走向，且重力场变化较平稳。区内分布田独重力低、三亚-罗蓬重力高、榆林重力高等。重力梯级带与断裂相对应，重力低为花岗岩体的反映，重力高与古生代地层有关。区内剩余重力异常分布主要有：北山剩余重力负异常、新村（南段）剩余重力负异常、保平剩余重力负异常、新村剩余重力负异常、罗蓬-三亚剩余重力正异常、藤桥剩余重力正异常、梅山剩余重力正异常等。以上剩余重力负异常为花岗岩体的

反映（图 7-3-2），而且这些花岗岩体多与矽卡岩型铁矿等矿产有着密切的关系。如田独矽卡岩型铁矿处于北山花岗岩体与罗蓬-三亚古生代岩块的接触部位。剩余重力正异常与古生代或元古代地层有关，该区的古生代或多与铁、磷矿、锰等矿产关系密切。如田独矽卡岩型铁矿处于三亚古生代岩块与北山花岗岩体的接触部位。又如大茅磷锰矿处于三亚古生代岩块中，与古生代大茅组关系密切，为其含矿层。

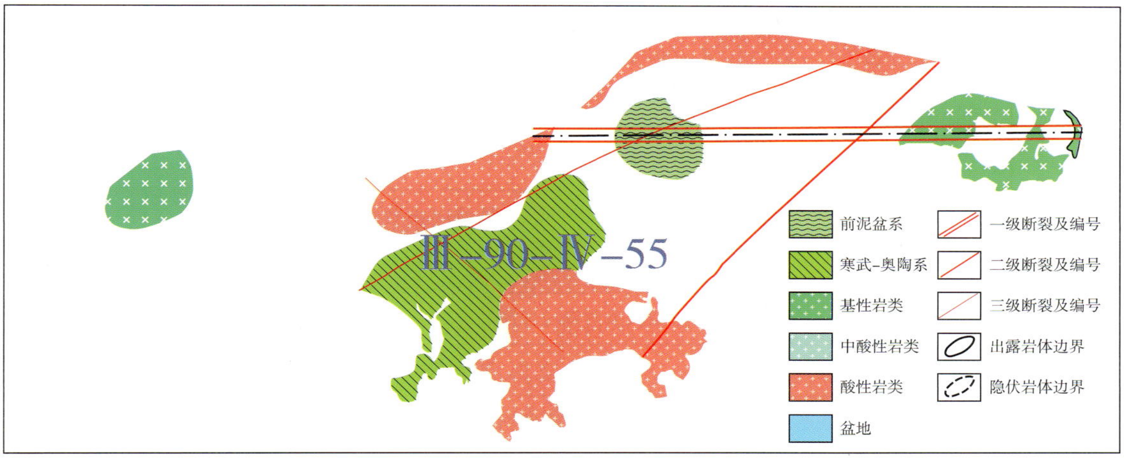

图 7-3-2　三亚被动陆缘铁、磷、锰多金属Ⅳ级成矿区带物探推断解译图

二、地球化学特征及推断成果

区带内地球化学特征表现为 Au、Ag、Hg、Pb、Fe、Cd、Sn、Bi、P、Mn、Mo 等为背景场。主要成矿元素 Au、Mo 异常面积较小，且与已知矿床点对应较差。

1. 单元素区域地球化学异常特征

（1）Au 元素区域地球化学异常特征

区带内 Au 元素异常主要分布于陵水县英州一带，分布在已知的钼、铅、锌、金多金属矿床的附近（图 7-3-3）。

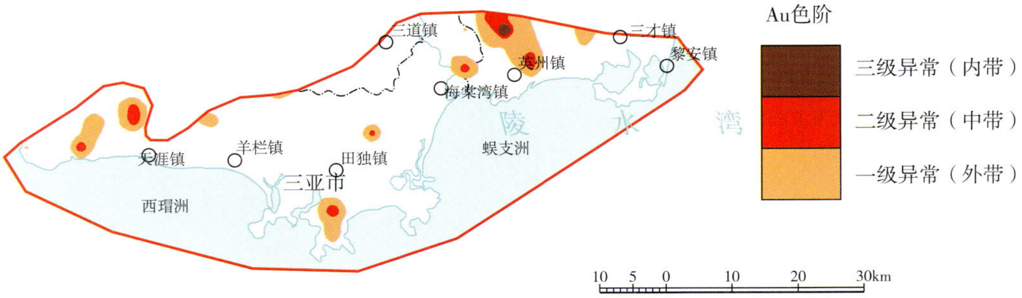

图 7-3-3　三亚被动陆缘铁、磷、锰多金属Ⅳ级成矿区带 Au 地球化学异常图

（2）Mo 元素区域地球化学异常特征

区内 Mo 元素异常主要沿北部燕山期火山岩盆地边缘分布，与区内已知矿床点无对应关系（图 7-3-4）。

2. 地球化学组合与综合异常特征

区带内地球化学组合异常及综合异常不发育，已知矿床基本无地球化学异常反映。

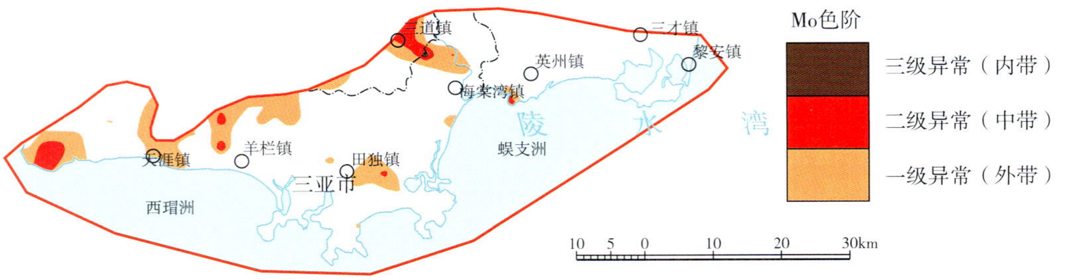

图 7-3-4　三亚被动陆缘铁、磷、锰多金属Ⅳ级成矿区带 Mo 地球化学异常图

三、遥感特征及推断成果

位于海南岛最南端的三亚地区，九所-陵水大断裂南侧，呈东西长条状，长约 115km，宽 6~33km，面积 1827km^2。在成矿带西半段，主要由同安岭和牛腊岭两个火山岩盆地组成，其间被燕山早期罗蓬二长花岗岩体及海西期花岗闪长岩所分隔，同安岭火山盆地中还有燕山晚期税町花岗闪长岩体和花岗岩、花岗斑岩等小岩体分布。火山岩属早白垩世中酸性火山岩。区内主要矿化有金、银、铜、铁、铅、锌等，目前尚未发现矿床，主要为金（银）、铜、铁、铅、锌等矿点、矿化点。成矿带东半段，主要出露寒武纪和奥陶纪地层，沿轴向北东向的三道-晴坡岭-荔枝沟倒转复式向斜构造展布，因遭受海西期、印支期和燕山期花岗岩侵入破坏显得支离破碎。寒武系有下统孟月岭和中统大茅组，孟月岭组为一套细碎屑岩，夹黏土岩、灰岩；大茅组为含磷、锰层位。中、下部为中细粒石英砂岩、粉砂质页岩、白云岩或白云质灰岩，上部为灰岩、白云岩、硅质岩夹硅质页岩、磷块岩及锰矿层。奥陶系下统为灰岩、钙质砾灰岩、砂岩夹页岩；中统为岩屑砂岩、砾岩、粉砂岩、炭质页岩、粉砂质页岩；上统为粉砂质黏土岩、粉细砂岩、砾岩。地层周围全为印支期和燕山期二长花岗，其中燕山晚期北山二长花岗岩体面积最大，燕山晚期花岗斑岩较为发育，常呈小岩体或岩脉产出。花岗斑岩与铁、铅、锌矿化较为密切，花岗斑岩与地层接触带上常有铁、锡、铅锌矿化，形成矽卡岩型矿床。田独中型富铁矿即产于花岗斑岩与大茅组白云质灰岩接触带上。区内主要有铁、磷、锰、锡、铅、锌等矿化，已探明中型矿床 2 处（田独富铁矿床、大茅磷锰矿床），锡多金属、锌矿点 2 处。

1. 区域地质构造遥感特征

该矿带遥感线性、环形构造较为发育，共解译出线要素 34 条，环形构造 8 个。矿带中遥感色、块、带要素特征不显（图 7-3-5）。

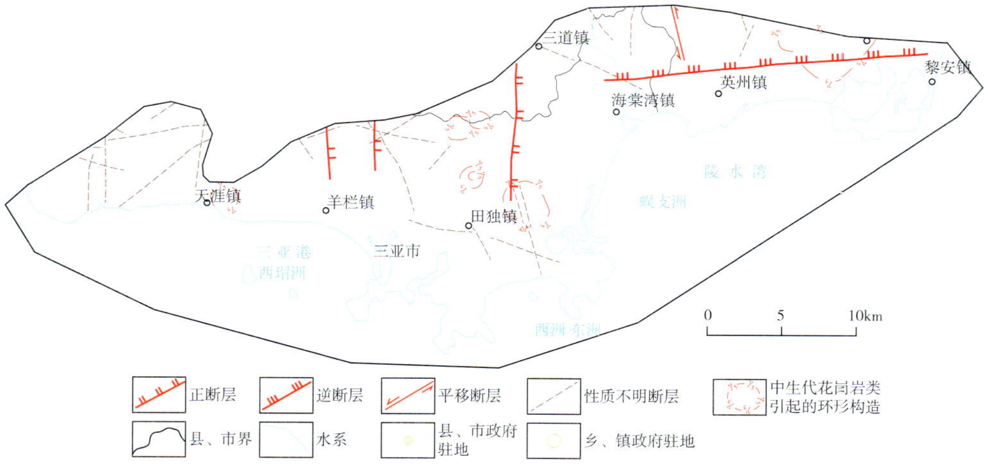

图 7-3-5　三亚被动陆缘Ⅳ级成矿区带遥感构造解译图

矿带内共解译出大型构造1条：该九所-陵水断裂带在矿带南部呈东西向展布，影像中有较明显直线状纹理，显示明显的断续东西向延伸特点，线型构造两侧地层体较复杂且经过多套地层。

本矿带共解译出中小型构造30多条，主要分布于白垩纪花岗岩、侏罗纪花岗岩及第四系烟墩组、八所组等地层中。其中中型构造3条，主要呈北西走向，断层线清晰；小型构造以南北向为主，影像中有较明显直线状纹理。

该矿带中的环形构造主要发育于中部地区，呈北西向展布。根据遥感解译所反映的环形影像，结合地质资料，对这些环形影像构造进行分类、解释：

1）中生代花岗岩类引起的环形构造：这类环形构造影像色调一般较暗，个体均为小圆环，此类环共解译出7个。

2）断裂构造圈闭的环形构造：此类环只解译出1个环，该南林环形构造环状地貌的圈闭特征显著，纹理走向清晰。

主要的环构造遥感特征见表7-3-1。

表7-3-1　三亚被动陆缘铁、磷、锰多金属Ⅳ级成矿区带主要环形影像解译简表

编号	名称	面积 km^2	影像特征	地质特征	成因推测
6	三才环形影像	95	影像清晰，等圆形环中叠有小环，环中色调绿色，粉红色，短而粗的树枝状水系	处于东西向九所-陵水深大断裂带东端上，环内西部出露燕山晚期保城岩体花岗闪长岩，东部分布第四系	岩浆岩岩体
7	南林环形影像	102	影像清晰，等圆形环中叠有小环，内有环状山，水系不发育，呈分枝状	处于海西期二长花岗岩、花岗闪长岩与同安岭火山岩接触部位	中酸性火山岩边界

2. 遥感异常特征

该矿带内共提取出遥感羟基异常图斑共有2238个，其中一级异常图斑253个，二级异常图斑735个，三级异常图斑1250个。遥感铁染异常共有图斑1881个，其中一级异常176个，二级异常591个，三级异常1114个。根据异常集中分布程度、所处的地质构造环境等，共圈定出7处羟基异常带，1处铁染异常带，1处羟基铁染异常组合带。

该矿带遥感异常主要分布于沿海的第四系烟墩组、八所组及白垩纪花岗岩、侏罗纪花岗岩等地层中。矿带受地表植被等因素的干扰强度大，遥感异常反映不明显，大多为无指示意义的异常（伪异常），异常空间分布无明显规律性。矿带矿产资源分布与异常无明显的相关性。

四、自然重砂特征及推断成果

区带内沉积-变质岩区的重砂矿物以自然金和金属硫化物矿物异常为特征，也有少数钨矿物、锡石等矿物异常。多为一级或二级异常，具指示意义。

第四节　重要矿种预测评价模型

区带内的重要矿种主要有铁、钼、磷、金、铅、锌、锰等，形成了与中寒武世化学沉积作用有关的磷、锰矿床成矿系列、与燕山晚期岩浆热液活动有关的铁、铅、锌矿床成矿系列、与燕山晚期中酸性火山岩有关的金、银、铜、铅、锌、铁3个矿床成矿系列。

区带内预测评价模型主要有：与岩浆热液作用有关脉型钼矿、沉积磷、锰矿、矽卡岩型铁铜硫（钼金银）矿，见表7-4-1。各预测评价模型特征如下：

表7-4-1 三亚被动陆缘铁、磷、锰多金属Ⅳ级成矿区带预测评价模型表

省级矿产预测类型	成矿时代	主要预测要素	全国矿产预测评价模型	矿种	典型矿床
大茅式沉积型磷矿	中寒武世	复向斜的两翼和逆冲断裂带，磷块岩、白云岩、白云质灰岩，大陆边缘沉积的碎屑岩-碳酸盐岩-硅质岩系列，锰矿层与硅质岩、硅质页岩、磷矿层共生	沉积磷矿	磷、锰	大茅磷锰矿
大茅式沉积型锰矿	中寒武世	复向斜的两翼和逆冲断裂带，磷块岩、白云岩、白云质灰岩，大陆边缘沉积的碎屑岩-碳酸盐岩-硅质岩系列，锰矿层一般与硅质岩、硅质页岩、磷矿层共生	沉积型锰矿	磷、锰	大茅磷锰矿
大冶式矽卡岩型铁矿	燕山期	燕山期侵入岩与孟月岭组和大茅组接触带矽卡岩，北西向及近南北向的断裂构造及其次级断裂构造，磁异常	矽卡岩型铁铜硫（钼金银）矿	磁铁矿	田独铁矿床
白石嶂式脉型钼矿	晚白垩世	晚白垩世花岗闪长岩、绢英岩和早白垩世二长花岗岩，北北东向扭张断裂派生的低序次、低级别北东向压扭性断裂，Mo、Pb、Ag、W区域化探异常	与岩浆热液作用有关脉型钼矿	钼	龙门岭钼矿床

一、与岩浆热液作用有关脉型钼矿

（一）典型矿床预测模型

1. 成矿地质特征

龙门岭钼矿矿脉主要赋存于晚白垩世花岗闪长岩、绢英岩及早白垩世二长花岗岩内，矿体的产状、形态严格受低序次、低级别北东向断裂带控制。断裂带内蚀变强烈，其蚀变程度与矿化程度成正比。常见的蚀变类型为绢云母化、黄铁矿化、硅化、绿泥石化，与矿化关系密切的蚀变为硅化、绢云母化、黄铁矿化，其中绢英岩原岩为花岗闪长岩，遭受了强烈的绢英岩化，其Mo矿化也较好。矿床类型属热液脉型，矿石类型以微—细粒、稠密浸染型为主。

矿体多呈倾角较陡的平行脉状分布，矿脉产状稳定，受次一级的北东向或北西向断裂带控制，有尖灭再现现象。矿石结构主要有自形半自形叶片状、他形鳞片状、包含结构、他形及半自形粒状变晶结构、显微鳞片、叶片变晶结构、变余花岗结构、交代残留结构、碎裂结构等；矿石构造常见星散浸染状构造、稀疏浸染状构造、稠密浸染状构造、条纹—浸染状构造、斑团状构造、无定向构造、脉状穿插构造、浸染状构造、细脉浸染状构造等。

2. 成矿作用

燕山晚期东西向九所-陵水和昌江-琼海深大断裂再度裂解，断裂两侧发生大规模的火山喷发及岩浆侵入活动，为矿床的形成提供了充足的热源及充分的物质基础；伴随深大断裂的活动，其旁侧岩体内派生出次一级的北东向或北西向断裂带；岩浆演化后期聚集了大量的含矿气液，在深部热能的驱动下，沿先存断裂带内运移、富集、沉淀成矿。矿体多为成矿流体沿断裂带充填交代形成的脉状，此过程中多有大气降水加入，蚀变主要发生于断裂带内，以线状蚀变为主。

3. 预测要素

通过对高通岭钼矿、龙门岭钼矿典型矿床成矿地质背景、成矿地质特征和成矿作用进行分析，综合各类找矿指示因素，提取了典型矿床的预测要素（表7-4-2）。主要预测要素如下：

表 7-4-2 海南省陵水县龙门岭钼矿区典型矿床预测要素表

预测要素			描述内容	预测要素分类
储量			Mo：13617.25t　平均品位　Mo：0.1858%	
特征描述			热液脉型钼矿床	
地质环境	成矿时代		晚白垩世	必要
	区域构造	大地构造单元	印支地块（Ⅰ）三亚被动陆缘（Ⅱ）	重要
		大地构造位置	东西向九所-陵水深大断裂东段南侧，属三亚被动陆缘的东段	重要
	成矿构造		区域性北北东向扭张断裂派生的北东向压扭性断裂	必要
	成矿区带		位于Ⅴ级成矿区带"英州钼多金属矿田（Ⅲ-90—Ⅳ-55—Ⅴ-16）"内	重要
	岩浆建造/岩浆作用	岩石名称	二长花岗岩、花岗闪长岩、绢英岩	必要
		岩石结构	半自形粒状结构、中细粒状花岗结构	次要
		岩石构造	块状构造	次要
		侵入岩时代	白垩纪	重要
矿床特征	成矿特征	矿体形态	脉状	重要
		矿体产状	矿体总体走向北东 45°~47°，倾向北西 313°~319°，倾角较陡，大多在 65°~85°之间变化	重要
		矿物组合	金属矿物主要为辉钼矿、黄铁矿、磁铁矿、黄铜矿；非金属矿物主要为钾长石、斜长石、石英、绢云母、白云母	重要
		矿床伴生组分	Cu、W、Pb、Zn、Fe、Au、S、Bi、Re 等	重要
		矿体围岩	二长花岗岩、花岗闪长岩、绢英岩	重要
		围岩蚀变特征	硅化、黄铁矿化、钾化、绢云母化、绿泥石化、碳酸盐化等	重要
		控矿条件	岩浆条件：晚白垩世绢英岩、花岗闪长岩及早白垩世二长花岗岩 构造条件：矿床严格受低序次的北东向断裂构造带的控制，断裂构造成带成群产出的部位往往是成矿部位	必要
	矿床资源储量	矿石量	733.03×10^4t	重要
		矿床规模	中型	重要
	物探资料	地球物理特征及找矿标志	1：25 万区域重力图上，位于保城重力低的东南部，三亚—陵水重力梯级带中，剩余重力异常、重力垂向二阶导数图上，英州龙门岭钼矿处于与藤桥古生岩块引起的剩余重力正异常的边缘；中高极化异常，是发现和圈定隐伏钼矿化带（矿体）的重要找矿标志	次要
	化探资料	异常特征	1：20 万区域化探资料在矿区没有 Mo 异常反映；1：1 万土壤 Mo、Ag、Pb、W 等元素异常与已知矿床（体）和钼矿体蚀变带有吻合关系	重要

4. 矿床预测模型

在综述预测要素基础上，采用 GIS 技术从各课题组底图中获取要素信息，并以点、线、面形式进行表达。据此，共提取了侵入岩体、断裂、地层、化探的 Mo 异常、布格重力异常、重力异常、航磁异常等信息，建立了海南省白石嶂式热液脉型钼矿预测工作区典型矿床预测模型（表 7-4-3，图 7-4-1）。

表 7-4-3 海南省陵水县龙门岭钼矿区典型矿床模型表

<table>
<tr><td rowspan="2">概况</td><td>东经</td><td>109°48′49″—109°52′35″</td><td>北纬</td><td>18°26′00″—18°27′57″</td><td>地理位置</td><td>海南省陵水县英州</td></tr>
<tr><td>主矿种</td><td>钼</td><td>储量/规模</td><td>小型规模；13617.25t</td><td>品位</td><td>0.1858%</td></tr>
<tr><td rowspan="3">成矿的地质构造环境</td><td>大地构造</td><td colspan="5">武夷-云开-台湾造山系（Ⅰ级）印支地块（Ⅱ）三亚被动陆缘（Ⅲ）</td></tr>
<tr><td>区域构造</td><td colspan="5">燕山晚期强烈活动的东西向九所-陵水构造岩浆活动带及区域性北北东向断裂</td></tr>
<tr><td>矿区构造</td><td colspan="5">低序次、低级别的北西向、北东向断裂</td></tr>
<tr><td>主要控矿因素</td><td colspan="6">低序次、低级别的北东向断裂带</td></tr>
<tr><td rowspan="3">矿体的三度空间分布特征</td><td>产状</td><td colspan="5">走向北东 45°，倾向北西，倾角 65°~85°</td></tr>
<tr><td>形态</td><td colspan="5">脉状</td></tr>
<tr><td>规模</td><td colspan="5">V_1 矿带宽 300m，长 1200m</td></tr>
<tr><td rowspan="6">矿床的物质组成</td><td>矿石类型</td><td colspan="5">细脉浸染型</td></tr>
<tr><td>分带</td><td colspan="5">产状稳定，沿北东-南西方向尖灭</td></tr>
<tr><td>矿物组合</td><td colspan="5">矿石矿物主要是辉钼矿、黄铁矿、黄铜矿，次为辉铜矿、铜蓝、褐铁矿、钛铁矿、闪锌矿、白钛石；脉石矿物以石英、钾长石、斜长石、绢云母、白云母居多，其次是绿泥石、黑云母、绿帘石、红柱石、电气石、锆石、磷灰石</td></tr>
<tr><td>结构构造</td><td colspan="5">矿石结构有他形及半自形粒状变晶结构，显微鳞片、叶片变晶结构，变余花岗结构，交代残留结构，碎裂结构；矿石构造表现为脉状穿插构造、浸染状、细脉浸染状构造、块状构造、星散浸染状构造、稀疏浸染状构造、稠密浸染状构造、条纹-浸染状构造、斑团状构造、无定向构造等</td></tr>
<tr><td>主元素含量</td><td colspan="5">主成矿元素 Mo 含量变化范围在 0.030%~1.060%之间，平均品位 0.1185%~0.3321 %</td></tr>
<tr><td>共生元素含量</td><td colspan="5">Cu 含量一般为 0.10%~0.52%</td></tr>
<tr><td>成矿期次</td><td colspan="6">晚白垩世花岗闪长岩侵入阶段为主成矿期，次为早白垩世二长花岗岩侵入阶段</td></tr>
<tr><td>矿床的化探特征及标志</td><td colspan="6">1∶20 万区域化探资料在矿区没有 Mo 异常反映；1∶1 万土壤 Mo、Ag、Pb、W 等元素异常与已知矿床（体）和钼矿体蚀变带有较好的吻合关系；大比例尺 Mo、Ag、Pb、W 等元素化探异常区域即为找矿有利部位</td></tr>
<tr><td>矿床的地物和遥感特征及标志</td><td colspan="6">1∶25 万区域重力图上，位于保城重力低的东南部，三亚—陵水重力梯级带中，剩余重力异常、重力垂向二阶导数图上，英州龙门岭钼矿处于与藤桥古生岩块引起的剩余重力正异常的边缘；中高极化异常可能是发现和圈定隐伏钼矿化带（矿体）的重要找矿标志</td></tr>
<tr><td>矿床成因</td><td colspan="6">矿床成因类型可划分为白石嶂式脉型钼矿
燕山晚期，东西向九所-陵水深大断裂裂解，沿该构造带发生大规模的岩浆侵侵入活动，陵水地区发育了该期巨量的中酸性侵入岩。在岩浆演化后期聚集了大量的气液及成矿金属元素，沿区域性北北东向断裂派生的北东向断裂带充填、交代成矿。成矿金属元素主要来自于晚白垩世花岗闪长岩，主成矿期为晚白垩世花岗闪长岩侵入阶段，该阶段岩浆热液活动剧烈，致使沿断裂带蚀变发育，部分花岗闪长岩被蚀变为绢英岩，成矿后期有大量的大气降水进入流体</td></tr>
</table>

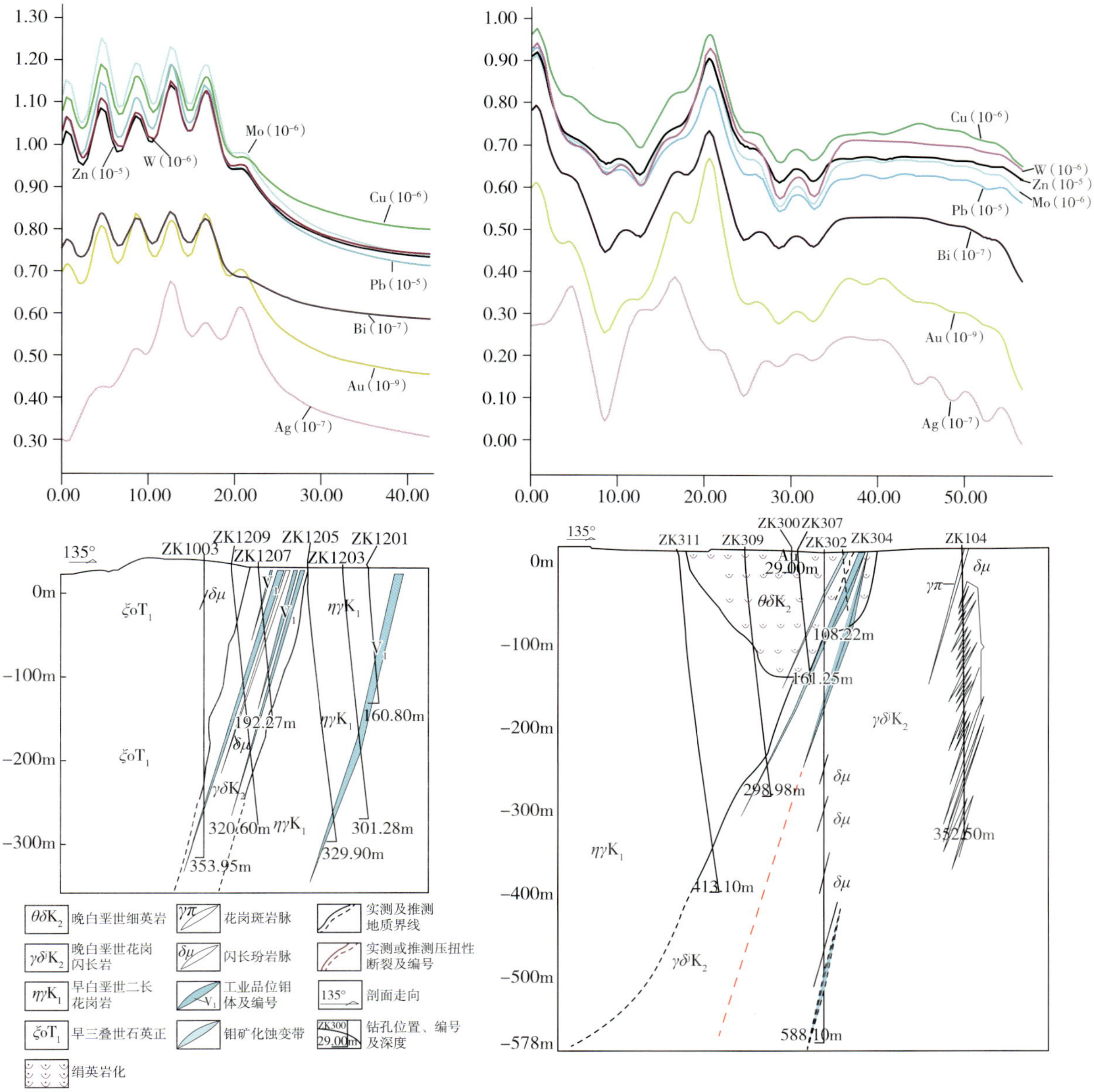

图 7-4-1　海南省陵水县龙门岭钼矿区典型矿床预测模型图

注：①Bi、Pb、Zn、Mo、W、Cu、Au、Ag 7 元素在矿体及其周边均异常显著，为本次预测重要指标；②Mo、Cu、Pb、Zn 元素异常对几乎全部已知矿体均有响应，总体异常峰值偏离矿体，但总体反映良好，考虑到异常区为钼矿床，因此采用 Mo 异常是最重要的成矿指示元素

（二）预测工作区预测模型

1. 预测要素

通过对海南省白石嶂式脉型钼矿床预测工作区时空展布、成矿地质背景和成矿规律的分析研究，总结各类找矿标志，提取了预测工作区预测要素（表 7-4-4），并对工作区钼矿床的成矿过程进行了分析，总结了成矿模式。

2. 预测模型

在综述上述预测要素基础上，采用 GIS 技术从各课题组底图中获取要素信息，并以点、线、面形式进行表达。据此，共提取了侵入岩体、断裂构造、已知矿床（点）、化探的 Mo 异常、航磁异常、重力异常等信息，建立了海南省海南岛预测工作区热液脉型钼矿预测模型（图 7-4-2）。

表 7-4-4　海南省海南岛预测工作区白石嶂式脉型钼矿区域预测要素表

区域预测要素			描述内容	预测要素分类
区域成矿地质环境	大地构造单元		包含武夷-云开-台湾造山系（Ⅰ级）五指山岩浆弧（Ⅱ级）和印支地块（Ⅰ级）三亚被动陆缘（Ⅱ级）两大地质构造单元。已知的钼矿化分布于三亚被动陆缘（Ⅱ级）与五指山岩浆弧（Ⅱ级）五指山褶冲带（Ⅲ）五指山岩浆弧内（Ⅳ）	重要
	大地构造位置		欧亚板块、印度-澳大利亚板块和菲律宾板块（西太平洋板块）的交汇部位	重要
	区域控矿构造		东西向的昌江-琼海深大断裂和九所-陵水深大断裂及其次一级的北东、北西向断裂	必要
	区域成矿区带		属华南成矿省（Ⅱ-16）海南 Fe、Cu、Co、Mo、Au、Pb、Zn 水晶成矿带（Ⅲ-90）	重要
	赋矿岩石		早白垩世黑云母正长花岗岩；早白垩世二长花岗岩；晚白垩世花岗闪长岩和绢英岩	必要
	赋矿岩脉		含辉钼矿石英脉	必要
	侵入岩时代		晚白垩世	重要
区域成矿地质特征	区域成矿类型和成矿期		热液脉型钼矿床；晚白垩世	必要
	白石嶂式脉型钼矿主要成矿要素	围岩蚀变	常见硅化、黄铁矿化、绿泥石化、绢云母化、方解石化等，其中与钼矿化关系密切的主要是硅化和黄铁矿化	重要
		矿体形状、产状	脉状、矿体受矿区内断裂的控制，矿体产状与断裂产状一致；浅部较缓、深部较陡	重要
		矿石类型	充填石英脉型、细脉浸染型	重要
		矿石矿物	金属矿物主要为辉钼矿、黄铜矿、黄铁矿以及少量闪锌矿、辉铋矿、方铅矿；非金属矿物主要为石英钾长石、黑云母，少量绿泥石等蚀变矿物	重要
		矿石结构构造	含钼石英脉矿石主要呈自形半自形叶片状、它形鳞片状结构，脉状穿插构造。含钼黄铁矿化正长花岗岩矿石主要呈包含结构、碎裂结构，浸染状、细脉浸染状构造	重要
区域物化遥异常特征	区域磁场		磁场特征差异较大，规律性较差，多数处于航磁负背景场中	次要
	化探异常		主成矿元素 Mo 及其共伴生元素 Ag、Cu、Pb、W 在成矿赋矿地质体内共形成 6 处较好的异常组合，其中两处有已知矿床响应	重要
	区域重力		处于花岗岩体引起剩余重力负异常中；花岗岩体引起剩余重力负异常，是该类型矿床成矿的有利部位	次要

二、沉积型磷锰矿

（一）典型矿床预测模型

1. 成矿地质特征

1）赋矿岩石：磷块岩是直接的矿岩类型，与硅质岩、硅质泥页岩共生，呈层状夹于白云岩、白云质灰岩层之中。以碎屑状和隐晶泥状两种主要形式产出，是潮下亚氧海底生物化学沉积和后期改造的潮下、潮上堆积产物。

2）控矿构造：含矿地层分布于北东向复向斜南东翼，主要沿 F3 逆冲断裂带分布，呈北东向延伸，倾向北西，倾角较陡。

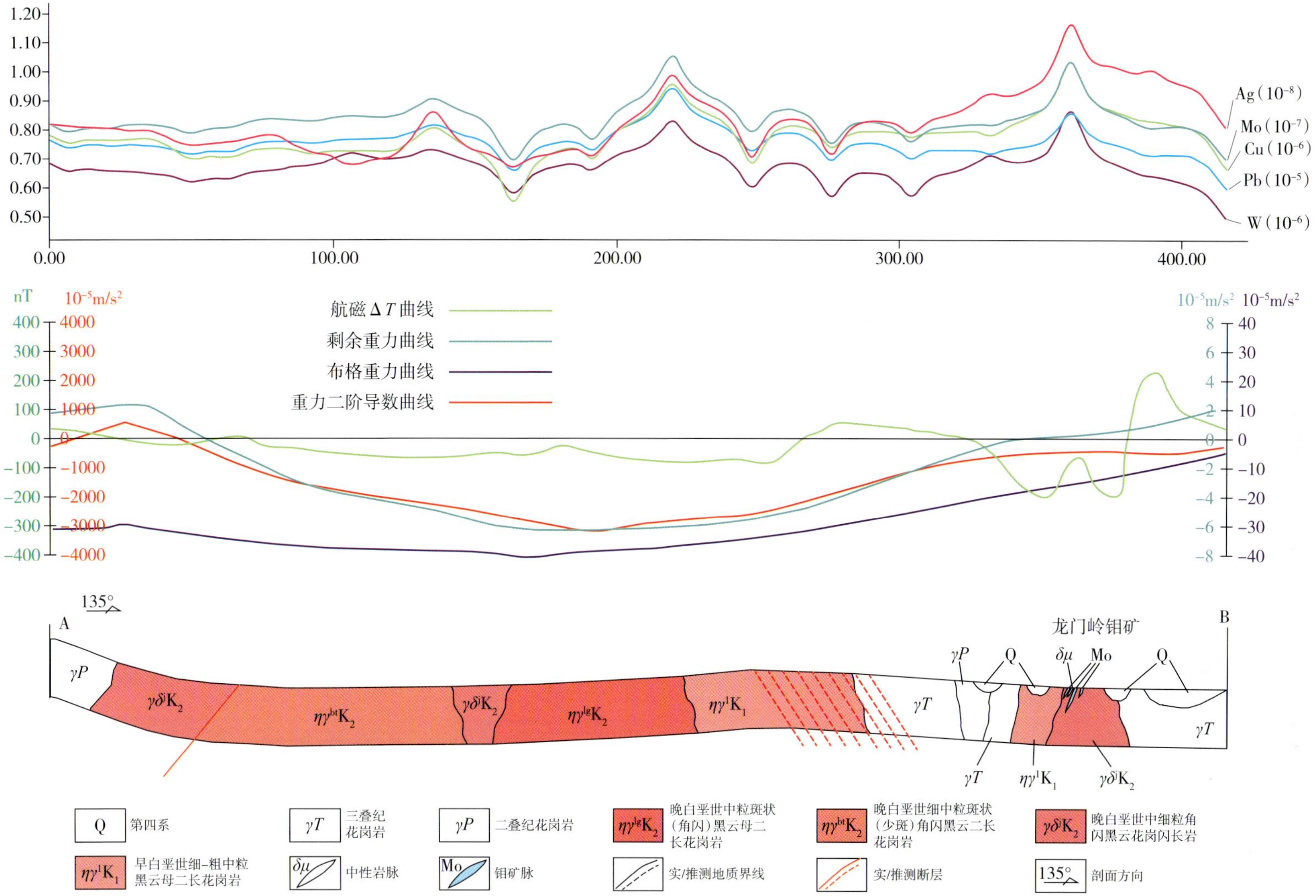

图 7-4-2　海南省海南岛预测工作区白石嶂式脉型钼矿 B-B′剖面预测模型图

注：①龙门岭、高通岭钼矿具有与矿体对应明显的 Mo、Ag、Cu、Pb、W 元素异常，可作为最为重要的预测要素之一；②航磁 ΔT 曲线异常与龙门岭钼矿典型矿床吻合较好，对白石嶂式脉型钼矿具有一定的指导意义；③在剖面上布格重力、重力二阶导数和剩余重力曲线平稳，变化较小

3）含矿沉积建造：含磷地层为一套被动大陆边缘的碎屑岩-碳酸盐岩-硅质岩混合型沉积，碎屑岩以三角洲前缘粉砂岩、泥质粉砂岩和前三角洲泥岩、粉砂质泥岩为主，滨岸中细粒砂岩少见。碳酸盐岩以浅海陆棚灰岩为主，潮坪相白云岩、白云质灰岩次之，后者为主要的含磷地层。

4）矿体地质特征：矿体呈层状、透镜状产出，含磷矿层与硅质岩、硅质泥页岩互层产出，直接围岩为白云岩、白云质灰岩。矿体平面展幅多变，厚度不均。其中以大茅组第三层、第四层矿体规模最大，含磷品位最高。现矿体产状多与围岩一致，总体走向北东，倾向北西，倾角较陡。

5）地球物理特征：大茅磷锰矿位于古生界地层引起剩余重力高与花岗岩体引起剩余重力低的过渡部位，位于近东西走向区域航磁异常带上的局部正磁异常区，经垂向一阶导数处理特征类似，航磁剖面平面图上处于高背景中的磁异常峰值区。1∶5 万航磁处于正磁场背景中叠加的低缓局部异常，异常规模不大，强度不高，其强度为 100nT。

6）地球化学特征：由于大茅磷锰矿区内无中大比例尺资料，无法开展典型矿床研究。

2. 成矿作用

磷矿是在低水位条件下海平面周期性振荡条件下的产物。稍高水位下，朝下亚氧带海底沉积原生泥状磷块岩；稍低水下，水体动荡造成原生磷矿破碎搬运到潮坪环境，形成碎屑状磷块岩。之后由于海侵和三角洲的侧向迁移，使得磷矿层得以保存。因此，矿床成因类型属海相沉积岩型磷矿床。

3. 预测要素

通过对三亚市大茅磷锰矿典型矿床成矿地质背景、成矿地质特征和成矿作用进行分析，综合各类找矿指示因素，提取了典型矿床的预测要素（表 7-4-5）。主要预测要素如下：

1）赋矿岩石：白云岩是主要赋矿围岩，此外砂岩也偶尔夹含磷矿层；

2）控矿构造：逆冲断裂带；

3）成矿时代：寒武系大茅组沉积时代，中寒武世；

4）大地构造单元：印支板块（Ⅰ级）三亚被动陆缘（Ⅱ级）；

5）大地构造位置：近东西向九所-陵水深大断裂以南三亚被动陆缘；

6）含矿建造：大陆边缘沉积的碎屑岩-碳酸盐岩-硅质岩系列；

7）地球物理特征：位于古生代地层重力高，地磁低缓正异常，分辨率不够，特征不明显；

8）地球化学特征：分辨率不够，不明显。

4. 矿床预测模型

在综合预测要素基础上，采用 GIS 技术从各课题组底图中获取要素信息，并以点、线、面形式进行表达。据此，共提取了沉积岩层、断裂、矿体、土壤化探的 P、Mn 等元素异常等信息，建立了海南省大茅式海相沉积岩型磷矿预测工作区典型矿床预测模型（图 7-4-3，表 7-4-6）。从图中可以看出尽管区域化探结果可以用来建立模型，但与磷矿没有对应关系，因此在附图中将其去除。

表 7-4-5　海南省三亚市大茅磷矿区典型矿床预测要素一览表

成矿要素		描述内容			成矿要素分类
矿石储量		$B+C_1+C_2$ 级储量：1079.4×10^4t	平均品位	P_2O_5：10%～18%	
矿床描述		海相低水位体系的生物化学沉积的磷块岩，与硅质岩类共生夹于白云岩、白云质灰岩、碎屑岩中，受复式倒转褶皱、逆冲断裂带控制			
成矿时代	沉积成矿地层年代	中寒武世			必要
大地构造位置	大地构造单元	印支板块（Ⅰ级）三亚被动陆缘（Ⅱ级）			重要

成矿要素		描述内容			成矿要素分类
矿石储量		$B+C_1+C_2$ 级储量：1079.4×10^4t	平均品位	P_2O_5：10%~18%	
矿床描述		海相低水位体系的生物化学沉积的磷块岩，与硅质岩类共生夹于白云岩、白云质灰岩、碎屑岩中，受复式倒转褶皱、逆冲断裂带控制			
成矿区带		位于大茅铁、磷、锰矿田（Ⅴ-17）			重要
沉积建造	地层分区	三亚分区			必要
	地层时代	中寒武世			
	岩石地层单位	中寒武统大茅组			
	沉积建造类型	碎屑岩-碳酸盐岩-硅磷质岩建造			
	岩石类型	砂岩、粉砂岩、泥页岩类；灰岩、白云岩类；硅质岩类、磷锰质岩类			重要
	岩性特征	细碎屑岩、灰岩、白云岩为主，其中白云岩类夹硅磷锰质岩			
	岩石组合	泥页岩-硅质岩-磷块岩-白云岩组合、灰岩-白云岩组合、砂岩-粉砂岩-泥页岩组合			
	沉积建造厚度	大于 3300m，其中含磷锰岩系厚 140m			
岩相古地理	构造古地理	被动大陆边缘			重要
	岩相古地理	浅海、滨海			
	沉积相、沉积亚相	浅海陆棚相、滨岸潮汐相、三角洲相			
	沉积相岩石组合	三角洲相砂岩、粉砂岩、泥岩，浅海陆棚相灰岩、泥灰岩，潮汐带白云岩-硅质岩-磷块岩组合			
	沉积等厚线	从南西到北东，沉积厚度是逐渐增大的			
控矿构造	断裂构造类型	逆冲断裂			
	断裂构造规模	小于 1.5km			
	断裂构造产状	走向北东、北东东，倾向北西，倾角陡峻			
	断裂构造体系	推覆构造			
	褶皱构造类型	向斜			
	褶皱构造规模	中型			
	褶皱构造产状	轴向北东，倾向北西			
	褶皱构造形态	倒转			
	褶皱构造空间组合	复向斜			
矿床特征	矿体形态	北东向带状分布，局部转为近东西分布			
	矿体规模	各磷矿层厚度不等，最厚达 34m，最长可达 1450m			
	矿体产状	矿体与地层产状一致，走向北东，倾向北西			
	矿石矿物成分	磷酸盐、方解石、白云石、石英、碳酸锰、黄铁矿、云母、绿泥石等			
	矿石矿物特征	磷矿石一般呈黑色，隐晶泥状结构、生物碎屑结构、鲕状结构、角砾状结构，块状构造、条带构造			
矿床特征	矿石矿物组合	磷酸盐-硅质-泥质、磷酸盐-方解石-白云石、磷酸盐-砂泥质			
	矿床主要组分	磷块岩、泥质、硅质、碳酸盐			
	矿床伴生组分	碳酸盐、碳酸锰、泥质、砂质、黄铁矿			
	矿床共生组分	磷块岩、硅质			
	矿石构造	致密块状构造、条带状			
	矿石结构	泥状、角砾状、鲕状、生物碎屑状结构			

成矿要素		描述内容			成矿要素分类
矿石储量		$B+C_1+C_2$ 级储量：1079.4×10^4t	平均品位	P_2O_5：10%~18%	
矿床描述		海相低水位体系的生物化学沉积的磷块岩，与硅质岩类共生夹于白云岩、白云质灰岩、碎屑岩中，受复式倒转褶皱、逆冲断裂带控制			
控矿条件		形成于陆源物质相对稀少的潮汐带、潮下带，主要发育于潮坪相白云岩-硅质岩类建造，主要分布于中寒武统大茅组第三、四段，现主要沿北西向倾向的逆冲断裂带分布			必要
地球物理特征	重力异常	大茅磷锰矿位于古生地层引起剩余重力高与花岗岩体引起剩余重力低的过渡部位			次要
	航磁异常	位于近东西走向区域航磁异常带上的局部正磁异常区，经垂向一阶导数处理特征类似，航磁剖面平面图上处于高背景中的磁异常峰值区。1∶5万航磁处于正磁场背景中叠加的低缓局部异常，异常规模不大，强度不高，其强度为100nT			
遥感特征		三亚大茅洞磷床地处海南岛南部的低山丘陵区，花岗斑岩体出露，植被极为发育，遥感影像上呈深绿色或绿色。在SPOT-5影像中以绿色为主色调			次要

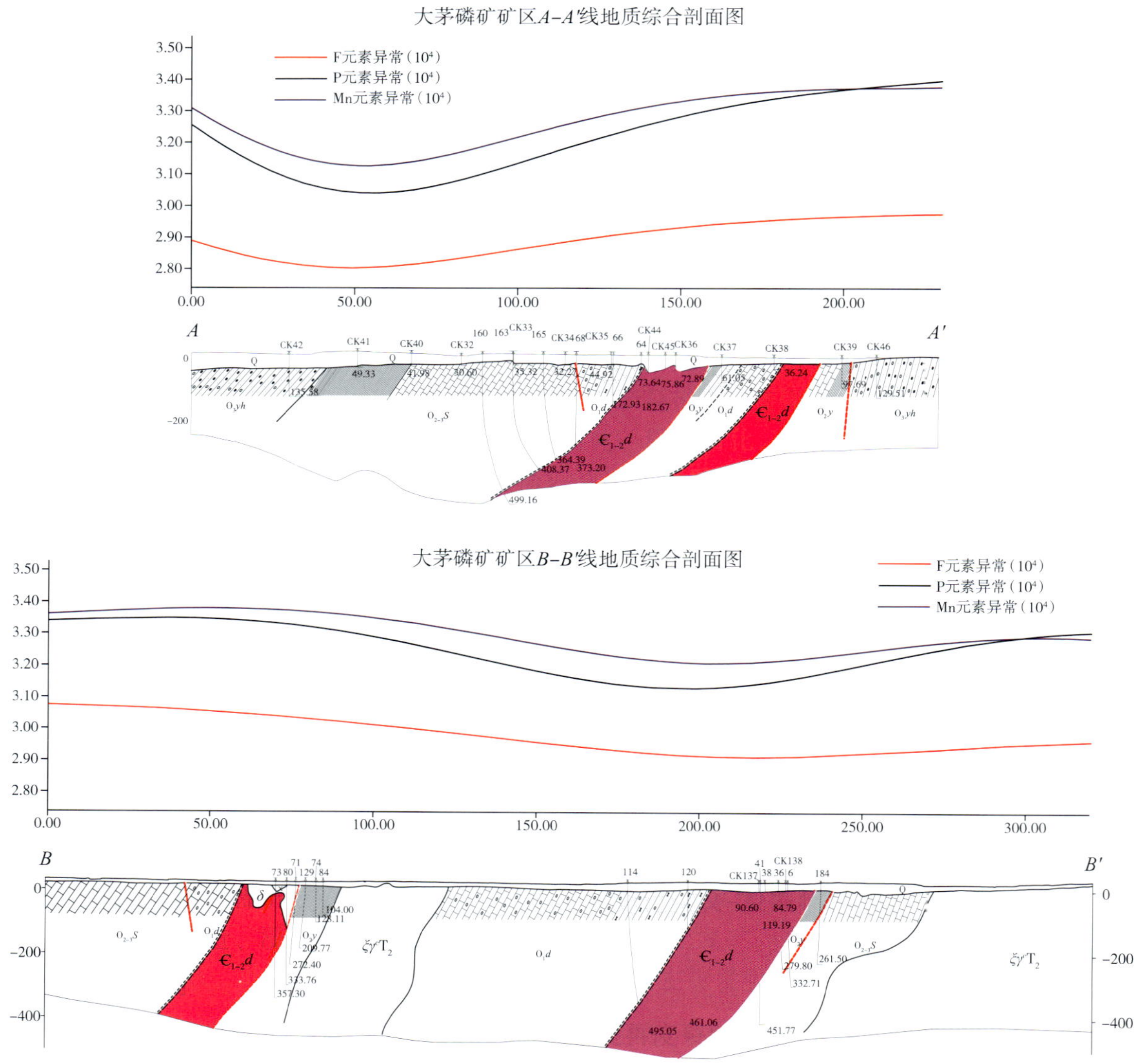

图 7-4-3　海南省三亚市大茅磷矿区典型矿床预测模型图

表 7-4-6　海南省三亚市大茅磷矿区典型矿床预测模型表

名称	大茅磷锰矿床模型表					
概况	东经	109°38′	北纬	18°20′	地理位置	海南省三亚市榆林镇大茅村
	主矿种	磷	储量	磷矿石：1079.4×10^4t	品位	P_2O_5：20%；MnO：27.53%
成矿的地质构造环境	被动大陆边缘浅海、滨岸水域					
控矿的各类及主要控矿因素	局限台地硅质岩、白云岩沉积体系；北东向复式向斜南东翼					
矿床的三度空间分布特征	产状	60°~80°<60°~70°				
	形态	层状、透镜状				
	分带	垂直地层分为 6 个矿层				
	埋深	小于 500m				
矿床的物质组成	矿石类型	块状磷块岩为主，局部见条带状磷块岩				
	矿物组合	主要为钙氟磷灰石，其次隐晶质硅、石英、黄铁矿、黑云母、锰质				
	结构构造	磷块岩主要为泥状、角砾状、鲕状、生物碎屑状结构，块状、条带状构造				
	主元素含量	P_2O_5：平均 20%，最高 39.6%；原生软锰矿 MnO 含量：平均 27.5%，最高 46.0%				
	共生元素含量	磷块岩中 R_2O_3（$Al_2O_3+Fe_2O_3$）含量：平均 5.61%，最高 13.86%，最低 2.45%；原生软锰矿中杂质含量：磷：平均 0.87%、最高 1.98、最低 0.14；铁：平均 6.9%、最高 14.88%、最低 2.50%；二氧化硅：平均 31.20%、最高 64.14%、最低 12.7%				
	伴生元素含量	很微量（光谱分析）				
成矿期次	具多期次					
矿床的地球物理特征及标志	分布于通什重力高异常至崖城重力低异常之间，三亚航磁 ΔT 正异常范围内					
矿床的遥感特征及标志	区内 NE 向断裂构造占主导地位，控制了主要山脉走向，在影像上行迹表现清晰；环形构造不发育					
矿床的地球化学特征及标志	磷、锰和硅质岩或硅质页岩共生，坡残积软锰矿及硅质岩是找磷矿的标志					
成矿物理化学条件	潮下海底亚氧带					
成矿时代	中寒武世					
矿床成因	生物化学沉积					

（二）预测工作区预测模型

1. 预测要素

通过对海南省三亚大茅预测工作区大茅式海相沉积岩型磷矿床时空分布规律、成矿地质背景和成矿规律的分析研究，总结各类找矿标志，提取了预测工作区预测要素（表7-4-7），并对工作区磷矿床的成矿过程进行了分析，总结了成矿模式。

表7-4-7 海南省三亚市大茅地区大茅式海相沉积型磷矿预测工作区区域预测要素一览表

区域预测要素		描述内容	预测要素分类
大地构造位置	大地构造单元	印支地块（Ⅰ级）三亚被动陆缘（Ⅱ级）	必要
	区域构造位置	九所-陵水深大断裂南部三亚被动陆缘内	必要
	区域构造类型	倒转复式向斜叠加北东向纵断裂、北西向横断裂	必要
沉积建造/沉积作用	地层分区	三亚分区	重要
	岩石地层单元	寒武系、奥陶系	必要
	地层时代	寒武纪—早中奥陶世	必要
	岩石类型	砂岩、粉砂岩、黏土岩、硅质岩、碳酸盐岩、磷块岩	必要
	沉积建造类型	碎屑岩-碳酸盐岩-硅质岩建造	重要
矿床特征	主成矿时代	中寒武世	必要
	赋矿岩石	硅质岩、硅质页岩、白云岩、白云质灰岩	必要
	围岩蚀变	靠近花岗岩矽卡岩化、角岩化强烈。远离板片岩化，伴随磷块岩结晶成磷灰石	次要
	矿体形态	层状、透镜状	次要
	矿体产状	含磷岩系产状与围岩一致，其走向为北东，倾向北西，倾角60°~75°。局部有走向南西西—北东东，倾向北北西	次要
	矿体规模	大小不一，平均厚1~6m，长不超过1450m	重要
	矿石自然类型	胶磷矿、细晶磷块岩	重要
	矿石矿物	钙氟磷灰石、硅质、泥质、碳酸盐、碳酸锰、黄铁矿、石英	重要
	矿石结构	泥状、角砾状、鲕状、生物碎屑状	次要
	矿石构造	块状构造、条带状构造	次要
	成矿期次划分	中寒武世为主，早奥陶世次之	重要
控矿条件	地层条件	低水位的白云岩、白云质灰岩为直接围岩，中寒武统大茅组	必要
	构造条件	倒转复式向斜两翼、逆冲断裂带的上盘	必要
矿床成因	构造古地理	被动大陆边缘	必要
	岩相古地理	混合型沉积的浅海陆棚、潮汐带、滨岸带	
	沉积相	局限潮坪相、三角洲相	
	物理化学条件	浅海亚氧水底	
区域地球物理场特征	预测区位于古生地层引起剩余重力高与花岗岩体引起剩余重力低的过渡部位，位于近东西走向区域航磁异常带上的局部正磁异常区，经垂向一阶导数处理特征类似，航磁剖面平面图上处于高背景中的磁异常峰值区。1∶5万航磁处于正磁场背景中叠加的低缓局部异常，异常规模不大，强度不高，其强度为100nT		次要

海南省大茅式海相沉积岩型磷矿预测工作区主要预测要素如下：

1）赋矿岩石：硅质岩、硅质页岩、白云岩；

2）控矿构造：晴坡岭倒转向斜的两翼、向斜内部北西倾向逆冲断裂带；

3）成矿时代：寒武系大茅组沉积时代，早寒武世；

4）大地构造单元：印支板块（Ⅰ级）三亚被动陆缘（Ⅱ级）；

5）大地构造位置：近东西向九所-陵水深大断裂南部，晴坡岭复向斜；

6）含矿建造：大陆边缘的碎屑岩-碳酸盐岩-硅质岩沉积系列；

7）矿体分布特征：奥陶系、寒武系均有分布，主要集中于寒武系大茅组第三、四层；

8）矿石矿物组合：主要钙氟磷灰石，此外还含有硅质、碳酸锰、为黄铁矿、云母、黏土矿物等；

9）地球物理特征：古生代地层重力异常高和航磁局部正异常，特征不突出；

10）地球化学特征：化探不明显。

2. 矿床预测模型

在综合上述预测要素基础上，采用 GIS 技术从各课题组底图中获取要素信息，并以点、线、面形式进行表达。据此，共提取了寒武系大茅组、逆冲断裂、已知矿床（点）、化探及重力和航磁等物探异常信息，建立了海南省大茅式海相沉积岩型磷矿预测模型（图 7-4-4）。从图中可以看出，磷矿与化探没有对应关系，因此在正式图件中将其去除。

三、矽卡岩型铁铜硫（钼金银）矿床

（一）典型矿床预测要素与预测模型

1. 成矿地质条件分析

1）赋矿地层：孟月岭组（$\epsilon_1 m$）和大茅组（$\epsilon_2 d$）是主要的赋矿地层。

2）成矿构造：北西向的构造裂隙是区内铁矿体的主要容矿构造。

3）岩浆岩：燕山期花岗斑岩等与铁成矿关系密切。

4）接触带：燕山期侵入岩与碳酸盐岩的接触带控制了矿体的产出空间和形态。

5）地球物理特征：1∶5 万正磁场背景中叠加的低缓局部异常具有一定找铁矿指示意义。

6）蚀变特征：矿区的围岩蚀变主要有矽卡岩化、黄铁矿化、绢云母化和碳酸盐化。矽卡岩化主要分布矿体边缘，以石榴子、辉石为主；黄铁矿化和绢云母化主要分布于矿区东侧岩体中；矿体内及围岩和各种岩脉中均有方解石细脉穿插。矽卡岩是找矿的重要标志。

2. 成矿作用

矿床成因类型：大冶式矽卡岩型。

成矿物质来源分析：印支期和燕山期花岗岩类岩石提供了大部分铁、铜等矿质，亦提供大量的热能。

成矿作用过程：印支期的中性花岗岩侵入并捕获寒武系，并与寒武系中的碳酸盐岩发生了接触交代作用，局部发育矽卡岩化并形成磁铁矿体；白垩纪花岗斑岩沿着印支期岩浆构建的构造格局之脆弱部位侵入，大量的中酸性气水溶液，与化学性质较活泼的碳酸盐岩围岩发生接触交代反应，并对早期形成的 Fe 再次活化。经过接触交代作用中的物质带进分出，发育矽卡岩化，随物理化学条件的改变，Fe 质大量析出成矿。早期高温气态阶段，气-液与围岩反应形成高温挥发性组分石榴子石、透辉石、阳起石、绿帘石等矽卡岩矿物，并形成磁铁矿及少量的黄铜矿、黄铁矿；晚期（石英硫化物期），SiO_2 不再与 Ca、Mg、Fe、Al 等元素作用形成矽卡岩矿物，主要形成了石英、方解石、绢云母、绿泥石、黄铜矿、黄铁矿等。

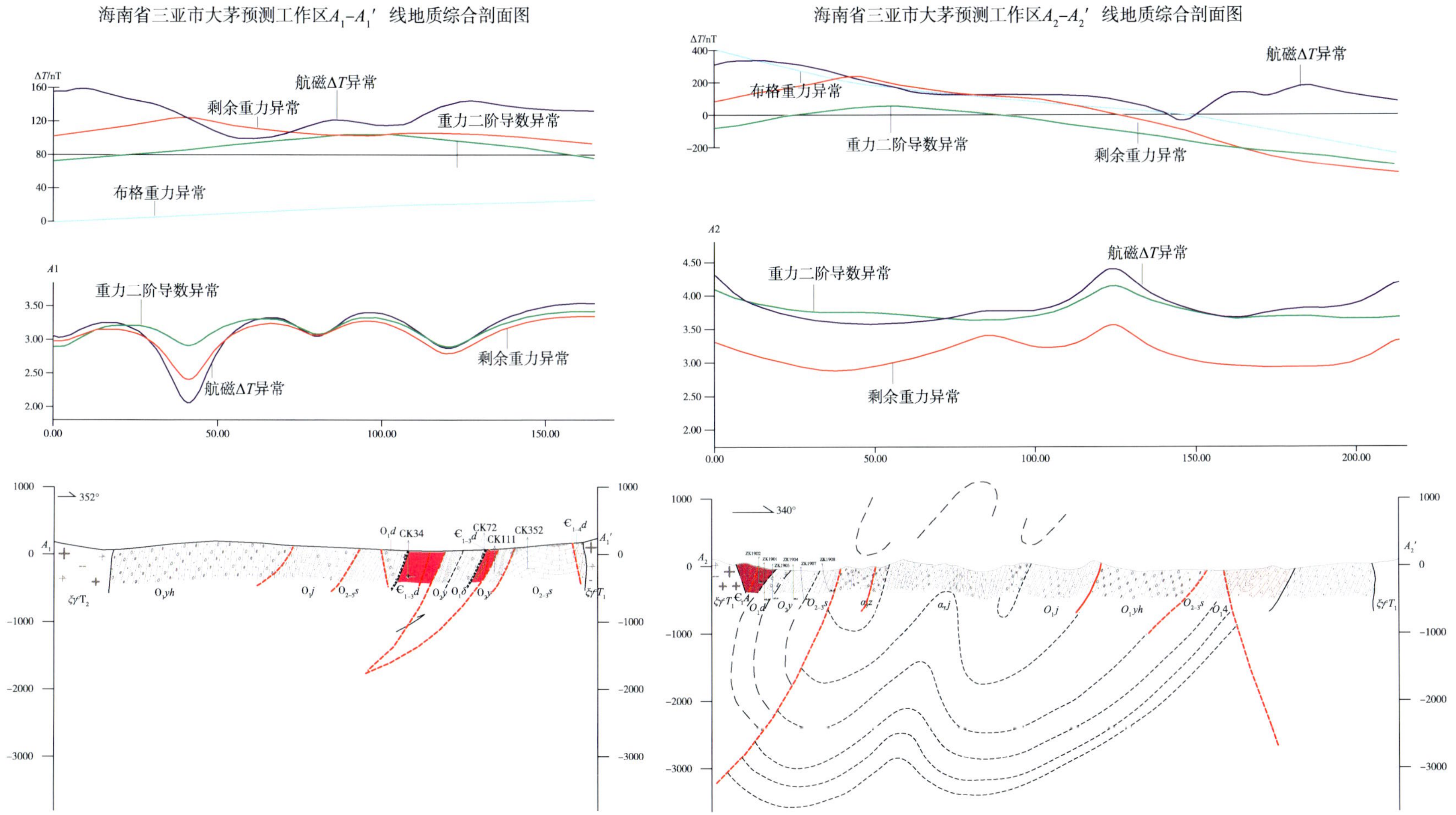

图 7-4-4 海南省三亚市大茅地区大茅式沉积型磷矿预测工作区预测模型图

3. 预测要素

通过对田独铁矿典型矿床成矿地质背景、成矿地质特征和成矿作用进行分析，综合各类找矿指示因素，提取了典型矿床的预测要素（表7-4-8）。主要预测要素如下：

1）赋矿层位：燕山期侵入岩与孟月岭组和大茅组接触带上及附近的矽卡岩；

2）控矿构造：北西向及近南北向的断裂构造及其次级断裂构造；

3）主要成矿时代：燕山期；

4）侵入岩：燕山期闪长岩、花岗斑岩；

5）围岩（地层）：孟月岭组和大茅组；

6）大地构造单元：三亚被动陆缘；

7）航磁异常特征：1∶5万正磁场背景中叠加的低缓局部异常。

表7-4-8 田独矽卡岩型铁矿典型矿床预测要素一览表

<table>
<tr><td colspan="3">成矿要素</td><td colspan="3">描述内容</td><td rowspan="3">成矿要素分类</td></tr>
<tr><td colspan="3">储　量</td><td>205.50×10⁴t</td><td>平均品位</td><td>TFe：53.39%</td></tr>
<tr><td colspan="3">特征描述</td><td colspan="3">矽卡岩型铁矿床</td></tr>
<tr><td rowspan="25">地质环境</td><td rowspan="2">成矿时代</td><td>沉积地层时代</td><td colspan="3">早古生代寒武纪</td><td>必要</td></tr>
<tr><td>成矿时代</td><td colspan="3">燕山期</td><td>必要</td></tr>
<tr><td rowspan="3">构造背景</td><td>大地构造单元</td><td colspan="3">三亚被动陆缘</td><td>重要</td></tr>
<tr><td>区域构造类型</td><td colspan="3">断裂</td><td>重要</td></tr>
<tr><td>区域构造位置</td><td colspan="3">九所-陵水深大断裂之南侧</td><td>重要</td></tr>
<tr><td rowspan="17">沉积建造/沉积作用</td><td>地层分区</td><td colspan="3">三亚地层区</td><td>重要</td></tr>
<tr><td>地层单位</td><td colspan="3">孟月岭组、大茅组</td><td>必要</td></tr>
<tr><td>地层年代</td><td colspan="3">寒武纪</td><td>必要</td></tr>
<tr><td>岩石类型</td><td colspan="3">碳酸盐岩</td><td>必要</td></tr>
<tr><td>沉积建造厚度</td><td colspan="3">>2000m</td><td>重要</td></tr>
<tr><td>蚀变特征</td><td colspan="3">矽卡岩化、绢云母化、黄铁矿化</td><td>必要</td></tr>
<tr><td>岩石特征</td><td colspan="3">上部砂泥质岩、碳酸盐岩，下部浅变质砂泥质岩、碳酸盐岩；多层、层薄</td><td>重要</td></tr>
<tr><td>岩石组合</td><td colspan="3">白云岩、大理岩</td><td>重要</td></tr>
<tr><td>岩石结构</td><td colspan="3">粒状结构、变晶结构、变余结构</td><td>重要</td></tr>
<tr><td>特殊标志层</td><td colspan="3">碳酸盐岩捕虏体、矽卡岩（化）</td><td>重要</td></tr>
<tr><td>沉积建造类型</td><td colspan="3">碳酸盐岩建造</td><td>次要</td></tr>
<tr><td>侵入岩时代</td><td colspan="3">燕山期</td><td>必要</td></tr>
<tr><td>岩石名称</td><td colspan="3">花岗岩类、闪长岩类</td><td>必要</td></tr>
<tr><td>接触带特征</td><td colspan="3">内接触带矽卡岩化、碳酸盐岩化，外接触带主要为铁、铜多金属矿化</td><td>必要</td></tr>
<tr><td>岩石组合</td><td colspan="3">花岗斑岩、花岗岩、闪长岩类</td><td>重要</td></tr>
<tr><td>岩体形态</td><td colspan="3">弧状</td><td>重要</td></tr>
<tr><td>岩石结构</td><td colspan="3">中细粒状结构、花岗结构</td><td>次要</td></tr>
<tr><td>岩石构造</td><td colspan="3">块状构造、斑状构造</td><td>次要</td></tr>
<tr><td rowspan="3">侵入岩浆构造</td><td>岩体侵位构造</td><td colspan="3">环状构造、弧状构造</td><td>必要</td></tr>
<tr><td>岩浆作用影响范围</td><td colspan="3">水平距岩体接触带200m，岩体顶200m垂距</td><td>必要</td></tr>
<tr><td>岩浆构造旋回</td><td colspan="3">燕山旋回</td><td>次要</td></tr>
</table>

续表

成矿要素			描述内容			成矿要素分类
储　量			205.50×10^{4}t	平均品位	TFe：53.39%	
特征描述			矽卡岩型铁矿床			
矿床特征	产出地质环境	褶皱构造	田独背斜			重要
		控矿构造	北西向或近南北向构造及捕虏体的规模控制矿体的产出			必要
		赋矿岩石特征	大部分碳酸盐岩（捕虏体）经矽卡岩化后，并形成矿体，局部地段可见大理岩			必要
		成矿时代	燕山期			必要
	矿体地质特征	矿体形态	似层状			重要
		矿体产状	走向北北西或近南北，倾角较陡			重要
		矿体规模	规模较小			重要
		矿带形态	原生矿及坡积矿总体呈东西向			重要
		矿石矿物成分	主要为磁铁矿、赤铁矿，少量黄铁矿、黄铜矿			重要
		矿床共生组分	Fe、S、Cu			重要
		矿石组构	细粒—粗粒结晶集合体、致密块状构造、窝状构造			重要
		蚀变矿物组合	石榴子石、透辉石、绿帘石、阳起石、白云石、方解石、石英及白云母			次要
		矿床有益组分	Fe、S、Cu			次要
	矿床资源储量	矿石量	628.68×10^{4}t			重要
		平均品位	TFe：53.39%			重要
		矿床规模	小型			重要
地球物理特征	磁法	侵入岩体磁性特征	花岗斑岩为弱磁性，没有形成较强的磁异常			重要
		侵入岩类型	中性			必要
		铁磁性矿体磁测特征	磁铁矿，磁化率为（125600~62800）×10^{-5}SI，剩余磁化强度57485×10^{-3}A/m			必要
		铁磁性矿体出露状态	出露—半隐伏			次要
		矿体埋深	120m			重要
		磁场特征	地面磁法异常明显，在该矿区及外围共圈定9处磁异常，以200nT等值线圈定异常范围，一般长约300m，宽约150m，异常形态较为简单，一般呈等轴状或似等轴状，其强度不大，最大值为1000nT，最小值为-200nT			必要

4. 矿床预测模型

在综述预测要素基础上，采用GIS技术从各课题组底图中获取要素信息，并以点、线、面形式进行表达。据此，共提取了赋矿层位矽卡岩、燕山期侵入岩、足赛岭组、北东向构造影响范围、航磁正负异常对、等综合异常等信息。建立了田独铁矿典型矿床预测模型（图7-4-5，表7-4-9）。

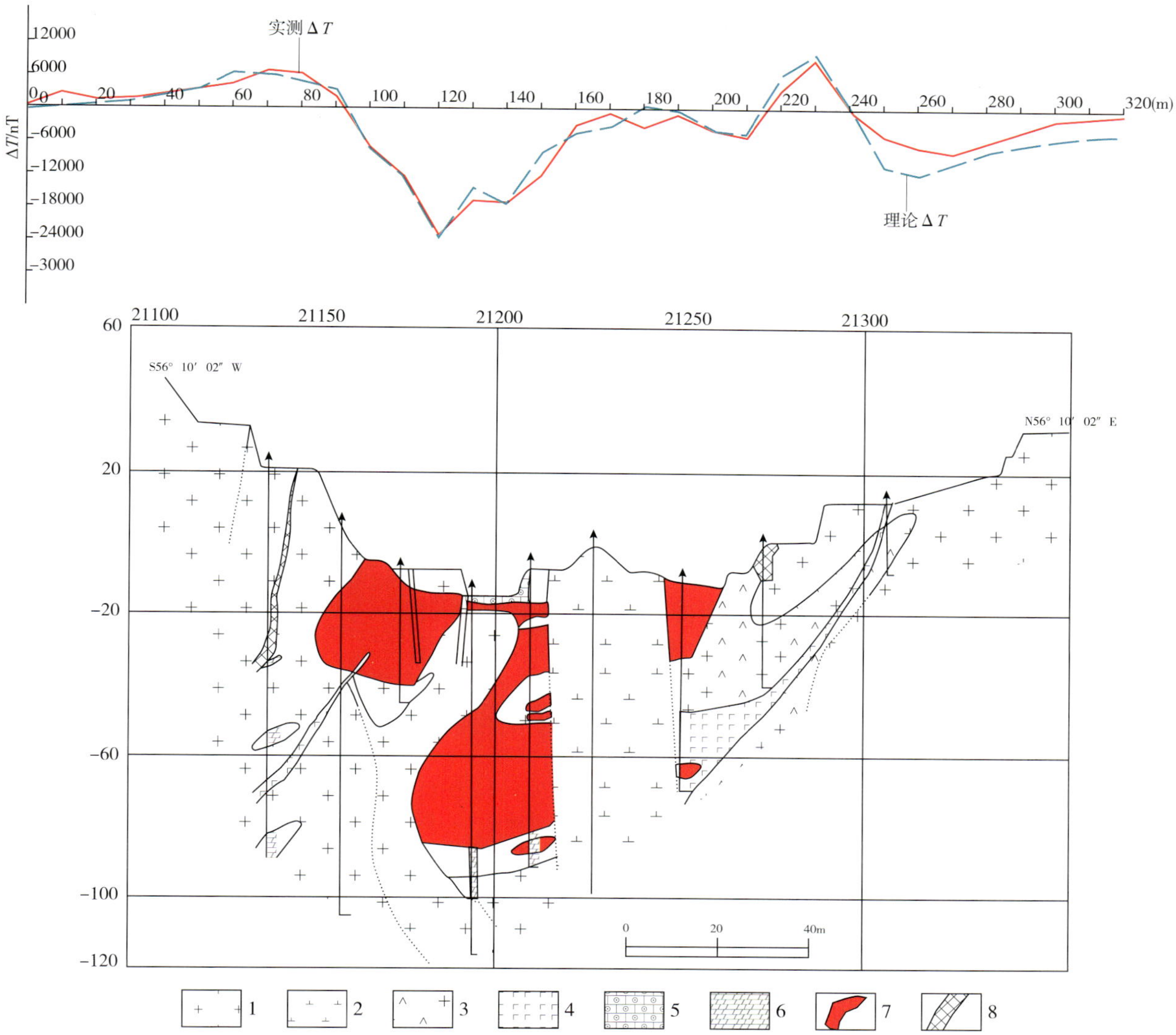

图 7-4-5　三亚田独大冶式矽卡岩铁矿床预测模型图

1—花岗岩；2—闪长岩；3—长英岩；4—煌斑岩；5—矽卡岩；6—大理岩；7—铁矿体；8—石英脉

表 7-4-9　田独铁矿典型矿床模型表

名称	田独铁矿典型矿床					
概况	东经	109°35′40″—109°37′43″	北纬	18°16′53″—18°18′21″	地理位置	三亚市田独镇田独村
	主矿种	铁	资源储量	205.5×10^4t	平均品位	TFe：53.39%
成矿的地质构造环境	矿区位于三亚被动陆缘，寒武纪碳酸盐岩地层残留体与白垩纪中酸性浆岩的接触带					
主要控矿因素	北北西向或近南北向构造及捕虏体的形态控制矿体的产出					
矿床的三度空间分布特征	产状	走向北北西或近南北，倾角较陡				
	形态	似层状				
	分带	铁矿体与矽卡岩呈交互产出，矿床的分带特征不明显				
	埋深	0～−120m				

名称	田独铁矿典型矿床	
矿床的物质组成	矿石类型	磁铁矿
	矿物组合及围岩蚀变	铁矿石主要矿石矿物为磁铁矿、赤铁矿，少量黄铁矿、黄铜矿。主要围岩蚀变有矽卡岩化、大理岩化、绢云母化
	结构构造	矿石结构以细粒—中粒状为主，局部出现结晶；矿石构造类型主要有致密块状、窝状
	主元素含量	平均 TFe：53.39%
	共生元素	S、Cu
成矿期次	成矿期可划分为矽卡岩期与石英硫化物期。矽卡岩期，形成石榴子石、透辉石、阳起石、绿帘石等矽卡岩矿物，并形成磁铁矿，少量的黄铜矿、黄铁矿；石英硫化物期，形成石英、白云母、方解石、绿泥石、绢云母、黄铜矿、黄铁矿	
矿床的地球物理特征及标志	地面磁法异常明显，异常形态较为简单，多呈等轴状或似等轴状，北西侧多有负异常伴随，其强度不大，最大值为1000nT，最小值为-200nT。1∶25万剩余重力低的过渡部位，1∶5万航磁正磁场背景中叠加的低缓局部异常，地面磁测中高强度局部异常区，是发现和圈定隐伏磁铁矿体的重要找矿标志	
成矿物理化学条件	成矿温度为中高温	
成矿时代	白垩纪（119~114Ma）	
矿床成因	成矿作用归属于：矽卡岩型 成矿物质来源分析：印支期和燕山期花岗岩类岩石提供了大部分铁、铜等矿质，亦提供大量的热能 成矿作用过程：印支期的中性花岗岩侵入并捕获寒武系，并与寒武系中的碳酸盐岩发生了接触交代作用，局部发育矽卡岩化并形成磁铁矿体；白垩纪花岗斑岩沿着印支期岩浆构建的构造格局之脆弱部位侵入，大量的中酸性气水溶液，与化学性质较活泼的碳酸盐岩围岩发生接触交代反应，并对早期形成的 Fe 再次活化。经过接触交代作用中的物质带进分出，发育矽卡岩化，随物理化学条件的改变，Fe 质大量析出成矿。早期高温气态阶段，气-液与围岩反应形成高温挥发性组份石榴子石、透辉石、阳起石、绿帘石等矽卡岩矿物，并形成磁铁矿及少量的黄铜矿、黄铁矿；晚期（石英硫化物期），SiO_2 不再与 Ca、Mg、Fe、Al 等元素作用形成矽卡岩矿物，主要形成了石英、方解石、绢云母、绿泥石、黄铜矿、黄铁矿等	

（二）预测工作区预测要素与预测模型

1. 预测要素

通过对海南省海南省三亚市田独预测工作区大冶式矽卡岩型铁矿矿床时空分布规律、成矿地质背景和成矿规律的分析研究，总结各类找矿标志，提取了预测工作区预测要素（表7-4-10），并对工作区铁矿床的成矿过程进行了分析，总结了成矿模式。

1）赋矿层位：燕山期侵入岩与孟月岭组和大茅组接触带上及附近的矽卡岩。

2）控矿构造：北西向及近南北向的断裂构造及其次级断裂构造；

3）主要成矿时代：燕山期；

4）侵入岩：燕山期闪长岩、花岗斑岩；

5）围岩（地层）：孟月岭组、大茅组、沙塘组和榆红组；

6）大地构造单元：三亚被动陆缘；

7）航磁异常特征：1∶5万正磁场背景中叠加的低缓局部异常。

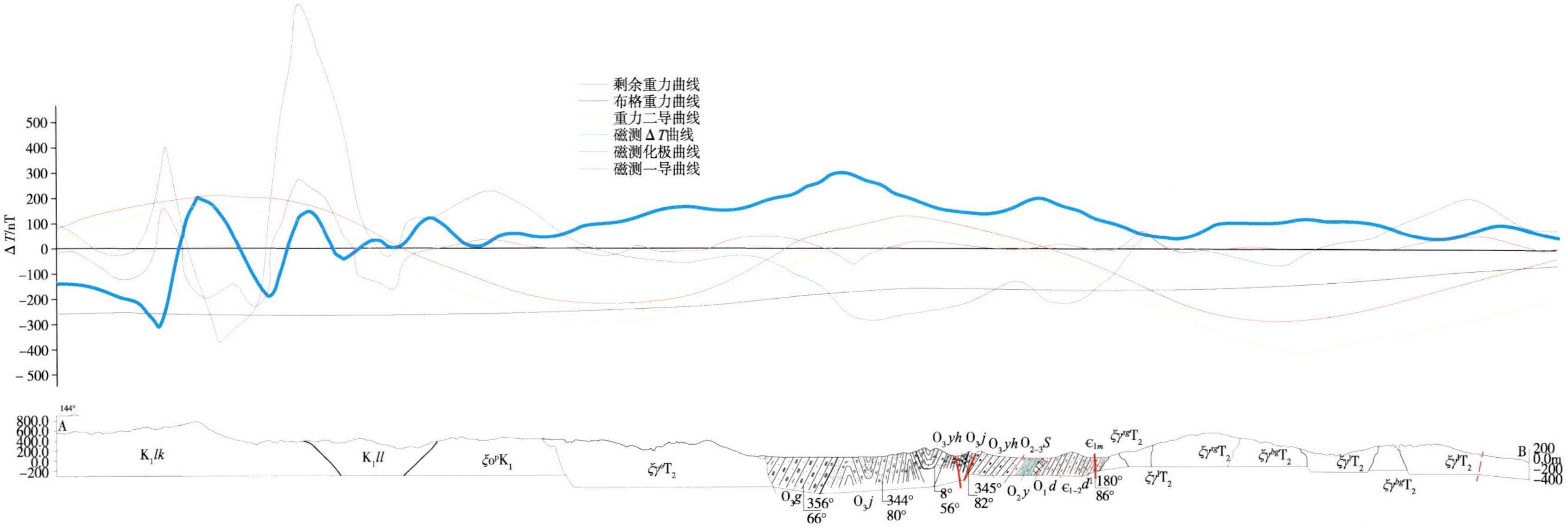

图 7-4-6　海南省三亚市田独预测工作区大冶式矽卡岩型铁矿预测模型图

表 7-4-10　海南省三亚市田独预测工作区矽卡岩型铁矿预测要素一览表

成矿要素			描述内容	成矿要素分类
特征描述			矽卡岩型铁矿床	
地质环境	成矿时代		燕山期	必要
	构造背景	大地构造单元	三亚被动陆缘	重要
		区域构造类型	断裂	重要
		区域构造位置	九所-陵水深大断裂之南侧	重要
	沉积建造/沉积作用	地层分区	三亚地层区	重要
		地层单位	孟月岭组、大茅组、砂塘组	必要
		地层年代	寒武纪	必要
		岩石类型	碳酸盐岩	必要
		沉积建造厚度	>2000m	重要
		蚀变特征	矽卡岩化、绢云母化、黄铁矿化	必要
		岩石特征	上部砂泥质岩、碳酸盐岩，下部浅变质砂泥质岩、碳酸盐岩；多层、层薄	重要
		岩石组合	白云岩、大理岩	重要
		岩石结构	粒状结构、变晶结构、变余结构	重要
		特殊标志层	碳酸盐岩捕虏体、矽卡岩（化）	重要
		沉积建造类型	碳酸盐岩建造	次要
	岩浆建造/岩浆作用	侵入岩时代	燕山期	必要
		岩石名称	花岗岩类、闪长岩类	必要
		接触带特征	内接触带矽卡岩化、碳酸盐岩化，外接触带主要为铁、铜多金属矿化	必要
		岩石组合	花岗斑岩、花岗岩、闪长岩类	重要
		岩体形态	弧状	重要
		岩石结构	中细粒状结构、花岗结构	次要
		岩石构造	块状构造、斑状构造	次要
	侵入岩浆构造	岩体侵位构造	环状构造、弧状构造	必要
		岩浆作用影响范围	水平距岩体接触带 200m，岩体顶 200m 垂距	必要
		岩浆构造旋回	燕山旋回	次要
	赋矿地层		孟月岭组、大茅组、砂塘组	必要
	控矿构造		碳酸盐岩与中酸性岩的接触部位控制矿体的产出	必要
矿床特征	产出地质环境	褶皱构造	田独背斜	重要
		控矿构造	北西向或近南北向构造及捕虏体的规模控制矿体的产出	必要
		赋矿岩石特征	大部分碳酸盐岩（捕虏体）经矽卡岩化后，并形成矿体，局部地段可见大理岩	必要
		成矿时代	燕山期	必要
	矿体地质特征	矿体形态	似层状	必要
		矿体产状	走向北北西或近南北，倾角较陡	重要
		矿体规模	规模较小	重要
		矿带形态	原生矿及坡积矿总体呈东西向	重要
		矿石矿物成分	主要为磁铁矿、赤铁矿，少量黄铁矿、黄铜矿	重要
		矿床共生组分	Fe、S、Cu	重要
		矿石组构	细粒-粗粒结晶集合体、致密块状构造、窝状构造	重要

续表

成矿要素			描述内容	成矿要素分类
特征描述			矽卡岩型铁矿床	
矿床特征	矿体地质特征	蚀变矿物组合	石榴子石、透辉石、绿帘石、阳起石、白云石、方解石、石英及白云母	次要
		矿床有益组分	Fe、S、Cu	次要
	矿床资源储量	矿石量	205.5×10^4t	重要
		平均品位	TFe：53.39%	重要
		矿床规模	小型	重要
地球物理特征	磁法	1∶5万航磁异常	处于正磁场背景中叠加的低缓局部异常，规模不大，强度不高，强度为100nT	必要
		1∶5万地磁异常	地面磁测中高强度局部异常区	必要
	重力	1∶25万重力异常	古生代地层引起剩余重力高与花岗岩体引起剩余重力低的过渡部位	必要

2. 预测模型

在综述预测要素基础上，采用GIS技术从各课题组底图中获取要素信息，并以点、线、面形式进行表达。据此，共提取了赋矿层位矽卡岩、燕山期侵入岩、孟月岭组、大茅组、沙塘组和榆红组、构造影响范围、航磁正负异常对等综合异常等信息，建立了三亚田独大冶式矽卡岩型铁矿预测工作区预测模型（图7-4-6）。

第五节　多矿种综合预测区特征

区带内共圈定多矿种综合预测区4个，其中A级综合预测区2个，B级综合预测区1个，C级综合预测区1个。涉及的矿种有金、银、铅、锌、钨、钼、铁、磷和锰等（表7-5-1，图7-5-1）。

一、综合预测区分布情况

综合预测区主要分布在区带的东部及中部地区，以磷、锰、铁为主。

二、主要综合预测区特征

1. 陵城-南田钼、银、锌综合预测区

综合预测区位于区域性九所-陵水深大断裂带东段南侧，区内断裂构造发育，岩浆岩多期次侵入、大面积分布，矿化蚀变普遍。区内Mo元素异常发育，已发现有陵水龙门岭中型钼矿床、英州小型钼矿床及多处金、铅锌矿点。本次共组预测钼资源量205332t、锌资源量7764t。该区成矿地质条件好，具有良好的找矿潜力。

2. 大茅-田独综合预测区

综合预测区内发育有中寒武统含磷锰的大茅组地层及含有碳酸盐岩的奥陶系。燕山期岩浆岩发育，并多处与奥陶系碳酸盐岩地层接触。区内矽卡岩化强烈。区内已发现有大茅中型磷锰矿床、小型矽卡岩型田独铁矿床。区内查明铁矿石资源储量205.5×10^4t、磷资源纯良1382×10^4t、锰110×10^4t，本次共组预测铁矿石资源储量3078×10^4t、磷1797×10^4t、锰421×10^4t。该综合预测区总体成矿地质条件好，具有进一步寻找铁、磷、锰的潜力。

表 7-5-1　三亚被动陆缘Ⅳ级成矿区带综合预测区概况表

综合预测区编号	综合预测区名称	重要矿种500m以浅	重要矿种1000m以浅	重要矿种2000m以浅	查明资源量	可利用资源量	地质评价
37	陵城-南田综合预测区	银：1.669t；钼：148088t；铅锌：7764t	银：1.669t；钼：205332t；铅锌：7764t	银：1.669t；钼：205332t；铅锌：7764t	银：0；钼：13617.25t；铅锌：1211t	银：1.669t；钼：205332t；铅锌：7764t	具有钼矿床和铅锌小型矿床，岩体、化探和构造成矿条件，总体成矿条件较好，找矿潜力较大
39	南山综合预测区	银：2.01t	银：2.01t	银：2.01t	银：0	银：2.01t	具有构造、化探两个成矿条件，总体找矿潜力小
40	大茅-田独综合预测区	铁：3078×10^4t；磷：294×10^4t；锰：143×10^4t	铁：3078×10^4t；磷：1797×10^4t；锰：421×10^4t	铁：3078×10^4t；磷：3977×10^4t；锰：665×10^4t	铁：21×10^4t；磷：1382×10^4t；锰：110×10^4t	铁：0；磷：43×10^4t；锰：37×10^4t	具有铁磷锰矿床，成矿条件好，找矿潜力大，局限于环境保护
43	万宁-陵水综合预测区	锆英石：1222644.41t；钛铁矿：5619152.12t；独居石：23253.09t；石英砂：0			锆英石：2100867.06t；钛铁矿：13413724.51t；独居石：23650t；石英砂：564×10^4t	锆英石：1388084.57t；钛铁矿：9621111.34t；独居石：16312t；石英砂：0	有众多的锆钛矿、少量独居石砂矿矿床，成矿条件好。工作程度较高，考虑到环境保护及现状因素，不宜开采

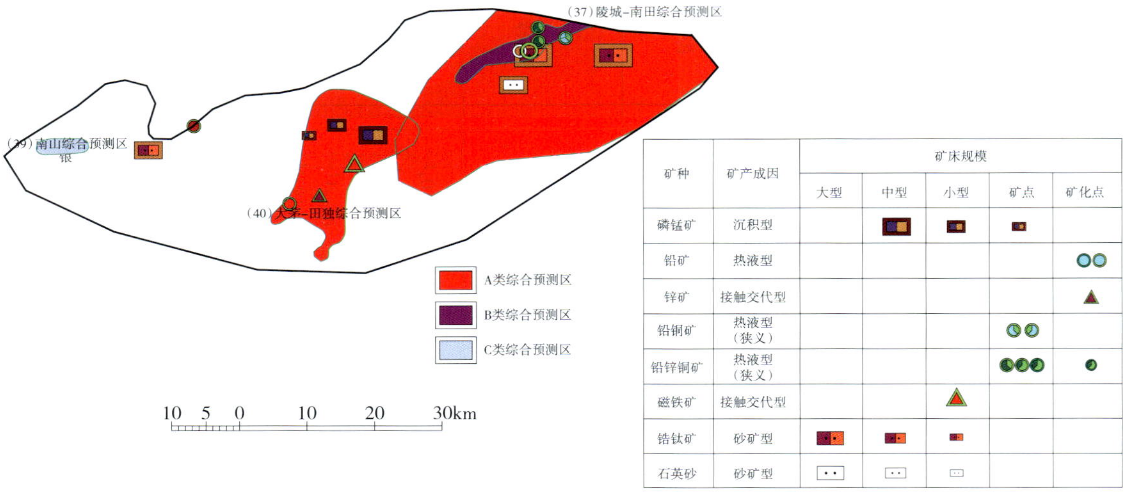

图 7-5-1　三亚被动陆缘Ⅳ及成矿区带综合预测区分布图

第六节　多矿种综合靶区部署建议

根据上述对区内资源情况及成矿地质条件的分析，区带内成矿地质条件较好、找矿潜力较大的综合预测区主要有：陵城-南田钼、银、锌综合预测区和大茅-田独综合预测区。

根据海南省国际旅游岛建设要求、海南省生态省建设要求及海南省矿产资源已有的勘查工作程度，建议将陵城—南田钼、银、锌综合预测区作为省级近期重点勘查区。

第八章　海南省Ⅲ级区带锆英石、钛铁矿、石英砂、独居石预测成果

第一节　区域地质背景

海南岛环海岸带第四纪发育，见图8-1-1。

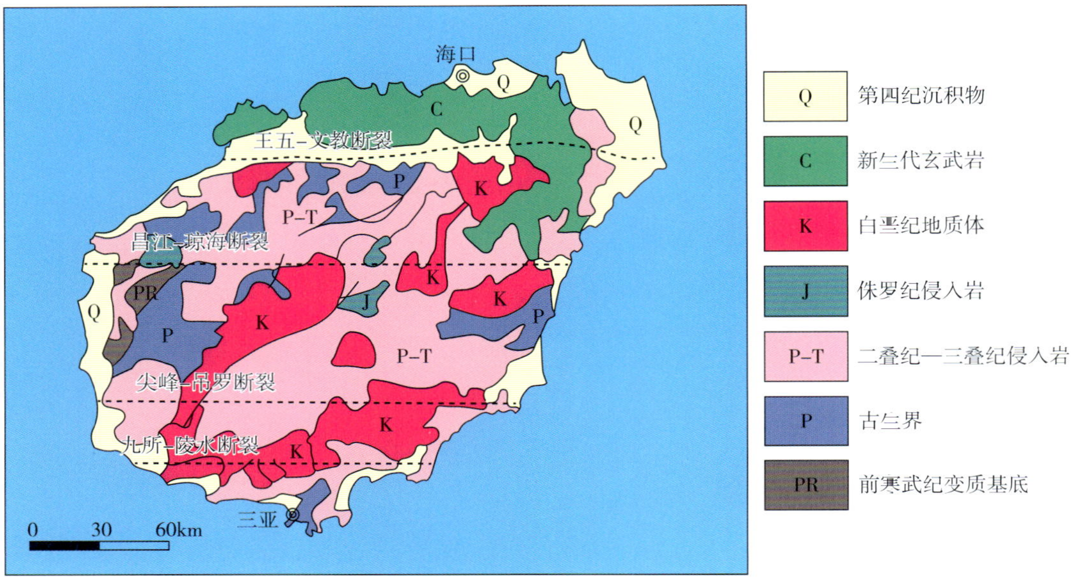

图8-1-1　海南岛第四系（Q）分布示意图

海南岛环海岸带主要出露第四系北海组、八所组、烟敦组和全新统，其中烟敦组、八所组是海南省锆英石、钛铁矿、独居石的主要含矿层位，北海组和全新统是次要含矿层位；八所组是石英砂的主要含矿层位，烟敦组、北海组、全新统是次要含矿层位。

北海组（Qp^2b）：平行不整合于秀英组之上，被道堂组喷发不整合覆盖。岩性为桔黄、棕红、褐红色亚砂土、砂、砂砾、砂质砾石。底部砂砾层往往含玻璃陨石及含铁质结核。厚度5~19m。

八所组（Qp^3bs）：平行不整合于秀英组之上，未见顶。在地貌上表现为海成Ⅱ级或Ⅲ级阶地。岩性为棕黄、黄及白色粉细砂、中砂及含细砾中粗砂层。厚度3.4~519m，是玻璃砂矿的主要控矿层位。

烟墩组（Qh^3y）：为滨海、潟湖系列沉积。岩性为砂砾、砂、有机质黏土、粉砂质黏土及海滩岩，厚度1.8~24.3m，是滨海钛铁矿、锆英石、独居石砂矿的主要含矿层位。

全新统：为河流Ⅰ级阶地、河漫滩冲积层、洪冲积层及洞穴堆积。岩性为砾石、含砾粗砂、砂、砂质黏土等，洞穴堆积为钙质黏土夹炭质黏土。

第二节　区域矿产特征

一、锆英石、钛铁矿

1）矿床分布：海南省（海南岛）锆英石钛铁矿砂矿资源丰富，主要环海南岛沿海岸带分布于滨海平原内。已发现的矿床主要集中分布于海南岛北东部、东部、南西部及北西部沿海一带。

目前已发现67个锆英石、钛铁矿砂矿床（3个为伴生矿床，为木兰头矿区东段、木兰头矿区西段、南罗-海尾矿区），其中包括东方感城港、昌江昌化港2个近海30米水深以浅砂矿床。已发现的67个矿床中有10个大型矿床，27个中型矿床，30个小型矿床。

2）成因类型：海南岛锆英石钛铁矿砂矿床成因类型简单，主要有滨海沉积型锆英石钛铁矿砂矿、残坡积型与冲洪积型。已发现的矿床中有57个滨海沉积型砂矿床，3个残坡积型砂矿床，12个冲洪积型砂矿床，部分矿床同时存在多个类型。

3）成矿时代：为第四纪。

4）赋存方式：锆英石钛铁矿砂矿的赋存方式为单矿物形式，矿体赋存于第四系烟墩组、八所组、北海组和全新统未分中。矿体形态简单，多出露地表，易开发利用。

5）赋矿地层：主要为第四系烟敦组、八所组及北海组等地层中，其中以烟敦组最为重要。

6）物质来源：锆英石钛铁矿砂矿的成矿物质来源与岩浆岩关系密切。

二、独居石

海南省独居石砂矿资源较丰富，已发现独居石砂矿床6处，分别为烟墩矿区、三更峙矿区、潭门矿区、南港矿区、博鳌矿区和保定矿区。其中包括1个大型矿床，4个中型矿床，1个小型矿床。按成因类型划分，海南省独居石砂矿主要属于滨海沉积型砂矿，其中三更峙矿床有部分残坡积型独居石砂矿，潭门矿床含有部分冲洪积型独居石砂矿。

海南省独居石砂矿矿床成因类型简单，多与锆英石、钛铁矿共伴生一起，矿体出露地表，易综合开发利用。海南省的独居石砂矿总体具有如下特征：

1）空间分布：独居石砂矿主要环海南岛沿海岸带分布于滨海平原内。已发现的矿床主要集中分布于海南岛文昌市东部、琼海市东部、万宁市东部沿海一带；

2）成因类型：海南岛独居石砂矿床成因类型简单，主要为滨海沉积型独居石砂矿、少量残坡积型与冲洪积型；

3）成矿时代：为第四纪；

4）赋存方式：独居石砂矿的赋存方式为单矿物形式，矿体赋存于第四系烟墩组、八所组和北海组中。矿体形态简单，多出露地表，易开发利用；

5）赋矿地层：主要为第四系烟敦组、八所组及北海组等地层中，其中以烟敦组最为重要；

6）物质来源：独居石砂矿的成矿物质来源与岩浆岩关系密切。

三、石英砂

海南省（海南岛）锆英石钛铁矿砂矿资源丰富，主要环海南岛沿海岸带分布于滨海平原内。已发现的矿床主要集中分布于海南岛北东部、东部、南西部及北西部沿海一带。

海南省石英砂矿资源丰富，已发现石英砂矿床24处，其中大型矿床19处，中型矿床4处、小型矿床1处。

石英砂矿是海南省的优势矿种之一，分布面积广，资源丰富，矿床规模大，矿床成因类型简单，矿体出露地表，易开发利用。海南省的石英砂矿总体具有如下特征：

1）空间分布：石英砂矿主要环海南岛沿海岸带分布于山前盆地、滨海阶地、沙堤、潮间带内。且主要集中分布于海南岛北东部文昌市的铺前镇、翁田镇、昌洒镇沿海一带，其次为昌江县的海尾镇一带、东方市的黄流镇、儋州市的海头镇至新盈镇一带。

2）成因类型：海南岛石英砂矿床成因类型简单，主要为滨海沉积型石英砂矿。

3）成矿时代：为第四纪。

4）赋存方式：石英砂矿的赋存方式为单矿物形式，矿体发育于第四系八所组、烟墩组和北海组中。矿体规模大，形态简单，多出露地表，易开发利用。

5）赋矿地层：主要为第四系八所组、烟敦组及北海组等地层中，其中以八所组最为重要。

6）物质来源：石英砂矿的成矿物质来源与岩浆岩关系密切。

第三节 地球化学、遥感、自然重砂特征及推断成果

一、区域地球化学特征

1. 区域元素地球化学分布

根据 1：20 万区域水系沉积物测量成果，环岛第四系分布区富集 Zr 和 Si 元素，局部富集稀土元素，其他大部分元素均贫化。

2. Zr、Ti、La 元素区域地球化学特征

（1）Zr 元素区域地球化学特征

钾长花岗岩区和沿海第四系 Zr 含量为全岛最高（图 8-3-1），大于 833×10^{-6}；琼北火山岩区、沉积-变质岩和中生代红层区为 Zr 低背景区，La 含量一般小于 524×10^{-6}；一般花岗岩区 Zr 的含量中等，介于 $833\times10^{-6}\sim524\times10^{-6}$ 之间。这些分布特征表明了海南岛 Zr 元素的来源主要是钾长花岗岩，其次生富集的地质体为沿海第四系。

本次资源潜力评价锆英石砂矿种的典型矿床铺前锆钛砂矿、保定锆钛砂矿、南桥锆钛砂矿、万州坡锆钛砂矿和佛罗锆钛砂矿均有 Zr 元素的高含量分布，Zr 含量大于 1286×10^{-6}，均为东、南部沿海的第四纪地质背景。

海南岛全岛的 Zr 含量，琼北地区与琼中部地区背景值相差较大（表 8-3-1），均高于中国水系沉积物平均值；除最小值外，前者的最大值、平均值、标准差、变异系数和各级异常下限均小于后者，分布型式两者均近正态，但后者较前者更尖峭。以上参数表明琼中部地区较琼北地区锆英石成矿作用可能性大。

表 8-3-1 海南岛Ⅲ级成矿区带水系沉积物 Zr 元素地球化学参数及异常分级

地球化学参数	全区	琼北区	琼中区	说明
样品数/件	8625	973	7652	
最小值/10^{-6}	142.34	170.43	142.34	琼北区 > 琼中区
最大值/10^{-6}	6464.47	1797.34	6464.47	琼北区 < 琼中区
平均值/10^{-6}	704.94	414.94	741.81	琼北区 < 琼中区
标准差	446.58	144.15	458.36	琼北区 < 琼中区

续表

地球化学参数	全　区	琼北区	琼中区	说　明
变异系数/%	63.35	34.74	61.79	琼北区 ＜ 琼中区
偏度	3.32	2.53	3.26	琼北区近正态，琼中区略偏左
峰度	18.80	13.29	18.01	琼北区尖峭，琼中区更尖峭
一级异常下限/10^{-6}		506.99	1053.61	琼北区 ＜ 琼中区
二级异常下限/10^{-6}		788.96	1639.60	琼北区 ＜ 琼中区
三级异常下限/10^{-6}		1083.45	2251.60	琼北区 ＜ 琼中区
中国水系沉积物平均值	295			迟清华等，2007

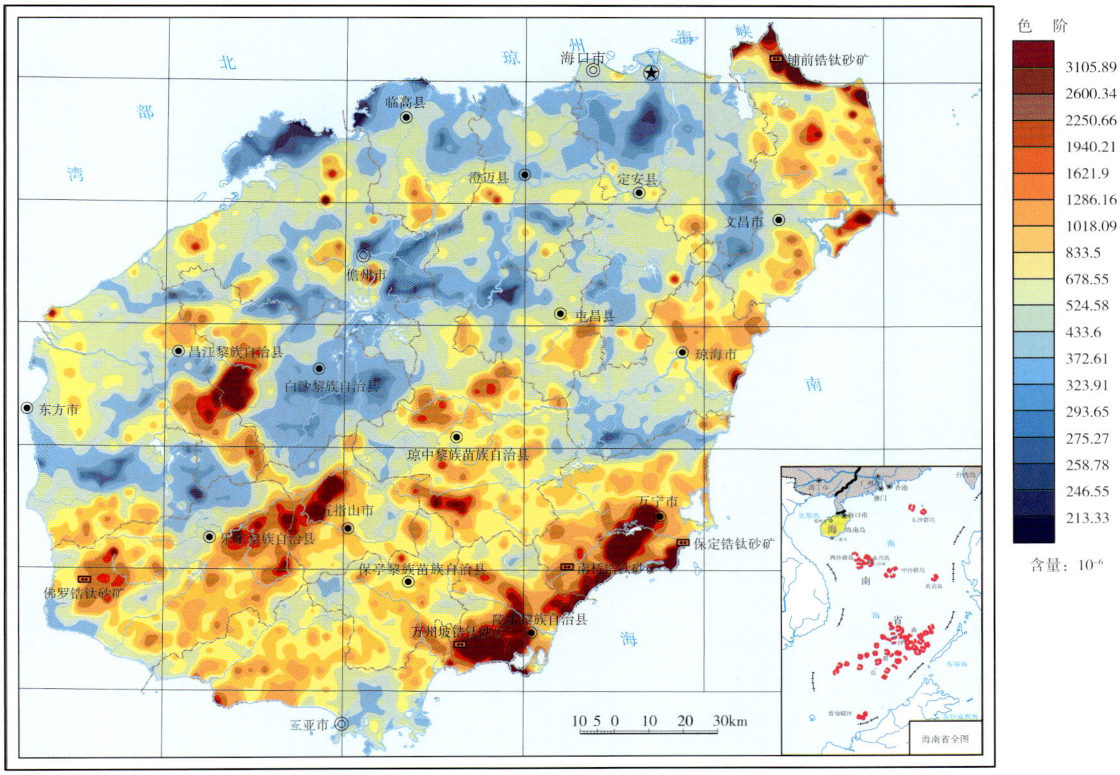

图 8-3-1　海南岛Ⅲ级成矿区带 Zr 元素地球化学图

(2) Ti 元素区域地球化学特征

Ti 元素的高含量区为琼北基性火山岩区（图 8-3-2），含量大于 10630×10^{-6}，其次是琼中-五指山花岗岩区，含量介于 $10630\times10^{-6}\sim4539\times10^{-6}$ 之间；第四系分布区 Ti 含量水平最低，小于 2711×10^{-6}；其他岩性区 Ti 含量为中等。

本次资源潜力评价钛铁矿砂矿种的典型矿床铺前锆钛砂矿、保定锆钛砂矿、南桥锆钛砂矿、万州坡锆钛砂矿和佛罗锆钛砂矿只有中等偏下的 Ti 元素含量水平，Ti 含量一般小于 4539×10^{-6}。由此可见，即使不计琼北基性火山岩区，典型矿床的 Ti 元素含量也只是中等偏上含量水平，但是在第四纪地质背景区内，典型矿床的 Ti 含量水平基本上是相对最高的。

海南岛全岛的 Ti 含量琼北地区与琼中部地区的背景值相差近 5 倍（前高后低，表 3-3-2），均高于中国水系沉积物平均值；除变异系数外，前者的最小值、最大值、平均值、标准差和各级异常下限均大于后者，分布型式两者相差无几，均近正态，但后者较前者更尖峭和偏左。以上参数表明琼中部地区较琼北地区钛铁矿成矿作用可能性大。

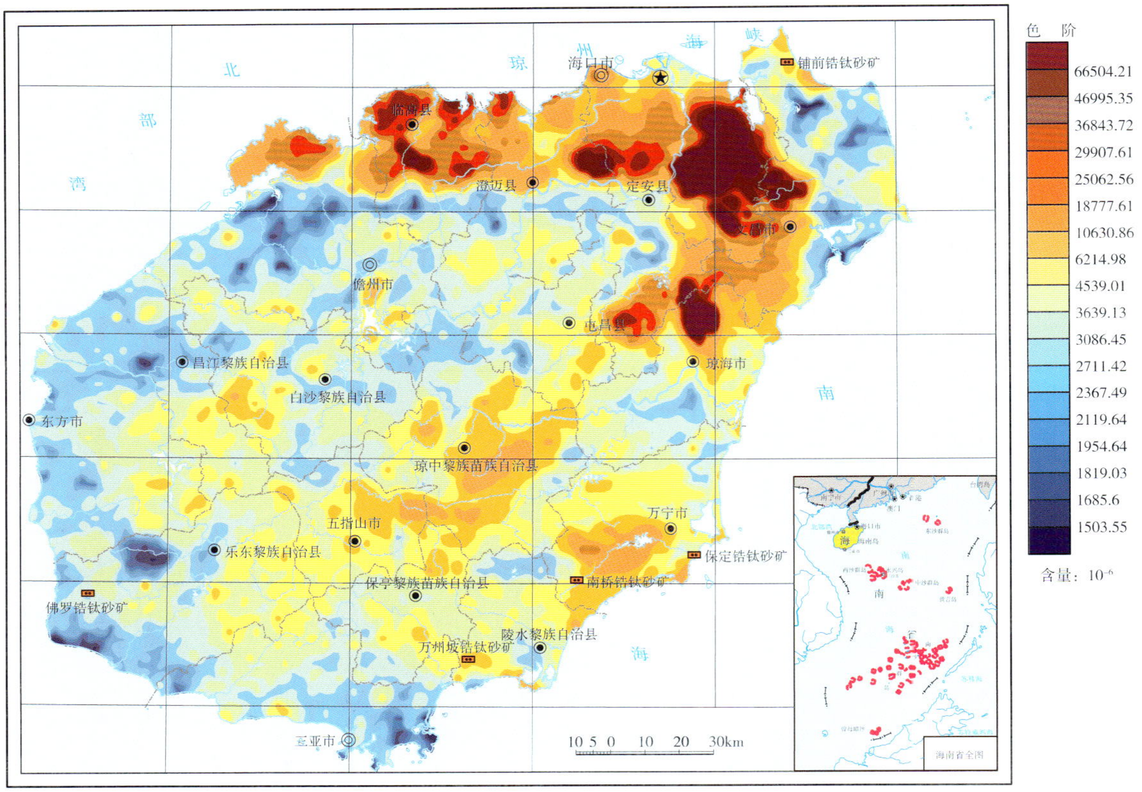

图 8-3-2 海南岛Ⅲ级成矿区带 Ti 元素地球化学图

表 8-3-2 海南岛Ⅲ级成矿区带水系沉积物 Ti 元素地球化学参数及异常分级

地球化学参数	全 区	琼北区	琼中区	说 明
样品数/件	8625	973	7652	
最小值/10^{-6}	1056. 1	3961. 51	1056. 1	琼北区 > 琼中区
最大值/10^{-6}	97452. 78	97452. 78	30590. 07	琼北区 > 琼中区
平均值/10^{-6}	7175. 08	27848. 39	4546. 34	琼北区 > 琼中区
标准差	9571. 49	16466. 08	2748. 79	琼北区 > 琼中区
变异系数/%	133. 40	59. 13	60. 46	琼北区 < 琼中区
偏度	4. 30	1. 78	3. 11	琼北区近正态，琼中区略偏左
峰度	23. 76	3. 20	13. 97	琼北区尖峭，琼中区更尖峭
一级异常下限/10^{-6}		45306. 21	5996. 68	琼北区 > 琼中区
二级异常下限/10^{-6}		67304. 73	8908. 38	琼北区 > 琼中区
三级异常下限/10^{-6}		84004. 62	11118. 76	琼北区 > 琼中区
中国水系沉积物平均值		4460		迟清华，鄢明才等，2007

（3）La 元素区域地球化学特征

花岗岩特别是钾长花岗岩区 La 含量为全岛最高（图 8-3-3），含量大于 61.09×10^{-6}；琼北火山岩区、部分沿海的海相沉积物区和中生代红层区为 La 低背景区，La 的含量一般小于 40.14×10^{-6}；局部沿海的海相第四系沉积物区（文昌、琼海、万宁、陵水、东方、昌江等地）La 的含量也较高，体现了稀土矿物的次生沉积富集特征。可见，相对于花岗岩特别是钾长花岗岩区而言，发生次生富集作用的海相第四系沉积物（主要为颗粒砂，少黏质）区 La 含量降低，这可能也表明了 La 元素的黏质离子吸附特征。

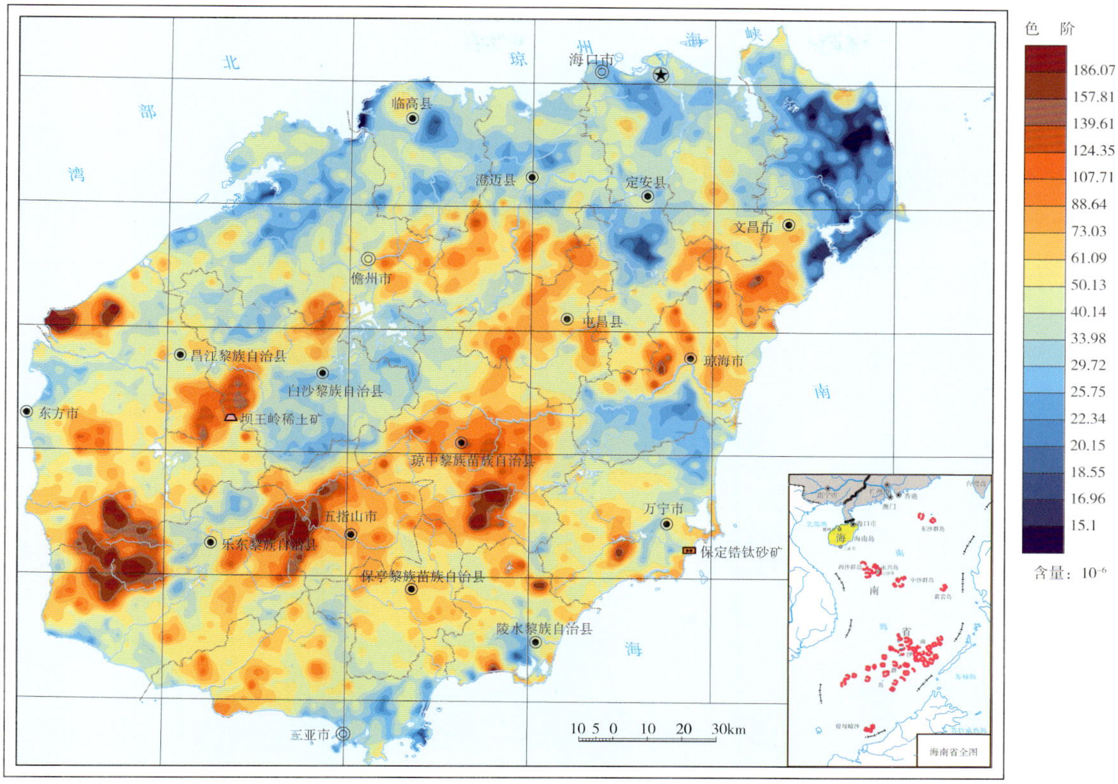

图 8-3-3　海南岛Ⅲ级成矿区带 La 元素地球化学图

海南岛琼北地区 La 的含量与全国水系沉积物平均水平接近（表 8-3-3），但琼中部地区和全海南岛均高于全国平均值；琼北地区除最小值外所有地球化学参数均小于后者，偏度和峰度也略小于后者。

表 8-3-3　海南岛Ⅲ级成矿区带水系沉积物 La 元素地球化学参数及异常分级

地球化学参数	全　区	琼北区	琼中区	说　明
样品数/件	8625	973	7652	
最小值/10^{-6}	10. 03	14. 56	10. 03	琼北区 > 琼中区
最大值/10^{-6}	330. 33	119. 81	330. 33	琼北区 < 琼中区
平均值/10^{-6}	52. 37	40. 82	53. 84	琼北区 < 琼中区
标准差	28. 37	13. 45	29. 41	琼北区 < 琼中区
变异系数/%	54. 17	32. 96	54. 63	琼北区 < 琼中区
偏度	2. 41	1. 82	2. 30	琼北区近正态，琼中区略偏左
峰度	9. 39	5. 29	8. 58	琼北区尖峭，琼中区更尖峭
一级异常下限/10^{-6}		49. 49	75. 19	琼北区 < 琼中区
二级异常下限/10^{-6}		72. 37	109. 95	琼北区 < 琼中区
三级异常下限/10^{-6}		92. 70	140. 84	琼北区 < 琼中区
中国水系沉积物平均值		41		迟清华，鄢明才等，2007

本次资源潜力评价锆英石钛铁矿砂矿种的已知矿床潭门、三更寺、保定等锆英石钛铁矿砂矿

La 元素具较高含量分布。

3. Zr、Ti、La、Ce 元素区域地球化学异常特征

(1) Zr 元素区域地球化学异常特征

依地球化学景观分琼北地区（玄武岩台地区）和琼中部地区进行异常图编制（图 8-3-4）。主要 Zr 元素异常分布于海南岛东南沿海一带，地质背景为第四纪海相沉积物。内陆的钾长花岗岩分布区（昌江-白沙、乐东尖峰岩体、乐东-五指山等）也有显著的 Zr 元素异常分布，两类地质背景区的 Zr 异常体现了 Zr 的异地风化堆积和原地风化残积的特征。

锆英石砂矿种典型矿床铺前锆钛砂矿等及其他众多的锆钛砂矿均有显著的 Zr 元素异常。

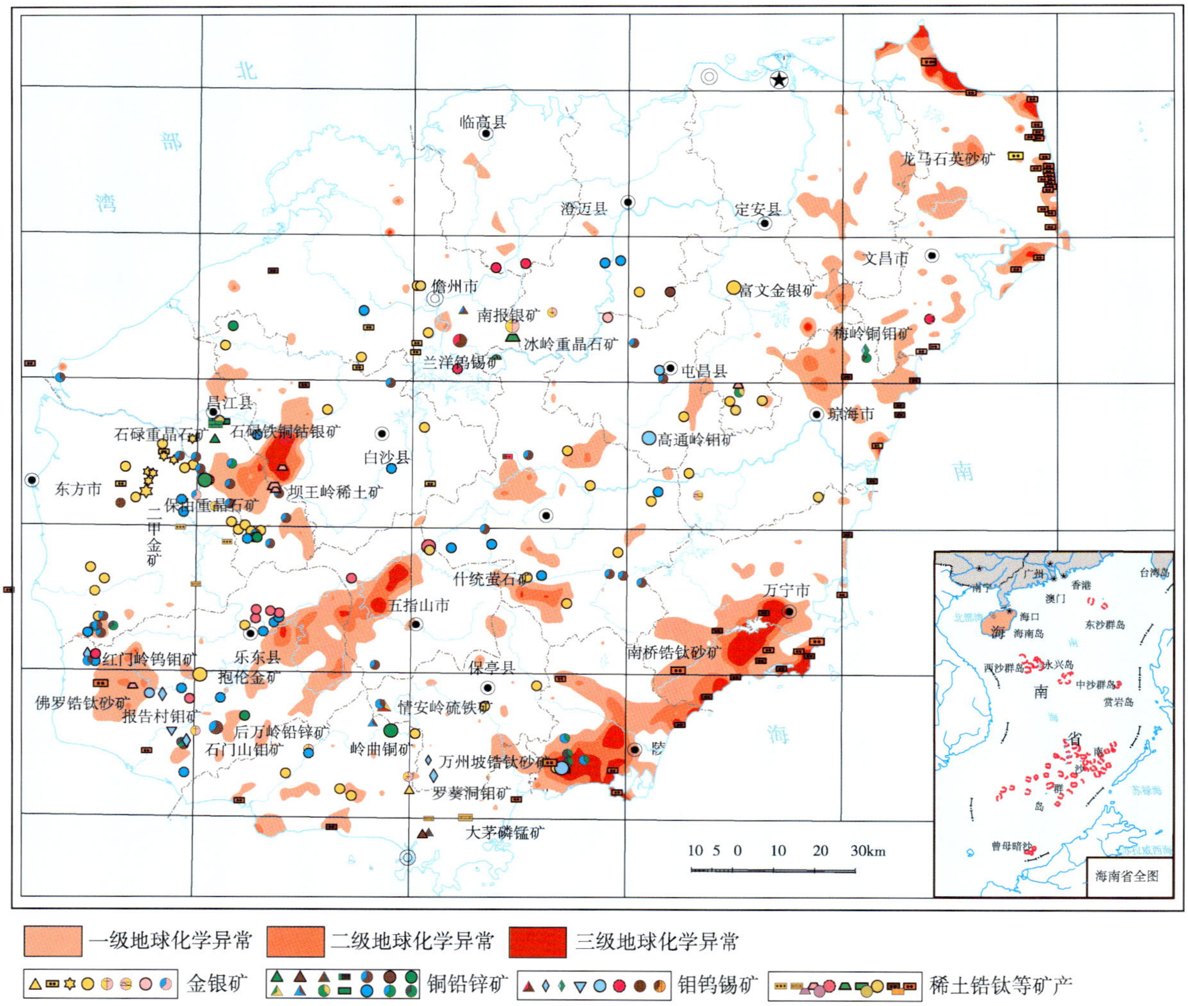

图 8-3-4　海南岛Ⅲ级成矿区带 Zr 地球化学异常图

(2) Ti 元素区域地球化学异常特征

依地球化学景观分琼北地区（玄武岩台地区）和琼中部地区进行异常图编制（图 8-3-5）。其中，琼中部地区的 Ti 元素异常主要分布于屯昌—保亭—五指山和东南的万宁—陵水沿海一带，地质背景均为花岗岩类，只有东南沿海的锆钛砂矿具有 Ti 元素异常，琼北文昌地区众多的锆钛砂矿一般不具有 Ti 元素异常。

钛铁矿砂矿种的典型矿床除佛罗锆钛砂矿外一般都有 Ti 元素异常。

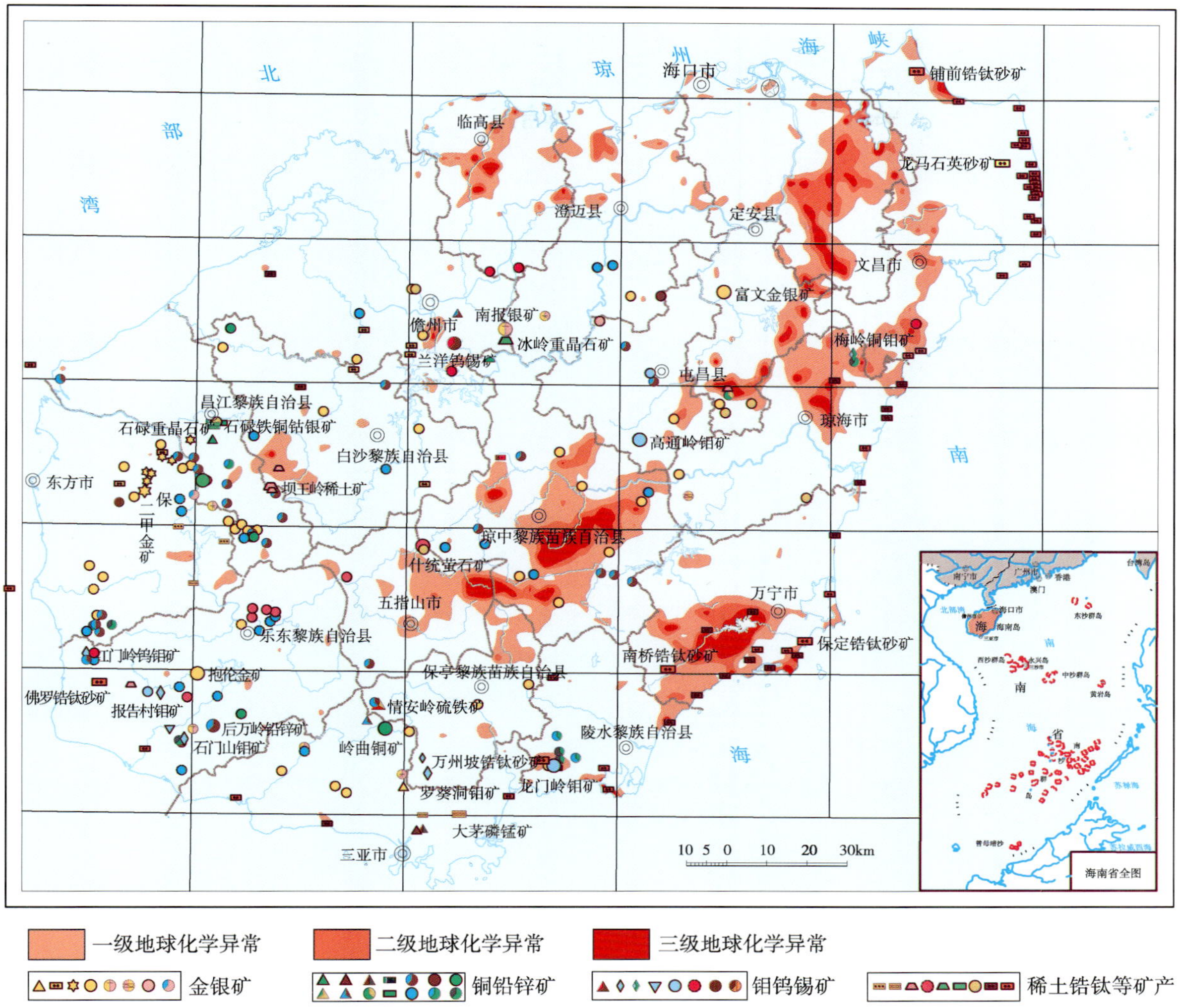

图 8-3-5　海南岛Ⅲ级成矿区带 Ti 地球化学异常图

（3）La 元素区域地球化学异常特征

依地球化学景观分琼北地区（玄武岩台地区）和琼中部地区进行异常图编制（图 8-3-6）。其中，琼中部地区的 La 元素异常主要分布于乐东尖峰、昌江雅加大岭、五指山毛道、琼中长征、昌江昌化等处，地质背景分别为三叠纪钾长花岗岩（乐东尖峰、昌江雅加大岭、五指山毛道）、二叠纪（二长）花岗岩和白垩纪花岗岩等，目前发现的 5 处风化壳成因的离子吸附型稀土矿均不同程度地有 La 元素异常；环海岸带第四系内 La 元素异常少量发育在文昌—琼海、万宁保定、东方、昌江沿海滨海平原，文昌—琼海沿海一带已发现的锆英石钛铁矿砂矿床周围均发育元素异常。

（4）Ce 元素区域地球化学异常特征

依地球化学景观分琼北地区（玄武岩台地区）和琼中部地区进行多目标生态地球化学调查表层土壤异常图编制（图 8-3-7）。其中，琼中部地区的 Ce 元素异常主要分布于乐东尖峰、昌江雅加大岭、五指山毛道、琼中红毛和文昌蓬莱等处，地质背景为三叠纪钾长花岗岩（乐东尖峰、昌江雅加大岭、五指山毛道）、二叠纪花岗岩和二叠纪二长花岗岩。已发现的 5 处风化壳成因的离子吸附型稀土矿均有显著的 Ce 元素异常；环海岸带第四系内 Ce 元素异常少量发育在文昌—琼海、万宁保定、东方、昌江沿海滨海平原，文昌—琼海沿海一带已发现的锆英石钛铁矿砂矿床周围均发育元素异常。

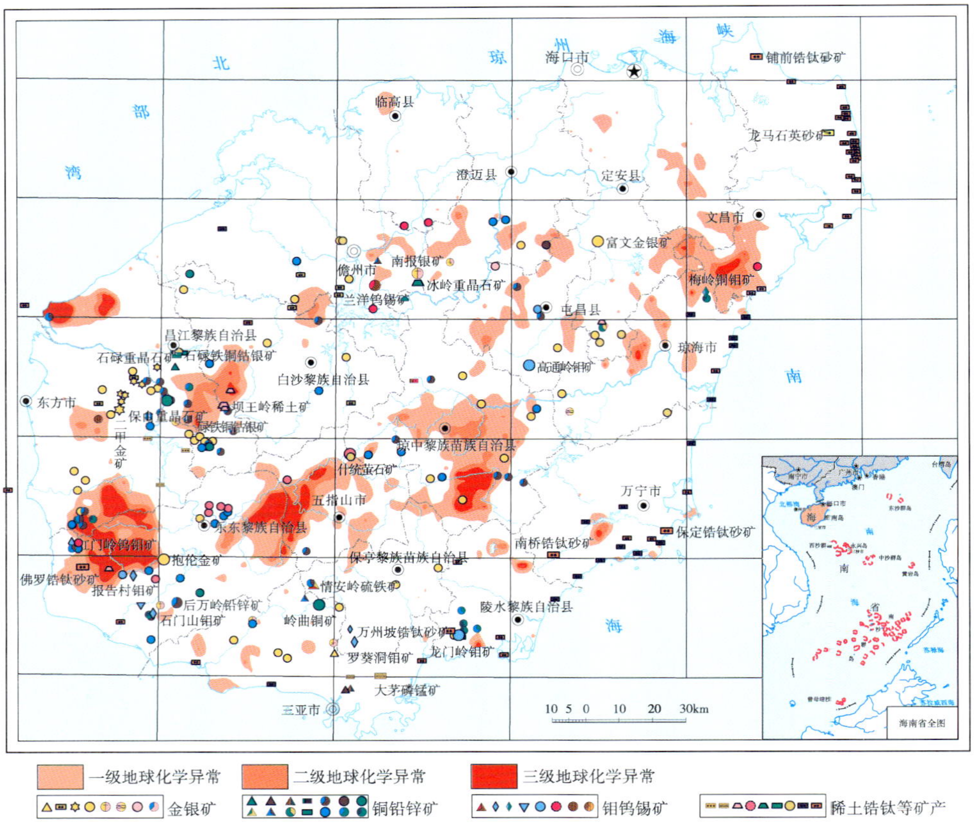

图 8-3-6　海南岛Ⅲ级成矿区带 La 地球化学异常图

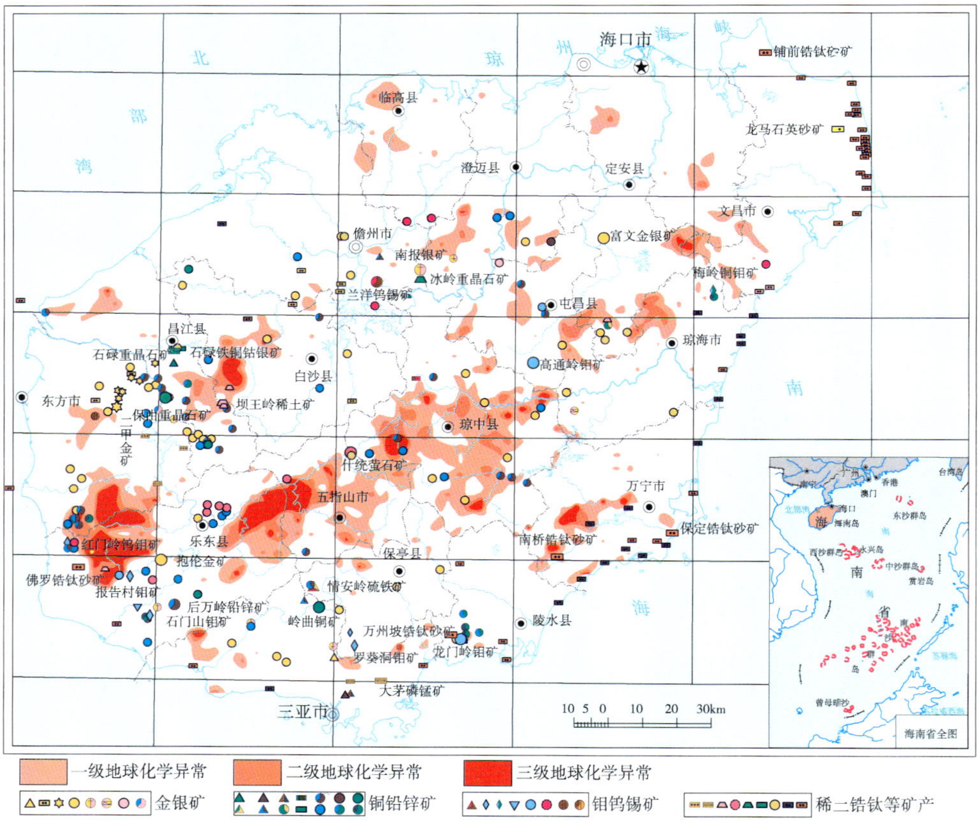

图 8-3-7　海南岛Ⅲ级成矿区带 Ce 地球化学异常图（土壤）

二、区域遥感特征

由 Landsat-7 ETM 数据的波段 5、4、3 组合成的彩色图像（30m），与 ETM 8 波段进行小波融合，生成空间分辨率较高（15m）的遥感图像。合成后的图像不仅充分反映研究区不同地物的信息、不同地物间层次清晰、色彩丰富，且接近于真彩色，反差适中，符合项目解译要求（图 8-3-8）。

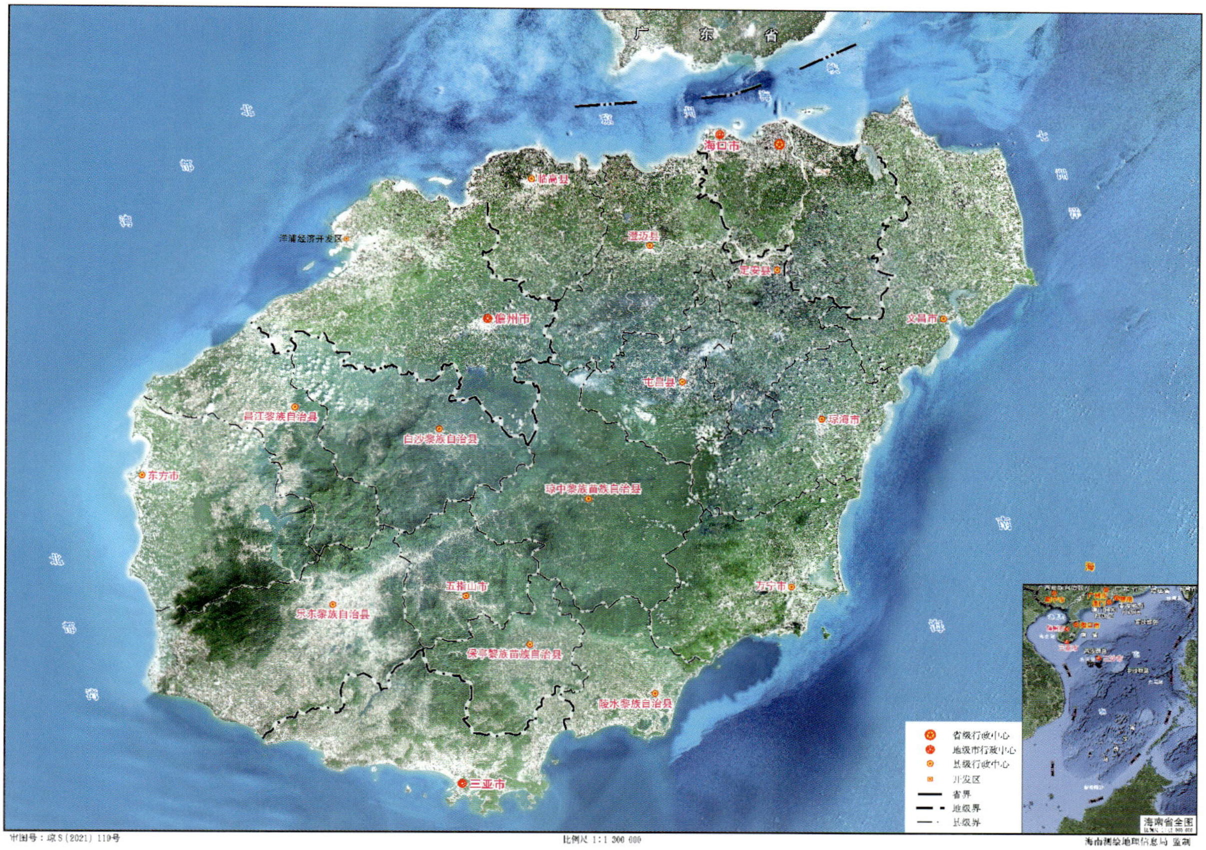

图 8-3-8　海南岛Ⅲ级成矿区带卫星遥感影像图

地物由于其种类和环境条件不同，在不同波长电磁波的频段上，具有不同的地物波谱反射和辐射特征，遥感正是在高空和外层空间的各种平台上，运用各种传感器对地物电磁波的感应成像，不同的地物表现在影像上为色调、形状、大小、阴影和纹理等信息的差异。在 landsat-7 卫星的 ETM 影像中，海南岛几何特征和光谱特征完全反映了海南岛土壤与植被的垂直分布和地域分异规律——立体环状结构的特点：从外到中间依次为分为冲积海积平原，热带雨林台地阶地、热带季雨林丘陵山麓坡地和常绿林山地（图 8-3-8）。区域影像特征为：颜色呈白色、紫红色、灰绿色和蓝色等，影像色调呈白色的主要分布在文昌、万宁、陵水、三亚市、莺歌海、感城、东方和白马井等沿海岸市县区域冲积海积平原，尤以白马井—海头—海尾—昌化江一带最为广泛，包括乐东盆地，白色图斑大小不等，此外部分海岸带分布有条带状白色图斑，并且图斑中分布着规则几何形状的蓝色斑点，反映了冲积海积平原、滨海沙地、滩涂裸露地表及其分布的植被等地物；紫红色和灰绿色图斑主要分在山地和滨海平原的过渡地带，分布比较广阔，主要裸露耕地和种植园区。山区的主要特征为深绿色，蓝色图斑在平原地区和山地和滨海平原的过渡地带均有分布，是水库和湖泊等水系的影像特征。

三、区域自然重砂特征

1. 区域自然重砂矿物异常分布

环岛第四系分布范围重砂矿物异常大多为除金属硫化物之外耐风化的矿物异常，如自然金、锡石和稀土及锆钛矿物等。均为三级异常，可指示次生砂矿型矿床。

2. 环岛重砂矿物异常

环岛分布的锆钛砂矿异常主要在东、西海岸，北海岸没有分布，南海岸有少量分布，这与其成砂物源性质息息相关，因琼北地区为基性火山岩，其他地区均有大面积的花岗岩类分布。从目前已发现的锆钛砂矿分布情况来看，主要集中于东海岸，东海岸有很多异常没有发现矿床，也有很多矿床没有异常响应。因此，对东、南、西部海岸全部第四系地层区应开展锆钛砂矿资源的普查，特别是有自然重砂锆钛矿物异常区，以期发现新的矿产地；因近岸海域生态地球化学调查发现的两个锆钛砂矿矿产地的水深为30m以浅，以目前的海域调查和滨浅海砂矿开采的方法技术，应对30m水深以浅的东、南、西部海域进行系统调查，寻求新的矿产地。

3. 浅海重砂矿物特征

环海南岛浅海锆钛砂矿低异常都有分布，但中高异常在局部集中，锆英石与钛铁矿中矿物异常分布位置对应较好（图8-3-9、图8-3-10）。

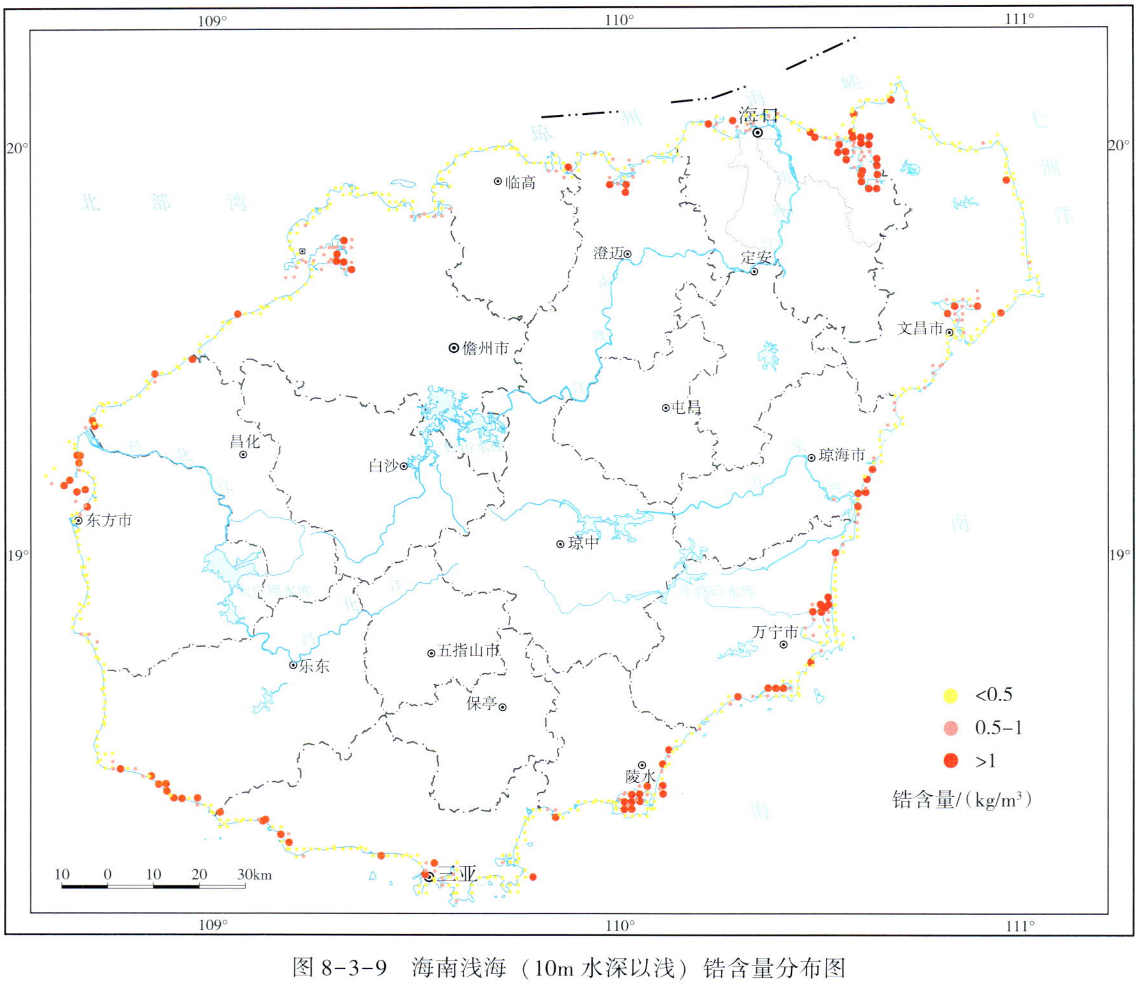

图8-3-9　海南浅海（10m水深以浅）锆含量分布图

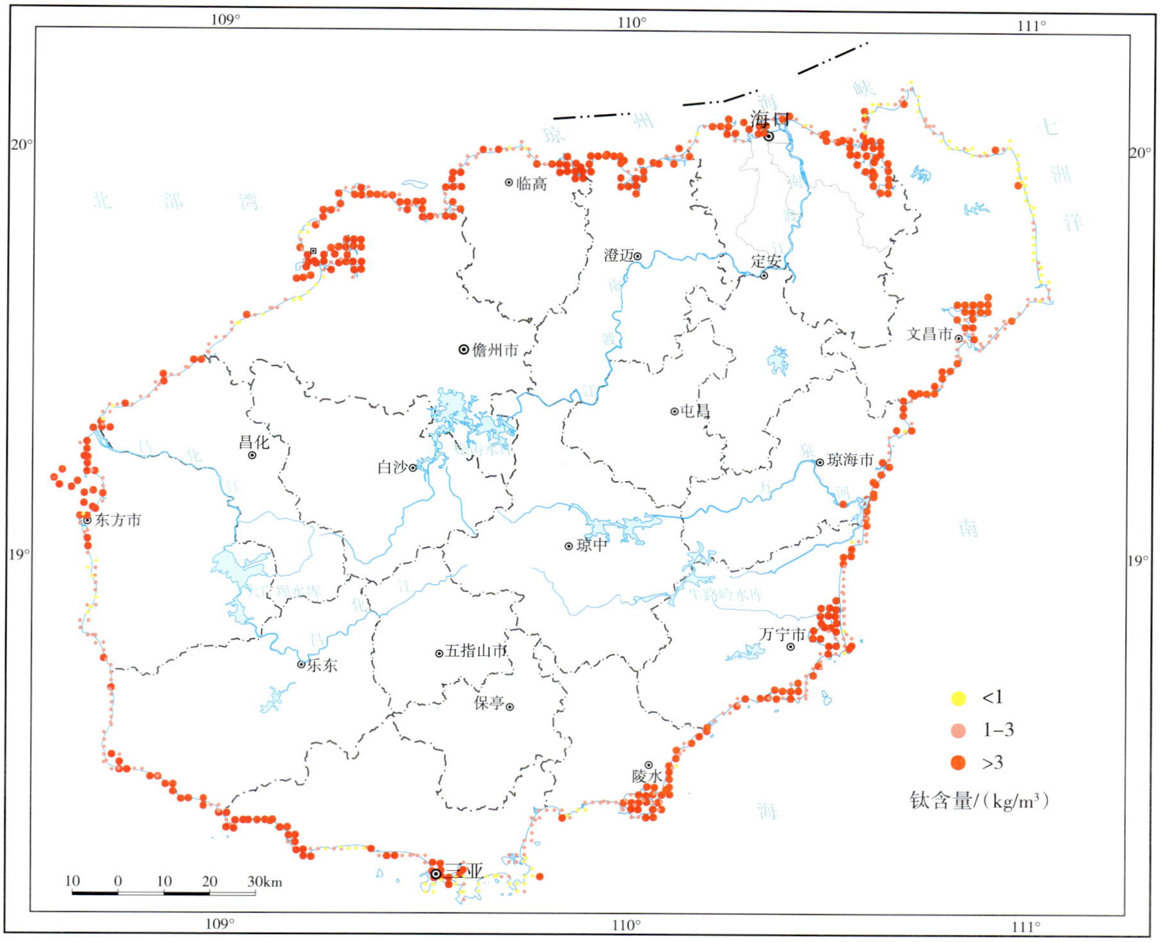

图 8-3-10　海南岛浅海（10m 水深以浅）钛含量分布图

第四节　重要矿种预测评价模型

区带内本次评价的省级规定矿种为锆英石、钛铁矿、独居石、石英砂，形成了与风化-滨浅海沉积作用有关的砂矿床。矿床预测评价模型为滨浅海砂矿，特征如下：

一、锆英石、钛铁矿砂矿

（一）典型矿床预测要素

1. 成矿地质特征

锆英石钛铁矿砂矿赋矿层位第四系烟敦组、八所组、北海组、全新统环海南岛沿海岸带大面积出露。

（1）成矿物质来源

海南岛富含锆英石、钛铁矿的岩浆岩多期次侵入，大面积分布，温暖湿润的环境下风化作用强烈，岩浆岩的大量风化产物为海南岛锆英石钛铁矿砂矿成矿提供了丰富的成矿物质。

(2) 地貌

矿区总体为滨海堆积平原，微地貌类型多样。

(3) 矿体地质特征

矿体受赋矿地层控制，呈层状分布，形态不规则，规模大，厚度及品位较稳定。

(4) 矿物特征

有用矿物以锆英石、钛铁矿为主，还伴生有少量的金红石、榍石、褐帘石、铬铁矿、锐钛矿、白钛石等。

2. 成矿作用

锆英石钛铁矿砂矿的成矿主要经历了岩浆岩的风化及锆英石钛铁矿等矿物的剥离、风化产物在重力及水流、风等作用下的分选与近距离迁移，锆英石钛铁矿等在洪水及河流等作用下的远距离迁移与沉积，矿床的后期改造。

3. 成矿时代

锆英石钛铁矿砂矿的成矿主要与现代的风化、水流搬运、沉积作用于有关，成矿时代为第四纪。

4. 成矿要素

综合收集、整理和研究锆英石钛铁矿砂矿床的资料，对矿床形成的地质环境、气候环境、地貌特点、矿床特征等进行了分析和研究，总结了锆英石钛铁矿砂矿的预测要素特征（表 8-4-1~表 8-4-5）。

表 8-4-1　海南省文昌市铺前式滨海沉积型锆英石钛铁矿砂矿典型矿床预测要素表

<table>
<tr><th colspan="3">预测要素</th><th colspan="3">描述内容</th><th>预测要素分类</th></tr>
<tr><td colspan="3">储量</td><td>累计查明锆英石矿物量为 820634t，钛铁矿矿物量为 2033630t</td><td>品位</td><td>锆英石：最高品位 4.34kg/m³，平均品位 2.31kg/m³；钛铁矿：最高品位 11.9kg/m³，平均品位 4.93kg/m³</td><td>重要</td></tr>
<tr><td colspan="3">特征描述</td><td colspan="3">滨海沉积型锆英石、钛铁矿砂矿床</td><td>必要</td></tr>
<tr><td rowspan="12">地质环境</td><td colspan="2">成矿时代</td><td colspan="3">第四纪</td><td>必要</td></tr>
<tr><td colspan="2">气候</td><td colspan="3">气候温暖、雨量充沛、植被茂盛、微生物极其活跃</td><td>重要</td></tr>
<tr><td colspan="2">地貌特征</td><td colspan="3">滨海堆积平原及其上的沙地、沙堤、潟湖等</td><td>必要</td></tr>
<tr><td rowspan="9">沉积建造/沉积作用</td><td>岩石地层单位</td><td colspan="3">全新统烟敦组、更新统八所组</td><td>必要</td></tr>
<tr><td>地层时代</td><td colspan="3">全新世</td><td>必要</td></tr>
<tr><td>岩石类型</td><td colspan="3">中细粒砂</td><td>必要</td></tr>
<tr><td>沉积建造厚度</td><td colspan="3">含锆英石钛铁矿砂矿岩系建造最厚 38m、平均 14~25m</td><td>重要</td></tr>
<tr><td>岩石组合</td><td colspan="3">中细粒砂、黏质砂土、砂质黏土</td><td>重要</td></tr>
<tr><td>岩石结构</td><td colspan="3">细粒和中粒结构，松散砂粒状构造</td><td>重要</td></tr>
<tr><td>分布范围</td><td colspan="3">分布于矿区烟敦组中</td><td>重要</td></tr>
<tr><td>沉积建造类型</td><td colspan="3">中砂-细砂建造</td><td>重要</td></tr>
<tr><td>矿体形态</td><td colspan="3">层状</td><td>重要</td></tr>
</table>

续表

预测要素			描述内容	预测要素分类
矿床特征	成矿特征	矿体产状	产状近水平	重要
		矿体规模	主矿体Ⅰ号矿体北西走向，长度6350m，宽度1165~2200m，厚度最大22m、平均7.8m	重要
		矿带形态	北西-南东向层状分布，厚度沿横方向的变化幅度较大	重要
		矿石矿物成分	以锆英石、钛铁矿为主，还伴生有少量的金红石、榍石、褐帘石、铬铁矿、锐钛矿、白钛石、独居石等	重要
		矿石类型、结构和构造	矿石类型为灰黄、灰白色含锆英石、钛铁矿，中细-粉细粒石英砂中细粒结构，粒度多集中于0.01~0.55mm之间，磨圆度较好，松散砂粒状构造，弱黏结性	重要
		矿床伴生组分	金红石、榍石、褐帘石、铬铁矿、锐钛矿、白钛石、独居石	重要
		矿床有益组分	锆英石、钛铁矿、石英砂	必要
		组分赋存状态	独立矿物	重要
	地球化学特征	硅铝比	大于9	重要
		ZrO_2	有异常存在	重要
		TiO_2	有异常存在	重要
		锆英石	有重砂样品大于0.5kg/m^3	重要
		钛铁矿	有重砂样品大于3kg/m^3	重要

表8-4-2　海南省万宁市保定式滨海沉积型锆英石钛铁矿砂矿典型矿床预测要素表

预测要素			描述内容			预测要素分类
储量			累计查明独居石矿物量23650t	平均品位	0.02~0.37kg/m^3	重要
特征描述			滨海沉积型独居石、锆英石、钛铁矿砂矿床			必要
地质环境	成矿时代		第四纪			必要
	气候		气候温暖、雨量充沛、植被茂盛、微生物极其活跃			重要
	地貌特征		滨海堆积平原及其上的浅滩、沙堤、沙地、潟湖、沙洲等			必要
	沉积建造/沉积作用	岩石地层单位	全新统烟敦组、全新统风积层和洪冲积层			必要
		地层时代	全新世			必要
		岩石类型	中细粒砂			必要
地质环境	沉积建造/沉积作用	沉积建造厚度	含锆英石钛铁矿砂矿岩系建造厚4~32m、平均4.1~11.4m			重要
		岩石组合	中细粒砂、黏质砂土、砂质黏土			重要
		岩石构	松散砂粒状，弱黏结性，以细粒和中粒为主			重要
		分布范围	北面以大塘岭和小海矿区为界，南面以牛庙岭和乌石港矿区为界，西以山脉为界，东以南海为界			重要
		沉积建造类型	砂状建造			重要
		矿体形态	层状			重要

续表

预测要素			描述内容	预测要素分类
矿床特征	成矿特征	矿体产状	产状近水平	重要
		矿体规模	控制矿体长 32km，宽 1km，矿体厚度 4～32m，平均 4.1～11.4m，矿体面积约 $64km^2$	重要
		矿带形态	北东-南西向层状分布，厚度沿横方向的变化幅度较大	重要
		矿石矿物成分	以独居石、锆英石、钛铁矿为主，还伴生有少量的金红石、榍石、褐帘石、铬铁矿、锐钛矿、白钛石等	重要
		矿石类型、结构和构造	矿石类型为中细粒石英砂岩，中细粒结构，粒度多集中于 0.09～0.2mm 之间，磨圆度较好，松散砂粒状构造，弱黏结性	重要
		矿床伴生组分	金红石、榍石、褐帘石、铬铁矿、锐钛矿、白钛石	重要
		矿床有益组分	独居石、锆英石、钛铁矿	必要
		组分赋存状态	独立矿物	重要
	地球化学特征	硅铝比	大于 9	重要
		ZrO_2	有异常存在	重要
		TiO_2	有异常存在	重要
		锆英石	有重砂样品大于 $0.5kg/m^3$	重要
		钛铁矿	有重砂样品大于 $3kg/m^3$	重要

表 8-4-3　海南省东方市佛罗式洪冲积型锆英石钛铁矿砂矿典型矿床预测要素表

预测要素			描述内容			预测要素分类
储量			锆英石 90536.96t 钛铁矿 421032.00t	平均品位	锆英石：$1.52kg/m^3$ 钛铁矿：$7.16kg/m^3$	重要
特征描述			冲洪积型锆英石、钛铁矿砂矿床			必要
地质环境	成矿时代		第四纪			必要
	气候		气候温暖、雨量充沛、植被茂盛、微生物极其活跃			重要
地质环境	地貌特征		剥蚀地貌-洪冲积平原			必要
	沉积建造/沉积作用	岩石地层单位	北海组、全新统洪冲积层			必要
		地层时代	全新世			必要
		岩石类型	中细粒-中粗粒砂			必要
		沉积建造厚度	含锆英石钛铁矿砂矿岩系建造厚 4～17m			重要
		岩石组合	中细粒砂、黏质砂土、砂质黏土			重要
		岩石结构	中细粒和中粗粒结构、松散砂状构造，弱黏结性			重要
		分布范围	北至拥蝗村一带，南至翁田农场一带			重要
		沉积建造类型	石英砂建造			重要
		矿体形态	层状			重要

续表

预测要素			描述内容	预测要素分类
矿床特征	成矿特征	矿体产状	产状近水平	重要
		矿体规模	长 2231 ~ 8337m，宽 503 ~ 4999m，厚度 0.6 ~ 14.3m，平均 2.54m，面积约 32.93km^2	重要
		矿带形态	北东-南西向层状分布，厚度沿横方向的变化幅度较大	重要
		矿石矿物成分	以锆英石、钛铁矿为主，还伴生有少量的金红石、独居石、榍石、褐帘石、铬铁矿、锐钛矿、白钛石等	重要
		矿石类型、结构和构造	矿石类型为中细粒石英砂岩，中细粒中粗粒结构，粒度多集中于 0.02~0.6mm 之间，松散砂状构造，弱黏结性	重要
		矿床伴生组分	金红石、独居石、榍石、褐帘石、铬铁矿、锐钛矿、白钛石	重要
		矿床有益组分	锆英石、钛铁矿	必要
		组分赋存状态	独立矿物	重要
	地球化学特征	硅铝比	大于 9	重要
		ZrO_2	有异常存在	重要
		TiO_2	有异常存在	重要
		锆英石	有重砂样品大于 0.5kg/m^3	重要
		钛铁矿	有重砂样品大于 3kg/m^3	重要

表 8-4-4 海南省万宁市万州坡锆英石钛铁矿砂矿典型矿床预测要素表

<table>
<tr><th colspan="3">预测要素</th><th colspan="3">描述内容</th><th>预测要素分类</th></tr>
<tr><td colspan="3">储量</td><td>累计查明锆英石矿物量为255849t，钛铁矿矿物量 605918t</td><td>品位</td><td>锆英石：单样最高品位 1.87kg/m^3，平均品位 0.76kg/m^3；钛铁矿：单样最高品位 12.98kg/m^3，平均品位 3.33kg/m^3</td><td>重要</td></tr>
<tr><td colspan="3">特征描述</td><td colspan="3">滨海沉积型、洪冲积型、残坡积型独居石、锆英石、钛铁矿砂矿床</td><td>必要</td></tr>
<tr><td rowspan="13">地质环境</td><td colspan="2">成矿时代</td><td colspan="3">第四纪</td><td>必要</td></tr>
<tr><td colspan="2">气候</td><td colspan="3">气候温暖、雨量充沛、植被茂盛、微生物极其活跃</td><td>重要</td></tr>
<tr><td colspan="2">地貌特征</td><td colspan="3">滨海堆积平原及其中的浅滩、沙堤、沙地、潟湖、沙洲、低山等</td><td>必要</td></tr>
<tr><td rowspan="10">沉积建造/沉积作用</td><td>岩石地层单位</td><td colspan="3">全新统烟敦组、北海组、全新统（洪冲积层及岩浆岩风化壳）</td><td>必要</td></tr>
<tr><td>地层时代</td><td colspan="3">全新世</td><td>必要</td></tr>
<tr><td>岩石类型</td><td colspan="3">中细粒砂、砂砾、黏土质砂、砂质黏土</td><td>必要</td></tr>
<tr><td>沉积建造厚度</td><td colspan="3">含锆英石钛铁矿砂矿沉积建造：北海组一般厚度 1m，最厚 3m，全新统洪冲积层一般厚度 1m，最厚 5m，烟敦组一般厚度 4~6m</td><td>重要</td></tr>
<tr><td>岩石组合</td><td colspan="3">中细粒砂、黏质砂土、砂质黏土</td><td>重要</td></tr>
<tr><td>岩石结构</td><td colspan="3">细粒和中粒结构、松散砂状构造，弱黏结性</td><td>重要</td></tr>
<tr><td>分布范围</td><td colspan="3">Ⅰ号矿体位于白茅岭西南和蒙吉岭、三角岭的周围，Ⅱ号和Ⅺ矿体位于九所岭南麓，Ⅲ、Ⅳ、Ⅷ、Ⅹ号矿体位于矿区西南滨海地带，Ⅴ号矿体位于石龙岭西南、毛秋岭东南的区域，Ⅶ号矿体位于五岭东南麓</td><td>重要</td></tr>
<tr><td>沉积建造类型</td><td colspan="3">砂、黏土质砂、砂质黏土建造</td><td>重要</td></tr>
<tr><td>矿体形态</td><td colspan="3">层状</td><td>重要</td></tr>
</table>

续表

预测要素			描述内容	预测要素分类
矿床特征	成矿特征	矿体产状	产状近水平	重要
		矿体规模	Ⅰ号矿体规模最大，面积大于 33. 57km^2，平均厚度 2. 6m	重要
		矿带形态	不规则形状	重要
		矿石矿物成分	以锆英石、钛铁矿为主，伴有少量金红石、独居石、榍石、褐帘石、铬铁矿、锐钛矿、白钛石等	重要
		矿石类型、结构和构造	矿石类型为中细粒-中粗粒锆英石钛铁矿，中细粒-中粗粒结构，松散砂状构造，弱黏结性	重要
		矿床伴生组分	金红石、独居石、榍石、褐帘石、铬铁矿、锐钛矿、白钛石、石英	重要
		矿床有益组分	锆英石、钛铁矿	必要
		组分赋存状态	独立矿物	重要
	地球化学特征	硅铝比	大于 9	重要
		ZrO_2	有异常存在	重要
		TiO_2	有异常存在	重要
		锆英石	有重砂样品大于 0. 5kg/m^3	重要
		钛铁矿	有重砂样品大于 3kg/m^3	重要

表 8-4-5 海南省万宁南桥式残坡积型锆英石钛铁矿砂矿典型矿床预测要素表

预测要素			描述内容	预测要素分类
储量			累计查明钛铁矿矿物总量为272400t，锆英石矿物总量为4700t | 平均品位 | 钛铁矿：33. 3~56. 1kg/m^3 锆英石：0. 47~7. 21kg/m^3	重要
特征描述			残坡积型锆英石、钛铁矿砂矿床	必要
地质环境	成矿时代		第四纪	必要
	气候		气候温暖、雨量充沛、植被茂盛、微生物极其活跃	重要
	地貌特征		海蚀平台及其上具陡坡的低山	必要
	沉积建造/沉积作用	岩石地层单位	全新统风化层	必要
		地层时代	全新世	必要
		岩石类型	砂砾、黏土质砂、砂质黏土	必要
		沉积建造厚度	赋锆英石钛铁矿砂矿风化壳厚度一般 2. 4m	重要
		岩石组合	砂砾、黏土质砂、砂质黏土	重要
		岩石结构	中细粒-中粗粒结构、角砾状结构、松散砂状构造，弱黏结性	重要
		分布范围	矿区中部海蚀平台内低山下低洼处	重要
		沉积建造类型	砂砾、黏土质砂、砂质黏土建造	重要
		矿体形态	层状	重要
矿床特征	成矿特征	矿体产状	产状近水平	重要
		矿体规模	长 800~2200m，宽 340~450m，平均厚度 2. 4m，矿体面积约 652. 8~2059. 2m^2	重要
		矿带形态	走向北东至南西向层状分布，厚度变化不大	重要
		矿石矿物成分	钛铁矿、锆英石为主，少量的金红石、独居石、锐钛矿、白钛石、角闪石、石榴子石等	重要
		矿石类型、结构构造	矿石类型为中细粒-中粗粒锆英石钛铁矿，中细粒-中粗粒结构、角砾状结构，松散砂状构造	重要

续表

预测要素			描述内容	预测要素分类
矿床特征	成矿特征	矿床伴生组分	独居石、金红石、独居石、锐钛矿、白钛石、角闪石、石榴子石等	重要
		矿床有益组分	钛铁矿、锆英石	必要
		组分赋存状态	独立矿物	重要
	地球化学特征	硅铝比	大于 9	重要
		ZrO_2	有异常存在	重要
		TiO_2	有异常存在	重要
		锆英石	有重砂样品大于 0.5kg/m^3	重要
		钛铁矿	有重砂样品大于 3kg/m^3	重要

（二）预测工作区预测要素

海南省目前发现锆英石钛铁矿砂矿床 67 处，文昌市东北部的铺前、昌洒、翁田、烟墩一带的锆英石钛铁矿砂矿分布面积最广，且厚度大、质量优、易采选，是海南省乃至全国得天独厚的成矿富集区。此外，在海南岛西部的儋州市、昌江县、东方市等滨海平原与山前盆地也有锆英石钛铁矿砂矿的分布。

通过对海南岛预测工作区保定式滨海沉积型锆英石钛铁矿砂矿的时空分布规律、成矿地质背景和成矿规律的分析研究，总结各类找矿标志，提取了预测工作区预测要素（表 8-4-6～表 8-4-8）。

表 8-4-6　海南岛滨海沉积型锆英石钛铁矿砂矿预测工作区区域预测要素一览表

预测要素			描述内容	预测要素分类
储量			累计查明锆英石矿物量为 4331999.17t，钛铁矿矿物量为 17591673.62t	重要
特征描述			滨海沉积型锆英石、钛铁矿砂矿床	必要
地质环境	成矿时代		第四纪	必要
	气候		气候温暖、雨量充沛、植被茂盛、微生物极其活跃	重要
	地貌特征		滨海堆积平原及其上的沙地、沙堤、潟湖等	必要
	沉积建造/沉积作用	岩石地层单位	全新统烟敦组、更新统八所组	必要
		地层时代	全新世	必要
		岩石类型	中细粒砂	必要
		沉积建造厚度	最小预测区含锆英石钛铁矿砂矿岩系建造平均厚 5～22m	重要
		岩石组合	中细粒砂、黏质砂土、砂质黏土	重要
		岩石结构	细粒和中粒结构，松散砂粒状构造	重要
		分布范围	分布于烟敦组、八所组中	重要
		沉积建造类型	中砂-细砂建造	重要
		矿体形态	层状	重要
矿床特征	成矿特征	矿体产状	产状近水平	重要
		矿体规模	主矿体Ⅰ号矿体长度 6350m，宽度 1165～2200m，厚度最大 22m、平均 7.8m	重要
		矿带形态	层状分布，不规则形态	重要
		矿石矿物成分	以锆英石、钛铁矿为主，伴生有少量的金红石、榍石、褐帘石、铬铁矿、锐钛矿、白钛石、独居石等	重要
		矿石类型、结构和构造	矿石类型为灰黄、灰白色含锆英石、钛铁矿，中细-粉细粒结构，磨圆度较好松散砂粒状构造，弱黏结性	重要

预测要素			描述内容	预测要素分类
矿床特征	成矿特征	矿床伴生组分	金红石、榍石、褐帘石、铬铁矿、锐钛矿、白钛石、独居石	重要
		矿床有益组分	锆英石、钛铁矿、石英砂	必要
		组分赋存状态	独立矿物	重要
	地球化学特征	硅铝比	大于 9	重要
		ZrO_2	有异常存在	重要
		TiO_2	有异常存在	重要
		锆英石	有重砂样品大于 0.5kg/m^3	重要
		钛铁矿	有重砂样品大于 3kg/m^3	重要

表 8-4-7　海南省佛罗式洪冲积型锆英石钛铁矿砂矿典型矿床预测要素表

预测要素			描述内容	预测要素分类
储量			累计查明锆英石矿物量 1078468.01t、钛铁矿矿物量 9525481.6t	重要
特征描述			冲洪积型锆英石、钛铁矿砂矿床	必要
地质环境	成矿时代		第四纪	必要
	气候		气候温暖、雨量充沛、植被茂盛、微生物极其活跃	重要
	地貌特征		剥蚀地貌-洪冲积平原	必要
	沉积建造/沉积作用	岩石地层单位	北海组、全新统洪冲积层	必要
		地层时代	全新世	必要
		岩石类型	中细粒-中粗粒砂	必要
		沉积建造厚度	最小预测区含锆英石钛铁矿砂矿岩系建造平均厚 1~12.5m	重要
		岩石组合	中细粒砂、黏质砂土、砂质黏土	重要
		岩石结构	中细粒和中粗粒结构、松散砂状构造，弱黏结性	重要
		分布范围	环海岸带北海组、全新统洪冲积层中	重要
		沉积建造类型	含锆英石钛铁矿石英砂建造	重要
		矿体形态	层状	重要
矿床特征	成矿特征	矿体产状	产状近水平	重要
		矿体规模	长 2231~8337m，宽 503~4999m，厚度 0.6~14.3m，平均 2.54m	重要
		矿带形态	层状分布，不规则状	重要
		矿石矿物成分	以锆英石、钛铁矿为主，伴生有少量的金红石、独居石、榍石、褐帘石、铬铁矿、锐钛矿、白钛石等	重要
		矿石类型、结构和构造	矿石类型为中细粒石英砂岩，中细粒-中粗粒结构，松散砂状构造，弱黏结性	重要
		矿床伴生组分	金红石、独居石、榍石、褐帘石、铬铁矿、锐钛矿、白钛石	重要
		矿床有益组分	锆英石、钛铁矿	必要
		组分赋存状态	独立矿物	重要
	地球化学特征	硅铝比	大于 9	重要
		ZrO_2	有异常存在	重要
		TiO_2	有异常存在	重要
		锆英石	有重砂样品大于 0.5kg/m^3	重要
		钛铁矿	有重砂样品大于 3kg/m^3	重要

表 8-4-8　海南省万宁南桥式残坡积型锆英石钛铁矿砂矿典型矿预测要素表

预测要素			描述内容	预测要素分类
储量			累计查明锆英石矿物量 125755.67t、钛铁矿 276906.34t	重要
特征描述			残坡积型锆英石、钛铁矿砂矿床	必要
地质环境	成矿时代		第四纪	必要
	气候		气候温暖、雨量充沛、植被茂盛、微生物极其活跃	重要
	地貌特征		岩浆岩发育的具陡坡低山	必要
	沉积建造/沉积作用	岩石地层单位	全新统风化层	必要
		地层时代	全新世	必要
		岩石类型	砂砾、黏土质砂、砂质黏土	必要
		沉积建造厚度	赋锆英石钛铁矿砂矿风化壳厚度一般为 9~15m	重要
		岩石组合	砂砾、黏土质砂、砂质黏土	重要
		岩石结构	中细粒-中粗粒结构、角砾状结构、松散砂状构造，弱黏结性	重要
		分布范围	矿区中部海蚀平台内低山下低洼处	重要
		沉积建造类型	砂砾、黏土质砂、砂质黏土建造	重要
		矿体形态	层状	重要
矿床特征	成矿特征	矿体产状	产状近水平	重要
		矿体规模	长 800~2200m，宽 340~450m，平均厚度 2.4m	重要
		矿带形态	层状分布，不规则状	重要
		矿石矿物成分	钛铁矿、锆英石为主，少量的金红石、独居石、锐钛矿、白钛石、角闪石、石榴子石等	重要
		矿石类型、结构构造	矿石类型为中细粒-中粗粒锆英石钛铁矿，中细粒-中粗粒结构、角砾状结构，松散砂状构造	重要
		矿床伴生组分	独居石、金红石、独居石、锐钛矿、白钛石、角闪石、石榴子石等	重要
		矿床有益组分	钛铁矿、锆英石	必要
		组分赋存状态	独立矿物	重要
	地球化学特征	硅铝比	大于 9	重要
		ZrO_2	有异常存在	重要
		TiO_2	有异常存在	重要
		锆英石	有重砂样品大于 0.5kg/m^3	重要
		钛铁矿	有重砂样品大于 3kg/m^3	重要

二、独居石矿床

（一）典型矿床预测要素

1. 成矿地质特征

独居石砂矿区第四系烟敦组大面积出露，是独居石砂矿的主要赋矿层位。

（1）成矿物质来源

海南岛富含独居石的岩浆岩多期次侵入，大面积分布，温暖湿润的环境下风化作用强烈，岩浆岩的大量风化产物为海南岛独居石砂矿成矿提供了丰富的成矿物质。

（2）地貌

矿区座落于广阔的平原与南海间，呈北东走向。矿区中部有零星的孤山分布。矿区总体为滨海堆积平原，微地貌类型多样。

（3）矿体地质特征

总的来看，由大塘岭至牛庙岭可连成一个大的矿体，但由于矿体所处的地貌位置、矿石类型、矿体的品位、厚度、埋深，在各区段都有所不同。矿体长32km，宽1km，矿体厚度4~32m，平均4.1~11.4m，矿体面积约$64km^2$。

（4）矿物特征

有用矿物以独居石、锆英石、钛铁矿为主，还伴生有少量的金红石、榍石、褐帘石、铬铁矿、锐钛矿、白钛石等。独居石、锆英石、钛铁矿三种矿物特征分述如下：

独居石：淡黄绿色为主，个别为蜜黄色及黄绿色，为浑圆的卵状，圆状。粒径0.1~0.09mm。

锆英石：以无色透明为主，其次为淡黄色或淡褐色，浅玫瑰及暗褐色，金刚光泽。粒径0.125~0.09mm，个别颗粒为0.2mm。

钛铁矿：黑色及深褐黑色、金属光泽-半金属光泽，有的表面被氧膜薄所复。粒径0.2~0.09mm，个别颗粒为0.3mm。

磷钇矿（矿区矿物不多）：淡黄棕色、淡棕色，大部为碎屑状及不规则颗粒，性脆，粒径0.2~0.1mm。

金红石：黑色、暗红-红色，金属、金刚及油脂光泽，粒径0.3~0.09mm。

伴生矿物：主要为磁铁矿、钛矿物、白钛石、金红石及黏土质矿物。

2. 成矿作用

独居石砂矿的成矿主要经历了岩浆岩的风化及独居石等矿物的剥离、风化产物在重力及水流、风等作用下的分选与近距离迁移、独居石等在洪水及河流等作用下的远距离迁移与沉积，在滨海环境下的沉积过程。最后形成矿床的作用过程为沉积过程，所以独居石砂矿最主要的成矿作用为沉积作用。

3. 成矿时代

独居石砂矿的成矿主要与现代的风化、水流搬运、沉积作用于有关，成矿时代为第四纪。

4. 预测要素

综合收集、整理和研究独居石砂矿床的资料，对矿床形成的地质环境、气候环境、地貌特点、矿床特征等进行了分析和研究，总结独居石砂矿的预测要素特征，见表8-4-9。

表8-4-9 万宁市保定式滨海沉积型独居石砂矿典型矿床预测要素表

<table>
<tr><td colspan="3">预测要素</td><td colspan="3">描述内容</td><td>预测要素分类</td></tr>
<tr><td colspan="3">储量</td><td>累计查明独居石
矿物量23650t</td><td>平均品位</td><td>0.02~0.37kg/m³</td><td>重要</td></tr>
<tr><td colspan="3">特征描述</td><td colspan="3">滨海沉积型独居石、锆英石、钛铁矿砂矿床</td><td>必要</td></tr>
<tr><td rowspan="7">地质环境</td><td colspan="2">成矿时代</td><td colspan="3">第四纪</td><td>必要</td></tr>
<tr><td colspan="2">气候</td><td colspan="3">气候温暖、雨量充沛、植被茂盛、微生物极其活跃</td><td>重要</td></tr>
<tr><td colspan="2">地貌特征</td><td colspan="3">滨海堆积平原及其上的浅滩、沙堤、沙地、泻湖、沙洲等</td><td>必要</td></tr>
<tr><td rowspan="4">沉积建造/沉积作用</td><td>岩石地层单位</td><td colspan="3">全新统烟敦组、全新统风积层和洪冲积层</td><td>必要</td></tr>
<tr><td>地层时代</td><td colspan="3">全新世</td><td>必要</td></tr>
<tr><td>岩石类型</td><td colspan="3">中细粒砂</td><td>必要</td></tr>
<tr><td>沉积建造厚度</td><td colspan="3">含独居石砂矿岩系建造厚4~32m、平均4.1~11.4m</td><td>重要</td></tr>
</table>

续表

预测要素			描述内容	预测要素分类
地质环境	沉积建造/沉积作用	岩石组合	中细粒砂、黏质砂土、砂质黏土	重要
		岩石结构	松散砂粒状，弱黏结性，以细粒和中粒为主	重要
		分布范围	北面以大塘岭和小海矿区为界，南面以牛庙岭和乌石港矿区为界，西以山脉为界，东以南海为界	重要
		沉积建造类型	砂状建造	重要
		矿体形态	层状	重要
矿床特征	成矿特征	矿体产状	产状近水平	重要
		矿体规模	控制矿体长 32km，宽 1km，矿体厚度 4~32m，平均 4.1~11.4m，矿体面积约 $64km^2$	重要
		矿带形态	北东—南西向层状分布，厚度沿横方向的变化幅度较大	重要
		矿石矿物成分	以独居石、锆英石、钛铁矿为主，还伴生有少量的金红石、榍石、褐帘石、铬铁矿、锐钛矿、白钛石等	重要
		矿石类型、结构和构造	矿石类型为中细粒石英砂岩，中细粒结构，粒度多集中于 0.09~0.2mm 之间，磨圆度较好，松散砂粒状构造，弱黏结性	重要
		矿床伴生组分	金红石、榍石、褐帘石、铬铁矿、锐钛矿、白钛石	重要
		矿床有益组分	独居石、锆英石、钛铁矿	必要
		组分赋存状态	独立矿物	重要
		平均品位	锆英石 ZrO_2 含量为 64.68%，独居石 ThO_2 含量为 6.92%，钛铁矿 TiO_2 含量为 50.22%	重要
地球化学特征		La 元素异常	已知矿床邻近地区有异常显示	重要
		Ce 元素异常	已知矿床邻近地区有异常显示	重要
重砂特征		稀土矿物异常	已知矿床邻近地区有异常显示	重要

（二）预测工作区预测要素

海南省目前发现的滨海沉积型独居石砂矿床共计 6 处，文昌市东北部的保定、昌洒、翁田、龙楼一带的独居石砂矿分布面积最广，且厚度大、质量优、易采选、是海南省乃至全国得天独厚的成矿富集区。此外，在海南岛西部的儋州市、昌江县、东方市等滨海平原与山前盆地也有独居石砂矿的分布。

通过对海南岛预测工作区保定式滨海沉积型独居石砂矿的时空分布规律、成矿地质背景和成矿规律的分析研究，总结各类找矿标志，提取了预测工作区预测要素（表 8-4-10）。

表 8-4-10　海南岛预测工作区保定式滨海沉积型独居石砂矿矿床预测要素表

预测要素		描述内容			预测要素分类
储量		累计查明独居石矿物量 42856.21t	平均品位	0.02~0.37kg/m^3	重要
特征描述		滨海沉积型独居石、锆英石、钛铁矿砂矿床			必要
地质环境	成矿时代	第四纪			必要
	气候	气候温暖、雨量充沛、植被茂盛、微生物极其活跃			重要
	地貌特征	滨海堆积平原及其上的浅滩、沙堤、沙地、潟湖、沙洲等			必要

续表

预测要素			描述内容	预测要素分类
地质环境	沉积建造/沉积作用	岩石地层单位	全新统烟敦组、全新统风积层和洪冲积层	必要
		地层时代	全新世	必要
		岩石类型	中细粒砂	必要
		沉积建造厚度	含独居石砂矿岩系建造厚 10~15m	重要
		岩石组合	中细粒砂、黏质砂土、砂质黏土	重要
		岩石结构	松散砂粒状，弱黏结性，以细粒和中粒为主	重要
		分布范围	北面以大塘岭和小海矿区为界，南面以牛庙岭和乌石港矿区为界，西以山脉为界，东以南海为界	重要
		沉积建造类型	砂状建造	重要
		矿体形态	层状	重要
矿床特征	成矿特征	矿体产状	产状近水平	重要
		矿体规模	控制矿体长 32km，宽 1km，矿体厚度 4~32m，平均 4.1~11.4m，矿体面积约 $64km^2$	重要
		矿带形态	北东-南西向层状分布，厚度沿横方向的变化幅度较大	重要
		矿石矿物成分	以独居石、锆英石、钛铁矿为主，还伴生有少量的金红石、榍石、褐帘石、铬铁矿、锐钛矿、白钛石等	重要
		矿石类型、结构和构造	矿石类型为中细粒石英砂岩，中细粒结构，粒度多集中于 0.09~0.2mm 之间，磨圆度较好，松散砂粒状构造，弱黏结性	重要
		矿床伴生组分	金红石、榍石、褐帘石、铬铁矿、锐钛矿、白钛石	重要
		矿床有益组分	独居石、锆英石、钛铁矿	必要
		组分赋存状态	独立矿物	重要
		平均品位	锆英石 ZrO_2 含量为 64.68%，独居石 ThO_2 含量为 6.92%，钛铁矿 TiO_2 含量为 50.22%	重要
地球化学特征		La 元素异常	有异常分布的区域成矿条件更好	重要
		Ce 元素异常	有异常分布的区域成矿条件更好	重要
重砂特征		稀土矿物异常	有异常分布的区域成矿条件更好	重要

三、石英砂

（一）典型矿床预测要素

1. 成矿地质特征

石英砂矿区第四系北海组及全新统大面积出露，是石英砂矿的主要赋矿层位。

（1）成矿物质来源

海南岛富含石英的岩浆岩多期次侵入，大面积分布，温暖湿润的环境下风化作用强烈，岩浆岩的大量风化产物为海南岛石英砂矿成矿提供了丰富的成矿物质。

（2）地貌

矿区处在海成二级阶地中，西南角上宛村一带，东北角，东边亮村北侧有海成三级、四级阶地，矿区内外，总的是属海成平原。

海成四级阶地，分布在高亮村和上宛村东边，标高 30~38.1m。相对高差 5~10m，呈平缓状，冲蚀沟普遍发育，边坡0.5°~5°。

海成三级阶地，分布在高亮村之北，大惠村和上宛村一带，海拔24~35m，相对高差5~10m，呈坡状起伏，冲蚀沟普遍发育，局部发育“V”形冲沟。切割深度3~6m，分水岭顶部较平坦，边坡0.5°左右。

海成二级阶地，分布在大惠村至无敌坡一带，北北西向延展。海拔标高20~30m，相对高差0.5~10m，表面缓波状起伏，边坡0.1°~3°，微向沟谷倾斜。阶地中有较多的季节性积水洼地且野水草丛生，野水草当地人叫“硬骨草”，可作找矿标志。

微地貌有风成沙垅、沙丘、季节性积水洼地。

现代冲凹，即冲沟洼地。区内较大的冲沟有海棠堆村至上宛村一带及牛处溎村西边。另外，矿区北侧还有两条较小的冲沟。呈树枝状，边缘成陡坎或缓坡状，以后者为多。

（3）矿体地质特征

矿区内的石英砂矿床由三个连续沉积的矿层（即G1、G2、G3矿层）构成一个厚大的矿体，三层矿之间界线清楚。矿体顶部大部分露出地表，矿体底板为黏土层。

G1和G2矿层赋存于八所组构成的海成三级阶地中。其中，G1为灰白、白色中细粒石英砂；G2为褐黑、棕、浅黄、浅灰白色中细粒石英砂。G3矿层主要赋存于八所组构成的海成二级阶地中，少部赋存于洪冲沟、风成砂垅、砂丘和凹地的全新统中，岩性为白色中细粒石英砂，极少数为灰黑色中细粒石英砂。

矿体呈层状，产状近水平。已控制矿体长6400m，宽4090m，矿体厚度11.70~24.00m，平均20.73m。20km^{2}普查区范围内，矿体面积大于16km^2。矿体走向两端延伸出矿区外，长3000m以上，矿体横向（宽度方向）东边未控制完。矿体厚度沿纵横方向的变化幅度不大，全矿区矿体厚度变化系数6.81%。其中，G1矿层呈层状分布，其矿层厚度最大，且分布较为均匀，大约在10~16m间；G2矿层除在部分地区有小的天窗外，在本矿区内均呈层状分布，矿层厚度在3~11m间，总体上是东薄西厚；G3矿层较薄，其厚度在大都仅几十厘米。

（4）矿物特征

矿石矿物：石英是矿床具工业利用价值的矿物，在矿石中占90%~98%（G1矿层和G2矿层石英占90%~95%，G3矿层占92%~98%）。石英多呈浑圆粒状，偶见六方双锥状晶体。在细粒级中有次棱角状者。石英具波状消光。个别石英含0.03~0.002mm的黄铁矿、钛铁矿、针状金红石及炭质微粒等。石英的粒径0.3~0.1mm者占69%~76%，<0.1mm的占<5%，>0.8mm的占0.09%~0.7%。

伴生矿物：主要为磁铁矿、钛矿物、白钛石、金红石及黏土质矿物。

（5）矿体赋存状态

石英砂矿主要以独立矿物形式存在。

2. 成矿作用

石英砂矿的成矿主要经历了岩浆岩的风化及石英的剥离、风化产物在重力及水流、风等作用下的分选与近距离迁移、石英砂等在洪水及河流等作用下的远距离迁移与沉积，在滨海环境下的沉积过程。最后形成矿床的作用过程为沉积过程，所以石英砂矿最主要的成矿作用为沉积作用。

3. 成矿时代

石英砂矿的成矿主要与现代的风化、水流搬运、沉积作用于有关，成矿时代为第四纪。

4. 预测要素

综合收集、整理和研究石英砂矿床的资料，对矿床形成的地质环境、气候环境、地貌特点、矿床特征等进行了分析和研究，总结石英砂矿的预测要素特征，见表8-4-11。

表 8-4-11　文昌市龙马式滨海沉积型石英砂矿矿床预测要素表

<table>
<tr><th colspan="3">区域预测要素</th><th>描述内容</th><th>预测要素分类</th></tr>
<tr><td colspan="3">特征描述</td><td>滨海沉积型石英砂矿床</td><td>必要</td></tr>
<tr><td rowspan="10">区域成矿地质环境</td><td colspan="2">成矿时代</td><td>第四纪</td><td>必要</td></tr>
<tr><td colspan="2">气候</td><td>气候温暖、雨量充沛、植被茂盛、微生物极其活跃</td><td>重要</td></tr>
<tr><td colspan="2">地貌特征</td><td>滨海堆积平原及其上的冲沟、洼地、风成沙垅、沙丘等</td><td>重要</td></tr>
<tr><td rowspan="7">沉积建造/沉积作用</td><td>岩石地层单位</td><td>八所组、烟敦组、北海组、全新统</td><td>必要</td></tr>
<tr><td>地层时代</td><td>更新世、全新世</td><td>必要</td></tr>
<tr><td>岩石类型</td><td>石英砂、黏质砂土</td><td>必要</td></tr>
<tr><td>岩石组合</td><td>石英砂、黏质砂土、砂质黏土</td><td>重要</td></tr>
<tr><td>岩石结构</td><td>松散砂粒状，弱黏结性，以细粒和中粒为主</td><td>重要</td></tr>
<tr><td>沉积建造类型</td><td>石英砂建造</td><td>重要</td></tr>
<tr><td>矿体形态</td><td>受赋矿地层的分布及地貌单元控制，多为层状、似层状</td><td>重要</td></tr>
<tr><td rowspan="10">区域成矿地质特征</td><td rowspan="10">成矿特征</td><td>矿体产状</td><td>产状与地层产状一致，近水平</td><td>重要</td></tr>
<tr><td>矿体规模</td><td>一般较大</td><td>重要</td></tr>
<tr><td>矿石矿物成分</td><td>主要为石英，次要矿物为磁铁矿、白钛石、金红石及黏土质矿物</td><td>重要</td></tr>
<tr><td>矿石类型结构构造</td><td>矿石类型为中细粒石英砂岩，中细粒结构，松散砂粒状构造</td><td>重要</td></tr>
<tr><td>矿床伴生组分</td><td>ZrO_2、TiO_2</td><td>次要</td></tr>
<tr><td>矿床有益组分</td><td>SiO_2</td><td>必要</td></tr>
<tr><td>组分赋存状态</td><td>独立矿物</td><td>重要</td></tr>
<tr><td>硅铝比</td><td>大于 9</td><td>必要</td></tr>
<tr><td>二氧化硅含量</td><td>大于 85%</td><td>重要</td></tr>
</table>

(二) 预测工作区预测要素

海南省目前发现的滨海沉积型石英砂矿床共计 24 处，文昌市东北部的龙马、昌洒、翁田、龙楼一带的石英砂矿分布面积最广，且厚度大、质量优、易采选，是海南省乃至全国得天独厚的成矿富集区。此外，在海南岛西部的儋州市、昌江县、东方市等滨海平原与山前盆地也有石英砂矿的分布。

通过对海南岛预测工作区龙马式滨海沉积型石英砂矿的时空分布规律、成矿地质背景和成矿规律的分析研究，总结各类找矿标志，提取了预测工作区预测要素（表 8-4-12）。

表 8-4-12　海南岛预测工作区龙马式滨海沉积型石英砂矿矿床预测要素表

<table>
<tr><th colspan="3">区域预测要素</th><th>描述内容</th><th>预测要素分类</th></tr>
<tr><td colspan="3">特征描述</td><td>滨海沉积型石英砂矿床</td><td>必要</td></tr>
<tr><td rowspan="10">区域成矿地质环境</td><td colspan="2">成矿时代</td><td>第四纪</td><td>必要</td></tr>
<tr><td colspan="2">气候</td><td>气候温暖、雨量充沛、植被茂盛、微生物极其活跃</td><td>重要</td></tr>
<tr><td colspan="2">地貌特征</td><td>滨海堆积平原及其上的冲沟、洼地、风成沙垅、沙丘等</td><td>重要</td></tr>
<tr><td rowspan="7">沉积建造/沉积作用</td><td>岩石地层单位</td><td>八所组、烟敦组、北海组、全新统</td><td>必要</td></tr>
<tr><td>地层时代</td><td>更新世、全新世</td><td>必要</td></tr>
<tr><td>岩石类型</td><td>石英砂、黏质砂土</td><td>必要</td></tr>
<tr><td>岩石组合</td><td>石英砂、黏质砂土、砂质黏土</td><td>重要</td></tr>
<tr><td>岩石结构</td><td>松散砂粒状，弱黏结性，以细粒和中粒为主</td><td>重要</td></tr>
<tr><td>沉积建造类型</td><td>石英砂建造</td><td>重要</td></tr>
<tr><td>矿体形态</td><td>受赋矿地层的分布及地貌单元控制，多为层状、似层状</td><td>重要</td></tr>
</table>

续表

区域预测要素			描述内容	预测要素分类
区域成矿地质特征	成矿特征	矿体产状	产状与地层产状一致，近水平	重要
		矿体规模	一般较大	重要
		矿石矿物成分	主要为石英，次要矿物为磁铁矿、白钛石、金红石及黏土质矿物	重要
		矿石类型 结构构造	矿石类型为中细粒石英砂岩，中细粒结构，松散砂粒状构造	重要
		矿床伴生组分	ZrO_2、TiO_2	次要
		矿床有益组分	SiO_2	必要
		组分赋存状态	独立矿物	重要
		硅铝比	大于 9	必要
		二氧化硅含量	大于 85%	重要

第五节　多矿种综合预测区特征

本次在海南岛整个Ⅲ级成矿区带内圈定了 6 个锆英石、钛铁矿、石英砂、独居石综合预测区和 2 个油页岩煤炭综合预测区，分别为文昌东北部综合预测区、文昌–琼海综合预测区、万宁–陵水综合预测区、琼西南综合预测区、东方–儋州综合预测区及临高综合预测区、长坡综合预测区、长昌综合预测区（图 8–5–1，表 8–5–1）。

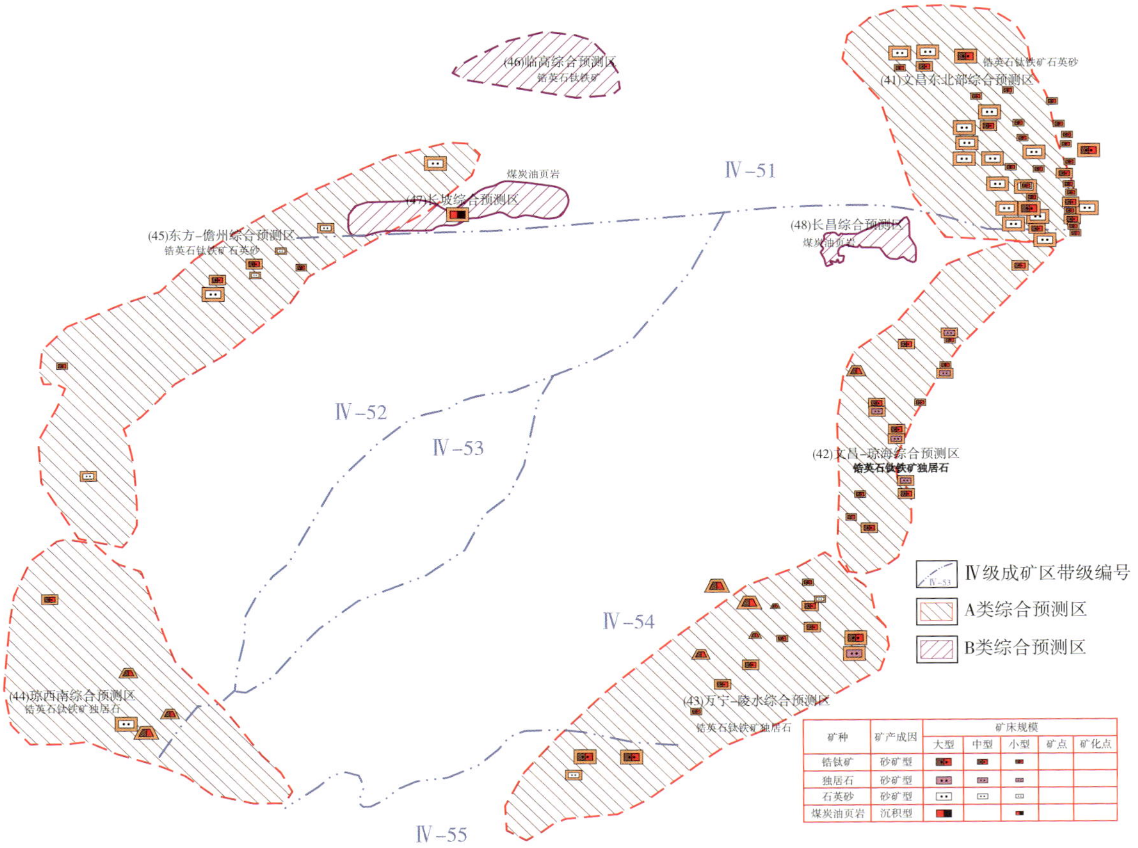

图 8–5–1　海南省锆英石、钛铁矿、石英砂、独居石、油页岩和煤炭综合预测区分布图

表 8-5-1　海南省锆英石、钛铁矿、石英砂、独居石综合预测区概况表

综合预测区编号	综合预测区名称	矿种：500m 以浅预测资源量	查明资源量	可利用资源量	地质评价
41	文昌东北部综合预测区	锆英石：278338.75t； 钛铁矿：1531585.80t； 石英砂：283828.46×10^{4}t	锆英石：2674631.56t； 钛铁矿：8596659.74t； 石英砂：264678.33×10^{4}t	锆英石：2453233.75t； 钛铁矿：7852505.18t； 石英砂：186578.11×10^{4}t	有众多的锆钛矿、石英砂砂矿矿床，成矿条件好。工作程度较高，考虑到环境及现状因素，不宜开采
42	文昌-琼海综合预测区	锆英石：612951.34t； 钛铁矿：2864307.81t； 独居石：9553.47t	锆英石：636590.22t； 钛铁矿：3276869.31t； 独居石：15536.73t	锆英石：257403.59t； 钛铁矿：1864920.79t； 独居石：2306.67t	有众多的锆钛矿、少量独居石砂矿矿床，成矿条件好。工作程度较高，考虑到环境及现状因素，不宜开采
43	万宁-陵水综合预测区	锆英石：1222644.41t； 钛铁矿：5619152.12t； 独居石：23253.09t； 石英砂：0	锆英石：2100867.06t； 钛铁矿：13413724.51t； 独居石：23650t； 石英砂：563.89×10^{4}t	锆英石：1388084.57t； 钛铁矿：9621111.34t； 独居石：16312t	有众多的锆钛矿、少量独居石砂矿矿床，成矿条件好。工作程度较高，考虑到环境及现状因素，不宜开采
44	琼西南综合预测区	锆英石：457898.54t； 钛铁矿：2746397.73t； 独居石：6550.74t； 石英砂：0	锆英石：543962.93t； 钛铁矿：3127037.71t； 独居石：0； 石英砂：3693.77×10^{4}t	锆英石：429018.4t； 钛铁矿：2418087.68t	有众多的锆钛矿、少量独居石砂矿矿床，成矿条件好。工作程度较高，考虑到环境及现状因素，不宜开采
45	东方-儋州综合预测区	锆英石：150719.59t； 钛铁矿：988971.34t； 石英砂：31007.72×10^{4}t	锆英石：222450.52t； 钛铁矿：1370997.2t； 石英砂：14207.32×10^{4}t	锆英石：197522.52t； 钛铁矿：1232125.2t	有众多的锆钛矿、石英砂砂矿矿床，成矿条件好。工作程度较高，考虑到环境及现状因素，不利于开采
46	临高综合预测区	锆英石：59114.61t； 钛铁矿：332631.63t			已经设置探矿权的浅海矿区，下一步可进行普查工作
47	长坡综合预测区	油页岩：306372.23×10^{4}t； 煤炭：10237.2×10^{4}t	油页岩：282990×10^{4}t； 煤炭：15758.47×10^{4}t		考虑到环境及现状因素，暂不适合开采
48	长昌综合预测区	油页岩：2253.35×10^{4}t； 煤炭：432.8×10^{4}t	油页岩：1981.4×10^{4}t； 煤炭：982.6×10^{4}t		工作程度较高，考虑到环境及现状因素，不利于开采

第六节　多矿种综合靶区部署建议

海南省锆英石、钛铁矿、石英砂、独居石、油页岩矿产资源丰富，目前保有资源储量较大。根据海南国际旅游到建设要求、海南省生态省建设要求及这些矿种的勘查、开发程度等，确定本次圈定的综合预测区预测资源量可作为家底的了解和资源储备，目前不需要部署勘查工作，开发工作以文昌为基地进行。

第九章　结论

一、主要成果

本次预测汇总收集了本省的地、物、化、遥、自然重砂等资料，并进行资料整理和数据处理，编制全国项目办统一要求的基础图件和数据库图件。对全省矿种进行了综合找矿潜力预测，为本省矿产资源潜力提供了定量信息，圆满完成各项任务，达到预期目的，取得较好的地质效果。

1. 主要成果

1）对重要矿种矿产预测类型进行了统计，共划分单矿种矿产预测类型34个，预测类型预测工作区37个。

2）对金、银、铜、铅、锌、钼、钨、锰、磷、铁、铝、重晶石、萤石、硫、稀土、煤炭等16个矿种及省内规定的油页岩、锆英石、钛铁矿、石英砂、独居石等5个矿种进行了最小预测区划分和分类，前者共划分最小预测区403个，其中A类最小预测区109个，B类最小预测区132个，C类最小预测区162个，后者共划分最小预测区115个，其中A类最小预测区64个，B类最小预测区33个，C类最小预测区18个。

3）按照Ⅲ级、Ⅳ级成矿区带分别对全省各矿种的最小预测区及Ⅱ级预测区预测资源量进行统计。

4）对海南省重要矿种的查明资源储量按Ⅳ级成矿区带进行统计汇总。

5）对海南省重要矿种预测资源量分别按深度、精度及可利用性进行统计汇总。

6）对海南省重要矿种的矿产预测类型进行预测资源量分别汇总和综合汇总。

7）对海南省重要矿种圈定了48个综合预测区，并优选11个综合预测区进行勘查工作部署。

2. 取得的一些经验

1）利用新理论和新技术系统全面的对全省重要矿种潜在的资源量进行预测，基本摸清了本省矿产资源潜力。

2）使全省地质工作者对本省的各矿种的矿产资源有一个系统的了解，便于今后的工作。

3）培养了一批综合型地质矿产人才。

二、存在问题

1）由于本次资料收集难度较大，一些矿（床）点资料较老也不完整，尚不能准确定义成矿模式和成因类型，给预测带来了不确定性。

2）部分矿种的预测类型针对全国预测模型尚不完全准确。

3）由于成矿区带划分时期过早，鉴于大地构造图改动较大，汇总划分的部分综合预测区没有完全对应Ⅴ级成矿区带。

三、建议

1）本次潜力评价矿产预测对全省各个矿种资源量进行了定量分析，对重要区域进行了勘查工作部署，也提出了可供下一步工作的开发基地。建议对所划分的综合预测区结合省内的实际情况进行整装勘查，以潜力评价资料为依托，发现新的矿（床）点，验证潜力评价成果。

2）本次工作一方面是全面收集资料，一方面是对前人资料的修改和补充。但是由于矿产资源潜力评价项目时间短，范围广，任务重，所作的综合预测只是初步的。建议今后应在此基础上立项进一步地开展本岛规律预测的综合研究，为本省的地质找矿提供更科学更充实的信息。

主要参考文献

海南省地矿局. 1994. 海南岛中生代火山机构及其成矿关系 [M].

海南省地矿局. 1996. 海南岛暨五指山地区中生代火山地质与成矿关系 [M].

海南省地质调查院. 2004. 1∶25 万海南省琼海幅区域地质调查报告 [R].

海南省地质调查院. 2007. 1∶25 万海南省东方幅区域地质调查报告 [R].

海南省地质矿产开发局. 2001. 海南省地质图 [M].

海南省地质矿产开发局. 2002. 海南省区域地质志 [M].

海南省地质矿产勘查开发局. 1997. 海南省岩石地层 [M]. 武汉: 中国地质大学出版社.

海南省地质矿产勘查开发局. 2001. 海南省矿床成矿系列及成矿预测 [M].

梁新权. 1995. 海南岛前寒武纪花岗岩-绿岩系 Sm-Nd 同位素年龄及其地质意义 [J]. 岩石学报, 11 (1): 71-76.

廖香俊, 王平安, 丁式江, 黄香定, 董法先, 刘晓春, 雷伟志. 2005. 海南岛主要成矿系列与矿床成矿规律研究 [J]. 地质力学学报, 11 (2): 187-194.

汪啸风, 马大铨, 蒋大海. 1991 海南岛地质 [M]. 北京: 地质出版社.

王春宏, 聂凤莲, 刘纲, 王化东. 2002. 海南省金矿成矿规律及找矿方向 [J]. 黄金地质, 8 (1): 11-16.

宜昌地质矿产研究所, 海南省地质调查院. 2004. 1∶25 万海南省乐东幅区域地质调查报告 [R].

宜昌地质矿产研究所, 海南省地质调查院. 2004. 1∶25 万海南省陵水幅幅区域地质调查报告 [R].